中文版

AutoCAD2016 实用教程

麓山文化　编著

机械工业出版社

本书是一本 AutoCAD 2016 实用教程，系统全面地讲解了 AutoCAD 2016 的基本功能及其在工程绘图中的具体应用。

本书共 14 章，按照工程绘图的方法与流程，循序渐进地介绍了 AutoCAD 2016 快速入门、优化绘图环境、图层与图形特性、二维图形绘制和编辑、图案填充、文字与表格、块与设计中心、尺寸标注、三维绘图基础、三维实体与网格曲面创建和编辑、图形发布与打印等内容。最后一章为综合实例，分别讲解了 AutoCAD 在建筑、机械和产品造型设计中的具体应用。

本书免费赠送的 DVD 多媒体教学光盘，提供了本书实例涉及的所有素材、结果文件及语音视频教学文件。并特别随盘赠送了建筑施工图绘制、二维和三维机械零件设计和装配、室内装潢设计和园林设计四套语音视频教学文件，以帮助读者快速掌握相关专业的绘图技能和技巧，真正物超所值。

本书具有很强的针对性和实用性，且结构严谨、叙述清晰、内容丰富、通俗易懂，既可以作为大中专院校相关专业以及 CAD 培训机构的教材，也可以作为从事 CAD 工作的工程技术人员的自学指南。

图书在版编目（CIP）数据

中文版 AutoCAD 2016 实用教程/麓山文化编著.—3 版.—北京：机械工业出版社，2016.6

ISBN 978-7-111-53857-8

Ⅰ.①中… Ⅱ.①麓… Ⅲ.①AutoCAD软件—教材 Ⅳ.①TP391.72

中国版本图书馆 CIP 数据核字(2016)第 113560 号

机械工业出版社（北京市百万庄大街 22 号 邮政编码 100037）

责任编辑：曲彩云　　　　责任印制：常天培

北京中兴印刷有限公司印刷

2016 年 6 月第 3 版第 1 次印刷

184mm×260mm · 19.75 印张 · 487 千字

0001—3000 册

标准书号：ISBN 978-7-111-53857-8

ISBN 978-7-89386-018-8（光盘）

定价：59.00 元（含 1DVD）

凡购本书，如有缺页、倒页、脱页，由本社发行部调换

电话服务　　　　网络服务

服务咨询热线：010-88361066　机工官网：www.cmpbook.com

读者购书热线：010-68326294　机工官博：weibo.com/cmp1952

010-88379203　金 书 网：www.golden-book.com

编辑热线：010-88379782　教育服务网：www.cmpedu.com

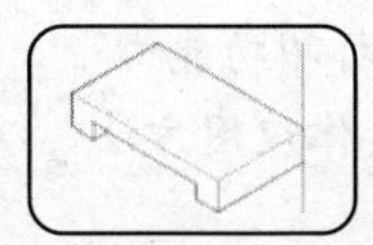
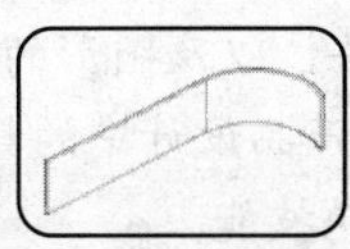
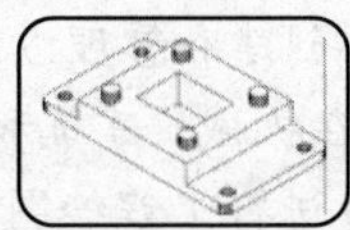

前言

关于 AutoCAD 2016

AutoCAD 是 Autodesk 公司开发的计算机辅助绘图和设计软件，被广泛应用于机械、建筑、电子、航天、石油化工、土木工程、冶金、气象、纺织、轻工业等领域。在中国，AutoCAD 已成为工程设计领域应用最广泛的计算机辅助设计软件之一。

AutoCAD 2016 是 Autodesk 公司开发的 AutoCAD 最新版本。与以前的版本相比较，AutoCAD 2016 具有更完善的绘图界面和设计环境，它在性能和功能方面都有较大的增强，同时保证与低版本完全兼容。

本书内容

本书以机械、建筑中最常见的图形为练习对象，全面介绍了 AutoCAD 2016 的各种功能，使读者达到独立绘制二维和三维图形的水平。本书共分 14 章，具体内容如下：

- 第 1 章：主要介绍 AutoCAD 2016 的基本功能和基础知识，包括 AutoCAD 功能介绍、图形文件的管理、AutoCAD 命令的使用、坐标系的概念等。
- 第 2 章：主要介绍优化绘图环境设置，包括图形界限设置、图形单位、参数选项和辅助绘图工具等。
- 第 3 章：介绍图层和图形特性的设置方法。
- 第 4 章：介绍使用点、线、圆、矩形等基本绘图工具绘制二维图形的方法。
- 第 5 章：介绍编辑二维图形的基本命令，包括构造选择集、复制、镜像、移动等编辑工具的使用方法和技巧。
- 第 6 章：介绍面域查询和图案填充工具的概念及其使用方法。
- 第 7 章：介绍文字和表格的使用方法。
- 第 8 章：介绍块的使用，以及用外部参照和 AutoCAD 设计中心插入各种对象的方法和技巧。
- 第 9 章：介绍尺寸标注样式的设置、各类尺寸标注的用途及操作、尺寸标注的编辑、多重引线标注，以及参数化设计的使用方法。
- 第 10 章：介绍 AutoCAD 2016 的三维绘图基础知识，以及设置三维视图和建立用户坐标系，以及介绍空间点和空间线的绘制方法。
- 第 11 章：介绍在 AutoCAD 2016 中创建基本三维实体模型网格曲面的方法，以及长方体、球体、圆柱体、楔体、拉伸、旋转、扫掠、放样等常用建模工具的使用方法。

✧ 第 12 章：介绍编辑三维实体方法，以及检查实体间干涉和编辑实体的面、边和体等元素的方法和技巧。
✧ 第 13 章：介绍图形输出、布局的创建和管理方法，以及图形的打印功能。
✧ 第 14 章：分别讲解了 AutoCAD 在机械、建筑和产品设计中的具体应用方法，以帮助读者提高综合运用 AutoCAD 进行工程绘图的技能。

本书作者

本书由麓山文化编著，参加编写的有：陈志民、江凡、张洁、马梅桂、戴京京、骆天、胡丹、陈运炳、申玉秀、李红萍、李红艺、李红术、陈云香、陈文香、陈军云、彭斌全、林小群、刘清平、钟睦、刘里锋、朱海涛、廖博、喻文明、易盛、陈晶、张绍华、黄柯、何凯、黄华、陈文轶、杨少波、杨芳、刘有良、刘珊、赵祖欣、毛琼健等。

由于作者水平有限，书中错误、疏漏之处在所难免。在感谢您选择本书的同时，也希望您能够把对本书的意见和建议告诉我们。

售后服务 E-mail：lushanbook@qq.com

读　者　QQ 群：327209040

麓山文化

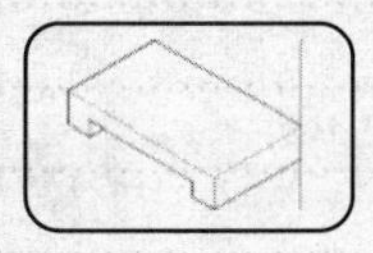

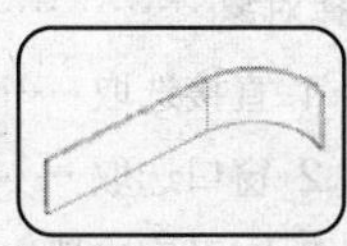

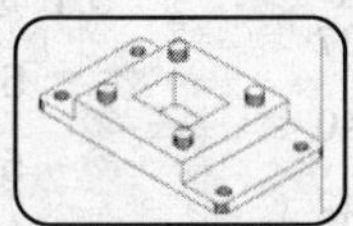

目录

第 10 章 三维绘图基础……187

第 11 章 创建三维实体和网格曲面……209

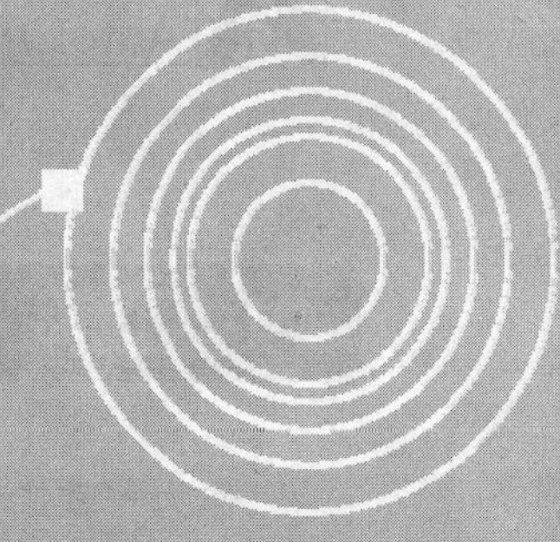

第 1 章

AutoCAD 2016 快速入门

AutoCAD 是由美国 Autodesk 公司开发的通用计算机辅助设计软件，使用它可以绘制二维图形和三维图形、标注尺寸、渲染图形及打印输出图样等，具有易掌握、使用方便、体系结构开放等优点，广泛应用于机械、建筑、电子、航空等领域。

本章主要介绍中文版 AutoCAD 2016 的基础知识，使读者更加了解 AutoCAD 2016 的使用方法。本章主要内容如下：

- ✧ AutoCAD 2016 工作空间与工作界面
- ✧ AutoCAD 2016 文件操作与命令执行
- ✧ AutoCAD 2016 视图与坐标系

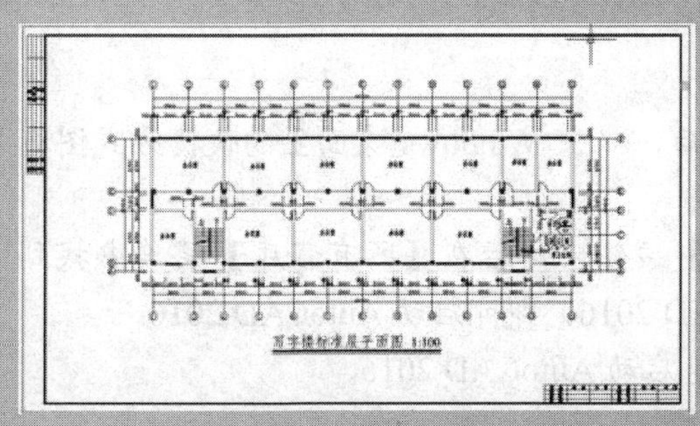

1.1 了解 AutoCAD 2016

作为一款广受欢迎的计算机辅助设计（Computer Aided Design，CAD）软件，AutoCAD 2016 在其原有版本的基础上精益求精，功能更为完善。本节将带领大家认识 AutoCAD 2016，了解其新的特性以及启动与退出的多种方式。

1.1.1 AutoCAD 概述

AutoCAD（Auto Computer Aided Design）是美国 Autodesk 公司首次于 1982 年生产的自动计算机辅助设计软件，用于二维绘图和三维设计，现已经成为国际上广为流行的绘图工具。

AutoCAD 广泛应用于土木工程、园林工程、环境艺术、机械、建筑、测绘、电气自动化、城乡规划、市政工程、交通工程、给排水等领域，*.dwg 文件格式为该软件二维绘图的标准格式。

AutoCAD 自推出以来，不断地进行了功能的修改与完善，该软件具有如下显著的特点：

- ✧ 具有完善的图形绘制功能；
- ✧ 有强大的图形编辑功能；
- ✧ 可以采用多种方式进行二次开发或用户定制；
- ✧ 可以进行多种图形格式的转换，具有较强的数据交换能力；
- ✧ 支持多种硬件设备；
- ✧ 支持多种操作平台；
- ✧ 具有通用性、易用性，适用于各类用户。

1.1.2 AutoCAD 2016 的启动与退出

本节将介绍 AutoCAD 2016 常用的启动与退出方法，通过本节的学习不但可以了解到 AutoCAD 2016 的启动与退出的多种方法，同时还能初步了解 AutoCAD 2016 的工作界面。

1. AutoCAD 2016 的启动

启动 AutoCAD 有以下几种常用方法：

- ✧ 成功安装好 AutoCAD 2016 应用程序后，双击 Windows 桌面上的快捷方式图标 ，即可快速启动 AutoCAD 2016。
- ✧ 单击 Windows 桌面左下角的【开始】按钮，然后在【所有程序】菜单中找到 Autodesk 子菜单，逐级选择至 AutoCAD 2016，即可启动 AutoCAD 2016。
- ✧ 鼠标双击已经存在的标准文件也可快速启动 AutoCAD 2016。

2. AutoCAD 2016 的退出

退出 AutoCAD 2016 有以下几种常用的方式：

- ✧ 单击左上角的【菜单浏览器】按钮，再选择【关闭】命令，退出 AutoCAD2016。
- ✧ 单击界面右上角的【关闭】按钮，可以快速退出 AutoCAD 2016。
- ✧ 在命令行中输入 QUIT 命令，按下回车键即可退出 AutoCAD 2016。

专家点拨

如果在退出 AutoCAD 2016 前对打开的文件进行过修改，那么在退出时将会弹出如图 1-1 所示的对话框，提示是否保存改动，此时就可以根据具体情况单击相应按钮。

AutoCAD

是否将改动保存到 Drawing4.dwg？

是(Y)　否(N)　取消

图 1-1　是否保存改动对话框

1.2　AutoCAD 2016 工作界面

启动 AutoCAD 2016 后即进入如图 1-2 所示的工作空间与界面。

AutoCAD 2016 提供了【草图与注释】、【三维基础】和【三维建模】3 种工作空间，默认情况下使用的为【草图与注释】工作空间，该工作空间提供了十分强大的“功能区”，十分方便初学者的使用，接下来具体了解该空间对应的工作界面。

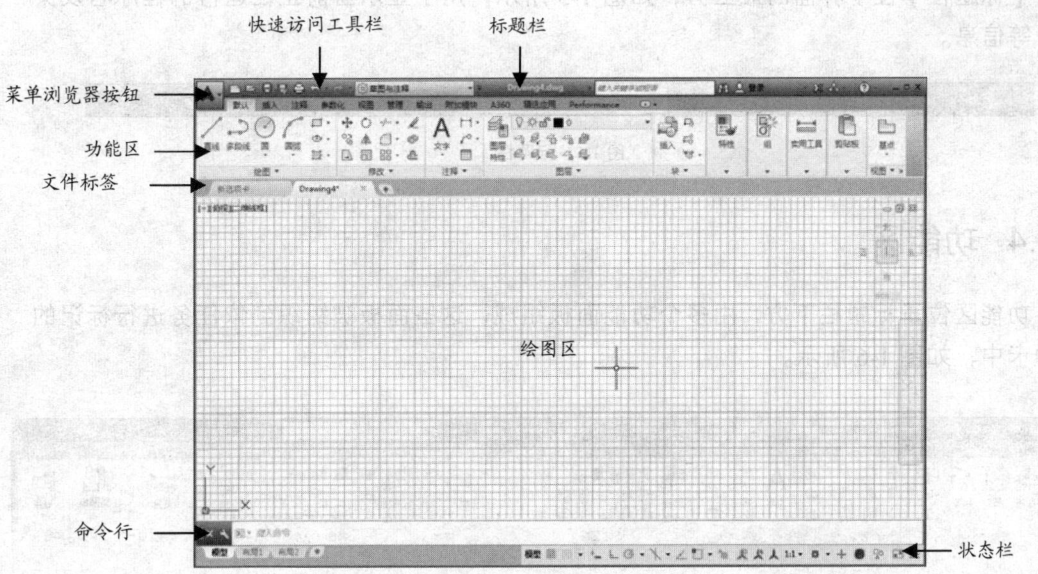

图 1-2　AutoCAD 2016 默认工作界面

1.2.1　菜单浏览器按钮

【菜单浏览器】按钮位于界面左上角。单击该按钮，系统弹出用于管理 AutoCAD

图形文件的命令列表，包括【新建】、【打开】、【保存】、【另存为】、【输出】及【打印】等命令。

1.2.2 快速访问工具栏

快速访问工具栏位于【菜单浏览器】右侧，包含最常用的快捷按钮，如图 1-3 所示。

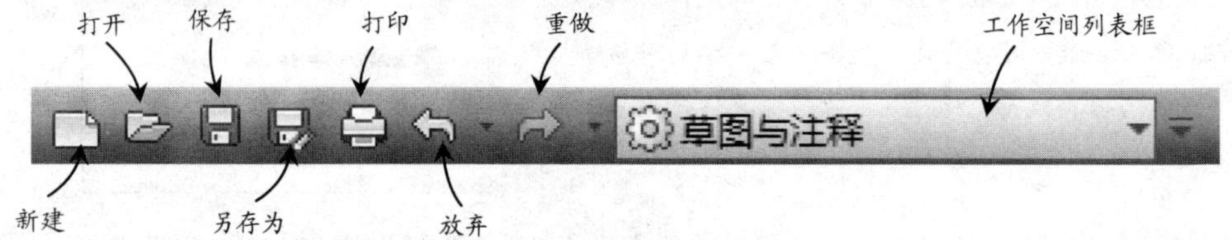

图 1-3 快速访问工具栏

快速访问工具栏右侧为【工作空间列表框】，如图 1-4 所示，用于切换 AutoCAD 2016 工作空间。快速访问工具栏中包含 7 个快捷按钮，分别为【新建】、【打开】、【保存】、【另存为】、【放弃】、【重做】和【打印】。

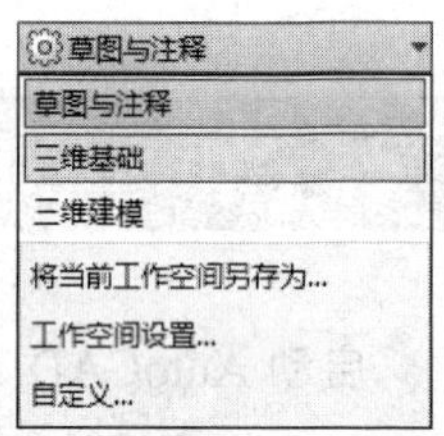

图 1-4 切换工作空间

1.2.3 标题栏

【标题栏】位于界面的最上方，如图 1-5 所示，用于显示当前正在运行的程序名及文件名等信息。

图 1-5 标题栏

1.2.4 功能区

功能区位于标题栏下方，由多个功能面板组成，这些面板被组织到依任务进行标记的选项卡中，如图 1-6 所示。

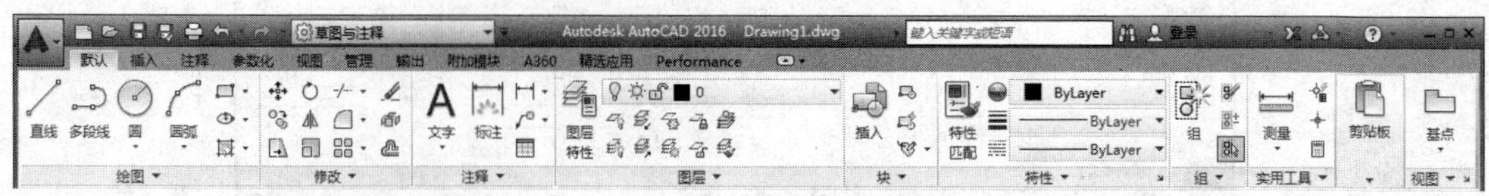

图 1-6 功能区

在默认状态的“草图和注释”空间中，【功能区】有 10 个选项卡，每个选项卡中包含若干个面板，每个面板中又包含许多由图标表示的命令按钮，用户单击面板中的命令图标按钮，即可快速执行该命令。

1.2.5 文件标签栏

文件标签栏由多个文件选项卡组成，如图 1-7 所示。每个打开的图形对应一个文件标签，单击标签即可快速切换至相应图形文件。单击标签栏右侧“+”按钮能快速新建图形。

在【标签栏】空白处单击鼠标右键，系统会弹出快捷菜单，用于对文件进行相关操作。内容包括新建、打开、全部保存和全部关闭。如果选择【全部关闭】命令，就可以关闭标签栏中的所有文件选项卡，而不会关闭 AutoCAD 2016 软件。

图 1-7　文件标签栏

1.2.6 绘图区

【绘图区】位于【标签栏】下方，占据了 AutoCAD 整个界面的大部分区域，用于显示绘制以及编辑图形与文字，如图 1-8 所示。单击【绘图区】右上角的【恢复窗口大小】按钮，可将绘图区进行单独显示，如图 1-9 所示，此时的窗口显示出了【绘图区】标题栏、窗口控制按钮、坐标系图标、十字光标等元素。

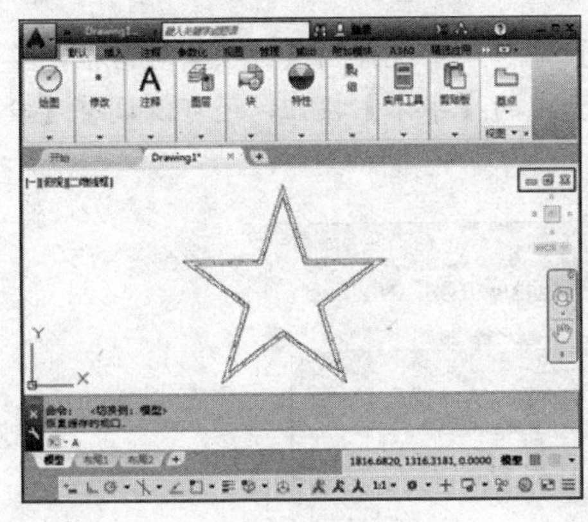

图 1-8　界面中的绘图区窗口

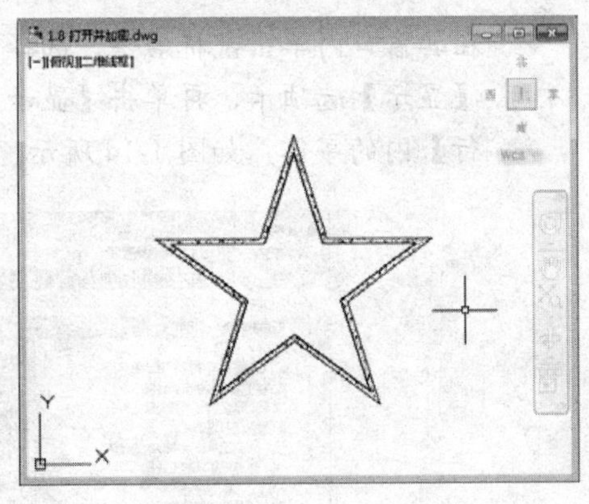

图 1-9　还原后的绘图区窗口

1.2.7 命令行与文本窗口

【命令行】窗口位于【绘图区】左下方，用于接收输入的命令，并显示 AutoCAD 提示信息，如图 1-10 所示。接下来了解【命令行】窗口的一些常用操作：

✧ 将光标移至命令行窗口的上边缘，当光标呈形状时，按住鼠标左键向上拖动鼠

标可以增加命令窗口显示的行数，如图 1-11 所示。

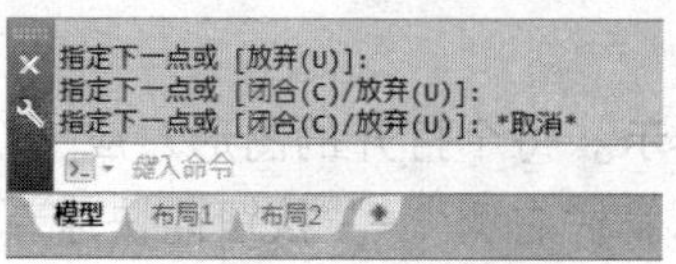

图 1-10 命令行窗口

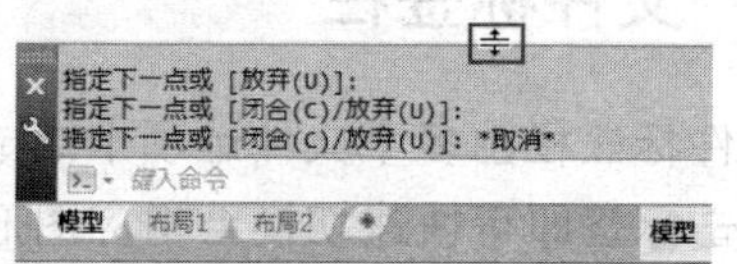

图 1-11 增加命令行显示行数

- ✧ 鼠标左键按住【命令行】窗口左侧的灰色区域，可以对其进行移动，使其成为浮动窗口，如图 1-12 所示。
- ✧ 按下键盘上的 F2 键，弹出 AutoCAD 文本窗口，利用独立的窗口接收输入的命令，显示 AutoCAD 提示信息，可以说是放大后的【命令行】窗口，如图 1-13 所示。

图 1-12 【命令行】浮动窗口

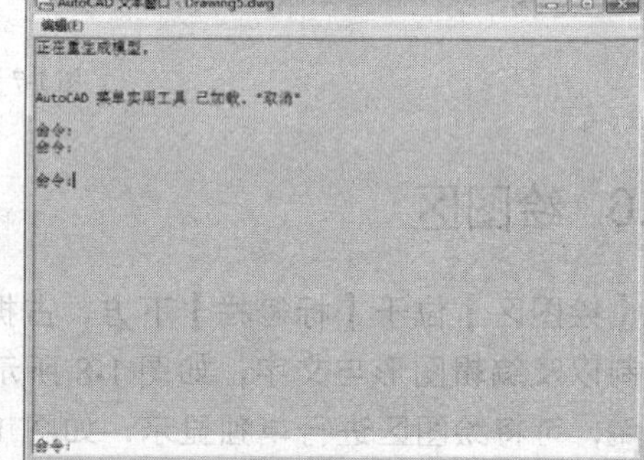

图 1-13 AutoCAD 文本窗口

- ✧ 在其窗口内单击鼠标右键，选择【选项】命令，系统弹出【选项】对话框，单击【显示】选项卡，再单击【显示】选项卡中的【字体】按钮，还可以调整【命令行】内的字体，如图 1-14 所示。

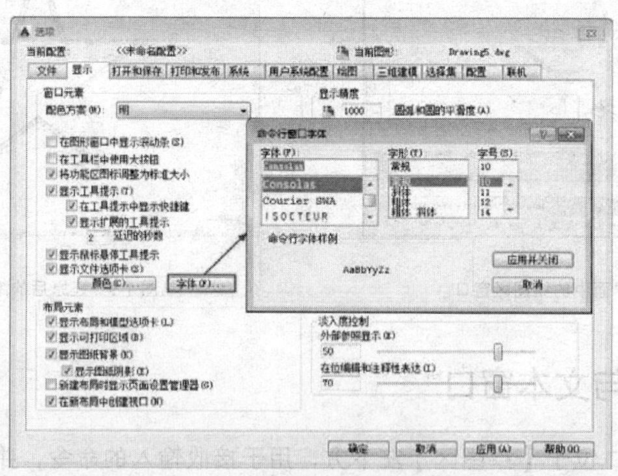

图 1-14 调整【命令行】字体

1.2.8 状态栏

状态栏位于【命令行】窗口下方，显示有 AutoCAD 2016 当前光标的坐标、绘图辅助工具以及快速查看、注释工具等按钮，如图 1-15 所示。

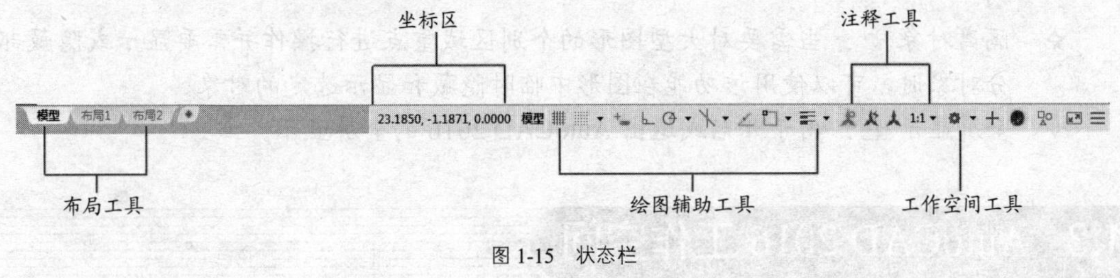

图 1-15　状态栏

1. 坐标区

坐标区从左至右三个数值分别是十字光标所在 X、Y、Z 轴的坐标数据。如果当前 Z 轴数值为 0，说明在绘制二维平面图形。

2. 注释工具

✧ 注释比例 1:1：注释时可通过此按钮调整注释的比例。

✧ 显示注释对象：单击该按钮，可选择仅显示当前比例的注释或是显示所有比例的注释。

3. 布局工具

使用其中的工具可以快速地预览打开的图形，打开图形的模型空间与布局，以及在其中切换图形，使之以缩略图形式显示在应用程序窗口的底部。

4. 绘图辅助工具

✧ 推断约束：该按钮用于开启或关闭推断约束。推断约束即自动在正在创建或编辑的对象与对象捕捉的关联对象或点之间应用约束，如平行、垂直等。

✧ 捕捉模式：该按钮用于开启或者关闭捕捉。捕捉模式可以使光标能够很容易抓取到每一个栅格上的点。

✧ 显示图形栅格：该按钮用于开启或者关闭栅格的显示。栅格即图幅的显示范围。

✧ 正交限制光标：该按钮用于开启或者关闭正交模式。正交即光标只能走与 X 轴或者 Y 轴平行的方向，不能画斜线。

✧ 极轴追踪：该按钮用于开启或者关闭极轴追踪模式，用于捕捉和绘制与起点水平线成一定角度的线段。

✧ 对象捕捉：该按钮用于开启或者关闭对象捕捉。对象捕捉即能使光标在接近某些特殊点的时候能够自动指引到那些特殊的点，如中点、垂足等。

✧ 对象捕捉追踪：该按钮用于开启或者关闭对象捕捉追踪。该功能和对象捕捉功能一起使用，用于追踪捕捉点在线性方向上与其他对象的特殊点的交点。

✧ 动态输入：动态输入的开启和关闭。

✧ 显示/隐藏线宽：该按钮控制线宽的显示或隐藏。

5. 常用的工作空间工具

✧ 切换工作空间：切换绘图空间，可通过此按钮切换 AutoCAD 2016 的工作空间。

✧ 隔离对象：当需要对大型图形的个别区域重点进行操作并需要显示或隐藏部分对象时，可以使用该功能在图形中临时隐藏和显示选定的对象。

✧ 全屏显示：用于开启或退出 AutoCAD 2016 的全屏显示。

1.3 AutoCAD 2016 工作空间

AutoCAD 2016 提供了【草图与注释】、【三维基础】和【三维建模】3 种工作空间模式。要在各工作空间模式中进行切换，有以下常用的 2 种方法：

✧ 利用【快速访问】工具栏中的【工作空间列表框】进行切换，如图 1-16 所示。

✧ 在状态栏中单击【切换工作空间】按钮进行空间切换，如图 1-17 所示。

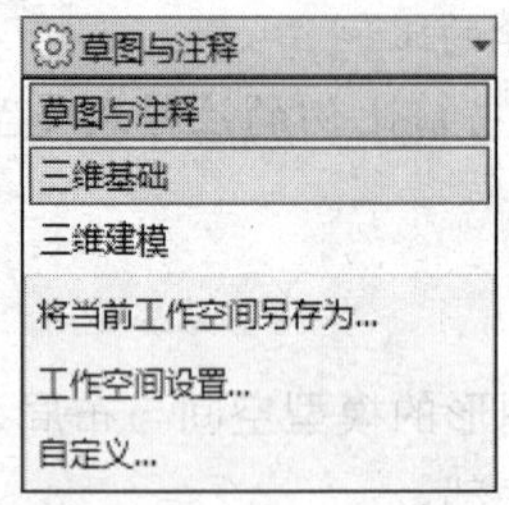

图 1-16　通过快速访问工具栏进行工作空间转换

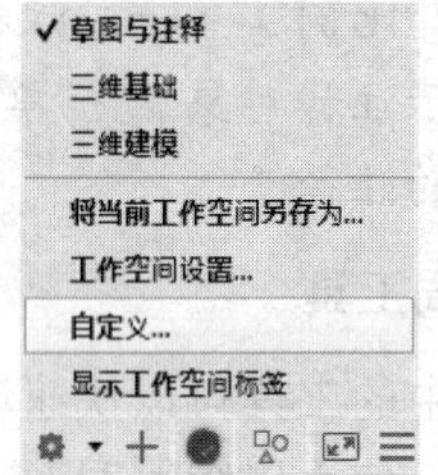

图 1-17　通过状态栏进行工作空间转换

1. 草图与注释空间

系统默认打开的是“草图与注释”空间，该空间界面主要由【菜单浏览器】、功能区、快速访问工具栏、绘图区、命令行和状态栏构成。通过【功能区】选项板中的各个选项卡，可以方便地绘制和标注二维图形。

2. 三维基础空间

“三维基础”空间界面如图 1-18 所示，使用该工作空间能够非常方便地调用三维建模、布尔运算和三维编辑等功能创建三维图形。

3. 三维建模空间

在三维建模空间【功能区】内集中了“常用”“实体”“曲面”“网格”“渲染”“插入”“注释”“视图”“管理”和“输出”等面板，能完成三维曲面、实体、网格模型的制作、细节的观察与调整，并对材质、灯光效果的制作、渲染和输出提供了便利的操作环境，三维建模工作空间界面如图 1-19 所示。

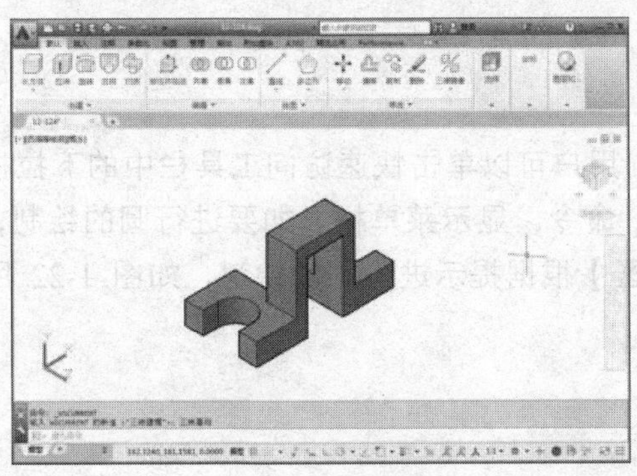

图 1-18　三维基础工作空间

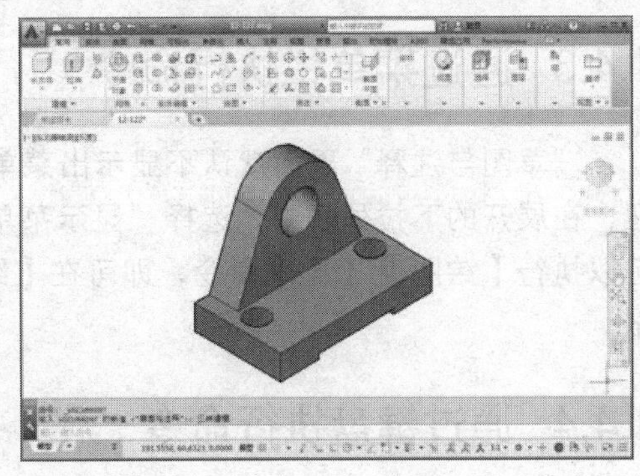

图 1-19　三维建模工作空间

1.4　AutoCAD 2016 执行命令的方式

AutoCAD 调用命令的方式非常灵活，主要采用键盘和鼠标结合的命令输入方式，即通过键盘输入命令和参数，通过鼠标执行工具栏中的命令、选择对象、捕捉关键点以及拾取点等。其中命令行输入是普通 Windows 应用程序所不具备的。

1.4.1　通过功能区执行命令

功能区分门别类的列出了 AutoCAD 绝大多数常用的工具按钮，例如在【功能区】单击【常用】功能选项卡内的绘制圆按钮，在绘图区内即可绘制圆图形，如图 1-20 所示。

1.4.2　通过工具栏执行命令

在显示的菜单栏中，单击“工具”|“工具栏”|“AutoCAD”子菜单命令，可以展开相应的工具栏。单击【工具栏】上的工具按钮即可执行相关的命令，如图 1-21 所示。

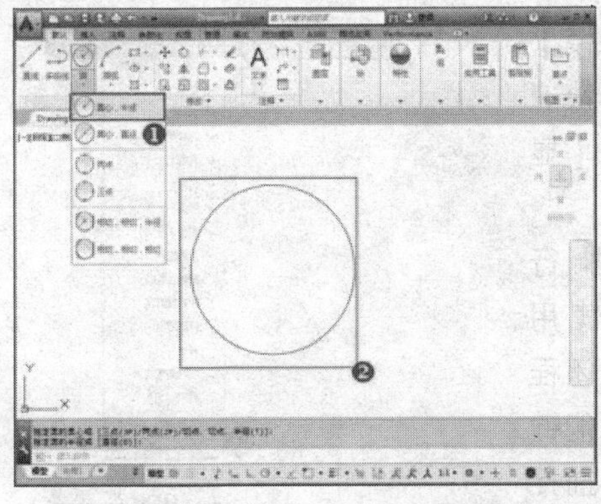

图 1-20　通过功能区按钮执行命令

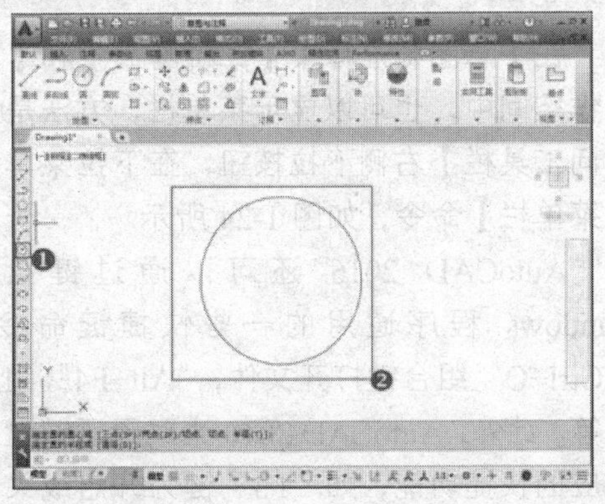

图 1-21　通过工具栏按钮执行命令

1.4.3 通过菜单栏执行命令

"草图与注释"界面默认不显示出菜单栏，用户可以单击快速访问工具栏中的下拉按钮，在展开的下拉列表中，选择"显示菜单栏"命令，显示菜单栏。如要进行圆的绘制，可以执行【绘图】|【圆】命令，即可在【绘图区】根据提示进行圆的绘制，如图 1-22 所示。

1.4.4 通过键盘执行命令

在命令行内输入对应的命令字符或是快捷键命令，就可执行命令，如在命令行中输入"Circle"/"C"并按回车执行，即可在【绘图区】进行圆形的绘制，如图 1-23 所示。

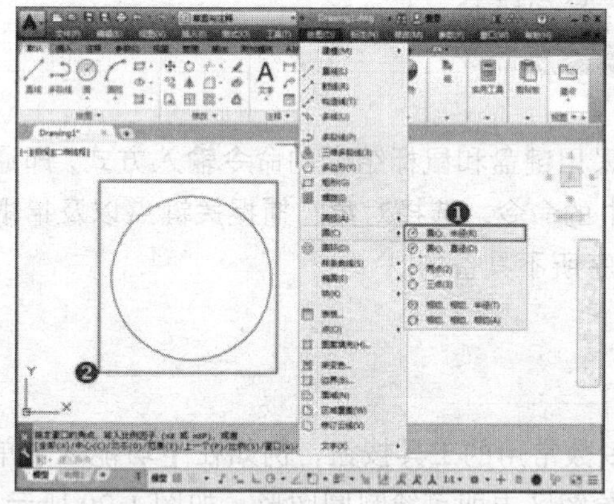

图 1-22 通过菜单执行命令

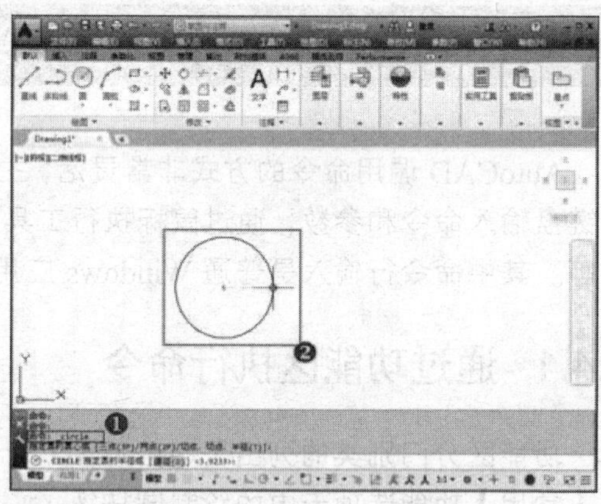

图 1-23 通过命令行执行命令

专家点拨

AutoCAD2016 命令行具有自动完成命令功能，在命令行输入命令时，系统会自动显示相关命令列表，并自动完成输入，从而大大降低了用户使用命令的难度。

在【草图与注释】、【三维基础】和【三维建模】工作空间中，也可以显示菜单栏，方法是单击【快速访问工具栏】右侧下拉按钮，在下拉菜单中选择【显示菜单栏】命令，如图 1-24 所示。

AutoCAD 2016 还可以通过键盘直接执行 Windows 程序通用的一些快捷键命令，如使用"Ctrl+O"组合键打开文件，"Alt+F4"组合键关闭程序等。此外，AutoCAD 2016 也赋予了键盘上的功能键对应的快捷功能，如"F3"键为开启或关闭对象捕捉的快捷键。

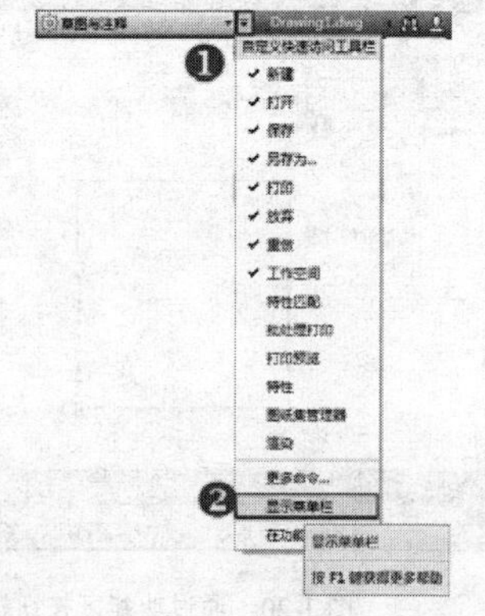

图 1-24 显示菜单栏

常用的键盘按键对应的 AutoCAD 功能见附录 2。

1.4.5 通过鼠标按键执行命令

除了通过键盘按键直接执行命令外，在 AutoCAD 中通过鼠标左、中、右三个按钮单独或是配合键盘按键还可以执行一些常用的命令。

常用的鼠标按键与其对应的功能如下：

- ✧ 单击鼠标左键：拾取键。
- ✧ 双击鼠标左键：进入对象特性修改对话框。
- ✧ 单击鼠标右键：快捷菜单或者是回车键功能。
- ✧ Shift+右键：对象捕捉快捷菜单。
- ✧ 在工具栏中单击鼠标右键：快捷菜单。
- ✧ 向前或向后滚动鼠标滚轮：实时缩放。
- ✧ 按住滚轮不放和拖拽：实时平移。
- ✧ 双击鼠标滚轮：缩放成实际范围。

1.4.6 命令的终止与重复

在使用 AutoCAD 绘图的过程中，有时会产生误操作，有时则需要重复使用某项命令，

1. 终止命令

- ✧ 对于已经执行但尚在进行的命令，按下 ESC 键可退出当前命令。
- ✧ 而对于已经确定执行，但仍未在【绘图区】体现效果的命令，如比较复杂的【填充】效果，按 Esc 键同样可以终止，但有的命令可能需要连续按下两次 ESC 键。

2. 重复命令

在绘图过程中经常会重复使用同一个命令，如果每一次都重复操作，会使绘图效率大大降低。下面介绍 2 种常用的重复使用命令的方法：

- ✧ 快捷键：按回车键或空格键均可重复使用上一个命令。
- ✧ 鼠标：完成上次命令后单击鼠标右键，在弹出的快捷菜单中选择“最近使用的命令”选项，可重复调用上一个使用的命令。

1.4.7 放弃与重做

对于已经完成效果的命令，如果要取消其产生的效果，可以使用放弃操作，而对于错误的放弃操作，则又可以通过重做操作进行还原。

1. 放弃操作

AutoCAD 2016 提供了如下两种常用方法执行放弃操作：

- ✧ 快捷键：按下 Ctrl+Z 的组合键，这是最常用的方法。
- ✧ 工具栏：单击【快速访问工具栏】上【放弃】按钮。

2. 重做操作

AutoCAD 2016 提供了如下两种常用方法执行重做操作：

✧ 快捷键：按下 Ctrl+Y 组合键，这是最常用的方法。

✧ 工具栏：单击【快速访问工具栏】上【重做】按钮。

1.5 AutoCAD2016 图形文件的基本操作

AutoCAD 2016 图形文件的基本操作主要包括新建图形文件、打开图形文件以及保存图形文件等。

1.5.1 新建图形文件

在 AutoCAD 2016 中创建新的图形文件有以下常用的几种方法：

✧ 快捷键：按下 Ctrl + N 组合键。

✧ 工具栏：单击【快速访问】工具栏中的【新建】按钮。

✧ 菜单栏：执行【文件】|【新建】命令。

执行上述任一命令后，系统弹出【选择样板】对话框，如图 1-25 所示。用户可以根据绘图需要，在对话框中选择打开不同的绘图样板，即可以样板文件创建一个新的图形文件。单击【打开】按钮下拉菜单可以选择打开样板文件的方式，共有【打开】、【无样板打开-英制（I）】、【无样板打开-公制（M）】三种方式，通常选择默认的【打开】方式。

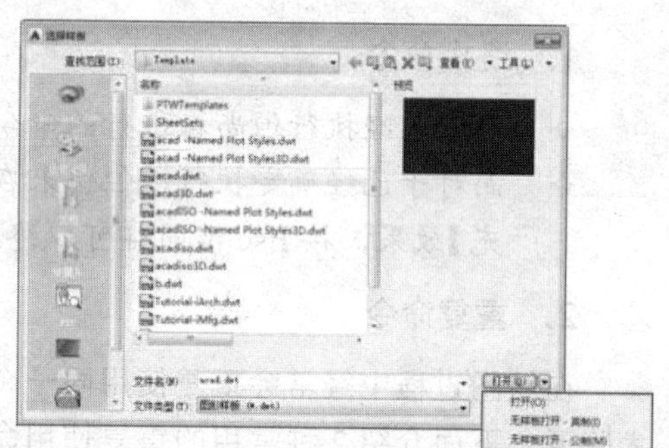

图 1-25 【选择样板】对话框

1.5.2 打开图形文件

在 AutoCAD 2016 中打开已有的图形文件有以下常用的几种方法：

✧ 快捷键：按下 Ctrl+O 组合键。

✧ 工具栏：单击【快速访问】工具栏中的【打开】按钮。

✧ 菜单栏：执行【文件】|【打开】命令。

执行上述任一命令后，系统会弹出【选择文件】对话框，如图 1-26 所示。

直接在对话框中双击目标文件名即可打开该图形，此外【打开】按钮下拉菜单提供了如图 1-26 所示 4 种打开方式：打开、以只读方式打开、局部打开、以只读方式局部打开。

1.5.3 保存图形文件

在绘图过程中，应该经常保存正在绘制的文件，以防止一些突发情况造成绘制图形丢失，保存文件有以下几种常用方式：

- ✧ 快捷键：按 Ctrl+S 组合键。
- ✧ 工具栏：单击【快速访问】工具栏中的【保存】按钮。
- ✧ 菜单栏：执行【文件】|【保存】命令。

如果文件是首次进行【保存】，执行上述任一命令后，系统均会弹出【图形另存为】对话框，如图 1-27 所示。在【文件名】文本框中输入图形文件的名称，然后单击【保存】按钮即可完成文件的保存。

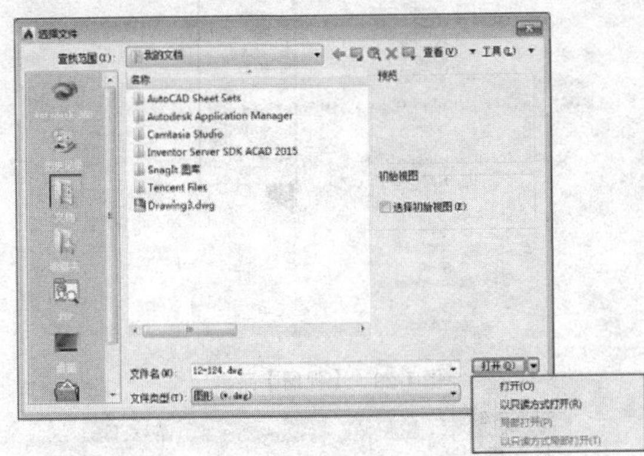

图 1-26　【选择文件】对话框

图 1-27　【图形另存为】对话框

1.6 AutoCAD 视图的控制

在使用 AutoCAD 绘图过程中经常需要对视图进行平移、缩放、重生成等操作，以方便观察视图并保持绘图的准确性。

1.6.1 视图缩放

图形的显示缩放命令可以调整当前视图大小，既能观察较大的图形范围，又能观察图形的细节，视图缩放不会改变图形的实际大小。

在 AutoCAD 中进行视图的缩放有以下几种常用方法：

- ✧ 鼠 标：在【绘图区】内滚动鼠标滚轮进行视图缩放，这是最常用的方法。
- ✧ 功能区：进入【视图】选项卡，在【导航】面板选择视图缩放工具进行视图缩放操作，如图 1-28 所示。
- ✧ 菜单栏：打开【视图】|【缩放】菜单，在下级菜单中选择相应的命令，如图 1-29 所示。
- ✧ 命令行：在命令行输入 ZOOM/Z 并按回车键，根据命令行的提示，缩放图形。

常用缩放形式和执行方法如下：

- ✧ 全部缩放：【全部缩放】将最大化显示整个模型空间所有图形对象（包括绘图界

限范围内、外的所有对象）和视觉辅助工具（如栅格），如图 1-30 与图 1-31 所示为全部缩放前后对比效果。

✧ 中心缩放：【中心缩放】需要根据命令行的提示，首先在【绘图区】内指定一个点，然后设定整个图形的缩放比例，而这个点在缩放之后将成为新视图的中心点。

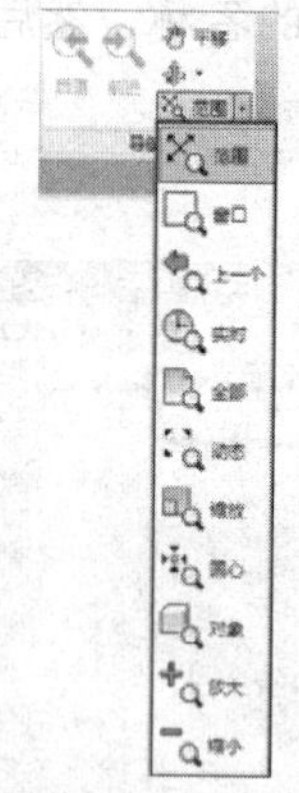

图 1-28 【视图】选项卡

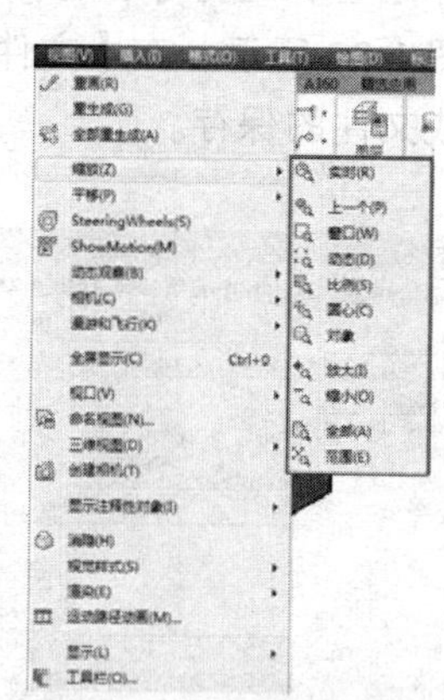

图 1-29 【视图】菜单

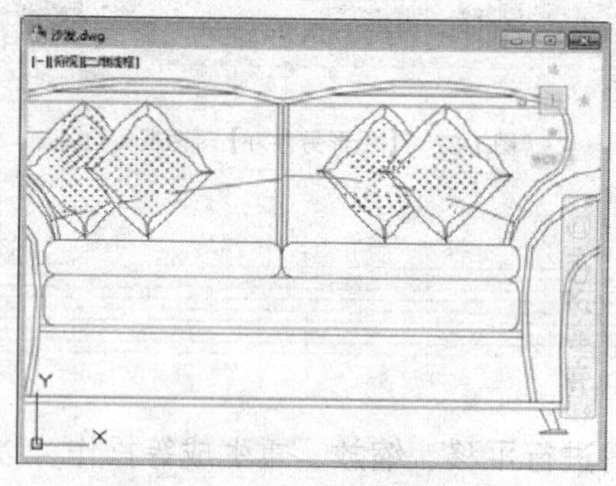

图 1-30 全部缩放前

图 1-31 全部缩放后

✧ 动态缩放：使用【动态缩放】时，绘图区将显示几个不同颜色的方框，拖动鼠标移动当前【视区框】到所需位置，然后单击鼠标左键调整方框大小，确定大小后按回车即可将当前视区框内的图形最大化显示，如图 1-32 与图 1-33 所示为缩放前后的对比效果。

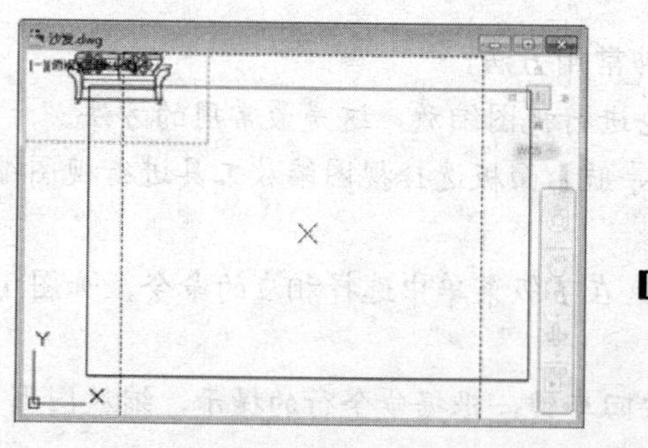

图 1-32 动态缩放前

图 1-33 动态缩放后

✧ 范围缩放：【范围缩放】能使所有图形对象最大化显示，充满整个视口。

✧ 比例缩放：可以根据输入的值对视图进行比例缩放，输入方法有直接输入数值（相对于图形界限进行缩放）、在数值后加 X（相对于当前视图进行缩放）、在数值后加 XP（相对于图纸空间单位进行缩放）。在实际工作中，通常直接输入数值进行缩放，如图 1-34 至图 1-35 所示为相对当前视图放大 2 倍（即输入 2X）后的效果。

图 1-34 比例缩放前

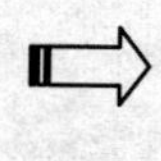

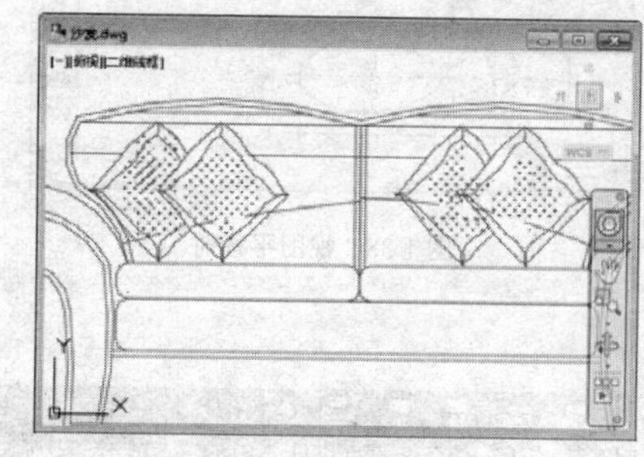

图 1-35 比例缩放后

✧ 窗口缩放：以矩形窗口指定的区域缩放视图，需要用鼠标在【绘图区】指定两个角点以确定一个矩形窗口，该窗口区域的图形将放大到整个视图范围。

✧ 对象缩放：【对象缩放】方式使选择的图形对象最大化显示在屏幕上，如图 1-36 与图 1-37 所示。

✧ 实时缩放：【实时缩放】为默认选项，执行 ZOOM 命令后按回车键即可。

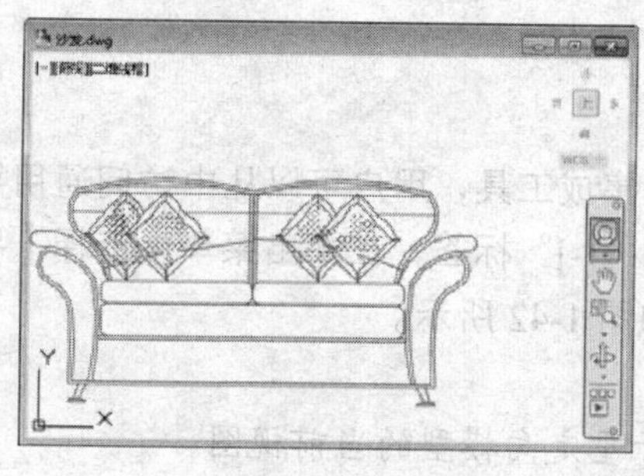

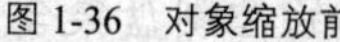

图 1-36 对象缩放前

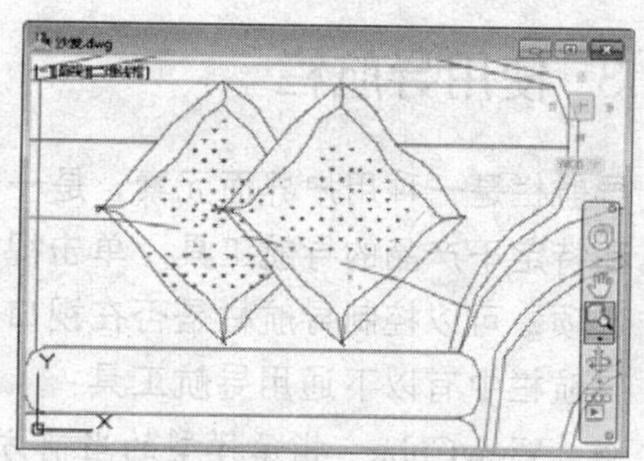

图 1-37 对象缩放后

1.6.2 视图平移

【视图平移】不改变视图图形的显示大小，只改变视图内显示的图形区域，以便于观察图形的组成部分，如图 1-38 与图 1-39 所示。

在 AutoCAD 中执行平移命令的方法有以下几种：

✧ 命令行：在命令行中输入 PAN/P 并按回车键执行。

✧ 工具栏：单击【视图】选项卡【导航】面板中的【平移】按钮，如图 1-40 所示。

✧ 菜单栏：执行【视图】|【平移】命令，在弹出的子菜单中选择相应的命令，如图 1-41 所示。

◇ 鼠　标：按住鼠标滚轮拖动，可以快速进行视图平移。

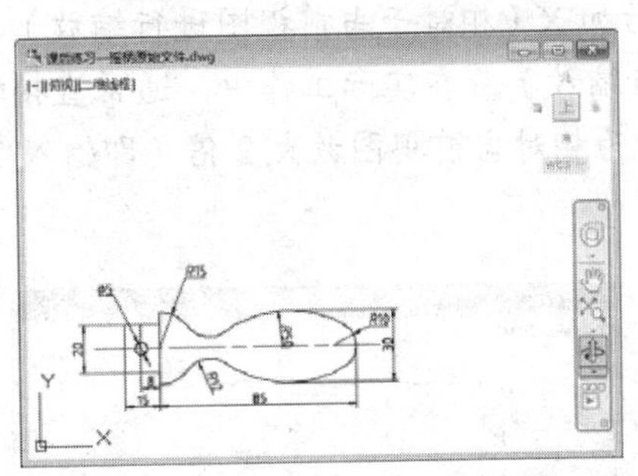

图 1-38　视图平移前

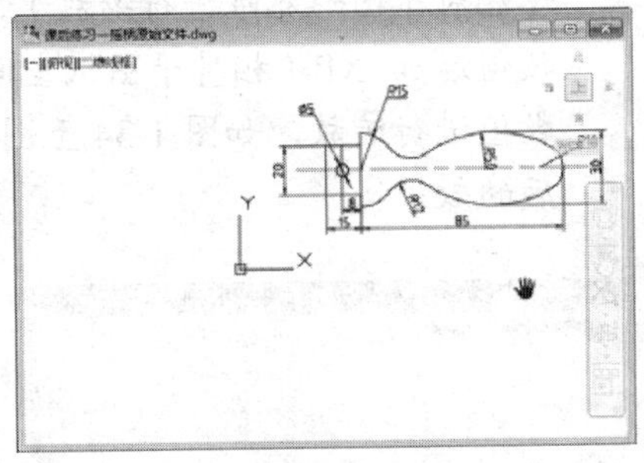

图 1-39　视图平移后

图 1-40　【功能区】平移工具

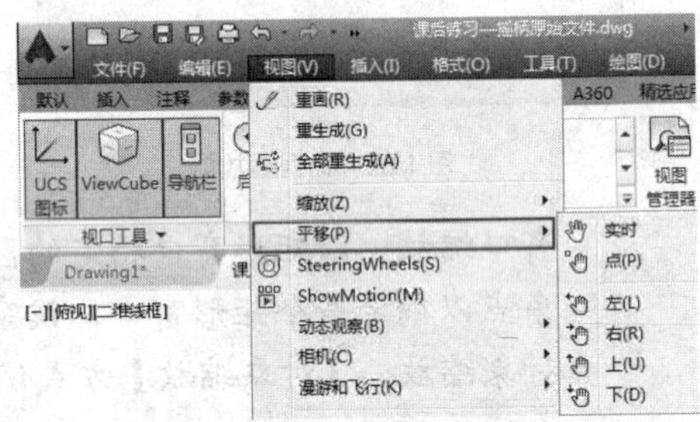

图 1-41　【视图】菜单平移命令

1.6.3 使用导航栏

导航栏是一种用户界面元素，是一个视图控制集成工具，用户可以从中访问通用导航工具和特定于产品的导航工具。单击视口左上角的“[-]”标签，在弹出菜单中选择【导航栏】选项，可以控制导航栏是否在视口中显示，如图 1-42 所示。

导航栏中有以下通用导航工具：

◇ ViewCube：指示模型的当前方向，并用于重定向模型的当前视图。

◇ SteeringWheels：用于在专用导航工具之间快速切换的控制盘集合。

◇ ShowMotion：用户界面元素，为创建和回放电影式相机动画提供屏幕显示，以便进行设计查看、演示和书签样式导航。

◇ 3Dconnexion：一套导航工具，用于使用 3Dconnexion 三维鼠标重新设置模型当前视图的方向。

导航栏中有以下特定于产品的导航工具：

◇ 平移工具：用于沿屏幕平移视图。

◇ 缩放工具：用于增大或减小模型

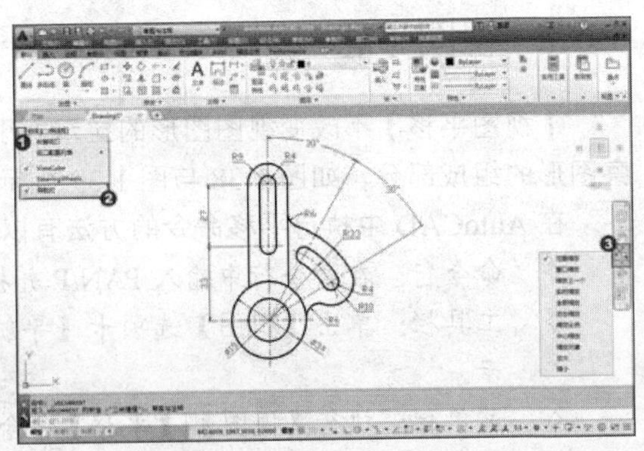

图 1-42　使用导航栏

的当前视图比例的导航工具集。

✧ 动态观察工具：用于旋转模型当前视图的导航工具集。

1.6.4 命名视图

使用【命名视图】命令，可以将某些视图范围命名并保存下来，供以后随时调用。在 AutoCAD 中执行该命令的常用方法有以下几种：

✧ 命令行：在命令行输入 VIEW/V 并按回车键执行。

✧ 功能区：单击【视图】选项卡【导航】面板【视图管理器】按钮，如图 1-43 所示。

✧ 菜单栏：执行【视图】|【命名视图】菜单命令，如图 1-44 所示。

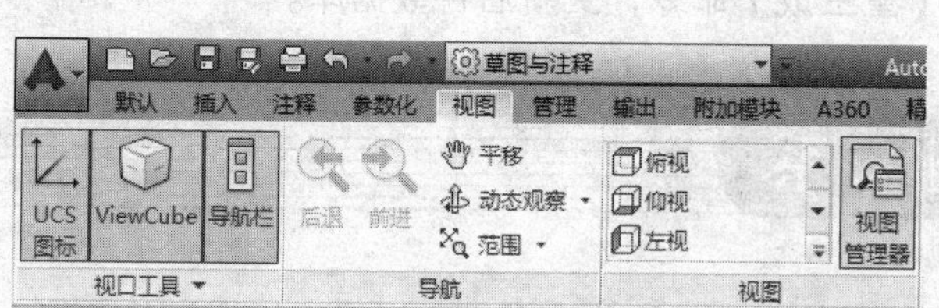

图 1-43　功能区按钮

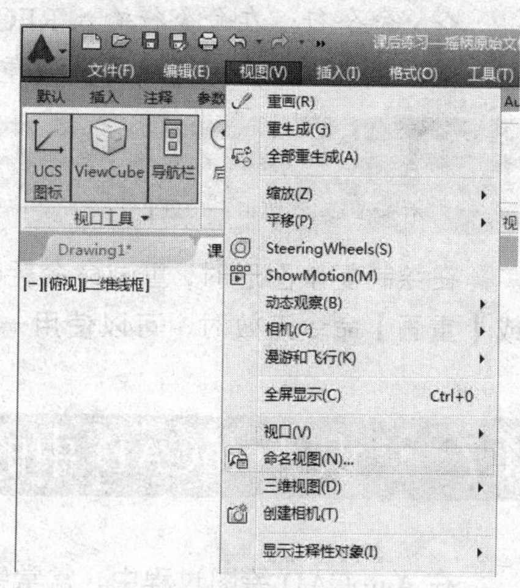

图 1-44　【命名视图】菜单命令

执行上述任一命令后，系统弹出【视图管理器】对话框，单击【新建】按钮即可在弹出的【新建视图/快照特性】对话框中新建命名视图，如图 1-45 所示。单击【确定】按钮，返回【视图管理器】对话框，将新建的视图置为当前，单击【确定】按钮，完成设置，如图 1-46 所示。

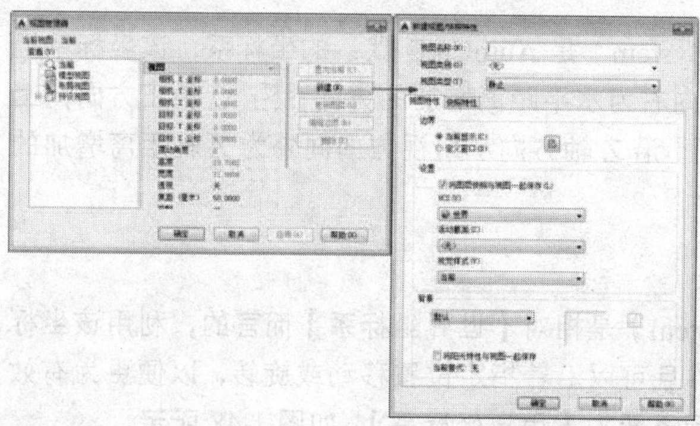

图 1-45　新建命名视图

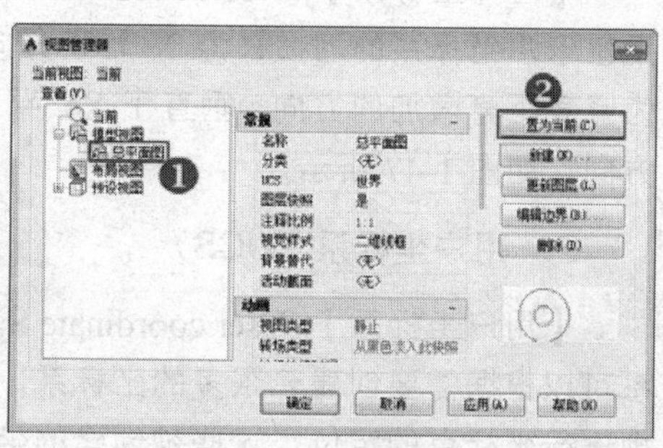

图 1-46　调用命名视图

1.6.5 重生成与重画视图

在 AutoCAD 中，某些操作完成后，操作效果往往不会立即显示出来，或者在屏幕上留下绘图的痕迹与标记。此时需要通过视图刷新对当前图形进行重新生成，视图刷新的命令主要有两个：【重生成】命令和【重画】命令。

【重生成】命令将重新计算当前视区中所有对象的屏幕坐标并重新生成整个图形。【重画】只刷新屏幕显示；而【重生成】不仅刷新显示，还更新图形数据库中所有图形对象的屏幕坐标。

两个命令都是 AutoCAD 自动完成的，不需要输入任何参数，也没有预备选项。

在 AutoCAD 中执行重生成命令的常用方法有以下两种：

✧ 命令行：在命令行输入 REGEN/RE 并按回车键执行。

✧ 菜单栏：执行【视图】|【重生成】菜单命令。

专家点拨 >>>

如果要重生成所有视图内图形，可以执行【视图】|【全部重生成】命令。

在绘制复杂图形时，重画命令耗时比较短，可以用于刷新屏幕。每隔一段较长的时间，或【重画】命令无效时，可以使用一次【重生成】命令，更新后台数据库。

1.7 认识 AutoCAD 中的坐标系

在 AutoCAD 绘图过程中，常常需要使用某个坐标系作为参照，以确定拾取点的位置，来精确定位某个对象。

1.7.1 认识坐标系统

在 AutoCAD 2016 中，坐标系可以分为【世界坐标系】(WCS)和【用户坐标系】(UCS)。

1. 世界坐标系（WCS）

【世界坐标系】(World Coordinate System)是 AutoCAD 默认的坐标系，该坐标系沿用笛卡尔坐标系的习惯，沿 X 轴正方向向右为水平距离增加的方向，沿 Y 轴正方向向上为竖直距离增加的方向，垂直于 XY 平面，沿 Z 轴方向从所视方向向外为 Z 轴距离增加的方向，如图 1-47 所示。

2. 用户坐标系（UCS）

【用户坐标系】(User coordinate System)是相对【世界坐标系】而言的，利用该坐标系可以根据需要创建无限多的坐标系，并且可以沿着指定位置移动或旋转，以便更为有效地进行坐标点的定位，这些被创建的坐标系即为【用户坐标系】，如图 1-48 所示。

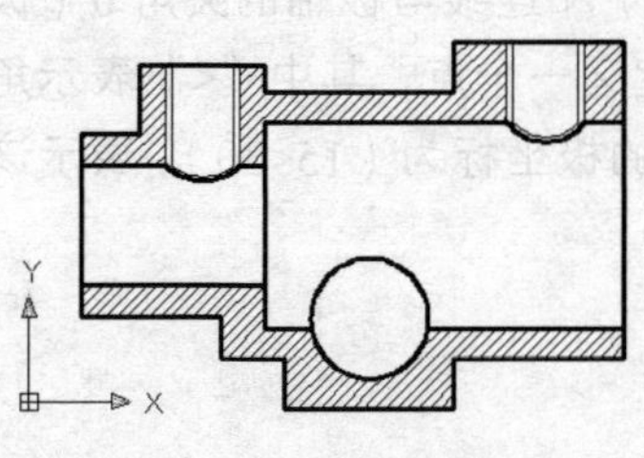

图 1-47　世界坐标系

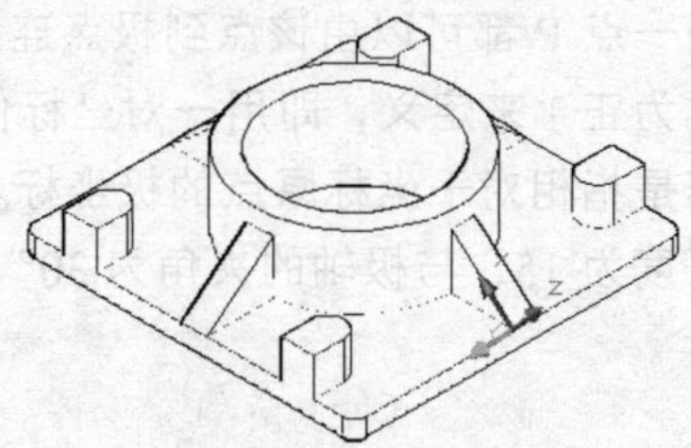

图 1-48　用户坐标系

专家点拨 >>>

【世界坐标系】的轴向判断遵循右手定则，该坐标系重要之处在于世界坐标总是存在于一个设计图形之中，并且不可更改。

1.7.2 坐标的表示方法

通常在调用某个 AutoCAD 命令时，还需要用户提供相应附加信息与参数，以便指定该命令所要完成的工作或动作执行的方式、位置等。鼠标虽然使作图方便了许多，但当要精确地定位一个点时，仍然需要采用坐标输入方式。

AutoCAD 2016 坐标输入方式有：绝对直角坐标、绝对极坐标、相对直角坐标和相对极坐标。

1. 绝对直角坐标

绝对直角坐标是相对于坐标原点的坐标，可以使用分数、小数或科学计数等形式表示点的 X、Y、Z 坐标值，坐标中间用逗号隔开。如图 1-49 中 P 点的绝对直角坐标为（5,4）。

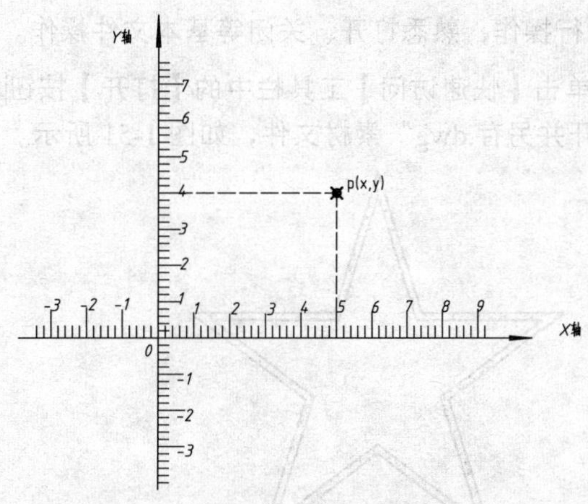

图 1-49　绝对直角坐标系

2. 绝对极坐标

极坐标系是由一个极点和一根极轴构成，极轴的方向为水平向右，如图 1-50 所示，平

面上任何一点 P 都可以由该点到极点连线长度 L（>0）和连线与极轴的夹角 α（极角，逆时针方向为正）来定义，即用一对坐标值（L<a）来定义一个点，其中“<”表示角度。绝对极坐标是指相对于坐标原点的极坐标。例如，某点的极坐标为（15<30），表示该点距离极点的长度为 15，与极轴的夹角为 30°。

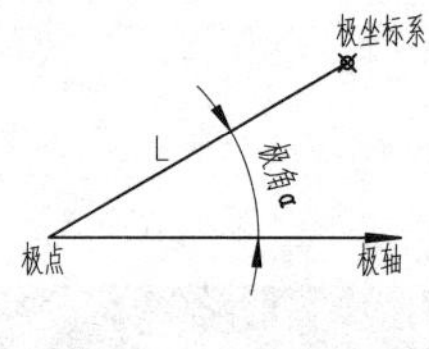

图 1-50　极坐标系

3. 相对直角坐标和相对极坐标

相对直角坐标是基于上一个输入点而言，以某点相对于另一特定点的相对位置来定义该点的位置。相对特定坐标点（X、Y、Z）增量为（nX、nY、nZ）的坐标点的输入格式为（@nX,nY,nZ），其中@字符表示使用相对坐标输入。

相对极坐标以某一特定的点为参考极点，输入相对于参考极点的距离和角度来定义一个点的位置。相对极坐标的格式输入为（@A<角度），其中 A 表示指定点与特定点的距离。

> **专家点拨**
>
> AutoCAD 只能识别英文标点符号，所以在输入坐标时候，中间的逗号必须是英文标点，其他的符号也必须为英文符号。

1.8 综合实例——文件基本操作

本节通过对图形文件进行操作，熟悉打开、关闭等基本文件操作。

01 启动 AutoCAD 2016，单击【快速访问】工具栏中的【打开】按钮，打开光盘中的“素材\第 01 章\1.8 打开并另存.dwg”素材文件，如图 1-51 所示。

图 1-51　打开的图形文件

02 单击【快速访问】工具栏中的【另存为】按钮，系统弹出【图形另存为】对话框，如图 1-52 所示。

03 在文件名文本框中输入新的名称，然后单击【保存】按钮，回到模型界面。

04 关闭文件。单击标签栏上的【关闭】按钮，关闭文件。

图 1-52　【另存为】对话框

专家点拨

保存文件时，除了文件命名的原则外，还要注意文件类型的选择，若要给以前的 AutoCAD 版本使用，需要在【图形另存为】对话框中的【文件类型】下拉列表框中进行选择。

1.9 习 题

1. 填空题

(1) AutoCAD 2016 为用户提供了______、______和______3 种工作空间模式。

(2) 图形文件可以以______、______、______和______4 种方式打开。

(3) 在【命令行】中执行______命令可以打开 AutoCAD 文本窗口。

(4) 在命令执行过程中，可以随时按______键终止执行任何命令。

2. 操作题

(1) AutoCAD 2016 提供了一些实例图形文件（为于 AutoCAD 2016 安装目录下的 Sample 子目录），打开并浏览这些图形，试着将某些图形文件换名保存在相应的目录中。

(2) 打开一个 AutoCAD 图形文件，将其保存为样板文件。

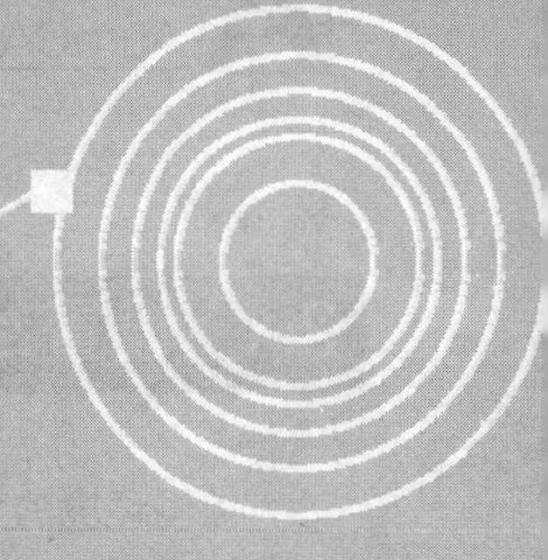

第 2 章

优化绘图环境

利用 AutoCAD 进行工程设计和制图之前，根据工作需要和用户个人操作习惯设置好 AutoCAD 的绘图环境，有利于形成统一的设计标准和工作流程，提高设计工作的效率。绘图环境的优化包括设置绘图环境、设置辅助功能以及设置光标样式。

本章主要内容有：

- ✧ 自定义功能区与工具栏
- ✧ 设置图形界限与单位
- ✧ 设置绘图区颜色与显示精度
- ✧ 设置鼠标右键功能与窗口元素
- ✧ 使用辅助绘图工具

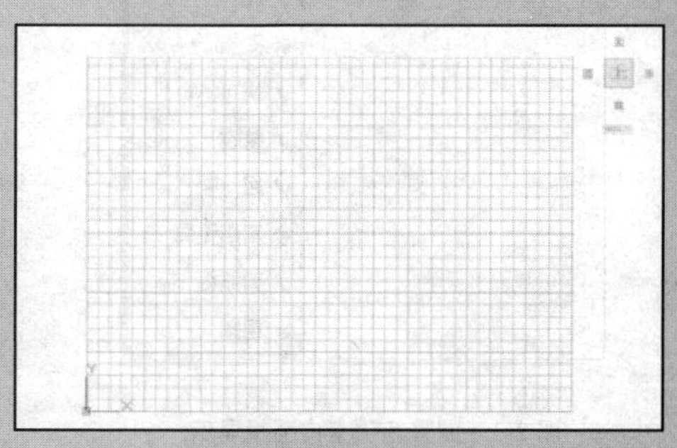

2.1 设置绘图环境

绘图环境的设置主要包括工作界面的显示，图形界限、图形单位、绘图区颜色、鼠标右键功能、窗口元素以及绘图系统的调整等。

2.1.1 自定义功能区面板

功能区为 AutoCAD 2016 在默认工作空间以及【三维基础】和【三维建模】工作空间内进行图形绘制、编辑、视图控制等操作的工作平台，使用最为频繁，因此对其进行显示与构成进行管理设置，能有效提高绘图效率。

1. 切换功能区显示方式

单击【功能区】右侧下拉按钮，可以选择最小化选项卡、面板标题、面板按钮、菜单命令，如图 2-1 所示，以逐步扩大【绘图区】空间。

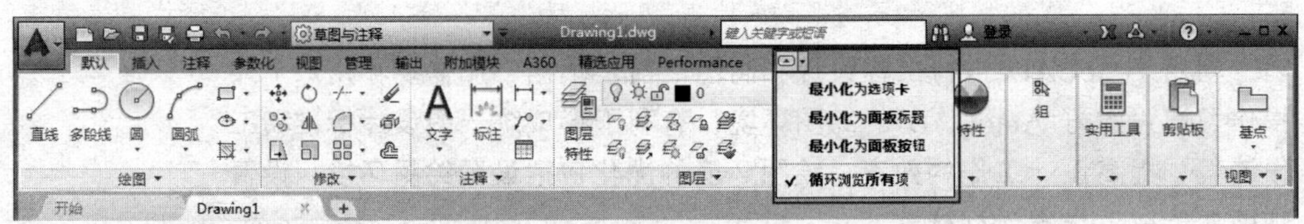

图 2-1　功能区下拉按钮菜单

2. 自定义选项卡及面板的构成

鼠标右击面板按钮，弹出显示控制快捷菜单，如图 2-2 与图 2-3 所示，可以分别调整【选项卡】与【面板】的显示内容，名称前被勾选则内容显示，反之则隐藏。

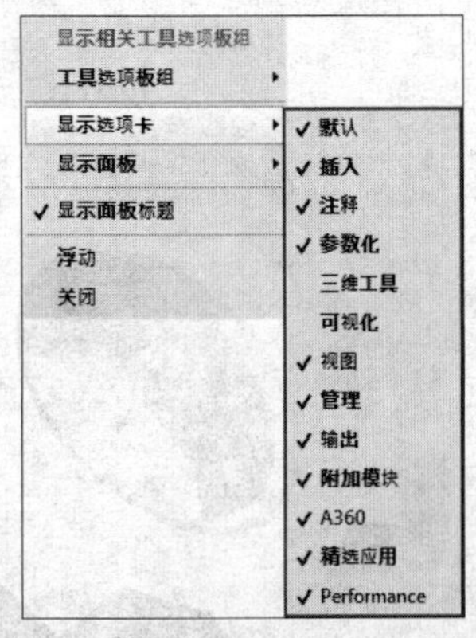

图 2-2　调整功能选项卡显示

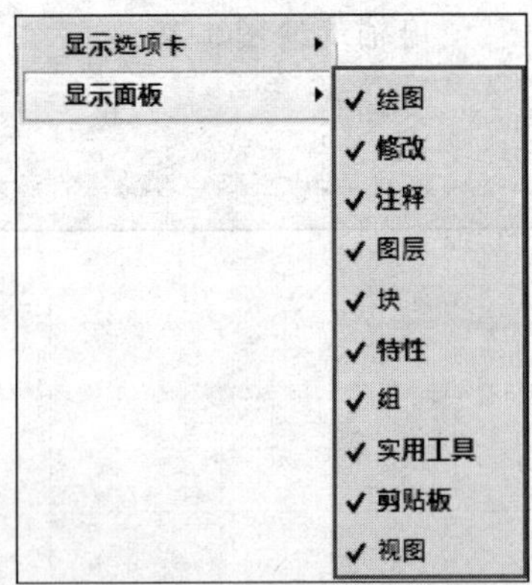

图 2-3　调整选项卡内面板显示

专家点拨

面板显示子菜单会根据不同的选项卡进行变换，面板子菜单为当前打开选项卡的所有面板名称列表。

3. 调整功能区位置

在【选项卡】名称上单击鼠标右键，将弹出如图 2-4 所示的菜单，选择其中的【浮动】命令，可使【功能区】浮动在【绘图区】上方，此时鼠标左键按住【功能区】左侧灰色边框拖动，可以自由调整其位置。

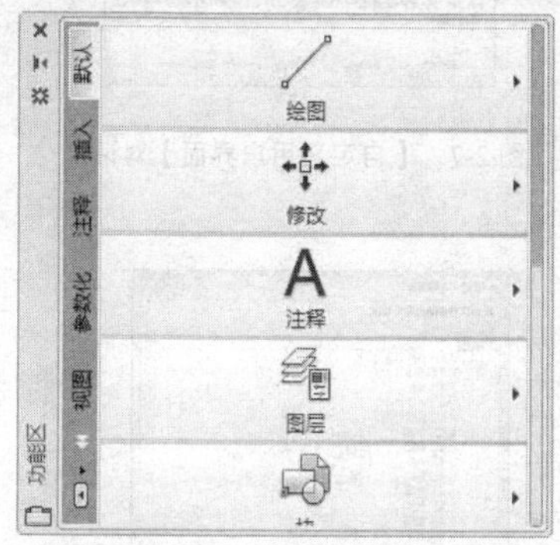

图 2-4　浮动功能区

图 2-5　关闭【功能区】

专家点拨

如果选择菜单中的【关闭】命令，则将整体隐藏功能区，进一步扩大绘图区区域，如图 2-5 所示。

2.1.2 自定义工具栏

AutoCAD 2016 共有 50 多个工具栏，用户可控制这些工具栏的显示和隐藏，以及显示的位置和方式。

1. 打开/关闭工具栏

在任一工具栏上单击鼠标右键，系统弹出【工具栏】快捷菜单，如图 2-6 所示。被勾选的就是当前已经显示的工具栏，通过单击鼠标左键，可控制工具栏的显示或隐藏。

2. 自定义工具栏

除了使用系统默认的工具栏，用户也可以自定义自己的工具栏，将自己最常用的工具按钮添加到其中，具体的操作步骤如下：

01 单击【快速访问】工具栏中的【工作空间】按钮【草图与注释】，在弹出的菜单中，选择【自定义】命令，弹出【自定义用户界面】对话框，如图 2-7 所示。

02 在【自定义用户界面】对话框中右键单击【工具栏】节点，在弹出的快捷菜单中选择【新建工具栏】命令，此时将展开该节点并增加一个新元素，如图 2-8 所示。

图 2-6 【工具栏】快捷菜单

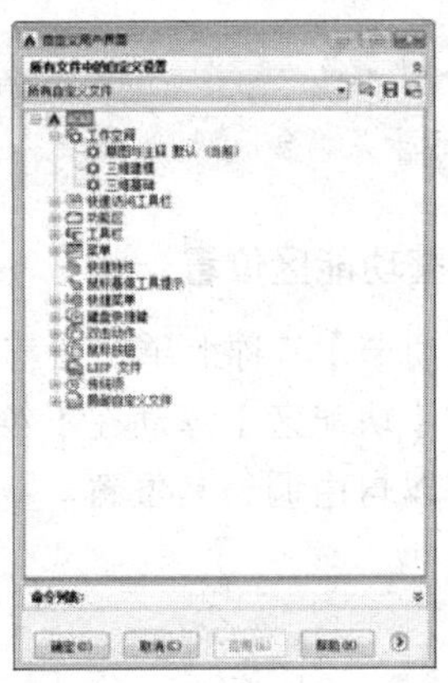

图 2-7 【自定义用户界面】对话框

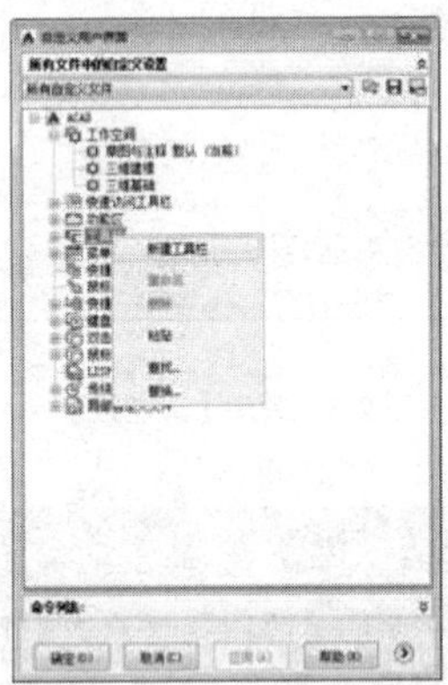

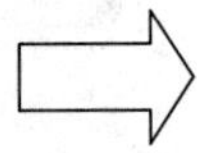

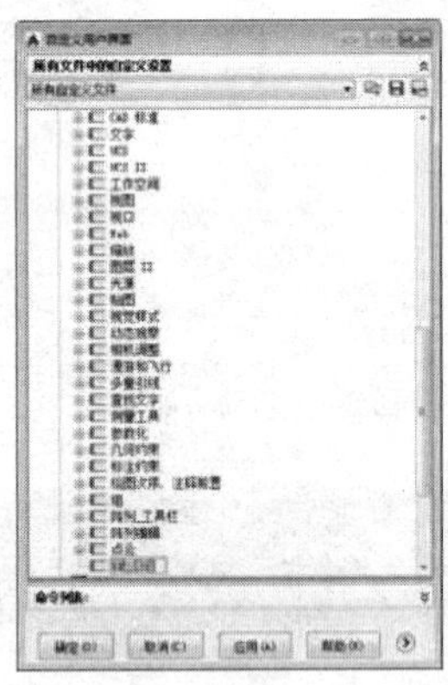

图 2-8 新建工具栏

03 选择【工具栏】节点下的单个工具栏元素，即可展开该工具栏，选择按钮名并右键单击该按钮，在弹出的快捷菜单中选择【复制】选项，然后在创建的新工具栏上右键单击，在快捷菜单中选择【粘贴】选项，即可将该按钮添加到工具栏中，如图 2-9 所示。

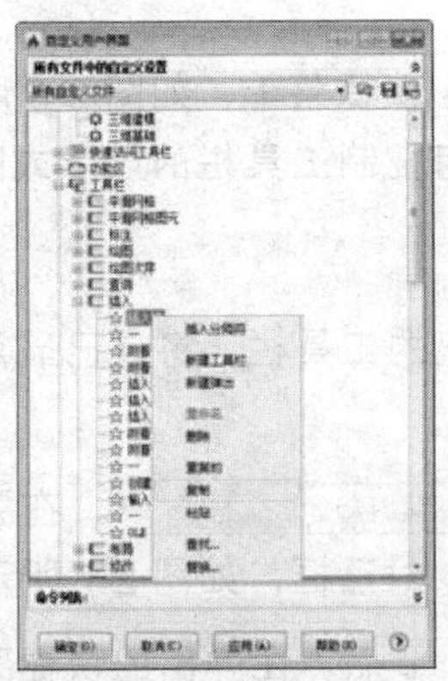

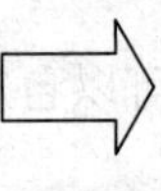

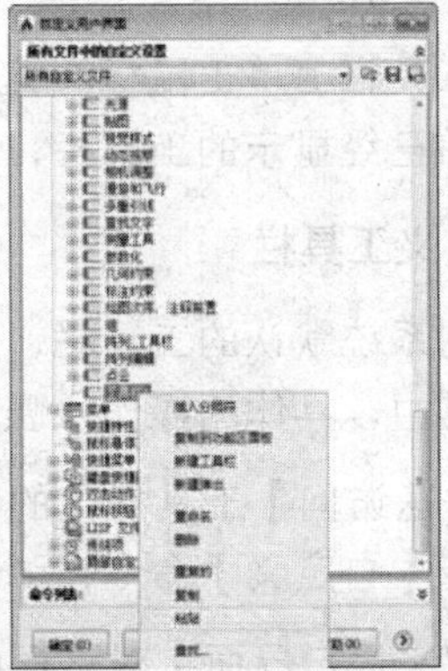

图 2-9 添加工具按钮

04 重复上述步骤，使用同样的方法添加进其他工具按钮，添加完毕后单击【应用】按钮，即可在绘图区中显示自定义的工具栏，如图 2-10 所示。

图 2-10　用户自定义的工具栏

2.1.3　设置图形界限

绘图界限就是 AutoCAD 的绘图区域，也称图限。通常用于打印的图纸都有一定的规格尺寸，如 A3（297mm×420mm）、A4（210mm×297mm）。为了将绘制的图形方便地打印输出，在绘图前应设置好图形界限。

下面以设置一张 A3 横放图纸为例，命令行的提示如下。

```
命令: LIMITS↙
重新设置模型空间界限:
指定左下角点或[开(ON)/关(OFF)]<0.0000,0.0000>:↙    //此时单击空格键或者Enter 键默认坐标原点为图形界限的左下角点。若输入 ON 并确认，则绘图时图形不能超出图形界限，若超出系统不予绘出，输入 OFF 则准予超出界限图形
指定右上角点:420.000, 297.000↙↙    //输入图形界限右上角点并回车，完成界限设置
```

在命令行中输入 DS，系统弹出【草图设置】对话框中，选择【捕捉和栅格】选项卡，在此选项卡中取消勾选【显示超出界限的栅格】复选框，如图 2-11 所示。最后在状态栏中打开【栅格显示】并双击鼠标滚轮即可查看到设置好的图形界限大小，如图 2-12 所示。

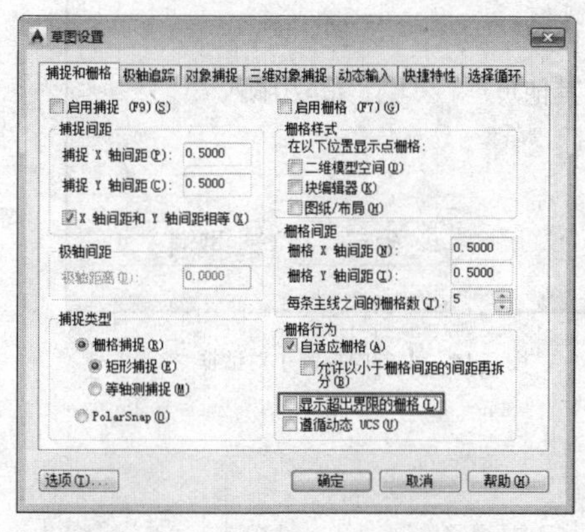

图 2-11　【草图设置】对话框

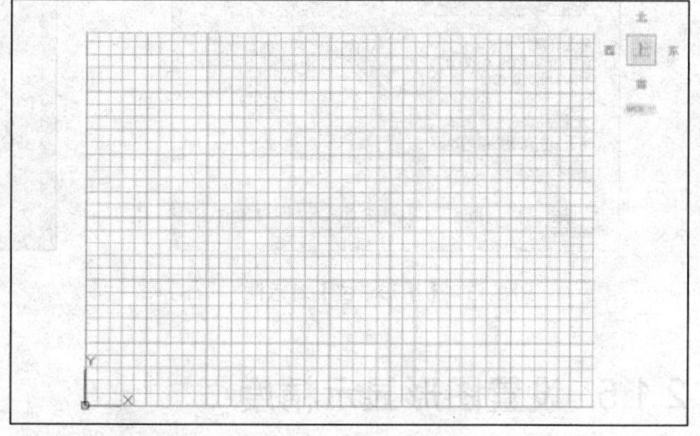

图 2-12　查看图形界限大小

专家点拨

打开图形界限检查时，无法在图形界限之外指定点。但因为界限检查只是检查输入点，所以对象（例如圆）的某些部分仍然可能会延伸出图形界限。

2.1.4 设置图形单位

在 AutoCAD 2016 中，为了便于不同领域的设计人员进行设计创作，AutoCAD 允许灵活更改工作单位，以适应不同的工作需求。

设置图形单位主要有以下两种方法。

✧ 命令行：UNITS/UN

✧ 菜单栏：执行【格式】|【单位】命令。

执行上述任一命令后，系统弹出如图 2-13 所示的【图形单位】对话框。

该对话框中各选项的含义如下。

✧ 【角度】选项区域：用于选择角度单位的类型和精确度。

✧ 【顺时针】复选框：用于设置旋转方向。如选中此选项，则表示按顺时针旋转的角度为正方向，未选中则表示按逆时针旋转的角度为正方向。

✧ 【插入时的缩放单位】选项区域：用于选择插入图块时的单位，也是当前绘图环境的尺寸单位。

✧ 【方向】按钮：用于设置角度方向。单击该按钮将弹出如图 2-14 所示的【方向控制】对话框，在其中可以设置基准角度，即设置 0 度角。

✧ 【长度】选项区域：用于选择长度单位的类型和精确度。

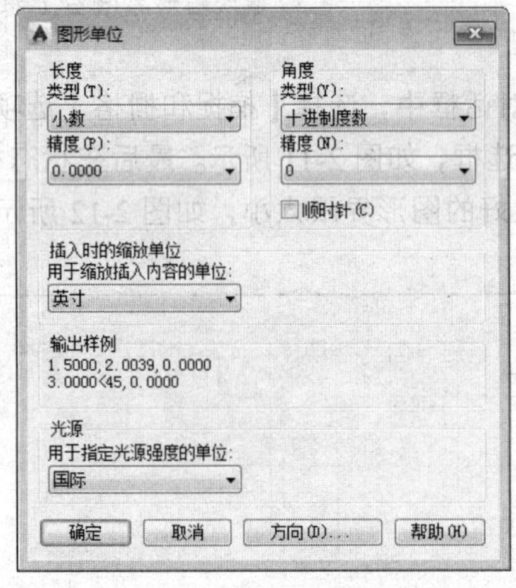

图 2-13 【图形单位】对话框

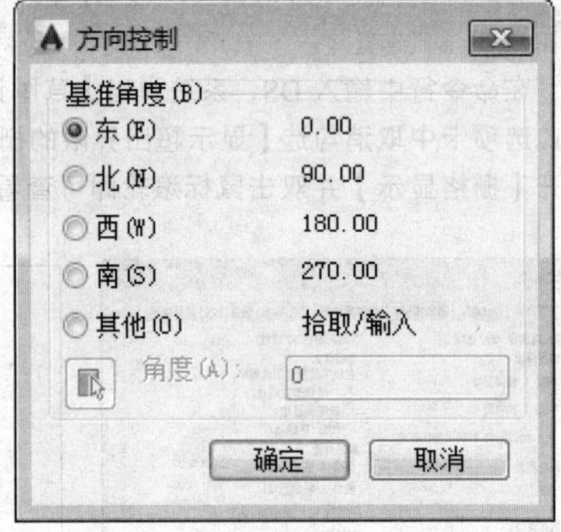

图 2-14 【方向控制】对话框

2.1.5 设置图形显示精度

在 AutoCAD 2016 中，为了加快图形的显示与刷新速度，圆弧、圆以及椭圆都是以高平滑度的多边形进行显示。

在命令行中输入 OP，系统弹出【选项】对话框，选择【显示】选项卡，如图 2-15 所示，根据绘图需要调整【显示精度】下的参数，以取得显示效果与绘图效率的平衡。

【显示精度】常用项参数选项的具体功能如下。

1．圆弧和圆的平滑度

该参数选项用于控制圆弧、圆以及椭圆的平滑度。数值越大，生成的对象越平滑，如图 2-16 所示。该参数值的取值范围为 1~20000，因此在绘图时可以保持默认数值为 1000 或是设置更低以加快刷新频率。

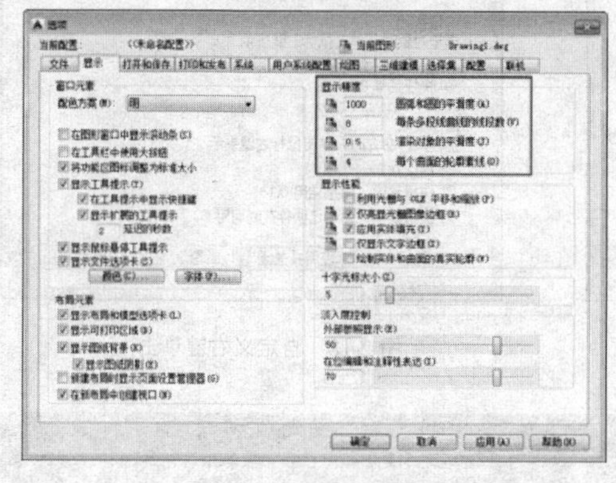

图 2-15　【选项】对话框

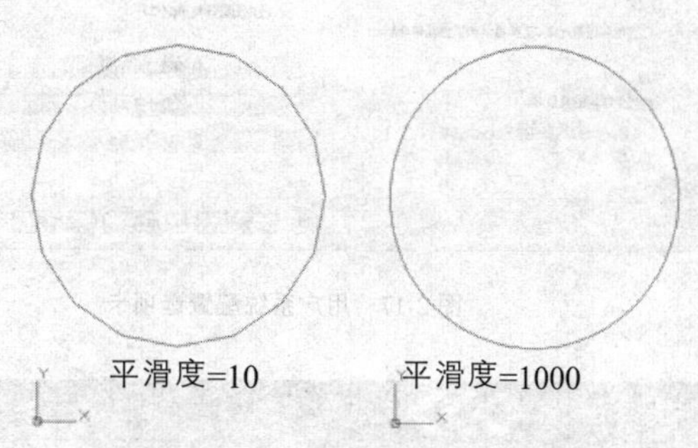

图 2-16　显示精度对圆的圆滑度的影响

2．每条多段线曲线的线段数

该参数用于控制每条多段线曲线生成的线段数目，同样数值越大，生成的对象越平滑，所需要的刷新时间也越长，通常保持其默认数值为 8。

3．渲染对象的平滑度

该参数用于控制曲面实体模型着色以及渲染的平滑度，该参数的设置数值与之前设置的【圆弧和圆的平滑度】的乘积最终决定曲面实体的平滑度，因此数值越大，生成的对象越平滑，但着色与渲染的时间也更长，通常保持默认的数值 0.5 即可。

4．每个曲面的轮廓素线

该参数用于控制每个实体模型上每个曲面的轮廓线数量，同样数值越大，生成的对象越平滑，所需要的着色与渲染时间也越长，通常保持其默认数值为 4 即可。

2.1.6　设置鼠标右键功能模式

在使用 AutoCAD 绘图过程中单击鼠标右键，可以调出快捷菜单命令，以快速选择与当前操作相关的命令，提高绘图效率。

用户可以根据自己的习惯设置或取消鼠标右键的功能，操作步骤如下。

01 在命令行中输入 OP，系统弹出【选项】对话框，如图 2-17 所示，选择【用户系统配置】选项卡。

02 勾选【绘图区域中使用快捷菜单】复选框，单击【自定义右键单击】按钮，打开【自定义右键单击】对话框，如图 2-18 所示，用户可以根据需要设置参数。设置完成后单击【应用并关闭】按钮返回“选项”对话框，再单击【确定】按钮完成设置。

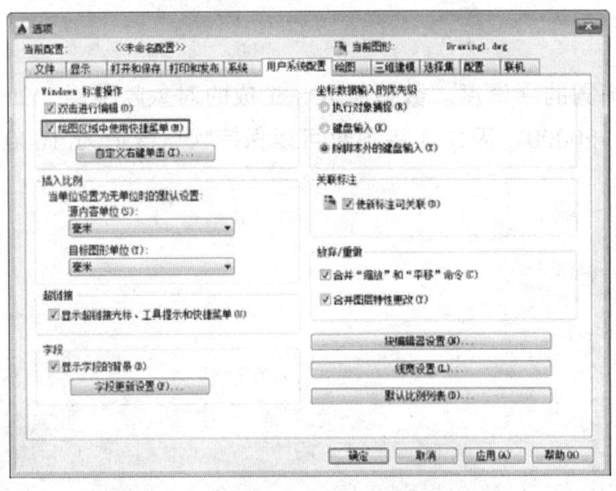

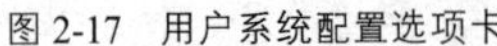
图 2-17　用户系统配置选项卡

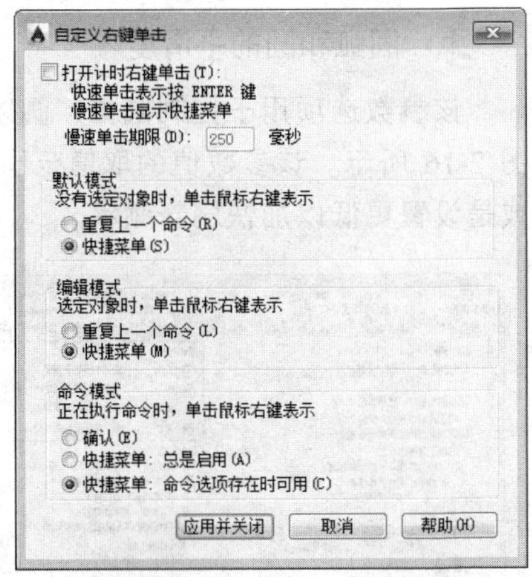

图 2-18　自定义右键单击

专家点拨

如果用户需要关闭鼠标右键功能，只需取消【绘图区域中使用快捷菜单】复选框勾选即可，如图 2-17 所示。此时单击鼠标右键，系统默认以快捷菜单中的第一项作为执行命令。

2.2　使用辅助绘图工具

利用 AutoCAD 2016 可以绘制出十分精准的图形，这主要得益于其各种辅助绘图工具，如正交、捕捉、对象捕捉、对象捕捉追踪等。同时，灵活使用这些辅助绘图工具，能够大幅提高绘图的工作效率。

2.2.1　正交

如果需要绘制多条垂直或水平线段，此时可以打开【正交】，将光标限制在水平或垂直轴向上，这样就可以进行快速、准确的绘制，如图 2-19 所示。

在 AutoCAD 2016 中启用【正交】功能的方法有以下几种：

✧　快捷键：F8 键。

✧　状态栏：【正交限制光标】切换功能按钮∟。

2.2.2　极轴追踪

利用【正交】功能可以十分快速、准确地绘制水平或是垂直线段，而如果要准确地绘制某些特定角度的线段，则可以使用【极轴追踪】功能。

在 AutoCAD 2016 中启用【极轴追踪】功能的方法有以下几种：

✧　快捷键：F10 键。

✧　状态栏：【极轴追踪】切换功能按钮◎ ▾。

在命令行中输入 DS，系统弹出【草图设置】对话框，选择【极轴追踪】选项卡，在【增量角】文本框中选择系统默认追踪角度或直接输入追踪角度，并单击【确定】按钮。也可以直接在状态栏中右键单击“极轴追踪”按钮，将显示极轴角度快捷菜单，在该菜单中可以快速设置极轴追踪参数。

设置好追踪角度后，在绘制的过程中当光标位于设置的角度或其整数倍角度方向时，就会出现一条无限长的虚线进行提示，沿该追踪虚线可定位到需要的点。

2.2.3　对象捕捉

在绘制图形时，经常需要定位已有图形的端点、中点等特征点，在 AutoCAD 中开启【对象捕捉】功能，可以精确定位到这些特征点，从而为精确绘图提供了有利的条件。

在 AutoCAD 2016 中启用【对象捕捉】功能的方法有以下两种常用的方法：

✧　快捷键：F3 键。

✧　状态栏：【对象捕捉】开关按钮 。

在命令行中输入 DS 并回车，打开【草图设置】对话框，如图 2-20 所示进入【对象捕捉】选项卡。该选项卡共列出了 14 种对象捕捉点和对应的捕捉标记。需要利用到哪些对象捕捉点，就勾选这些捕捉模式复选框即可。设置完毕后，单击【确定】按钮关闭对话框。

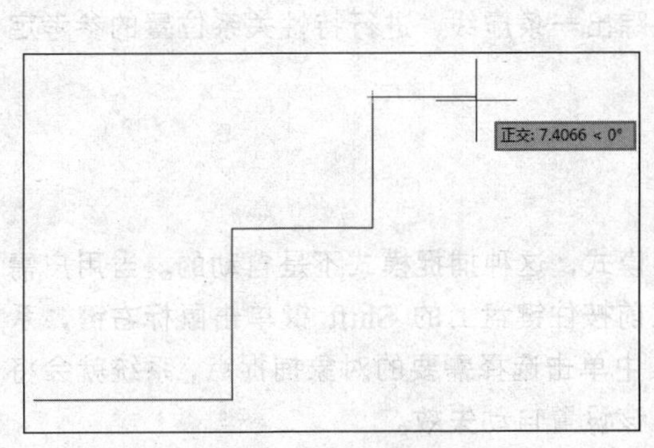

图 2-19　开启正交功能

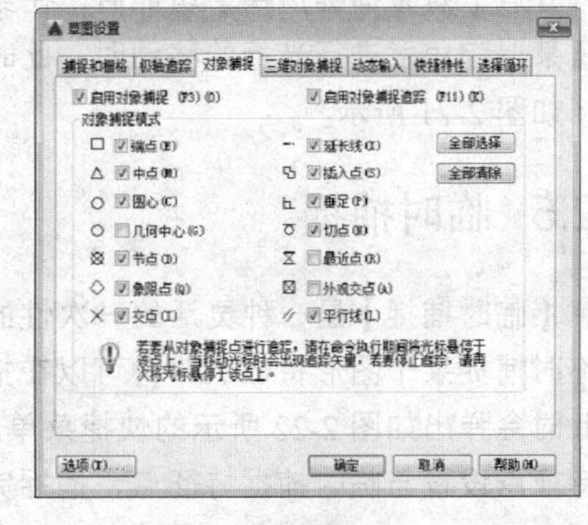

图 2-20　【对象捕捉】选项卡

各个对象捕捉点的含义如下。

✧　端点：捕捉直线或曲线的端点；

✧　中点：捕捉直线或弧段的中间点；

✧　圆心：捕捉圆、椭圆或弧的中心点；

✧　几何中心：捕捉多段线、二维多段线和二维样条曲线的几何中心点；

✧　节点：捕捉用 POINT 命令绘制的点对象；

✧　象限点：捕捉位于圆、椭圆或弧段上 0°、90°、180° 和 270° 处的点；

✧　交点：捕捉两条直线或弧段的交点；

✧　延伸：捕捉直线延长线路径上的点；

✧　插入点：捕捉图块、标注对象或外部参照的插入点；

✧　切点：捕捉圆、弧段及其他曲线的切点；

✧ 最近点：捕捉处在直线、弧段、椭圆或样条线上，而且距离光标最近的特征点；
✧ 外观交点：在三维视图中，从某个角度观察两个对象可能相交，但实际并不一定相交，可以使用“外观交点”捕捉对象在外观上相交的点；
✧ 平行：选定路径上一点，使通过该点的直线与已知直线平行。

专家点拨

通过右侧的【全部选择】与【全部清除】按钮可以快速进行所有捕捉点的选择与取消。

2.2.4 对象捕捉追踪

对象捕捉追踪与对象捕捉功能是配合使用的。该功能可以使光标从对象捕捉点开始，沿极轴追踪路径进行追踪，并找到需要的精确位置。追踪路径是指和对象捕捉点水平对齐、垂直对齐，或者按设置的极轴追踪角度对齐的方向。

在 AutoCAD 2016 中启用【对象捕捉追踪】功能有以下两种常用的方法：

✧ 快捷键：F11 键。
✧ 状态栏：【对象捕捉追踪】开关按钮 。

开启【对象捕捉追踪】功能后，在绘图时如果捕捉到了某个特征点，当水平、垂直或按照某追踪角度进行光标的移动时，此时会追踪出一条虚线，进行特性关系位置的参考定位，如图 2-21 所示。

2.2.5 临时捕捉

【临时捕捉】是一种灵活的一次性的捕捉模式，这种捕捉模式不是自动的。当用户需要临时捕捉某个图形特征点时，可以在捕捉之前按住键盘上的 Shift 键单击鼠标右键，系统此时会弹出如图 2-22 所示的快捷菜单。在其中单击选择需要的对象捕捉点，系统就会将该特征点设置与临时捕捉特征点，捕捉完后，该设置自动失效。

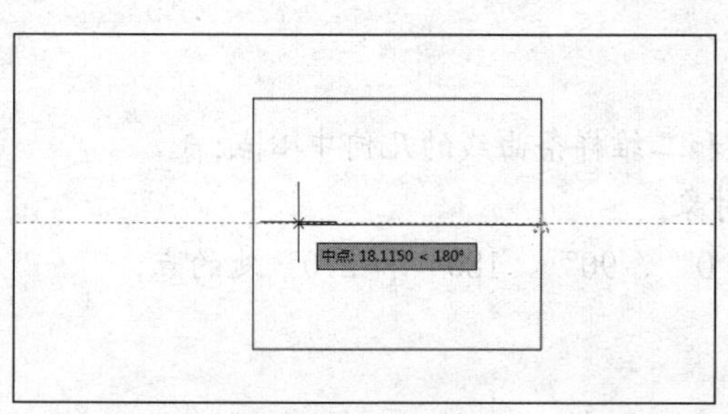

图 2-21　对象捕捉追踪

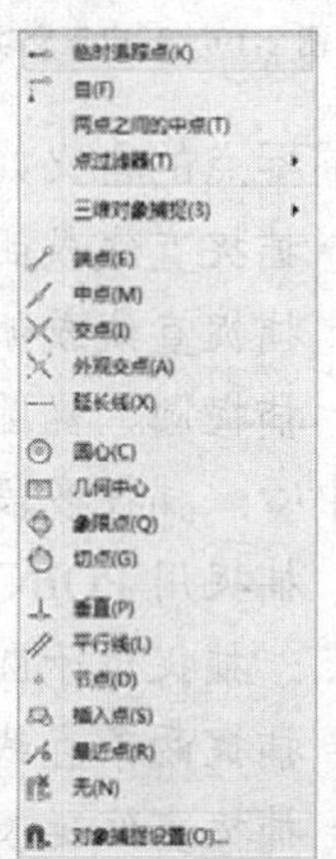

图 2-22　临时捕捉菜单

2.2.6 栅格与捕捉

1. 栅格

【栅格】如同传统纸面制图中使用的坐标纸，按照相等的间距在屏幕上设置了栅格，使用者可以通过栅格数目来确定距离，从而达到精确绘图目的。但要注意的是屏幕中显示的栅格不是图形的一部分，打印时不会被输出。

在 AutoCAD 2016 中启用【栅格】功能有以下两种常用的方法：

✧ 快捷键：F7 键。

✧ 状态栏：【显示图形栅格】开关按钮。

在命令行中输入 DS 并回车，打开【草图设置】对话框，在【栅格间距】参数组中可以自定义栅格间距。

专家点拨 >>>

在命令行输入 GRID 命令，然后根据命令提示也可以设置栅格的间距和控制栅格的显示。

2. 捕捉

【捕捉】(不是对象捕捉与临时捕捉)经常和栅格功能联用。当捕捉功能打开时，光标只能停留在栅格点上，因此此时只能移动与栅格间距整数倍的距离。

在 AutoCAD 2016 中启用【捕捉】功能有以下两种常用的方法：

✧ 快捷键： F9 键。

✧ 状态栏：【捕捉模式】开关按钮。

在命令行中输入 DS 并回车，打开【草图设置】对话框，在图 2-20 所示的【捕捉和栅格】选项卡中，设置参数。

2.2.7 动态输入

使用“动态输入”功能可以在指针位置处显示标注输入和命令提示等信息，从而加快绘图效率。

在 AutoCAD 2016 中启用【动态输入】功能有以下两种常用的方法：

✧ 快捷键： F12 键。

✧ 状态栏：【动态输入】开关按钮。

在命令行中输入 DS 并按回车键，系统弹出【草图设置】对话框，选择【动态输入】选项卡，在其中设置参数。

2.3 习题

1. 填空题

(1) 【功能区】最右侧的下拉按钮可以进行____________、____________、____________的显示切换。

(2) A3 与 A4 图纸的规格尺寸分别为____________、____________。

(3) 捕捉对象可分为____________与____________两种。

2. 操作题

参照如表 2-1 所示的要求设置好绘图环境。

表 2-1 绘图环境设置要求

设置项	具体要求
图形界限	297mm×420mm
图形单位	mm
对象捕捉	端点、中点、圆心
十字光标大小	25 像素

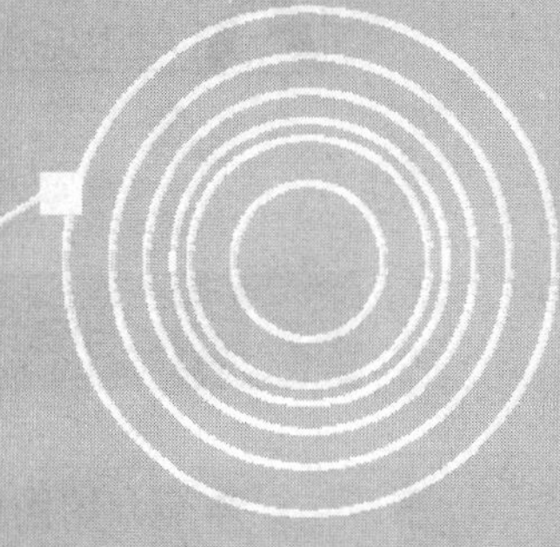

第 3 章

图层与图形特性

图层是 AutoCAD 提供给用户的组织图形的强有力工具。AutoCAD 的图形对象必须绘制在某个图层上，它可能是默认的图层，也可以是用户自己创建的图层。利用图层的特性，如颜色、线型、线宽等，可以非常方便地区分不同的对象。此外，AutoCAD 还提供了大量的图层管理功能(打开/关闭、冻结/解冻、加锁/解锁等)，这些功能使用户在组织图层时非常方便。

本章将详细讨论使用图层管理图形的方法。

本章主要内容有：

- ✧ 图层的基本概念
- ✧ 掌握【图层特性管理器】的使用
- ✧ 掌握管理【图层】的方法
- ✧ 了解什么是图形特性
- ✧ 掌握查看与修改图形特性的方法
- ✧ 掌握快速进行图形属性匹配的方法

3.1 图层概述

本节介绍图层的基本概念和分类原则，使读者对 AutoCAD 图层的含义和作用，以及一些使用的原则有一个清晰的认识。

3.1.1 图层的基本概念

AutoCAD 图层相当于传统图纸绘图中使用的重叠图纸，整个 AutoCAD 文档就是由若干透明图纸上下叠加的结果，如图 3-1 所示。用户可以根据不同的特征、类别或用途，将图形对象分类组织到不同的图层中。同一个图层中的图形对象具有许多相同的外观属性，如线型、颜色、线宽等。

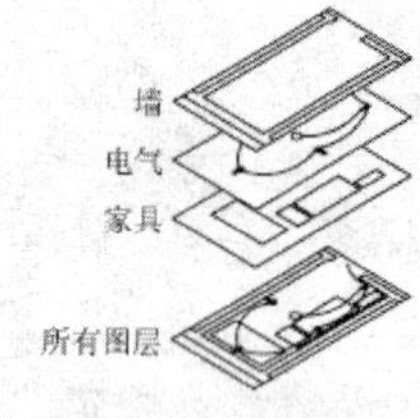

图 3-1　图层的原理

按图层组织数据有很多好处：图层结构有利于设计人员对 AutoCAD 文档的绘制和阅读。按照图层组织数据可以减少数据冗余，压缩文件数据量，提高系统处理效率。

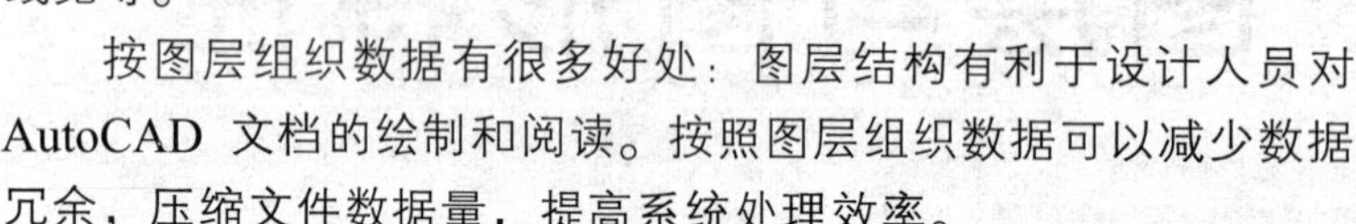

3.1.2 图层分类的原则

按照图层组织数据，将图形对象分类组织到不同的图层中，应该在绘图前大致设计好文档的图层结构，以便数据交换和共享,切忌将所有的图形对象全部放在同一个图层中。

图层可以按照以下的原则组织：

✧ 按照图形对象的使用性质分层。例如在建筑设计中，可以将给墙体、门窗、家具、绿化分属不同的层。

✧ 按照外观属性分层。具有不同线型或线宽的实体应当分属不同的图层。例如机械设计中，粗实线(外轮廓线)、虚线(隐藏线)和点划线(中心线)就应该分属三个不同的层，也方便了打印控制。

✧ 按照模型和非模型分层。图形对象是模型的一部分。文字标注、尺寸标注、图框、图例符号等并不属于模型本身，所以模型和非模型应当分属于不同的层。

3.2 图层的管理

图层的新建、设置、删除等操作通常在【图层特性管理器】中进行，此外，用户也可以使用【图层】面板快速管理图层。

3.2.1 图层特性管理器

【图层特性管理器】是管理和组织 AutoCAD 图层的强有力工具，在 AutoCAD 2016

中打开【图层特性管理器】对话框有以下几种常用方法：

✧　命令行：LAYER/LA。

✧　面板区：单击【图层】面板【图层特性】工具按钮。

✧　菜单栏：执行【格式】|【图层】命令。

执行上述任一命令后，将弹出如图 3-2 所示的【图层特性管理器】对话框。

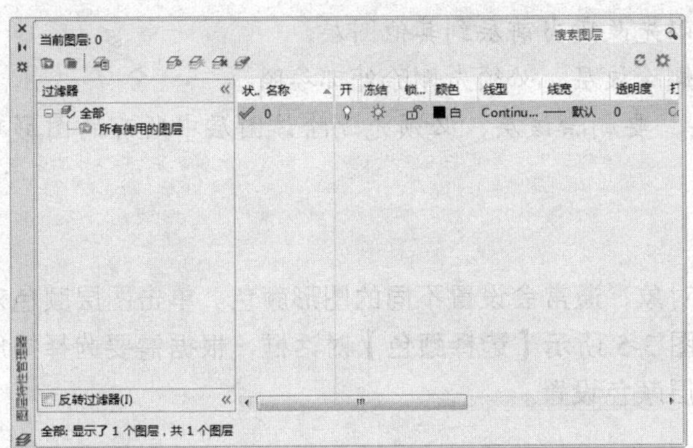

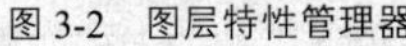
图 3-2　图层特性管理器

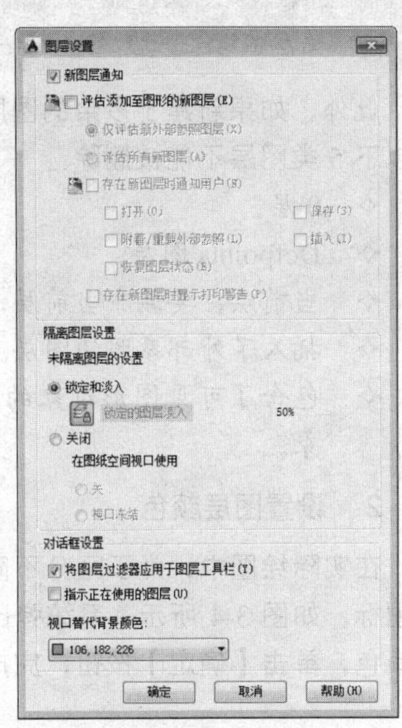

图 3-3　【图层设置】对话框

【图层特性管理器】对话框中常用按钮和含义如下：

✧　【新建图层】按钮：单击该按钮可以在列表中新建一个图层。

✧　【在所有视口中都被冻结的新图层视口】按钮：单击该按钮可以创建一个新图层，但在所有现有的布局视口中会将其冻结。

✧　【删除图层】按钮：单击该按钮将删除当前选中的图层。

✧　【置为当前】按钮：单击该按钮可以将当前选中的图层置为当前层，用户所绘制的图形将存放在该图层上。

✧　【刷新】按钮：单击该按钮可以刷新图层列表中的内容。

✧　【设置】按钮：单击该按钮将显示如图 3-3 所示的【图层设置】对话框，用于调整【新图层通知】、【隔离图层设置】以及【对话框设置】等内容。

3.2.2　图层基本操作

1．新建/删除图层

打开【图层特性管理器】对话框，单击对话框左上角的【新建】按钮，新建图层。默认情况下，创建的图层会依次以“图层 1”、“图层 2”……命名。为了更直接地了解到

该图层上的图形对象，用户通常会以该图层要绘制的图形对象为其重命名，如轴线、门窗等。右键单击所创建的图层，在弹出的快捷菜单中选择【重命名图层】选项，或者直接按F2 键，此时名称文本框呈可编辑状态，输入名称即可，也可以在创建新图层时直接输入新名称。

专家点拨 >>>

图层名称不能包含通配符（*和?）和空格，也不能与其他图层重名。

此外，如果新建了多余的图层，可以单击【删除】按钮将其删除，但 AutoCAD 规定以下 5 类图层不能被删除：

- 0 层。
- Defpoints 图层。
- 当前层。要删除当前层，可以先改变当前层到其他图层。
- 插入了外部参照的图层。要删除该层，必须先删除外部参照。
- 包含了可见图形对象的图层。要删除该层，必须先删除该图层中所有的图形对象。

2. 设置图层颜色

在实际绘图中，为了区分不同的对象，通常会设置不同的图形颜色。单击图层颜色对应图标，如图 3-4 所示，系统弹出如图 3-5 所示【选择颜色】对话框，根据需要选择相应的颜色，单击【确定】按钮，完成图层颜色设置。

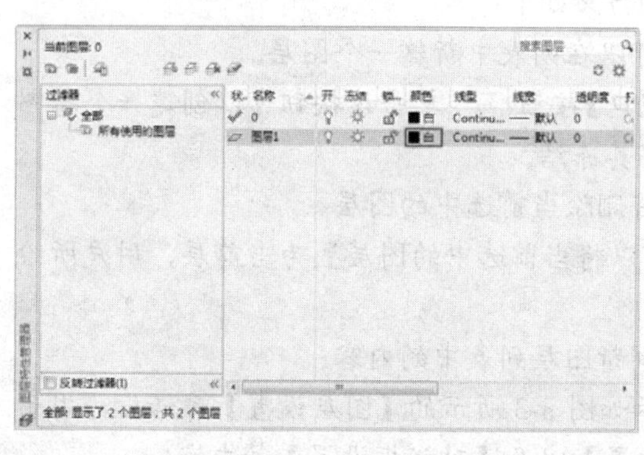

图 3-4 单击图层颜色列图标

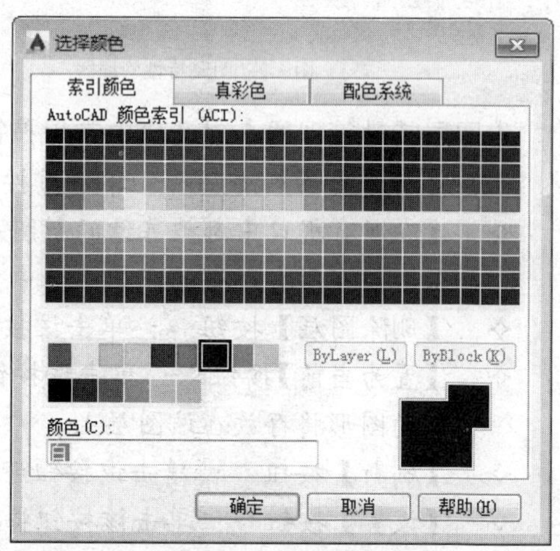

图 3-5 【选择颜色】对话框

3. 设置图层线型

线型是指图形基本元素中线条的组成和显示方式，通过线型的区别，可以直观判断图形对象的类别。在 AutoCAD 中既有简单线型，也有加载一些特殊的符号组成的复杂线型，。

❑ 加载线型

单击图层线型对应图标，系统弹出如图 3-6 所示【选择线型】对话框。在默认状态下，

【选择线型】对话框中只有 Continuous 一种线型。单击【加载】按钮，系统弹出【加载或重载线型】对话框，如图 3-7 所示，从对话框中选择相应的线型，单击【确定】按钮，完成线型加载。

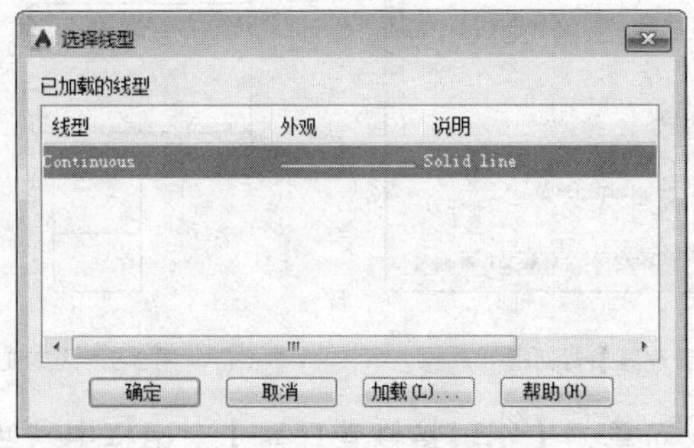

图 3-6　【选择线型】对话框

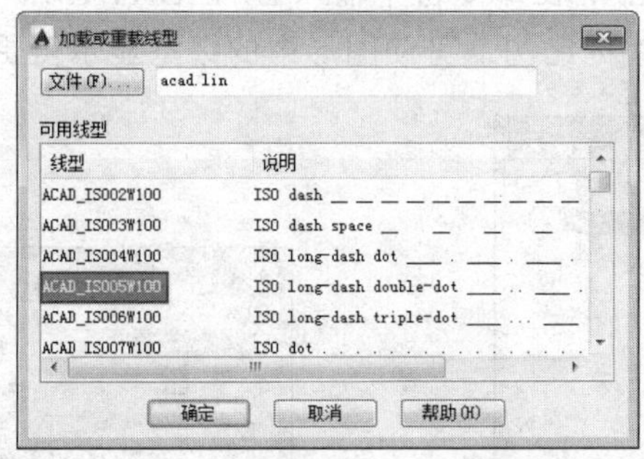

图 3-7　【加载或重载线型】对话框

❑　设置线型比例

在命令行中输入 LINETYPE/LT 并按回车键，系统弹出如图 3-8 所示的【线型管理器】对话框，选择需要修改的线型，单击【显示细节】按钮，在【详细信息】区域中可以设置线型的【全局比例因子】和【当前对象缩放比例】。其中，【全局比例因子】用于设置图形中所有线型的比例，【当前对象缩放比例】用于设置当前选中线型的比例。

专家点拨

有时绘制的非连续线段会显示出实心线的效果，通常是由于该线型的【全局比例因子】设置过小，修改该数值即可显示出正确的线型效果。

4．设置图层线宽

“线宽”即线条显示的宽度。使用不同宽度的线条表现对象的不同部分，可以提高图形的表达能力和可读性，如图 3-9 所示。

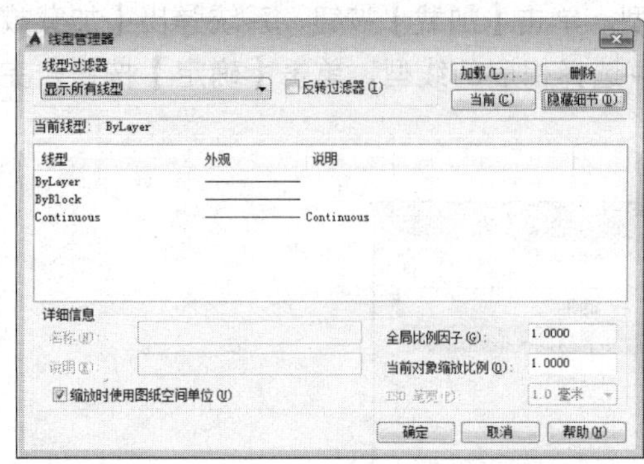

图 3-8 【线型管理器】对话框

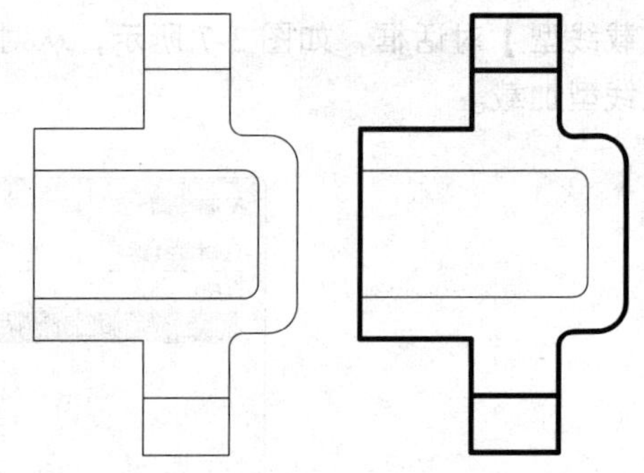

图 3-9 线宽变化所体现的图形表达力

要设置图层的线宽，可单击【图层特性管理器】对话框中“线宽”列的对应图标，系统弹出如图 3-10 所示【线宽】对话框，从中选择所需的线宽即可。

如果需要自定义“线宽”，在命令行中输入 LWEIGHT/LW，打开如图 3-11 所示【线宽设置】对话框，通过调整线宽比例，可使图形中的线宽显示得更宽或更窄。

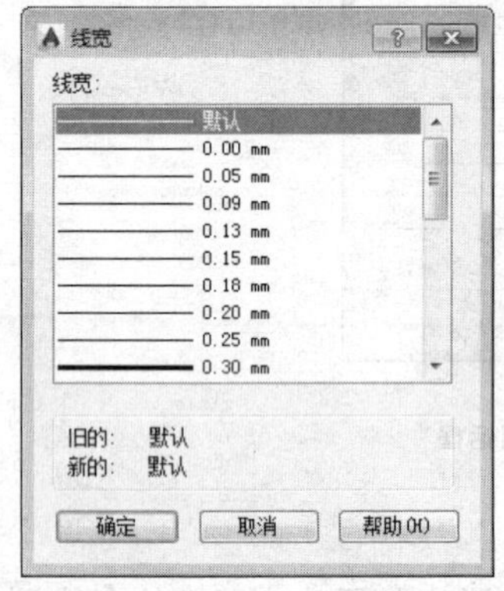

图 3-10 【线宽】对话框

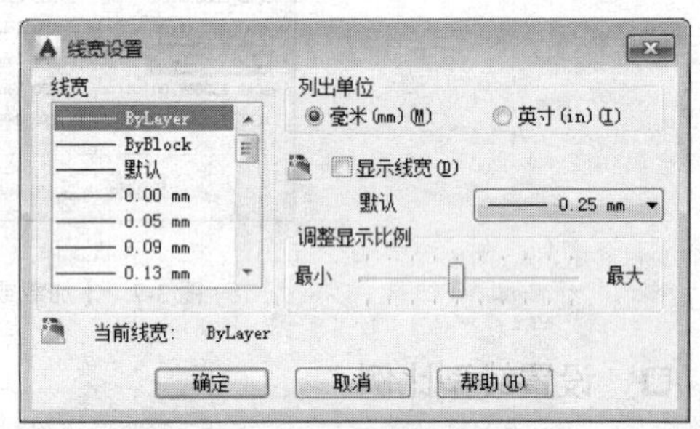

图 3-11 【线宽设置】对话框

5. 设置当前图层

当前层是当前工作状态下所处的图层。当设定某一图层为当前层后，接下来所绘制的全部图形对象都将位于该图层中。如果以后想在其他图层中绘图，就需要更改当前层设置。

在 AutoCAD 中设置当前层有以下几种常用方法：

✧ 在【图层特性管理器】对话框中选择目标图层，单击【置为当前】按钮。

✧ 在【功能区】的【常用】选项卡内，单击【图层】面板中的【图层控制】下拉列表，选择目标图层，即可将该图层设置为“当前图层”。

6. 转换图层

在 AutoCAD 2016 中还可以十分灵活地进行图层转换，即将某一图层内的图形转换至另一个图层，同时使其颜色、线型、线宽等特性发生改变。如果某图形对象需要转换图层，此时可以先选择该图形对象，然后单击【图层】面板中的【图层控制】下拉列表，选择到要转换的目标图层即可，如图 3-12 所示。

3.2.3　设置图层属性

当使用 AutoCAD 绘制复杂的图形对象时，通过对图层进行隐藏、冻结以及锁定的控制，可以有效地降低误操作，提高绘图效率。

1．打开与关闭图层

在绘图的过程中可以将暂时不用的图层关闭，被关闭的图层中的图形对象将不可见，并且不能被选择、编辑、修改以及打印。在 AutoCAD 中关闭图层的常用方法有以下几种：

- ✧ 【图层特性管理器】对话框：单击按钮即可关闭选择图层，图层被关闭后该按钮将显示为，表明该图层已被“关闭”。
- ✧ 【功能区】的常用【选项卡】：打开【图层】面板中的【图层控制】下拉列表，单击目标图层按钮即可关闭该图层，如图 3-13 所示。

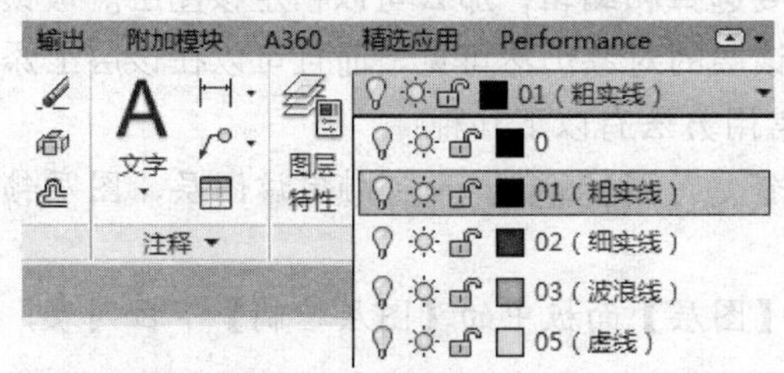

图 3-12　转换图层

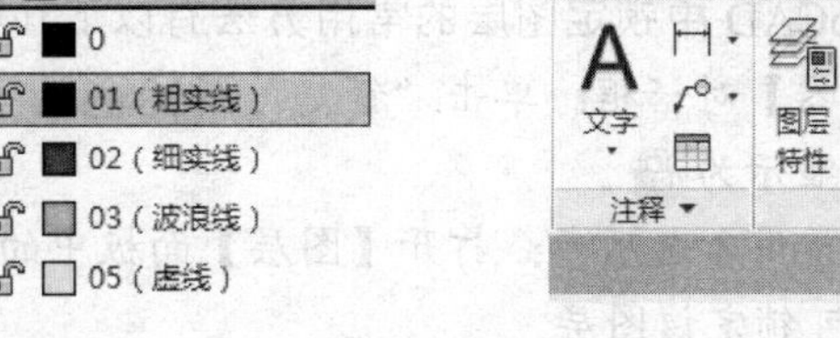

图 3-13　通过功能面板关闭图层

当关闭的图层为“当前图层”时，将弹出如图 3-14 所示的确认对话框，此时单击【关闭当前图层】链接即可。如果要恢复关闭图层，重复以上操作，单击关闭图层前的灯泡图标，即可打开已经关闭的图层。

2．冻结与解冻图层

将长期不需要图层冻结，可以提高系统运行速度。AutoCAD 不会在被冻结的图层上显示、打印或重生成对象。在 AutoCAD 中冻结图层的常用方法有以下几种：

- ✧ 【图层特性管理器】对话框：单击要冻结的图层前的“冻结”图标，即可冻结该图层，图层冻结后将显示为。
- ✧ 【功能区】的【常用】选项卡：打开【图层】面板中的【图层控制】下拉列表，单击目标图层图标。

如果要冻结的图层为“当前图层”时，将弹出如图 3-15 所示的对话框，提示无法冻结“当前图层”，此时需要将该其它图层设置为“当前图层”才能冻结该图层。

如果要恢复冻结的图层，重复以上操作，单击图层前的“解冻”图标即可解冻图层。

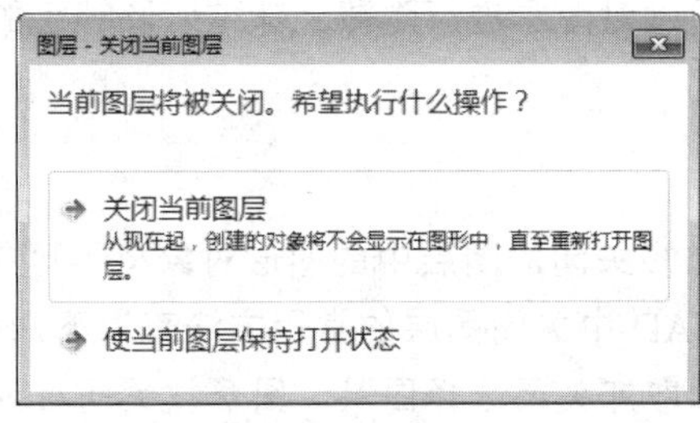

图 3-14　确定关闭当前图层

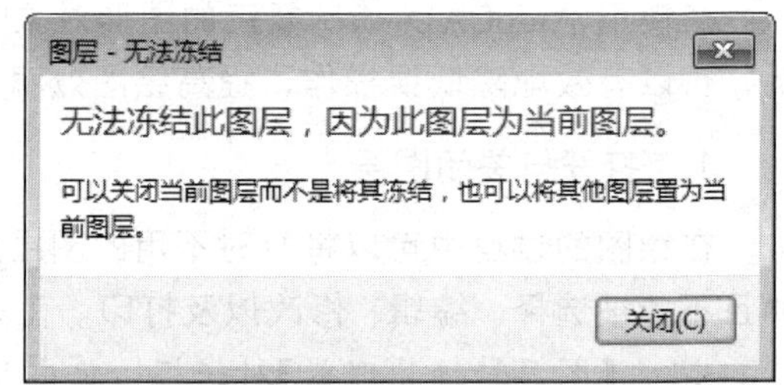

图 3-15　无法冻结对话框

3. 锁定与解锁图层

如果某个图层上的对象只需要显示、不需要选择和编辑，那么可以锁定该图层。被锁定图层上的对象不能被编辑、选择和删除，但该层的对象仍然可见，而且可以在该层上添加新的图形对象。在 AutoCAD 中锁定图层的常用方法有以下几种：

- ✧ 【图层特性管理器】对话框：单击"锁定"图标，即可锁定该图层，图层锁定后该图标将将显示为。
- ✧ 【功能区】的【常用】选项卡：打开【图层】面板中的【图层控制】下拉列表，单击图标即可锁定该图层。

如果要解除图层锁定，重复以上操作单击"解锁"按钮，即可解锁已经锁定的图层。

3.2.4 使用图层工具菜单

菜单栏中的【格式】|【图层工具】菜单还提供了一系列的图层管理工具，对图层进行管理与控制，如图 3-16 所示。

3.2.5 查看并修改图形特性

一般情况下，图形对象的显示特性都是"随层"(ByLayer)，表示图形对象的属性与所在当前层的图层特性相同；若选择"随块"(ByBlock)选项，则选择对象将从它所在的块中继承颜色或线型。在用户确实需要的情况下，可以对所选择的图形对象单独设置特性。频繁设置对象特性，会使图层的共同特性减少，不利于图层组织。

1. 利用特性面板修改图形特性

如果要单独查看并修改某个图形对象的特性，可以通过功能区【常用】选项卡的【特性】面板完成，如图 3-17 所示。在该面板内包含了颜色、线宽、线型、打印样式、透明度以及列表等多个特性。

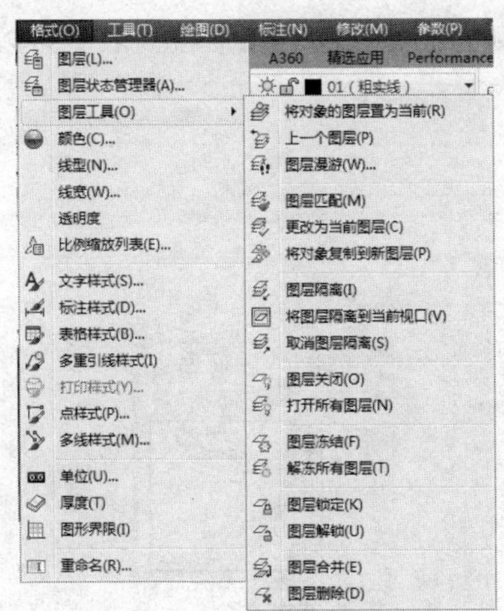

图 3-16　【图层工具】子菜单

图 3-17　特性面板

默认设置下，对象颜色、线宽、线型三个特性为 ByLayer（随层），即与所在图层一致，通过如图 3-18、图 3-19、图 3-20 所示下拉列表，可以对图形进行自定义修改。

2. 用特性选项板修改图形特性

【特性】面板能查看和修改的图形特性比较有限，【特性】选项板则能查看并修改十分完整的图形属性，在 AutoCAD 中打开图形【特性】选项板有以下几种常用方法：

图 3-18　调整颜色

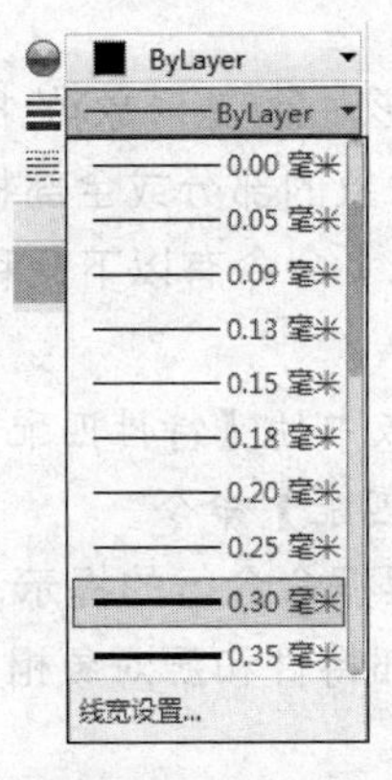

图 3-19　调整线宽

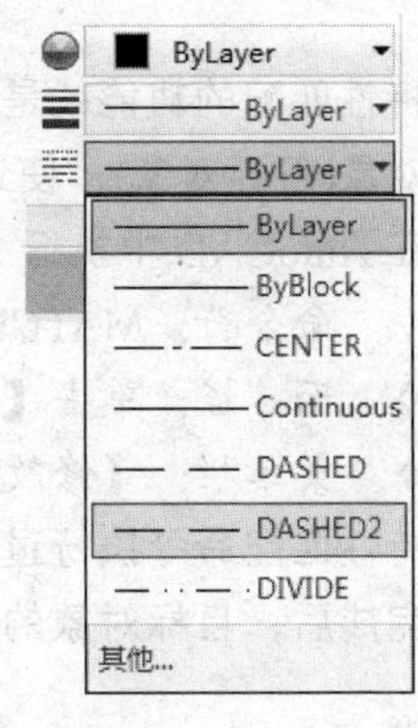

图 3-20　调整线型

✧　快捷键：Ctrl+1。

✧　功能区：单击【特性】选项卡右下角按钮↘。

✧　菜单栏：执行【修改】|【特性】命令。

如果只选择了单个图形，执行上述任一命令后，系统将弹出如图 3-21 所示的【特性】选项板，从中可以看到，该选项板不但列出了颜色、线宽、线型、打印样式、透明度等图形常规属性，还增添了【三维效果】以及【几何图形】两大属性列表，可以对其材质效果以及几何属性进行查看与调整。

而如果选择了位于不同图层的多个图形，此时的选项板显示了选择对象的共同属性，

如图 3-22 所示的【特性】选项板，单击任何属性右侧的下拉按钮，在下拉列表中可以选择修改相应的属性。

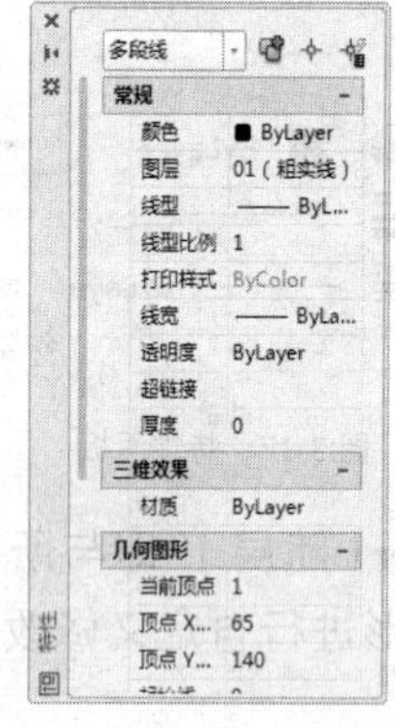

图 3-21 单个图形【特性】选项板

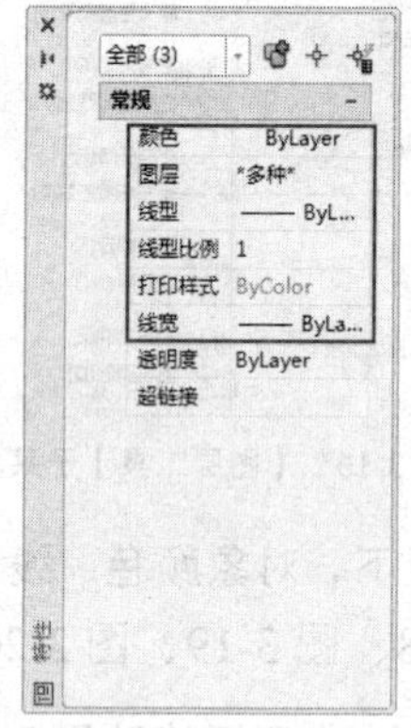

图 3-22 多个图形【特性】选项板

3.2.6 匹配图形属性

特性匹配的功能就是把一个图形对象(源对象)的特性完全“继承”给另外一个(或一组)图形对象(目标对象)，使这些图形对象的部分或全部特性和源对象相同。

在 AutoCAD 中执行【特性匹配】命令有以下几种常用方法：

- 命令行：MATCHPROP/MA。
- 面　板：单击【特性】面板中的【特性匹配】按钮。
- 菜单栏：【修改】|【特性匹配】命令。

特性匹配命令执行过程当中，根据命令行的提示，选择两类对象：源对象和目标对象。操作完成后，目标对象的部分或全部特性和源对象相同。

3.3 综合实例——图层基本操作

打开“素材\第 03 章\3.3 图层基本操作.dwg”素材文件，如图 3-23 所示。关闭其中的“尺寸标注”图层，并改变轮廓线的线宽为 0.3mm，以练习图层的基本操作。

1. 关闭“尺寸标注”图层

01 调用 LA【图层特性管理器】命令，系统弹出【图层特性管理器】对话框，如图 3-24 所示。

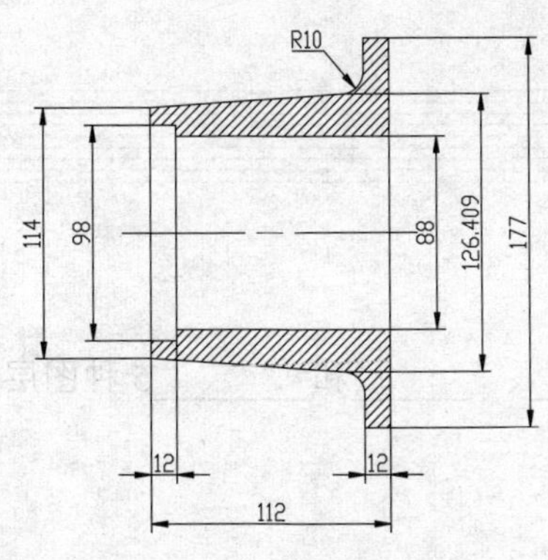

图 3-23　打开素材文件

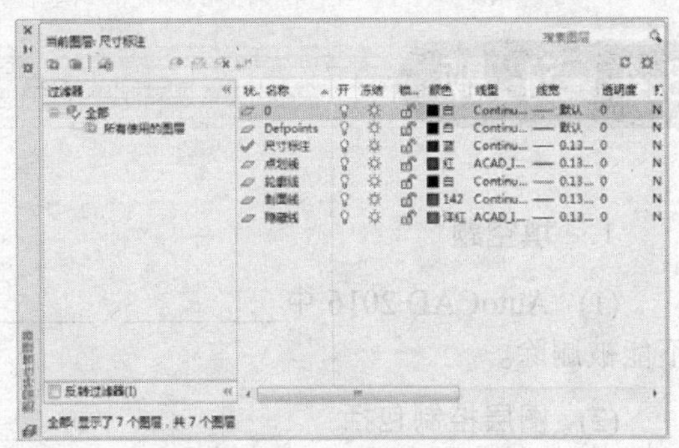

图 3-24　【图层特性管理器】对话框

02 选择“尺寸标注”图层，单击【显示】按钮 ，“尺寸标注”图层被关闭。

03 如果“尺寸标注”图层为当前图层，当单击“开”列下的【显示】按钮时，系统弹出【图层—关闭当前图层】对话框，如图 3-25 所示，根据需要单击选择其中一项，再关闭【图层特性管理器】对话框，完成关闭图层的操作，如图 3-26 所示。

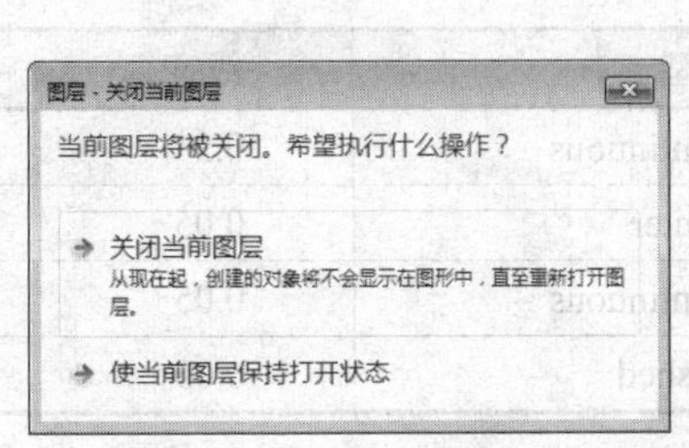

图 3-25　【图层—关闭当前图层】对话框

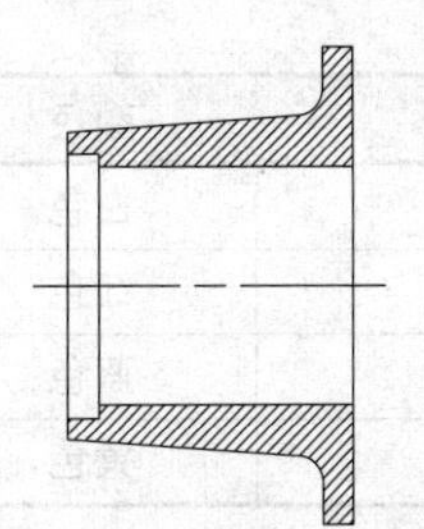

图 3-26　关闭“尺寸标注”图层后的效果

2. 设置轮廓线线宽

01 单击选择“轮廓线”图层，单击“线宽”列下的按钮—0.13mm，系统弹出【线宽】对话框，如图 3-27 所示。设置线宽为 0.3mm，单击【确定】按钮，返回【图层特性管理器】对话框，单击【关闭】按钮✖。

02 在【状态栏】打开【线宽显示】，如图 3-28 所示为设置线宽后的图形。

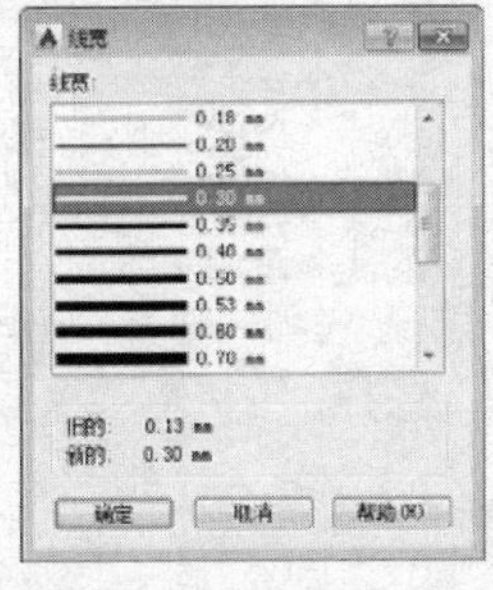

图 3-27　【线宽】对话框

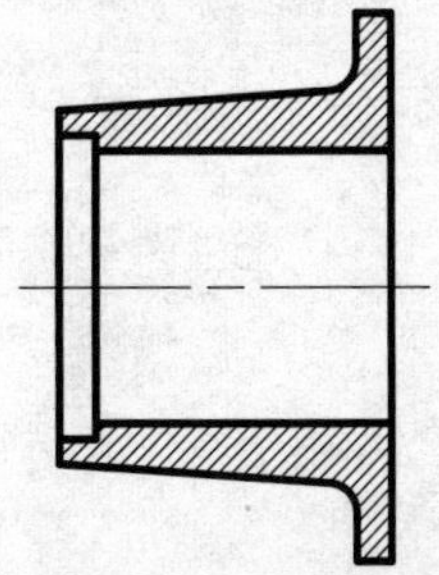

图 3-28　设置轮廓线宽的图形效果

3.4 习题

1. 填空题

(1) AutoCAD 2016 中________、________、________、______和________5 种图层不能被删除。

(2) 图层控制包括______、______、______。

(3) 打开图形【特性】选项板的快捷键为______。

(4) 在【命令行】中执行______命令可以进行【特性匹配】。

2. 操作题

参照如表 3-1 所示的要求创建各图层。

表 3-1 图层要求列表

图层名	颜色	线型	线宽
轮廓线	白色	Continuous	0.3
中心线	红色	Center	0.05
尺寸线	蓝色	Continuous	0.05
虚线	黄色	Dashed	0.05

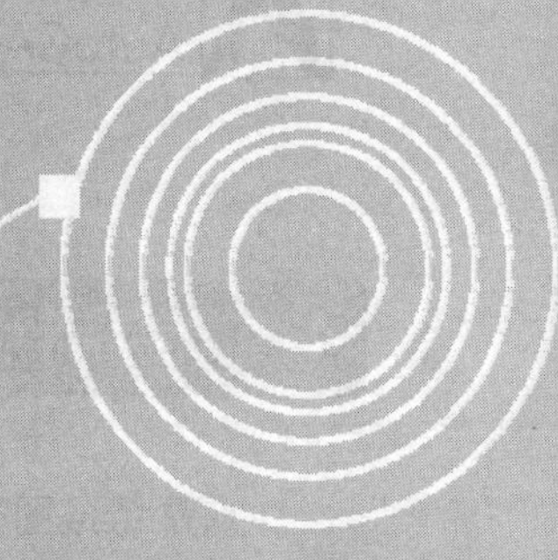

第 4 章

绘制基本二维图形

任何二维图形都是由点、直线、圆、圆弧和矩形等基本元素构成的，只有熟练掌握这些基本元素的绘制方法，才能绘制出各种复杂的图形对象。通过本章的学习，读者将会对二维图形的基本绘制方法有一个全面的了解和认识，并能够熟练使用常用的绘图命令。

本章主要内容有：

- ✧ 绘制点
- ✧ 绘制直线、多段线
- ✧ 绘制射线、构造线
- ✧ 绘制曲线对象
- ✧ 绘制多线、样条曲线
- ✧ 绘制矩形、正多边形

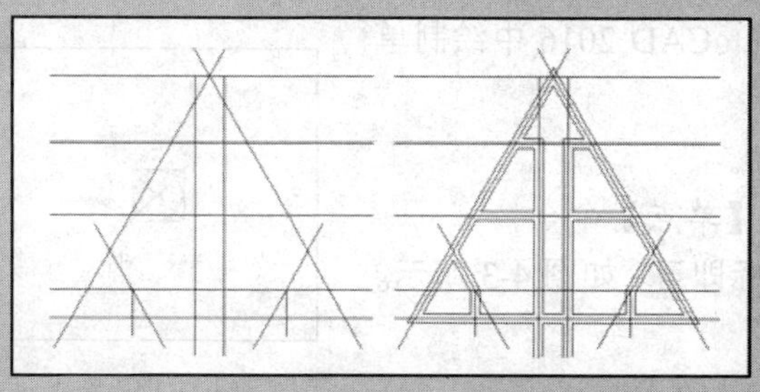

4.1 绘制点

点是组成图形的最基本元素，通常用来作为对象捕捉的参考点。AutoCAD 2016 提供了多种形式的点，包括单点、多点、定数等分点和定距等分点 4 种类型。

4.1.1 设置点样式

在 AutoCAD 中，系统默认情况下绘制的点显示为一个小黑点，不便于用户观察。因此，在绘制点之前一般要设置点样式，使其清晰可见。

在 AutoCAD 2016 中设置点样式有以下 3 种常用方法：

- ✧ 命令行：在命令行中输入 DDPTYPE。
- ✧ 菜单栏：执行【格式】|【点样式】命令。
- ✧ 功能区：在“默认”选项卡中单击“实用工具”面板中的“点样式”按钮 点样式...。

执行上述任一命令后，系统弹出【点样式】对话框，如图 4-1 所示，用户可以在其中设置点样式，再单击【确定】按钮即可完成点样式设置，如图 4-2 所示。

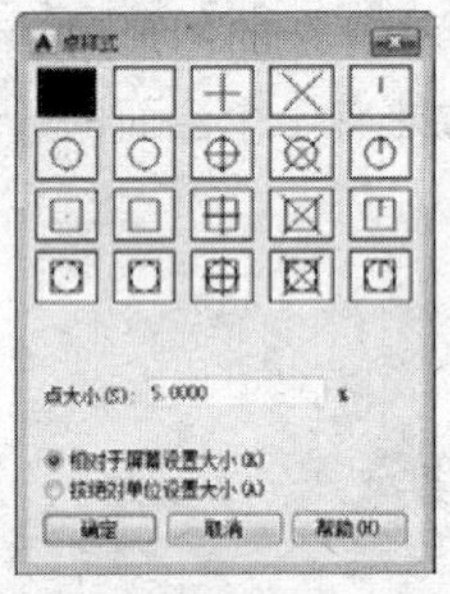

图 4-1 【点样式】对话框

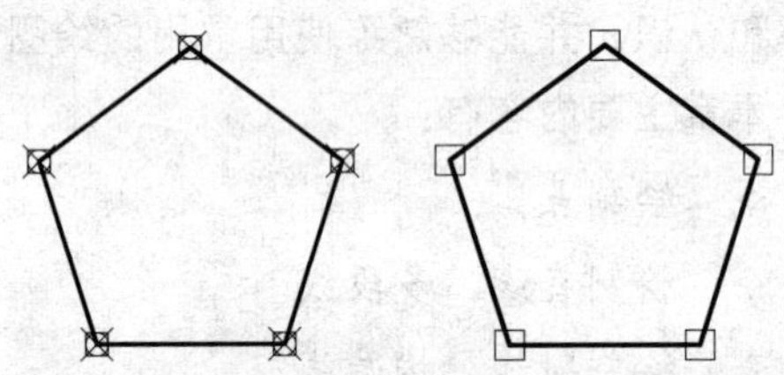

图 4-2 不同点样式的效果

4.1.2 绘制单点与多点

1. 绘制单点

该命令执行一次只能绘制一个点，在 AutoCAD 2016 中绘制单点有以下 2 种常用方法：

- ✧ 命令行：在命令行输入 POINT / PO。
- ✧ 菜单栏：执行【绘图】|【点】|【单点】命令。

执行上述任一命令后，在绘图区单击鼠标即可，如图 4-3 所示。

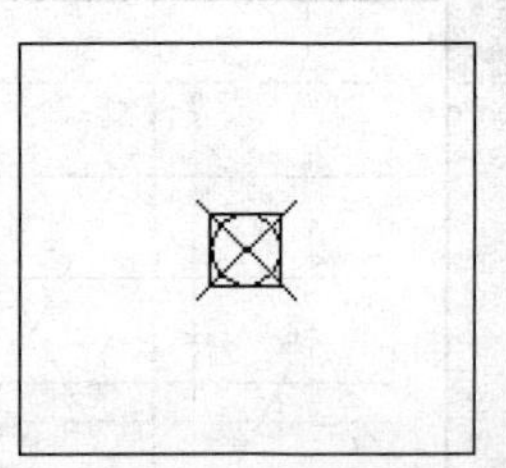

图 4-3 创建单点

2. 绘制多点

绘制多点就是指执行一次命令后可以连续绘制多个点，直到按

Esc 键结束命令为止。绘制多点有以下 2 种常用方法：

- ✧ 功能区：单击功能区【常规】选项卡下的【多点】按钮，如图 4-4 所示。
- ✧ 菜单栏：执行【绘图】|【点】|【多点】命令。

执行上述任一命令后，在绘图区相应位置单击鼠标，即可创建多个点，如图 4-5 所示。

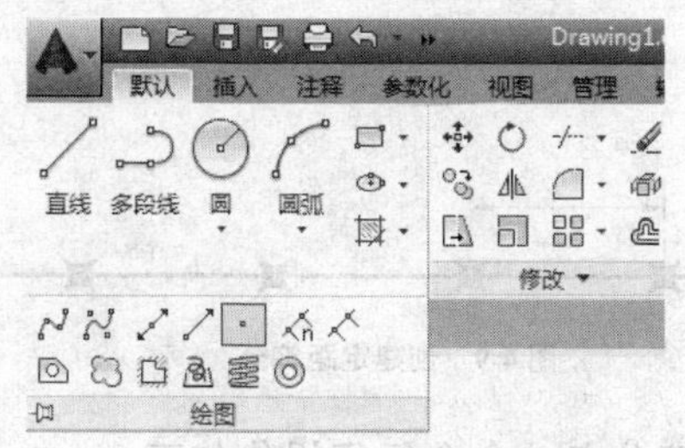

图 4-4　通过功能面板创建多点

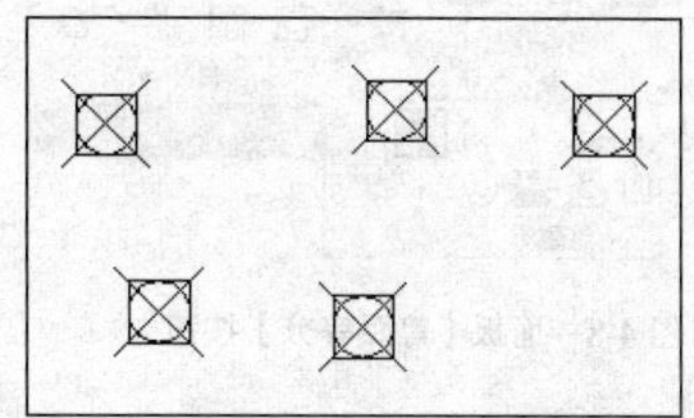

图 4-5　创建多点

4.1.3　绘制定数等分点

绘制定数等分点就是将指定的对象以一定的数量进行等分。在 AutoCAD 2016 中执行【定数等分点】命令有以下几种常用方法：

- ✧ 命令行：在命令行中输入 DIVIDE/DIV。
- ✧ 功能区：单击【绘图】面板【定数等分】按钮，如图 4-6 所示。
- ✧ 菜单栏：执行【绘图】|【点】|【定数等分】命令

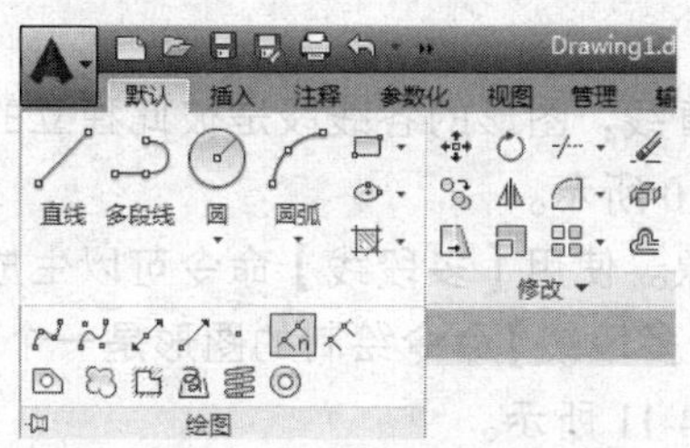

图 4-6　功能面板【定数等分】按钮

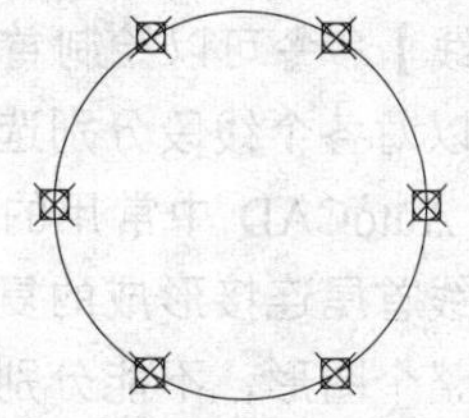

图 4-7　定数等分

执行上述任一命令后，绘制如图 4-7 所示定数等分点，命令行操作如下：

```
命令:DIVIDE↙                          //调用【定数等分】命令
选择要定数等分的对象:                   //选择所需要绘制定数等分点的对象（圆）
输入线段数目或[块(B)]: 6↙              //输入等分数量，按 Enter 键完成操作
```

4.1.4　绘制定距等分点

【定距等分】就是将指定对象按确定的长度进行等分。与定数等分不同的是：因为等分后的子线段数目是线段总长除以等分距，所以由于等分距的不确定性，定距等分后可能会出现剩余线段，在 AutoCAD 2016 中执行【定距等分】有以下几种常用方法：

- ✧ 命令行：在命令行中输入 MEASURE/ME。

✧ 功能区：单击【绘图】面板中的【定距等分】按钮，如图 4-8 所示。
✧ 菜单栏：执行【绘图】|【点】|【定距等分】命令。

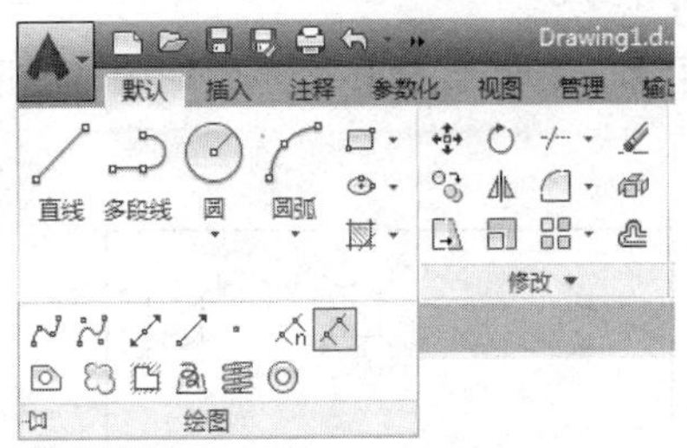

图 4-8 面板【等距等分】按钮

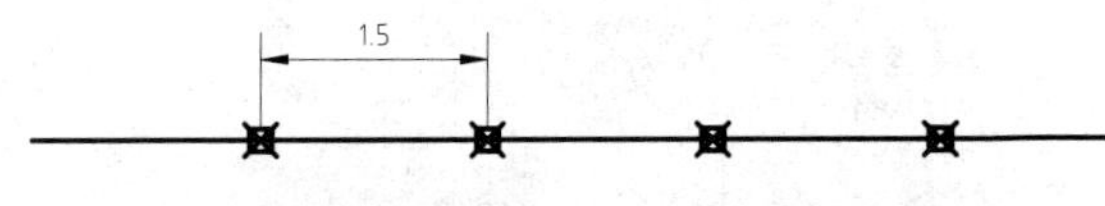

图 4-9 创建定距等分

执行上述任一命令后，绘制如图 4-9 所示定距等分点，命令行行操作如下：

```
命令：MEASURE ↙                      //调用【定距等分】命令
选择要定距等分的对象：                //选择需要绘制定距等分点的对象（直线）
指定线段长度或[块(B)]：1.5↙           //输入等分距离 1.5，按回车键完成等分
```

专家点拨

定距等分拾取对象时，光标靠近对象哪一端，就从哪一端开始等分。

4.2 绘制直线与多段线

使用【直线】命令可以绘制首尾相连的一系列直线，图形的各线段是彼此独立的不同图形对象，可以对各个线段分别选择编辑，如图 4-10 所示。

多段线是 AutoCAD 中常用的一类复合图形对象。使用【多段线】命令可以生成由若干条直线和曲线首尾连接形成的复合线实体。使用【多段线】命令绘制的图形是一个整体，单击时会选择整个图形，不能分别选择编辑，如图 4-11 所示。

图 4-10 选择使用直线命令绘制的图形　　图 4-11 选择使用多段线命令绘制的图形

4.2.1 绘制直线

直线是图形的基础，是最常用的命令之一，绘制一条直线需要确定起始点和终止点。在 AutoCAD 2016 中绘制【直线】有以下几种常用方法：

✧ 命令行：在命令行输入 LINE / L。
✧ 功能区：单击【绘图】面板中【直线】按钮，如图 4-12 所示。
✧ 工具栏：单击【绘图】工具栏【直线】按钮。
✧ 菜单栏：执行【绘图】|【直线】命令。

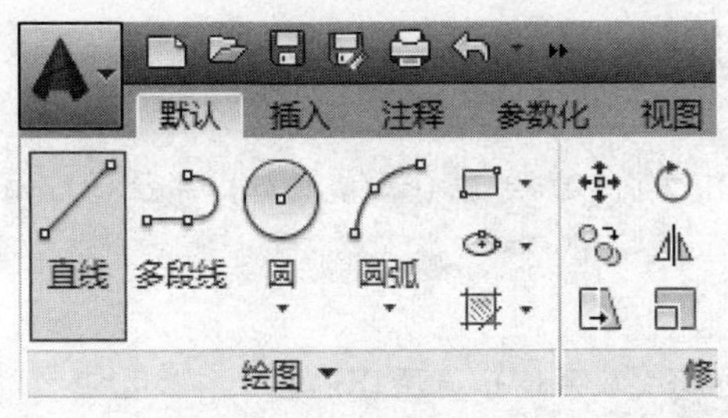

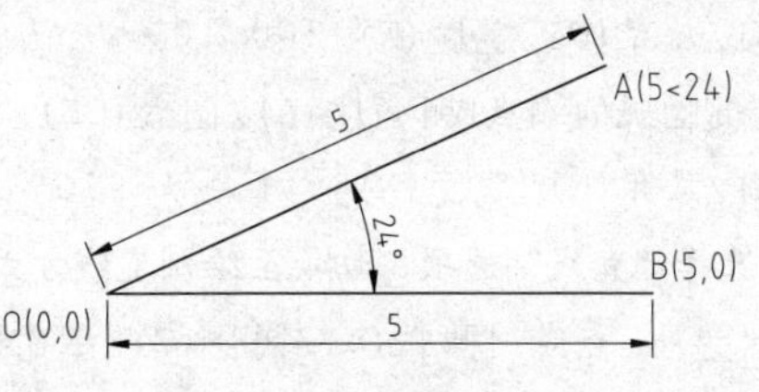

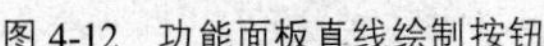
图 4-12　功能面板直线绘制按钮

图 4-13　绘制直线

执行上述任一命令后，绘制如图 4-13 所示的直线，命令行的提示如下：

```
命令:L↙                              //调用直线绘制命令
指定第一点:0,0↙                       //指定第一点 O 点的绝对直角坐标 (0, 0)
指定下一点或[放弃(U)]:5,0↙            //指定 B 点的绝对直角坐标 (5, 0)
指定下一点或[放弃(U)]:↙               //按 Enter 键完成直线绘制
命令: LINE↙                           //再空格键或回车键再次调用 LINE 命令
指定第一点: 0,0↙                      //指定第一点的绝对直角坐标 (0, 0)
指定下一点或[放弃(U)]:5<24↙           //指定 A 点的绝对极坐标
指定下一点或[放弃(U)]:↙               //按 Enter 键完成直线绘制
```

4.2.2 绘制多段线

【多段线】由相连的直线段和弧线段组成，但 AutoCAD 将这些对象作为一个整体来处理，不能分别编辑。在 AutoCAD 2016 中绘制【多段线】有以下几种常用方法：

- ✧ 命令行：在命令行中输入 PLINE/PL。
- ✧ 功能区：单击【绘图】面板中的【多段线】按钮，如图 4-14 所示。
- ✧ 工具栏：单击【绘图】工具栏【多段线】按钮。
- ✧ 菜单栏：执行【绘图】|【多段线】命令。

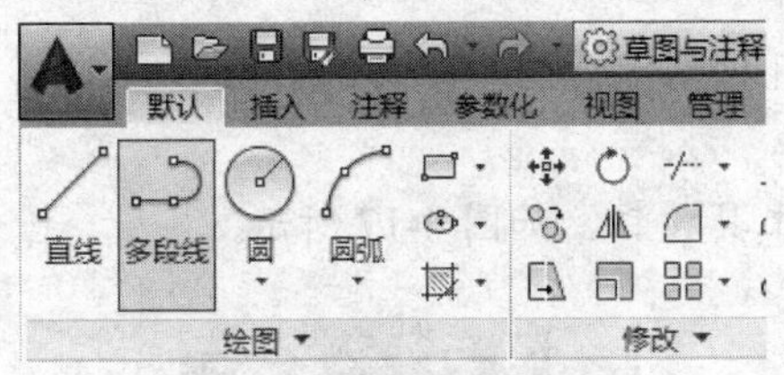

图 4-14　功能区【多段线】按钮

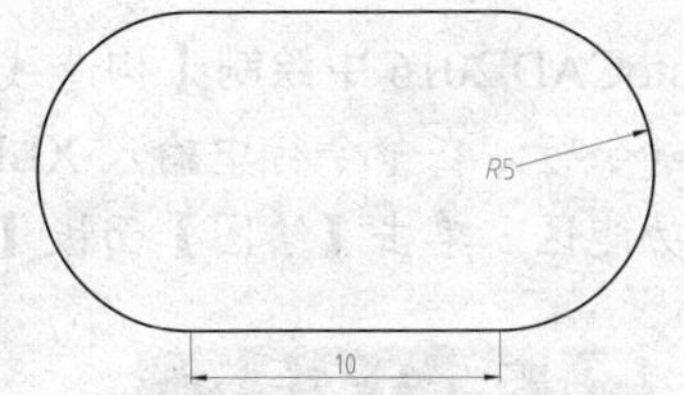

图 4-15　多段线绘制实例

执行上述任一命令后，绘制如图 4-15 所示多段线，命令行的提示如下：

```
命令: PLINE↙                                   //调用多段线绘制命令
指定起点:                                      //用鼠标在合适的位置单击，确定多段线的起点
指定下一个点或[圆弧(A)/半宽(H)/长度(L)/放弃(U)/宽度(W)]:@10<0↙
指定下一点或 [圆弧(A)/闭合(C)/半宽(H)/长度(L)/放弃(U)/宽度(W)]: A↙
/选择“圆弧”选项，切换至绘制圆弧方式/
```

指定圆弧的端点或[角度(A)/圆心(CE)/闭合(CL)/方向(D)/半宽(H)/直线(L)/半径(R)/第二个点(S)/放弃(U)/宽度(W)]:@0,10↙

指定圆弧的端点或[角度(A)/圆心(CE)/闭合(CL)/方向(D)/半宽(H)/直线(L)/半径(R)/第二个点(S)/放弃(U)/宽度(W)]: L↙

/选择“直线”选项，切换至绘制直线方式/

指定下一点或 [圆弧(A)/闭合(C)/半宽(H)/长度(L)/放弃(U)/宽度(W)]:@10<180

指定下一点或 [圆弧(A)/闭合(C)/半宽(H)/长度(L)/放弃(U)/宽度(W)]: A↙

/选择“圆弧”选项，切换绘制圆弧/

指定圆弧的端点或[角度(A)/圆心(CE)/闭合(CL)/方向(D)/半宽(H)/直线(L)/半径(R)/第二个点(S)/放弃(U)/宽度(W)]: CL↙ //选择“闭合”选项，封闭图形

4.3 绘制射线与构造线

射线是一条只有一个端点，另一端无限延伸的直线。构造线是一条向两端无限延伸的直线。在 AutoCAD 中，射线与构造线一般都作为辅助线来使用。

4.3.1 绘制射线

在 AutoCAD 2016 中绘制【射线】有以下几种常用方法:

✧ 命令行：在命令行中输入 RAY。

✧ 功能区：单击【绘图】面板【射线】工具按钮，如图 4-16 所示。

在绘图区域指定出起点和通过点即可绘制射线，可以绘制经过相同起点的多条射线，直到按 Esc 键或 Enter 键退出为止。

4.3.2 绘制构造线

在 AutoCAD 2016 中绘制【构造线】有以下几种常用方法:

✧ 命令行：在命令行中输入 XLINE / XL。

✧ 功能区：单击【绘图】面板【构造线】工具按钮，如图 4-17 所示。

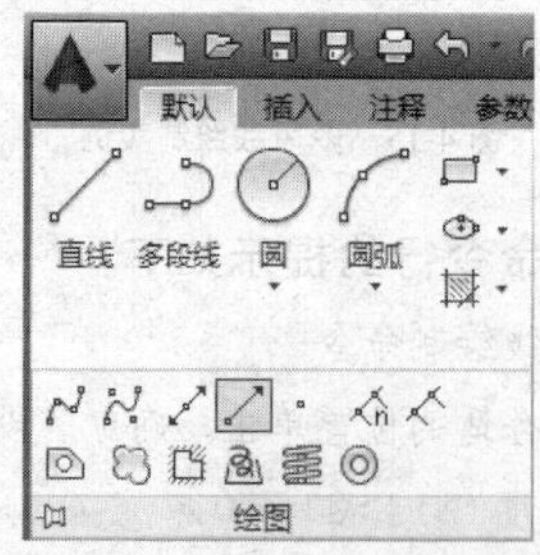

图 4-16 功能区创建射线按钮

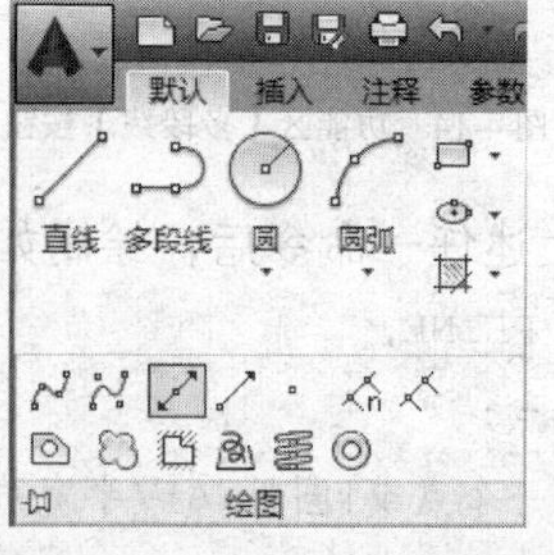

图 4-17 功能区创建构造线按钮

✧　菜单栏：执行【绘图】|【构造线】命令。
✧　工具栏：单击【绘图】工具栏【构造线】按钮。

执行上述任一命令后，命令行提示如下：

```
命令：XLINE 指定点或[水平(H)/垂直(V)/角度(A)/二等分(B)/偏移(O)]：
```

命令行中各选项的含义如下：

✧　水平：绘制水平构造线。
✧　垂直：绘制垂直构造线。
✧　角度：按指定的角度创建构造线。
✧　二等分：用来创建已知角的角平分线。
✧　偏移：用来创建平行于另一个对象的平行线。

4.4　绘制圆与圆弧

圆、圆弧、椭圆、椭圆弧和圆环都属于曲线对象，其绘制方法相对比较复杂。

4.4.1　绘制圆、圆弧

1.　绘制圆

在 AutoCAD 2016 中启动【圆】绘制命令有以下几种常用方法：

✧　命令行：在命令行中输入 CIRCLE / C。
✧　功能区：单击【绘图】面板【圆】工具按钮，如图 4-18 所示。
✧　工具栏：单击【绘图】工具栏【圆】按钮。
✧　菜单栏：执行【绘图】|【圆】命令，如图 4-19 所示。

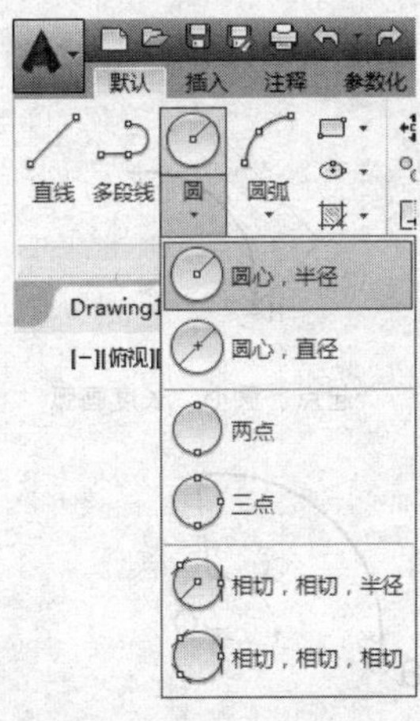

图 4-18　通过工具按钮创建圆

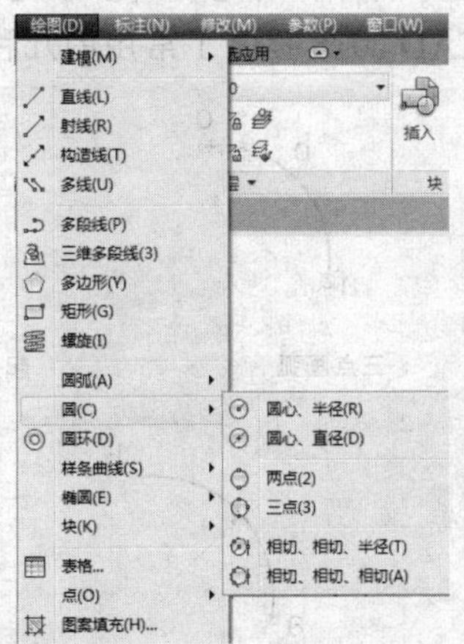

图 4-19　通过菜单命令创建圆

AutoCAD 2016 提供了 6 种绘制圆的方式，如图 4-20 所示，具体含义如下：

✧ 圆心、半径：用圆心和半径方式绘制圆。
✧ 圆心、直径：用圆心和直径方式绘制圆。
✧ 三点：通过 3 点绘制圆，系统会提示指定第一点、第二点和第三点。
✧ 两点：通过两个点绘制圆，系统会提示指定圆直径的第一端点和第二端点。
✧ 相切、相切、半径：通过两个其它对象的切点和输入半径值来绘制圆。
✧ 相切、相切、相切：通过 3 条切线绘制圆。

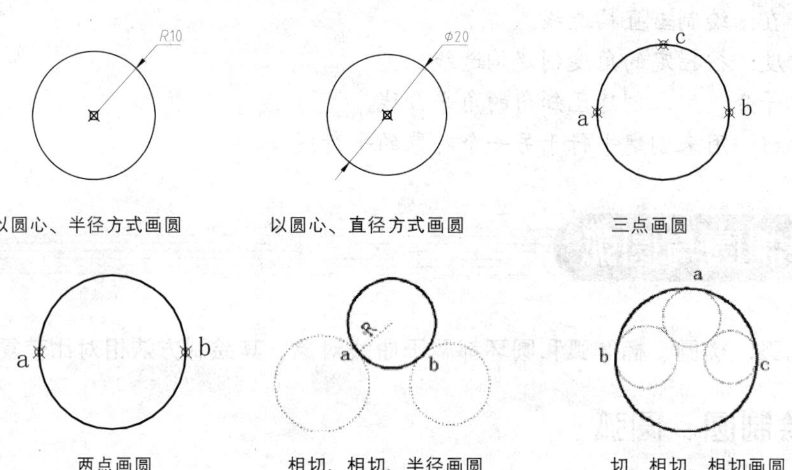

图 4-20　圆的 6 种绘制方式

2. 绘制圆弧

在 AutoCAD 2016 中启动绘制【圆弧】命令有以下几种常用方法：

✧ 命令行：在命令行中输入 ARC/A。
✧ 功能区：单击【绘图】面板【圆弧】工具按钮。
✧ 菜单栏：执行【绘图】|【圆弧】命令。

AutoCAD 2016 提供了常用的几种绘制圆弧的方式，如图 4-21 所示：

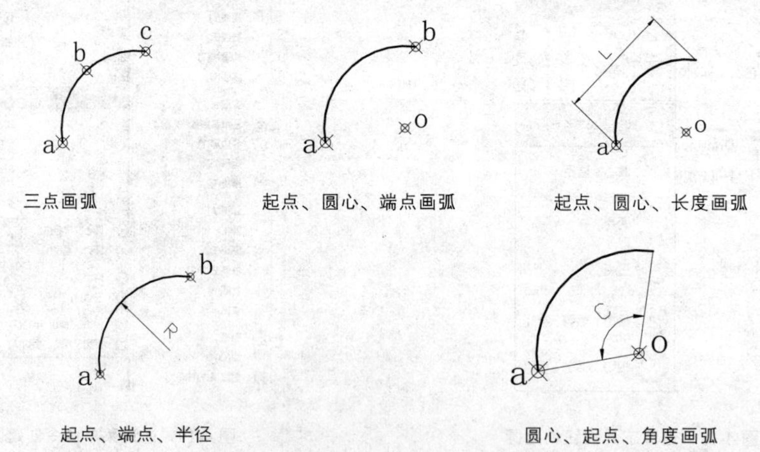

图 4-21　几种最常用的绘制圆弧的方法

✧　三点：需要指定圆弧的起点、通过的第二个点和端点绘制圆弧。
✧　起点、圆心、端点：通过指定圆弧的起点、圆心、端点绘制圆弧。
✧　起点、圆心、长度：通过指定圆弧的起点、圆心、弦长绘制圆弧。
✧　起点、端点、半径：通过指定圆弧的起点、端点和圆弧半径绘制圆弧。
✧　圆心、起点、角度：通过指定圆弧的圆心、起点、包含角绘制圆弧。

AutoCAD 以往版本调用圆弧命令后，绘制圆弧的方向会有一定的局限性，必须明确指定圆心（或是起点）、端点，才能绘制正确方向的圆弧。AutoCAD 2016 现在能通过按 Ctrl 键调整圆弧绘制的方向，降低了绘图的难度，提高绘图的效率。

4.4.2　绘制圆环和填充圆

圆环是由同一圆心、不同直径的两个同心圆组成的。如果圆环的内直径为 0，则圆环为填充圆。启动绘制【圆环】命令有以下几种常用方法：

✧　命令行：在命令行中输入 DONUT / DO。
✧　功能区：单击【绘图】面板【圆环】工具按钮◎，如图 4-22 所示。
✧　菜单栏：执行【绘图】|【圆环】命令。

AutoCAD 默认情况下所绘制的圆环为填充的实心图形。如果在绘制圆环之前，在命令行输入 FILL 命令，则可以控制圆环或圆的填充可见性。执行 FILL 命令后，命令行提示如下：

```
输入模式 [开(ON)/关(OFF)] <开>:
```

开（ON）、关（OFF）表示绘制的圆环和圆是否要填充，如图 4-23 和图 4-24 所示。

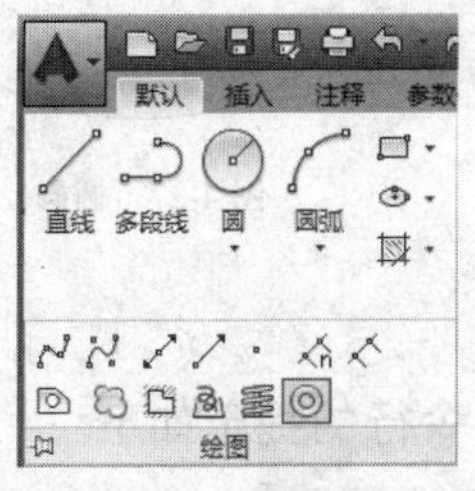

图 4-22　通过功能区创建圆环

图 4-23　选择开(ON)模式

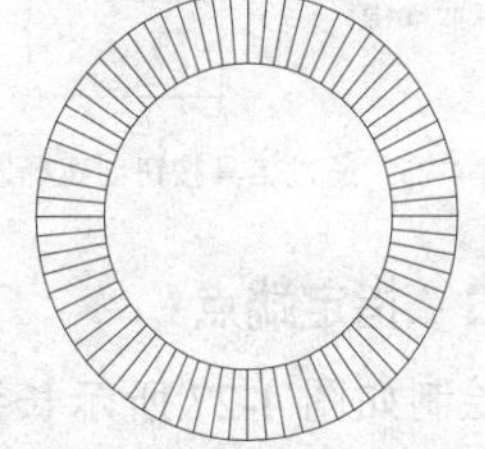
图 4-24　选择关(OFF)模式

4.4.3　绘制椭圆、椭圆弧

1．绘制椭圆

椭圆是平面上到定点距离与到指定直线间距离之比为常数的所有点的集合。

在 AutoCAD 2016 中启动绘制【椭圆】命令有以下几种常用方法：

✧　命令行：在命令行中输入 ELLIPSE / EL。
✧　功能区：单击【绘图】面板【椭圆】工具按钮，如图 4-25 所示。
✧　工具栏：单击【绘图】工具栏【椭圆】按钮⭕。
✧　菜单栏：执行【绘图】|【椭圆】命令，如图 4-26 所示。

绘制【椭圆】命令有指定【圆心】和【端点】两种方法。

❑ 指定圆心

如绘制一个如图 4-27 所示圆心坐标为（0，0），长半轴为 100，短半轴为 75 的椭圆，通过指定【圆心】进行绘制的方法如下：

```
命令：EL↙                                        //调用绘制椭圆命令
指定椭圆的轴端点或 [圆弧(A)/中心点(C)]：C↙        //选择中心点 C 绘制模式
指定椭圆的中心点：0,0↙                            //输入椭圆中心点的坐标
指定轴的端点：@100,0↙                             //利用相对坐标输入方式确定椭圆长半轴的一端点
指定另一条半轴长度或 [旋转(R)]：75↙               //输入另一半轴长度
```

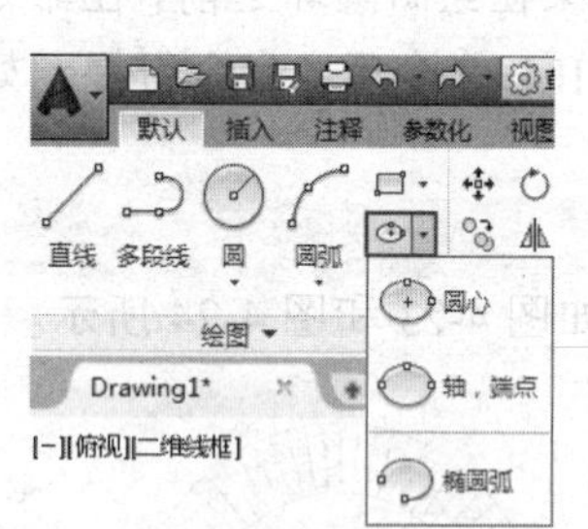

图 4-25 通过工具按钮创建椭圆

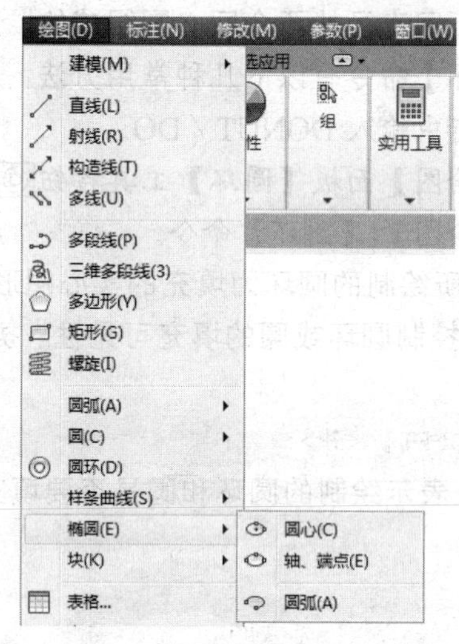

图 4-26 通过菜单命令创建椭圆

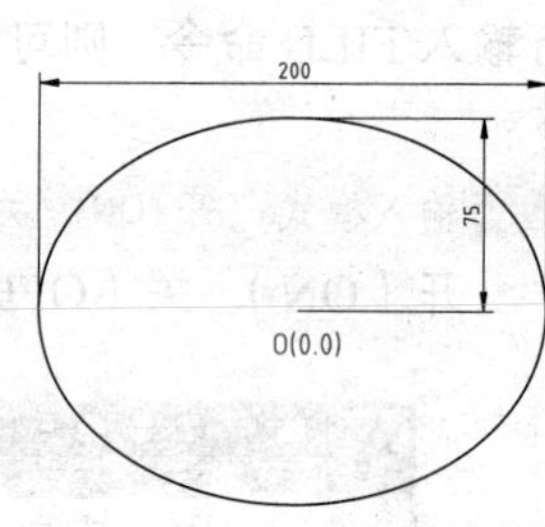

图 4-27 椭圆

❑ 指定端点

绘制如图 4-27 所示长半轴为 100，短半轴为 75 的椭圆，命令行的提示如下：

```
命令：EL↙                                   //调用绘制椭圆命令
指定椭圆的轴端点或 [圆弧(A)/中心点(C)]：     //单击鼠标指定椭圆的一端点
指定轴的另一个端点:@200,0↙                   //用相对坐标方式确定长轴另一端点
指定另一条半轴长度或 [旋转(R)]：75↙          //输入椭圆短半轴的长度
```

2. 绘制椭圆弧

绘制椭圆弧需要确定的参数：椭圆弧所在椭圆的两条轴及椭圆弧的起点和终点角度。在 AutoCAD 2016 中启动绘制【椭圆】命令，有以下几种常用方法：

✧ 功能区：单击【绘图】面板【椭圆弧】工具按钮，如图 4-28 所示。

✧ 工具栏：单击【绘图】工具栏【椭圆弧】按钮。

✧ 菜单栏：执行【绘图】|【椭圆】|【圆弧】命令。

【椭圆弧】的绘制与【椭圆】类似，只需在确定【椭圆】形态后再指定椭圆弧的中心

起始角度和终止角度，即可完成椭圆弧的绘制，如图 4-29 所示。

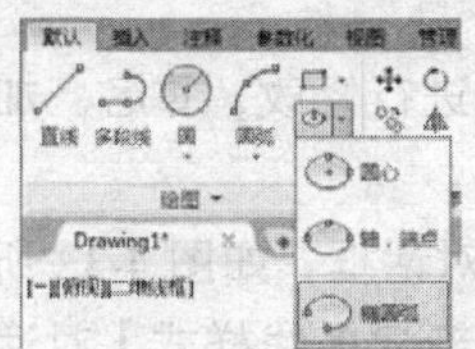

图 4-28　创建椭圆弧面板按钮

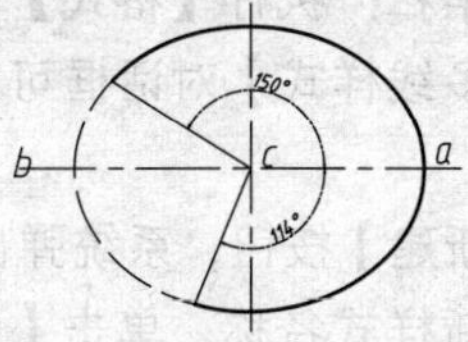

图 4-29　椭圆弧与椭圆的关系

4.5　绘制多线与样条曲线

在 AutoCAD 中，使用【多线】可以一次绘制多条平行线，并且可以作为单一的对象对其进行编辑。样条曲线是通过拟合数据点，利用【样条曲线】命令绘制的光滑拟合曲线。

4.5.1　绘制多线

【多线】是由多条平行线组成的图形对象，命令行的提示如下：

```
命令: mline↙                                     //调用 ML【多线】命令
当前设置: 对正 = 上, 比例 = 20.00, 样式 = STANDARD
指定起点或 [对正(J)/比例(S)/样式(ST)]:
```

【多线】可以通过【样式】改变线段的数目以及平行线之间的宽度。常用于绘制建筑图纸中的墙体、电子线路图中的平行线条等元素，如图 4-30 所示为利用多线工具绘制的墙体。

4.5.2　设置多线样式

系统默认的多线样式称为 STANDARD 样式，用户可以根据需要在如图 4-31 所示【多线样式】对话框中创建不同的多线样式。

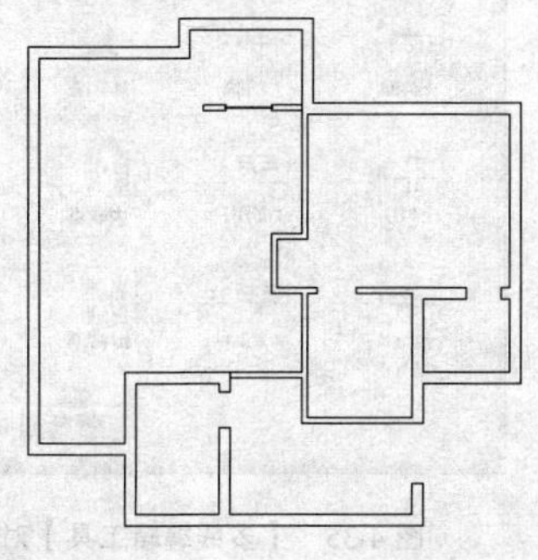

图 4-30　利用多线绘制的墙体

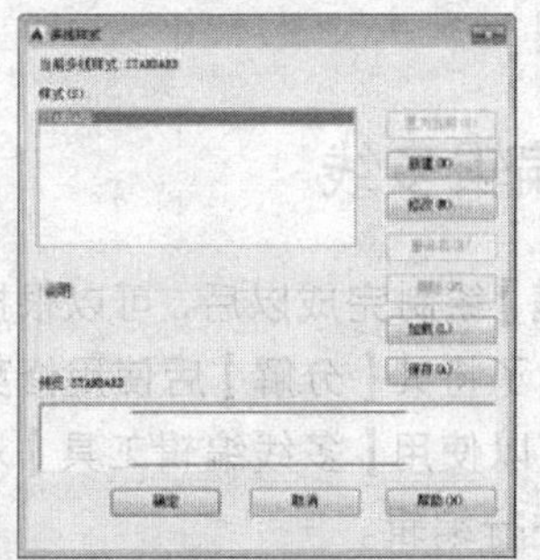

图 4-31　多线样式修改面板

在 AutoCAD 2016 中进入【多线样式】对话框有以下几种常用方法：

✧ 命令行：在命令行中输入 MLSTYLE。

✧ 菜单栏：执行【格式】|【多线样式】命令。

通过【多线样式】对话框可以新建多线样式，并对其进行修改，重名、加载、删除等操作。

单击【新建】按钮，系统弹出【创建新的多线样式】对话框，如图 4-32 所示，在其文本框中输入新样式名称，单击【继续】按钮，系统弹出【新建多线样式】对话框，在其中可以设置多线样式的封口、填充、元素特性等内容，如图 4-33 所示。

图 4-32 【创建新的多线样式】对话框

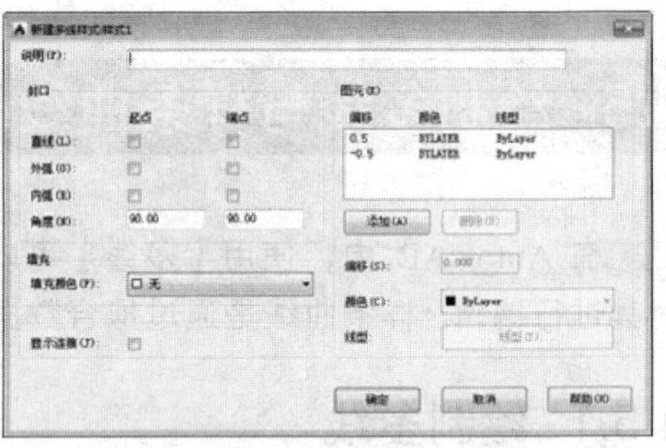

图 4-33 【新建多线样式】对话框

下面具体介绍【新建多线样式】对话框中常用选项的含义：

✧ 封口：设置多线的平行线段之间两端封口的样式。各封口样式如图 4-34 所示。

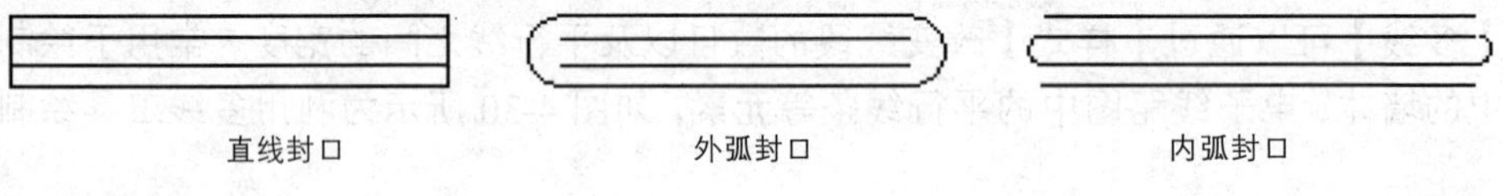

图 4-34 多线封口样式

✧ 偏移：设置多线元素从中线的偏移值，正值表示向上偏移，反之向下偏移。

✧ 颜色：设置组成多线元素的直线线条颜色。

✧ 线型：设置组成多线元素的直线线条线型。

4.5.3 编辑多线

【多线】绘制完成以后，可以根据不同的需要进行编辑，除了将其【分解】后使用修剪的方式编辑多线外，还可以使用【多线编辑工具】对话框中的多种工具直接进行编辑。

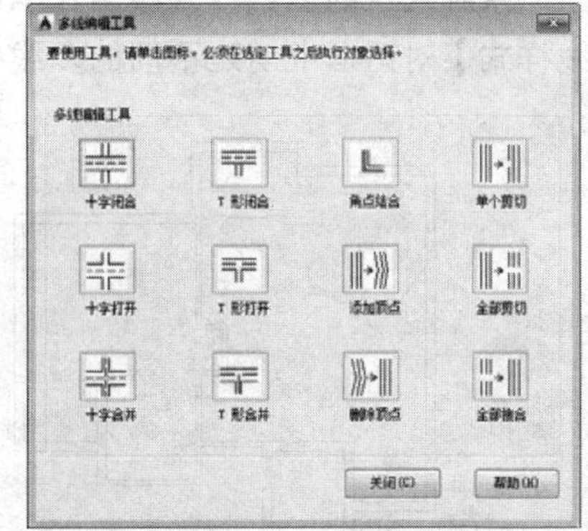

图 4-35 【多线编辑工具】对话框

双击绘制的多线，或者执行【修改】|【对象】|【多线】命令，系统弹出【多线编辑工具】对话框，如图 4-35 所示。

利用对话框中的多线编辑工具，可以很方便地编辑多线样式以达到用户需要。如图

4-36 所示为几种多线编辑工具的编辑效果。

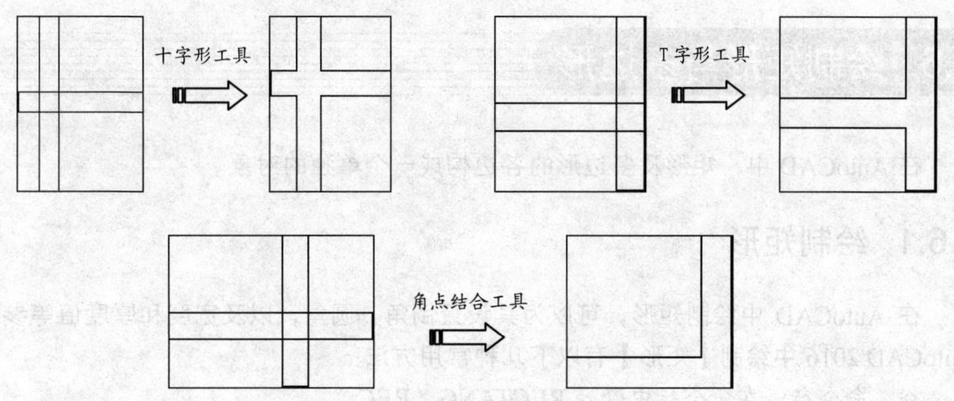

图 4-36　几种多线编辑工具的编辑效果

4.5.4　绘制样条曲线

【样条曲线】可以用于表示机械制图中剖面的部分，还可以在建筑图中表示地形地貌等，如图 4-37 所示。在 AutoCAD 2016 中绘制【样条曲线】有以下几种常用方法：

- ✧　命令行：在命令行中输入 SPLINE / SPL。
- ✧　功能区：单击【绘图】面板 （拟合）和 （控制点）按钮，如图 4-38 所示。
- ✧　工具栏：单击【绘图】工具栏【样条曲线】按钮。
- ✧　菜单栏：执行【绘图】|【样条曲线】|【拟合点】或【控制点】命令。

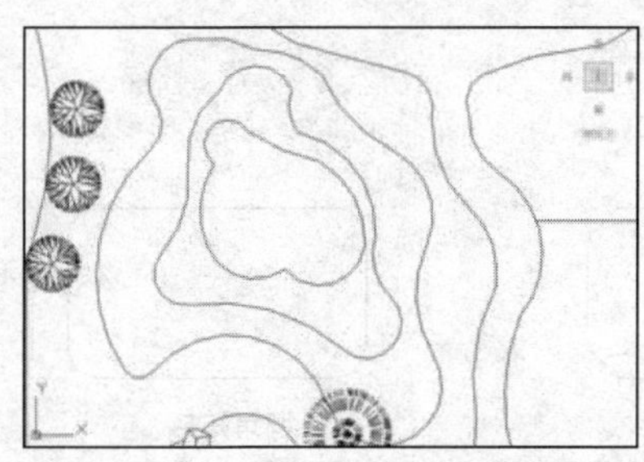

图 4-37　样条曲线绘制的地形等高线

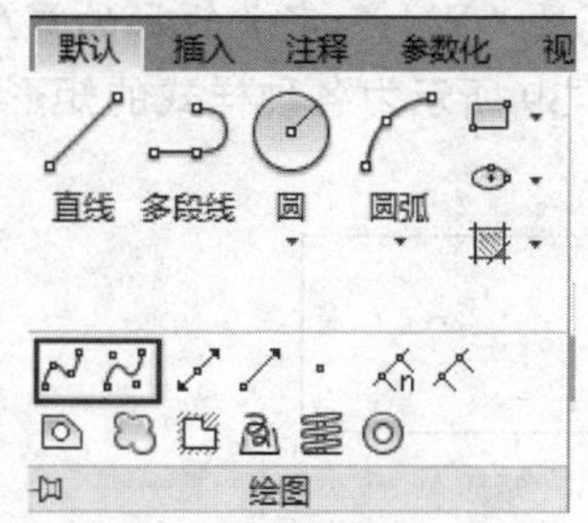

图 4-38　绘图面板样条曲线按钮

执行上述任一命令后，在【绘图区】任意指定一点，命令行提示如下：

```
指定第一个点或 [方式(M)/节点(K)/对象(O)]:
```

其各选项含义如下：

- ✧　方式：通过该选项决定样条曲线的创建方式，分为【拟合】与【控制点】两种。
- ✧　节点：通过该选项决定样条曲线节点参数化的运算方式，分为【弦】、【平方根】、【统一】三种方式。
- ✧　对象：将样条曲线拟合多段线转换为等价的样条曲线。样条曲线拟合多段线是指使用 PEDIT 命令中“样条曲线”选项，将普通多段线转换成样条曲线的对

象。

4.6 绘制矩形与多边形

在 AutoCAD 中，矩形及多边形的各边构成一个单独的对象。

4.6.1 绘制矩形

在 AutoCAD 中绘制矩形，可以为其设置倒角、圆角，以及宽度和厚度值等参数。在 AutoCAD 2016 中绘制【矩形】有以下几种常用方法：

- ✧ 命令行：在命令行中输入 RECTANG／REC。
- ✧ 功能区：单击【绘图】面板【矩形】工具按钮。
- ✧ 工具栏：单击【绘图】工具栏【矩形】按钮□。
- ✧ 菜单栏：执行【绘图】|【矩形】命令。

执行上述任一命令后，命令行提示如下：

```
指定第一个角点或 [倒角(C)/标高(E)/圆角(F)/厚度(T)/宽度(W)]:
```

其中各选项的含义如下：

- ✧ 倒角（C）：绘制一个带倒角的矩形。
- ✧ 标高(E)：矩形的高度。默认情况下，矩形在x、y平面内。一般用于三维绘图。
- ✧ 圆角（F）：绘制带圆角的矩形。
- ✧ 厚度（T）：矩形的厚度，该选项一般用于三维绘图。
- ✧ 宽度（W）：定义矩形的宽度。

如图 4-39 所示为各种样式的矩形效果。

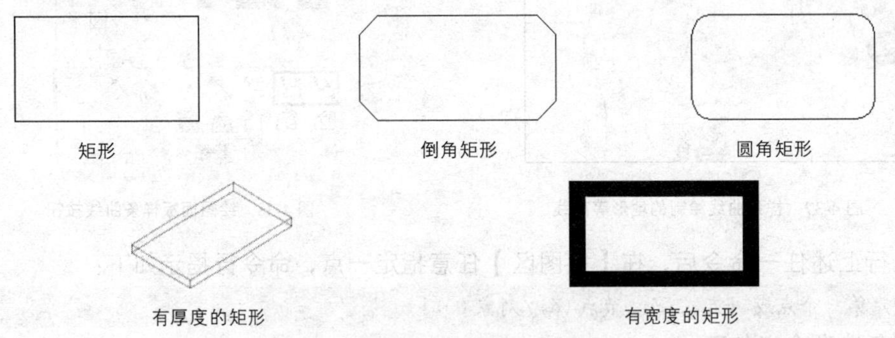

图 4-39　各种样式的矩形效果

4.6.2 绘制多边形

多边形是由三条或三条以上长度相等的线段首尾相接形成的闭合图形。

在 AutoCAD 2016 中绘制【多边形】命令有以下几种常用方法：

✧ 命令行：在命令行中输入 POLYGON / POL。

✧ 功能区：单击【绘图】面板【多边形】工具按钮。

✧ 工具栏：单击【绘图】工具栏【多边形】按钮⬠。

✧ 菜单栏：执行【绘图】|【多边形】命令。

在 AutoCAD 中绘制一个多边形，需要指定其边数、位置和大小三个参数。多边形通常有惟一的外接圆和内切圆。外接/内切圆的圆心决定了多边形的位置。多边形的边长或者外接/内切圆的半径决定了多边形的大小。根据边数、位置和大小的不同，有下列绘制多边形的方法。

1. 内接于圆多边形

内接于圆的多边形主要通过输入多边形的边数、外接圆的圆心和半径来绘制。如图 4-40 所示，绘制外接圆半径为 200 的正六边形，命令行输入如下所示：

```
命令：POL↙                                              //启动命令
POLYGON 输入侧面数<4>：6↙                               //输入边数
指定多边形的中心点或[边(E)]：                           //鼠标单击确定外接圆圆心 c
输入选项[内接于圆(I)/外切于圆(c)]<I>：I↙               //选择"内接于圆"备选项
指定圆的半径：200↙                                      //输入外接圆半径值
```

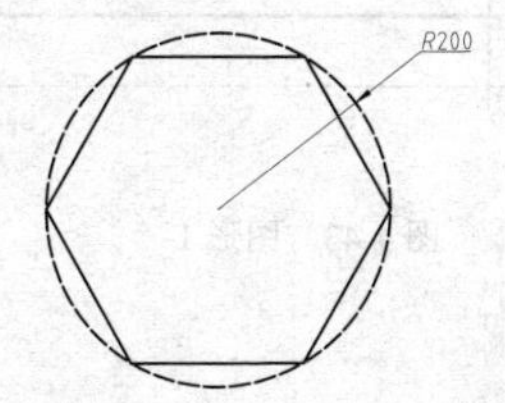

图 4-40 内接于圆法画正六边形

图 4-41 外切于圆法画正五边形

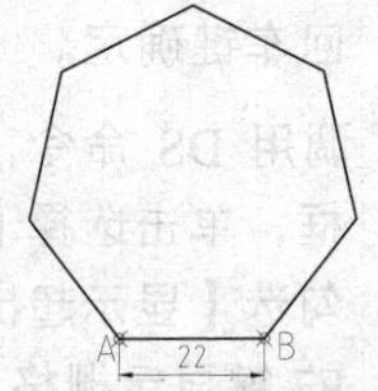

图 4-42 边长法画正七边形

2. 外切于圆多边形

外切于圆多边形主要通过输入多边形的边数、内切圆的圆心位置和内切圆的半径来绘制。如图 4-41 所示，绘制内切圆半径为 200 的正五边形，命令行输入如下所示：

```
命令：POL↙                                              //启动命令
POLYGON 输入侧面数<6>：5↙                               //输入边数
指定多边形的中心点或[边(E)]：                           //鼠标单击确定内切圆圆心 c
输入选项[内接于圆(I)/外切于圆(c)]<I>：C↙               //选择"外切于圆"备选项
指定圆的半径：200↙                                      //输入内切圆半径值
```

3. 边长法

如果知道多边形的边长和边数，就可以使用边长法绘制多边形。如图 4-42 所示，绘制边长为 150 的正七边形，命令行输入如下所示：

```
命令：POL↙                                              //启动命令
POLYGON 输入边的数目<5>：7↙                             //输入边数
指定多边形的中心点或[边(E)]：E↙                         //选择边长法备选项
```

```
指定边的第一个端点:                          //单击确定一条边的起点 A
指定边的第二个端点: @150, 0↙                 //输入终点 B 的相对坐标
```

4.7 综合实例

4.7.1 绘制简单图形

绘制如图 4-43 所示的图形（不考虑线宽），熟悉 AutoCAD 2016 中直线、矩形、圆等命令的运用。

1. 确定工作空间并设置图形界限

01 启动 AutoCAD 2016，执行【文件】|【新建】命令，新建空白文件。

02 设置 A4 横放的图形界限。调用 LIMITS【图形界限】命令，根据命令行的提示，指定左下角点（0,0），指定右上角点（297,210），按回车键确定。

03 调用 DS 命令，系统弹出【草图设置】对话框，单击选择【捕捉和栅格】选项卡，取消勾选【显示超出界限的栅格】复选框，再按 F7 键显示栅格。

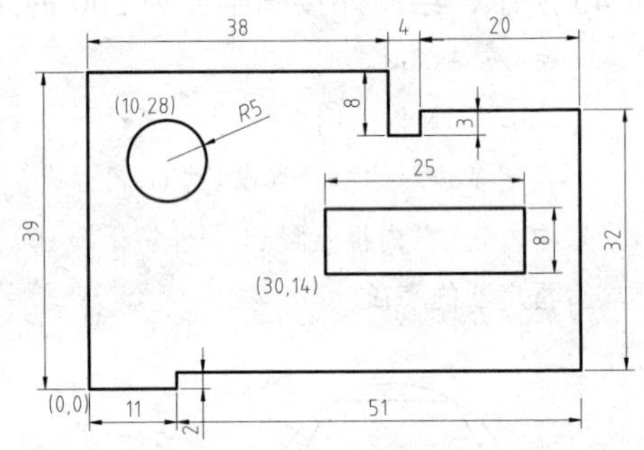

图 4-43　图形 1

04 双击鼠标滚轮，则绘图区此时将出现 A4 横放大小的图形界限，如图 4-44 所示。

2. 绘制图形

01 调用 L【直线】命令，绘制直线，如图 4-45 所示，其命令行的提示如下：

```
命令: L↙                                    //调用绘制直线命令
指定第一点:0, 0↙                            //指定第一点的坐标为 (0, 0)
指定下一点或 [放弃(U)]: @11,0↙
指定下一点或 [放弃(U)]: @0,2↙
指定下一点或 [放弃(U)]: @51,0↙
指定下一点或 [闭合(C)/放弃(U)]: @0,32↙
指定下一点或 [放弃(U)]: @-20,0↙
指定下一点或 [放弃(U)]: @0,-3↙
指定下一点或 [闭合(C)/放弃(U)]: @-4,0↙
指定下一点或 [闭合(C)/放弃(U)]: @0,8↙
指定下一点或 [闭合(C)/放弃(U)]: @-38,0↙
指定下一点或 [闭合(C)/放弃(U)]: c↙          //依次利用相对坐标输入方式，绘制直线
```

02 调用 C【圆】命令，绘制如图 4-46 所示的圆，根据命令行的提示，首先指定圆心坐标（10,28），在设置圆的半径为 5，按回车键确定。

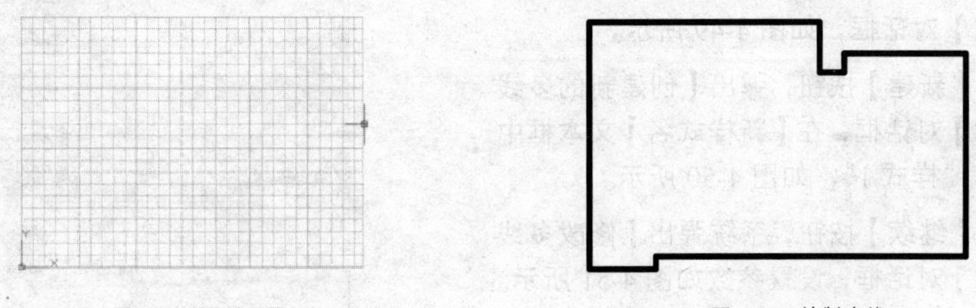

图 4-44　图形界限　　　　图 4-45　绘制直线

03 调用 REC【矩形】命令，绘制如图 4-47 所示的矩形，根据命令行的提示，指定第一个角点（30,14），再指定第二个角点（@25,8），按回车键确定，完成图形的绘制。

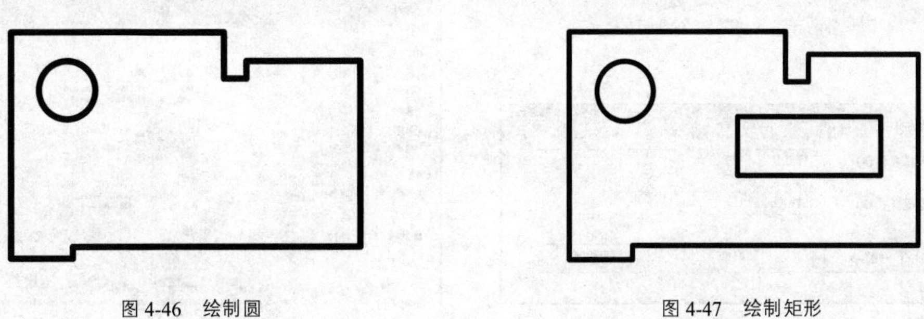

图 4-46　绘制圆　　　　图 4-47　绘制矩形

4.7.2　绘制异形墙体

本实例通过绘制如图 4-48 所示的墙体，熟悉多线的绘制和编辑方法。

图 4-48　绘制墙体

1．打开素材文件

启动 AutoCAD 2016，单击【快速访问】工具栏中的【打开】按钮，打开“素材\第 04 章\4.7.2 辅助线架”文件。

2. 设置多线样式

01 执行【多线样式】命令，系统弹出【多线样式】对话框，如图 4-49 所示。

02 单击【新建】按钮，弹出【创建新的多线样式】对话框，在【新样式名】文本框中输入“样式 1”，如图 4-50 所示。

03 单击【继续】按钮，系统弹出【修改多线样式】对话框，设置参数如图 4-51 所示。

04 单击【确定】按钮，返回【多线样式】对话框，将“样式 1”置为当前。

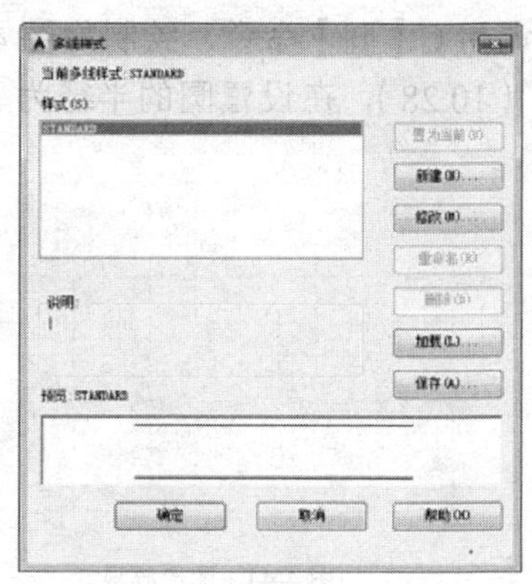

图 4-49 【多线样式】对话框

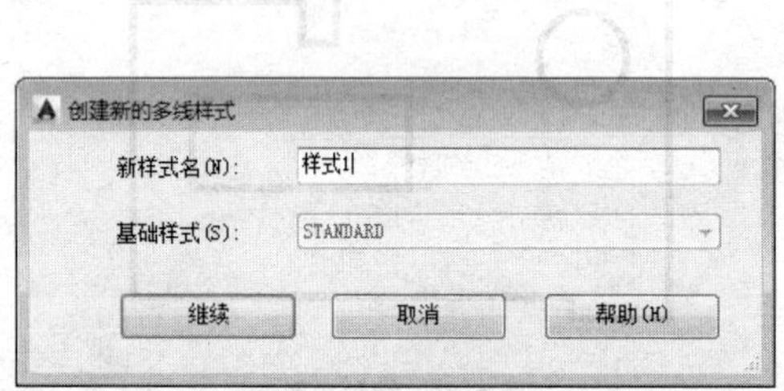

图 4-50 【创建新的多线样式】对话框

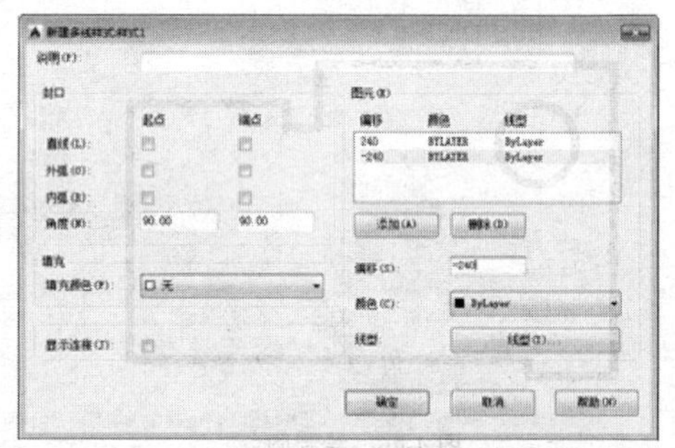

图 4-51 修改多样样式

3. 绘制墙体

01 调用 ML【多线】命令，设置对正为无、比例为 1，再根据线架绘制墙体，按 Esc 键退出，如图 4-52 所示。

02 重复上述操作，绘制其余墙体，如图 4-53 所示。

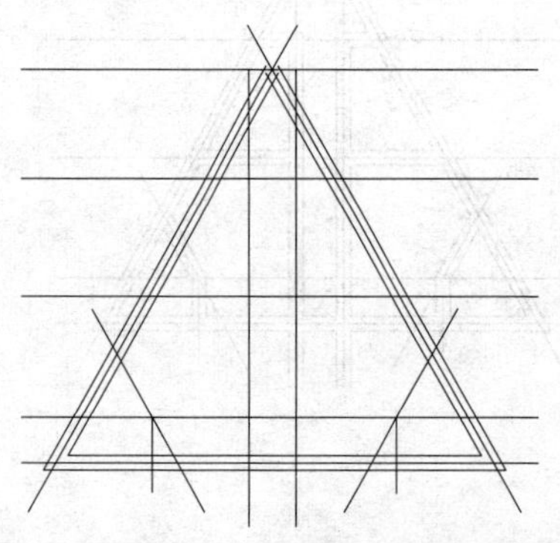

图 4-52 绘制墙体图形

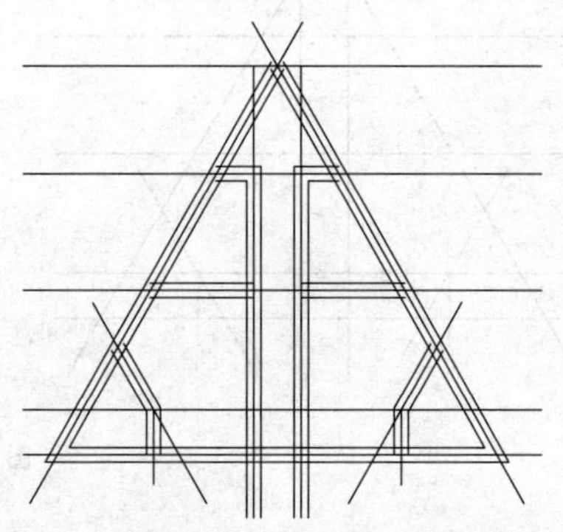

图 4-53 完成绘制墙体

03 双击所绘制的墙体图形，系统弹出【多线编辑工具】对话框，如图 4-54 所示。

04 利用【多线编辑工具】，编辑所绘制的墙体图形，完成效果如图 4-55 所示。

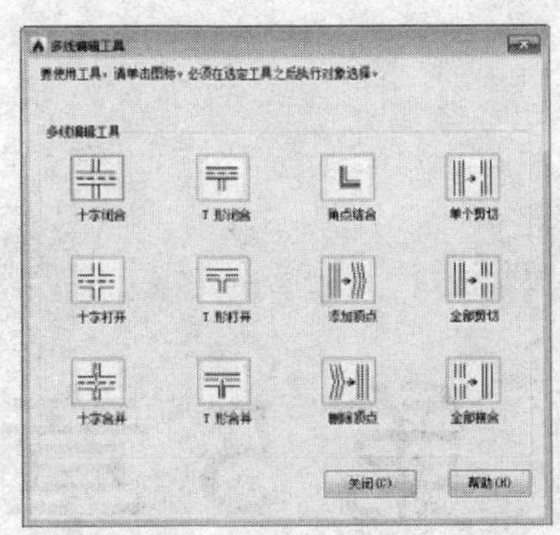

图 4-54　【多线编辑工具】对话框

图 4-55　完成多线编辑效果图

4.8 习 题

1. 填空题

(1) 定距等分对象时，放置点的起始位置从离对象选取点较______的端点开始。

(2) 构造线为两端可以______的直线，它没有起点和终点，可以放置在三维空间的任何地方，在 AutoCAD 中，构造线也主要用于______。

(3) 在 AutoCAD 中有哪几种绘制圆的方法________、________、________、________、________、________。

(4) 多线一般用于____________方面绘图。

(5) 通常选择矩形工具的_________选项来绘制三维图形。

2. 操作题

设置图形界限为（100×100）图幅大小，并且绘制如图 4-56 所示的图形。

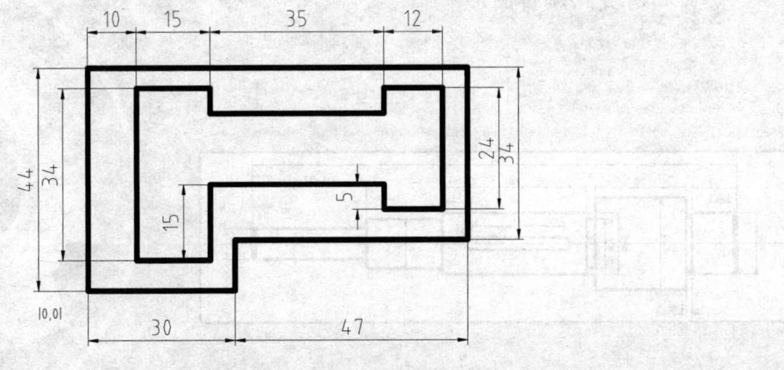

图 4-56　绘制基本图形

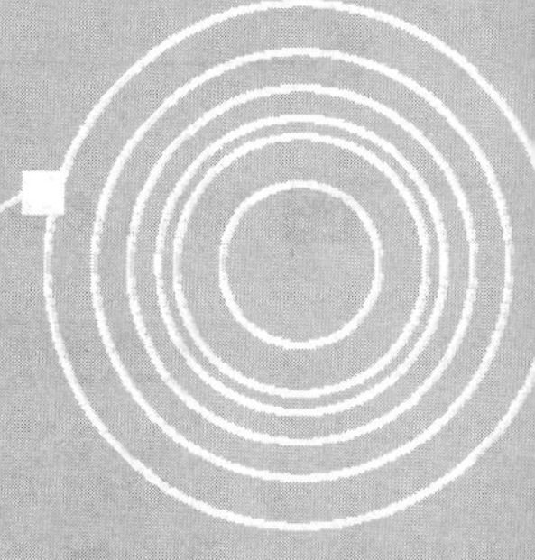

第5章 编辑二维图形

使用 AutoCAD 绘图是一个由简到繁、由粗到精的过程。使用 AutoCAD 提供的一系列修改命令，对图形进行移动、复制、阵列、修剪、删除等多种操作，可以快速生成复杂的图形。本章将重点讲述这些修改命令的用法。

本章主要内容有：

- ✧ 选择对象
- ✧ 移动、旋转和对齐对象
- ✧ 复制、偏移、镜像和阵列对象
- ✧ 修剪、延伸、拉伸和缩放比例
- ✧ 创建倒角、圆角
- ✧ 打断、分解、合并对象
- ✧ 利用夹点编辑图形

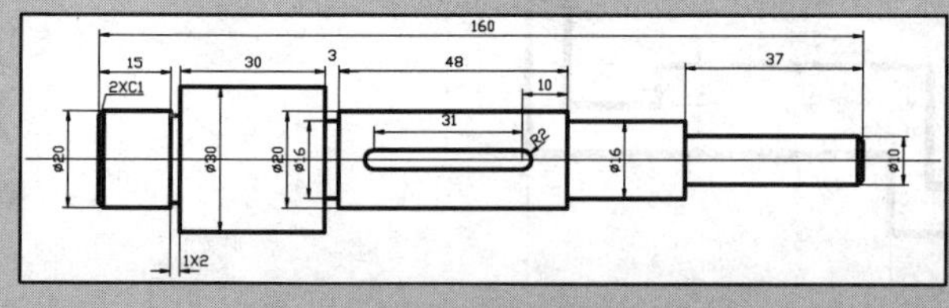

5.1　选择对象

在编辑图形之前，首先需要对编辑的图形进行选择，AutoCAD 用实线高亮显示所选的对象。在 AutoCAD 中，选择对象的方法有很多，下面介绍常用的几种选择方法。

5.1.1　直接选取

直接选取又称为点取对象，直接将光标拾取点移动到欲选取对象上，然后单击鼠标左键即可完成选取对象的操作，如图 5-1 所示。连续单击对象，可同时选择多个对象。

按下 Shift 键并再次单击已经选中的对象，可以将这些对象从当前选择集中删除。按 Esc 键，可以取消选择对当前全部选定对象的选择。

5.1.2　窗口选取

窗口选取对象是以指定对角点的方式，定义矩形选取范围的选取方法。选取对象时，从左往右拉出选择框，只有全部位于矩形窗口中的图形对象才会被选中，如图 5-2 所示。

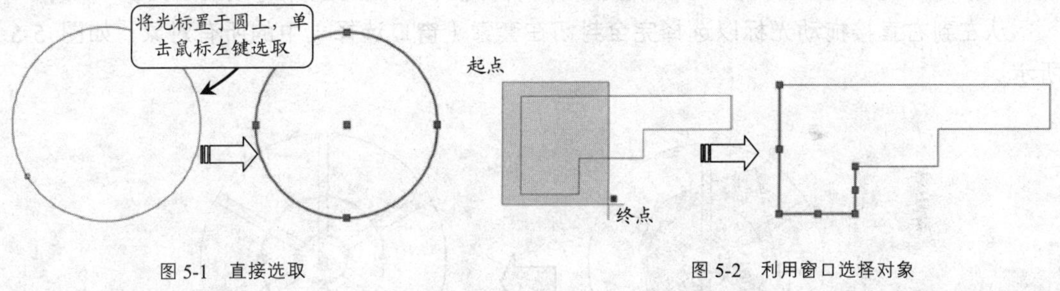

图 5-1　直接选取　　图 5-2　利用窗口选择对象

5.1.3　交叉窗口选取

交叉选择方式与窗口选取相反，从右往左拉出选择框，无论是全部还是部分位于选择框中的图形对象都被选中，如图 5-3 所示。

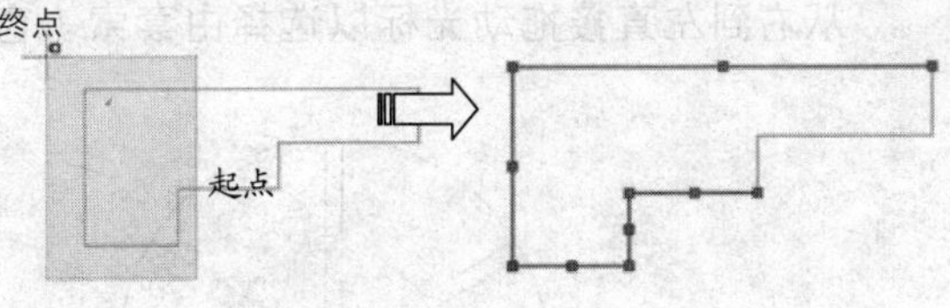

图 5-3　利用交叉窗口选择对象

5.1.4　不规则窗口选取

不规则窗口选取是以指定若干点的方式定义不规则形状的区域来选择对象，包括圈围、圈交和栏选取两种方式。

1．圈交、圈围选取

圈围多边形窗口选择完全包含在内的对象，而圈交多边形可以选择包含在内或相交的对象，这是窗口选取和交叉窗口选取的区别。在命令行中输入 SELECT 并按回车键确定，

输入 WP 或 CP 并按回车键，绘制不规则窗口进行选取，如图 5-4 所示。

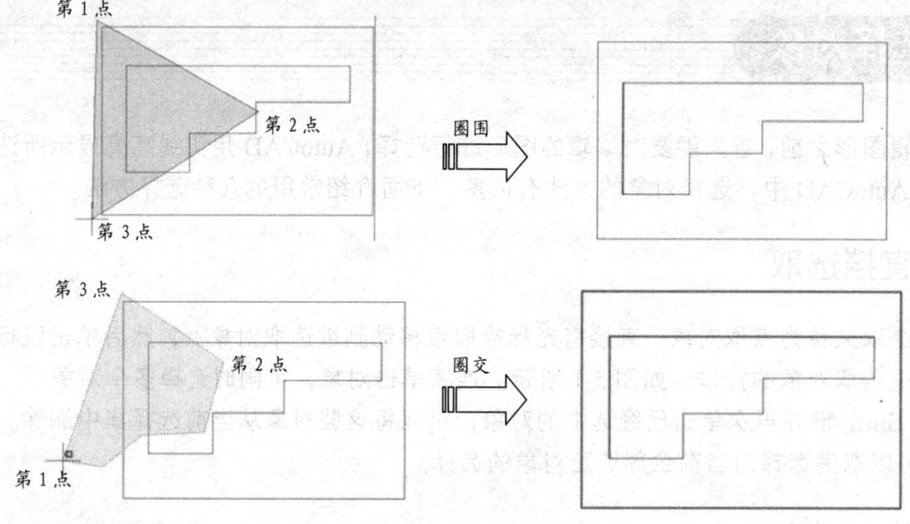

图 5-4　不规则窗口选取

2. 套索选取

套索选取对象是 AutoCAD 2016 新加的一种方便、快捷的选择对象的工具。

从左到右直接拖动光标以选择完全封闭在套索（窗口选择）中的所有对象，如图 5-5 所示。

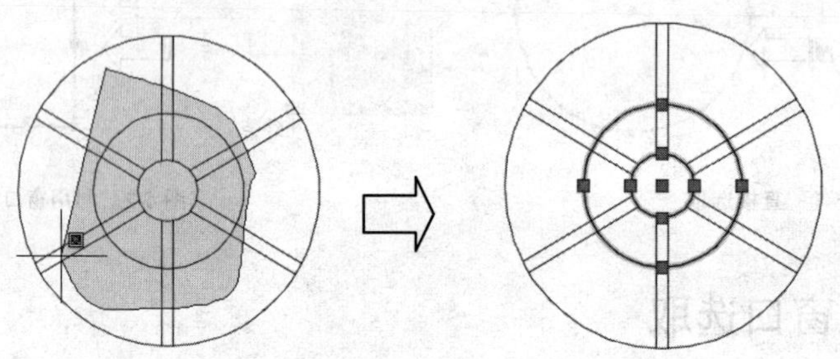

图 5-5　从左向右选择对象

从右到左直接拖动光标以选择由套索（窗交选择）相交的所有对象，如图 5-6 所示。

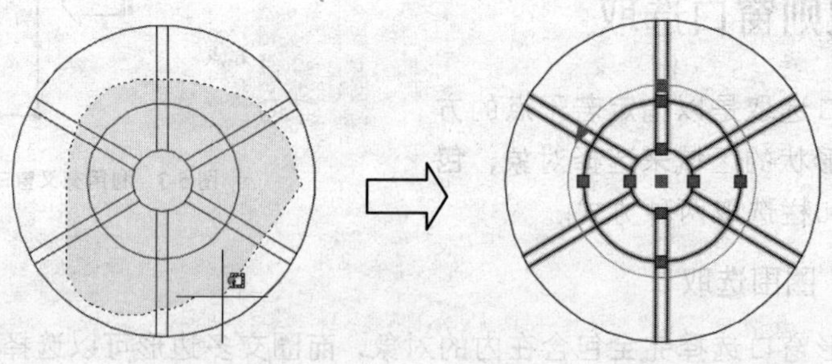

图 5-6　从右向左选择对象

3. 栏选取

使用栏选取能够以画链的方式选择对象，所绘制的线链可以由一段或多段直线组成，所有与其相交的对象均被选中。在命令行中输入 SELECT 并按回车键确定，再输入 F 并按回车键，或按住鼠标左键不放并拖曳，在命令行中将显示提示，按两次回车键，切换至【栏选】模式，在需要选择对象处绘制出链，并按回车，即可完成对象选取，如图 5-7 所示。

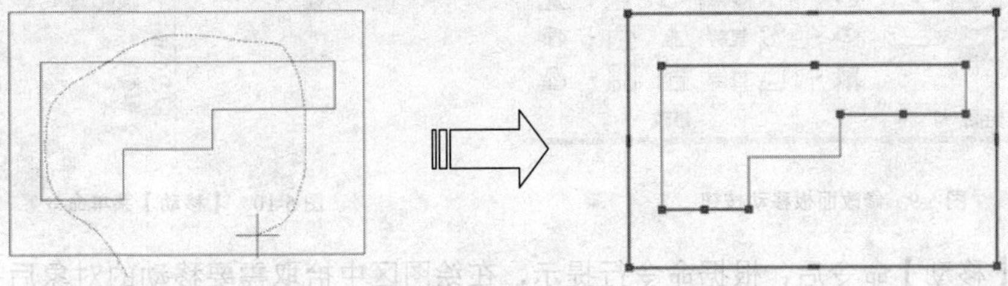

图 5-7　栏选对象

5.1.5　快速选择

快速选择可以根据对象的图层、线型、颜色、图案填充等特性和类型创建选择集，从而可以准确快速的从复杂的图形中选择满足某种特性的图形对象。

单击【实用工具】面板中的【快速选择】按钮，系统弹出【快速选择】对话框，如图 5-8 所示。根据要求设置选择范围，单击【确定】按钮，完成选择操作。

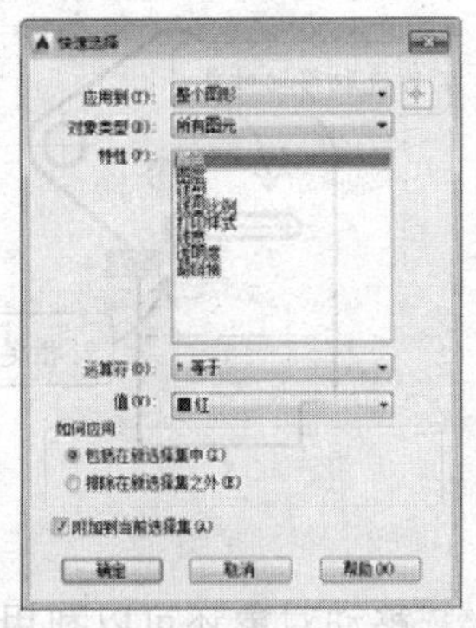

图 5-8　【快速选择】对话框

5.2　移动、旋转和对齐

本节所介绍的编辑工具是对图形位置，角度进行调整，在 AutoCAD 中使用非常频繁。

5.2.1　移动

【移动】工具可以在指定的方向上按指定距离移动对象。

【移动】命令有以下几种调用方法：

- ✧　命令行：在命令行中输入 MOVE / M。
- ✧　功能区：单击【修改】面板【移动】按钮，如图 5-9 所示。
- ✧　工具栏：单击【修改】工具栏【移动】按钮。
- ✧　菜单栏：执行【修改】|【移动】命令，如　图 5-10 所示。

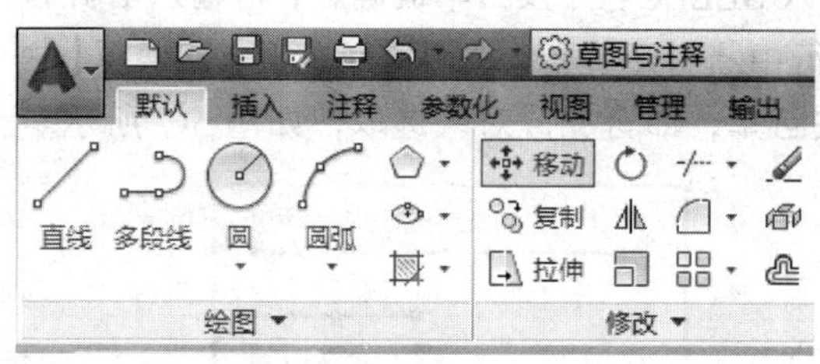

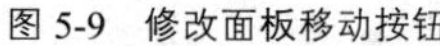
图 5-9 修改面板移动按钮

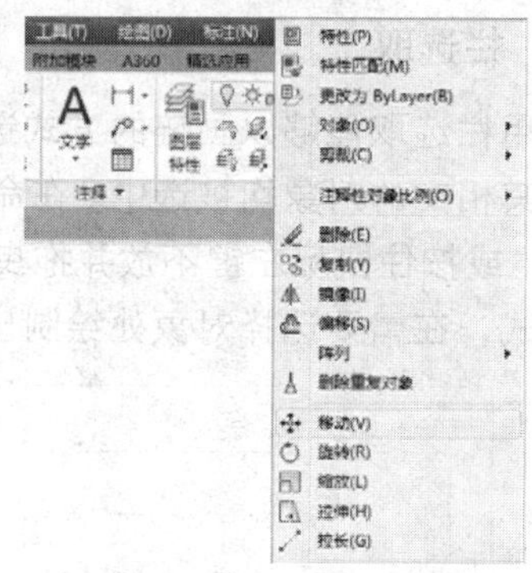

图 5-10 【移动】菜单命令

调用【移动】命令后，根据命令行提示，在绘图区中拾取需要移动的对象后按右键确定，然后拾取移动基点，最后指定第二个点（目标点）即可完成移动操作，如图 5-11 所示。

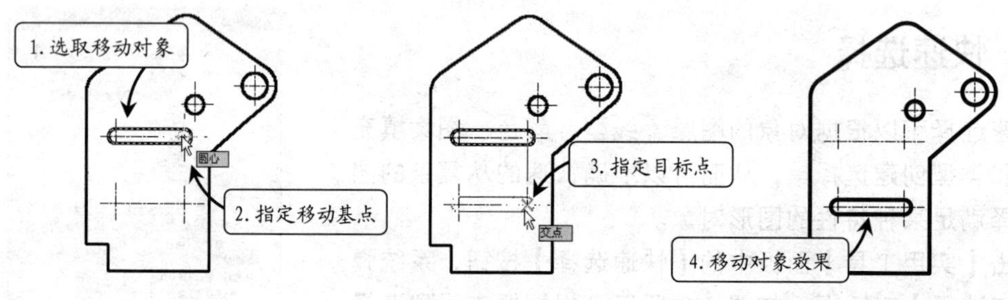

图 5-11 移动对象

移动对象还可以利用输入坐标值的方式定义基点、目标的具体位置。

5.2.2 旋转

【旋转】工具可以将对象绕指定点旋转任意角度，以调整图形的放置方向和位置。在 AutoCAD 2016 中【旋转】命令有以下几种常用调用方法：

- ✧ 命令行：在命令行中输入 ROTATE / RO。
- ✧ 功能区：单击【修改】面板【旋转】工具按钮。
- ✧ 工具栏：单击【修改】工具栏【旋转】按钮。
- ✧ 菜单栏：执行【修改】|【旋转】命令。

在 AutoCAD 中有两种旋转方法，即默认旋转和复制旋转。

1. 默认旋转

利用该方法旋转图形时，源对象将按指定的旋转中心和旋转角度旋转至新位置，不保留对象的原始副本。执行上述任一命令后，选取旋转对象并右键单击鼠标，然后指定旋转中心，根据命令行提示输入旋转角度，按 Enter 键即可完成旋转对象操作，如图 5-12 所示。

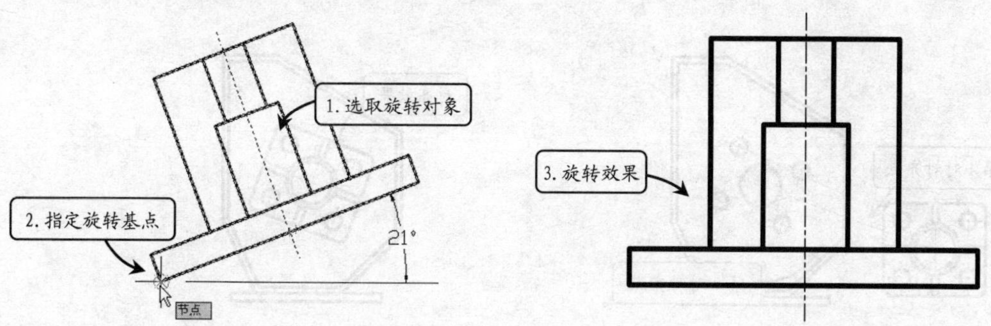

图 5-12　默认方式旋转图形

2.　复制旋转

使用该旋转方法进行对象的旋转时，不仅可以将对象的放置方向调整一定的角度，还保留源对象。执行旋转命令后，选取旋转对象并右键单击鼠标，然后指定旋转中心，在命令行中激活复制 C 备选项，并指定旋转角度，按 Enter 键退出操作，如图 5-13 所示。

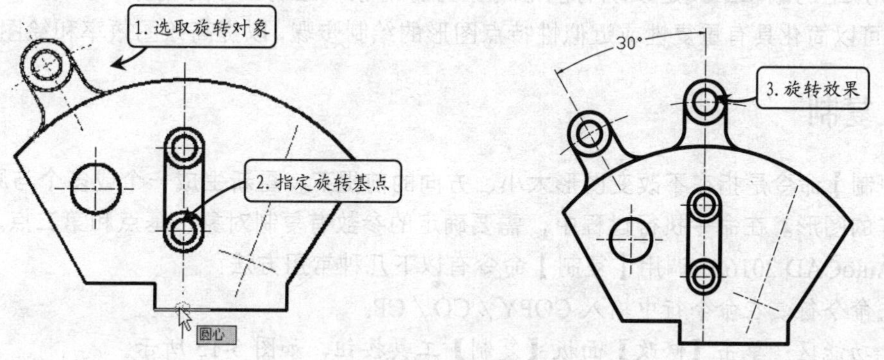

图 5-13　复制旋转

专家点拨

在 AutoCAD 中，逆时针旋转的角度为正值，顺时针旋转的角度为负值。

5.2.3　对齐

【对齐】命令可以使当前的对象与其它对象对齐，既适用于二维对象，也适用于三维对象。在对齐二维对象时，可以指定 1 对或 2 对对齐点（源点和目标点），在对其三维对象时则需要指定 3 对对齐点。

在 AutoCAD 2016 中【对齐】命令有以下几种常用调用方法：

✧　命令行：在命令行中输入 “ALIGN / AL。

✧　功能区：单击【修改】面板【对齐】工具按钮。

✧　菜单栏：执行【修改】|【三维操作】|【对齐】命令。

执行上述任一命令后，根据命令行提示，依次选择源点和目标点，按回车键结束操作，如图 5-14 所示。

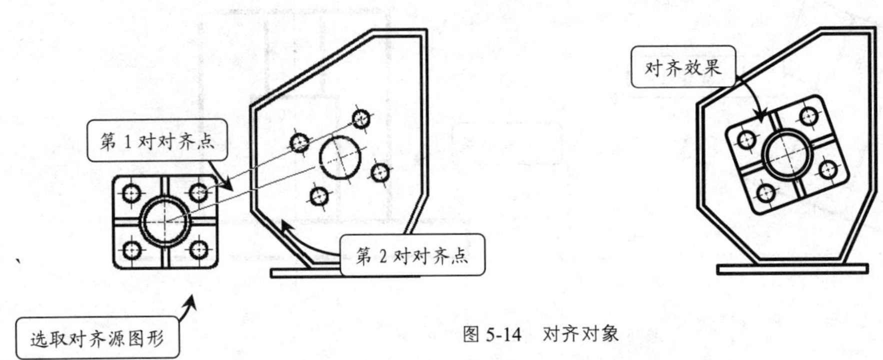

图 5-14 对齐对象

5.3 复制、偏移、镜像和阵列对象

本节介绍的编辑工具是以现有图形对象为源对象，绘制出与源对象相同或相似的图形，从而可以简化具有重复性或近似性特点图形的绘制步骤，以提高绘图效率和绘图精度。

5.3.1 复制

【复制】命令是指在不改变图形大小、方向的前提下，重新生成一个或多个与原对象一模一样的图形。在命令执行过程中，需要确定的参数有复制对象、基点和第二点。

在 AutoCAD 2016 中调用【复制】命令有以下几种常用方法：

- ✧ 命令行：在命令行中输入 COPY / CO / CP。
- ✧ 功能区：单击【修改】面板【复制】工具按钮，如图 5-15 所示。
- ✧ 工具栏：单击【修改】工具栏【复制】按钮。
- ✧ 菜单栏：执行【修改】|【复制】命令，如图 5-16 所示。

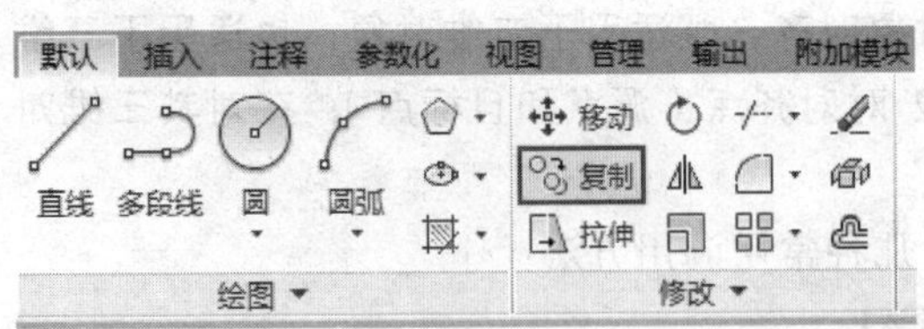

图 5-15 复制面板按钮

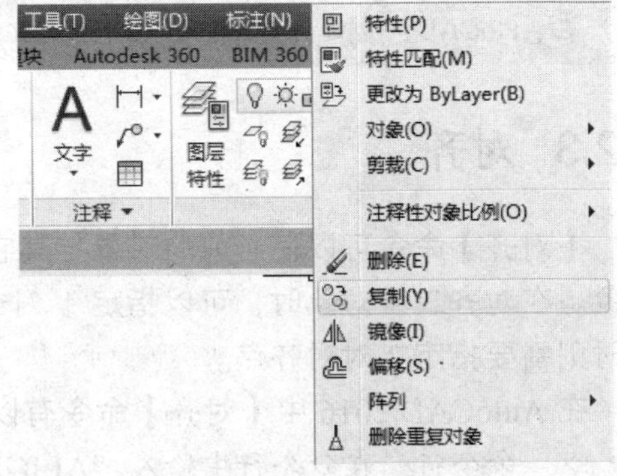

图 5-16 复制菜单命令

执行【复制】命令后，选取需要复制的对象，指定复制基点，然后拖动鼠标指定新基点即可完成复制操作，继续单击，还可以复制多个图形对象，如图 5-17 所示。

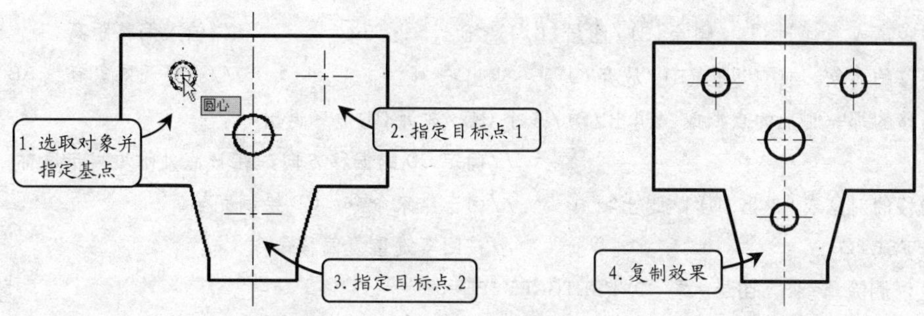

图 5-17　复制对象

使用复制命令时，在“指定第二个点或[阵列(A)]”命令行提示下输入“A”，即可以线性阵列的方式快速大量复制对象，从而大大提高了效率。

专家点拨

在 AutoCAD 2016 中执行复制操作时，系统默认的复制是单个复制，此时根据命令行提示输入字母 O，即可设置复制模式为单个或多个。

5.3.2 偏移

使用【偏移】工具可以创建与源对象成一定距离的形状相同或相似的新图形对象。可以进行偏移的图形对象包括直线、曲线、多边形、圆、圆弧等，如图 5-18 所示。

在 AutoCAD 2016 中调用【偏移】命令有以下几种常用方法：

✧ 命令行：在命令行中输入 OFFSET / O。

✧ 功能区：单击【修改】面板【偏移】工具按钮。

✧ 工具栏：单击【修改】工具栏【偏移】按钮。

✧ 菜单栏：执行【修改】|【偏移】命令。

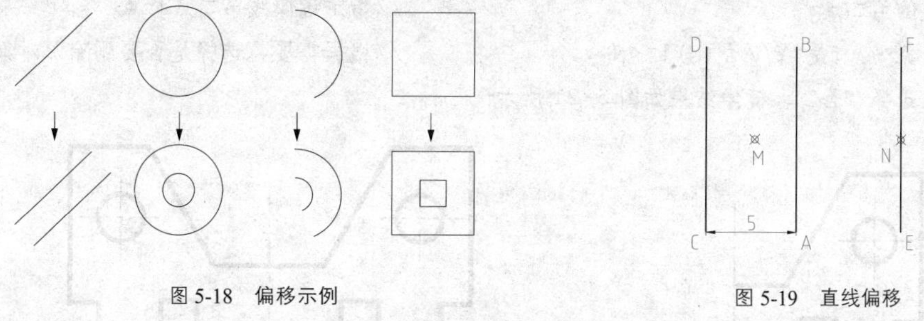

图 5-18　偏移示例　　图 5-19　直线偏移

偏移命令需要输入的参数有需要偏移的源对象、偏移距离和偏移方向。只要在需要偏移的一侧的任意位置单击即可确定偏移方向，也可以指定偏移对象通过已知的点。

如图 5-19 所示，已知直线 AB，要求绘制两条和 AB 平行的直线 CD 和 EF，CD 与直线 AB 的距离为 5，EF 通过已知点 N。执行偏移命令后，命令行的提示如下：

```
命令: O↙                                          //启动偏移命令
当前设置: 删除源=否  图层=源  OFFSETGAPTYPE=0
```

```
指定偏移距离或 [通过(T)/删除(E)/图层(L)] <通过>:: 5↙          //输入偏移距离
选择要偏移的对象，或 [退出(E)/放弃(U)] <退出>:                  //选择源对象直线 AB
指定要偏移的那一侧上的点，或 [退出(E)/多个(M)/放弃(U)] <退出>:
                                        //确定 CD 的偏移方向，在 M 点处附近单击鼠标
选择要偏移的对象或[退出(E)]<退出>: ↙     //回车结束命令，CD 绘制完毕
命令: OFFSET↙                           //按回车键重复偏移命令
当前设置: 删除源=否  图层=源  OFFSETGAPTYPE=0
指定偏移距离或[通过(T)]<5.0000>: T↙//选择“通过”备选项，使偏移对象通过指定的点
选择要偏移的对象，或[退出(E)]<退出>:     //选择源对象直线 AB
指定通过点或[退出(E)]<退出>:             //使用节点捕捉指定点 N，表示偏移对象通过该点
选择要偏移的对象或[退出(E)]<退出>: ↙     //回车结束命令，EF 绘制完毕
```

5.3.3 镜像

【镜像】工具常用于绘制结构规则且有对称特点的图形。

在 AutoCAD 2016 中【镜像】命令的调用方法如下：

✧ 命令行：在命令行中输入 MIRROR/MI。

✧ 功能区：单击【修改】面板【镜像】工具按钮。

✧ 工具栏：单击【修改】工具栏【镜像】按钮。

✧ 菜单栏：执行【修改】|【镜像】命令。

执行上述任一命令后，绘制如图 5-20 所示的图形，命令行的提示如下：

```
命令: MI↙                    //调用镜像命令
选择对象: 指定对角点: 找到 14 个
选择对象:                     //用交叉窗选的方式选择要镜像的图形，单击鼠标右键结束选择
指定镜像线的第一点:           //指定镜像线的第一点 a 点
指定镜像线的第二点:                                //指定镜像线第二点 b 点
要删除源对象吗? [是(Y)/否(N)] <N>:↙               //根据需要，选择是否要删除源对象，
按 Enter 键默认选择“否”，镜像结果如图 5-21 所示
```

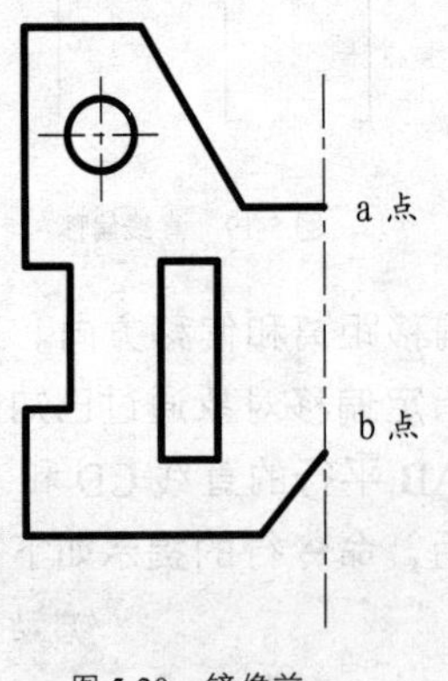

图 5-20 镜像前

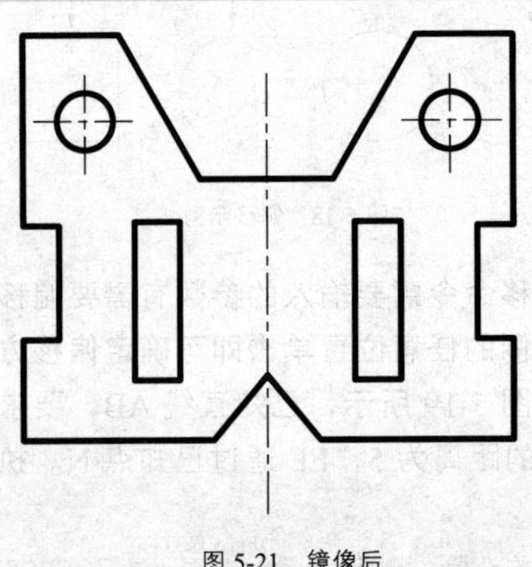

图 5-21 镜像后

5.3.4 阵列

利用【阵列】工具，可以按照矩形、环形（极轴）和路径的方式，以定义的距离、角度和路径复制出源对象的多个对象副本，如图 5-22 所示。

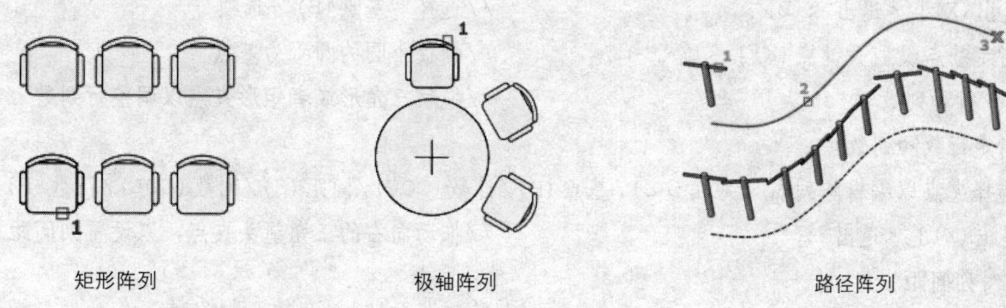

图 5-22　阵列的三种方式

1. 调用阵列命令

在 AutoCAD 2016 中调用【阵列】命令的方法如下：

✧　命令行：在命令行中输入 ARRAY/AR。

✧　功能区：单击【修改】面板【阵列】工具按钮。

✧　工具栏：单击【修改】工具栏【阵列】按钮。

✧　菜单栏：执行【修改】|【阵列】命令。

执行上述任一命令后，命令行提示用户设置阵列类型和相关参数。命令行的提示入下：

```
命令：AR↙          ARRAY                                //调用阵列命令
选择对象：                                              //选择阵列对象并回车
选择对象：                                              //按回车结束对象选择
输入阵列类型 [矩形(R)/路径(PA)/极轴(PO)] <矩形>:        //选择阵列类型
```

2. 矩形阵列

矩形阵列是以控制行数、列数以及行和列之间的距离，使图形以矩形方式阵列复制。

在 ARRAY 命令提示行中选择“矩形(R)”选项、单击矩形阵列按钮或直接输入 ARRAYRECT 命令，即可进行矩形阵列。下面以如图 5-23 所示的阵列实例进行说明。

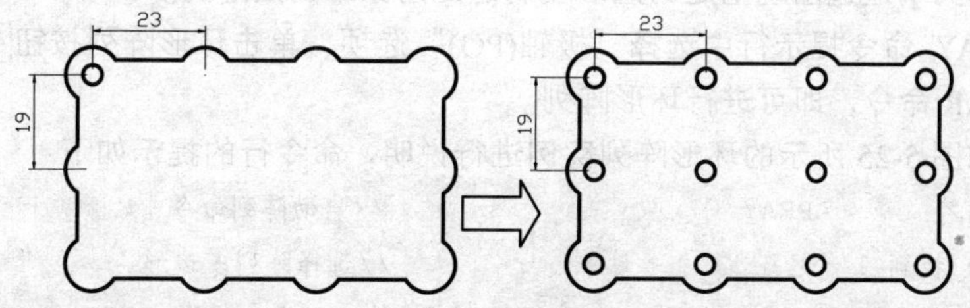

图 5-23　阵列实例

矩形阵列过程如图 5-24 所示，命令行的提示如下：

```
命令: AR↙         ARRAY                     //启动阵列命令
选择对象:找到 1 个                            //选择阵列圆并回车
选择对象:输入阵列类型[矩形(R)/路径(PA)/极轴(PO)]<矩形>:R↙    //选择矩形阵列方式
类型 = 矩形  关联 = 是
选择夹点以编辑阵列或 [关联(AS)/基点(B)/计数(COU)/间距(S)/列数(COL)/行数(R)/层数
(L)/退出(X)] <退出>: B↙                       //选择“基点(B)”选项
指定基点或 [关键点(K)] <质心>:                  //捕捉小圆的圆心为基点
** 行和列数 **                                //拖动三角形或者矩形夹点以调整行列数
指定行数和列数:
选择夹点以编辑阵列或 [关联(AS)/基点(B)/计数(COU)/间距(S)/列数(COL)/行数(R)/层数
(L)/退出(X)] <退出>:                          //拖动向右的三角箭头夹点，以设置列间距
** 列间距 **
指定列之间的距离:23↙                          //拖动夹点指定距离或者直接输入列间距数值
选择夹点以编辑阵列或 [关联(AS)/基点(B)/计数(COU)/间距(S)/列数(COL)/行数(R)/层数
(L)/退出(X)] <退出>:                          //拖动向下三角箭头，以指定行间距
** 行间距**
指定行之间的距离:19↙                          //拖动指定距离或直接输入行间距数值
按 Enter 键接受或 [关联(AS)/基点(B)/行(R)/列(C)/层(L)/退出(X)] <退出>:↙
```

从上述操作可以看出，AutoCAD 2016 的阵列方式更为智能、直观和灵活，用户可以边操作边调整阵列效果，从而大大降低了阵列操作的难度。

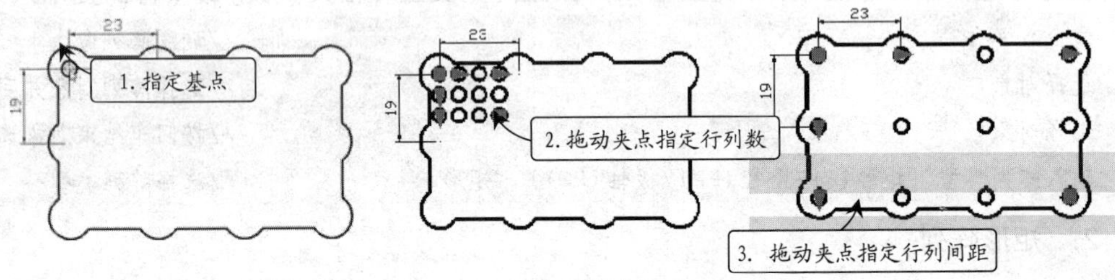

图 5-24　矩形阵列流程

3. 环形阵列

【环形阵列】通过围绕指定的圆心复制选定对象来创建阵列。

在 ARRAY 命令提示行中选择“极轴(PO)”选项、单击环形阵列按钮或直接输入 ARRAYPOLAR 命令，即可进行环形阵列。

下面以如图 5-25 所示的环形阵列实例进行说明，命令行的提示如下：

```
命令: AR↙         ARRAY                          //启动阵列命令
选择对象: 找到 1 个                                //选择阵列多边形
选择对象: 输入阵列类型 [矩形(R)/路径(PA)/极轴(PO)] <矩形>:PO↙
                                                  //选择环形阵列类型
类型 = 极轴  关联 = 是
```

```
指定阵列的中心点或 [基点(B)/旋转轴(A)]:          //捕捉圆心作为阵列中心点
选择夹点以编辑阵列或 [关联(AS)/基点(B)/项目(I)/项目间角度(A)/填充角度(F)/行(ROW)/层(L)/旋转项目(ROT)/退出(X)] <退出>: I↙ //选择“项目(I)”表示数量
输入阵列中的项目数或 [表达式(E)] <6>: 6↙   //输入阵列后的总数量(包括源对象)
选择夹点以编辑阵列或 [关联(AS)/基点(B)/项目(I)/项目间角度(A)/填充角度(F)/行(ROW)/层(L)/旋转项目(ROT)/退出(X)] <退出>:F↙ //选择“填充角度(F)”表示总阵列角度
指定填充角度(+=逆时针、-=顺时针)或 [表达式(EX)] <360>: 360↙
                                                //输入总阵列角度
选择夹点以编辑阵列或 [关联(AS)/基点(B)/项目(I)/项目间角度(A)/填充角度(F)/行(ROW)/层(L)/旋转项目(ROT)/退出(X)] <退出>:     //按 Enter 键确认
```

图 5-25 是使用指定项目总数和总填充角度进行环形阵列，在已知图形中阵列项目的个数以及所有项目所分布弧形区域的总角度时，利用该选项进行环形阵列操作较为方便。

如果只知道项目总数和项目间的角度，可以选择“项目间角度(A)”选项，以精确快捷地绘制出已知各项目间夹角和数目的环形阵列图形对象，如图 5-26 所示。

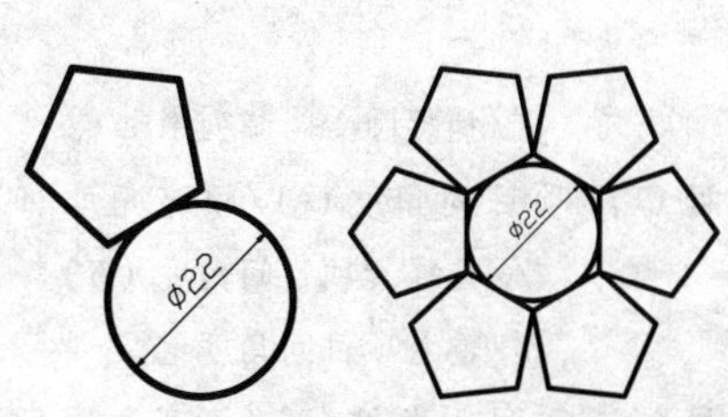

图 5-25 指定项目总数和填充角度阵列

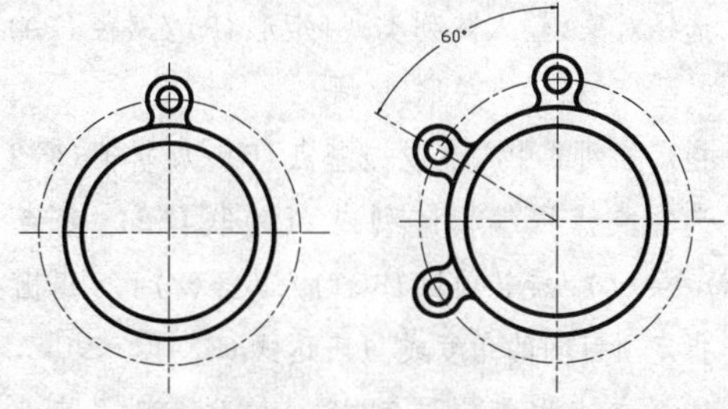

图 5-26 指定项目总数和项目间的角度阵列

执行上述环形阵列命令后，命令行的提示如下：

```
命令:AR↙    ARRAY                              //启动阵列命令
选择对象:找到 4 个                              //选择阵列对象
选择对象:输入阵列类型 [矩形(R)/路径(PA)/极轴(PO)] <矩形>:PO↙
                                                //选择环形阵列类型
类型=极轴  关联=是
指定阵列的中心点或[基点(B)/旋转轴(A)]:          //捕捉圆环圆心作为阵列中心点
选择夹点以编辑阵列或 [关联(AS)/基点(B)/项目(I)/项目间角度(A)/填充角度(F)/行(ROW)/层(L)/旋转项目(ROT)/退出(X)] <退出>: A↙     //选择“项目间角度(A)”选项
指定项目间的角度或 [表达式(EX)] <90>: 60↙       //输入项目间角度值
选择夹点以编辑阵列或 [关联(AS)/基点(B)/项目(I)/项目间角度(A)/填充角度(F)/行(ROW)/层(L)/旋转项目(ROT)/退出(X)] <退出>: I↙     //选择“项目(I)”选项
输入阵列中的项目数或 [表达式(E)] <4>: 3↙        //输入项目阵列数量
选择夹点以编辑阵列或 [关联(AS)/基点(B)/项目(I)/项目间角度(A)/填充角度(F)/行(ROW)/层(L)/旋转项目(ROT)/退出(X)] <退出>: ↙      //按 Enter 键确认
```

此外，用户也可以指定总填充角度和相邻项目间夹角的方式，定义出阵列项目的具体数量，进行源对象的环形阵列操作，如图 5-27 所示。

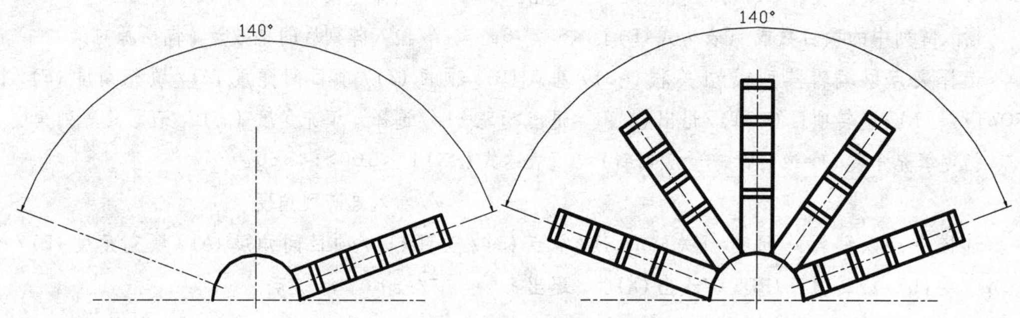

图 5-27　指定填充角度和项目间的角度

其操作方法同前面介绍的环形阵列操作方法相同，命令行提示如下：

```
命令:AR↙  ARRAY                                        //启动阵列命令
选择对象:找到 11 个                                     //选择阵列对象
选择对象:输入阵列类型[矩形(R)/路径(PA)/极轴(PO)]<矩形>:PO↙  //选择环形阵列类型
类型 = 极轴  关联 = 是
指定阵列的中心点或 [基点(B)/旋转轴(A)]:                  //捕捉圆心为阵列中心点
选择夹点以编辑阵列或 [关联(AS)/基点(B)/项目(I)/项目间角度(A)/填充角度(F)/行(ROW)/层(L)/旋转项目(ROT)/退出(X)] <退出>: A↙   //选择“项目间角度(A)”选项
指定项目间的角度或 [表达式(EX)] <90>: 35↙                //输入项目间角度值
选择夹点以编辑阵列或 [关联(AS)/基点(B)/项目(I)/项目间角度(A)/填充角度(F)/行(ROW)/层(L)/旋转项目(ROT)/退出(X)] <退出>: f↙   //选择“填充角度(F)”选项
指定填充角度(+=逆时针、-=顺时针)或 [表达式(EX)] <360>: 140↙ //输入填充角度
选择夹点以编辑阵列或 [关联(AS)/基点(B)/项目(I)/项目间角度(A)/填充角度(F)/行(ROW)/层(L)/旋转项目(ROT)/退出(X)] <退出>: ↙   //按 Enter 键确认
```

4. 路径阵列

路径阵列方式沿路径或部分路径均匀分布对象副本。在 ARRAY 命令提示行中选择“路径(PA)”选项、单击路径阵列按钮 或直接输入 ARRAYPATH 命令，即可进行路径阵列。如图 5-28 所示的路径阵列操作命令行提示如下：

```
命令:AR↙  ARRAY                                        //启动阵列命令
选择对象: 找到 1 个                                     //选择多边形
选择对象:输入阵列类型[矩形(R)/路径(PA)/极轴(PO)]<极轴>:PA↙
                                                        //选择路径阵列方式
类型 = 路径  关联 = 是
选择路径曲线:                                           //选择样条曲线作为阵列路径
选择夹点以编辑阵列或 [关联(AS)/方法(M)/基点(B)/切向(T)/项目(I)/行(R)/层(L)/对齐项目(A)/Z 方向(Z)/退出(X)] <退出>: B
```

指定基点或 [关键点(K)] <路径曲线的终点>:　　//捕捉路径始点为基点

选择夹点以编辑阵列或 [关联(AS)/方法(M)/基点(B)/切向(T)/项目(I)/行(R)/层(L)/对齐项目(A)/Z 方向(Z)/退出(X)] <退出>: T　　//捕捉 A 点为基点，该点与路径始点对齐

指定切向矢量的第一个点或 [法线(N)]:　　//捕捉 A 点

指定切向矢量的第二个点:　　//捕捉 B 点

选择夹点以编辑阵列或 [关联(AS)/方法(M)/基点(B)/切向(T)/项目(I)/行(R)/层(L)/对齐项目(A)/Z 方向(Z)/退出(X)] <退出>: i

指定沿路径的项目之间的距离或 [表达式(E)]:　　//指定阵列项目间距

指定项目数或 [填写完整路径(F)/表达式(E)] <11>:　　//拖动鼠标确定阵列数目或直接输入阵列数量

选择夹点以编辑阵列或 [关联(AS)/方法(M)/基点(B)/切向(T)/项目(I)/行(R)/层(L)/对齐项目(A)/Z 方向(Z)/退出(X)] <退出>:　　//绘图窗口会显示出阵列预览，按回车键接受或修改参数

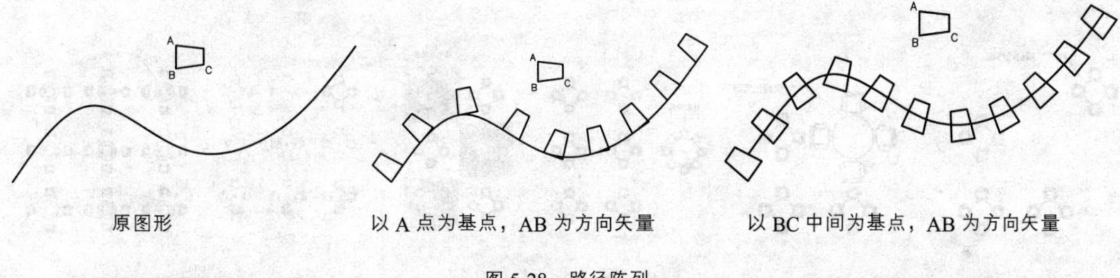

图 5-28　路径阵列

在路径阵列过程中，选择不同的基点和方向矢量，将得到的路径阵列结果不同，如图 5-28 所示。

5. 编辑关联阵列

在阵列创建完成后，所有阵列对象可以作为一个整体进行编辑。要编辑阵列特性，可使用 ARRAYEDIT 命令、“特性”选项板或夹点。

单击选择阵列对象后，阵列对象上将显示三角形和方形的蓝色夹点，拖动中间的三角形夹点，可以调整阵列项目之间的距离，拖动一端的三角形夹点，可以调整阵列的数目，如图 5-29 所示。

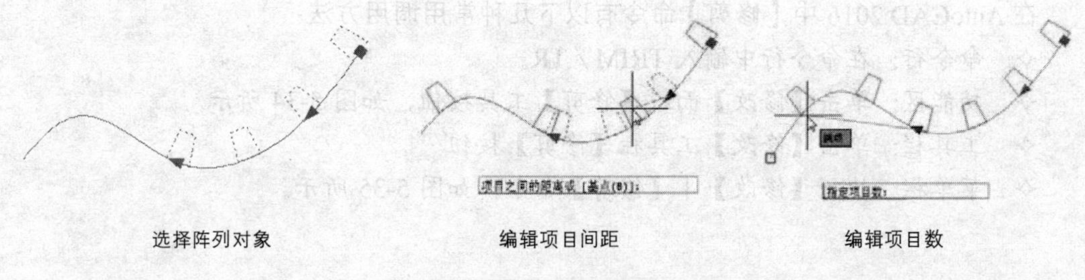

图 5-29　通过夹点编辑阵列

如果当前使用的是“草图与注释”等空间，在选择阵列对象时会出现相应的“阵列”选项卡，以快速设置阵列的相关参数，如图 5-30 所示。

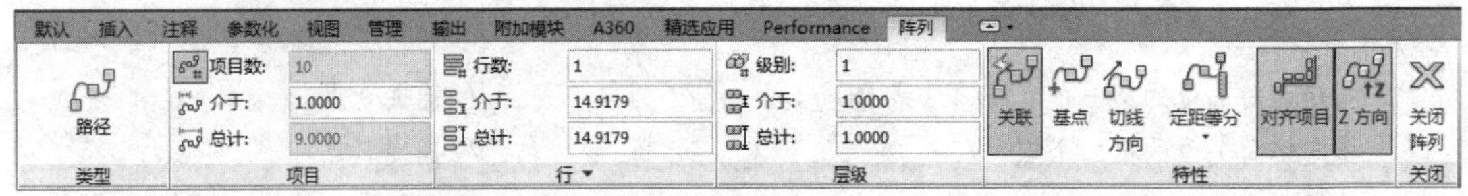

图 5-30　阵列选项卡

按 Ctrl 键并单击阵列中的项目，可以单独删除、移动、旋转或缩放选定的项目，而不会影响其余的阵列，如图 5-31 所示。

单击【阵列】选项卡的替换项目按钮，用户可以使用其他对象替换选定的项目，其他阵列项目将保持不变，如图 5-32 所示。

单击【阵列】选项卡的编辑来源按钮，可进入阵列项目源对象编辑状态，保存更改后，所有的更改（包括创建新的对象）将立即应用于参考相同源对象的所有项目，如图 5-33 所示。

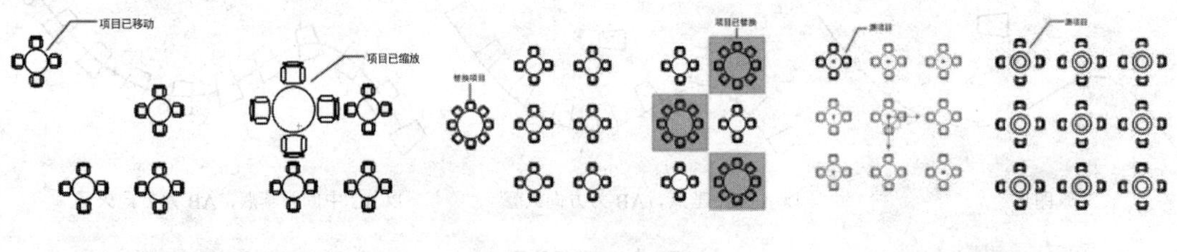

图 5-31　单独编辑阵列项目　　图 5-32　替换阵列项目　　图 5-33　编辑阵列源项目

5.4　修剪、延伸、拉伸和缩放

使用【修剪】和【延伸】命令可以剪短或延长对象，以与其他对象的边相接。也可以使用【缩放】、【拉伸】命令，在一个方向上调整对象的大小或按比例增大或缩小对象。

5.4.1　修剪

在 AutoCAD 2016 中【修剪】命令有以下几种常用调用方法：

- ✧　命令行：在命令行中输入 TRIM / TR。
- ✧　功能区：单击【修改】面板【修剪】工具按钮，如图 5-34 所示。
- ✧　工具栏：单击【修改】工具栏【修剪】按钮。
- ✧　菜单栏：执行【修改】|【修剪】命令，如图 5-35 所示。

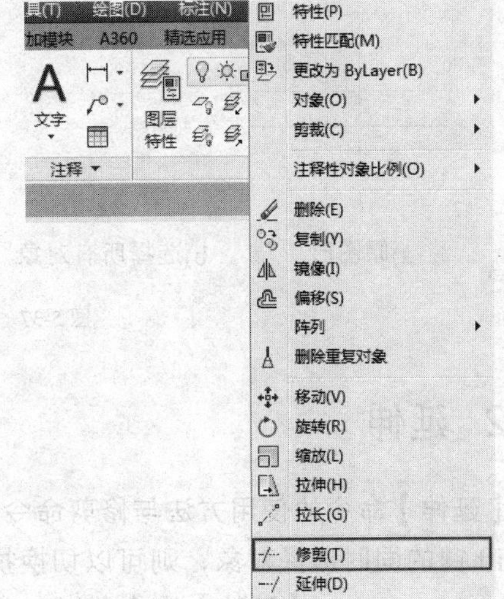

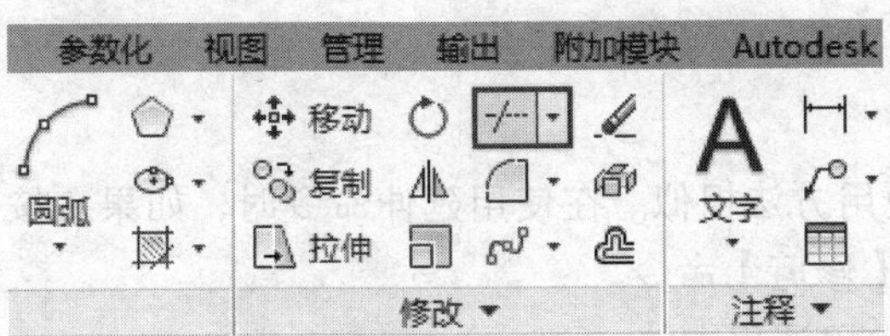

图 5-34　修剪工具按钮

图 5-35　修剪菜单命令

执行上述任一命令后，选择作为剪切边的对象（可以是多个对象），命令行提示如下：

选择要修剪的对象，或按住 Shift 键选择要延伸的对象，或[栏选(F)/窗交(C)/投影(P)/边(E)/删除(R)/放弃(U)]：

剪切边也可以同时作为被剪边。默认情况下，选择要修剪的对象（即选择被剪边），系统将以剪切边为界，将被剪切对象上位于拾取点一侧的部分剪切掉。

利用【修剪】工具可以快速完成图形中多余线段的删除效果，如图 5-36 所示。

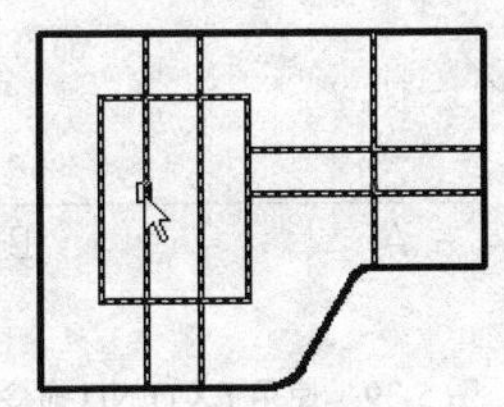

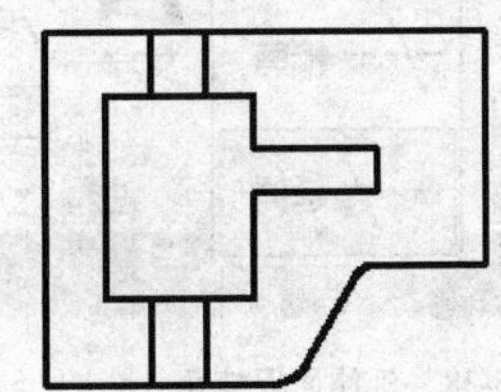

图 5-36　修剪对象

在修剪对象时，可以一次选择多个边界或修剪对象，从而实现快速修剪。例如要将一个“井”字形路口打通，在选择修剪边界时可以使用“窗交”方式同时选择 4 条直线，如图 5-37b 所示，在选择修剪对象时使用“栏选”方式选择路口四条线段，如图 5-37c 所示，最终修剪结果如图 5-37d 所示。

专家点拨

自 AutoCAD 2002 开始，修剪和延伸功能已经可以联用。在修剪命令中可以完成延伸操作，在延伸命令中也可以完成修剪操作。在修剪命令中，选择修剪对象时按住 Shift 键，可以将该对象向边界延伸；在延伸命令中，选择延伸对象时按住 Shift 键，可以将该对象超过边界的部分修剪删除。

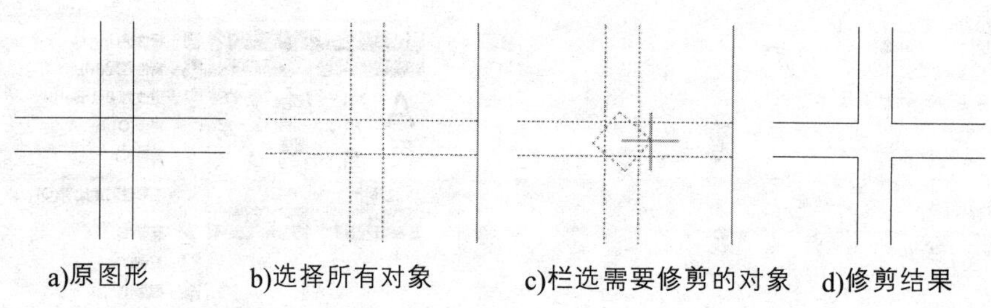

图 5-37　一次修剪多个对象

5.4.2 延伸

【延伸】命令的使用方法与修剪命令的使用方法相似。在使用延伸命令时，如果在按下 Shift 键的同时选择对象，则可以切换执行【修剪】命令。

AutoCAD 2016【延伸】命令有以下几种常用调用方法：

✧ 命令行：在命令行中输入 EXTEND / EX。

✧ 功能区：单击【修改】面板【延伸】工具按钮，如图 5-38 所示。

✧ 工具栏：单击【修改】工具栏【延伸】按钮。

✧ 菜单栏：单击【修改】|【延伸】命令。

选择延伸对象时，需要注意延伸方向的选择。朝哪个边界延伸，则在靠近边界的那部分上单击。如图 5-39 所示，将直线 AB 延伸至边界直线 M 时，需要在 A 端单击直线；将直线 AB 延伸到直线 N 时，则在 B 端单击直线。

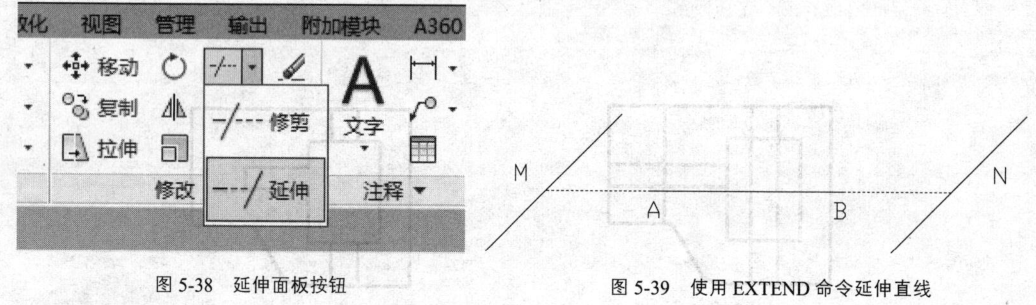

图 5-38　延伸面板按钮　　图 5-39　使用 EXTEND 命令延伸直线

5.4.3 拉伸

【拉伸】命令通过沿拉伸路径平移图形夹点的位置，使图形产生拉伸变形的效果。它可以对选择的对象按规定方向和角度拉伸或缩短，并且使对象的形状发生改变。

图 5-40　拉伸面板按钮

【拉伸】命令有以下几种常用调用方法：

✧ 命令行：在命令行中输入 STRETCH / S。

✧ 功能区：单击【修改】面板【拉伸】工具按钮，如图 5-40 所示。

✧ 工具栏：单击【修改】工具栏【拉伸】按钮。

◇　菜单栏：执行【修改】|【拉伸】命令。

拉伸命令需要设置的参数有拉伸对象、拉伸基点的起点和拉伸位移。拉伸位移决定了拉伸的方向和距离，如图 5-41 所示。

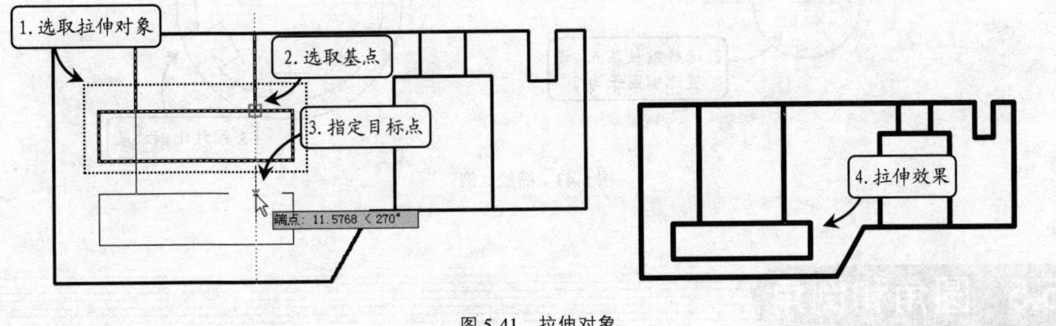

图 5-41　拉伸对象

拉伸遵循以下原则。

◇　通过单击选择和窗口选择获得的拉伸对象将只被平移，不被拉伸。

◇　通过交叉选择获得的拉伸对象，如果所有夹点都落入选择框内，图形将发生平移；如果只有部分夹点落入选择框，图形将沿拉伸位移拉伸；如果没有夹点落入选择窗口，图形将保持不变。

5.4.4 缩放

利用【缩放】工具可以将图形对象以指定的缩放基点为缩放参照，放大或缩小一定比例，创建出与源对象成一定比例且形状相同的新图形对象。在命令执行过程中，需要确定的参数有缩放对象、基点和比例因子。比例因子也就是缩小或放大的比例值，比例因子大于 1 时，缩放结果是使图形变大，反之则使图形变小。

在 AutoCAD 2016 中【缩放】命令有以下几种调用方法：

◇　命令行：在命令行中输入 SCALE / SC。

◇　功能区：单击【修改】面板【缩放】工具按钮，如图 5-42 所示。

◇　工具栏：单击【修改】工具栏【缩放】按钮。

◇　菜单栏：执行【修改】|【缩放】命令。

图 5-42　缩放工具按钮

执行以上任一命令后，选择缩放对象并右击鼠标，指定缩放基点，命令行提示如下：

```
指定比例因子或 [复制(C)/参照(R)] <1.0000>:
```

直接输入比例因子进行缩放，如图 5-43 所示。如果选择【复制】选项，即在命令行输入字母 c，则缩放时保留源图形。

如果选择【参照】选项，则命令行会提示用户需要输入“参照长度”和“新长度”数值，由系统自动计算出两长度之间的比例数值，从而定义出图形的缩放因子，对图形进行缩放操作。

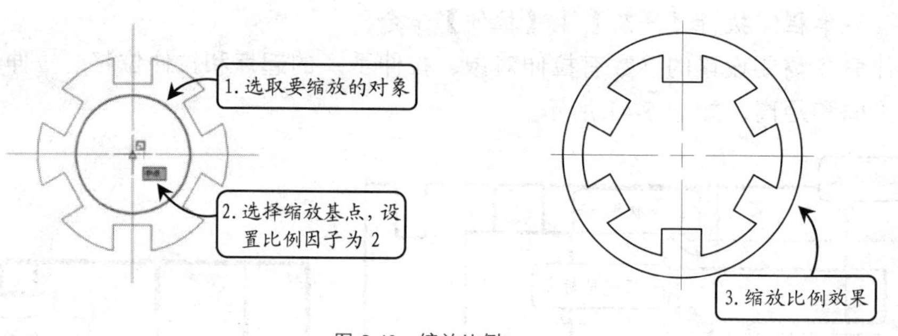

图 5-43 缩放比例

5.5 圆角和倒角

【倒角】与【圆角】是机械设计中常用的工艺，可使工件相邻两表面在相交处以斜面或圆弧面过渡。以斜面形式过渡的称为倒角，如图 5-44 所示。以圆弧面形式过渡的称为圆角，如图 5-45 所示。

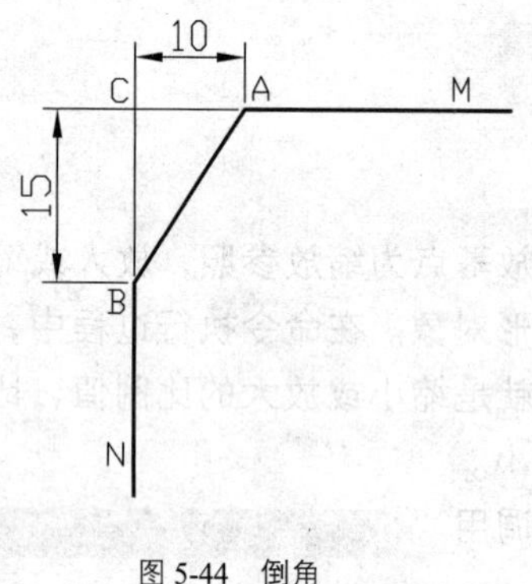

图 5-44 倒角

图 5-45 圆角

5.5.1 倒角

【倒角】命令用于将两条非平行直线或多段线以一斜线相连，在 AutoCAD 2016 中，【倒角】命令有以下几种调用方法：

- ✧ 命令行：在命令行中输入 CHAMFER / CHA。
- ✧ 功能区：单击【修改】面板【倒角】工具按钮，如图 5-46 所示。
- ✧ 工具栏：单击【修改】工具栏【倒角】按钮。
- ✧ 菜单栏：执行【修改】|【倒角】命令。

执行上述任一操作后，命令行显示如下：

```
选择第一条直线或[放弃(U)/多段线(P)/距离(D)/角度(A)/修剪(T)/方式(E)/多个(M)]:
```

默认情况下，需要选择进行倒角的两条相邻的直线，然后按当前的倒角大小对这两条直线倒角。如图 5-47 所示，为绘制倒角的图形。

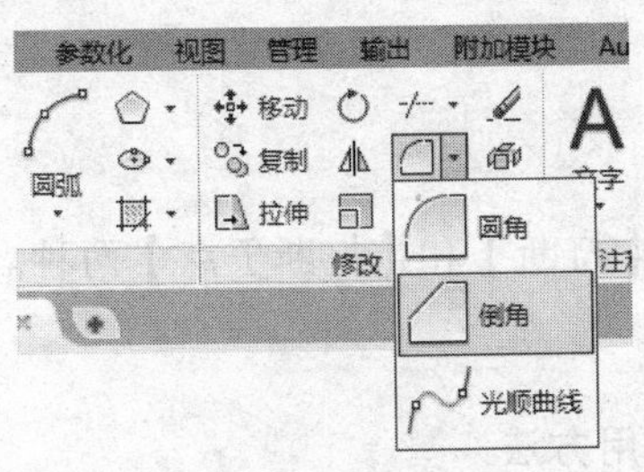

图 5-46 倒角面板按钮

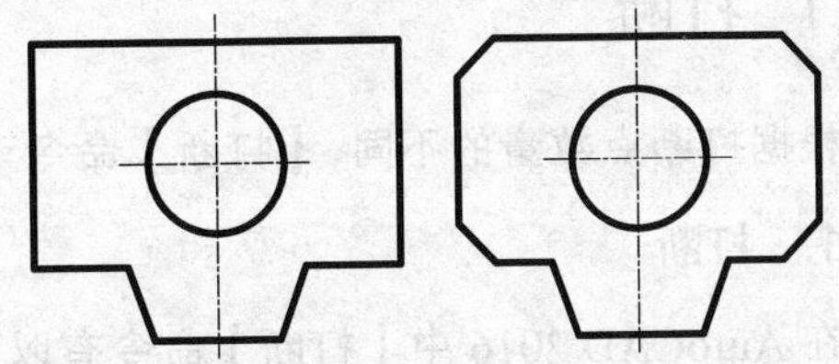

图 5-47 绘制倒角

专家点拨

绘制倒角时，倒角距离或倒角角度不能太大，否则倒角无效。

5.5.2 圆角

利用【圆角】命令可以将两条相交的直线通过一个圆弧连接起来，在 AutoCAD 2016 中【圆角】命令有以下几种调用方法：

✧ 命令行：在命令行中输入 FILLET / F。

✧ 功能区：单击【修改】面板【圆角】工具按钮，如图 5-48 所示。

✧ 工具栏：单击【修改】工具栏【圆角】按钮。

✧ 菜单栏：执行【修改】|【圆角】命令。

绘制【圆角】的方法与绘制【倒角】的方法相似，在命令行中输入字母 R，可以设置圆角的半径值，对图形进行倒角处理，如图 5-49 所示。

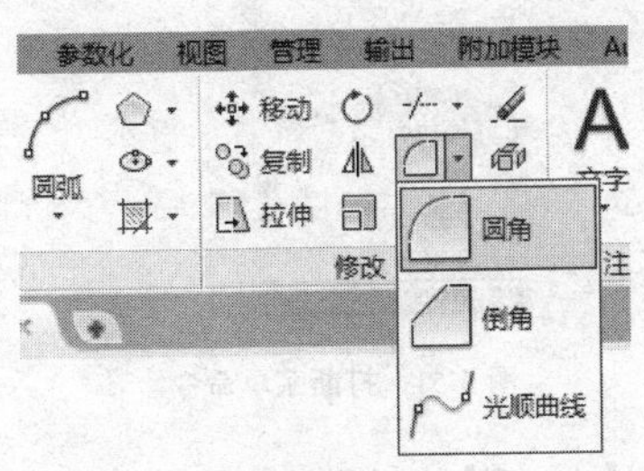

图 5-48 圆角面板按钮

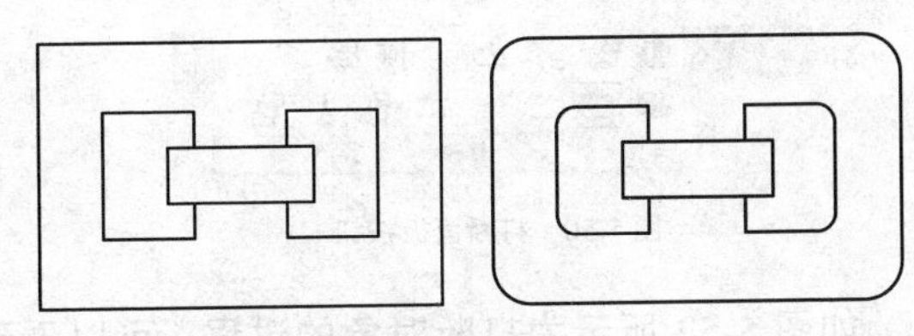

图 5-49 绘制圆角

专家点拨

在 AutoCAD 2016 中，允许对两条平行线倒圆角，圆角半径为两条平行线距离的一半。

5.6 打断、分解和合并

在 AutoCAD 2016 中，可以运用【打断】、【分解】和【合并】工具，使图形在总体形状不变的情况下，对局部进行调整。

5.6.1 打断

根据打断点数量的不同，【打断】命令可以分为【打断】和【打断于点】两种。

1. 打断

在 AutoCAD 2016 中【打断】命令有以下几种调用方法：

- ✧ 命令行：在命令行中输入 BREAK / BR。
- ✧ 功能区：单击【修改】面板【打断】工具按钮，如图 5-50 所示。
- ✧ 工具栏：单击【修改】工具栏【打断】按钮。
- ✧ 菜单栏：执行【修改】|【打断】命令，如图 5-51 所示。

【打断】命令可以在选择的线条上创建两个打断点，从而将线条断开。默认情况下，系统会以选择对象时的拾取点作为第一个打断点，若直接在对象上选取另一点，即可去除两点之间的图形线段，如果在对象之外指定一点为第二打断点的参数点，系统将以该点到被打断对象垂直点位置为第二打断点，去除两点间的线段。

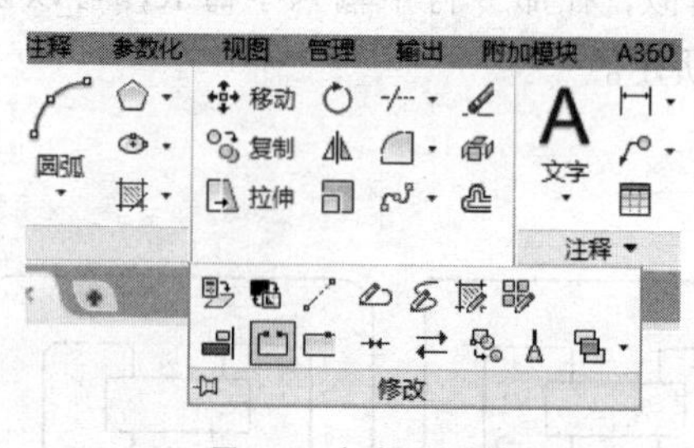

图 5-50 打断面板按钮

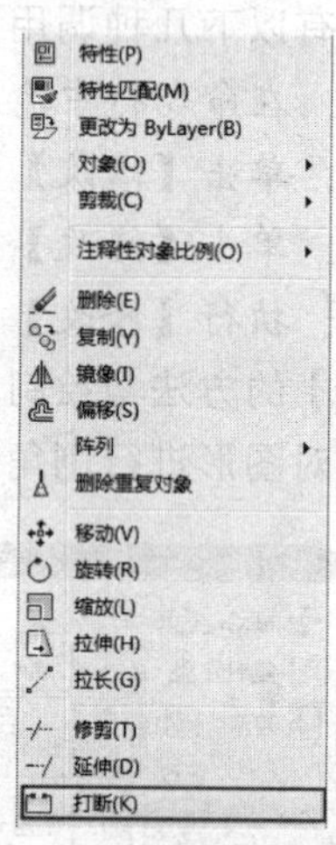

图 5-51 打断菜单命令

如图 5-52 所示为打断对象的过程，可以看到利用【打断】命令能快速完成图形效果的调整。

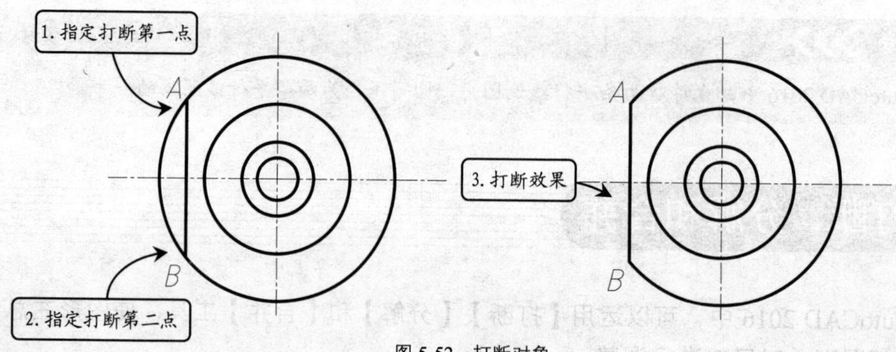

图 5-52 打断对象

专家点拨

在命令行输入字母 F 后，才能选择打断第一点。

在选择断开终点时，如果在直线以外的某一位置单击，可以直接删除断开起点一侧的所有部分。断开如图 5-53 所示的 AB 直线，命令行输入如下：

```
命令:BREAK                          //调用打断命令
选择对象:
指定第二个打断点 或 [第一点(F)]: f
                                    //激活第一点备选项
指定第一个打断点:                   //指定下端点
指定第二个打断点:                   //指定 A 点
```

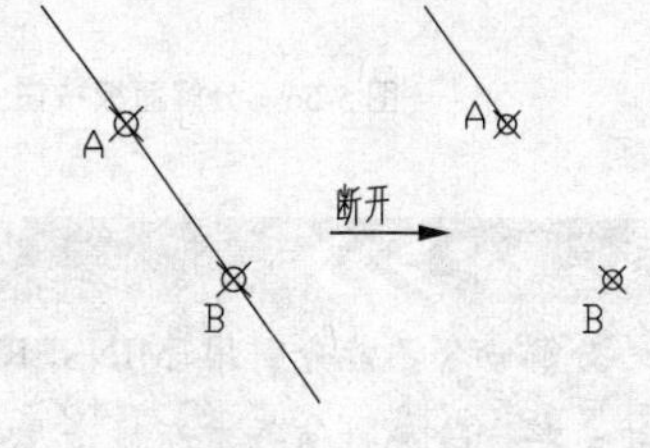

图 5-53　打断直线

2. 打断于点

【打断于点】工具同样可以将对象断开，在 AutoCAD 2016 中【打断】命令有以下几种调用方法：

- ✧ 功能区：【修改】面板【打断于点】工具按钮，如图 5-54 所示。
- ✧ 工具栏：【修改】工具栏【打断于点】按钮。

【打断于点】命令在执行过程中，需要输入的参数有打断对象和一个打断点。但打断对象之间没有间隙，只会增加打断点，如图 5-55 所示为已打断的图形。

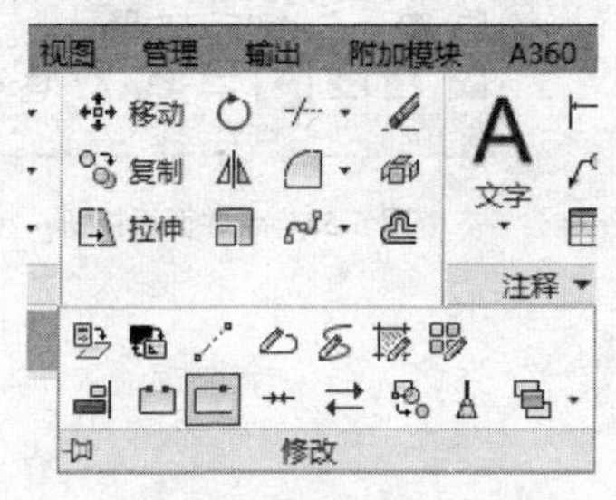

图 5-54　打断于点面板按钮

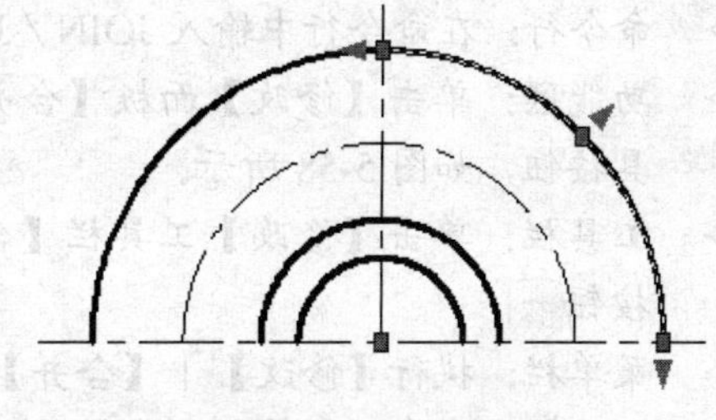
图 5-55　打断于点的图形

5.6.2 分解

对于矩形、块、多边形以及各类尺寸标注等由多个对象组成的组合对象，如果需要对其中的单个对象进行编辑操作，就需要先利用【分解】工具将这些对象拆分为单个的图形对象，然后再利用编辑工具进行编辑。

在 AutoCAD 2016 中【分解】命令有以下几种调用方法：

- ✧ 命令行：在命令行中输入 EXPLODE / X。
- ✧ 功能区：单击【修改】面板【分解】工具按钮，如图 5-56 所示。
- ✧ 工具栏：单击【修改】工具栏【分解】按钮。

执行上述任一命令后，选择要分解的图形对象，按 Enter 键，即可完成分解操作，如图 5-57 所示【矩形】被分解后，可以单独选择到其中的一条边。

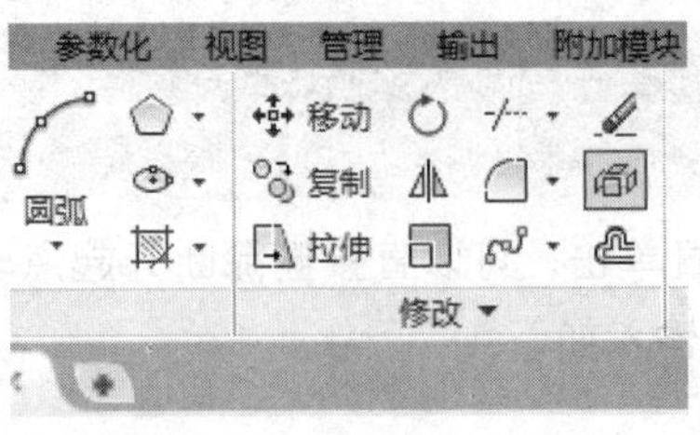
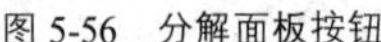

图 5-56　分解面板按钮

图 5-57　矩形分解前后效果

专家点拨

分解命令不能分解用 MINSERT 和外部参照插入的块以及外部参照依赖的块。分解一个包含属性的块，将删除属性值并重新显示属性定义。

5.6.3 合并

【合并】命令用于将独立的图形对象合并为一个整体。它可以将多个对象进行合并，对象包括圆弧、椭圆弧、直线、多段线和样条曲线等。

在 AutoCAD 2016 中【合并】命令有以下几种调用方法：

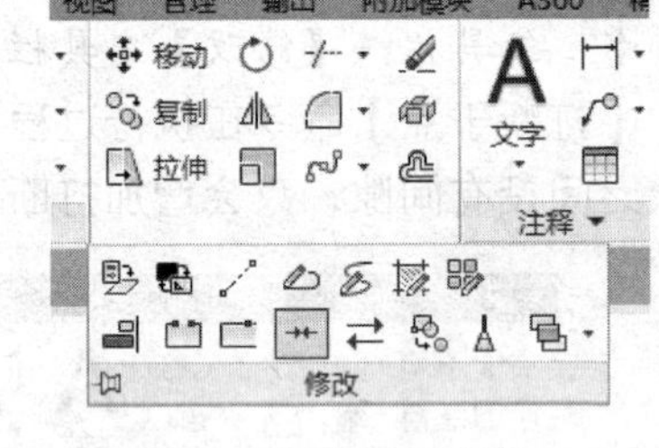

图 5-58　合并面板按钮

- ✧　命令行：在命令行中输入 JOIN／J。
- ✧　功能区：单击【修改】面板【合并】工具按钮，如图 5-58 所示。
- ✧　工具栏：单击【修改】工具栏【合并】按钮。
- ✧　菜单栏：执行【修改】|【合并】命令。

执行以上任一命令后，选择要合并的对象按 Enter 键退出，如图 5-59 所示。

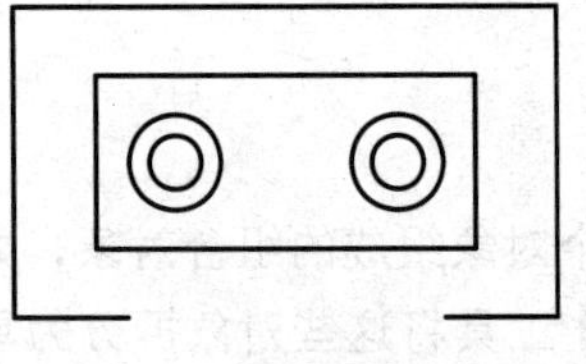
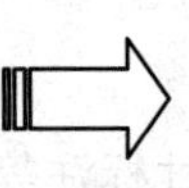
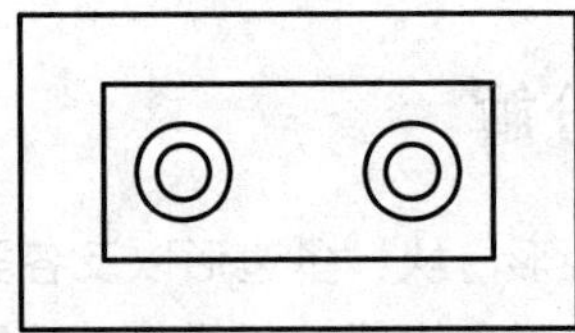

（合并前）　（合并后）

图 5-59　合并图形

5.7 利用夹点编辑图形

所谓“夹点”指的是图形对象上的一些特征点，如端点、顶点、中心点等，图形的位

置和形状通常是由夹点的位置决定的。在 AutoCAD 中，夹点是一种集成的编辑模式，利用夹点可以编辑图形的大小、位置、方向以及对图形进行镜像复制操作等。

5.7.1　夹点模式概述

在夹点模式下，图形对象以虚线显示，图形上的特征点(如端点、圆心、象限点等)将显示为蓝色的小方框，如　　图 5-60 所示，这样的小方框称为夹点。

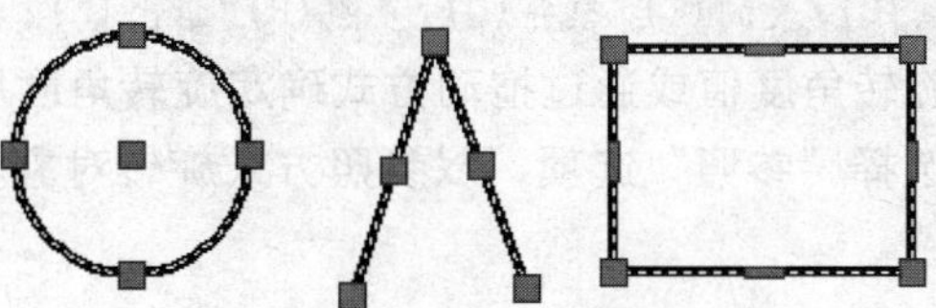

图 5-60　不同对象的夹点

夹点有未激活和被激活两种状态。未激活的夹点呈蓝色显示，单击未激活的夹点，该夹点被激活变为红色显示称为热夹点。以此为基点，可以对图形进行拉伸、平移等操作。

专家点拨 >>>

激活热夹点时按住 Shift 键，可以选择激活多个热夹点。

5.7.2　夹点拉伸

在不执行任何命令的情况下选择对象，显示夹点。单击其中一个夹点，进入编辑状态。

系统自动将其作为拉伸的基点，进入“拉伸”编辑模式，命令行将显示如下提示信息：

```
指定拉伸点或 [基点(B)/复制(C)/放弃(U)/退出(X)]:
```

如图 5-61 所示为利用夹点拉伸对象，整个调整操作十分方便快速。

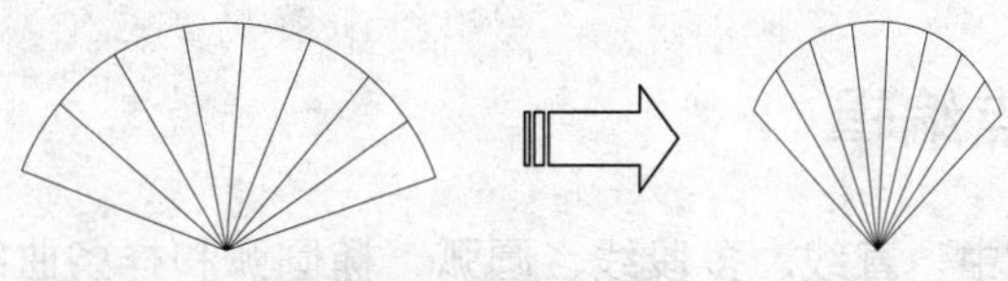

图 5-61　拉伸对象

专家点拨 >>>

对于某些夹点，移动时只能移动对象而不能拉伸对象，如文字、块、直线中点、圆心、椭圆中心和点对象上的夹点。

5.7.3　夹点移动

在夹点编辑模式下确定极点后，在命令行输入 MO 进入移动模式，命令行提示如下：

```
** 移动 **
指定移动点或 [基点(B)/复制(C)/放弃(U)/退出(X)]:
```

通过输入点的坐标或拾取点的方式来确定平移对象的目的点后，即可以基点为平移的起点，以目的点为终点将所选对象平移到新位置。

5.7.4 夹点旋转

在夹点编辑模式下确定基点后，在命令行输入 RO 进入旋转模式，命令行提示如下：

```
** 旋转 **
指定旋转角度或 [基点(B)/复制(C)/放弃(U)/参照(R)/退出(X)]:
```

默认情况下，输入旋转角度值或通过拖动方式确定旋转角度后，即可将对象绕基点旋转指定的角度。也可以选择“参照”选项，以参照方式旋转对象。

5.7.5 夹点缩放

在夹点编辑模式下确定基点后，在命令行输入 SC 进入缩放模式，命令行提示如下：

```
** 比例缩放 **
指定比例因子或 [基点(B)/复制(C)/放弃(U)/参照(R)/退出(X)]:
```

默认情况下，当确定了缩放的比例因子后，AutoCAD 将相对于基点进行缩放对象操作。当比例因子大于 1 时放大对象；当比例因子大于 0 而小于 1 时缩小对象。

5.7.6 夹点镜像

在夹点编辑模式下确定基点后，在命令行输入 MI 进入镜像模式，命令行提示如下：

```
** 镜像 **
指定第二点或 [基点(B)/复制(C)/放弃(U)/退出(X)]:
```

指定镜像线上的第 2 点后，AutoCAD 将以基点作为镜像线上的第 1 点，将对象进行镜像操作并删除源对象。

5.7.7 多功能夹点编辑

在 AutoCAD 2016 中，直线、多段线、圆弧、椭圆弧和样条曲线等二维图形，标注对象和多重引线注释对象，以及三维面、边和顶点等三维实体具有特殊功能的夹点，使用这些多功能夹点可以快速重新塑造、移动或操纵对象。如图 5-62 所示，移动光标至矩形中点夹点位置时，将弹出一个该特定夹点的编辑选项菜单，通过分别选择【添加顶点】和【转换为圆弧】命令，可以将矩形快速编辑为一个窗形状的多段线图形。

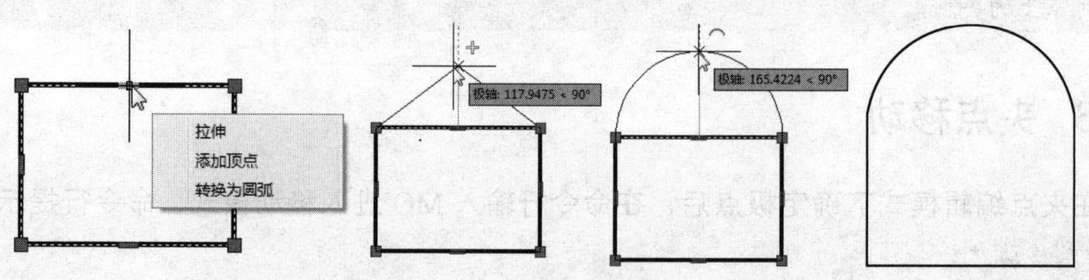

图 5-62　多功能夹点编辑范例

5.8 综合实例

5.8.1 绘制阶梯轴

绘制如图 5-63 所示的阶梯轴，使读者熟悉二维图形的绘制及编辑操作。

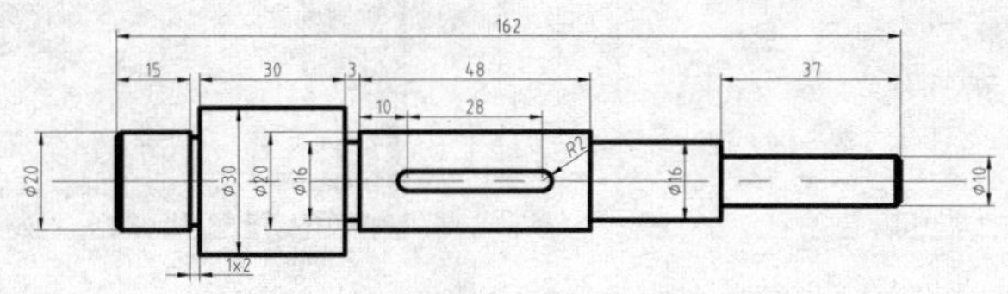

图 5-63　阶梯轴

绘制轴的操作步骤如下：

1. 启动 AutoCAD 2016 并新建文件

01 单击【快速访问】工具栏中的【新建】按钮，系统弹出【选择样板】对话框，如图 5-64 所示。

02 选择“acadiso.dwt”样板，单击【打开】按钮，进入 AutoCAD 绘图模式。

2. 设置图形界限及图层

01 设置 A4 横放大小的【图形界限】。在命令行中输入 LIMITS【图形界限】命令，根据命令行的提示，指定左下角点（0，0），在指定右上角点（297,210），按回车键退出。

02 鼠标右击【状态栏】中的【显示图形栅格】按钮，选择【设置】选项，然后在弹出的【草图设置】面板中取消勾选【显示超出界限的栅格】参数。

03 双击鼠标滚轮，则绘图区此时将出现 A4 横放大小的图形界限，如图 5-65 所示。

04 设置图层。调用 LA【图层特性管理器】命令，系统弹出【图层特性管理器】对话框，如图 5-66 所示。

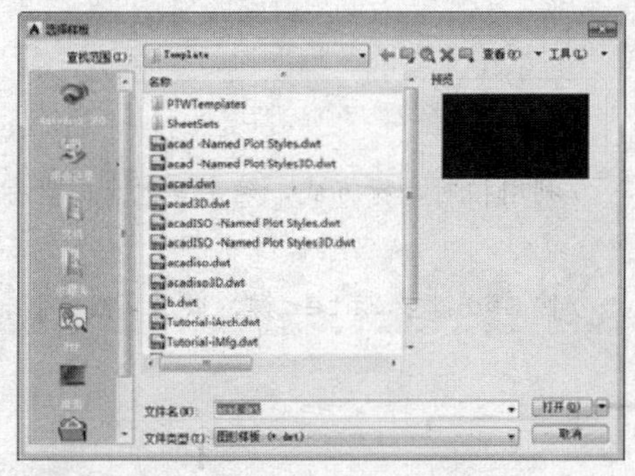

图 5-64　【选择样板】对话框

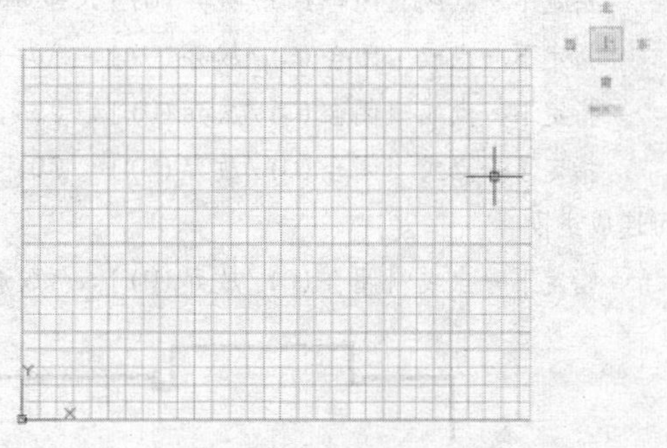

图 5-65　设置图形界限

05 单击对话框中的【新建图层】按钮，新建 2 个图层，分别命名为“轮廓线层”、“中心线层”，更改“轮廓线层”线宽为 0.3，更改“中心线层”颜色为【红色】、线型为“center”、线宽为默认形式，将轮廓线层设置为当前层，如图 5-67 所示。

06 单击对话框中的【关闭】按钮 ×，完成图层的设置。

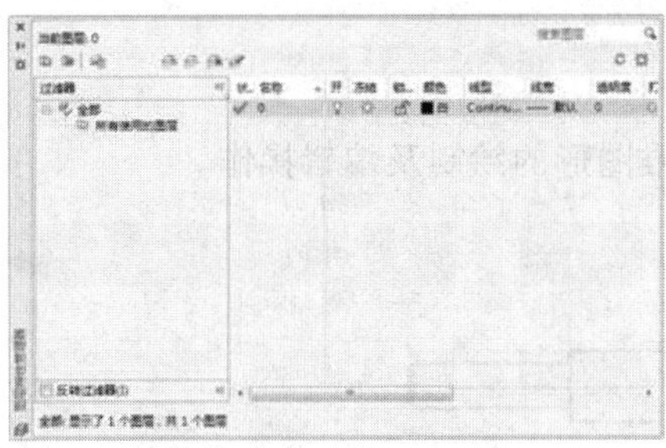

图 5-66 【图层特性管理器】对话框

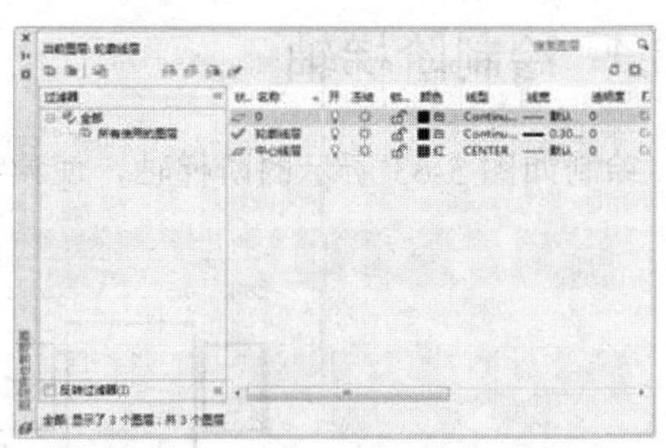

图 5-67 创建图层

3. 绘制二维图形

01 调用 L【直线】命令，绘制直线图形，如图 5-68 所示，其命令行提示如下：

```
命令: L↙                                    //调用绘制直线命令
指定第一点:                                  //并用鼠标在合适的位置单击确定图形第一点
指定下一点或 [放弃(U)]: @0, 10↙
指定下一点或 [放弃(U)]: @15, 0↙
指定下一点或 [闭合(C)/放弃(U)]: @0, -1↙
指定下一点或 [闭合(C)/放弃(U)]: @2, 0↙
指定下一点或 [闭合(C)/放弃(U)]: @0, 6↙
指定下一点或 [闭合(C)/放弃(U)]: @30, 0↙
指定下一点或 [闭合(C)/放弃(U)]: @0, -7↙
指定下一点或 [闭合(C)/放弃(U)]: @3, 0↙
指定下一点或 [闭合(C)/放弃(U)]: @0, 2↙
指定下一点或 [闭合(C)/放弃(U)]: @48, 0↙
指定下一点或 [闭合(C)/放弃(U)]: @0, -2↙
指定下一点或 [闭合(C)/放弃(U)]: @27, 0↙
指定下一点或 [闭合(C)/放弃(U)]: @0, -3↙
指定下一点或 [闭合(C)/放弃(U)]: @37, 0↙
指定下一点或 [闭合(C)/放弃(U)]: @0, -5↙     //利用相对坐标方式，确定其他点的坐标从
而连成线段
指定下一点或 [闭合(C)/放弃(U)]: *取消*↙     //按 Esc 键或 Enter 键，退出直线绘制
```

图 5-68 绘制直线

02 绘制中心线。将当前图层切换至"中心线层"，调用 L【直线】命令，绘制如图 5-69 所示的中心线。

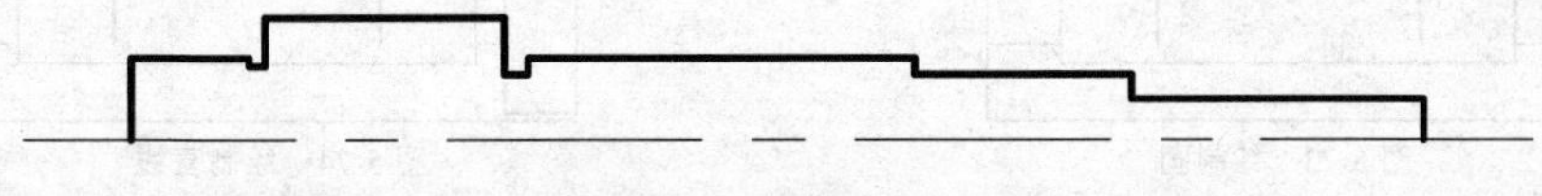

图 5-69　绘制中心线

03 绘制倒角。调用 CHA【倒角】命令，设置倒角长度为 1，对图形进行倒角处理，按 Esc 键或回车键退出倒角绘制。

04 镜像对象。调用 MI【镜像】命令，选择中心线两端点作为镜像点，镜像图形，如图 5-70 所示，。

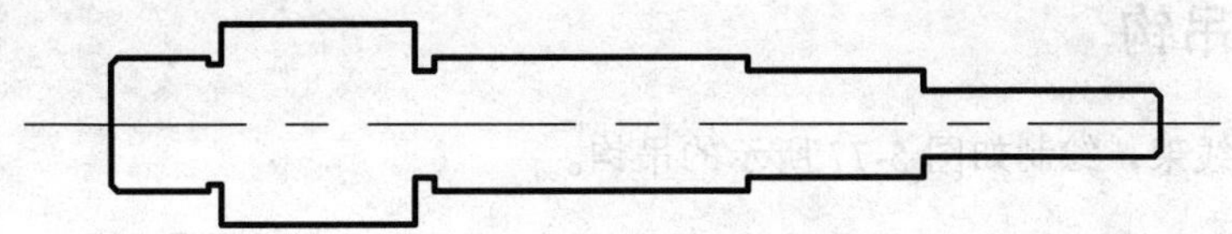

图 5-70　镜像对象

05 将图层切换至"轮廓线层"，调用 L【直线】命令，连接倒角线和轴内部的线段，如图 5-71 所示。

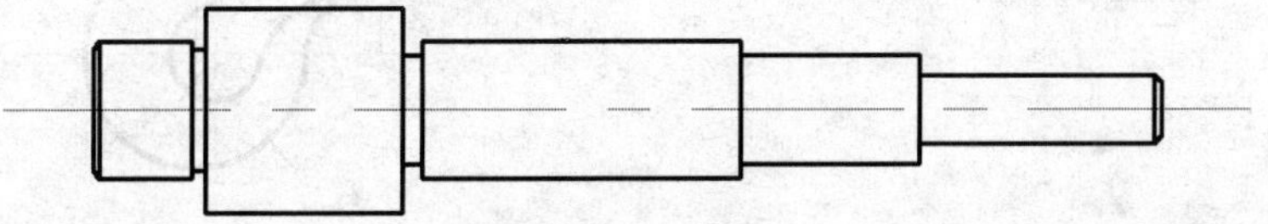

图 5-71　绘制直线

06 偏移图形。调用 O【偏移】命令，设置偏移距离分别为 10 和 10，偏移图形如图 5-72 所示。

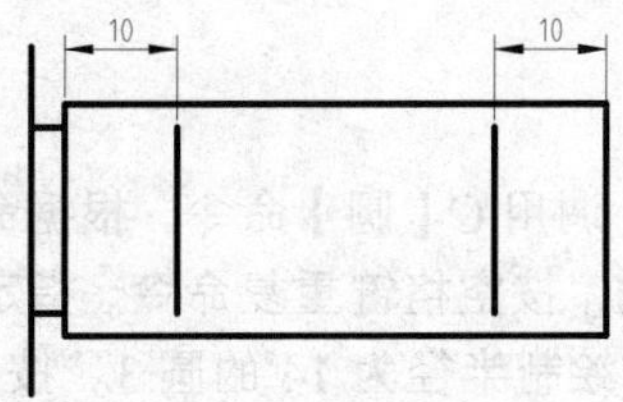

图 5-72　偏移对象

07 绘制圆。调用 C【圆】命令，以中心线与偏移线的交点为圆心，绘制直径为 4 的圆，如图 5-73 所示。

08 调用 L【直线】命令，将两圆的上下象限点相连，如图 5-74 所示。

09 调用 TR【修剪】命令，修剪多余的线段，如图 5-75 所示。

10 删除对象。选择要删除的图形，按 Delete 键，完成删除图形操作，如图 5-76 所示。

11 最终绘制的阶梯轴图形如图 5-63 所示。

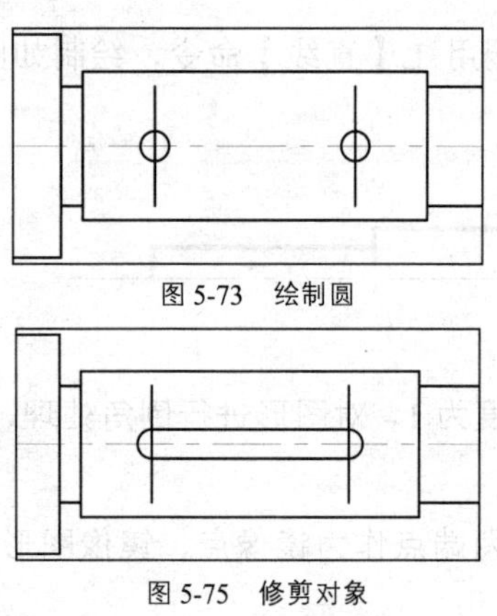

图 5-73　绘制圆

图 5-75　修剪对象

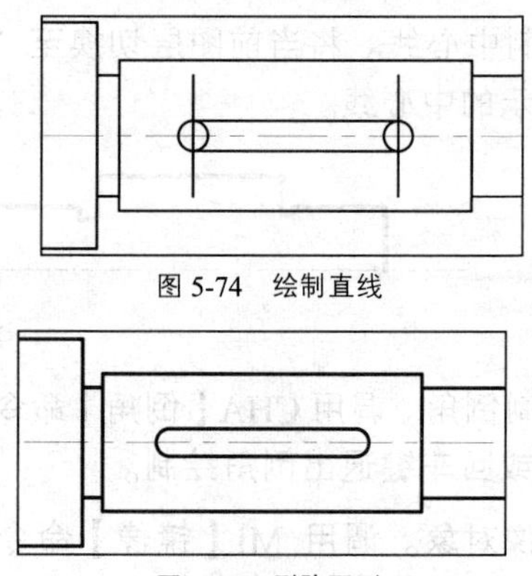

图 5-74　绘制直线

图 5-76　删除图形

5.8.2 绘制吊钩

通过辅助线架，绘制如图 5-77 所示的吊钩。

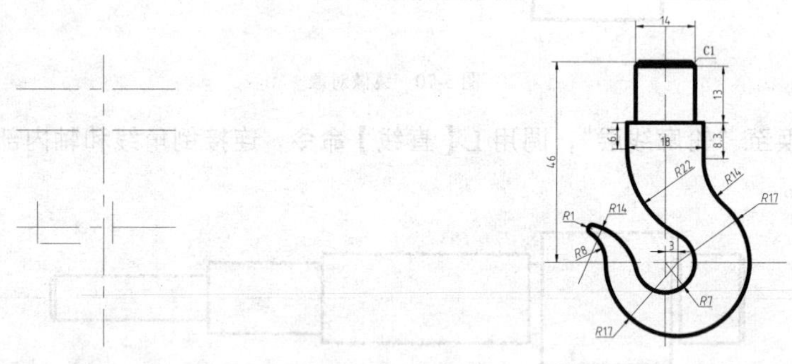

图 5-77　吊钩

1. 启动 AutoCAD 2016 并打开文件

单击【快速访问】工具栏中的【打开】按钮，打开选择素材库中的“5.8.2 吊钩线架.dwg”文件。

2. 绘制二维图形

01 将图层切换至“轮廓线层”，调用 C【圆】命令，根据命令行的提示，以辅助线的交点为圆心绘制半径为 29 的圆 1。按空格键重复命令，指定另一个交点为圆心绘制半径为 12 的圆 2，按照同样的方法绘制半径为 14 的圆 3。按空格键重复命令，激活“切点、切点、半径”备选项，根据命令行的提示指定第一个切点 *A*，再指定第二个切点 *B*，输入半径值为 24，完成圆 4 的绘制，如图 5-78 所示。

02 调用 L【直线】命令，绘制直线，如图 5-79 所示，命令行的提示如下：

```
命令: LINE ↙
指定第一点:                                        //指定直线第一点 C 点
指定下一点或 [放弃(U)]:@-7, 0↙
指定下一点或 [放弃(U)]:@0, -23↙
指定下一点或 [闭合(C)/放弃(U)]:@-2, 0↙
```

```
指定下一点或 [闭合(C)/放弃(U)]:@0, -23↙            //利用相对坐标输入法，绘制直线
```

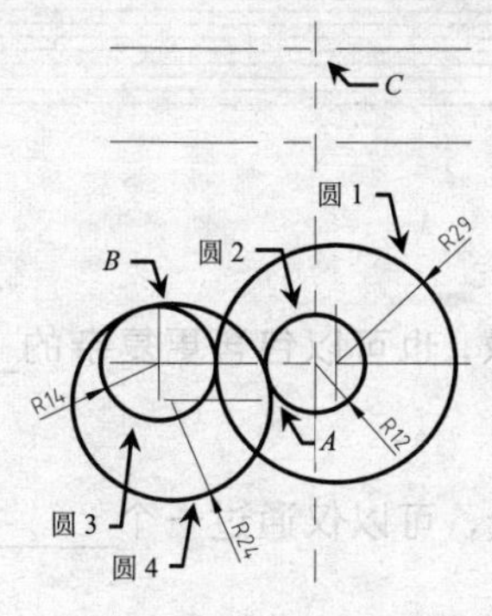

图 5-78 绘制圆

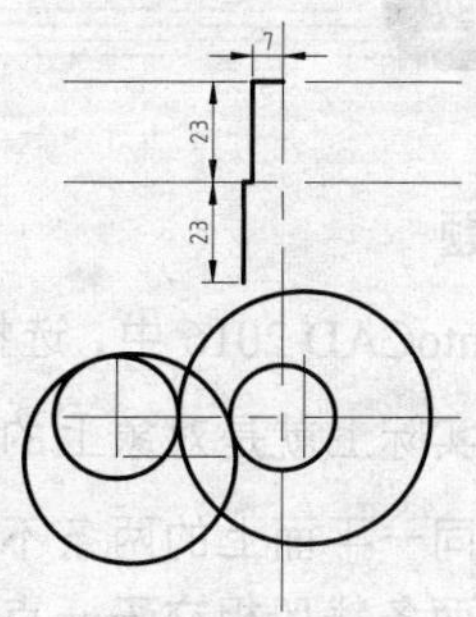

图 5-79 绘制直线

03 调用 MI【镜像】命令，以中心线为镜像中心线，镜像复制得到另一边的图形。

04 绘制倒角。调用 CHA【倒角】命令，设置倒角距离为 2，对图形进行倒角处理，如图 5-80 所示。

05 调用 L【直线】命令，连接线段，如图 5-81 所示。

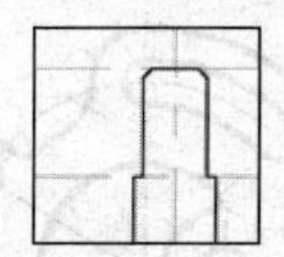

图 5-80 绘制倒角

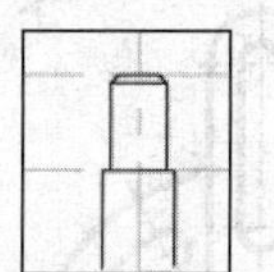

图 5-81 绘制直线

06 调用 C【圆】命令，根据命令行的提示，激活“切点、切点、半径”备选项，指定第一个切点 d 点和第二个切点 e 点，并输入半径为 24，完成圆 5 的绘制。按照上述方法分别指定 f、g 两个切点，输入半径值为 36，完成圆 6 的绘制，如图 5-82 所示。

07 调用 TR【修剪】命令，修剪多余的线段，如图 5-83 所示。

08 绘制圆角。调用 F【圆角】命令，根据命令行的提示设置圆角半径为 2，对图形进行修剪圆角处理，如图 5-84 所示。

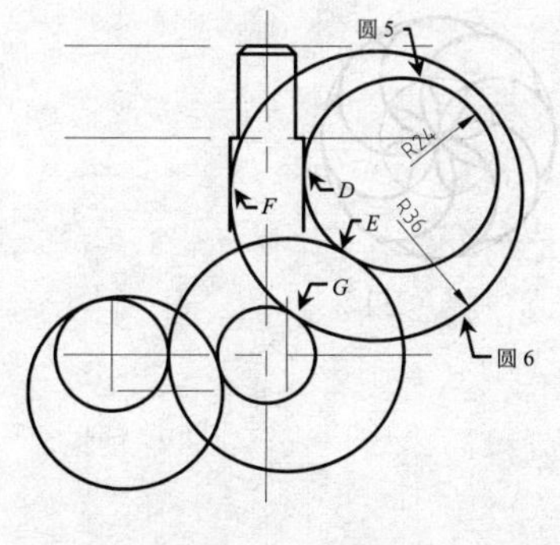

图 5-82 绘制圆

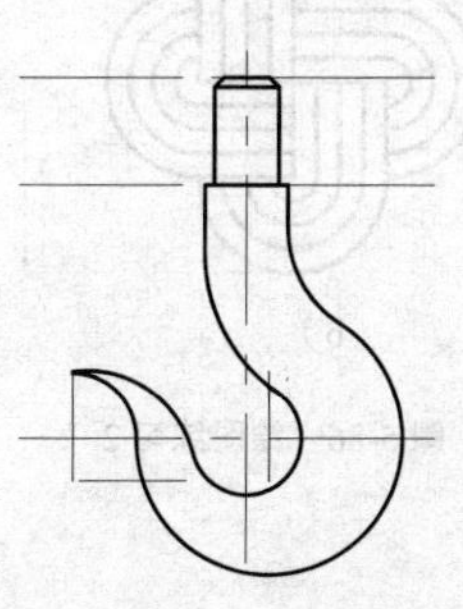

图 5-83 修剪图形

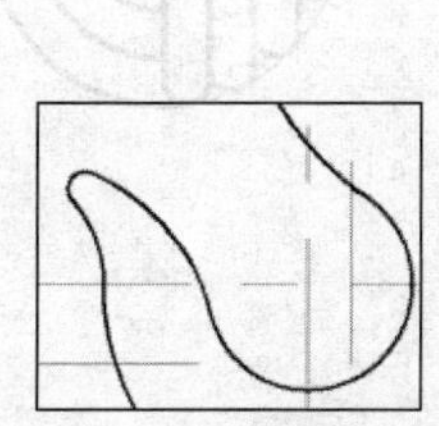

图 5-84 绘制圆角

09 最终绘制的吊钩图形如图 5-77 所示。执行【文件】|【保存】命令，保存图形。

5.9 习题

1. 填空题

(1) 在 AutoCAD 2016 中，选择集可以包含单个对象，也可以包含更复杂的________。

(2) 夹点实际上就是对象上的________点。

(3) 对于同一平面上的两条不 平行且无交点的线段，可以仅通过一个________命令来延长原线段使两条线段相交于一点。

(4) 一组同心圆可由一个已画好的圆用______命令来实现。

2. 操作题

(1) 绘制如图 5-85 所示的图形。

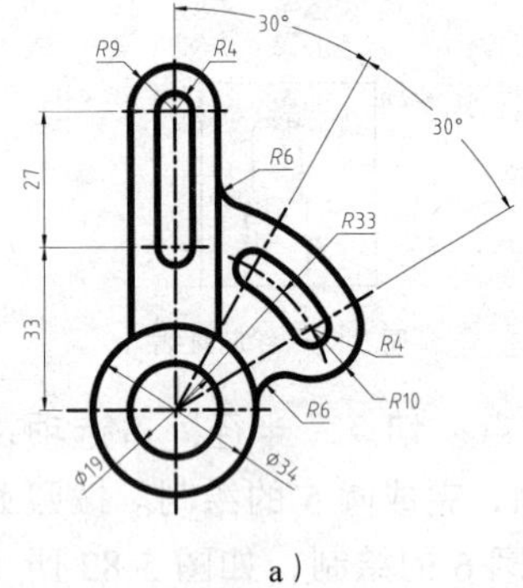

a）

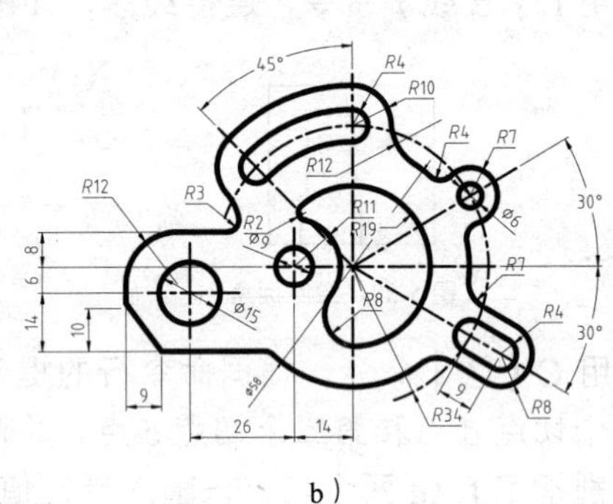

b）

图 5-85 绘图练习 1

(2) 绘制如图 5-86 所示的图形。

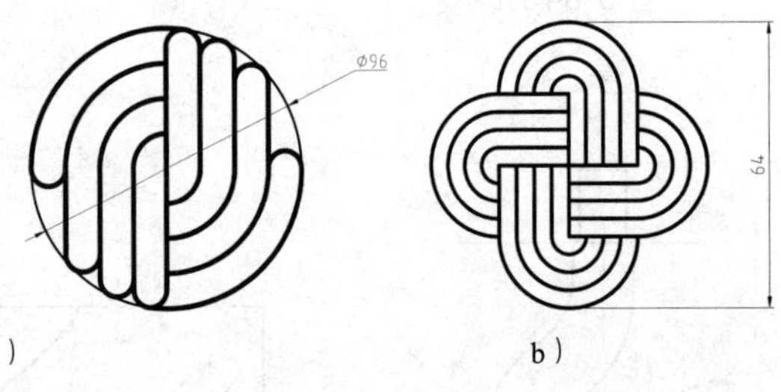

a）　b）

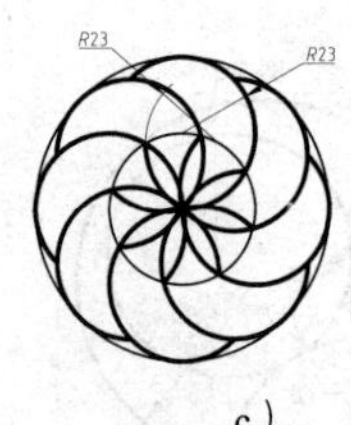

c）

图 5-86 绘图练习 2

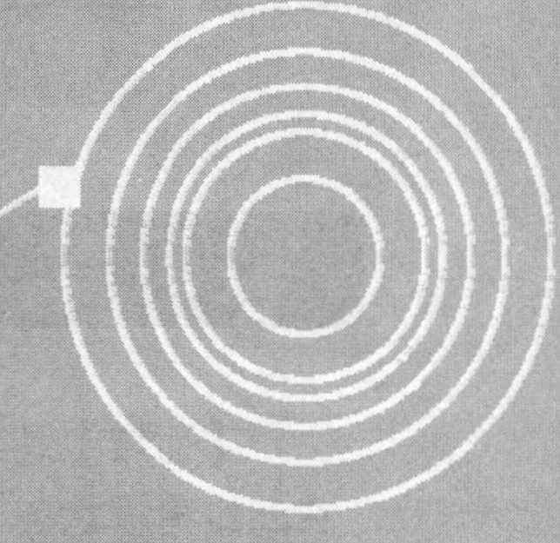

第 6 章

面域、查询与图案填充

在绘制建筑剖面图或平面布置图时，常常需要使用填充图案来表示剖面结构关系和各种建筑材质的类型。而面域则是 AutoCAD 一类特殊的图形对象，它除了可以用于填充图案和着色外，还可以分析其几何属性和物理属性，在模型分析中具有十分重要的意义。

本章主要内容如下：

- ✧ 面域
- ✧ 查询
- ✧ 图案填充
- ✧ 编辑图案

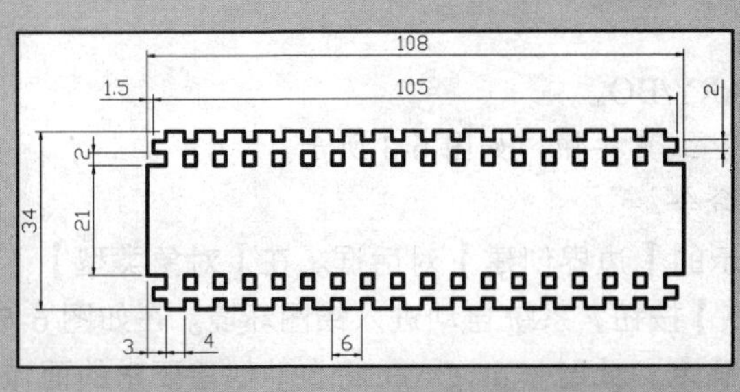

6.1 面 域

【面域】是具有一定边界的二维闭合区域，它是一个面对象，内部可以包含孔特征。在三维建模状态下，面域也可以用作构建实体模型的特征截面。

6.1.1 创建面域

通过选择自封闭的对象或者端点相连构成封闭的对象，可以快速创建面域。如果对象自身内部相交(如相交的圆弧或自相交的曲线)，就不能生成面域。创建【面域】的方法有多种，其中最常用的有使用【面域】工具和【边界】工具两种。

1. 使用【面域】工具创建面域

在 AutoCAD 2016 中利用【面域】工具创建【面域】有以下几种常用方法：

- ✧ 命令行：在命令行中输入"REGION/REG"。
- ✧ 功能区：单击【创建】面板【面域】工具按钮，如图 6-1 所示。
- ✧ 工具栏：单击【绘图】工具栏【面域】按钮。
- ✧ 菜单栏：执行【绘图】|【面域】命令。

执行以上任一命令后，选择一个或多个用于转换为面域的封闭图形，如图 6-2 所示，AutoCAD 将根据选择的边界自动创建面域，并报告已经创建的面域数目。

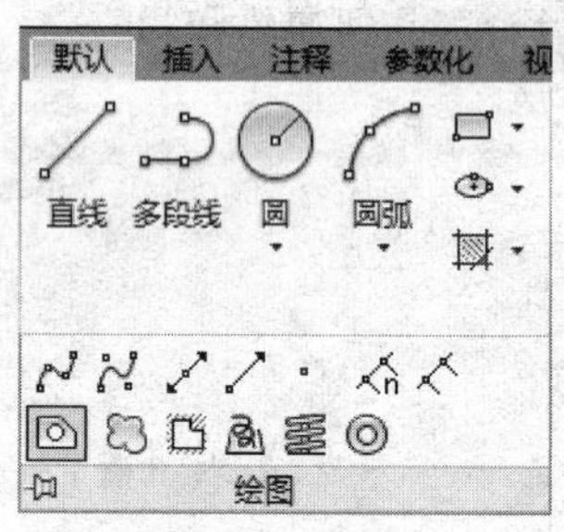

图 6-1 面域面板按钮

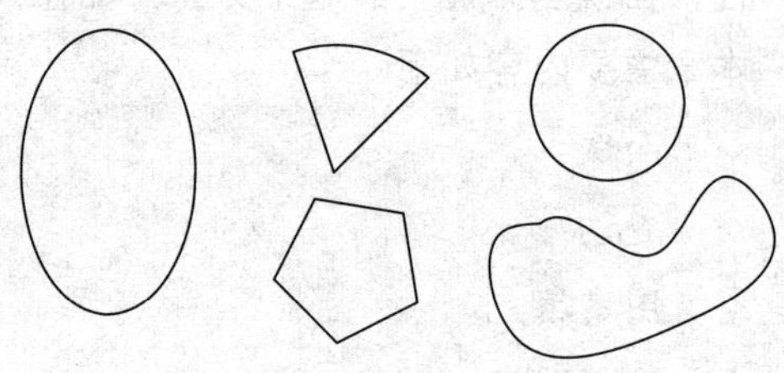

图 6-2 可创建面域的对象

2. 使用【边界】工具创建面域

【边界】命令的启动方式有：

- ✧ 命令行：在命令行中输入 BOUNDARY/BO。
- ✧ 功能区：单击【创建】面板【边界】工具按钮，如图 6-3 所示。
- ✧ 菜单栏：执行【绘图】|【边界】命令。

执行上述任一命令后，弹出如图 6-4 所示的【边界创建】对话框。在【对象类型】下拉列表框中选择【面域】项，再单击【拾取点】按钮，系统自动进入绘图环境。在如图 6-5 所示的矩形和圆重叠区域内单击，然后回车确定。此时 AutoCAD 将自动创建要求的面域对象，并显示创建信息。

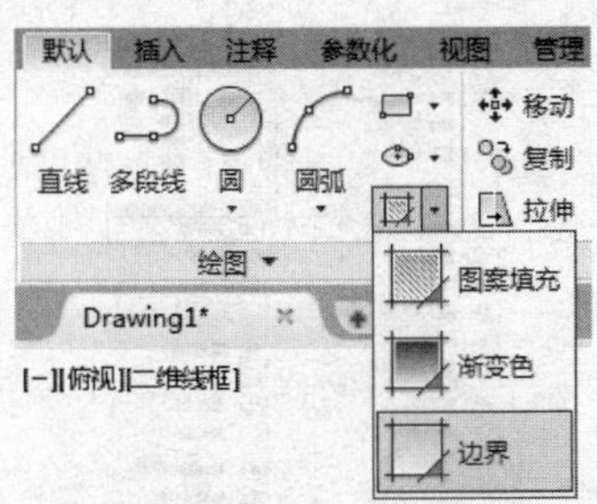

图 6-3　边界工具按钮

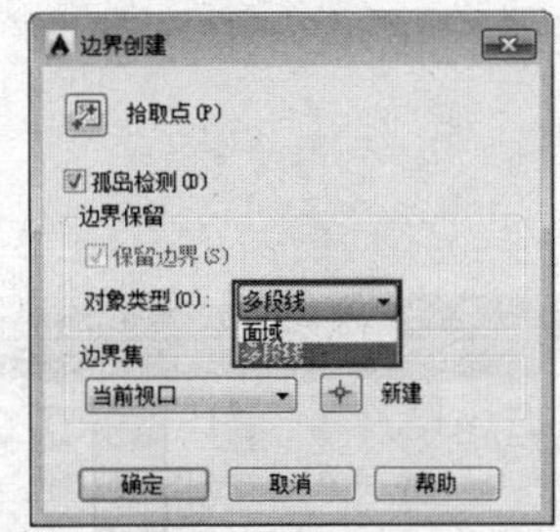

图 6-4　边界创建对话框

专家点拨

在图 6-4 中的“对象类型”下拉列表框中选择“多段线”备选项，可以用 BOUNDARY 命令创建封闭的多段线。

操作完成后，图形看上去似乎没有什么变化。但是将圆和矩形平移到另一位置，就会发现在原来矩形和圆的重叠部分处，新创建了一个面域对象，如图 6-6 所示。

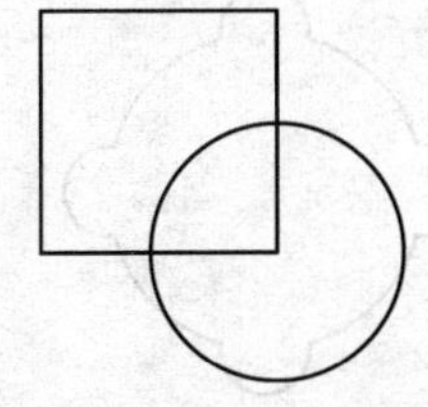

图 6-5　相交的矩形和圆

图 6-6　利用边界创建面域的结果

专家点拨

【面域】图形是一个平面整体，只能整体进行复制、旋转、移动、阵列等操作。如果欲将其转换成线框图，可通过【分解】工具将其分解。

6.1.2　面域布尔运算

布尔运算是数学中的一种逻辑运算，它可以对实体和共面的面域进行剪切、添加以及获取交叉部分等操作，对于普通的线框和未形成面域或多段线的线框，无法执行布尔运算。

布尔运算主要有【并集】、【差集】与【交集】三种运算方式。

1. 面域求和

利用【并集】工具可以合并两个面域，即创建两个面域的和集。在 AutoCAD 2016 中【并集】命令有以下几种启动方法：

- ✧ 命令行：在命令行中输入 UNION/UNI。
- ✧ 功能区：单击【编辑】面板【并集】工具按钮，如图 6-7 所示。
- ✧ 工具栏：【实体编辑】工具栏【并集】按钮。
- ✧ 菜单栏：【修改】|【实体编辑】|【并集】命令，如图 6-8 所示。

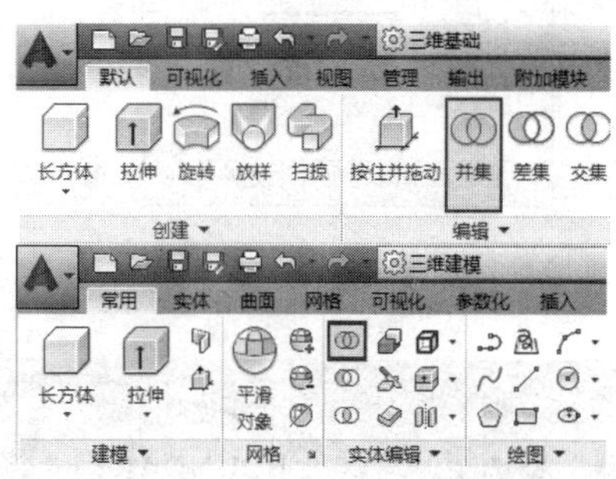

图 6-7 并集面板按钮

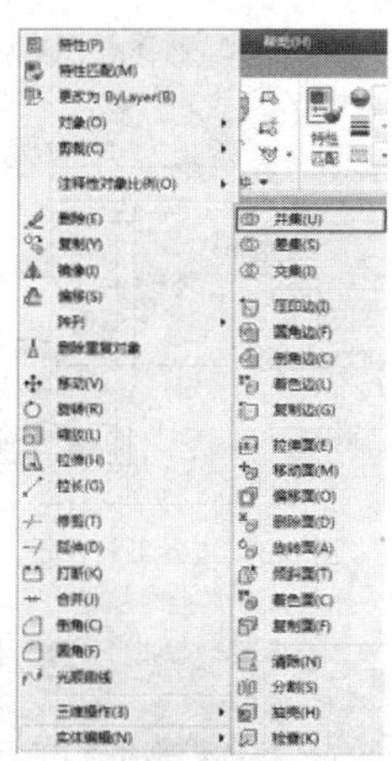

图 6-8 并集菜单命令

执行上述任一命令后，按住 Ctrl 键依次选取要进行合并的面域对象，右击或按 Enter 键即可将多个面域对象并为一个面域，如图 6-9 所示。

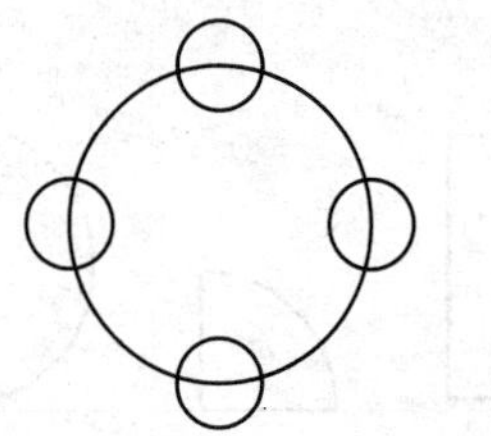

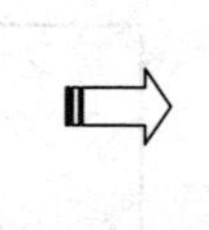

图 6-9 面域求和

专家点拨

上例中，用 CIRCLE 命令绘制的圆是不能进行布尔运算的。因为它们还不是面域对象。在进行布尔运算前，必须先使用 REG 命令转化为面域对象。

2. 面域求差

利用【差集】工具可以将一个面域从另一面域中去除，即两个面域的求差。在 AutoCAD 2016 中【差集】命令有以下几种调用方法：

图 6-10 差集面板按钮

- ✧ 命令行：SUBTRACT/SU。
- ✧ 功能区：单击【三维基础】或【三维建模】空间【差集】工具按钮，如图 6-10 所示。
- ✧ 工具栏：单击【实体编辑】工具栏【差集】按钮。
- ✧ 菜单栏：执行【修改】|【实体编辑】|【差集】命令。

执行上述任一命令后，首先选取被去除的面域，然后右击并选取要去除的面域，右击或按 Enter 键，即可执行面域求差操作，如图 6-11 所示。

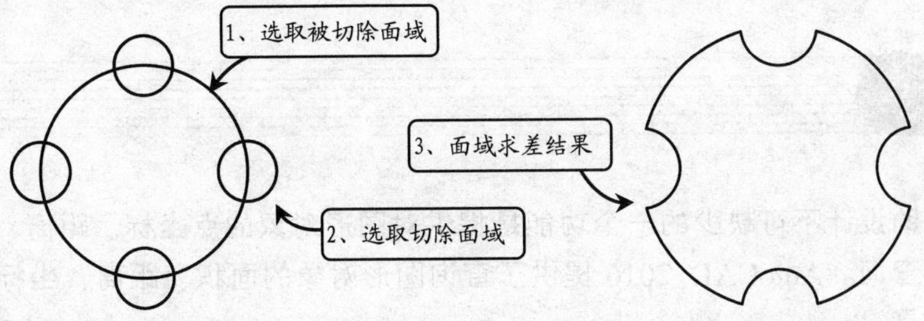

图 6-11　面域求差

3. 面域求交

利用此工具可以获取两个面域之间的公共部分面域，即交叉部分面域。在 AutoCAD 2016 中，【交集】命令有以下几种启动方法：

- ✧ 命令行：INTERSECT/IN。
- ✧ 功能区：【三维基础】或【三维建模】空间【交集】工具按钮，如图 6-12 所示。
- ✧ 工具栏：【实体编辑】工具栏【交集】按钮 。
- ✧ 菜单栏：执行【修改】|【实体编辑】|【交集】命令。

图 6-12　交集面板按钮

执行上述任一命令后，依次选取两个相交面域并右击鼠标即可，如图 6-13 所示。

6.1.3　从面域中提取数据

【面域】是二维实体模型，它不但包含边的信息，还有边界的信息。可以利用这些信息计算工程属性，如面积、质心、惯性等。

执行【工具】|【查询】|【面域/质量特性】命令，然后选择面域对象，按 Enter 键，系统将自动切换到“AutoCAD 文本窗口”，显示面域对象的数据特性，如图 6-14 所示。

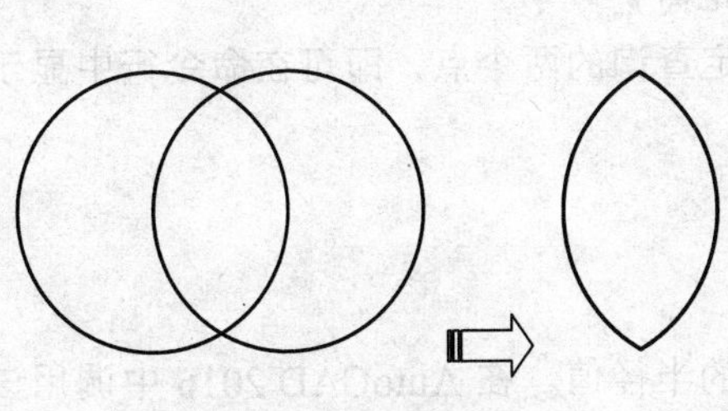

图 6-13　面域求交

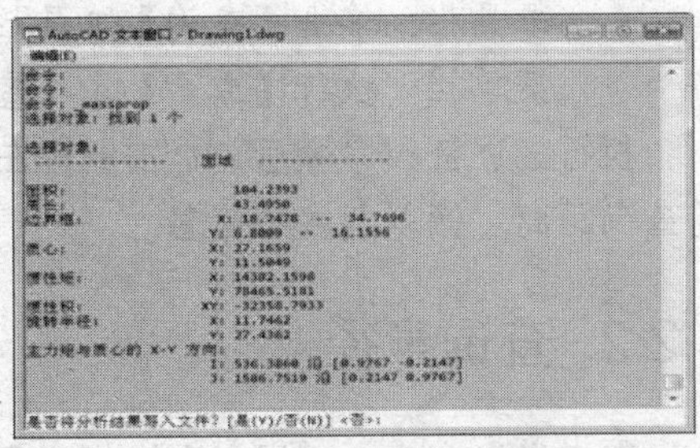

图 6-14　AutoCAD 文本窗口

此时，如果在命令行提示下按 Enter 键可结束命令操作；如果输入 Y，将打开【创建质量与面积特性文件】对话框，可将面域对象的数据特性保存为文件。

6.2 查询

计算机辅助设计不可缺少的一个功能是提供对图形对象的点坐标、距离、周长、面积等属性的几何查询。AutoCAD 2016 提供了查询图形对象的面积、距离、坐标、周长、体积等属性的工具。

在 AutoCAD 2016 中使用【查询】工具有以下几种常用的方法：

✧ 功能区：单击【实用工具】面板各种【查询】工具按钮，如图 6-15 所示。

✧ 菜单栏：执行【工具】|【查询】命令，如图 6-16 所示。

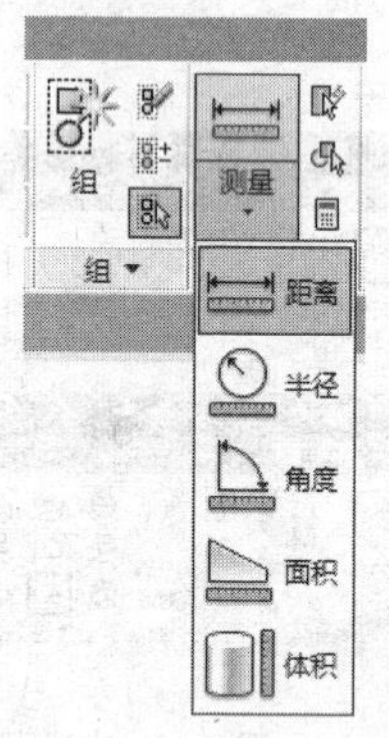

图 6-15 查询工具面板按钮

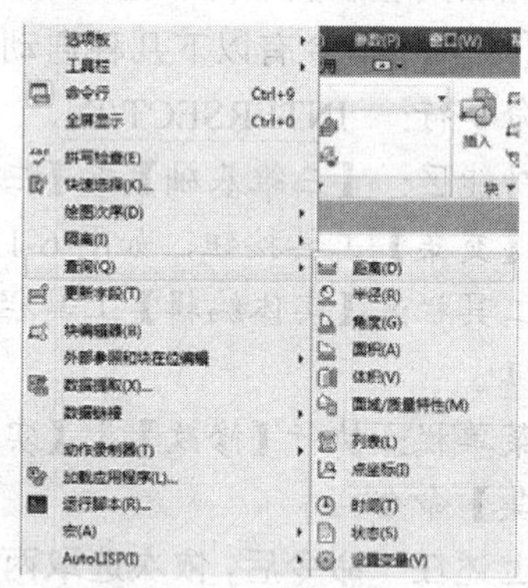

图 6-16 查询工具菜单

6.2.1 查询距离

查询【距离】命令主要用来查询指定两点间的长度值与角度值。在 AutoCAD 2016 中调用该命令的常用方法如下：

✧ 命令行：在命令行中输入 DIST/DI。

✧ 功能区：单击【实用工具】面板【距离】工具按钮。

✧ 工具栏：单击【查询】工具栏【距离】按钮。

✧ 菜单栏：执行【工具】|【查询】|【距离】命令。

执行上述任一命令后，单击鼠标左键逐步指定查询的两个点，即可在命令行中显示当前查询距离、倾斜角度等信息。

6.2.2 查询半径

查询半径命令主要用来查询指定圆以及圆弧的半径值。在 AutoCAD 2016 中调用该命令的常用方法如下：

✧　功能区：单击【实用工具】面板【半径】工具按钮。
✧　工具栏：单击【查询】工具栏【半径】按钮。
✧　菜单栏：执行【工具】|【查询】|【半径】命令。

执行上述任一命令后，选择图形中的圆或圆弧，即可在命令行中显示其半径数值。

6.2.3　查询角度

查询【角度】命令用于查询指定线段之间的角度大小。在 AutoCAD 2016 中调用该命令的常用方法如下：

✧　功能区：单击【实用工具】面板【角度】工具按钮。
✧　工具栏：单击【查询】工具栏【角度】按钮。
✧　菜单栏：执行【工具】|【查询】|【角度】命令。

执行上述任一命令后，单击鼠标左键逐步选择构成角度的两条线段或角度顶点，即可在命令行中显示其角度数值。

6.2.4　面积及周长

查询【面积】命令用于查询对象面积和周长值，同时还可以对面积及周长进行加减运算。在 AutoCAD 2016 中调用该命令的常用方法如下：

✧　命令行：在命令行中输入 AREA/AA。
✧　功能区：单击【实用工具】面板【面积】工具按钮。
✧　工具栏：单击【查询】工具栏【面积】按钮。
✧　菜单栏：执行【工具】|【查询】|【面积】命令。

执行上述任一命令后，命令行提示如下：

```
指定第一个角点或 [对象(O)/增加面积(A)/减少面积(S)/退出(X)] <对象(O)>:
```

在【绘图区】中选择查询的图形对象，或划定需要查询的区域后，按 Enter 键或者空格键，绘图区显示快捷菜单，以及查询结果，如图 6-17 所示。

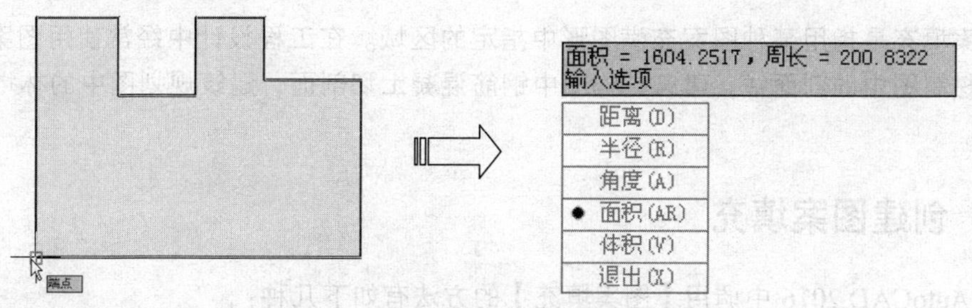

图 6-17　查询面积和周长

专家点拨

如果要进行面积的【求和】或【求差】，只需要输入对应的命令行选项字母，然后按回车键确认即可。

6.2.5 查询体积

查询【体积】命令用于查询对象体积数值，同时还可以对体积进行加减运算。在 AutoCAD 2016 中调用该命令的常用方法如下：

✧ 功能区：单击【实用工具】面板【体积】工具按钮。
✧ 工具栏：单击【查询】工具栏【体积】按钮。
✧ 菜单栏：执行【工具】|【查询】|【体积】命令。

执行上述任一命令后，命令行提示如下：

```
指定第一个角点或 [对象(O)/增加体积(A)/减去体积(S)/退出(X)] <对象(O)>:
```

在【绘图区】中选择查询的三维对象，按 Enter 键或者空格键，绘图区显示快捷菜单及查询结果。

6.2.6 查询点坐标

使用点坐标查询命令 ID，可以查询某点在绝对坐标系中的坐标值。在 AutoCAD 2016 中调用该命令的方法如下：

✧ 命令行：在命令行中输入“ID”
✧ 功能区：单击【实用工具】面板【点坐标】工具按钮 点坐标
✧ 工具栏：单击【查询】工具栏【点坐标】按钮。
✧ 菜单栏：执行【工具】|【查询】|【点坐标】命令。

执行命令时，只需用对象捕捉的方法确定某个点的位置，即可自动计算该点的 X、Y 和 Z 坐标。在二维绘图中，Z 坐标一般为 0。

```
指定点:  X = 182.9711     Y = 151.6742     Z = 0.0000
```

6.3 图案填充

图案填充是指用某种图案充满图形中指定的区域。在工程设计中经常使用图案填充，例如机械制图中的剖面线，建筑结构图中钢筋混凝土切剖面，建筑规划图中的林地、草坪图例等。

6.3.1 创建图案填充

在 AutoCAD 2016 中调用【图案填充】的方法有如下几种：

✧ 命令行：在命令行中输入“BHATCH/BH/H”，或者直接在命令行中输入要填充的图案名称。
✧ 功能区：单击【绘图】面板【图案填充】工具按钮。
✧ 工具栏：单击【绘图】工具栏【图案填充】按钮。
✧ 菜单栏：执行【绘图】|【图案填充】命令，如图 6-18 所示。

执行上述任一命令后，根据【草图与注释】工作空间命令行的提示，输入 T 将打开【图案填充和渐变色】对话框，如图 6-19 所示。

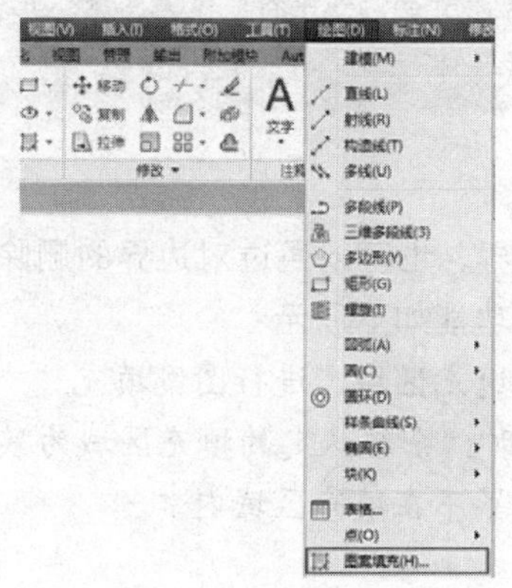
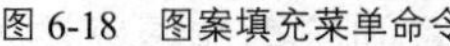

图 6-18　图案填充菜单命令

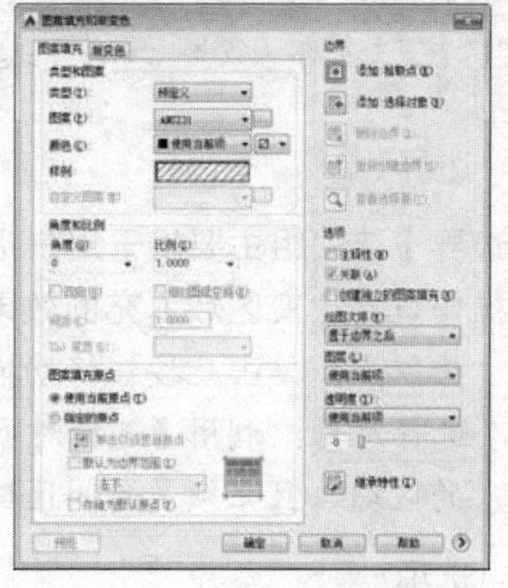

图 6-19　【图案填充和渐变色】对话框

【图案填充和渐变色】对话框常用选项的含义如下。

1. 类型和图案

单击【类型与图案】右侧的下拉按钮，并打开下拉列表来选择填充类型和样式。

- ✧ 类型：其下拉列表框中包括【预定义】、【用户定义】和【自定义】三种图案类型。
- ✧ 图案：选择【预定义】选项，可激活该选项组，除了在下拉列表中选择相应的图案外，还可以单击[...]按钮，将打开【填充图案选项板】对话框，然后通过 3 个选项卡设置相应的图案样式，如图 6-20 所示。

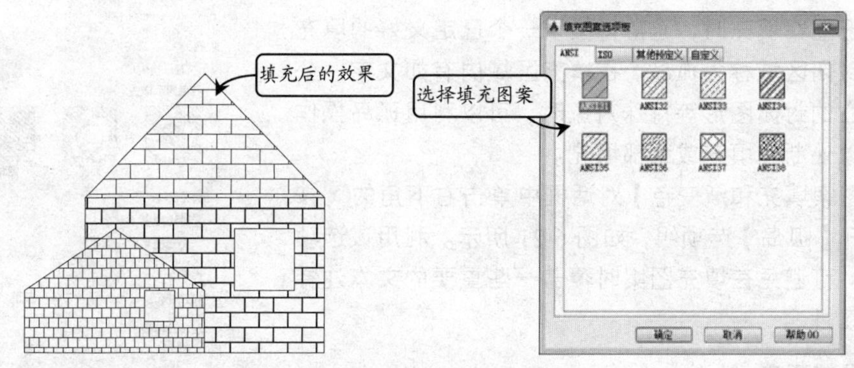

图 6-20　选择填充图案类型

2. 角度和比例

该选项组用于设置图案填充的填充角度、比例或者图案间距等参数。

- ✧ 角度：设置填充图案的角度，默认情况下填充角度为 0。
- ✧ 比例：设置填充图案的比例值。

✧ 间距：当用户选择“用户定义”填充图案类型时设置采用的线型的线条间距。

专家点拨

设置间距时，如果选中【双向】复选框，则可以使用相互垂直的两组平行线填充图案。此外，【相对图纸空间】复选框用来设置比例因子是否相对于图纸空间的比例。

3. 边界

【边界】选项组主要用于用户指定图案填充的边界，也可以通过对边界的删除或重新创建等操作直接改变区域填充的效果，其常用选项的功能如下所示：

✧ 拾取点：单击此按钮将切换至绘图区，拾取填充区域，进行图案填充。

✧ 选择对象：利用【选择对象】方式选取边界时，系统认定的填充区域为鼠标点选的区域，且必须是封闭区域，未被选取的边界不在填充区域内。

4. 选项

该选项组用于设置图案填充的一些附属功能，它的设置间接影响填充图案的效果。

✧ 【关联】复选框：用于控制填充图案与边界“关联”或“非关联”。关联图案填充随边界的变化而自动更新，非关联图案则不会随边界的变化自动更新。

✧ 【独立的图案填充】复选框：选择该复选框，则可以创建独立的图案填充，它不随边界的修改而更新图案填充。

✧ 【绘图次序】下拉列表框：主要为图案填充或填充指定绘图顺序。

✧ 继承特性：使用选定图案填充对象的图案填充和填充特性对指定边界进行填充。

6.3.2 设置填充孤岛

在进行图案填充时，通常将位于一个已定义好的填充区域内的封闭区域称为孤岛。在填充区域内有如文字、公式以及孤立的封闭图形等特殊对象时，可以利用孤岛操作在这些对象处断开填充或全部填充。

在【图案填充和渐变色】对话框中单击右下角的⊙按钮，将展开【孤岛】选项组，如图 6-21 所示。利用该选项卡的设置，可避免在填充图案时覆盖一些重要的文本注释或标记等属性。

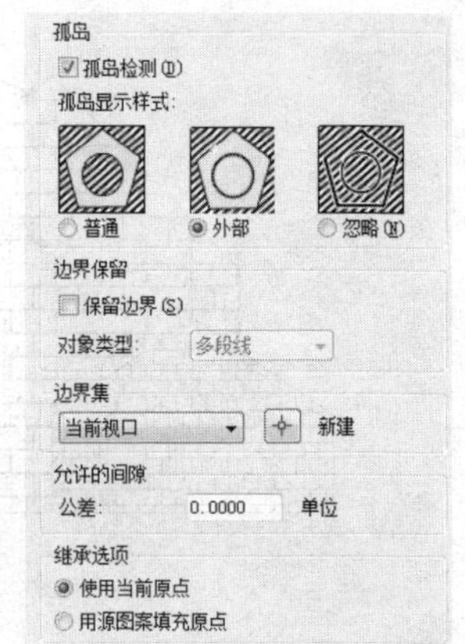

图 6-21 【孤岛】选项组

1. 设置孤岛

选中【孤岛检测】复选框，便可利用孤岛调整填充图案，在【孤岛显示样式】选项组中有以下 3 种孤岛显示方式： a 普通、b 外部和 c 忽略，如图 6-22 所示。

2. 边界保留

该选项组中的【保留边界】复选框与下面的【对象类型】列表项相关联，即启用【保留边界】复选框便可将填充边界对象保留为面域或多段线两种形式。

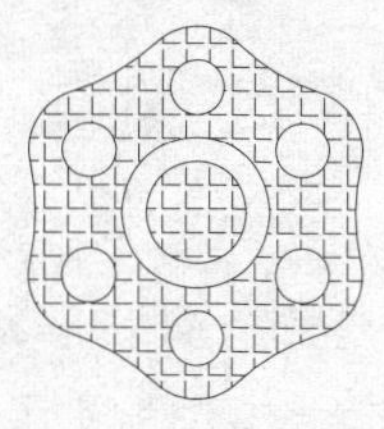
a）选择普通孤岛样式

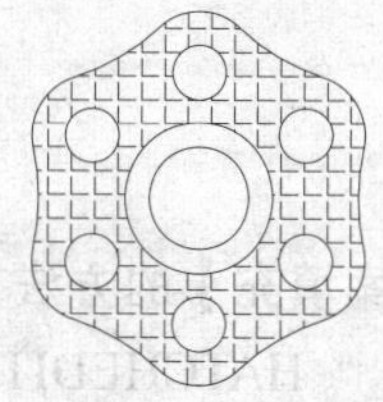
b）选择外部孤岛样式

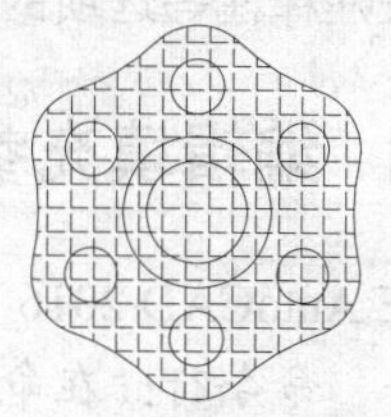
c）选择忽略孤岛样式

图 6-22　设置孤岛填充样式

6.3.3 渐变色填充

在绘图过程中，有些图形在填充时需要用到一种或多种颜色。例如，绘制装潢、美工图纸等。在 AutoCAD 2016 中调用【图案填充】的方法有如下几种：

- ✧ 功能区：单击【绘图】面板【渐变色】工具按钮▣，如图 6-23 所示。
- ✧ 工具栏：单击【绘图】工具栏【渐变色】按钮▣。
- ✧ 菜单栏：执行【绘图】|【图案填充】命令，如图 6-24 所示。

执行上述任一命令后，根据【草图与注释】工作空间命令行的提示，输入 T 将弹出【图案填充和渐变色】对话框，选择【渐变色】选项卡，设置渐变色颜色类型、填充样式以及方向，进行图案填充，如图 6-25 所示。

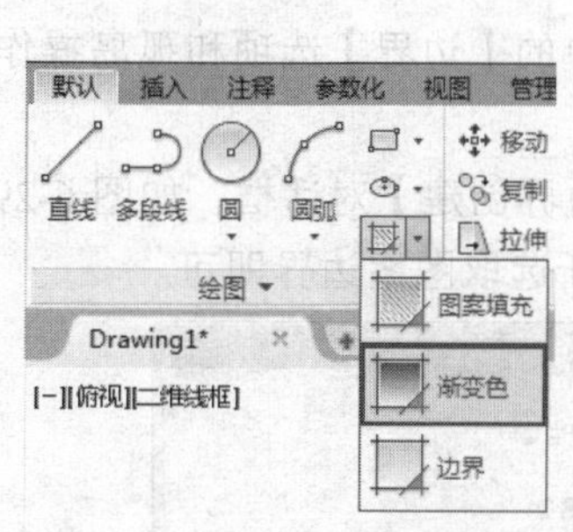

图 6-23　渐变色面板按钮

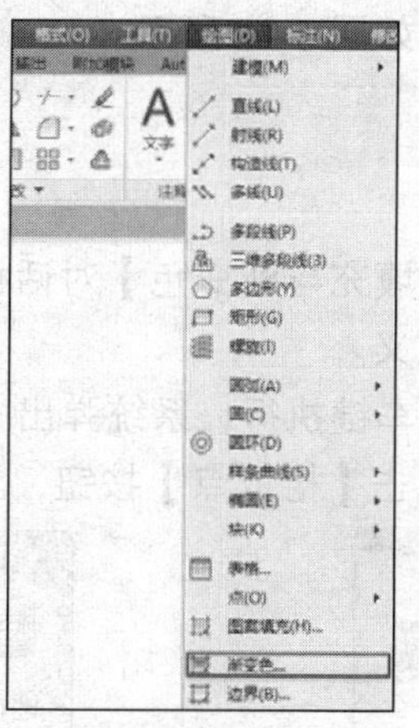

图 6-24　渐变色菜单命令

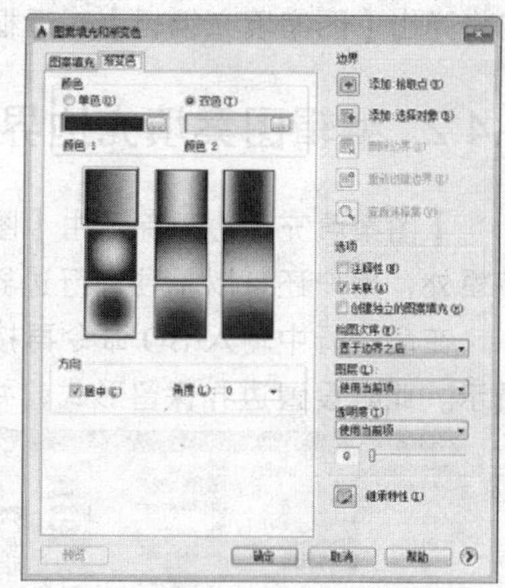

图 6-25　【渐变色】选项卡

6.4 编辑填充图案

通过执行编辑填充图案操作不仅可以修改已经生成的填充图案，而且还可以指定一个

新的图案替换以前生成的图案，它具体包括对图案的样式、比例（或间距）、颜色、关联性以及注释性等选项的操作。

6.4.1 编辑填充参数

在 AutoCAD 2016 中调用【图案填充】的方法有如下几种：

- ✧ 命令行：在命令行中输入“ HATCHEDIT/HE”。
- ✧ 功能区：单击【修改】面板【编辑图案填充】工具按钮，如图 6-26 所示。
- ✧ 菜单栏：执行【修改】|【对象】|【编辑图案填充】命令，如图 6-27 所示。

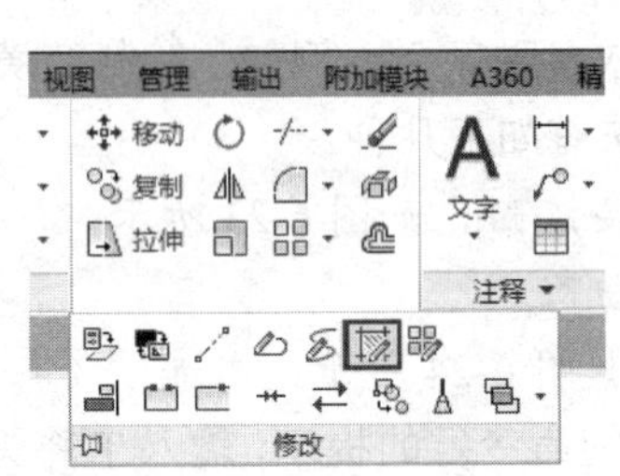

图 6-26 图案填充面板按钮

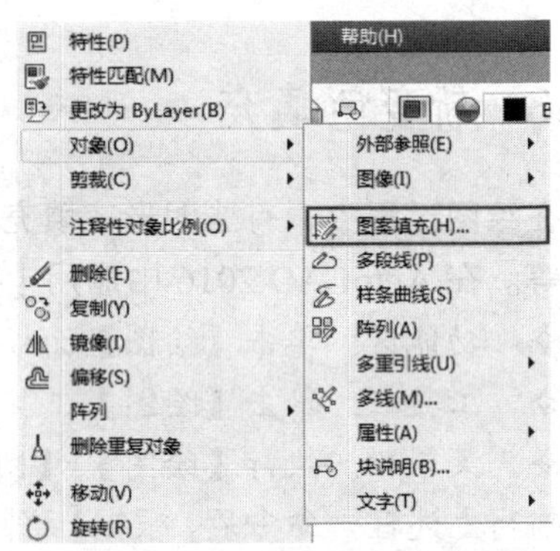

图 6-27 图案填充菜单命令

执行上述任一命令后，单击要修改的填充图案或者直接双击要修改的填充图案，系统均将弹出【图案填充编辑】对话框，如图 6-28 所示。

6.4.2 编辑图案填充边界

【图案填充】边界除了由【图案填充与渐变色】对话框中的【边界】选项和孤岛操作编辑外，用户还可以单独进行边界定义。

在命令行中输入 BO 命令再按回车键执行，系统弹出【边界创建】对话框，如图 6-29 所示。此时设置边界保留形式，并单击【拾取点】按钮，重新选取图案边界即可。

图 6-28 【图案填充编辑】对话框

图 6-29 【边界创建】对话框

6.5 综合实例

6.5.1 绘制电气图形

利用面域求和绘制如图 6-30 所示的图形，绘制过程如下：

1. 启动 AutoCAD 2016 并新建文件

单击【快速访问】工具栏中的【新建】按钮，系统弹出【选择样板】对话框，选择“acadiso.dwt”样板，单击【打开】按钮，进入 AutoCAD 绘图模式。

2. 绘制图形

01 调用 REC【矩形】命令，绘制尺寸为 108×12 的矩形，如图 6-31 所示。

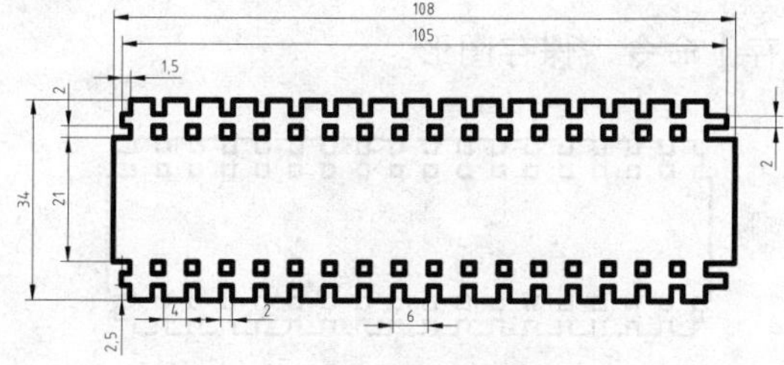

图 6-30　面域求和

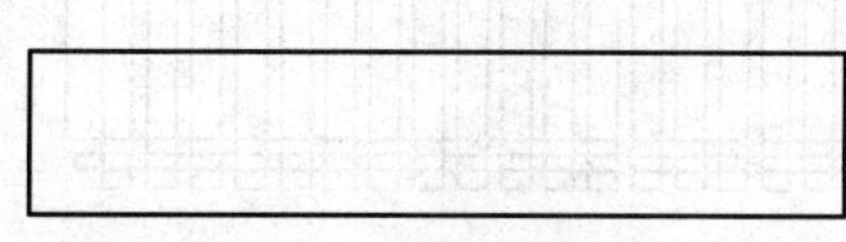

图 6-31　绘制矩形

02 再次调用 REC【矩形】命令，根据命令行的提示，按住 Shift+鼠标右键，在弹出的快捷菜单中选择【捕捉自】，在绘图区选择第一个矩形左上角点作为偏移基点，如图 6-32 所示，输入偏移值为（@1.5，2），按 Enter 键确定，再指定第二个矩形的角点，输入坐标为（@105，2），按回车键结束矩形的绘制，如图 6-33 所示。

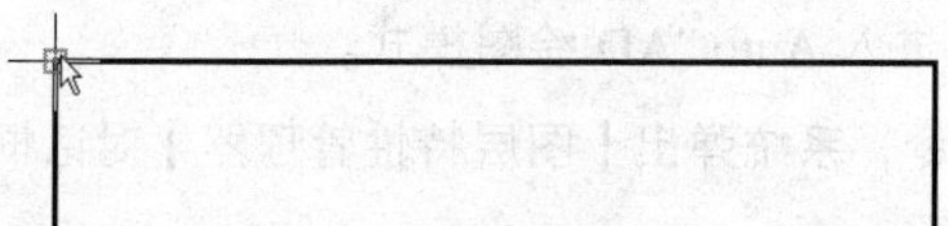

图 6-32　选取基点

图 6-33　绘制的第二个矩形

03 利用相同的方法绘制第三个矩形，如图 6-34 所示。其偏移基点为第一个矩形的左上角点，偏移坐标为（@3，6.5），再指定另一个角点（@4，-34），按回车键退出操作。

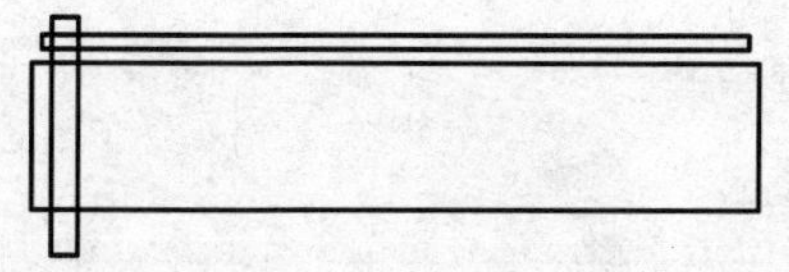

图 6-34　绘制的第三个矩形

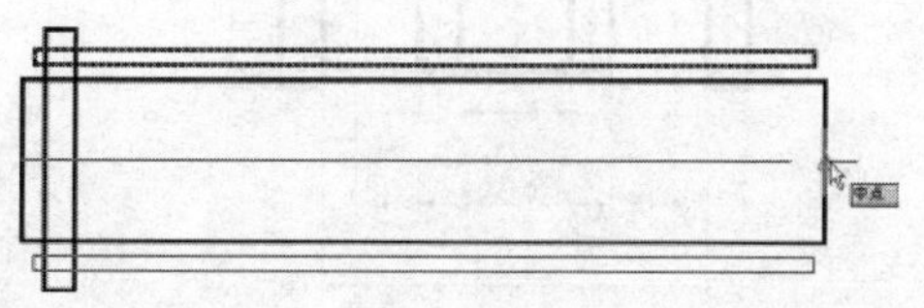

图 6-35　指定镜像线

04 调用 MI【镜像】命令，以大矩形两侧边中点连线为镜像线，如图 6-35 所示，镜像第二个矩形，结果如图 6-36 所示。

图 6-36 镜像图形

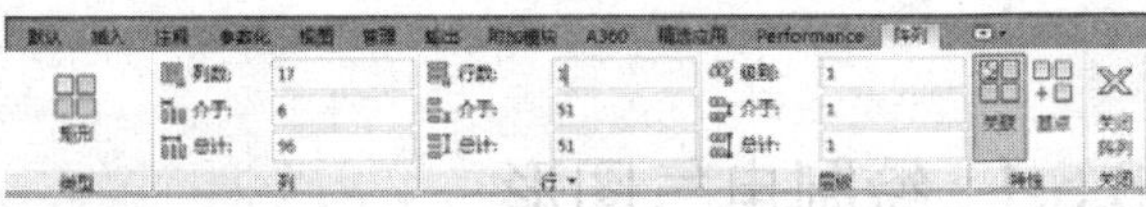

图 6-37 【阵列】选项卡

05 调用 AR【阵列】命令，首先选取要阵列的图形，在选择阵列类型为矩形阵列，系统会显示【阵列创建】选项卡，设置列面板中的列数为 17，介于为 6，其余参数默认，如图 6-37 所示，阵列操作结果如图 6-38 所示。

06 创建面域。单击【绘图】面板中的【面域】按钮，在绘图区框选全部图形，单击鼠标右键，此时系统已经创建了 20 个面域。

07 创建面域求和。执行【并集】命令，然后在绘图区框选全部面域，单击鼠标右键，此时系统将 20 个面域合并成一个面域，如图 6-39 所示。

08 完成电气图形的绘制，执行【文件】|【保存】命令，保存图形。

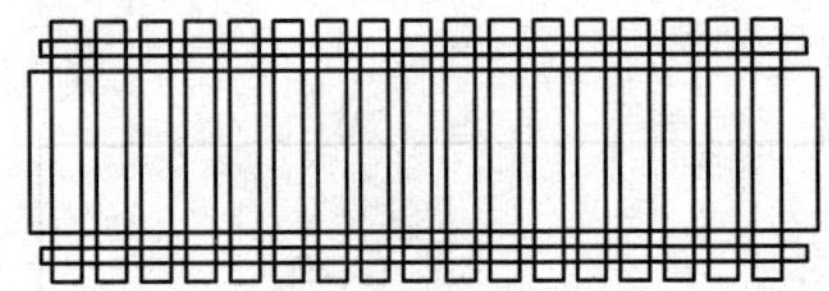

图 6-38 阵列图形

图 6-39 面域求和

6.5.2 绘制轴套剖视图

绘制如图 6-40 所示的轴套剖视图形，并填充剖面线，绘制过程如下：

01 单击【快速访问】工具栏中的【新建】按钮，系统弹出【选择样板】对话框，选择“acadiso.dwt”样板，单击【打开】按钮，进入 AutoCAD 绘图模式。

02 设置绘图环境。执行【格式】|【图层】命令，系统弹出【图层特性管理器】对话框，如图 6-41 所示。

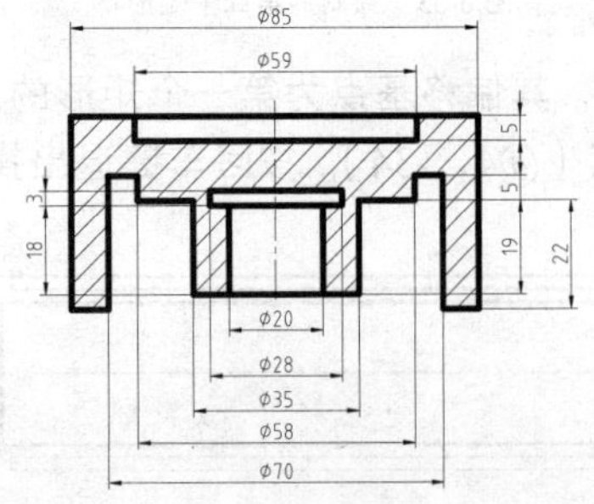

图 6-40 绘制剖视图

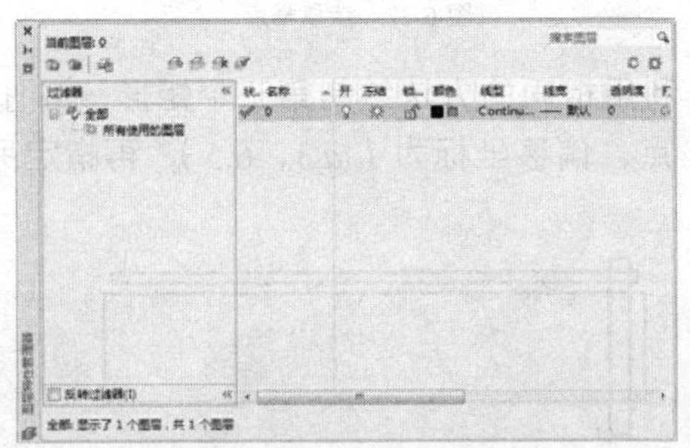

图 6-41 【图层特性管理器】对话框

03 单击对话框中的【新建图层】按钮，新建 3 个图层，分别命名为“轮廓线层”、“剖面线层”、“中心线层”，根据绘图需要设置各图层的属性，如图 6-42 所示。

04 单击对话框中的【关闭】按钮 ×，完成图层的设置。

05 在【状态栏】中设置【对象捕捉】模式：端点、中点、交点、垂足。并依次打开“极轴追踪”、“对象捕捉”、“对象捕捉追踪”和“线宽”。

06 绘制图形。调用 L【直线】命令，将图层切换为“中心线层”，在绘图区任意处绘制一条长为 40 的竖直中心线。

07 再次调用 L【直线】命令，将图层切换为“轮廓线层”，绘制如图 6-43 所示轮廓线。根据命令行的提示，在绘图区空白处单击任意一点确定直线的起点，鼠标向左移动 42.5，鼠标向下移动 39，鼠标向右移动 7.5，鼠标向上移动 27，鼠标向右移动 6，鼠标向下移动 5，鼠标向右移动 11.5，鼠标向下移动 19，利用对象捕捉功能捕捉与中心线的交点，确定直线绘制的终点，完成轮廓线的绘制。

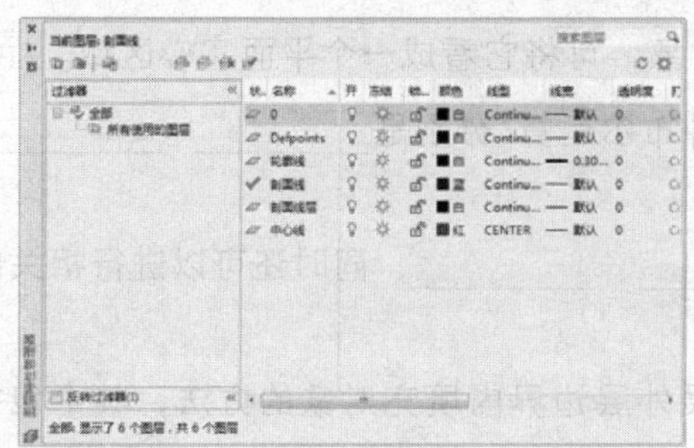

图 6-42　创建图层

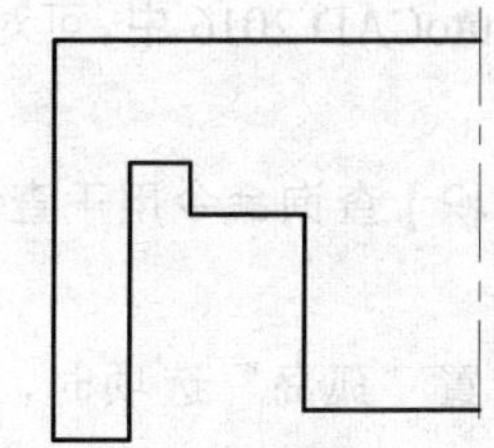

图 6-43　绘制直线

08 调用偏移 O【偏移】命令，设置偏移距离为 5，偏移辅助线，如图 6-44 所示。

09 重复上述操作，偏移其他直线，如图 6-45 所示。

10 调用修剪 TR【修剪】命令，修剪图形，其效果如图 6-46 所示。

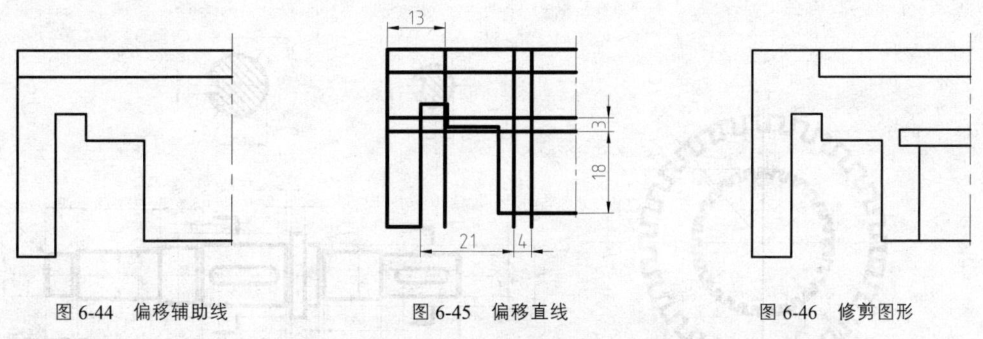

图 6-44　偏移辅助线　　图 6-45　偏移直线　　图 6-46　修剪图形

11 调用 MI【镜像】命令，以中心线为镜像线，镜像图形如图 6-47 所示。

12 添加剖面线。将当前图层转换为“剖面线层”。在命令行中直接输入【ANSI31】并按回车键，在绘图区拾取填充区域，对图形进行图案填充，如图 6-48 所示。

13 执行【保存】命令，保存文件。

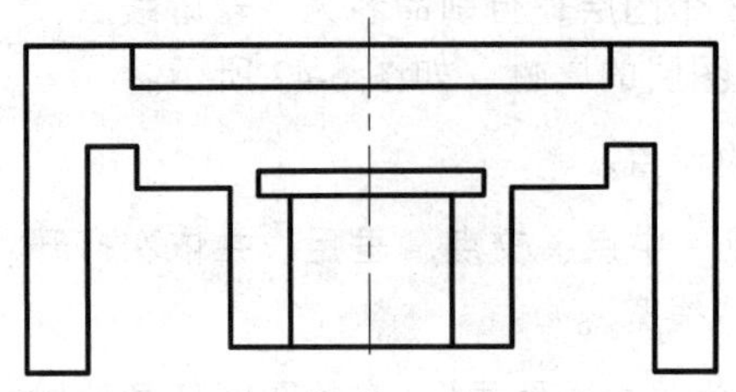

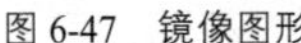

图 6-47　镜像图形

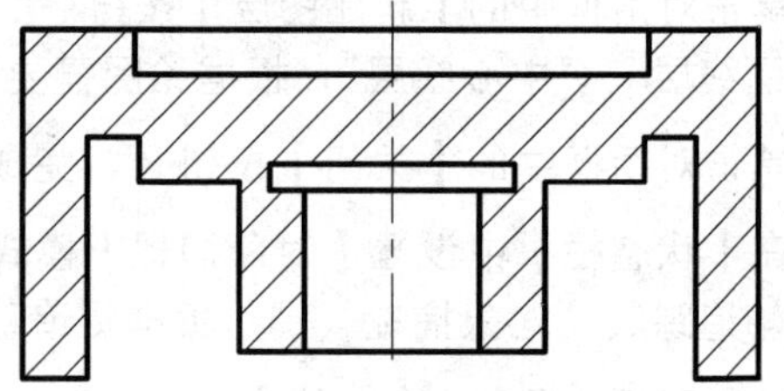

图 6-48　绘制剖面线

6.6 习　题

1. 填空题

(1) ________是封闭区域形成的 2D 实体对象，可将它看成一个平面实心区域。

(2) 在 AutoCAD 2016 中，可对面域执行 3 种布尔运算，分别是________、________、________。

(3) 【面积】查询命令用于查询对象________、________、同时还可以进行相关的________。

(4) 在设置“孤岛”选项时，可以指定在最外层边界内填充对象的方法，其中包括__________、__________、________3 种方式。

(5) 在 AutoCAD 2016 中，可以使用________种渐变填充方法来填充封闭区域。

2. 操作题

(1) 使用面域及面域布尔运算绘制如图 6-49 所示的零件图形。

(2) 绘制如图 6-50 所示的阶梯轴零件图，并对剖面图进行填充。

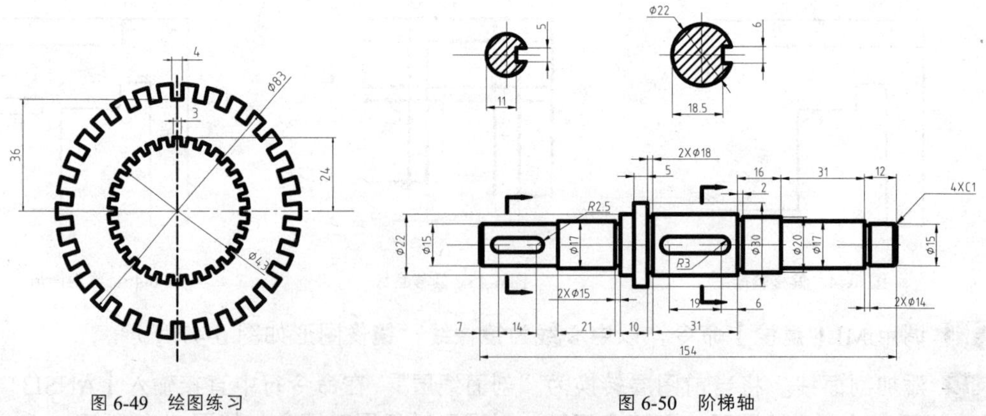

图 6-49　绘图练习　　　　图 6-50　阶梯轴

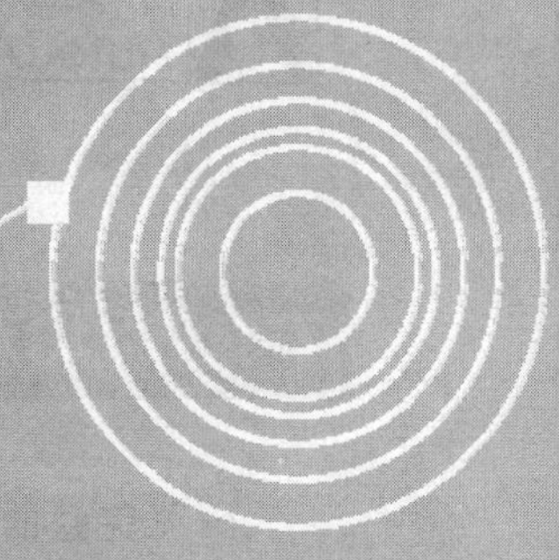

第 7 章

文字与表格

文字是工程图纸必不可少的组成部分。它可以对图形中不便于表达的内容加以说明，使图形更清晰、更完整。表格则通过行与列以一种简洁清晰的形式提供信息。

本章主要内容如下：

- ✧ 如何添加和编辑文字
- ✧ 如何添加和编辑表格

技术性能	
振动频率	26Hz
额定电压	380V
额定电流	5A
功率	2KW

7.1 添加和编辑文字

一张完整的 AutoCAD 工程图纸除了用图形完整、正确、清晰地表达物体的结构形状外，还必须用尺寸表示物体的大小，另外还应有相应的文字信息，如注释说明、技术要求、标题栏和明细表等。AutoCAD 提供了强大的文字注写和文本编辑功能。

7.1.1 创建文字样式

【文字样式】是对同一类文字的格式设置的集合，包括字体、字高、显示效果等。在标注文字前，应首先定义文字样式，以指定字体、高度等参数，然后用定义好的文字样式进行标注。在 AutoCAD 2016 中调用【文字样式】有如下几种常用方法：

- ✧ 命令行：在命令行中输入 STYLE/ST。
- ✧ 功能区：单击【注释】选项卡【文字】面板右下角↘按钮，如图 7-1 所示。
- ✧ 工具栏：单击【文字】工具栏【文字样式】工具按钮A。
- ✧ 菜单栏：执行【格式】|【文字样式】命令，如图 7-2 所示。

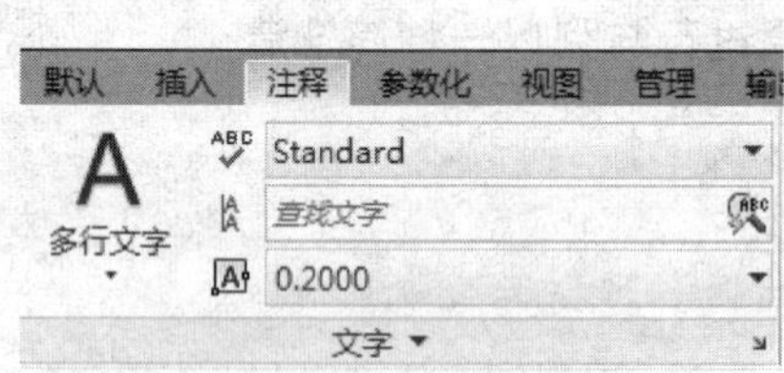

图 7-1 文字面板

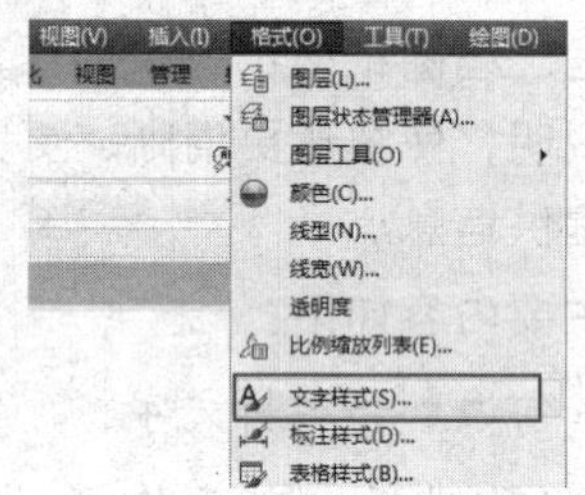

图 7-2 文字样式菜单命令

执行上述任一命令后，系统弹出【文字样式】对话框，如图 7-3 所示。

1. 设置样式名

在【文字样式】对话框中可以显示文字样式的名称、新建文字样式、重命名文字样式和删除文字样式，如图 7-4 所示。

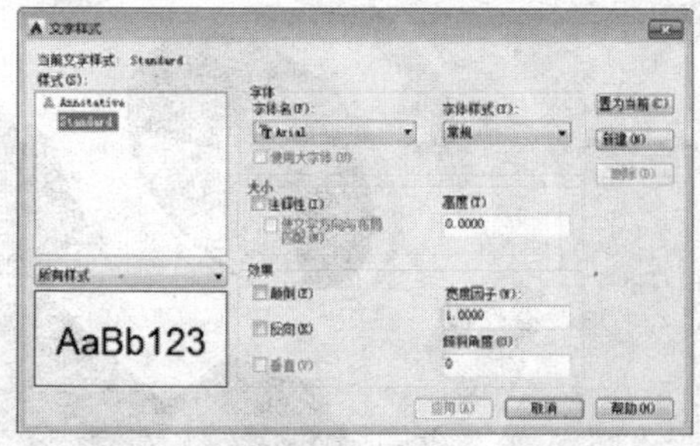

图 7-3 【文字样式】对话框

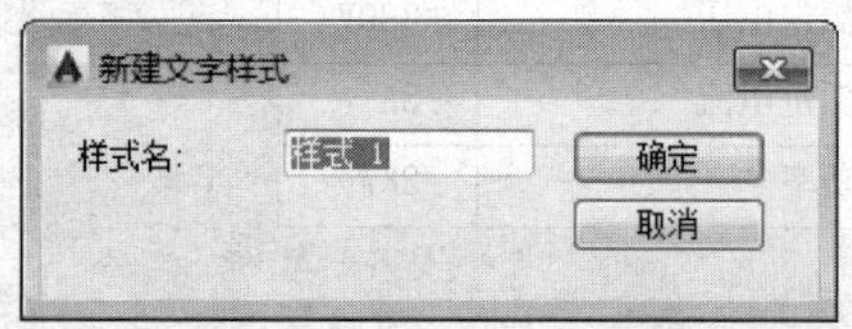

图 7-4 【新建文字样式】对话框

专家点拨

如果要重命名文字样式，可在【样式】列表中右击要重命名的文字样式，在弹出的快捷菜单中选择【重命名】即可，但无法重命名默认的 Standard 样式。

2. 设置字体和大小

在【字体】选项组下的【字体名】列表框中可指定任一种字体类型作为当前文字类型。当选择字体名为 Txt.Shx 字体时或者其它后缀名为“.shx”字体时，才能使用“大字体”，如图 7-5 所示。

在【大小】选项组中可进行注释性和高度设置，如图 7-6 所示。其中，在【高度】文本框中键入数值可改变当前文字的高度。如果对文字高度不进行设置，其默认值为 0，并且每次使用该样式时命令行都将提示指定文字高度。

图 7-5　使用【大字体】

图 7-6　设置文字大小

3. 设置文字效果

在【效果】选项组中可以编辑放置字体的特殊效果。此外，在【宽度因子】文本框中定义字体的宽窄，并在【倾斜角度】文本框中设置文字放置的倾斜度。

4. 预览与应用文字样式

在【文字样式】对话框的【预览】选项区域中，可以预览所选择或所设置的文字样式效果。完成文字样式的设置后，单击【应用】按钮即可应用文字样式。然后单击【关闭】按钮，关闭【文字样式】对话框。

7.1.2 创建与编辑单行文字

对于【单行文字】来说，每一行都是一个文字对象，并且可以单独编辑。

1. 创建单行文字

在 AutoCAD 2016 中启动【单行文字】命令的方法有：

✧ 命令行：在命令行中输入“DTEXT/DT”。
✧ 功能区：单击【注释】面板【单行文字】按钮 A，如图 7-7 所示。
✧ 工具栏：单击【文字】工具栏【单行文字】工具按钮 A。
✧ 菜单栏：执行【绘图】|【文字】|【单行文字】命令，如图 7-8 所示。

执行上述任一命令后，命令行提示如下：

```
命令:DTEXT                                  //调用 DTEXT 命令，创建单行文字
当前文字样式： “文字样式 1”  文字高度： 2.5000  注释性： 否
                                            //显示当前文字样式及相应参数
```

```
指定文字的起点或 [对正(J)/样式(S)]:        //指定文字的起点，以及文字的样式和对正方式
指定高度 <2.5000>:                        //输入文字的高度
指定文字的旋转角度 <0>:                    ///输入文字的旋转角度
```

图 7-7 单行文字面板按钮

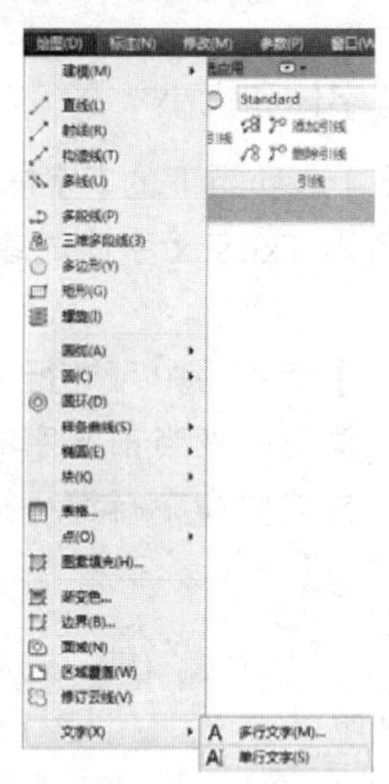

图 7-8 创建单行文字菜单命令

完成以上操作创建的单行文字效果如图 7-9 所示：

AutoCAD 2016

图 7-9 单行文字效果

2. 添加特殊符号

在实际设计绘图中，往往需要标注一些特殊的字符，这些特殊字符不能从键盘上直接输入，因此 AutoCAD 提供了相应的控制符，以实现标注要求，如表 7-1 所示。

表 7-1 特殊符号的代码及含义

控制符	含 义
%%C	⌀直径符号
%%P	± 正负公差符号
%%D	（°）度
%%O	上划线
%%U	下划线

3. 编辑单行文字

编辑单行文字包括编辑文字的内容、对正方式及缩放比例。

❑ 编辑文字内容

在 AutoCAD 2016 中启动调用【编辑文字】命令的常用方法如下：

✧ 命令行：在命令行中输入“DDEDIT”。

✧　工具栏：单击【文字】工具栏【编辑文字】按钮。

✧　菜单栏：执行【修改】|【对象】|【文字】|【编辑】命令，如图 7-10 所示。

执行以上任意一种操作或直接双击文字。即可以对单行文字进行编辑。用户可以使用光标在图形中选择需要修改的文字对象，单行文字只能对文字的内容进行修改，若需要修改文字的字体样式、字高等属性，用户可以修改该单行文字所采用的文字样式来进行修改。

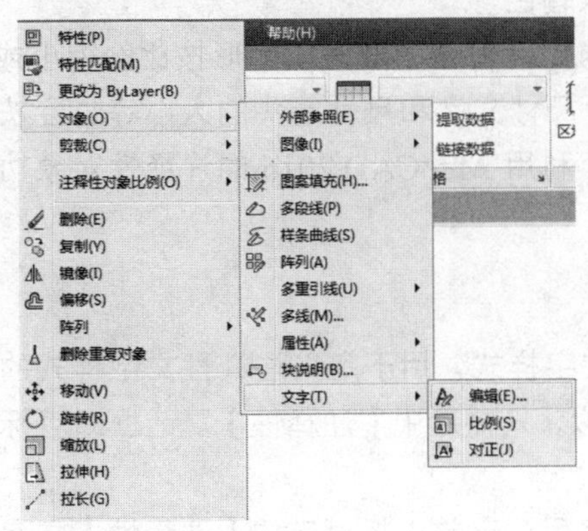

图 7-10　编辑文字菜单命令

图 7-11　查找文字工具按钮

❑ 文字的查找与替换

在 AutoCAD 2016 中启调用文字【查找】命令的方法如下：

✧　命令行：在命令行中输入“FIND”。

✧　功能区：单击【注释】选项【文字】面板按钮，如图 7-11 所示。

✧　工具栏：单击【文字】工具栏【查找】按钮。

✧　菜单栏：执行【编辑】|【查找】命令，如图 7-12 所示。

执行上述任一命令后，系统弹出【查找和替换】对话框，如图 7-13 所示。

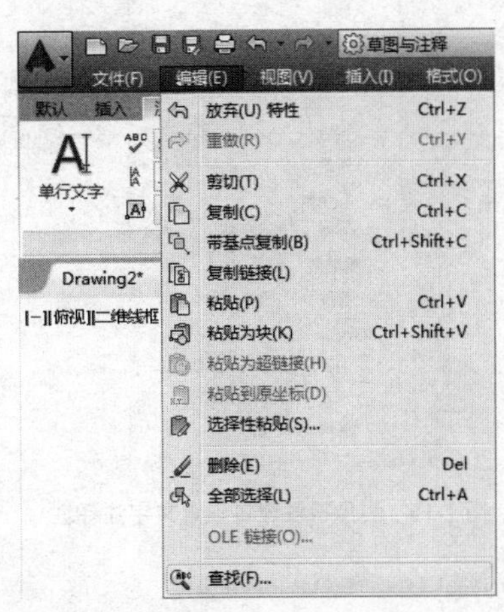

图 7-12　查找菜单命令

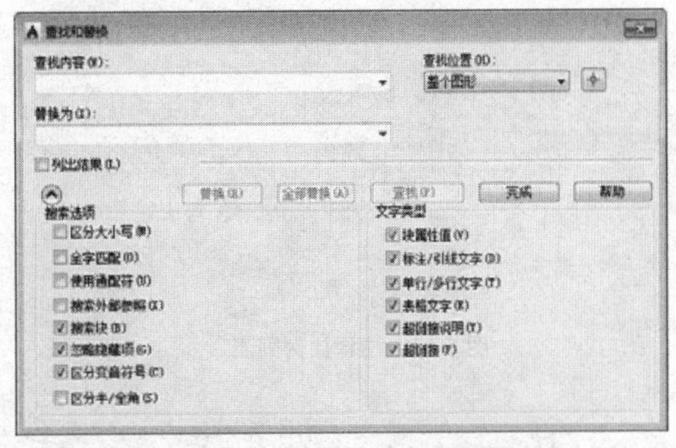

图 7-13　【查找和替换】对话框

7.1.3 注释性文字

基于 AutoCAD 软件的特点，用户可以直接按 1:1 比例绘制图形，当通过打印机或绘图仪将图形输出到图纸时，再设置输出比例。这样，绘制图形时就不需要考虑尺寸的换算问题，而且同一幅图形可以按不同的比例多次输出。

但这种方法就存在一个问题，当以不同的比例输出图形时，图形按比例缩小或放大，这是我们所需要的。其他一些内容，如文字、尺寸文字和尺寸箭头的大小等也会按比例缩小或放大，它们就无法满足绘图标准的要求。利用 AutoCAD 2016 的注释性对象功能，则可以解决此问题。

注释性文字样式

为方便操作，用户可以专门定义注释性文字样式，用于定义注释性文字样式的命令也是 STYLE，其定义过程与前面介绍的内容相似，只需选中【注释性】复选框即可标注注释性文字。

当用“DTEXT”命令标注【注释性】文字后，应首先将对应的【注释性】文字样式设为当前样式，然后利用状态栏上的【注释比例】列表设置比例，如图 7-14 所示，最后可以用 DTEXT 命令标注文字了。

对于已经标注的非注释性文字或对象，可以通过特性窗口将其设置为注释性文字。只要通过特性面板或选择【工具】|【选项板】|【特性】或选择【修改】|【特性】，选中该文字，则可以利用特性窗口将“注释性”设为“是”，如图 7-15 所示，通过注释比例设置比例即可。

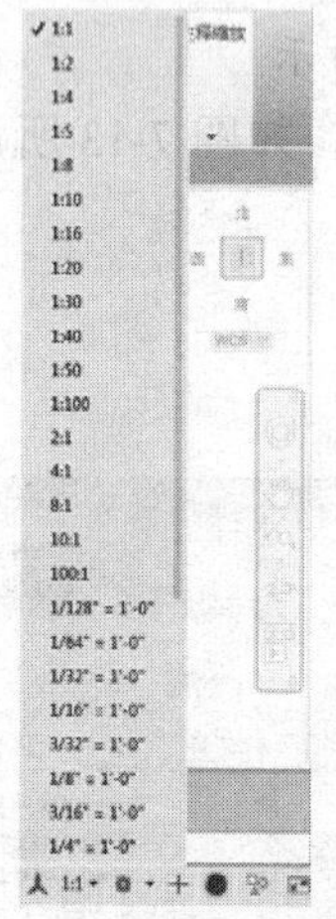

图 7-14 注释比例列表

图 7-15 利用特性窗口设置文字注释性

7.1.4 创建与编辑多行文字

【多行文字】又称为段落文字，是一种更易于管理的文字对象，可以由两行以上的文字组成，而且各行文字都是作为一个整体处理。在制图中常使用多行文字功能创建较为复杂的文字说明，如图样的工程说明或技术要求等。

1. 创建多行文字

在 AutoCAD 2016 中调用【多行文字】命令有以下几种方法：

- ✧ 命令行：在命令行中输入“MTEXT/MT/T”。
- ✧ 功能区：单击【注释】面板【多行文字】按钮A，如图 7-16 所示。
- ✧ 工具栏：单击【文字】工具栏【多行文字】按钮A。
- ✧ 菜单栏：执行【绘图】|【文字】|【多行文字】命令，如图 7-17 所示。

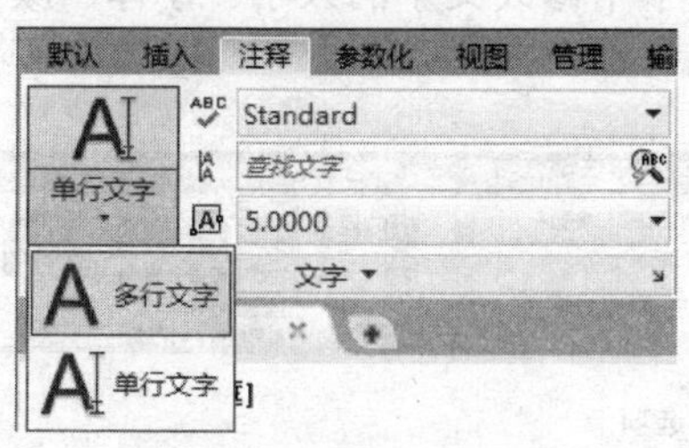

图 7-16　多行文字面板按钮

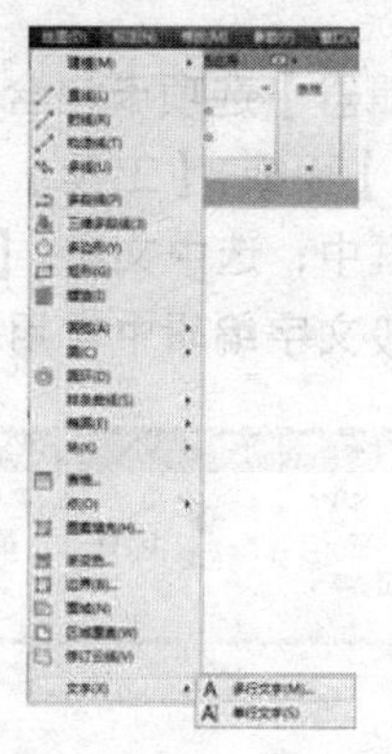

图 7-17　多行文字菜单命令

执行上述任一命令后，其命令行提示信息如下：

```
命令： MTEXT ↙                                   //调用多行文字命令
当前文字样式： "文字样式 1"  文字高度： 5.4695  注释性： 否
                                                 //显示当前文字样式
指定第一角点：                                   //指定多行文字输入区的第一个角点
指定对角点或 [高度(H)/对正(J)/行距(L)/旋转(R)/样式(S)/宽度(W)/栏(C)]：
                                                 //按照需要，选择其中一选项后，输入文字
```

在指定了输入文字的对角点之后，弹出如图 7-18 所示的【文字编辑器】选项卡和编辑框，用户可以在编辑框中输入、插入文字。

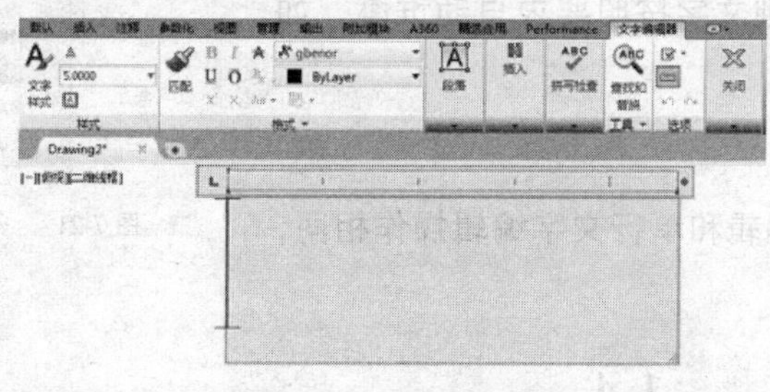

图 7-18　多行文字编辑器

【多行文字编辑器】由【多行文字编辑框】和【文字编辑器】选项卡组成。

【多行文字编辑框】，包含了制表位和缩进，可以十分快捷地对所输入的文字进行调整，各部分功能如图 7-19 所示。

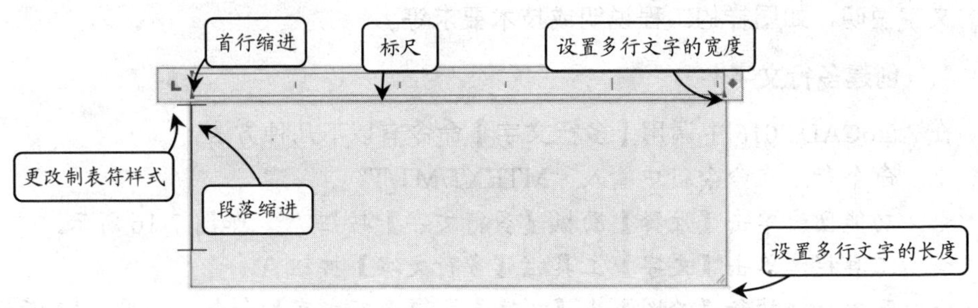

图 7-19　多行文字编辑器标尺功能

【文字编辑器】选项卡包含【样式】面板、【格式】面板、【段落】面板、【插入】面板、【拼写检查】面板、【工具】面板、【选项】面板和【关闭】面板，如图 7-20 所示。在多行文字编辑框中，选中文字，【文字编辑器】选项卡中修改文字的大小、字体、颜色等，可以完成在一般文字编辑中常用的一些操作。

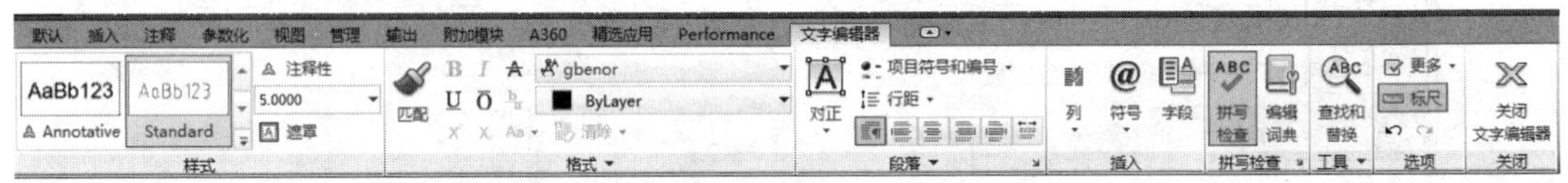

图 7-20　【文字编辑器】选项卡

在机械制图中通常使用多行文字进行一些复杂的标注。在【文字编辑器】选项卡中可以设置文字样式、文字字体、文字高度、加粗、倾斜或加下划线效果。

在编辑框中右键单击鼠标，系统弹出多行文字快捷菜单，使用该菜单可以对多行文字进行更多的设置，如图 7-21 所示。

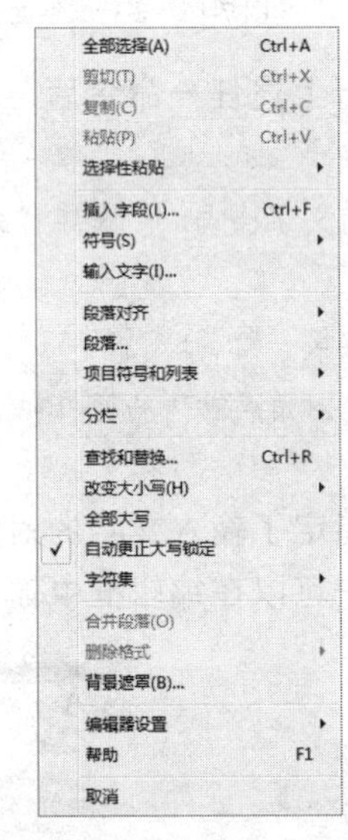

图 7-21　多行文字的【快捷】菜单

如果要创建堆叠文字（一种垂直对齐的文字或分数），可先输入要堆叠的文字，然后在其间使用/、#或^分隔。选中要堆叠的字符，单击【格式】面板中的【堆叠】按钮，则文字按照要求自动堆叠，如图 7-22 所示。

2. 编辑多行文字

【多行文字】的编辑和单行文字编辑操作相同，在此不再赘述。

$$14/23 \Rightarrow \frac{14}{23} \qquad 200\hat{}-0.01 \Rightarrow 20^{0}_{-0.01}$$

图 7-22　文字堆叠效果

7.2 添加和编辑表格

【表格】主要用来展示与图形相关的标准、数据信息、材料和装配信息等内容。根据不同类型的图形（如机械图形、工程图形、电子线路图形等），对应的制图标准也不相同，这就需要设置符合产品设计的表格样式，并利用表格功能快速、清晰、醒目地反映出设计思想及创意。

7.2.1 定义表格样式

在 AutoCAD 2016 中调用【表格样式】面板有以下几种常用方法：

✧ 命令行：在命令行中输入 TABLESTYLE/TS。

✧ 功能区：单击【注释】选项卡【表格】面板右下角↘按钮，如图 7-23 所示。

✧ 菜单栏：执行【格式】|【表格样式】命令，如图 7-24 所示。

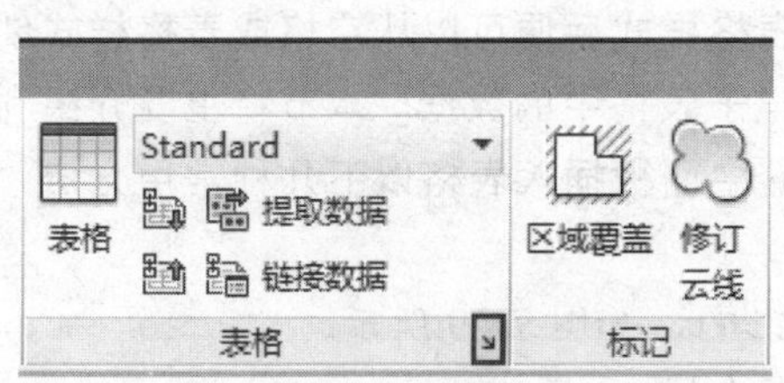

图 7-23　表格面板

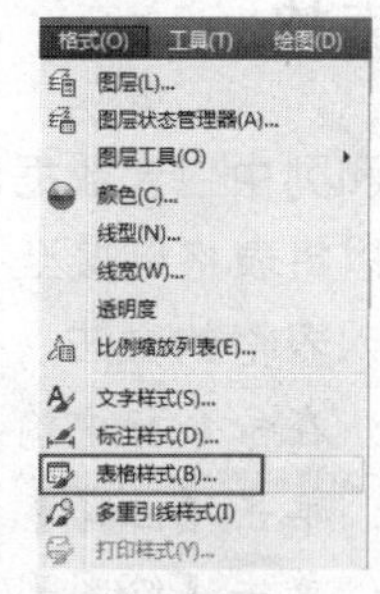

图 7-24　通过菜单执行表格样式命令

执行上述任一命令后，系统弹出【表格样式】对话框，如图 7-25 所示。

通过该对话框可执行将表格样式置为当前、修改、删除或新建操作。单击【新建】按钮，系统弹出【创建新的表格样式】对话框，如图 7-26 所示。

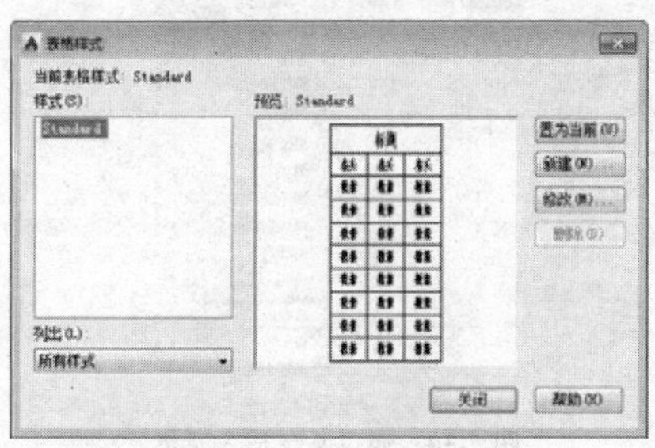

图 7-25　【表格样式】对话框

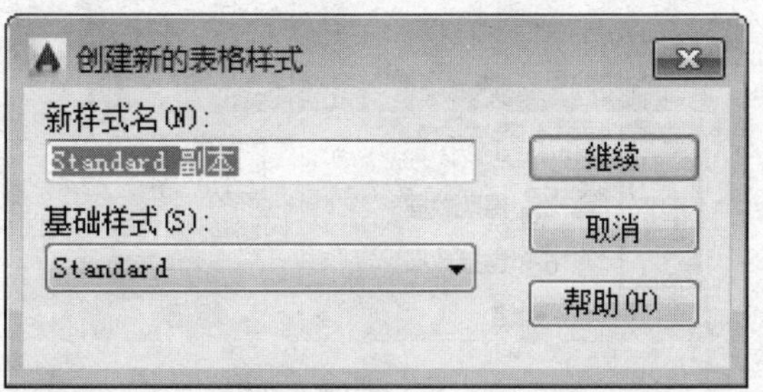

图 7-26　【创建新的表格样式】对话框

在【新样式名】文本框中输入表格样式名称，在【基础样式】下拉列表框中选择一个表格样式为新的表格样式提供默认设置，单击【继续】按钮，系统弹出【新建表格样式】对话框，如图 7-27 所示，可以对样式进行具体设置。

【新建表格样式】对话框由【起始表格】、【常规】、【单元样式】和【单元样式预览】4 个选项组组成。

当单击【新建表格样式】对话框中【管理单元样式】按钮时，弹出如图 7-28 所示【管理单元格式】对话框，在该对话框里可以对单元格式进行添加、删除和重命名。

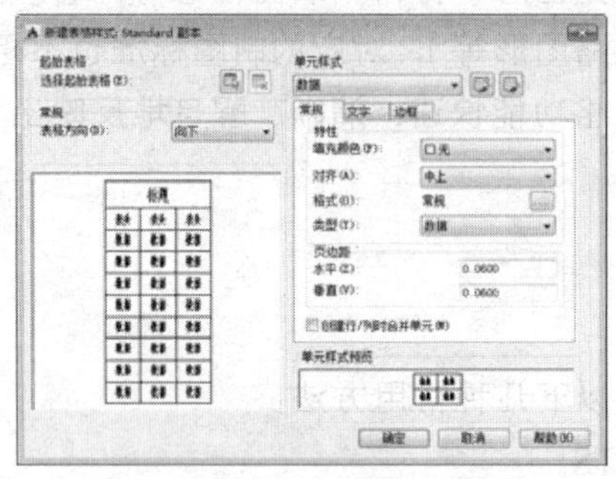

图 7-27 【新建表格样式】对话框

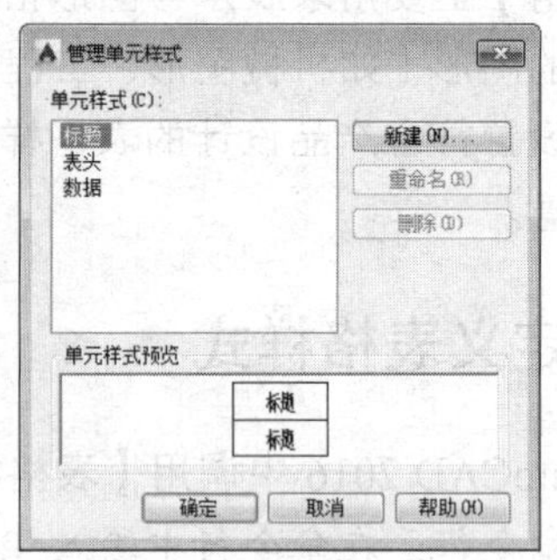

图 7-28 【管理单元样式】对话框

7.2.2 插入表格

表格是在行和列中包含数据的对象，在设置表格样式后便可以从空格或表格样式创建表格对象，还可以将表格链接至 Microsoft Excel 电子表格中的数据。本节将主要介绍利用【表格】工具插入表格的方法。在 AutoCAD 2016 中面板插入表格以下几种常用方法:

- ✧ 命令行：在命令行中输入 TABLE/TB。
- ✧ 功能区：单击【注释】面板【表格】按钮，如图 7-29 所示。
- ✧ 工具栏：单击【绘图】工具栏【表格】按钮。
- ✧ 菜单栏：单击【绘图】|【表格】命令，如图 7-30 所示。

图 7-29 插入表格面板按钮

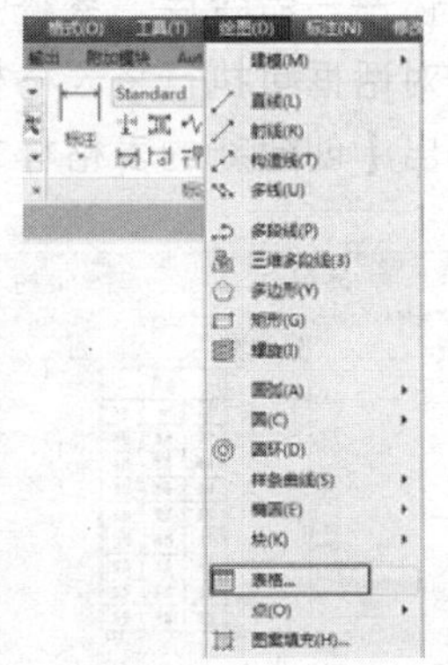

图 7-30 通过菜单插入表格

执行上述任一命令后，系统弹出【插入表格】对话框，如图 7-31 所示。

设置好表格样式、列数和列宽、行数和行宽后，单击【确定】按钮，并在绘图区指定插入点，将会在当前位置按照表格设置插入一个表格，然后在此表格中添加上相应的文本信息即可完成表格的创建，如图 7-32 所示。

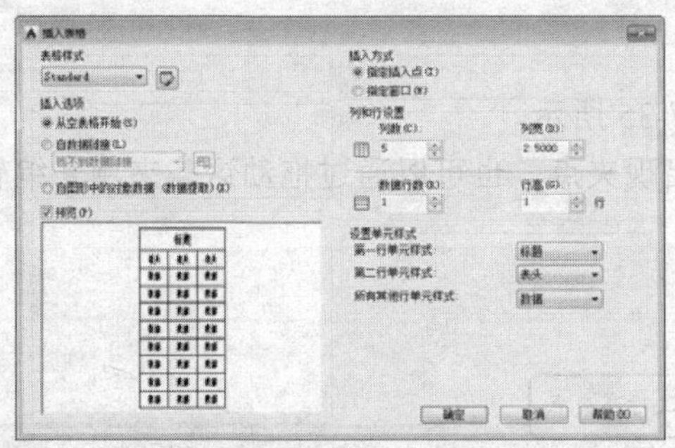

图 7-31　【插入表格】面板

技术性能	
振动频率	26Hz
额定电压	380V
额定电流	5A
功率	2KW

图 7-32　在图形中插入表格

7.2.3　编辑表格

在添加完成表格后，不仅可根据需要对表格整体或表格单元执行拉伸、合并或添加等编辑操作，而且可以对表格的表指示器进行所需的编辑，其中包括编辑表格形状和添加表格颜色等设置。

1. 编辑表格

当选中整个表格，单击鼠标右键，弹出的快捷菜单如图 7-33 所示。可以对表格进行剪切、复制、删除、移动、缩放和旋转等简单操作，还可以均匀调整表格的行、列大小，删除所有特性替代。当选择【输出】命令时，还可以打开【输出数据】对话框，以.csv 格式输出表格中的数据。

当选中表格后，也可以通过拖动夹点来编辑表格，其各夹点的含义，如图 7-34 所示。

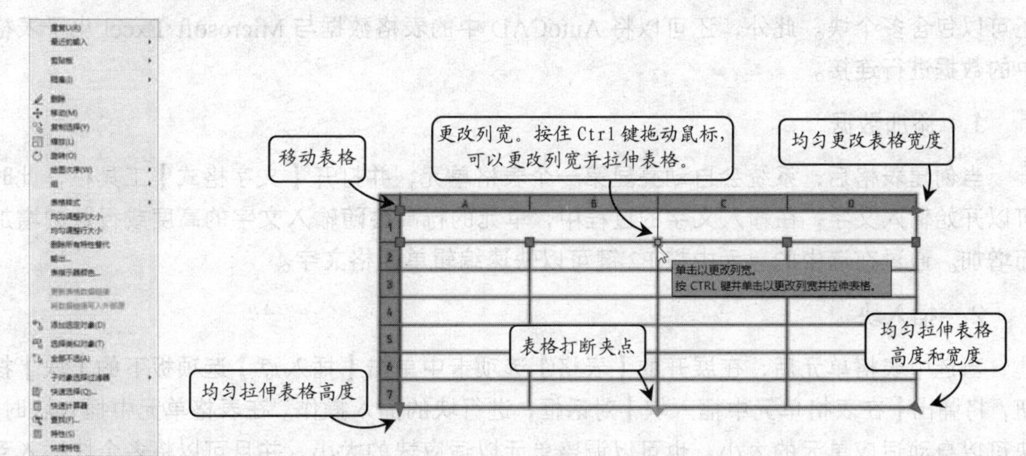

图 7-33　快捷菜单

图 7-34　选中表格时各夹点的含义

专家点拨

使用表格底部的表格打断夹点，可以将包含大量数据的表格打断成主要和次要的表格片段，可以使表格覆盖图形中的多列或操作已创建不同的表格部分。

2. 编辑表格单元

当选中表格单元时，其右键快捷菜单如图 7-35 所示。

当选中表格单元格后，在表格单元格周围出现夹点，也可以通过拖动这些夹点来编辑单元格，其各夹点的含义如图 7-36 所示。

图 7-35　快捷菜单

图 7-36　通过夹点调整单元格

专家点拨

要选择多个单元，可以按鼠标左键并在与欲选择的单元上拖动；也可以按住 shift 键并在欲选择的单元内按鼠标左键，可以同时选中这两个单元以及它们之间的所有单元。

7.2.4 添加表格内容

表格中的数据都是通过表格单元进行添加的，表格单元不仅可以包含文本信息，而且还可以包含多个块。此外，还可以将 AutoCAD 中的表格数据与 Microsoft Excel 电子表格中的数据进行连接。

1. 添加数据

当创建表格后，系统会自动亮显第一个表格单元，并打开【文字格式】工具栏，此时可以开始输入文字，在输入文字的过程中，单元的行高会随输入文字的高度或行数的增加而增加。通过在选中的单元中按 F2 键可以快速编辑单元格文字。

2. 插入块

当选中表格单元后，在展开的【表格】选项卡中单击【插入点】选项板下的【块】按钮，将弹出【在表格单元中插入块】对话框，进行块的插入操作。在表格单元中插入块时，块可以自动适应单元的大小，也可以调整单元以适应块的大小，并且可以将多个块插入到同一个表格单元中。

专家点拨

要编辑单元格内容，只需双击要修改的文字即可。而对于【块】的定义与使用请参考下一章中的详细内容。

7.3　综合实例——绘制表格

在本实例中将绘制出如图 7-37 所示的表格，并添加表格内的文字。通过本实例，练习创建表格、设置表格样式等操作。具体操作步骤如下：

1．启动 AutoCAD 2016 并新建文件

单击【快速访问】工具栏中的【新建】按钮，系统弹出【选择样板】对话框，选择“acadiso.dwt”样板，单击【打开】按钮，进入 AutoCAD 绘图模式。

2．创建表格样式

01 执行【表格样式】命令，系统弹出【表格样式】对话框，如图 7-38 所示。单击【新建】按钮，系统弹出【创建新的表格样式】对话框，在【新样式名】文本框中输入“表格 1”，如图 7-39 所示。

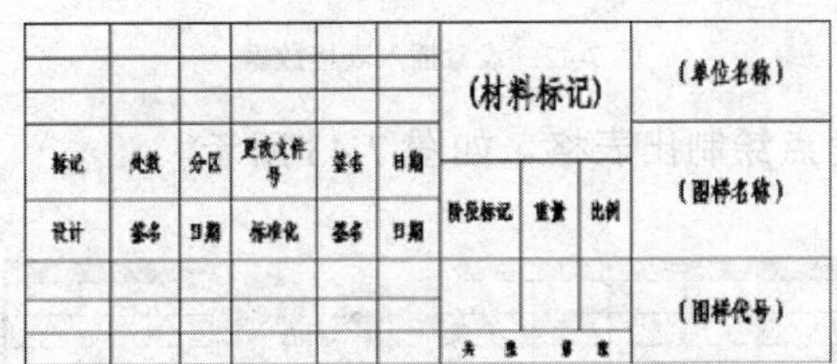

图 7-37　绘制表格

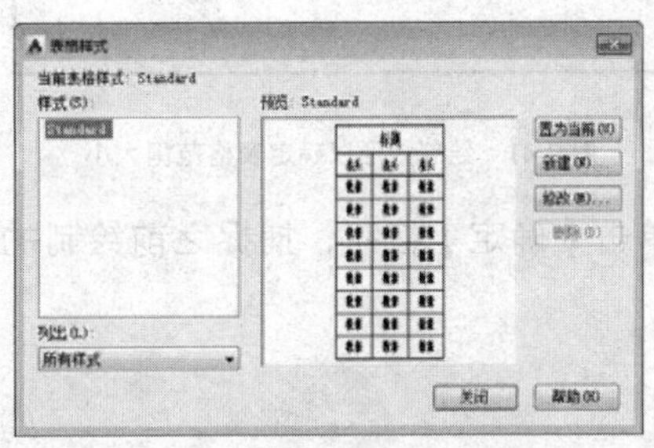

图 7-38 【表格样式】对话框

02 单击【继续】按钮，系统弹出【新建表格样式】对话框，在【单元样式】选项区域的下拉列表框中选择【数据】选项，如图 7-40 所示，将【对齐】方式设置为“正中”模式；将“线宽”设置为 0.3mm；设置文字样式为【Standard】，宽度因子为 0.7,再分别设置数据、表头、标题的文字高度为 1.5。

03 单击【确定】按钮，返回【表格样式】对话框，将新建的表格样式置为当前。

04 设置完毕后，单击【关闭】按钮，关闭【表格样式】对话框。

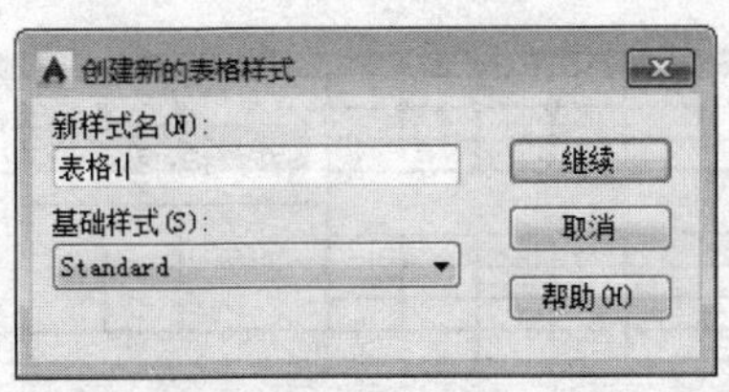

图 7-39 【创建新的表格样式】对话框

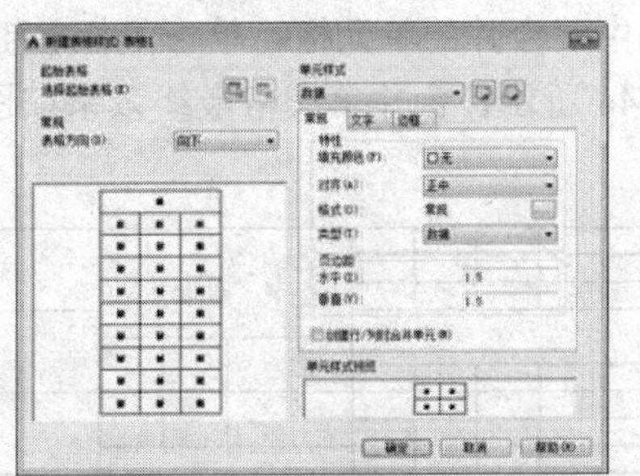

图 7-40 【新建表格样式】对话框

3. 插入并编辑表格

01 调用 REC【矩形】命令，绘制尺寸为 180×56 的矩形，如图 7-41 所示。

02 单击【注释】面板中的【表格】按钮，系统弹出【插入表格】对话框，在【插入方式】选项区域中选中“指定窗口”单选按钮；在【列和行设置】选项区域中分别设置“列数”和“数据行数”文本框中的数值为 12 和 7；在【设置单元样式】选项区域中设置“所有的单元样式”全为“数据”，如图 7-42 所示。

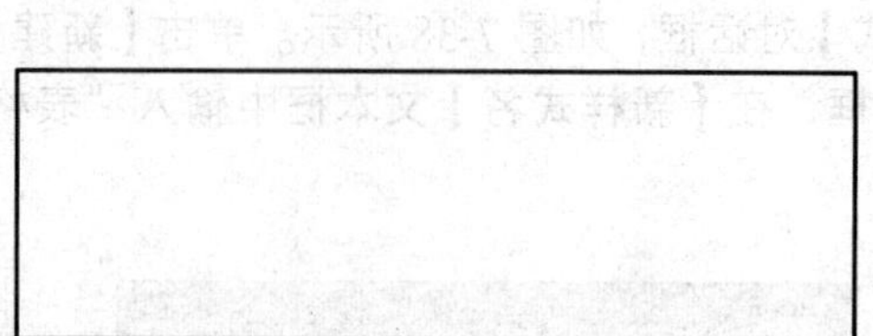

图 7-41 绘制矩形以确定表格范围大小

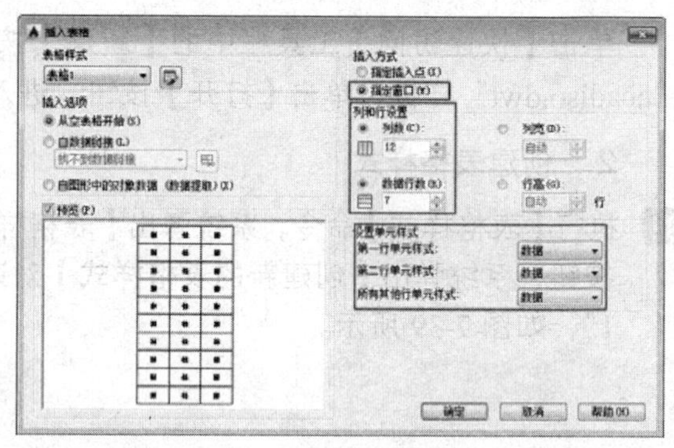

图 7-42 设置插入表格数据

03 单击【确定】按钮，捕捉之前绘制的矩形角点绘制出表格，如图 7-43 所示。

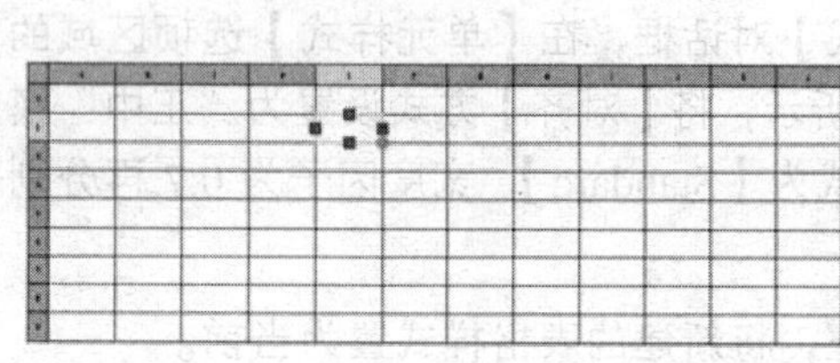

图 7-43 通过夹点调整表格

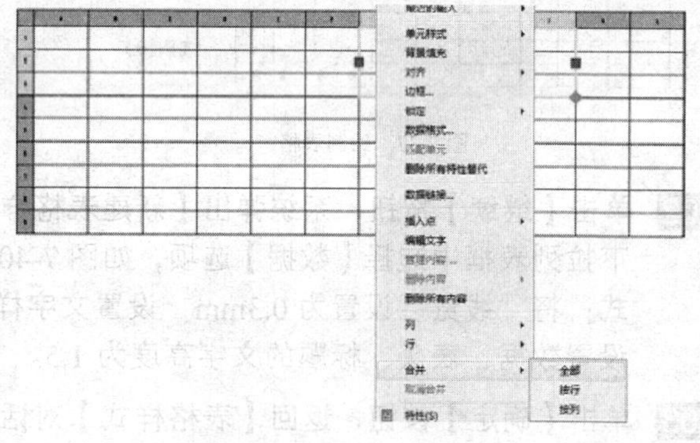

图 7-44 合并单元格

04 选中要合并的单元格，单击鼠标右键，在弹出的快捷菜单中选择“合并”选项，如图 7-44 所示，合并单元格最终效果如图 7-45 所示。

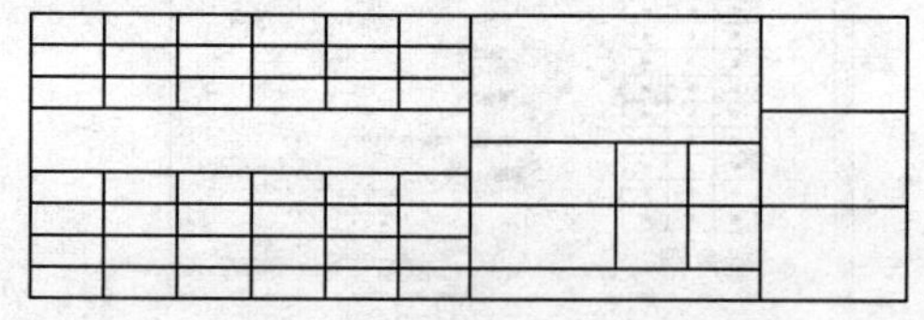

图 7-45 表格合并完成效果

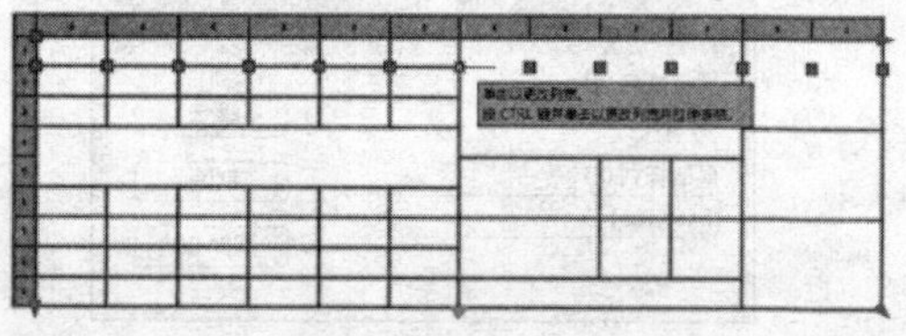

图 7-46 通过夹点调整列宽

05 选中表格，拖动夹点如图 7-46 所示调整表格的行高或列宽，得到如图 7-47 所示的表格效果。

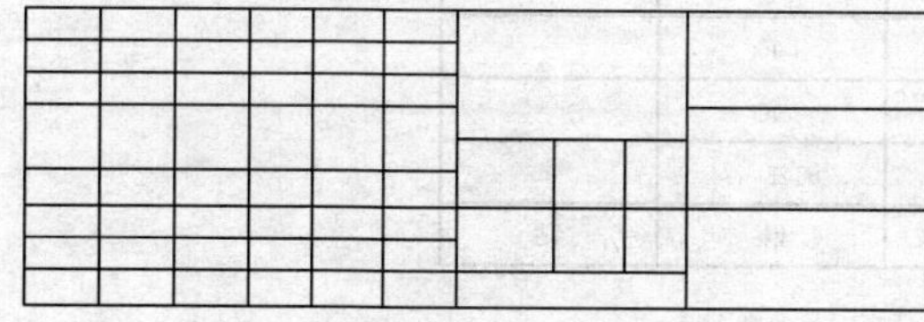

图 7-47　表格列宽调整完成

A B C D E F G H I J K L
1 2 3 4 5 6 7 8 9
材料标记

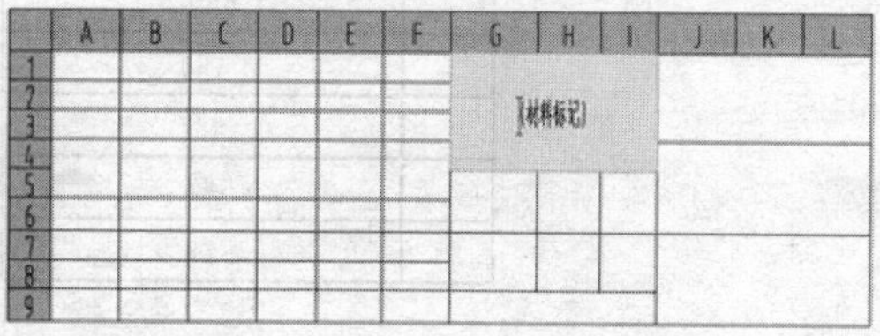

图 7-48　输入文字

4. 输入文字

双击单元格，在【文字编辑器】中输入相应的文字，如图 7-48 所示在其中，最终完成如图 7-49 所示的表格效果。

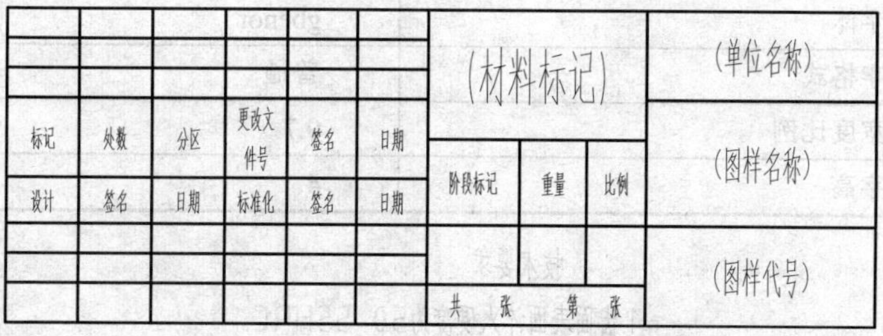

(材料标记)
(单位名称)
标记
处数
分区
更改文件号
签名
日期
设计
签名
日期
标准化
签名
日期
阶段标记
重量
比例
(图样名称)
(图样代号)
共　张
第　张

图 7-49　完成表格制作

7.4 习题

1. 填空题

(1) 在 AutoCAD 2016 中，系统默认的文字样式为________，它使用的基本字体文件是________。

(2) 在【文字样式】对话框中设置文字效果时，“倾斜角度”范围为________，如果要向右倾斜文字，则角度为________。

(3) AutoCAD 2016 支持 TrueType 字体，使用系统变量________和________可以设置所标注的文字是否填充和文字的光滑程度。

(4) 在 AutoCAD 中创建文字时，正负公差（±）符号的表示方法是________。

(5) 在 AutoCAD 中，可以通过拖动表格的_______来编辑表格。

2. 操作题

(1) 创建如图 7-50 所示的表格，并添加文字。

6	泵轴	1	45	
5	垫圈B12	2	A3	GB97-76
4	螺母M12	2	45	GB58-76
3	内转子	8	40Cr	
2	外转子	1	40Cr	
1	泵体	1	HT25-47	
序号	名称	数量	材料	备注

图 7-50　绘制表格

(2) 创建如表 7-2 所示的文字样式，并在图形区输入如图 7-51 所示的文字内容。

表 7-2　文字样式要求

设置内容	设置值
样式名	样式 1
字体	gbenor
字格式	普通
宽度比例	0.7
字高	4

技术要求
1.齿面表面淬火硬度为50-55HRC。
2.轴调质处理200-250HB。
3.两轴的键槽加工有不同的位置要求。

图 7-51　添加技术要求文字

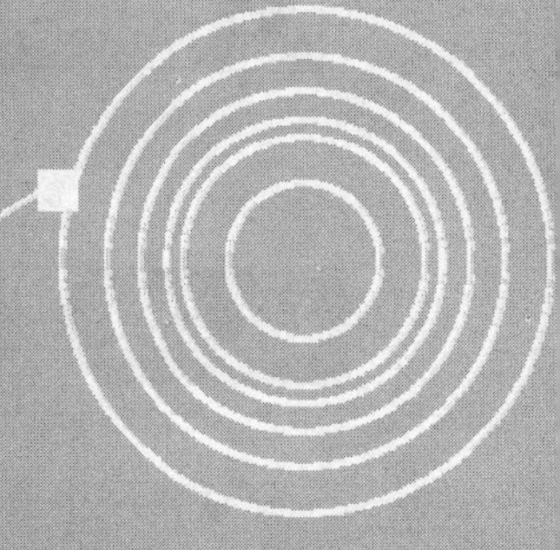

第 8 章

块、外部参照与设计中心

在绘制图形时，如果图形中有大量相同或相似的内容，或者所绘制的图形与已有的图形文件相同，则可以把要重复绘制的图形创建成块（也称为图块），并根据需要为块创建属性，指定块的名称、用途及设计者等信息，在需要时直接插入它们，从而提高绘图效率。

在设计过程中，我们会反复调用图形文件、样式、图块、标注、线型等内容，为了提高 AutoCAD 系统的效率，AutoCAD 提供了设计中心这一资源管理工具，对这些资源进行分门别类地管理。

本章主要内容如下：

- ✧ 块
- ✧ 外部参照
- ✧ AutoCAD 设计中心

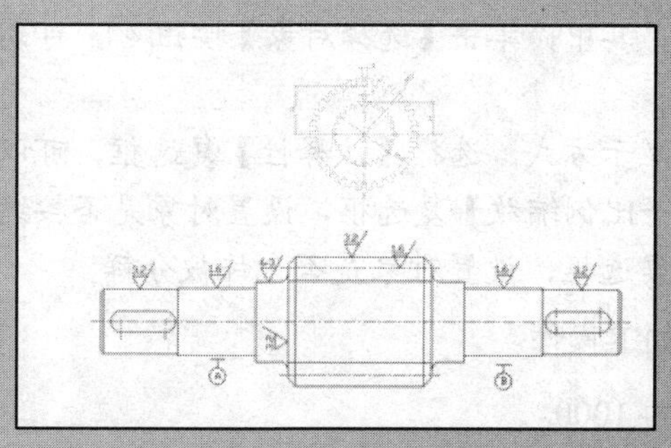

8.1 块

块是一个或多个对象组成的对象集合，常用于绘制复杂、重复的图形。在 AutoCAD 中，使用块可以提高绘图速度、节省存储空间、便于修改图形。

8.1.1 创建块

要定义一个新的图块，首先要用绘图和修改命令绘制出组成图块的所有图形对象，然后再用块定义命令定义块。在 AutoCAD 2016 中创建【块】有如下几种常用方法：

✧ 命令行：在命令行中输入 BLOCK/B。

✧ 功能区：单击【插入】选项卡【块定义】面板创建块按钮，如图 8-1 所示。

✧ 工具栏：单击【绘图】工具栏【创建块】工具按钮。

✧ 菜单栏：执行【绘图】|【块】|【创建】命令，如图 8-2 所示。

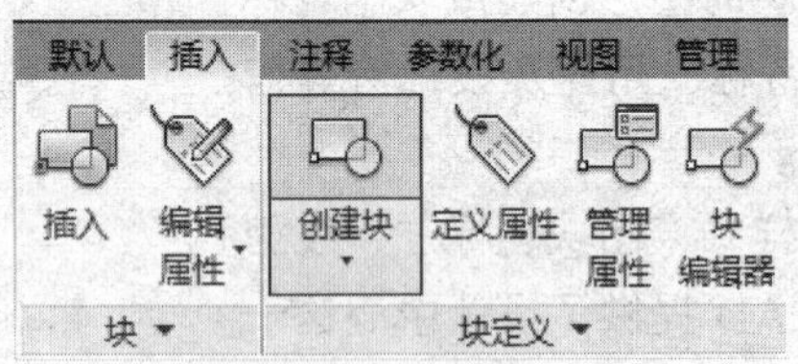

图 8-1 创建块面板按钮

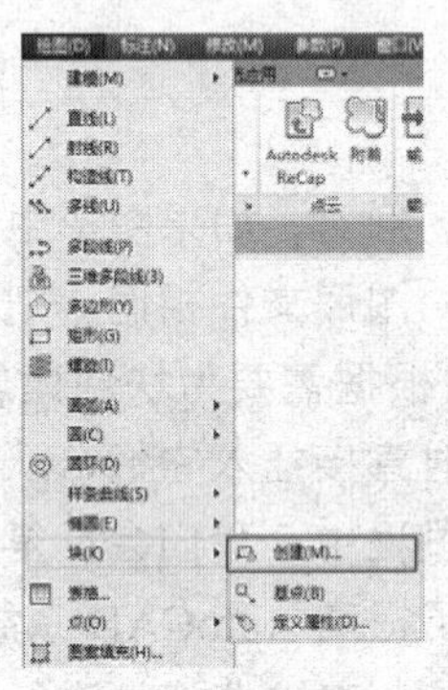

图 8-2 创建块菜单命令

执行上述任一命令后，系统弹出【块定义】对话框，如图 8-3 所示。

【块定义】对话框中主要选项的功能说明如下：

✧ “名称”文本框：输入块名称，可以在下拉列表框中选择已有的块。

✧ “基点”选项区域：设置块的插入基点位置。用户可以直接在 X、Y、Z 文本框中输入，也可以单击【拾取点】按钮，切换到绘图窗口并选择基点。

✧ “对象”选项区域：设置组成块的对象。其中，单击【选择对象】按钮，可切换到绘图窗口选择组成块的各对象。

✧ “方式”选项区域：设置组成块的对象显示方式。选择【注释性】复选框，可以将对象设置成注释性对象；选择【按同一比例缩放】复选框，设置对象是否按统一的比例进行缩放；选择【允许分解】复选框，设置对象是否允许被分解。

将如图 8-4 所示的门图形定义为块，可进行如下操作：

01 绘制门图形。调用矩形、圆弧命令，门宽度为 1000。

02 调用 B【块】命令，弹出如图 8-3 所示的“块定义”对话框。

03 图块命名。在【名称】文本框输入图块名【单扇门】。

04 选择对象。单击【选择对象】按钮，在屏幕上选取组成门的所有图形对象。

05 确定插入基点。单击【拾取点】按钮，捕捉门图形左下角端点 A 作为插入基点。

06 单击【确定】按钮，完成图块的创建，方便以后调用。

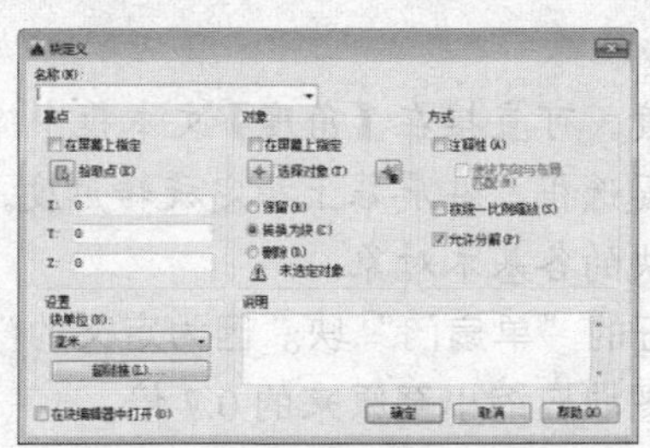
图 8-3　【块定义】对话框

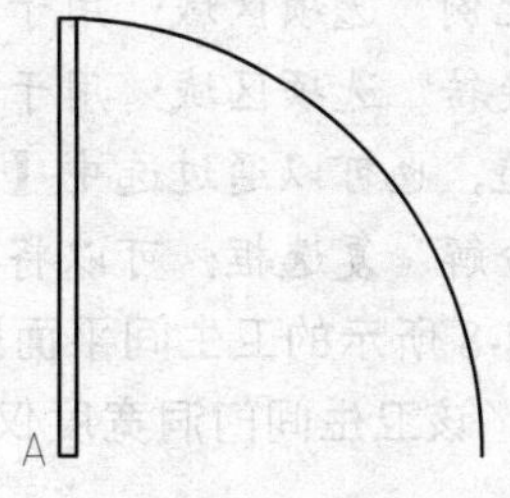

图 8-4　门图块

8.1.2 控制图块的颜色和线型

块定义中保存了图块中各个对象的原图层、颜色和线型等特性信息，可以控制图块中的对象是保留其原特性还是继承当前层的特性。为了控制插入块实例的颜色、线型和线宽特性，在定义块时有如下三种情况：

- ✧ 如果要使块实例完全继承当前层的属性，那么在定义块时应将图形对象绘制在 0 层，将当前层颜色、线型和线宽属性设置为“随层”(ByLayer)。
- ✧ 如果希望能为块实例单独设置属性，那么在块定义时应将颜色、线型和线宽属性设置为“随块”(ByBlock)。
- ✧ 如果要使块实例中的对象保留属性，而不从当前层继承；那么在定义块时，应为每个对象分别设置颜色、线型和线宽属性，而不应当设置为“随块”或“随层”。

8.1.3 插入块

块定义完成后，就可以插入与块定义关联的块实例了。启动插入块命令的方式有：

- ✧ 命令行：在命令行中输入 INSERT/I。
- ✧ 功能区：单击【插入】选项卡【注释】面板【插入】按钮，如图 8-5 所示。
- ✧ 工具栏：单击【绘图】工具栏【插入块】工具按钮。
- ✧ 菜单栏：执行【插入】｜【块】命令，如图 8-6 所示。

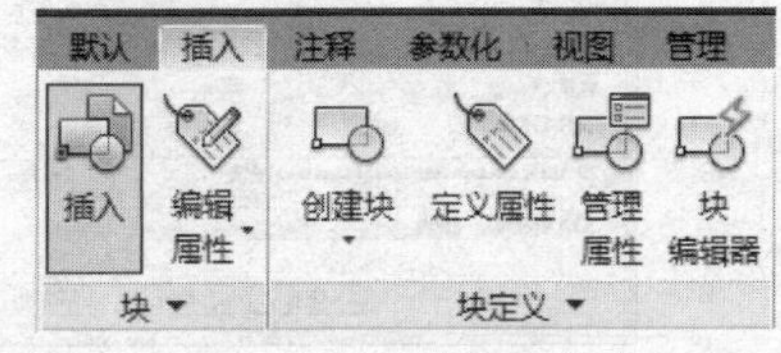

图 8-5　插入块工具按钮

图 8-6　插入块菜单命令

执行上述任一命令后，系统弹出【插入】对话框，如图 8-7 所示。

该对话框中常用选项的含义如下：

✧ “名称”下拉列表框：用于选择块或图形名称。可以单击其后的【浏览】按钮，系统弹出【打开图形文件】对话框，选择保存的块和外部图形。

✧ “插入点”选项区域：设置块的插入点位置。

✧ “比例”选项区域：用于设置块的插入比例。

✧ “旋转”选项区域：用于设置块的旋转角度。可直接在【角度】文本框中输入角度值，也可以通过选中【在屏幕上指定】复选框，在屏幕上指定旋转角度。

✧ “分解”复选框：可以将插入的块分解成块的各基本对象。

在如图 8-8 所示的卫生间平面图中，插入定义好的“单扇门”块。因为定义的门图块宽度为 1000，该卫生间门洞宽度仅为 700，因此门图块应缩小至原来的 0.7 倍。

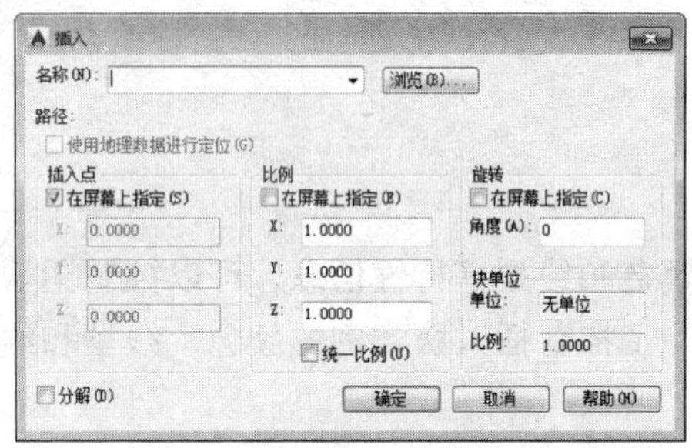

图 8-7 【插入】对话框

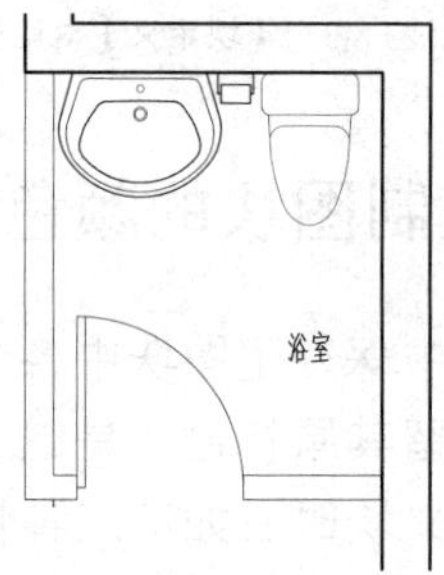

图 8-8 插入【单扇门】图块实例

01 调用 I【插入】命令，系统弹出【插入】对话框。

02 选择需要插入的内部块。打开【名称】下拉列表框，选择【单扇门】图块。

03 确定缩放比例。勾选【统一比例】复选框，在【X】框中输入“0.7”。

04 确定插入基点位置。勾选【在屏幕上指定】复选框，单击【确定】按钮退出对话框。插入块实例到图 8-8 所示的 A 点位置，结束操作。

8.1.4 创建外部块

要让所有的 AutoCAD 文档共用图块，就需要用写块命令(WBLOCK)定义外部块。定义外部块的过程，实质上就是将图块保存为一个单独的 DWG 图形文件，因为 DWG 文件可以被其他 AutoCAD 文件使用。

在命令行中输入 WBLOCK/W，按回车键，系统弹出【写块】对话框，如图 8-9 所示。

图 8-9 【写块】对话框

1. 【源】选项组

设置外部块类型。可供选择的一组单选按钮是：

- ✧ 块：将已经定义好的块保存，可以在下拉列表中选择已有的内部块。如果当前文件中没有定义的块，该单选按钮不可用。
- ✧ 整个图形：将当前工作区中的全部图形保存为外部块。
- ✧ 对象：选择图形对象定义外部块。该项是默认选项，一般情况下选择此项即可。

2. 【基点】选项组

该选项组确定插入基点。方法同块定义。

3. 【对象】选项组

该选项组选择保存为块的图形对象，操作方法与定义块时相同。

4. 【目标】选项组

设置写块文件的保存路径和文件名。

专家点拨 >>>

在指定文件名称时，只需输入文件名称而不用带扩展名。系统一般将扩展名定义为.dwg。此时，如果在【目标】选项组中未指定文件名，则系统将在默认保存位置保存该文件。

8.1.5 分解块

块实例是一个整体，AutoCAD 不允许对块实例进行局部修改。因此需要修改块实例，必须先用分解块命令(EXPLODE)将块实例分解。块实例被分解为彼此独立的普通图形对象后，每一个对象可以单独被选中，而且可以分别对这些对象进行修改操作。

启动 EXPLODE 命令的方法有：

- ✧ 命令行：　在命令行中输入 EXPLODE / X。
- ✧ 功能区：单击【修改】面板【分解】工具按钮。
- ✧ 工具栏：单击【修改】工具栏【分解】按钮。

调用 X【分解】命令，连续选择需要分解的块实例，再按回车键，完成块的分解。

专家点拨 >>>

EXPLODE 命令不仅可以分解块实例，还可以分解尺寸标注、填充区域等复合图形对象。

8.1.6 图块的重定义

通过对图块的重定义，可以更新所有与之关联的块实例，实现自动修改。

如图 8-10 所示的“餐桌”图块有 6 个座位，并在当前图形中插入了多个块实例。现在由于设计发生变化，要将 6 座更改为 4 座，如图 8-11 所示，此时可进行如下操作：

01 调用 X【分解】命令，分解【餐桌】图块。

02 修改被分解的块实例。选择删除餐桌侧面的两张座位，如图 8-11 所示。

03 重定义【餐桌】图块。调用 B【块】命令，弹出【块定义】对话框。在【名称】下拉列表框中选择【餐桌】，选择被分解的餐桌图形对象，确定插入基点。完成上述设置后，单击【确定】按钮。此时 AutoCAD 会提示是否替代已经存在的“餐桌”块定义，单击【是(Y)】按钮确定。重定义块操作完成。

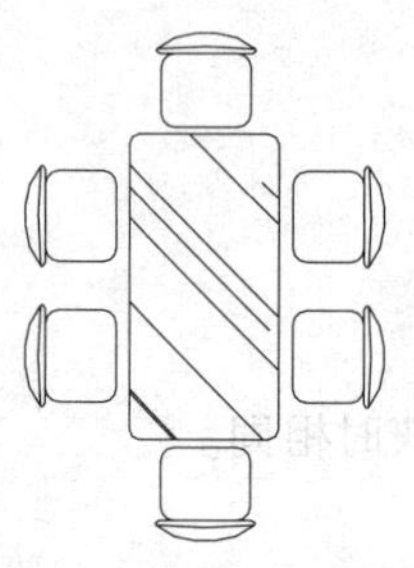

图 8-10 原图块

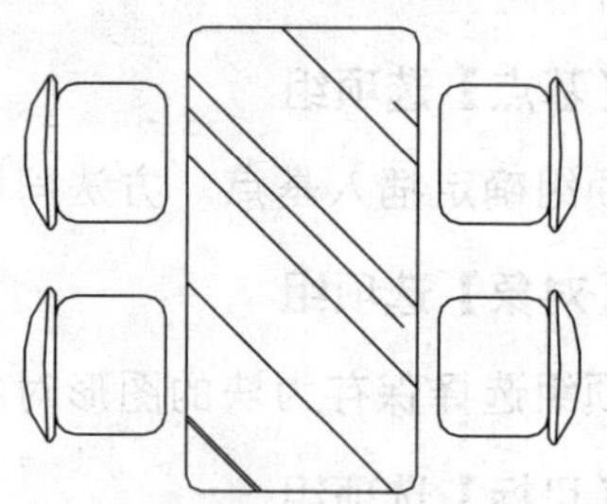

图 8-11 修改后的图块

8.1.7 添加块属性

图块包含的信息可以分为两类：图形信息和非图形信息。块属性是图块的非图形信息，例如办公室工程中定义办公桌图块，每个办公桌的编号、使用者等属性。块属性必须和图块结合在一起使用，在图纸上显示为块实例的标签或说明，单独的属性是没有意义的。

1. 创建块属性

在 AutoCAD 中添加块属性的操作主要分为三步：

01 定义块属性。

02 在定义图块时附加块属性。

03 在插入图块时输入属性值。

定义块属性必须在定义块之前进行。定义块属性的命令启动方式有：

✧ 命令行：在命令行中输入“ATTDEF/ATT”。
✧ 功能区：单击【插入】选项卡【属性】面板【定义属性】按钮，如图 8-12 所示。
✧ 菜单栏：单击【绘图】|【块】|【定义属性】命令，如图 8-13 所示。

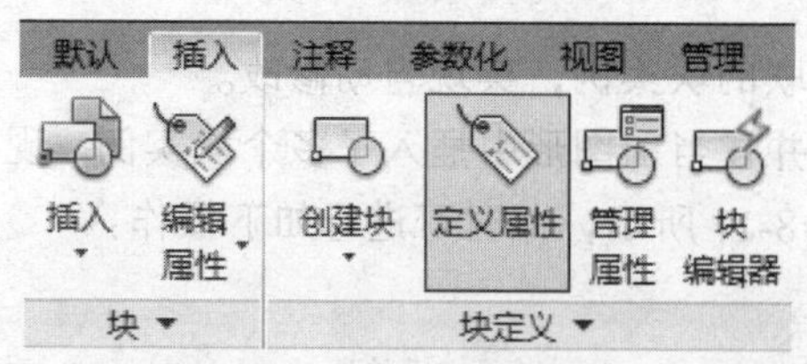

图 8-12 定义块属性面板按钮

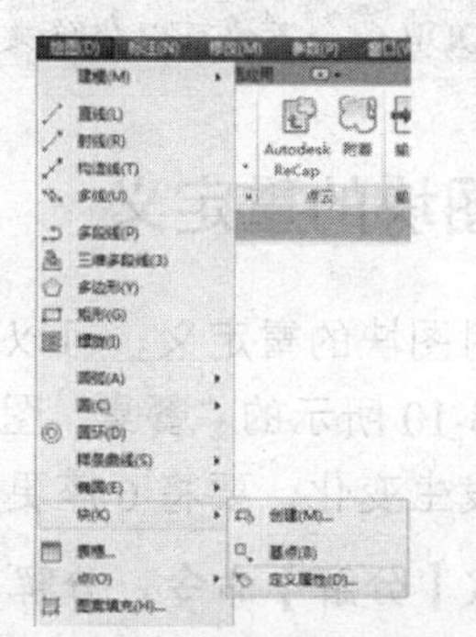

图 8-13 定义块属性菜单命令

执行上述任一命令后，系统弹出【属性定义】对话框，如图 8-14 所示。

【属性定义】对话框中常用选项的含义如下：

✧　属性：用于设置属性数据，包括“标记”“提示”“默认”三个文本框。

✧　插入点：该选项组用于指定图块属性的位置。

✧　文字设置：该选项组用于设置属性文字的对正、样式、高度和旋转。

专家点拨

通过【属性定义】对话框，用户只能定义一个属性，并不能指定该属性属于哪个图块，因此用户必须通过【块定义】对话框将图块和定义的属性重新定义为一个新的图块。

2. 修改属性定义

直接双击块属性，系统弹出【增强属性编辑器】对话框。在【属性】选项卡的列表中选择要修改的文字属性，然后在下面的【值】文本框中输入块中定义的标记和值属性，如图 8-15 所示。

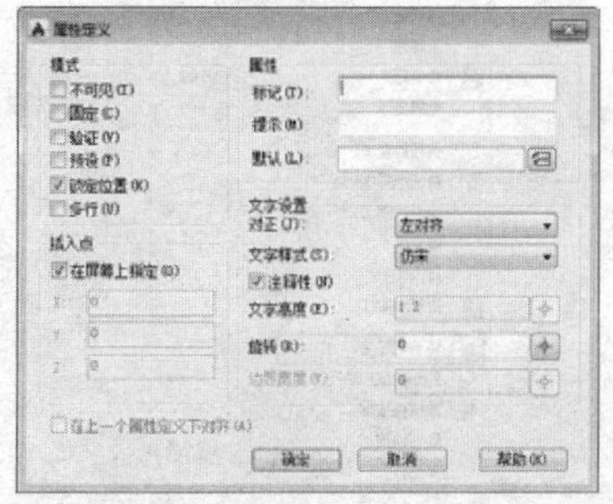

图 8-14　【属性定义】对话框

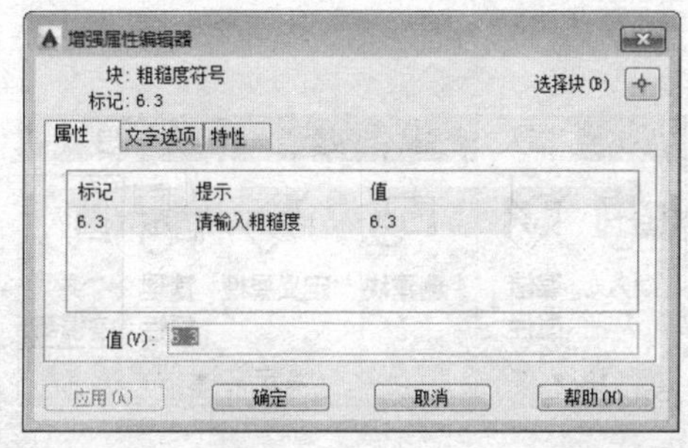

图 8-15　【增强属性编辑器】对话框

在【增强属性编辑器】对话框中，各选项卡的含义如下：

✧　属性：显示了块中每个属性的标识、提示和值。在列表框中选择某一属性后，在【值】文本框中将显示出该属性对应的属性值，可以通过它来修改属性值。

✧　文字选项：用于修改属性文字的格式，该选项卡如图 8-16 所示。

✧　特性：用于修改属性文字的图层以及其线宽、线型、颜色及打印样式等，该选项卡如图 8-17 所示。

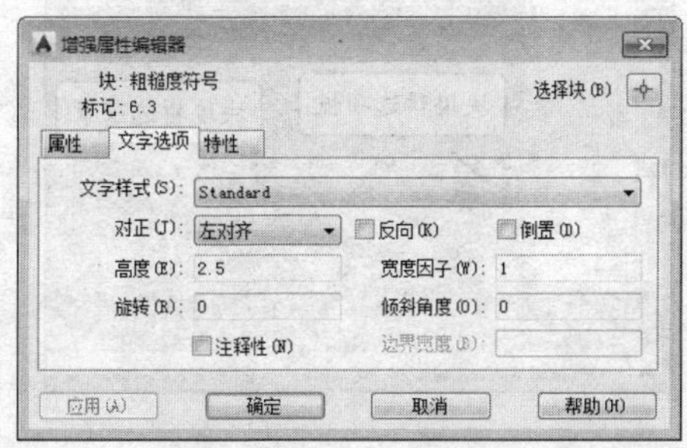

图 8-16　【文字选项】选项卡

图 8-17　【特性】选项卡

8.1.8 创建动态图块

【动态图块】就是将一系列内容相同或相近的图形通过块编辑创建为块，并设置该块具有参数化的动态特性，在操作时通过自定义夹点或自定义特性来操作动态块。设置该类图块相对于常规图块来说具有极大的灵活性和智能性，可以提高绘图效率的同时减小图块库中的块数量。

1. 块编辑器

【块编辑器】是专门用于创建块定义并添加动态行为的编写区域。在 AutoCAD 2016 中调用【块编辑器】有下几种常用方法：

- ✧ 命令行：在命令行中输入 BEDIT/BE。
- ✧ 功能区：单击【插入】选项卡【块】面板【块编辑器】按钮，如图 8-18 所示。
- ✧ 菜单栏：执行【工具】|【块编辑器】命令，如图 8-19 所示。

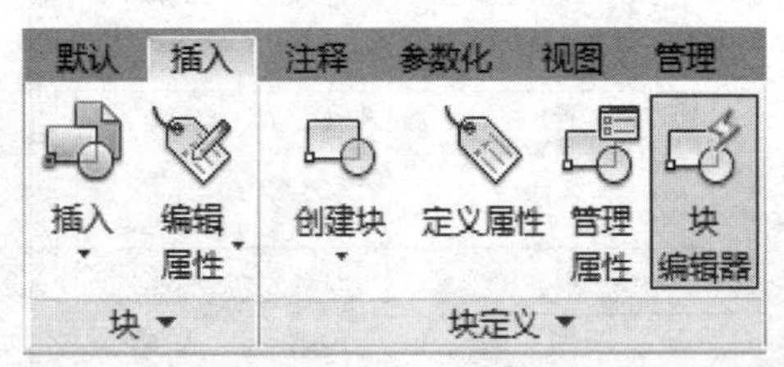

图 8-18 块编辑器面板按钮

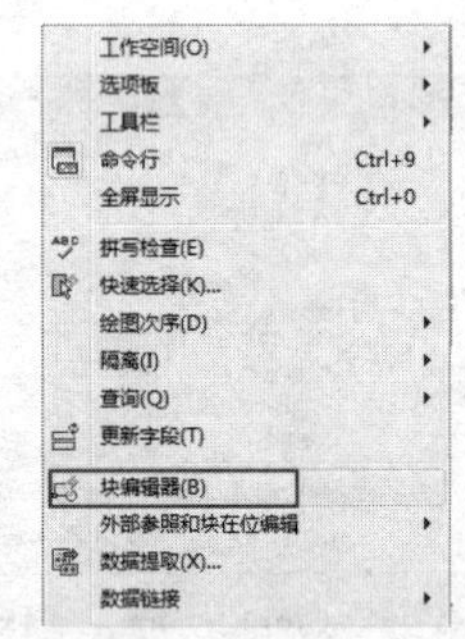

图 8-19 块编辑器菜单命令

执行上述任一命令后，系统弹出【编辑块定义】对话框，如图 8-20 所示。

该对话框提供了多种编辑并创建动态块的块定义，选择一种块类型，则可在右侧预览块效果。单击【确定】按钮，系统进入默认为灰色背景的绘图区域，一般称该区域为块编辑窗口，如图 8-21 所示。

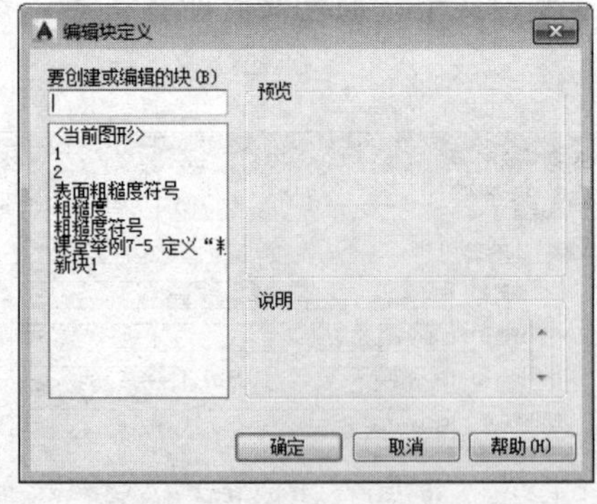

图 8-20 【编辑块定义】对话框

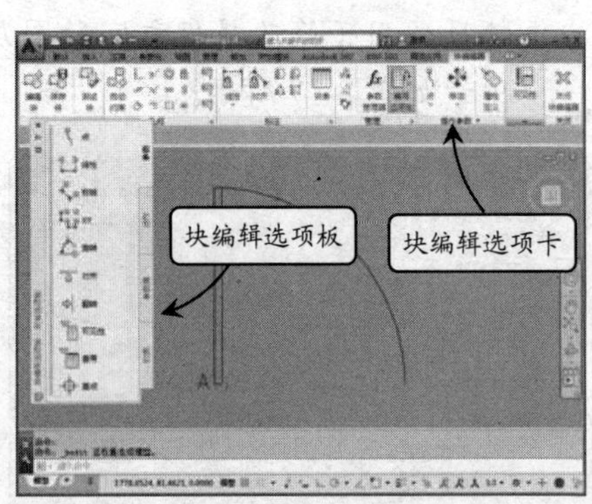

图 8-21 块编辑窗口

其右侧自动弹出块编辑选项板，包含参数、动作、参数集和约束四个选项卡，可创建动态块的所有特征。在其上方显示一个选项卡，该选项卡是创建动态块并设置可见性的专门工具。块编辑器【选项卡】位于整个编辑器的上方，其各主要选项功能如表 8-1 所示。

表 8-1　各主要选项的功能

图标	名　称	功　　能
	编辑或创建块定义按钮	单击该按钮，系统弹出【编辑块定义】对话框，用户可重新选择需要创建的动态块
	保存块定义	单击该按钮，保存当前块定义
	将块另存为	单击此按钮，系统弹出【将块另存为】对话框，用户可以重新输入块名称后保存此块
	测试块	测试此块能否被加载到图形中
	自动约束对象	对选择的块对象进行自动约束
	重合	对块对象进行重合约束
	显示所有几何约束	显示约束符号
	隐藏所有几何约束	隐藏约束符号
	块表	单击块表按钮系统弹出【块特性表】对话框，通过此对话框对参数约束进行函数设置
	点	单击该按钮，向动态块定义中添加点参数
	移动	单击该按钮，向动态块定义中添加移动动作
	属性	单击此按钮系统弹出【属性定义】对话框，从中可定义模式、属性标记、提示、值等文字选项
	编写选项板	显示或隐藏编写选项板
fx	参数管理器	打开或者关闭参数管理器

在该绘图区域 UCS 命令是被禁用的，绘图区域显示一个 UCS 图标，该图标的原点定义了块的基点。用户可以通过相对 UCS 图标原点移动几何体图形或者添加基点参数来更改块的基点。这样在完成参数的基础上添加相关动作，然后通过【保存块定义】工具保存块定义，此时可以立即关闭编辑器并在图形中测试块。

如果在块编辑窗口中选择【文件】|【保存】选项，则保存的是图形而不是块定义。因此处于块编辑窗口时，必须专门对块定义进行保存。

2. 块编写选项板

该选项板中一共四个选项卡，即“参数”、“动作”、“参数集”和“约束”选项卡。

- ✧ 参数选项卡：如图 8-22 所示，用于向块编辑器中的动态块添加参数。
- ✧ 动作选项卡：如图 8-23 所示，用于向块编辑器中的动态块添加动作。
- ✧ 参数集选项卡：如图 8-24 所示，用于在块编辑器中向动态块定义中添加以一个参数和至少一个动作的工具时，创建动态块的一种快捷方式。
- ✧ 约束选项卡：如图 8-25 所示，用于在块编辑器中向动态块进行几何或参数约束。

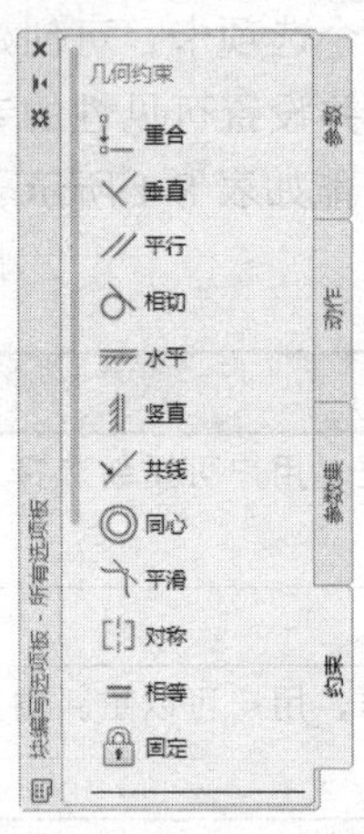

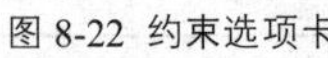

图 8-22 约束选项卡

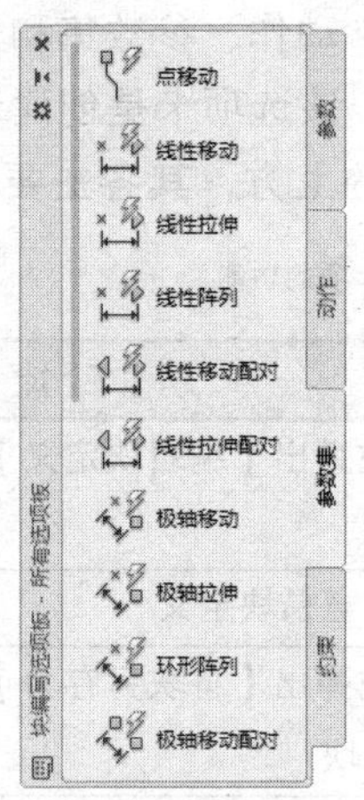

图 8-23 参数集选项卡

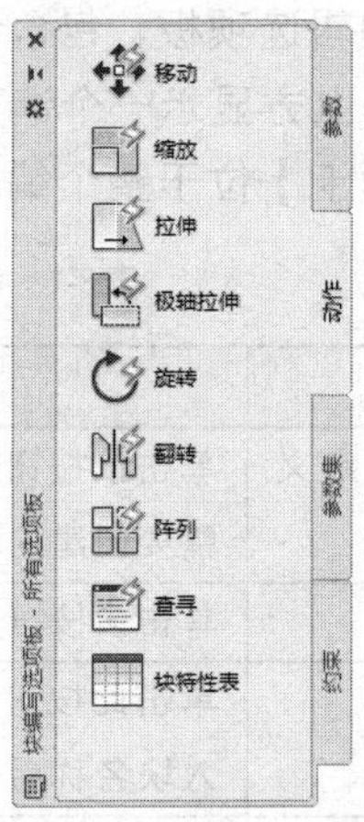

图 8-24 动作选项卡

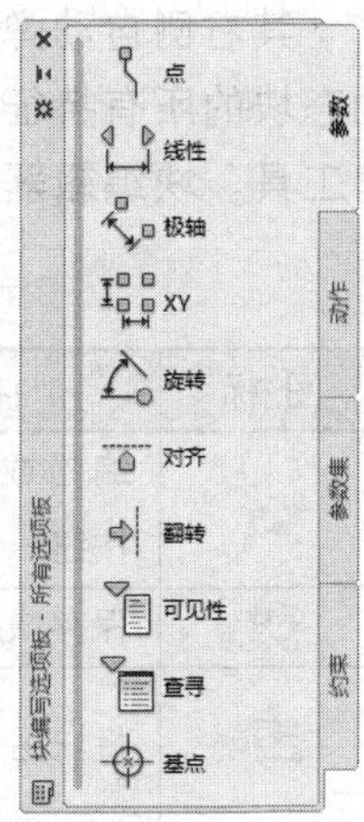

图 8-25 参数选项卡

8.2 外部参照

【外部参照】与【块】有相似之处，但它们的主要区别是：一旦插入了块，该块就永久性地插入到当前图形中，成为当前图形的一部分。而以外部参照方式将图形插入到某一图形后，被插入图形文件的信息并不直接加入到主图形中，主图形只是记录参照的关系。

8.2.1 附着外部参照

附着外部参照的目的是帮助用户用其他图形来补充当前图形，主要用在需要附着一个新的外部参照文件或将一个已附着的外部参照文件的副本附着在文件中。

在 AutoCAD 2016 中创建新的图形文件有以下常用的几种方法：

✧ 功能区：单击【参照】面板【附着】工具按钮，如图 8-26 所示。

✧ 工具栏：根据附着对象类型单击【插入】工具栏中对应按钮。

✧ 菜单栏：执行【插入】菜单相应命令，如图 8-27 所示。

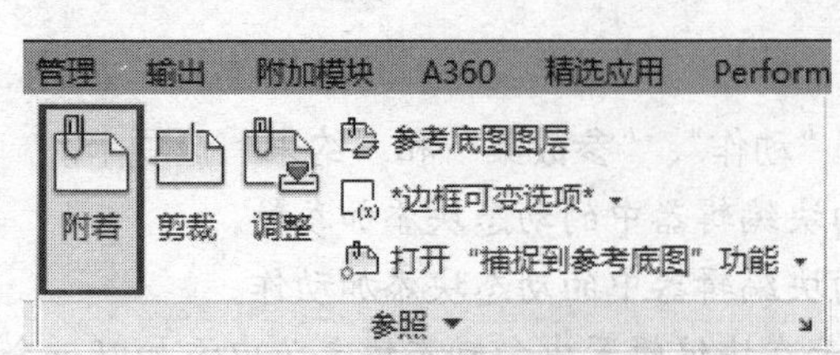

图 8-26 附着对象面板按钮

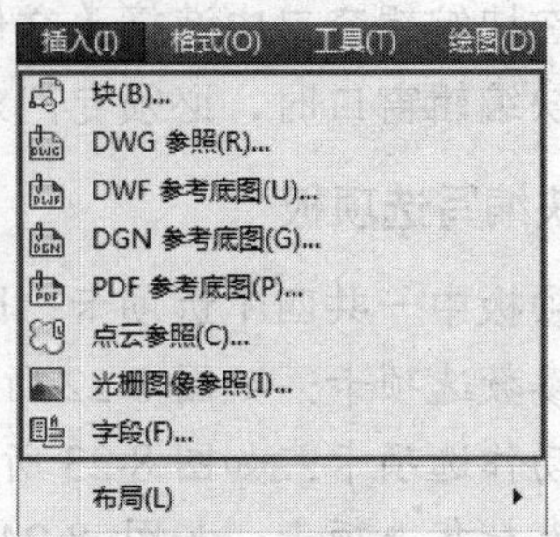

图 8-27 附着对象菜单命令

可将以下 5 种格式的文件附着至当前文件。

1. 附着 DWG 文件

执行对应【附着】命令弹出【选择参照文件】对话框，如图 8-28 所示。选择参照文件后单击【打开】按钮，系统弹出【附着外部参照】对话框，如图 8-29 所示。

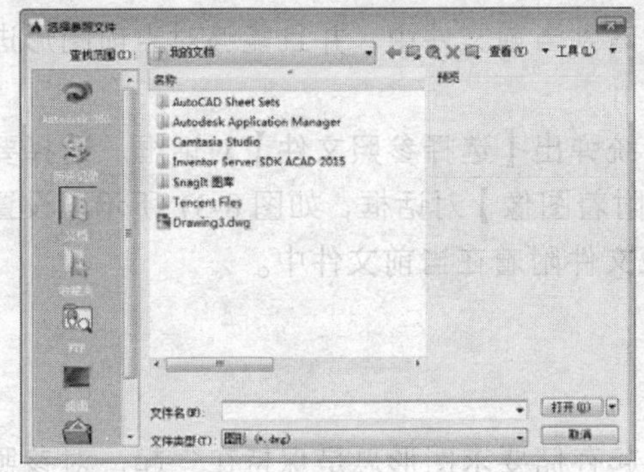

图 8-28　【选择参照文件】对话框

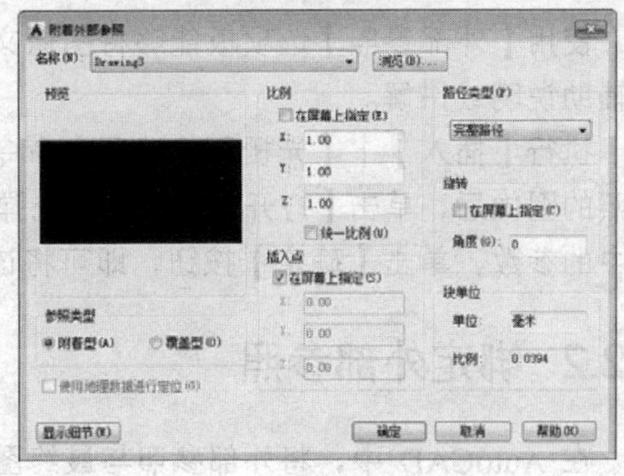

图 8-29　【附着外部参照】对话框

指定路径选择外部参照文件并设置参照类型和路径类型，单击【确定】按钮，该外部参照文件将显示当前图形中，然后按照命令行提示信息分别指定该参照相对于 X、Y 轴比例系数，即可将该参照文件添加到该图形中。

图 8-30 所示为在图形中插入的外部参照。

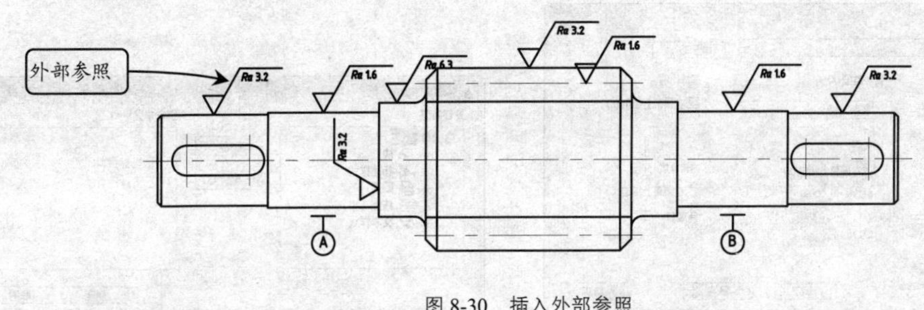

图 8-30　插入外部参照

2. 附着 DWF 文件

DWF 格式文件是一种从 DWG 文件创建的高度压缩的文件格式，该文件易于在 Web 上发布和查看，并且支持实时的平移和缩放，以及对图层显示和命名视图显示的控制。

3. 附着 DGN 文件

DGN 格式文件是 MicroStation 绘图软件生成的文件，该文件格式对精度、层数以及文件和单元的大小并不限制，另外该文件中的数据都经过快速优化、检验并压缩，有利于节省存储空间。

4. 附着 PDF 文件

PDF 格式文件是 Adobe 公司设计的可移植电子文件格式。其不管是在 Windows、Unix 还是 Mac OS 操作系统中都是通用的。这一性能使它成为在 Internet 上进行电子文档发行

和数字化信息传播的理想格式。PDF 具有许多其他电子文档格式无法相比的优点。PDF 文件格式可以将文字、字型、格式、颜色及独立于设备和分辨率的图形图像等封装在一个文件中，支持特长文件，集成度和安全可靠性都较高。

5．附着图像文件

使用【外部参照】选项板能够将图像文件附着到当前文件中，并且能够对当前图形进行辅助说明或讲解。

执行【插入】|【光栅图像参照】命令，系统弹出【选择参照文件】对话框。选择要参照的图像后，单击【打开】按钮，系统弹出【附着图像】对话框，如图 8-31 所示，设置其中的参数，单击【确定】按钮，即可将该图像文件附着在当前文件中。

8.2.2 绑定外部参照

在 AutoCAD 中，将外部参照与最终图形一起存储要求图形总是保持在一起，对参照图形的任何修改将持续反映在最终图形中。要防止修改参照图形时更新归档图形，可将外部参照绑定到最终图形，这样可以使外部参照成为图形中的固有部分，而不再是外部参照文件。

在命令行中输入 XBIND/XB，然后按回车键执行，系统均将弹出【外部参照绑定】对话框，如图 8-32 所示。

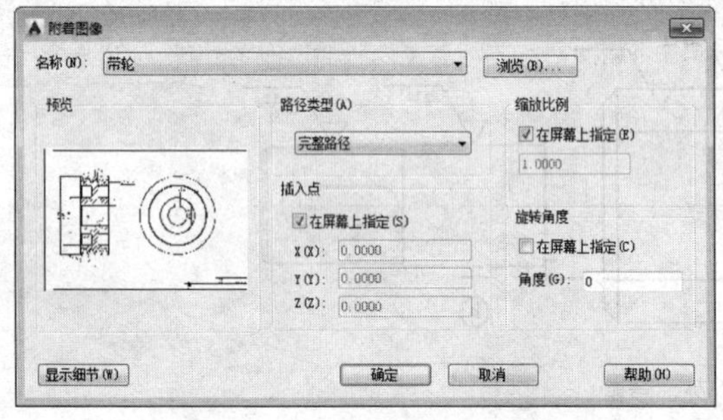

图 8-31 【附着图像】对话框

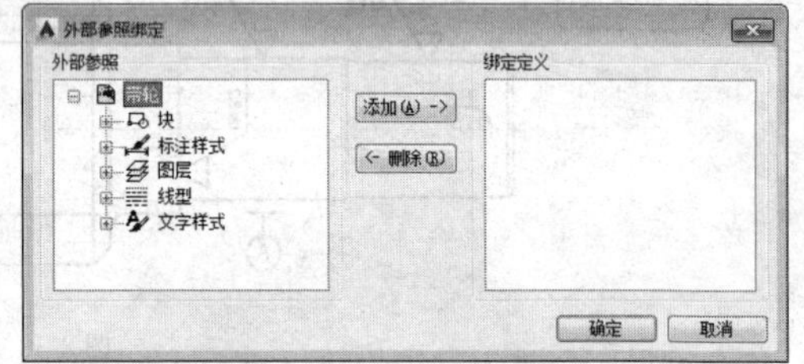

图 8-32 【外部参照绑定】对话框

8.2.3 管理外部参照

在 AutoCAD 中，可在【外部参照】选项板中对附着或裁剪的外部参照进行编辑和管理，或通过【参照管理器】对话框对当前已打开的外部参照进行有效管理，分别介绍如下：

1．通过【外部参照】选项板管理参照

在 AutoCAD 2016 中打开【外部参照】选项板有以下几种常用方法：

- ✧ 功能区：单击【参照】面板右下角按钮，如图 8-33 所示。
- ✧ 工具栏：单击【参照】工具栏【外部参照】按钮。
- ✧ 菜单栏：执行【插入】|【外部参照】命令，如图 8-34 所示。

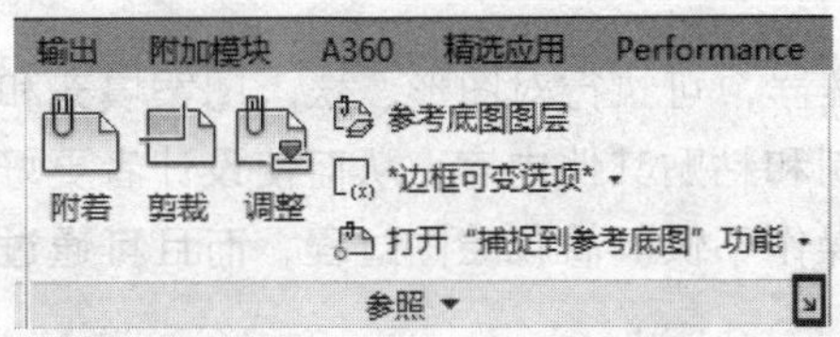

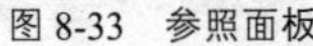

图 8-33　参照面板

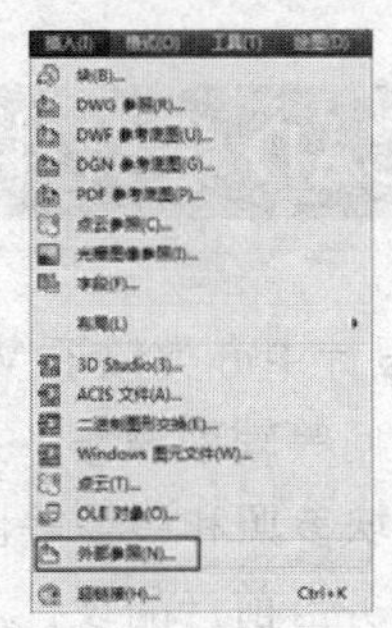

图 8-34　通过菜单命令打开外部参照

执行上述任一命令后，系统均将弹出【外部参照】选项板，如图 8-35 所示。右键单击所选择的参照文件，系统弹出快捷菜单，如图 8-36 所示。

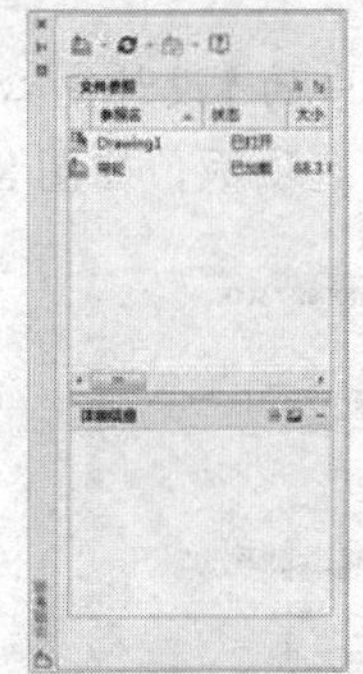

图 8-35　【外部参照】选项板

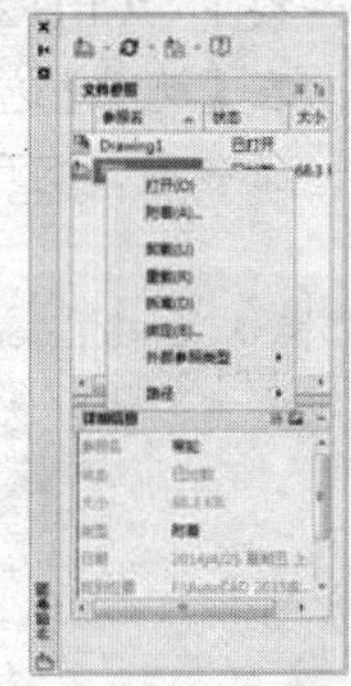

图 8-36　快捷菜单

2. 使用【参照管理器】对话框管理参照

单击【开始】|【程序】|【Autodesk】|AutoCAD 2016 – Simplified Chinese |【参照管理器】命令，即可打开【参照管理器】对话框，如图 8-37 所示。

在该对话框中分为两个窗口，其中左侧窗格用于选定图形和外部参照，可执行查找和添加内容等操作。单击该对话框中的【添加图形】按钮，然后在打开的对话框中浏览放置练习数据集或文件的位置，此时命令行将显示如图 8-38 所示的提示对话框，可以根据设计需要选择对应选项，即可添加外部参照到该对话框。

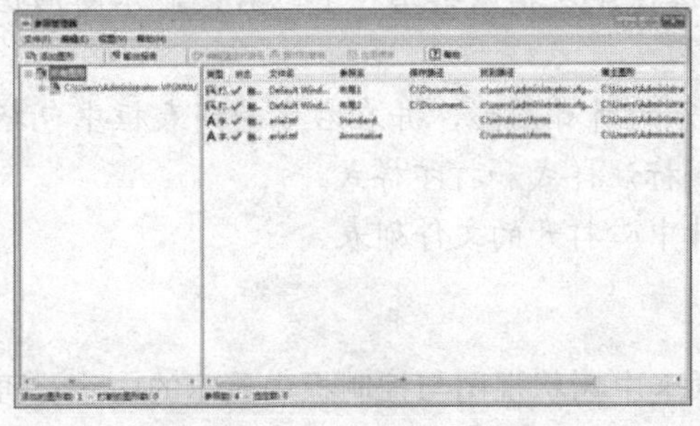

图 8-37　【参照管理器】对话框

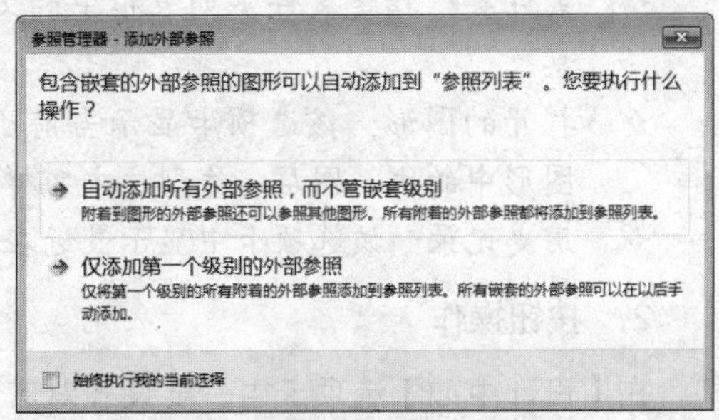

图 8-38　提示对话框

8.3 AutoCAD 设计中心

AutoCAD 设计中心类似于 Windows 资源管理器，可执行对图形、块、图案填充和其他图形内容的访问等辅助操作，并在图形之间复制和粘贴其他内容，从而使设计者更好地管理外部参照、块参照和线型等图形内容。这种操作不仅可简化绘图过程，而且可通过网络资源共享来服务当前产品设计。

8.3.1 设计中心窗口

在 AutoCAD 2016 中进入【设计中心】有以下 2 种常用方法：

✧ 快捷键：按下“Ctrl+2”的组合键。

✧ 功能区：在【视图】选项卡中，单击【选项板】面板中的【设计中心】工具按钮。

执行上述任一命令后，均可打开 AutoCAD【设计中心】选项板，如图 8-39 所示。

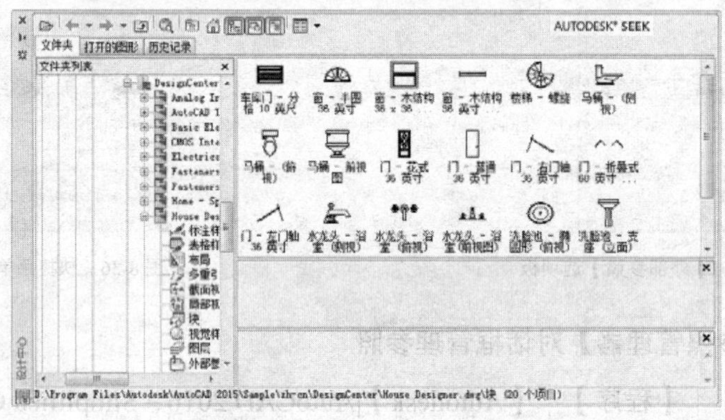

图 8-39 【设计中心】选项板

设计中心窗口的按钮和选项卡的含义及设置方法如下所述。

1. 选项卡操作

在设计中心中，可以在 4 个选项卡之间进行切换，各选项含义如下：

✧ 文件夹：指定文件夹列表框中的文件路径（包括网络路径），右侧显示图形信息。

✧ 打开的图形：该选项卡显示当前已打开的所有图形，并在右方的列表框中包括图形中的块、图层、线型、文字样式、标注样式和打印样式。

✧ 历史记录：该选项卡中显示最近在设计中心打开的文件列表。

2. 按钮操作

在【设计中心】选项卡中，要设置对应选项卡中树状视图与控制板中显示的内容，可以单击选项卡上方的按钮执行相应的操作，各按钮的含义如下：

✧ 加载按钮：使用该按钮通过桌面、收藏夹等路径加载图形文件。

✧　搜索按钮：用于快速查找图形对象。

✧　搜藏夹按钮：通过收藏夹来标记存放在本地硬盘和网页中常用的文件。

✧　主页按钮：将设计中心返回到默认文件夹。

✧　树状图切换按钮：使用该工具打开/关闭树状视图窗口。

✧　预览按钮：使用该工具打开/关闭选项卡右下侧窗格。

✧　说明按钮：打开或关闭说明窗格，以确定是否显示说明窗格内容。

✧　视图按钮：用于确定控制板显示内容的显示格式。

8.3.2 设计中心查找功能

使用设计中心的【查找】功能，可在弹出的【搜索】对话框中快速查找图形、块特征、图层特征和尺寸样式等内容，将这些资源插入当前图形，可辅助当前设计。单击【设计中心】选项板中的【搜索】按钮，系统弹出【搜索】对话框，如图 8-40 所示。

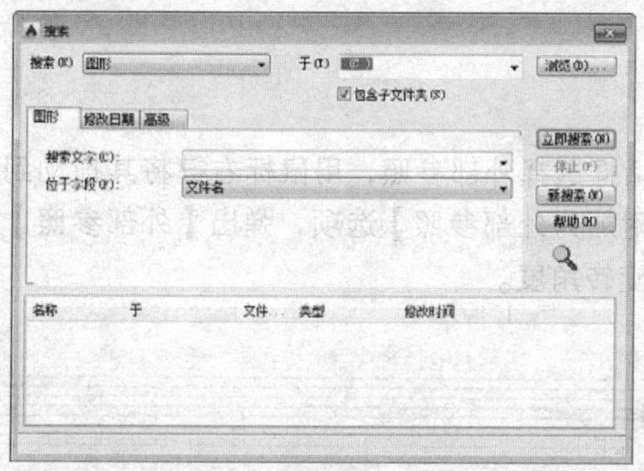

图 8-40　【搜索】对话框

在该对话框指定搜索对象所在的盘符，然后在【搜索文字】列表框中输入搜索对象名称，在【位于字段】列表框中输入搜索类型，单击【立即搜索】按钮，即可执行搜索操作。另外，还可以选择其他选项卡设置不同的搜索条件。

将图形选项卡切换到【修改日期】选项卡，可指定图形文件创建或修改的日期范围。默认情况下不指定日期，需要在此之前指定图形修改日期。

切换到【高级】选项卡可指定其他搜索参数。

8.3.3 插入设计中心图形

使用 AutoCAD 设计中心最终的目的是在当前图形中调入块、引用图像和外部参照，并且在图形之间复制块、图层、线型、文字样式、标注样式以及用户定义的内容等。也就是说根据插入内容类型的不同，对应插入设计中心图形的方法也不相同。

1. 插入块

通常情况下执行插入块操作可根据设计需要确定插入方式。

✧　自动换算比例插入块：选择该方法插入块时，可从设计中心窗口中选择要插入

的块并拖动到绘图窗口。移到插入位置时释放鼠标，即可实现块的插入操作。

✧ 常规插入块：在【设计中心】对话框中选择要插入的块，然后用鼠标右键将该块拖动到窗口后释放鼠标，此时将弹出一个快捷菜单，选择【插入块】选项，即可弹出【插入块】对话框，可按照插入块的方法确定插入点、插入比例和旋转角度，将该块插入到当前图形中。

2. 复制对象

复制对象就在控制板中展开相应的块、图层、标注样式列表，然后选中某个块、图层或标注样式并将其拖入到当前图形，即可获得复制对象效果。如果按住右键将其拖入当前图形，此时系统将弹出一个快捷菜单，通过此菜单可以进行相应的操作。

3. 以动态块形式插入图形文件

要以动态块形式在当前图形中插入外部图形文件，只需要通过右键快捷菜单，执行【块编辑器】命令即可，此时系统将打开【块编辑器】窗口，用户可以通过该窗口将选中的图形创建为动态图块。

4. 引入外部参照

从【设计中心】对话框选择外部参照，用鼠标右键将其拖动到绘图窗口后释放，在弹出的快捷菜单中选择【附加为外部参照】选项，弹出【外部参照】对话框，可以在其中确定插入点、插入比例和旋转角度。

8.4 综合实例

8.4.1 使用块添加表面粗糙度符号和基准符号

本实例将利用插入块方式插入表面粗糙度符号和基准符号，如图 8-41 所示。

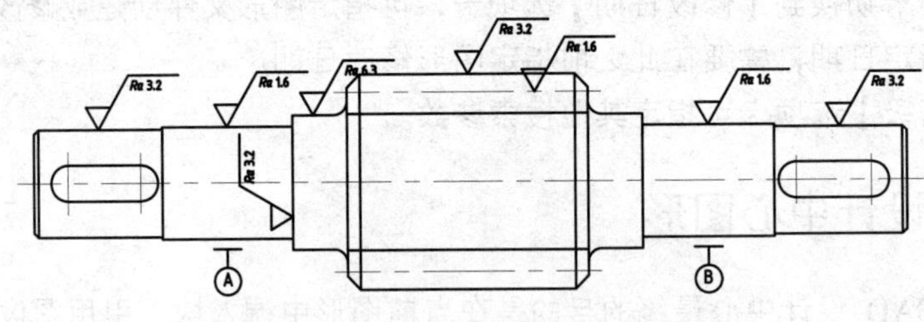

图 8-41　添加块

1. 启动 AutoCAD 2016 并打开文件

单击【快速访问】工具栏中的【打开】按钮，系统弹出【选择文件】对话框，打开“素材\第 08 章\8.4.1 实例操作.dwg”文件，系统进入 AutoCAD 绘图模式，如图 8-42 所示。

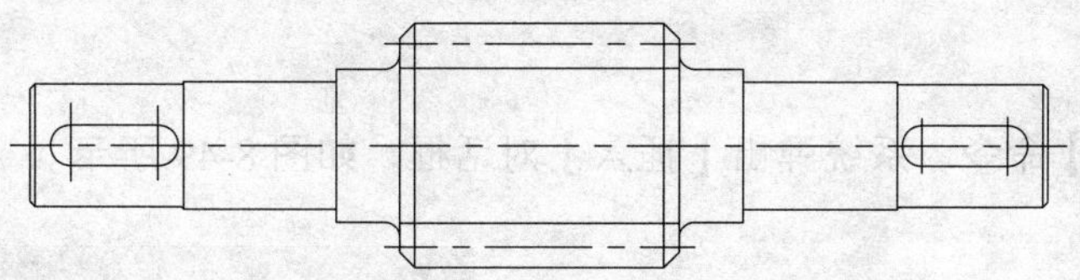

图 8-42 “8.4.1 实例操作”文件

2. 创建块

01 调用 L【直线】命令，根据命令行的提示，在绘图区合适的地方单击，确定绘制直线的第一点，再指定下一点（@-11.5，0），指定下一点（@11.5<300）再输入最后一点的极坐标（@28<60），按 Enter 键退出，完成粗糙度符号的绘制，如图 8-43 所示。

02 调用 MT（多行文字）命令，设置文字高度为 5，创建文字“Ra”，调用 ATT【定义属性】命令，系统弹出【属性定义】对话框，如图 8-44 所示。

03 在【标记】文本框中输入 3.2，设置文字高度为 5，单击【确定】按钮，此时绘图区鼠标指针呈形状，拖动鼠标至合适的位置单击放置块属性，如图 8-45 所示。

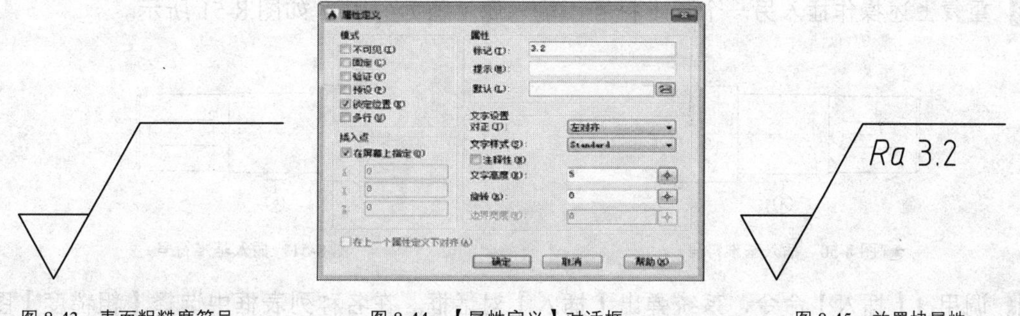

图 8-43 表面粗糙度符号　　图 8-44 【属性定义】对话框　　图 8-45 放置块属性

04 调用 B【块】命令，系统弹出【块定义】对话框，如图 8-46 所示。

05 在【名称】文本框中输入【粗糙度】，单击【拾取点】按钮，系统自动切换至绘图环境，指定基点，如图 8-47 所示。

图 8-46 【块定义】对话框

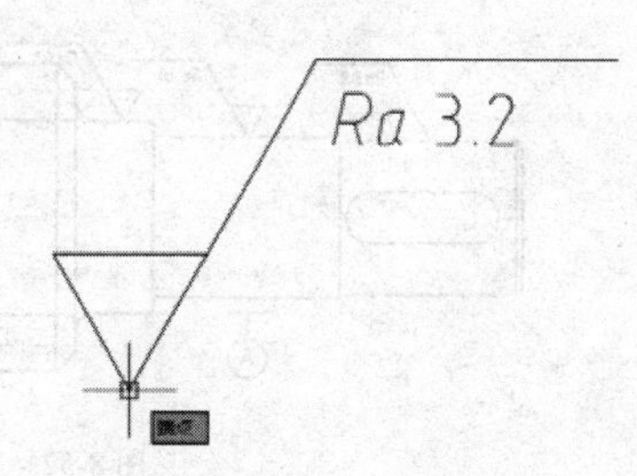

图 8-47 选定基点

06 单击【选择对象】按钮，切换至绘图区，利用窗选选取需要创建为块的图素，按 Enter 键，返回【块定义】对话框，单击【确定】按钮,完成创建块操作。

07 重复上述操作，创建基准符号块，并添加其属性，如图 8-48 所示。

3. 插入块

01 调用 I【插入】命令，系统弹出【插入】对话框，如图 8-49 所示。

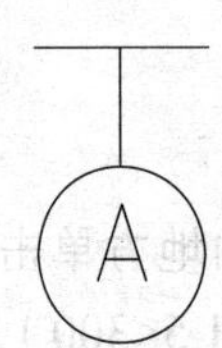

图 8-48 基准符号块

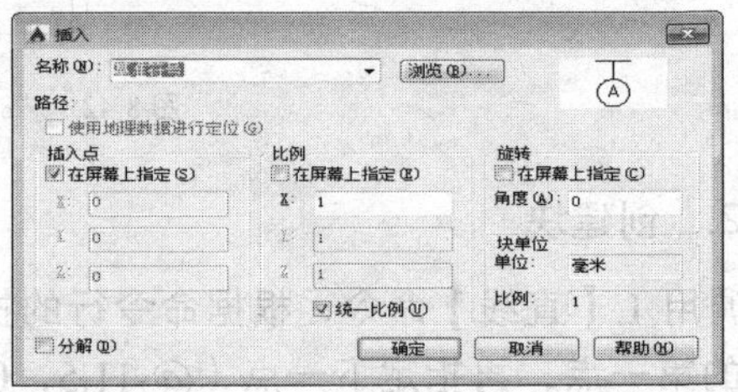

图 8-49 【插入】对话框

02 在名称列表框中选择【基准符号】图块，取消【分解】复选框的选择，其它均为默认设置，单击【确定】按钮，移动鼠标至合适的位置单击放置块符号。在【编辑属性】对话框中输入属性值为“A”，单击【确定】按钮，完成插入基准符号，如图 8-50 所示。

03 重复上述操作插入另一个基准符号，输入属性值为“B”，如图 8-51 所示。

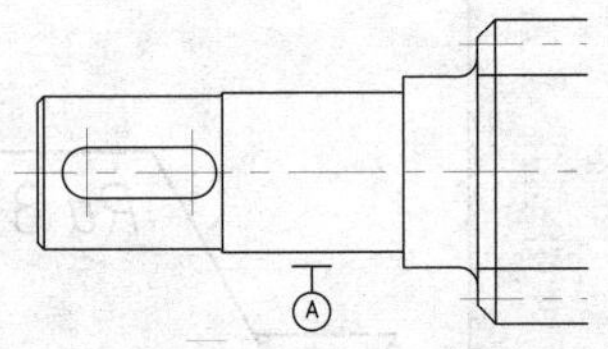

图 8-50 插入基准符号

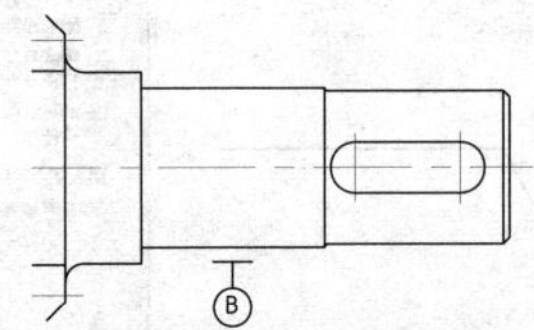

图 8-51 插入基准符号

04 调用 I【插入】命令，系统弹出【插入】对话框。在名称列表框中选择【粗糙度】图块，取消【分解】复选框的选择，其它均为默认设置，单击【确定】按钮，移动鼠标至合适的位置单击放置块符号。在【编辑属性】对话框中输入属性值为“3.2”，单击【确定】按钮，完成表面粗糙度符号块的插入。

05 按空格键重复操作，插入其它的表面粗糙度符号，更改属性值如图 8-52 所示。

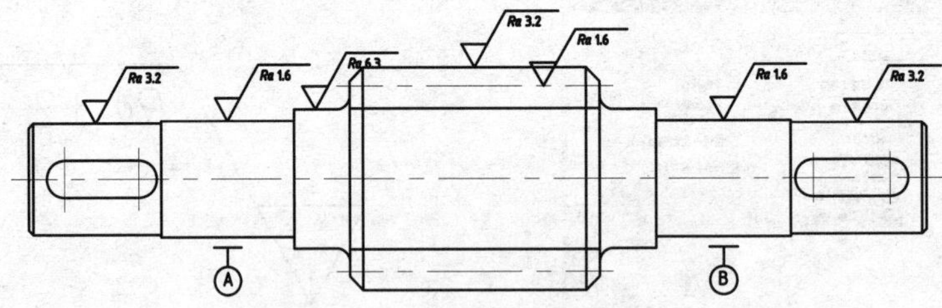

图 8-52 插入表面粗糙度符号块

06 继续按空格键，系统弹出【插入】对话框，在【旋转】选项区域中设置角度为 90°，其他设置不变，单击【确定】按钮，移动鼠标至合适的位置单击放置块符号。输入属性值为“3.2”，单击【确定】按钮，完成插入表面粗糙度符号块的操作，如图 8-41 所示。

8.4.2 布置办公室家具

本实例利用设计中心添加家具图块，来完成办公室平面图的绘制，如图 8-53 所示。

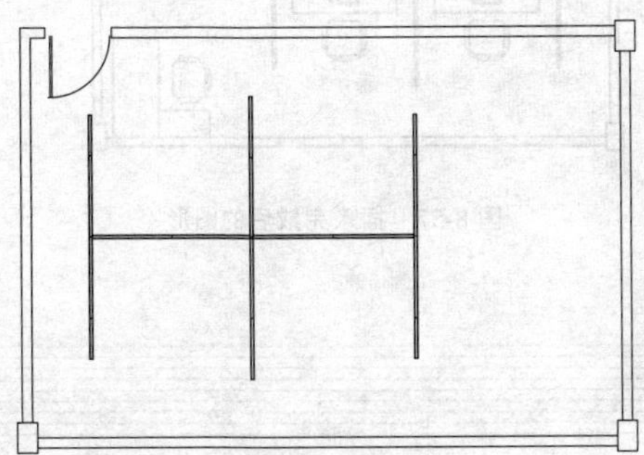

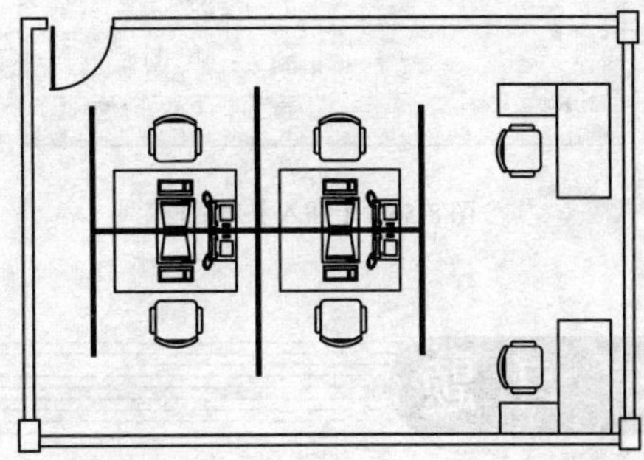

图 8-53　利用设计中心插入图块

本实例的操作步骤如下：

1. **打开图形文件**

单击【快速访问】工具栏中的【打开】按钮，系统弹出【选择文件】对话框，选择“素材/第 08 章/8.4.2 布置家具.dwg”文件，单击【打开】按钮，进入 AutoCAD 绘图界面。

2. **插入图块**

01 按 Ctrl+2 组合键，系统弹出【设计中心】选项板，如图 8-54 所示。

02 单击【文件夹】选项卡，在【文件夹列表】中找到“8.4.2 布置家具完成”文件，在选项卡中右侧窗口中双击“块”图标，在打开的窗口中显示了该文件所有图块，如图 8-55 所示。

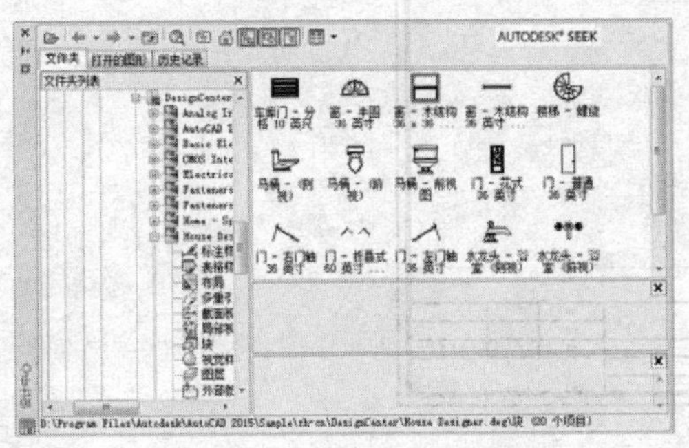

图 8-54　【设计中心】选项板

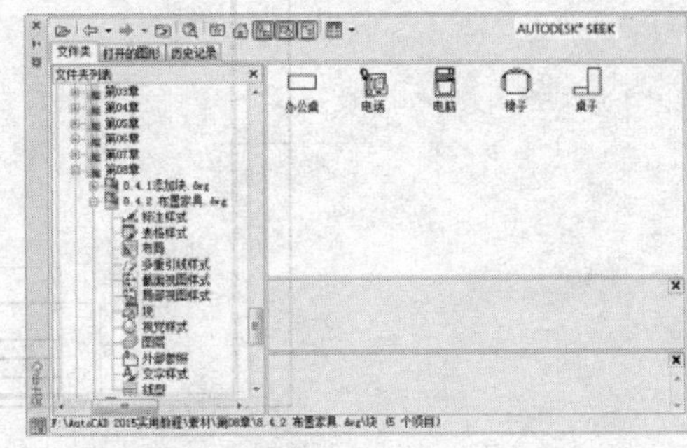

图 8-55　显示图块

03 在窗口中双击要插入的图块，系统弹出【插入】对话框，如图 8-56 所示。

04 设置参数，单击【确定】按钮，在绘图区相应位置插入图块，如图 8-57 所示。

专家点拨

还可以根据命令行提示，输入相应的选项，设置基点位置、旋转角度、比例因子等。

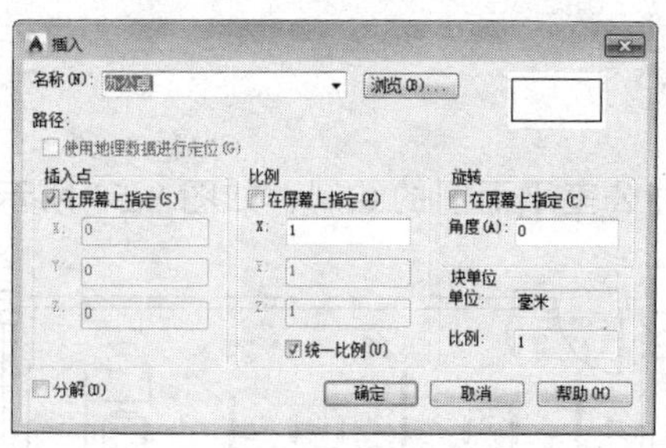

图 8-56 【插入】对话框

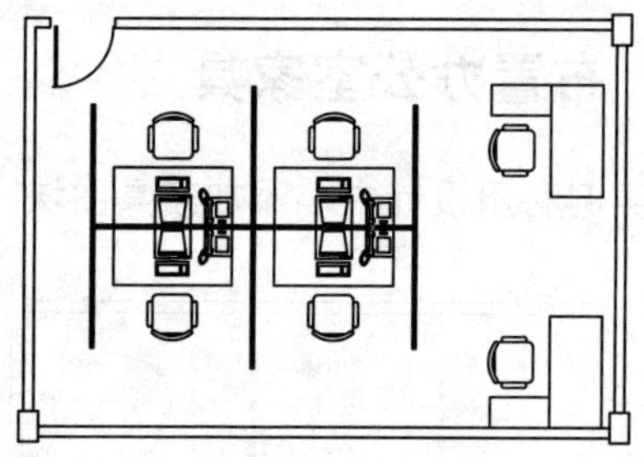

图 8-57 插入完成后的图形

8.5 习 题

1. 填空题

(1) 在 AutoCAD 设计中心窗口的__________选项卡中，可以查看当前图形中的图形信息。

(2) 在图形中插入外部参照时，不仅可以设置参照图形的插入点位置、比例及旋转角度，还可以选择参照的_________和_________。

(3) 在 AutoCAD 中插入外部参照时，路径类型不能为______。

2. 操作题

绘制如图 8-58 所示的图框，并将其保存为样板文件（文件名为“A4 横放”）。

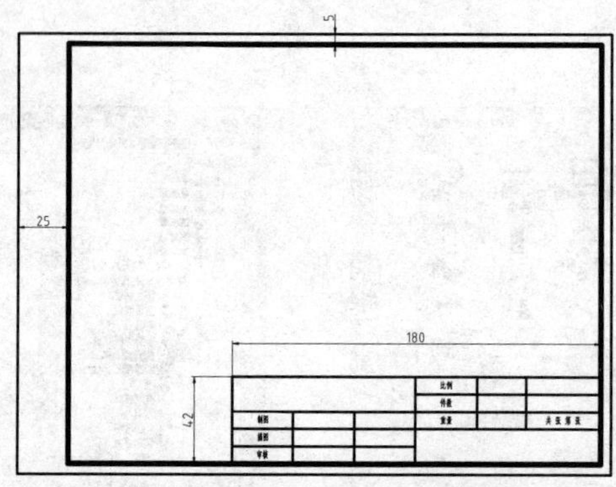

图 8-58 练习——A4 图框

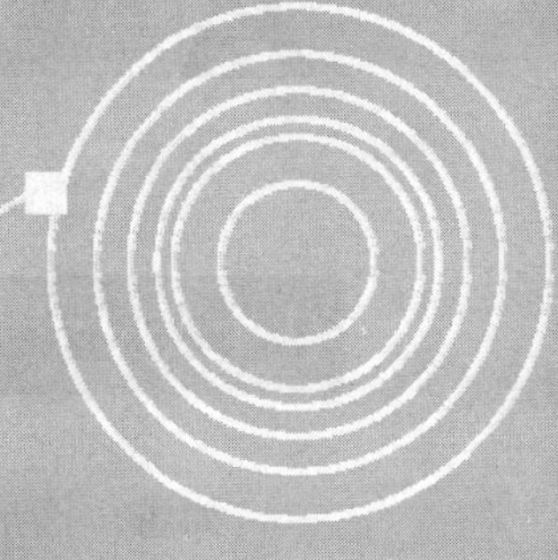

第 9 章

尺寸标注

尺寸标注是对图形对象形状和位置的定量化说明，也是工件加工或工程施工的重要依据，因而标注图形尺寸是一般绘图不可缺少的步骤。

AutoCAD 2016 包含了一套完整的尺寸标注命令和实用程序，可以对直径、半径、角度、直线及圆心位置等进行标注，轻松完成图纸中要求的尺寸标注要求。

此外，如果在每次新建文件时都一一设置文档的尺寸标注、多重引线标注、文字样式以及图层等绘图环境，将会是一件非常繁琐的事情。因此本章还将学习将一些常用的环境设置保存在样板文件当中的方法，这样在新建文档时可以直接调用样板文件，在样板文件的基础上绘制图形，从而省去了重复设置文档环境的步骤。

本章主要内容如下：

- ✧ 尺寸标注样式
- ✧ 标注尺寸
- ✧ 多重引线标注
- ✧ 编辑标注对象
- ✧ 约束的运用
- ✧ 建立样板文件

9.1 尺寸标注的组成

如图 9-1 所示，一个完整的尺寸标注对象由尺寸界线、尺寸线、尺寸箭头和尺寸文字四个要素构成。AutoCAD 的尺寸标注命令和样式设置，都是围绕着这四个要素进行的。

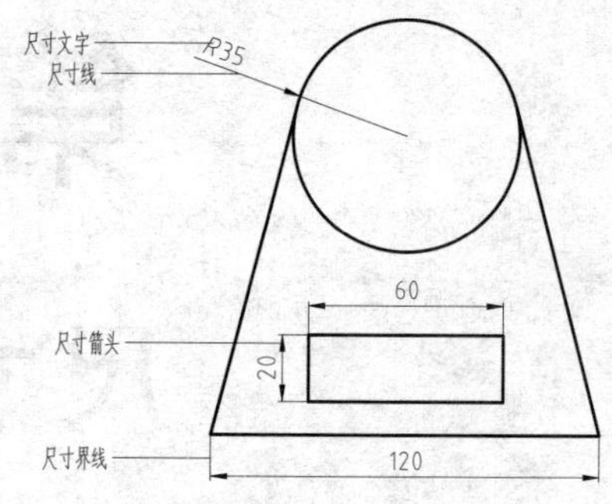

图 9-1　尺寸标注的组成要素

1. 尺寸界线

尺寸界线表示所注尺寸的起止范围。一般从图形的轮廓线、轴线或对称中心线处引出。

2. 尺寸线

尺寸线绘制在尺寸界线之间，表示尺寸的度量方向。尺寸线不能用图形轮廓线代替，也不能和其他图线重合或在其他图线的延长线上，必须单独绘制。标注线性尺寸时，尺寸线必须与所标注的线段平行。

3. 箭头

箭头用于标识尺寸线的起点和终点。建筑制图的起止符号以 45° 的中粗短斜线表示，而机械制图的箭头以实心三角形箭头表示。

4. 尺寸文字

尺寸文字一律不需要根据图纸的输出比例变换，而直接标注尺寸的实际数值大小，一般由 AutoCAD 自动测量得到。尺寸单位为 mm 时，尺寸文字中不标注单位。

尺寸文字包括数字形式的尺寸文字(尺寸数字)和非数字形式的尺寸文字（如注释）。

9.2 尺寸标注样式

【标注样式】用来控制标注的外观，如箭头样式、文字位置和尺寸公差等。在同一个 AutoCAD 文档中，可以同时定义多个不同的命名样式。修改某个样式后，就可以自动修改所有用该样式创建的对象。

绘制不同的工程图纸，需要设置不同的尺寸标注样式，要系统地了解尺寸设计和制图的知识，请参考有关机械制图或建筑制图的国家规范和行业标准，以及其他相关的资料。

9.2.1 新建标注样式

新建【标注样式】可以通过【标注样式和管理器】完成，在 AutoCAD 2016 中调用【标注样式和管理器】有如下几种常用方法：

- ✧ 命令行：在命令行中输入 DIMSTYLE/D。
- ✧ 功能区：单击【注释】选项卡【标注】面板右下角按钮，如图 9-2 所示。
- ✧ 工具栏：单击【标注】工具栏【标注样式】按钮。
- ✧ 菜单栏：执行【格式】|【标注样式】命令，如图 9-3 所示。

图 9-2 标注面板

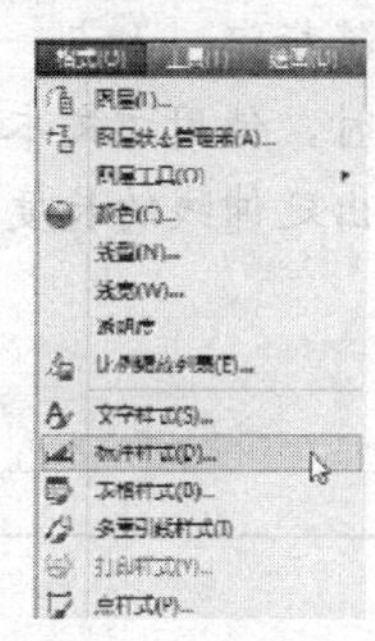

图 9-3 标注样式菜单命令

执行上述任一命令后，系统弹出【标注样式管理器】对话框，如图 9-4 所示。

单击【新建】按钮，系统弹出【创建新标注样式】对话框，如图 9-5 所示。新建【标注样式】时，可以在【新样式名】文本框中输入新样式的名称。在【基础样式】下拉列表框中选择一种基础样式，新样式将在该基础样式的基础上进行修改。

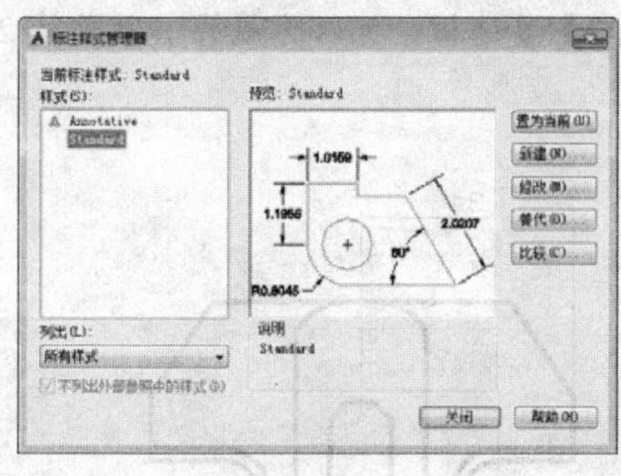

图 9-4 【标注样式管理器】对话框

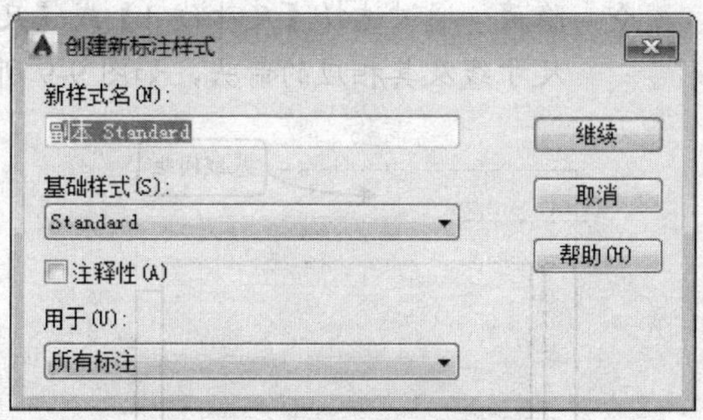

图 9-5 【创建新标注样式】对话框

选中【注释性】复选框，可将标注定义成可注释对象。

设置了新样式的名称、基础样式和适用范围后，单击该对话框中的【继续】按钮，系统弹出【新建标注样式】对话框，可以设置标注中的直线、符号和箭头、文字、单位等内容，如图 9-6 所示。

9.2.2 设置线样式

在【新建标注样式】对话框中，使用【线】选项卡，可以设置尺寸线和延伸线的格式和位置。

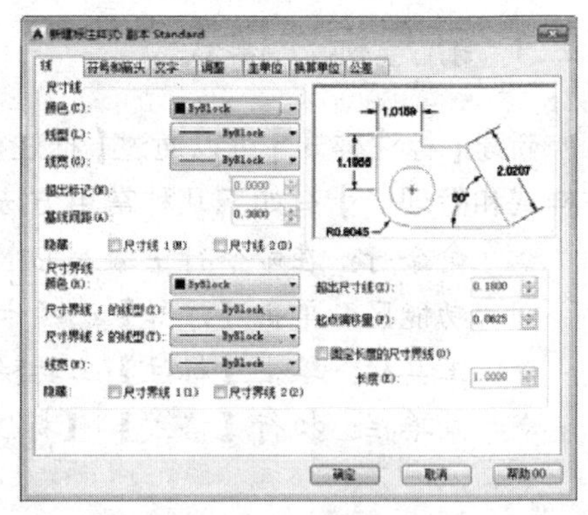
图 9-6 【新建标注样式】对话框

1. 尺寸线

在“尺寸线”选项区域中，可以设置尺寸线的颜色、线宽、超出标记以及基线间距等属性。下面具体介绍一些选项的含义。

✧ 超出标记：当尺寸线的箭头采用倾斜、建筑标记、小点、积分或无标记等样式时，使用该文本框可以设置尺寸线超出延伸线的长度，如图 9-7 所示。

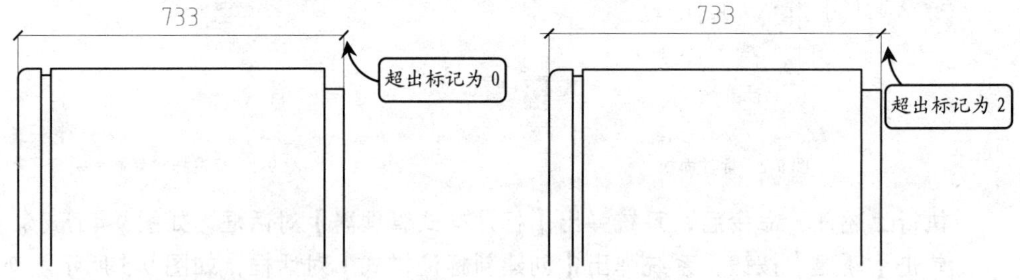

图 9-7 不同超出标记值效果

✧ 基线间距：进行基线尺寸标注时可以设置各尺寸线之间的距离，如图 9-8 所示。

✧ 隐藏：通过选择【尺寸线 1】或【尺寸线 2】复选框，可以隐藏第 1 段或第 2 段尺寸线及其相应的箭头，如图 9-9 所示。

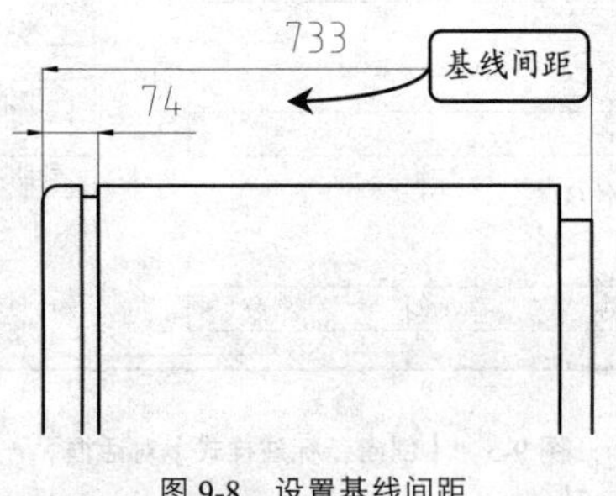

图 9-8 设置基线间距

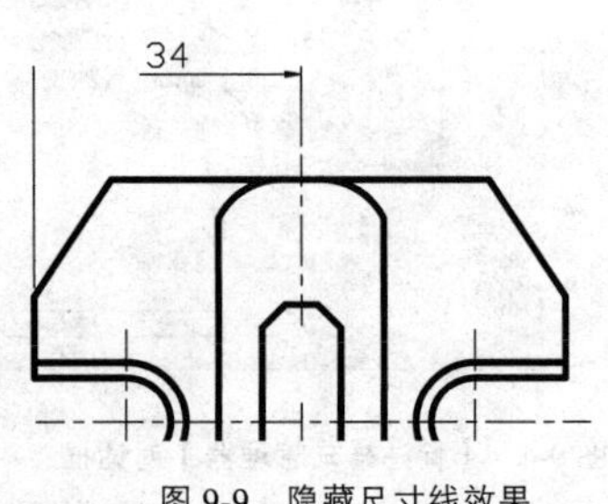

图 9-9 隐藏尺寸线效果

2. 延伸线

在“延伸线”选项区域中，可以设置延伸线的颜色、线宽、超出尺寸线的长度和起点偏移量，隐藏控制等属性，下面具体介绍其常用选项的含义。

✧　超出尺寸线：用于设置延伸线超出尺寸线的距离，如图 9-10 所示。

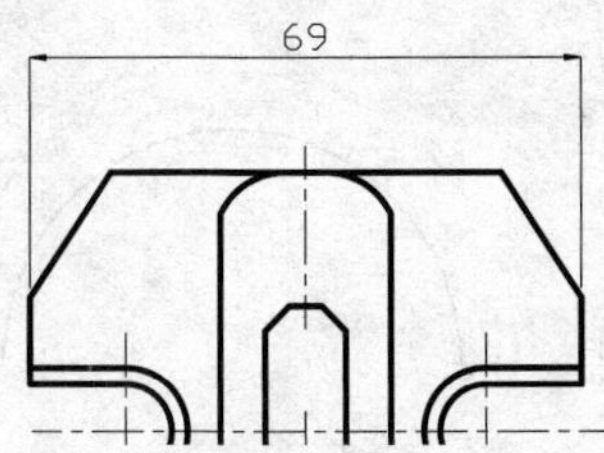

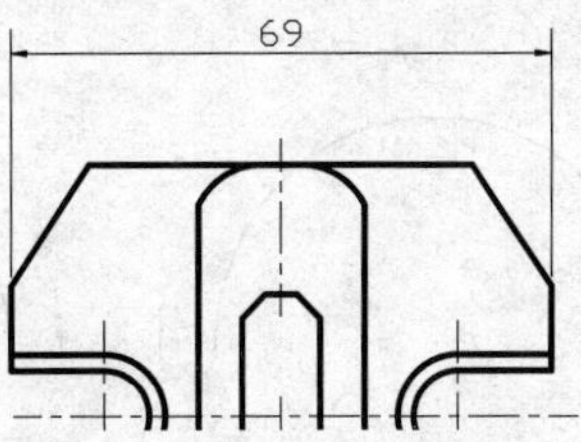

图 9-10　不同超出尺寸线距离效果

✧　起点偏移量：设置延伸线的起点与标注定义点的距离，如图 9-11 所示。

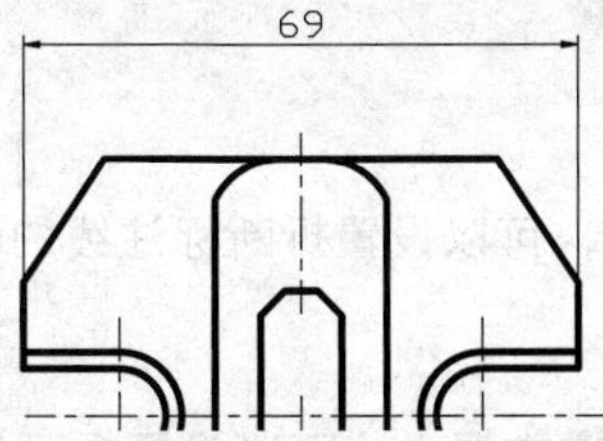

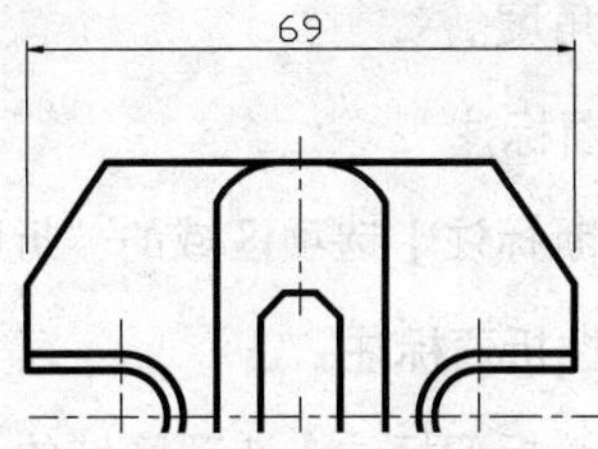

图 9-11　不同起点偏移量效果

✧　隐藏：通过选中【延伸线 1】或【延伸线 2】复选框，可以隐藏延伸线。

9.2.3　设置符号箭头样式

在【新建标注样式】对话框中，使用【符号和箭头】选项卡可以设置箭头、圆心标记、弧长符号和半径折弯的格式与位置，如图 9-12 所示。

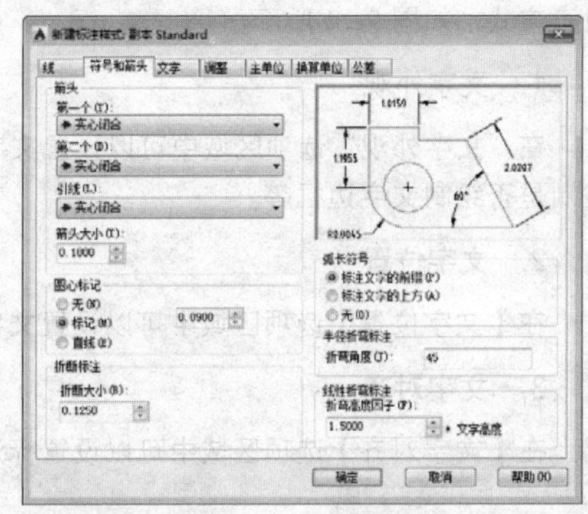

图 9-12　【符号和箭头】选项卡

1．箭头

通常情况下，尺寸线的两个箭头应一致。为了适用于不同类型的图形标注需要，AutoCAD 2016 设置了 20 多种箭头样式。可以从对应的下拉列表框中选择箭头，并在“箭头大小”文本框中设置其大小，也可以通过“用户箭头”选项自定义箭头。

2．圆心标记

在“圆心标记”选项区域中可以设置圆或圆心标记类型，如【标记】、【直线】和【无】。

3．弧长符号

在“弧长符号”选项区域可以设置符号显示的位置，包括“标注文字的前缀”、“标注文字的上方”和“无”3 种方式，如图 9-13 所示。

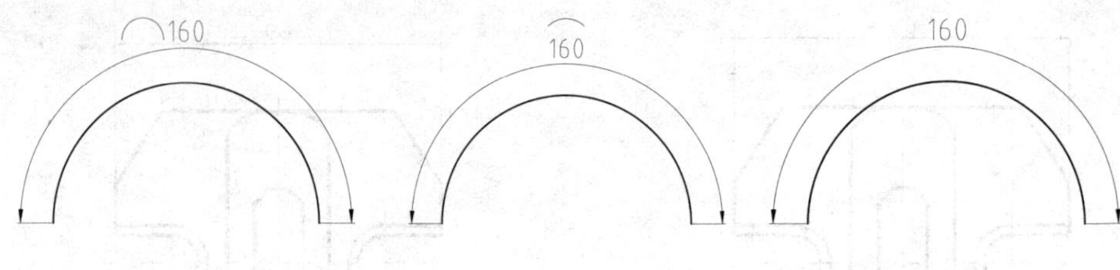

图 9-13　设置弧长符号位置

4. 半径折弯

在【半径折弯标注】选项区域的“折弯角度”文本框中，可以设置标注圆弧半径时标注线的折弯角度。

5. 折断标注

在【折断标注】选项区域的“折断大小”文本框中，可以设置折断标注线的长度。

6. 线性折弯标注

在【线性折弯标注】选项区域的“折弯高度因子”文本框中，可以设置折弯标注打断时折弯线的高度。

9.2.4 设置文字样式

在【新建标注样式】对话框中可以使用【文字】选项卡设置标注文字的外观、位置和对齐方式，如图 9-14 所示。

1. 文字外观

在“文字外观”选项区域中可以设置文字的样式、颜色、高度和分数高度比例，以及控制是否绘制文字边框等。

2. 文字位置

在【文字位置】选项区域中可以设置文字的垂直、水平位置以及从尺寸线的偏移量。

3. 文字对齐

在【文字对齐】选项区域中可以设置标注文字是保持水平还是与尺寸线平行。

9.2.5 设置调整样式

在【新建标注样式】对话框中可以使用【调整】选项卡设置标注文字的位置、尺寸线、尺寸箭头的位置，如图 9-15 所示。

1. 调整选项

在【调整选项】选项区域中，可以确定当延伸线之间没有足够的空间同时放置标注文字和箭头时，应从延伸线之间移出的对象。

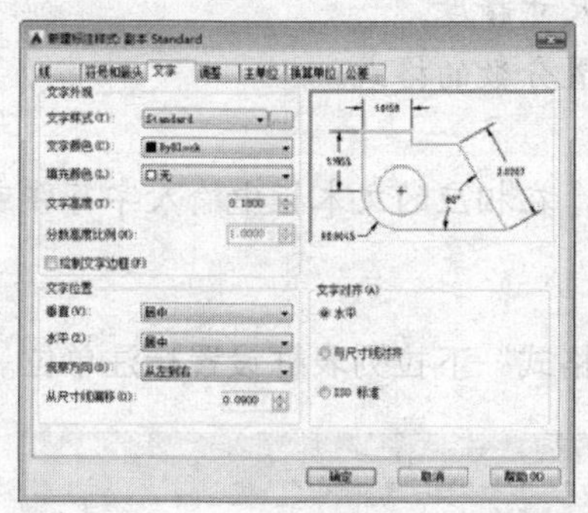

图 9-14 【文字】选项卡

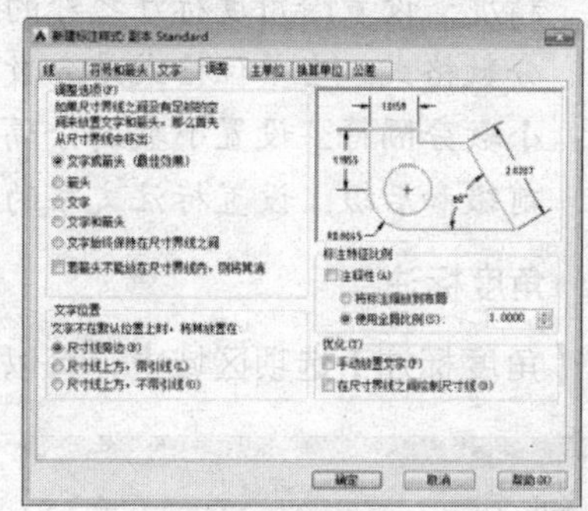

图 9-15 【调整】选项卡

2. 文字位置

在【文字位置】选项区域中，可以设置当文字不在默认位置时文字的位置，如图 9-16 所示。

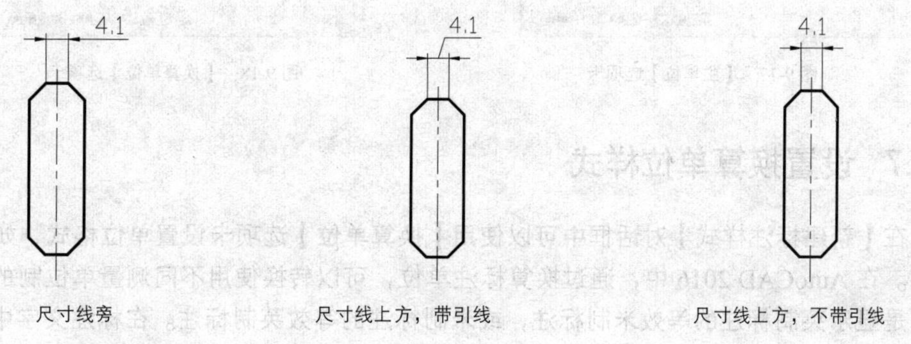

图 9-16 标注文字位置

3. 标注特征比例

在【标注特征比例】选项区域中，可以设置标注尺寸的特征比例，以便通过设置全局比例来增加或减少各标注的大小。

4. 优化

在【优化】选项区域中，可以对标注文字和尺寸线进行细微调整。

9.2.6 设置标注单位样式

在【新建标注样式】对话框中可以使用【主单位】选项卡设置主单位的格式与精度等属性，如图 9-17 所示。

1. 线性标注

在【线性标注】选项区域中可以设置线性标注的单位格式与精度，常用选项功能如下：

- ✧ 单位格式：设置除角度标注之外的其余各标注类型的尺寸单位。
- ✧ 精度：设置除角度标注之外的其他标注的尺寸精度。
- ✧ 分数格式：当单位格式是分数时，可以设置分数的格式。
- ✧ 小数分隔符：设置小数的分隔符。
- ✧ 前缀和后缀：设置标注文字的前缀和后缀，在相应的文本框中输入字符即可。

2. 角度标注

在【角度标注】选项区域中，可以使用“单位格式”下拉列表框设置标注单位。

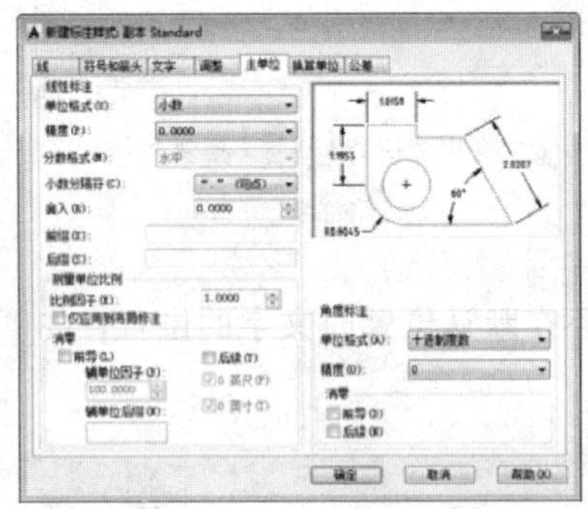

图 9-17 【主单位】选项卡

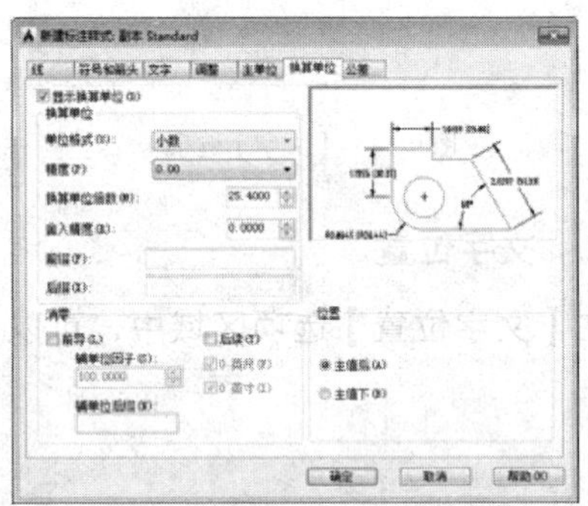

图 9-18 【换算单位】选项卡

9.2.7 设置换算单位样式

在【新建标注样式】对话框中可以使用【换算单位】选项卡设置单位格式，如图 9-18 所示。在 AutoCAD 2016 中，通过换算标注单位，可以转换使用不同测量单位制的标注，通常是显示英制标注的等效米制标注，或米制标注的等效英制标注。在标注文字中，换算标注单位显示在主单位旁边的括号[ ]中，如图 9-19 所示。

选中【显示换算单位】复选框后，对话框的其他选项才可以用。

9.2.8 设置公差样式

在【新建标注样式】对话框中可以使用【公差】选项卡设置是否标注公差，以及以何种方式进行标注，如图 9-20 所示。

图 9-19 使用换算单位

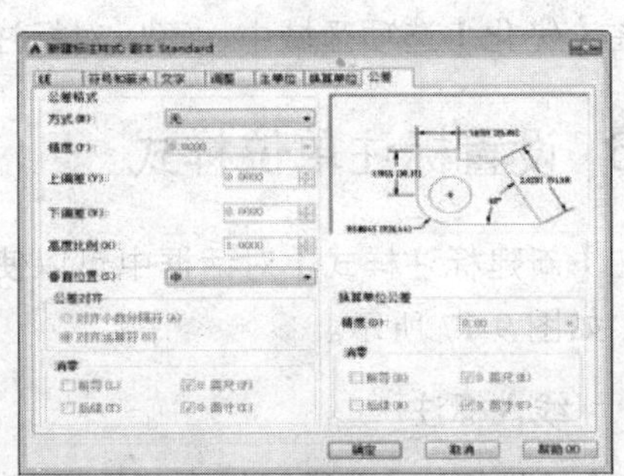

图 9-20 【公差】选项卡

在“公差格式”选项区域中可以设置公差的标注格式，部分选项的功能说明如下：

✧ 方式：确定标注公差的方式，如图 9-21 所示。

✧ 上、下偏差：设置尺寸上、下偏差。

✧ 高度比例：确定公差文字的高度比例因子。

✧ 垂直位置：控制公差文字相对于尺寸文字的位置，包括“上”“中”和“下”。

✧ 换算单位公差：当标注换算单位时，可以设置换算单位精度和是否消零。

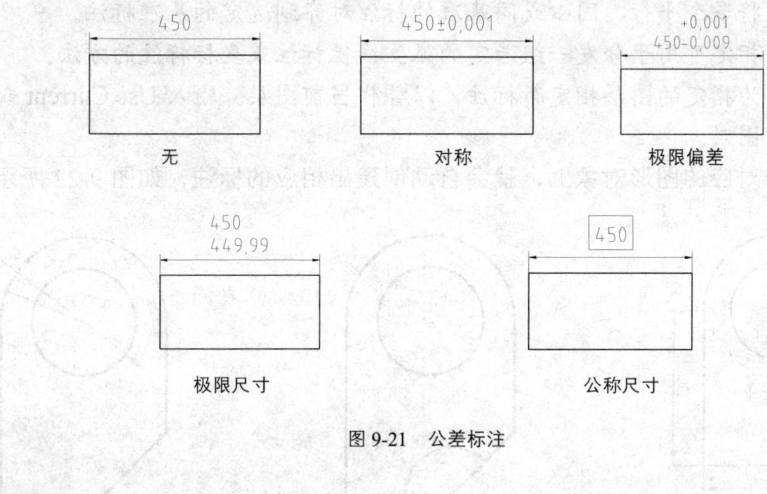

图 9-21　公差标注

9.3 标注尺寸

为了更方便、快捷地标注图纸中的各个方向和形式的尺寸，AutoCAD 提供了线性标注、径向标注、角度标注、和指引标注等多种标注类型。

9.3.1 智能标注

【智能标注】命令为 AutoCAD 2016 的新增功能，可以根据选定的对象类型自动创建相应的标注。可自动创建的标注类型包括垂直标注、水平标注、对齐标注、旋转的线性标注、角度标注、半径标注、直径标注、折弯半径标注、弧长标注、基线标注和连续标注等。如果需要可以使用命令行选项更改标注类型。

执行“智能标注”命令有以下几种方式。

✧ 功能区：单击【默认】选项卡中【注释】面板上的【标注】按钮。

✧ 命令行：输入 DIM 命令。

使用上面任一种方式启动【智能标注】命令，具体操作命令行提示如下：

```
选择对象或指定第一个尺寸界线原点或 [角度(A)/基线(B)/连续(C)/坐标(O)/对齐(G)/分发(D)/图层(L)/放弃(U)]:                    //选择图形或标注对象
```

命令行中各选项的含义说明如下。

✧ 角度：创建一个角度标注来显示三个点或两条直线之间的角度，操作方法基本同【角度标注】。

✧ 基线：从上一个或选定标准的第一条界线创建线性、角度或坐标标注，操作方法基本同【基线标注】。

✧ 连续：从选定标注的第二条尺寸界线创建线性、角度或坐标标注，操作方法基本同【连续标注】。

✧ 坐标：创建坐标标注，提示选取部件上的点，如端点、交点或对象中心点。

✧ 对齐：将多个平行、同心或同基准的标注对齐到选定的基准标注。

✧ 分发：指定可用于分发一组选定的孤立线性标注或坐标标注的方法。

✧ 图层：为指定的图层指定新标注，以替代当前图层。输入 Use Current 或"." 以使用当前图层。

将鼠标置于对应的图形对象上，就会自动创建出相应的标注，如图 9-22 所示。

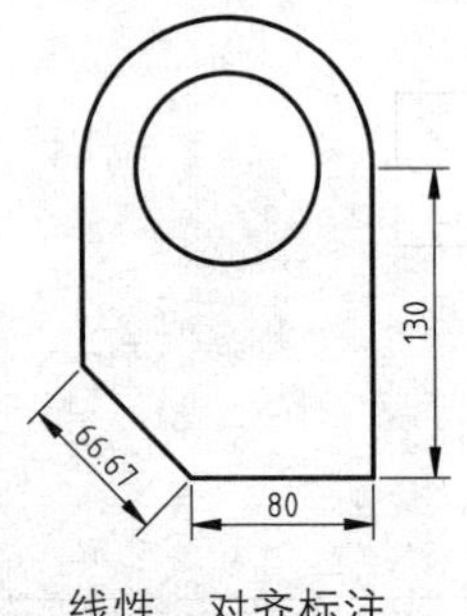

线性、对齐标注

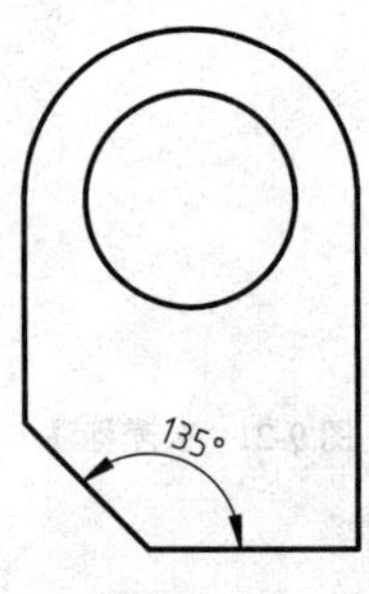

角度标注

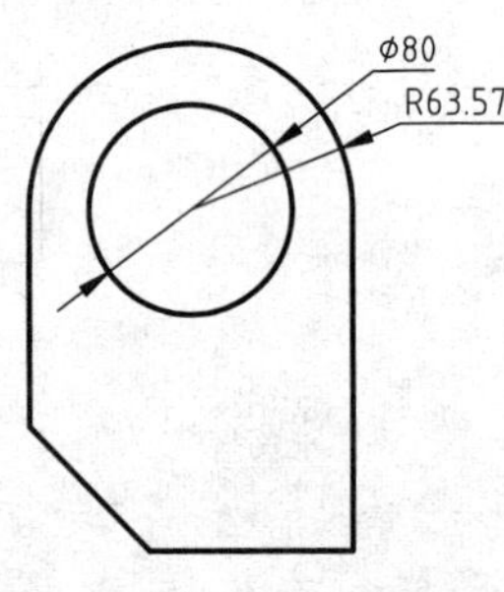

半径、直径标注

图 9-22　智能标注

9.3.2 线性标注

在 AutoCAD 2016 中调用【线性标注】有如下几种常用方法：

✧ 命令行：在命令行中输入 DIMLINEAR/DLI。

✧ 功能区：单击【标注】面板【线性】工具按钮，如图 9-23 所示。

✧ 工具栏：单击【标注】工具栏【线性标注】工具按钮⊢⊣。

✧ 菜单栏：执行【标注】|【线性】命令，如图 9-24 所示。

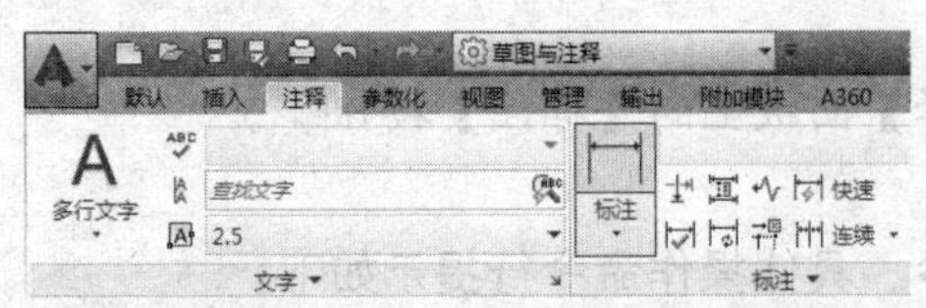

图 9-23　线性标注面板按钮

图 9-24　线性标注菜单命令

执行上述任一命令后，命令行提示如下：

```
指定第一个尺寸界线原点或 <选择对象>:
```

可以选择【指定起点】或是直接【选择对象】进行标注，两者的具体操作与区别如下：

1. 指定起点

默认情况下，在命令行提示下指定第一条延伸线的原点，并在“指定第二条延伸线原点：”提示下指定了第二条延伸线原点后，命令行提示如下：

```
指定尺寸线位置或[多行文字(M)/文字(T)/角度(A)/水平(H)/垂直(V)/旋转(R)]:
```

默认情况下，指定尺寸线的位置后，系统将自动测量出的两个延伸线起始点间的相应距离并标注出尺寸。此外，其他各选项的功能说明如下：

- ✧ 多行文字：选择该选项将进入多行文字编辑模式，可以使用【多行文字编辑器】对话框输入并设置标注文字。其中，文字输入窗口中的尖括号（<>）表示系统测量值。
- ✧ 文字：以单行文字形式输入尺寸文字。
- ✧ 角度：设置标注文字的旋转角度。
- ✧ 水平和垂直：标注水平尺寸和垂直尺寸。可以直接确定尺寸线的位置，也可以选择其他选项来指定标注的标注文字内容或标注文字的旋转角度。
- ✧ 旋转：旋转标注对象的尺寸线。

2. 选择对象

如果执行线性标注命令后按回车键确定，就需要选择要标注尺寸的对象。选择标注对象后，AutoCAD 将自动以对象的两个端点作为两条尺寸界线的起点，如图 9-25 所示。

图 9-25　线性水平标注

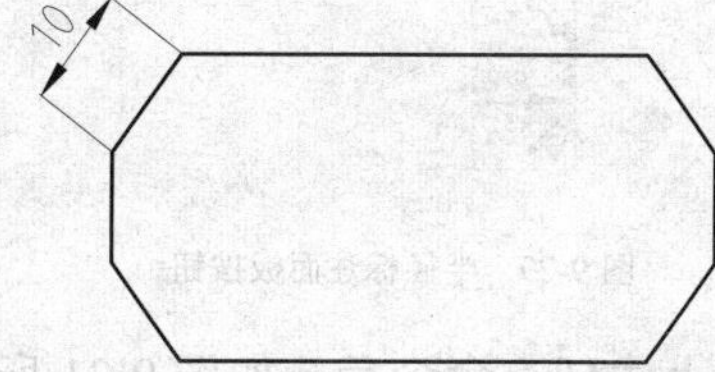

图 9-26　对齐标注

9.3.3 对齐标注

在对直线段进行标注时，如果该直线的倾斜角度未知，那么使用【线性标注】的方法将无法得到准确的测量结果，这时可以使用【对齐标注】完成如图 9-26 所示的标注效果。

在 AutoCAD 2016 中调用【对齐标注】有如下几种常用方法：

- ✧ 命令行：在命令行中输入 DIMALIGNED/DAL。
- ✧ 功能区：单击【标注】面板【对齐】工具按钮，如图 9-27 所示。
- ✧ 工具栏：单击【标注】工具栏【对齐标注】工具按钮。
- ✧ 菜单栏：单击【标注】|【对齐】命令，如图 9-28 所示。

【对齐标注】的使用方法与【线性标注】相同，这里不再赘述。

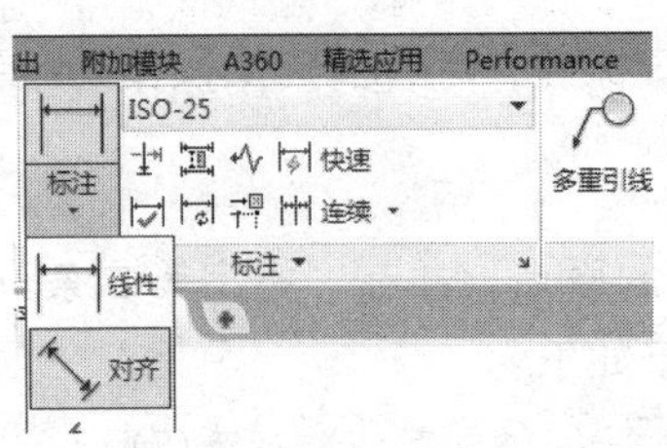

图 9-27　对齐标注面板按钮

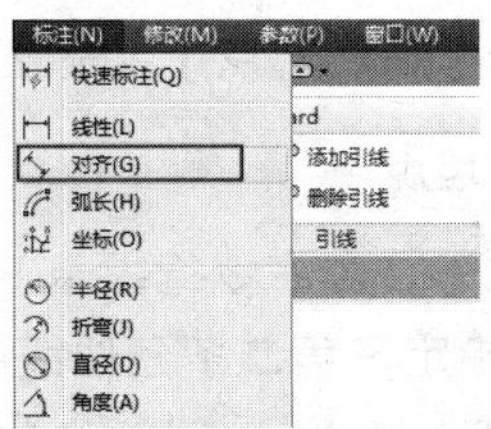

图 9-28　对齐标注菜单命令

9.3.4 半径标注

利用【半径】标注可以快速获得圆或圆弧的半径大小，在 AutoCAD 2016 中调用【半径】标注有如下几种常用方法：

- ✧ 命令行：在命令行中输入 DIMRADIUS/DRA。
- ✧ 功能区：单击【标注】面板【半径】工具按钮，如图 9-29 所示。
- ✧ 工具栏：单击【标注】工具栏【半径】工具按钮。
- ✧ 菜单栏：执行【标注】|【半径】命令，如图 9-30 所示。

图 9-29　半径标注面板按钮

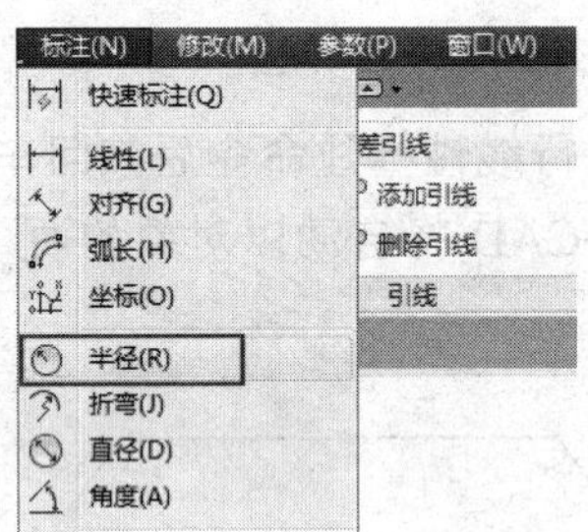

图 9-30　半径标注菜单命令

执行上述任一命令后，如图 9-31 所示选择要标注半径的圆弧或圆，命令行提示如下：

```
指定尺寸线位置或 [多行文字(M)/文字(T)/角度(A)]:
```

在系统默认情况下，半径符号 *R* 会自动加注。当通过“文字”选项重新确定尺寸文字时，只有在数值前加前缀，才能使标注出的半径尺寸附有半径符号 *R*，否则没有该符号。

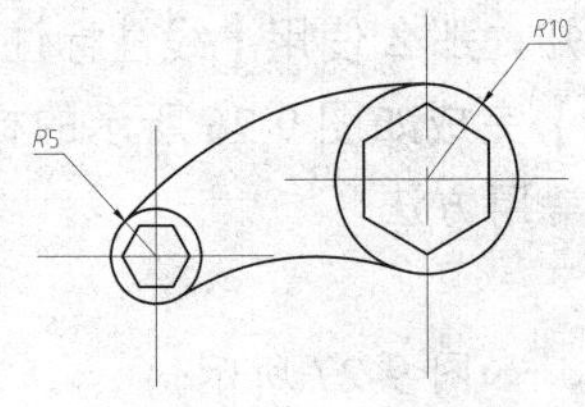

图 9-31　半径标注

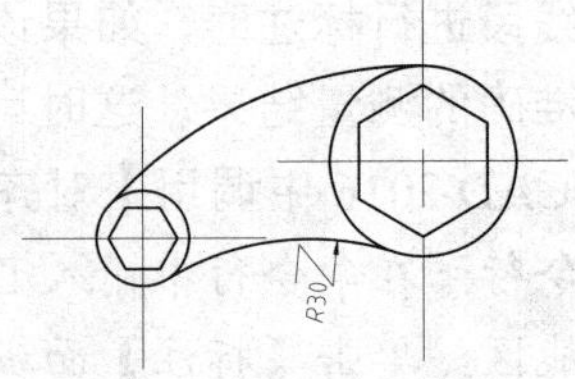

图 9-32　折弯标注

9.3.5 折弯标注

在标注大直径的圆或圆弧的半径尺寸时，可以使用【折弯标注】，如图 9-32 所示。在

AutoCAD 2016 中调用【折弯标注】有如下几种常用方法：

- ✧ 命令行：在命令行中输入 DIMJOGGED。
- ✧ 功能区：【标注】面板【折弯】工具按钮，如图 9-33 所示。
- ✧ 工具栏：【标注】工具栏【折弯标注】按钮。
- ✧ 菜单栏：【标注】|【折弯】命令，如图 9-34 所示。

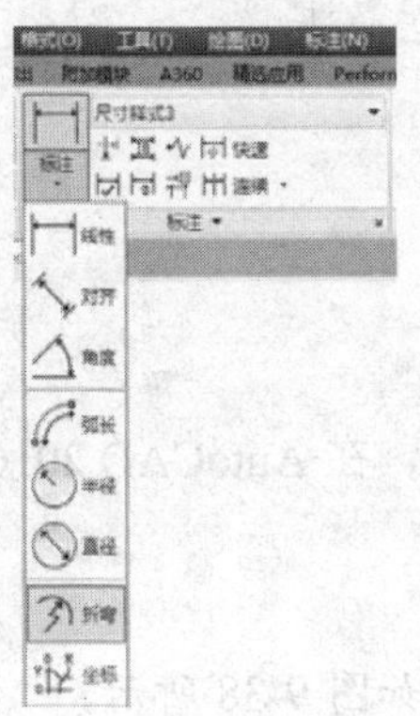
图 9-33　折弯标注面板按钮

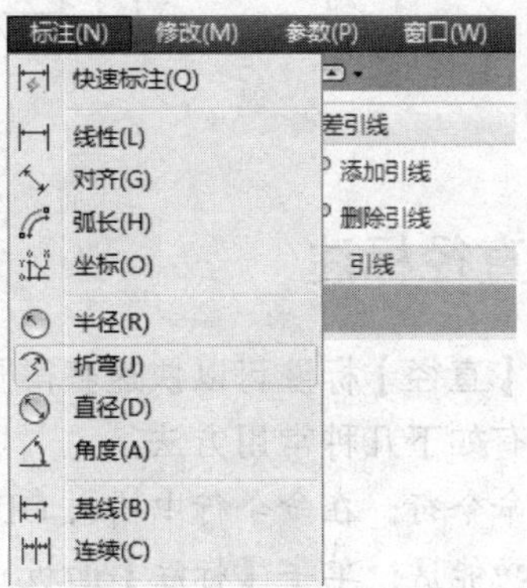
图 9-34　折弯标注菜单命令

该标注方式与【半径】标注方式基本相同，但需要指定一个位置代替圆或圆弧的圆心，如图 9-32 所示。

9.3.6 折弯线性标注

在标注一些长度较大的轴类打断视图的长度尺寸时，可以对应的使用折弯线性标注。在 AutoCAD 2016 中调用【折弯线性】标注有如下几种常用方法：

- ✧ 命令行：在命令行中输入 DIMJOGLINE。
- ✧ 功能区：单击【标注】面板【折弯线性】工具按钮，如图 9-35 所示。
- ✧ 工具栏：单击【标注】工具栏【折弯线性标注】按钮。
- ✧ 菜单栏：执行【标注】|【折弯线性】命令，如图 9-36 所示。

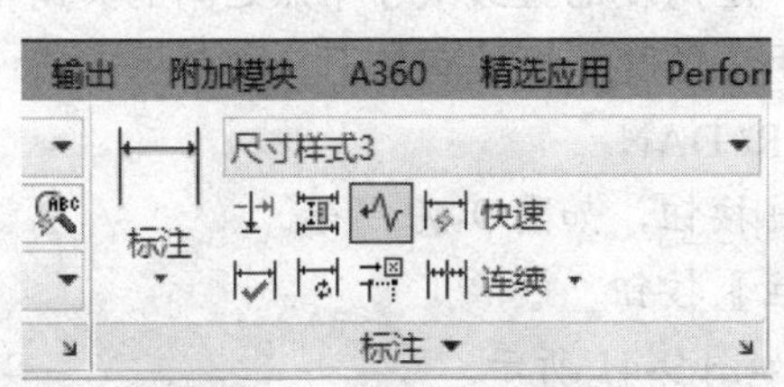

图 9-35　折弯线性标注面板按钮

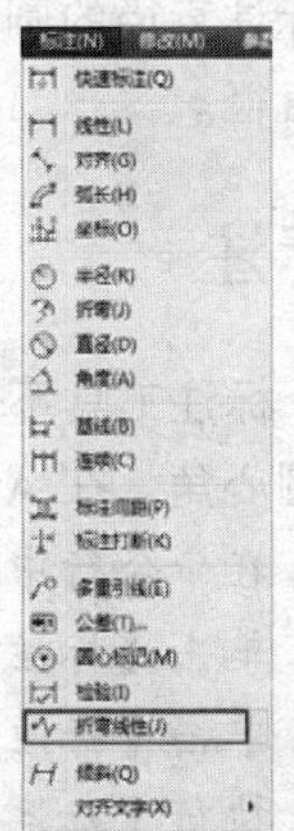
图 9-36　折弯线性标注菜单命令

执行上述任一命令后，选择需要添加折弯的线性标注或对齐标注，然后指定折弯位置即可，如图 9-37 所示。

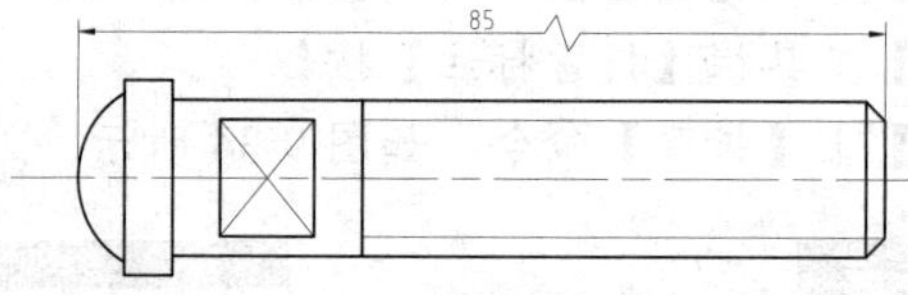

图 9-37 折弯线性标注

9.3.7 直径标注

利用【直径】标注可以快速获得圆或圆弧的半径大小，在 AutoCAD 2016 中调用【直径】标注有如下几种常用方法：

- ✧ 命令行：在命令行中输入 DIMDIAMETER/DDI。
- ✧ 功能区：单击【标注】面板【直径】工具按钮，如图 9-38 所示。
- ✧ 工具栏：单击【标注】工具栏【直径标注】按钮。
- ✧ 菜单栏：执行【标注】|【直径】命令，如图 9-39 所示。

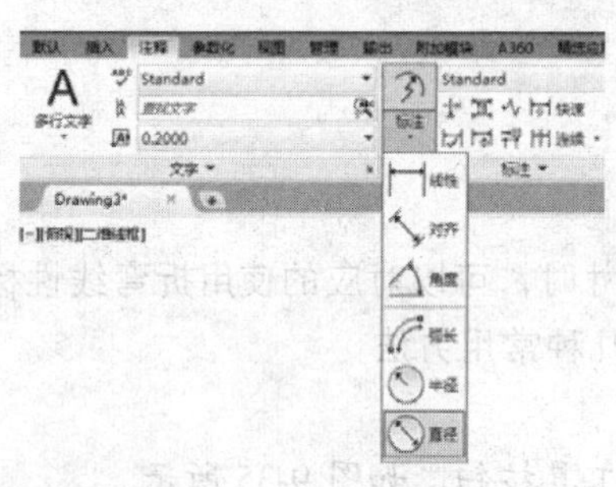

图 9-38 直径标注面板按钮

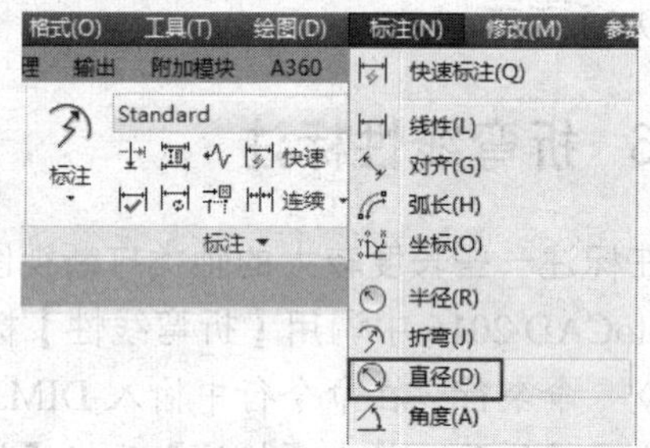

图 9-39 直径标注菜单命令

【直径】标注的方法与【半径】标注的方法相同，通过以上任意一种方法执行该命令后，当选择需要标注直径的圆或圆弧后，直接确定尺寸线的位置，系统将按实际测量值标注出圆或圆弧的直径。

9.3.8 角度标注

利用【角度】标注工具不仅可以标注两条呈一定角度的直线或 3 个点之间的夹角，还可以标注圆弧的圆心角。在 AutoCAD 2016 中调用【角度】标注有如下几种常用方法：

- ✧ 命令行：在命令行中输入 DIMANGULAR/ DAN。
- ✧ 功能区：单击【标注】面板【角度】工具按钮，如图 9-40 所示。
- ✧ 工具栏：单击【标注】工具栏【角度标注】按钮。
- ✧ 菜单栏：执行【标注】|【角度】命令，如图 9-41 所示。

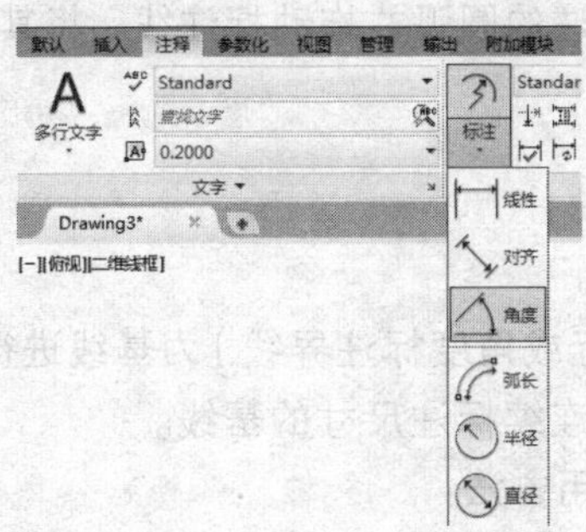

图 9-40　角度标注面板按钮

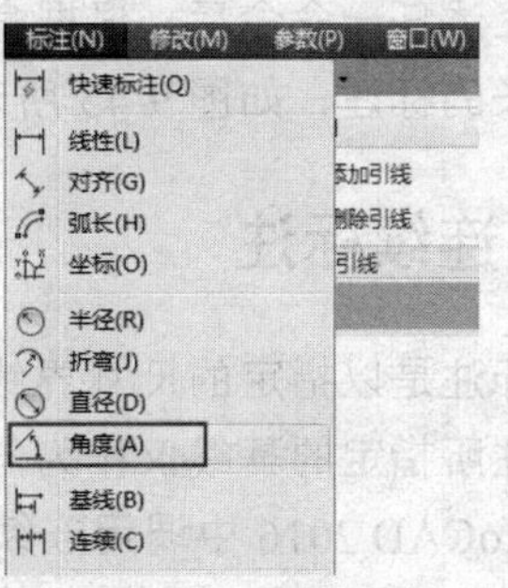

图 9-41　角度标注菜单命令

执行上述任一命后令，命令行提示如下：

选择圆弧、圆、直线或 <指定顶点>:

此时根据命令行提示即可进行各类角度尺寸的标注，如图 9-42 所示。

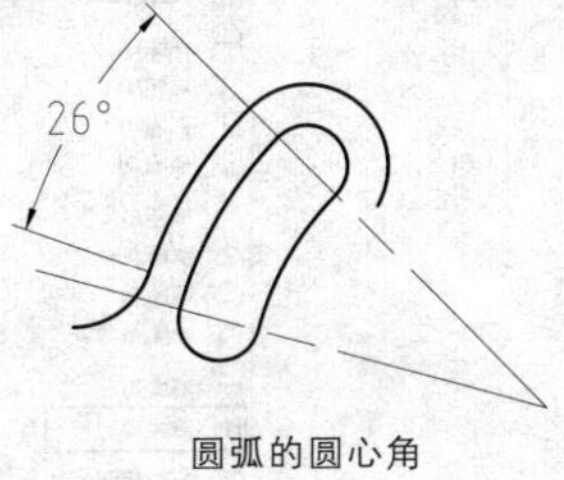

圆弧的圆心角

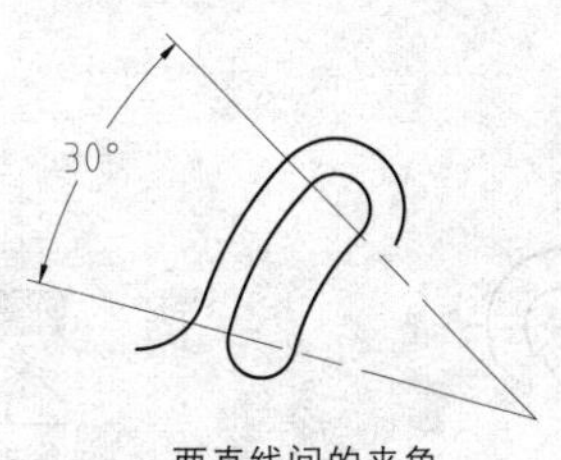

两直线间的夹角

图 9-42　角度标注

9.3.9 弧长标注

使用【弧长】标注工具标注圆弧、多段线圆弧或者其他弧线的长度。在 AutoCAD 2016 中调用【角度】标注有如下几种常用方法：

✧　命令行：在命令行中输入 DIMARC。

✧　功能区：单击【标注】工具栏【弧长】工具按钮，如图 9-43 所示。

✧　工具栏：单击【标注】工具栏【弧长标注】按钮。

✧　菜单栏：执行【标注】|【弧长】命令，如图 9-44 所示。

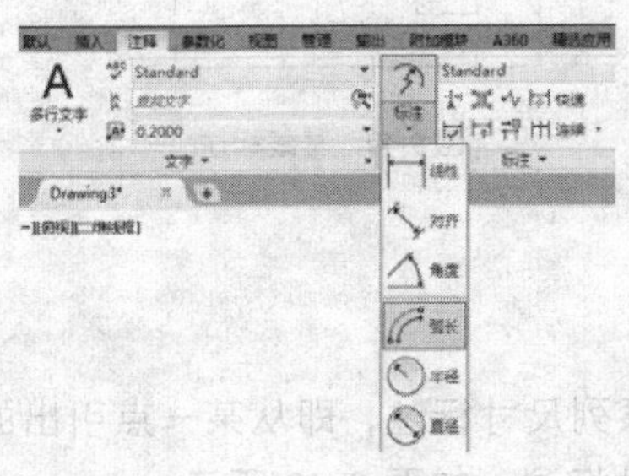

图 9-43　弧长标注面板按钮

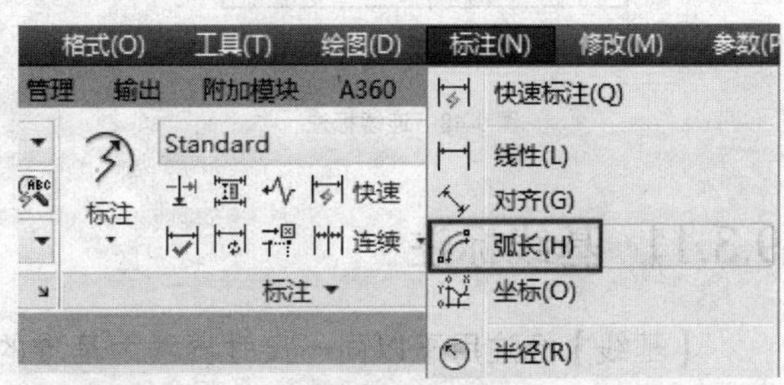

图 9-44　弧长标注菜单命令

执行上述任一命令后，根据命令行提示选取要标注的圆弧并拖动标注线，将其定位即可完成弧长的标注，如图 9-45 所示。

9.3.10 连续标注

连续标注是以指定的尺寸界线（必须以线性、坐标或角度标注界线）为基线进行标注，但连续标注所指定的基线仅作为与该尺寸标注相邻的连续标注尺寸的基线。

在 AutoCAD 2016 中调用连续标注有如下几种常用方法：

✧ 命令行：DIMCONTINUE/DCO。
✧ 功能区：单击【标注】面板【连续】工具按钮，如图 9-46 所示
✧ 工具栏：【标注】工具栏【连续标注】工具按钮
✧ 菜单：【标注】|【连续】命令，如图 9-47 所示

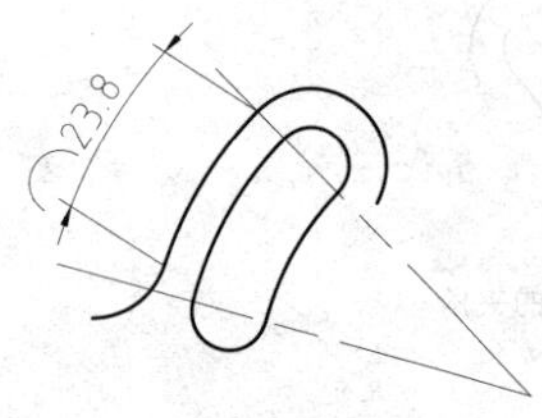

图 9-45 弧长标注

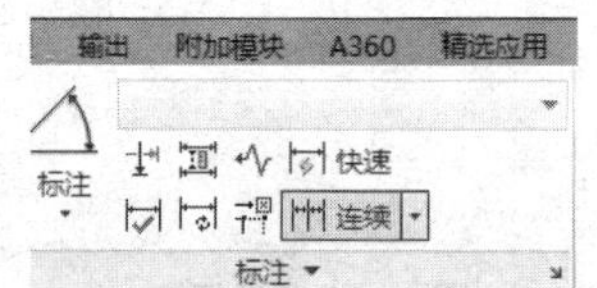

图 9-46 连续标注工具按钮

图 9-47 连续标注菜单命令

标注连续尺寸前，必须存在一个尺寸界线起点。进行连续标注时，系统默认将上一个尺寸界线终点作为连续标注的起点，提示用户选择第二条延伸线起点，重复指定第二条延伸线起点，则创建出连续标注，其效果如图 9-48 所示。

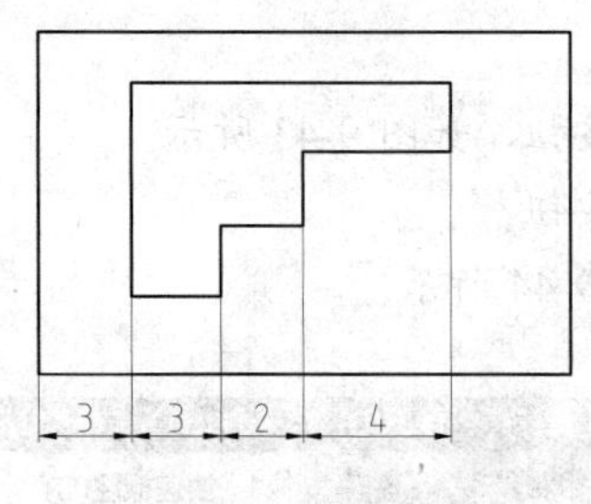

图 9-48 连续标注

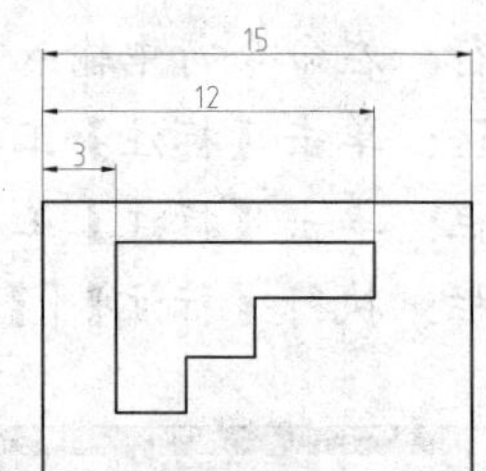

图 9-49 基线标注

9.3.11 基线标注

【基线】标注用于以同一尺寸界线为基准的一系列尺寸标注，即从某一点引出的尺寸界线作为第一条尺寸界线，依次进行多个对象的尺寸标注，如图 9-49 所示。

在 AutoCAD 2016 中调用【基线】标注有如下几种常用方法：

✧　命令行：在命令行中输入 DIMBASELINE/DBA。

✧　功能区：【标注】面板【基线】工具按钮，如图 9-50 所示。

✧　工具栏：【标注】工具栏【基线标注】工具按钮 。

✧　菜单栏：【标注】|【基线】命令，如图 9-51 所示。

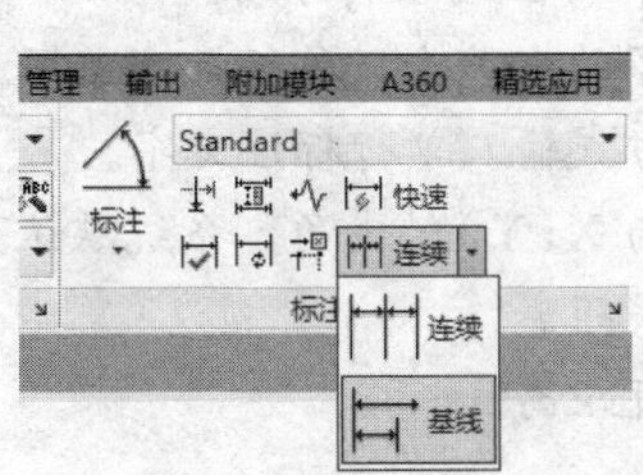

图 9-50　基线标注工具按钮

图 9-51　基线标注菜单命令

执行上述任一命令后，命令行提示如下：

"指定第二条尺寸界线起点或[放弃（U）/选择（S）]<选择>："

此时将光标移动到第一条尺寸界线起点，单击鼠标左键，即完成一个尺寸标注。重复拾取第二条尺寸界线起点操作可以完成一系列基线尺寸的标注，如图 9-49 所示。

专家点拨

在为基线标注选取基线时，所选择的尺寸界线必须是线性尺寸、角度尺寸或坐标尺寸中的一种。

9.3.12　坐标标注

【坐标】标注是一类特殊的引注，用于标注某些点相对于 UCS 坐标原点的 X 和 Y 坐标。在 AutoCAD 2016 中调用【坐标】标注有如下几种常用方法：

✧　命令行：在命令行中输入 DIMORDINATE/DOR。

✧　功能区：单击【标注】面板【坐标】工具按钮，如图 9-52 所示。

✧　工具栏：单击【标注】工具栏【坐标】工具按钮 。

✧　菜单栏：执行【标注】|【坐标】命令，如图 9-53 所示。

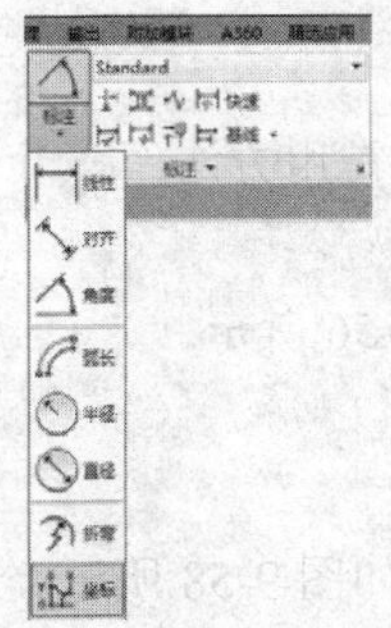

图 9-52　坐标标注面板按钮

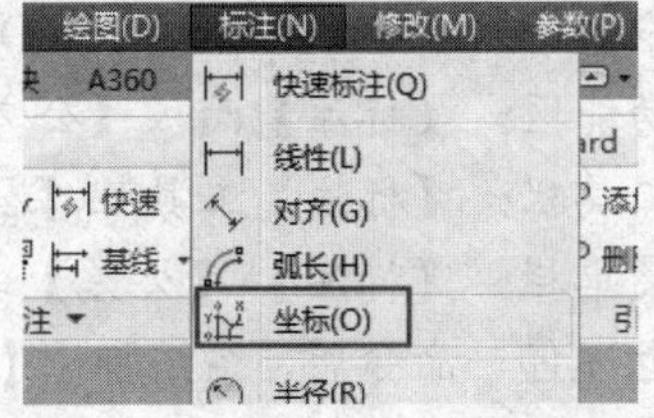

图 9-53　坐标标注菜单命令

执行上述任一命令后，指定标注点，命令行提示如下：

```
指定引线端点或 [X 基准(X)/Y 基准(Y)/多行文字(M)/文字(T)/角度(A)]:
```

坐标标注效果如图 9-54 所示，命令行各选项的含义如下：

✧ 指定引线端点：通过拾取绘图区中的点确定标注文字的位置。
✧ X 基准：系统自动测量 X 坐标值并确定引线和标注文字的方向。
✧ Y 基准：系统自动测量 Y 坐标值并确定引线和标注文字的方向。
✧ 多行文字：选择该选项可以通过输入多行文字的方式输入多行标注文字。
✧ 文字：选择该选项可以通过输入单行文字的方式输入单行标注文字。
✧ 角度：选择该选项可以设置标注文字的方向与 X(Y)轴夹角，系统默认为 0°。
✧ 水平：选择该选项表示只标注两点之间的水平距离。
✧ 垂直：选择该选项表示只标注两点之间的垂直距离。

9.3.13 形位公差标注

在产品设计及工程施工时很难做到分毫无差，因此必须考虑形位公差标注，设计时应规定相应的【公差】，并按规定的标准符号标注在图样上。

通常情况下，形位公差的标注主要由公差框格和指引线组成，而公差框格内又主要包括公差代号、公差值以及基准符号。以下简单介绍形位公差的标注方法：

1. 绘制基准符号和公差指引

通常在进行形位公差标注之前指定公差的基准位置绘制基准符号，并在图形上的合适位置利用引线工具绘制公差标注的箭头指引线，如图 9-55 所示。

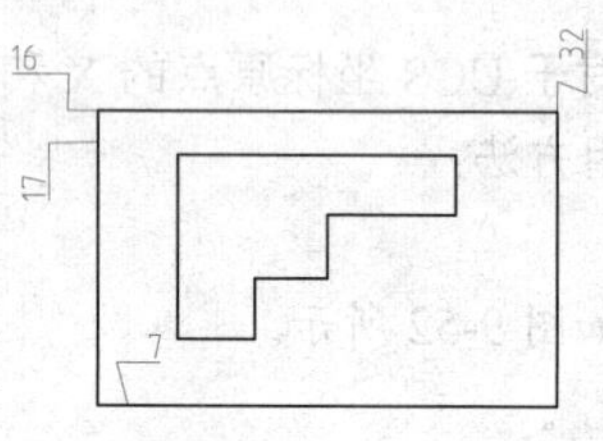

图 9-54 坐标标注

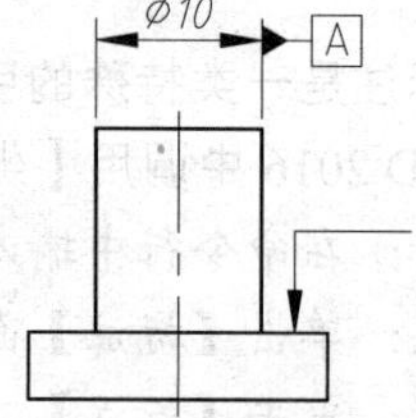

图 9-55 绘制公差基准符号和箭头指引线

2. 指定形位公差符号

在 AutoCAD 2016 中启用【形位公差】标注有如下几种常用方法：

✧ 命令行：在命令行中输入 TOLERANCE/TOL。
✧ 功能区：【标注】面板【公差】工具按钮，如图 9-56 所示。
✧ 工具栏：【标注】工具栏【公差】按钮。
✧ 菜单栏：【标注】|【公差】命令，如图 9-57 所示。

执行上述任一命令后，系统弹出【形位公差】对话框，如图 9-58 所示。选择对话框中的【符号】色块，系统弹出【特征符号】对话框，选择公差符号，即可完成公差符号的指定，如图 9-59 所示。

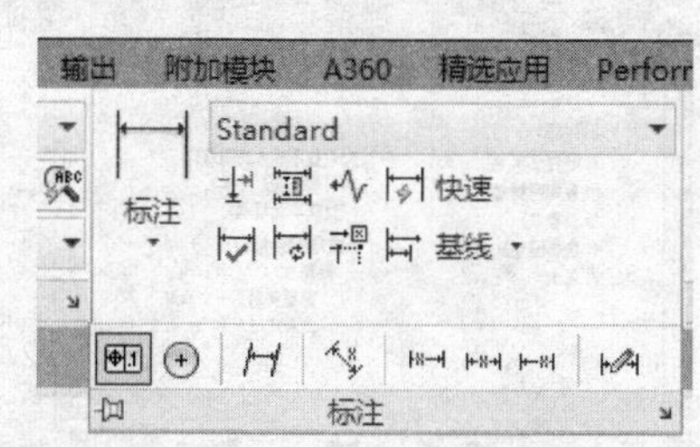

图 9-56　公差标注面板按钮

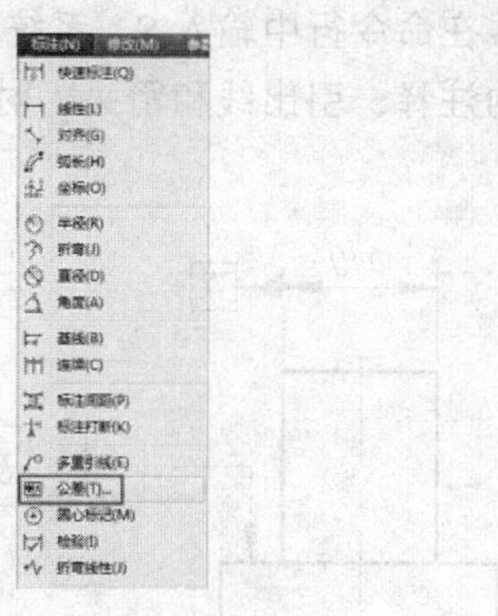

图 9-57　公差标注菜单命令

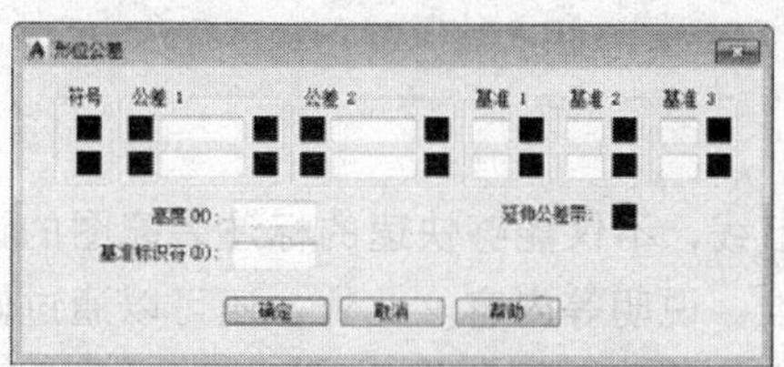

图 9-58　【形位公差】对话框

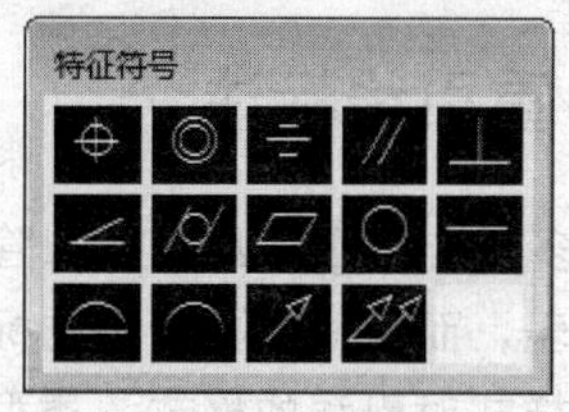

图 9-59　【特征符号】对话框

3. 指定公差值和包容条件

在【公差 1】选项组中的文本框中直接输入公差值，并选择后侧的色块弹出【附加符号】对话框，在对话框中选择所需的包容符号即可完成指定。

4. 指定基准并放置公差框格

在【基准 1】选项组中的文本框中直接输入该公差代号 A，然后单击【确定】按钮，并在图中所绘制的箭头指引处放置公差框格即可完成公差标注，如图 9-60 所示。

9.4 引线标注

【引线标注】可为图形添加注释、说明等。引线标注可分为快速引线标注和多重引线标注。

9.4.1 快速引线标注

【快线引线】标注命令是 AutoCAD 常用的引线标注命令。

在命令行中输入 QLEADER /LE，然后按回车键，此时命令行提示：

```
命令: LE↙
QLEADER
指定第一个引线点或 [设置(S)] <设置>:
```

在命令行中输入 S，系统弹出【引线设置】对话框，如图 9-61 所示，可以在其中对引线的注释、引出线和箭头、附着等参数进行设置。

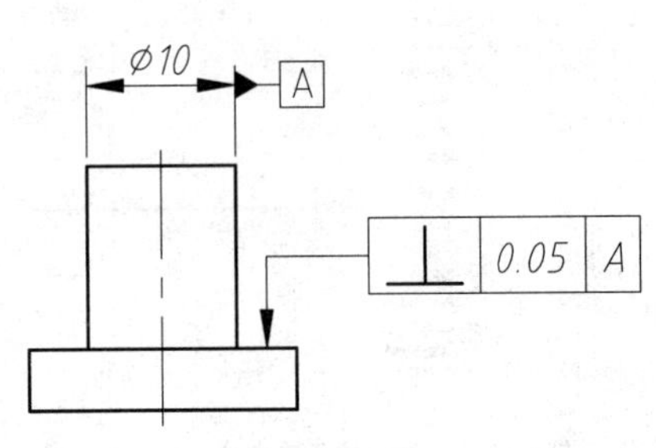

图 9-60 标注形位公差

图 9-61 【引线设置】对话框

9.4.2 多重引线标注

使用【多重引线】工具添加和管理所需的引出线，不仅能够快速的标注装配图的证件号和引出公差，而且能够更清楚的标识制图的标准、说明等内容。此外，还可以通过修改多重引线的样式对引线的格式、类型以及内容进行编辑。

1. 创建多重引线标注

在 AutoCAD 2016 中启用【多重引线】标注有如下几种常用方法：

- ✧ 命令行：在命令行中输入 MLEADER / MLD。
- ✧ 功能区：单击【引线】面板【多重引线】工具按钮，如图 9-62 所示。
- ✧ 工具栏：单击【多重引线】工具栏【多重引线】按钮。
- ✧ 菜单栏：执行【标注】|【多重引线】命令，如图 9-63 所示。

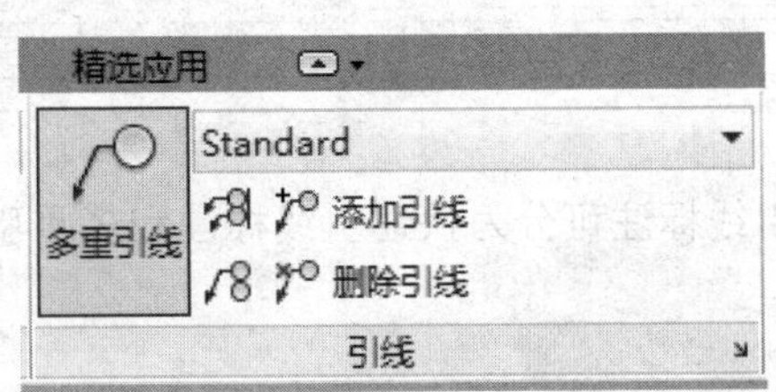

图 9-62 多重引线标注面板按钮

图 9-63 多重引线标注菜单命令

执行上述任一命令后，命令行提示如下：

```
指定引线箭头的位置或 [引线基线优先(L)/内容优先(C)/选项(O)] <选项>:
```

在图形中单击确定引线箭头位置；然后在打开的文字出入窗口中输入注释内容即可，如图 9-64 所示。

单击【引线】面板【多重引线】工具按钮，可以为图形继续添加多个引线和注释，如

图 9-65 所示。

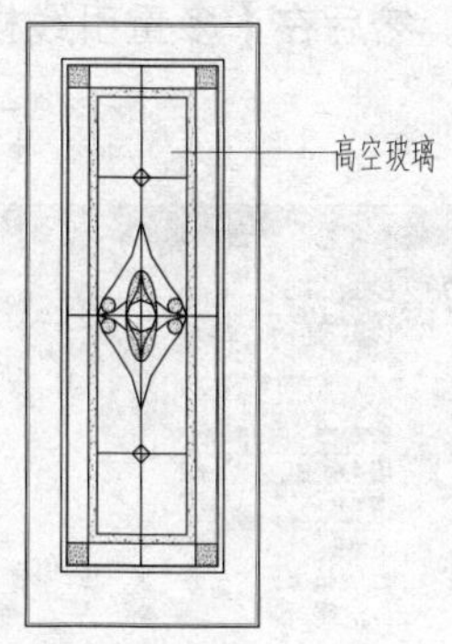

图 9-64　多重引线标注

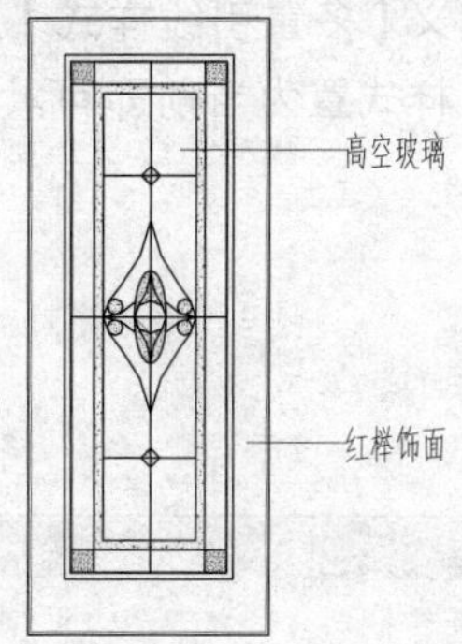

图 9-65　添加引线

2. 管理多重引线样式

通过【多重引线样式管理器】可以设置【多重引线】的箭头、引线、文字等特征，在 AutoCAD 2016 中打开【多重引线样式管理器】有如下几种常用方法：

- ✧ 命令行：在命令行中输入“MLEADERSTYLE/MLS”。
- ✧ 功能区：单击【引线】面板右下角按钮，如图 9-66 所示。
- ✧ 工具栏：单击【多重引线】工具栏【多重引线样式】按钮。
- ✧ 菜单栏：执行【格式】|【多重引线样式】命令，如图 9-67 所示。

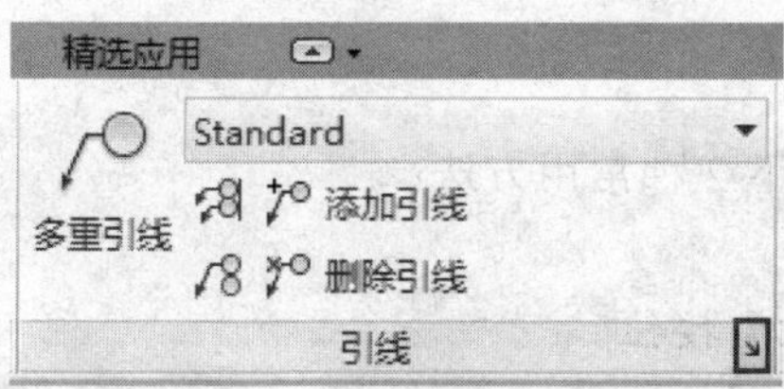

图 9-66　引线面板

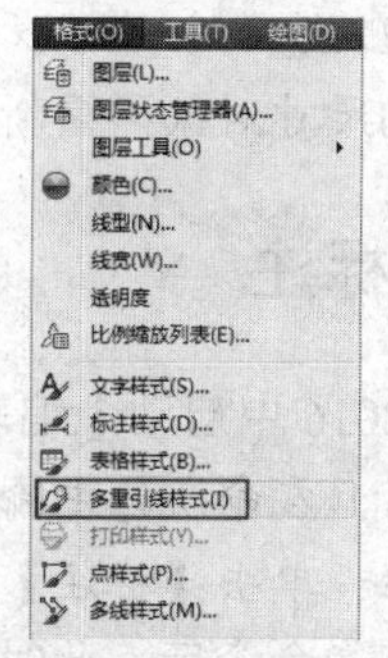

图 9-67　多重引线样式菜单命令

执行上述任一命令后，系统均将弹出【多重引线样式管理器】面板，如图 9-68 所示。

单击【新建】按钮，系统弹出【创建新多重引线样式】对话框，如图 9-69 所示。在【创建新多重引线样式】对话框中可以创建多重引线样式。

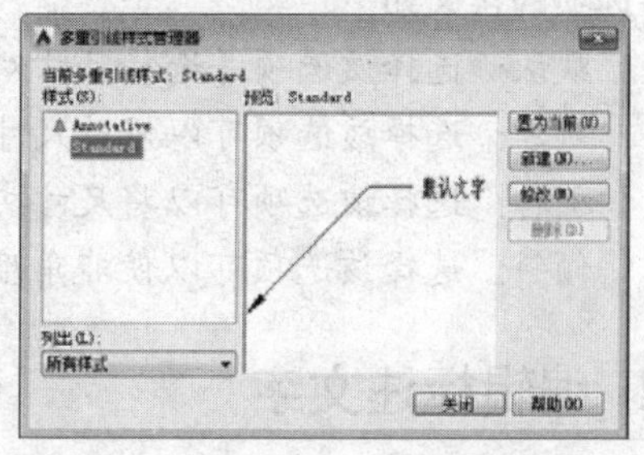

图 9-68　【多重引线样式管理器】面板

设置了新样式的名称和基础样式后，单击【继续】按钮，系统弹出【修改多重引线样

式】对话框，可以创建多重引导线的格式、结构和内容，如图 9-70 所示。

用户自定义【多重引线样式】后，单击【确定】按钮。然后在【多重引线样式管理器】对话框将新建样式置为当前即可。

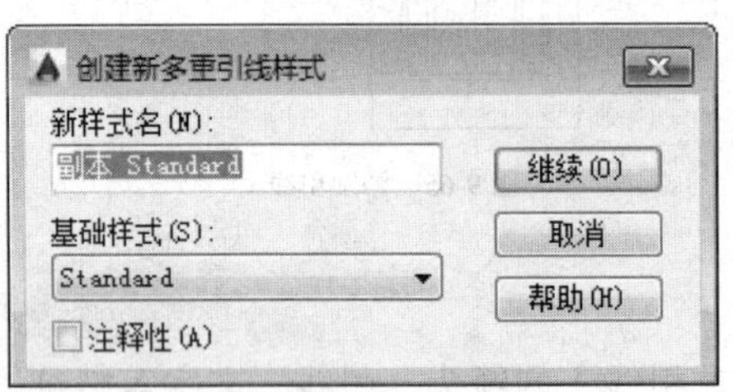

图 9-69 【创建新多重引线样式】面板

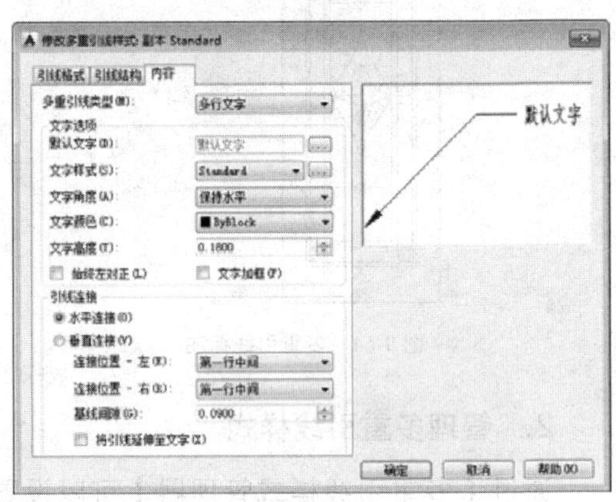

图 9-70 【修改多重引线样式】对话框

9.5 编辑标注对象

在 AutoCAD 2016 中，可以对已标注对象的文字、位置及样式等内容进行修改，而不必删除所标注的尺寸对象再重新进行标注。

9.5.1 编辑标注

AutoCAD 2016 中启动【编辑标注】命令有如下 2 种常用方法：

- ✧ 命令行：在命令行中输入 DIMEDIT/DED。
- ✧ 工具栏：单击【标注】工具栏【编辑标注】按钮 。

执行上述任一命令后，此时命令行提示如下：

```
输入标注编辑类型 [默认(H)/新建(N)/旋转(R)/倾斜(O)] <默认>:
```

各选项的含义如下：

- ✧ 默认：选择该选项并选择尺寸对象，可以按默认位置和方向放置尺寸文字。
- ✧ 新建：选择该选项可以修改尺寸文字。
- ✧ 旋转：选择该选项可以将尺寸文字旋转一定的角度。
- ✧ 倾斜：选择该选项可以使非角度标注的延伸线倾斜一角度。

9.5.2 编辑标注文字

AutoCAD 2016 中启动【标注文字编辑】命令有如下 2 种常用方法：

- ✧ 命令行：在命令行中输入 DIMTEDIT。

✧　工具栏：单击【标注】工具栏【编辑标注文字】按钮。

执行上述任一命令后，然后选择需要修改的尺寸对象，此时命令行提示如下：

```
为标注文字指定新位置或 [左对齐(L)/右对齐(R)/居中(C)/默认(H)/角度(A)]:
```

默认情况下，可以通过拖动光标来确定尺寸文字的新位置。也可以输入相应的选项指定文字的新位置。

专家点拨

在【草图与注释】工作空间中，可以通过各个工具按钮进行标注文字的对齐，如图 9-71 所示。

9.5.3　调整标注间距

在 AutoCAD 中利用【标注间距】功能，可根据指定的间距数值，调整尺寸线互相平行的线性尺寸或角度尺寸之间的距离，使其处于平行等距或对齐状态。

在 AutoCAD 2016 中启动【标注间距】调整命令有如下几种常用方法：

✧　命令行：在命令行中输入 DIMSPACE。

✧　功能区：单击【标注】面板【调整间距】工具按钮，如图 9-72 所示。

✧　工具栏：单击【标注】工具栏【等距标注】按钮。

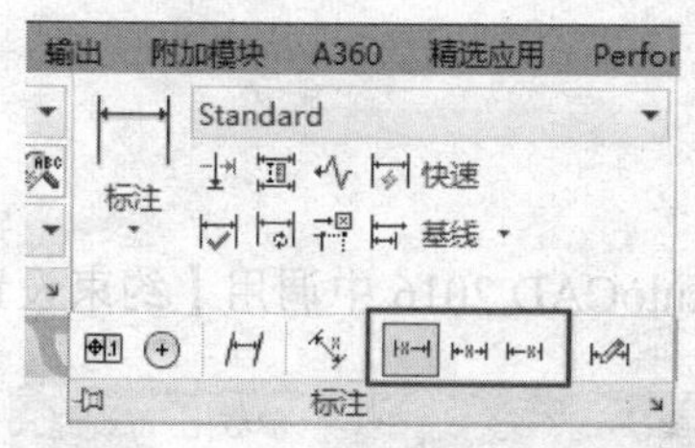

图 9-71　【文字对齐】工具按钮

图 9-72　调整标注间距面板按钮

执行上述任一命令后，在图中选取第一个标注尺寸作为基准标注，然后依次选取要产生间距的标注，最后输入标注线的间距数值并按 Enter 键即可完成标注间距的设置。

9.5.4　打断标注

使用【打断标注】工具可以在尺寸标注的尺寸线、尺寸界限或引伸线与其他的尺寸标注或图形中线段的交点处形成隔断，可以提高尺寸标注的清晰度和准确性。

AutoCAD 2016 中启用【打断标注】命令有如下几种常用方法：

✧　命令行：在命令行中输入 DIMBREAK。

✧　功能区：单击【标注】面板【打断】工具按钮，如图 9-73 所示。

✧　工具栏：单击【标注】工具栏【折断标注】按钮。

执行上述任一命令后，按照命令行提示首先在图形中选取要打断的标注线，然后选取要打断标注的对象，即可完成该尺寸标注的打断操作，如　　　图 9-74 所示。

图 9-73 打断面板按钮

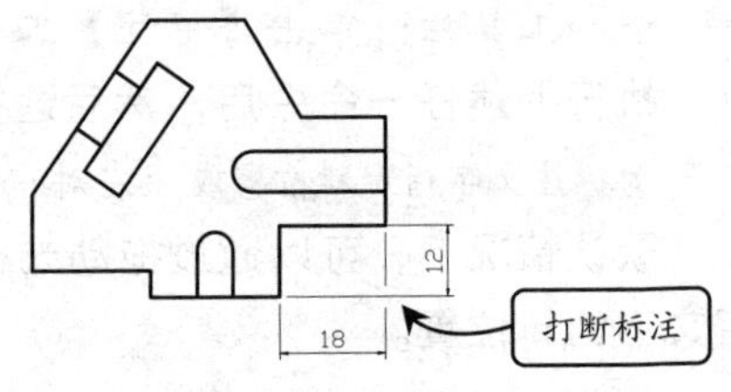

图 9-74 打断标注效果

9.6 约束的应用

约束是 AutoCAD 2010 的新增功能，而在 AutoCAD 2016 中对其进行了较大的改进。约束包括标注约束和几何约束 2 种类型。用户可以通过在【绘图】工具栏中单击右键，在弹出的快捷菜单中选择【标注约束】和【参数化】选项，调出【标注约束】和【几何约束】工具栏，如图 9-75 所示。

图 9-75 【标注约束】和【几何约束】工具栏

9.6.1 约束的设置

在使用【约束】之前应先进行约束的设置，在 AutoCAD 2016 中调用【约束设置】有如下几种常用方法：

✧ 命令行：在命令行中输入 CONSTRAINTSETTINGS。
✧ 功能区：单击【参数化】选项卡【几何】面板右下角按钮，如图 9-76 所示。
✧ 工具栏：单击【参数化】工具栏【约束设置】按钮。。
✧ 菜单栏：执行【参数】|【约束设置】命令，如图 9-77 所示。

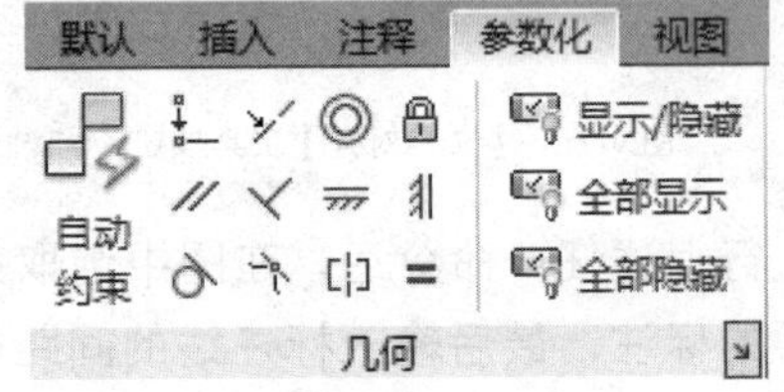

图 9-76 几何面板

执行上述任一命令后，系统均将弹出如图 9-78 所示的【约束设置】对话框，通过该对话框可以进行约束的具体设置。

【约束设置】对话框共有 3 个选项卡，【几何】选项卡、【标注】选项卡和【自动约束】选项卡，各个选项卡的功能如下：

✧ 【几何】选项卡：用于设置约束的类型，例如垂直、平行、水平、平滑等。
✧ 【标注】选项卡：用于设置标注约束的显示方式以及动态约束方式的隐藏和显示。
✧ 【自动约束】选项卡：设置了在选择【自动约束】命令后执行自动约束命令的约

束方式。

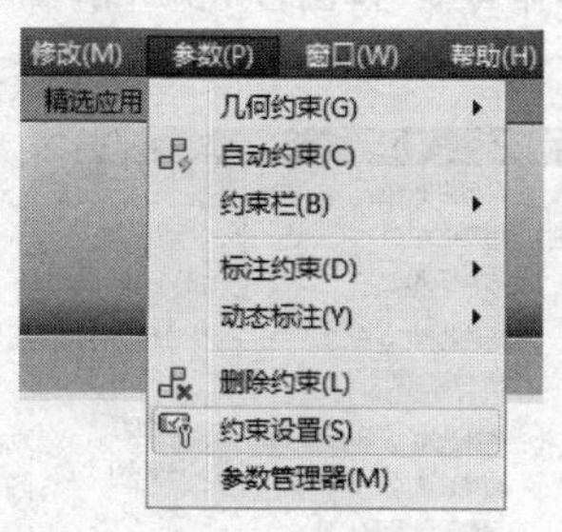

图 9-77　约束设置菜单命令

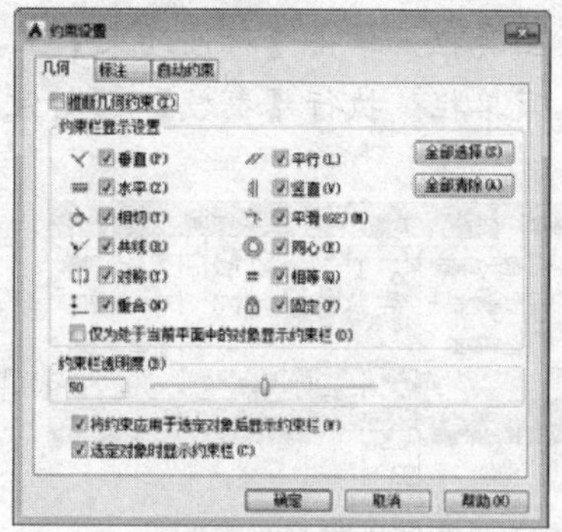

图 9-78　【约束设置】对话框

9.6.2　创建几何约束

几何约束可以确定对象之间或对象上的点之间的关系。创建后，它们可以限制可能会违反约束的所有更改。

【几何约束】能控制图形与图形之间的相对位置，能够减少不必要的尺寸标注。在绘制三维草图中，通过几个约束能对草图进行初步的定义，也就是说能够通过一个图形来驱动和约束其他图形，大大节约了绘图的工作量。

下面以创建相切约束为例，具体介绍几何约束的创建方法：

01 打开 AutoCAD 2016，在【绘图区】绘制两个互不相交的圆，如图 9-79 所示。

02 单击【几何约束】面板中的【相切】按钮，此时鼠标指针呈形状，依次选择要添加约束的圆，如图 9-80 所示。

03 单击完成后，系统为两个圆添加自动相切约束，效果如图 9-81 所示。

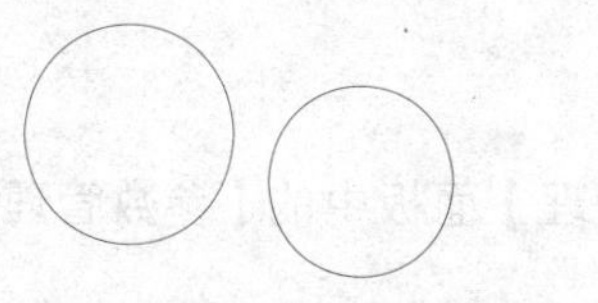

图 9-79　绘制圆

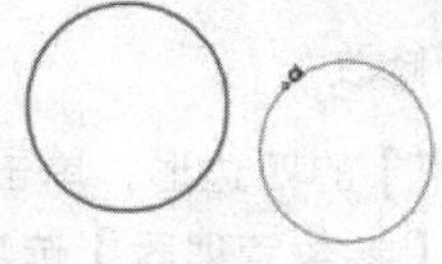

图 9-80　选择要约束的圆

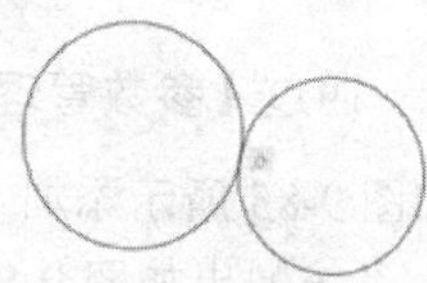

图 9-81　相切约束效果

专家点拨

在进行约束操作时，先单击的对象将保持位置不变，而后单击的对象将进行位置的变化以满足约束效果，其它几何约束的创建方法与此相同。

9.6.3　创建标注约束关系

标注约束可以确定对象、对象上的点之间的距离或角度，也可以确定对象的大小。

在 AutoCAD 2016 中调用【标注约束】有如下几种常用方法：

- ✧ 功能区：单击【参数化】选项卡【标注】面板对应工具按钮，如图 9-82 所示。
- ✧ 工具栏：单击【标注约束】工具栏相关按钮。
- ✧ 菜单栏：执行【参数】|【标注约束】相应菜单命令，如图 9-83 所示。

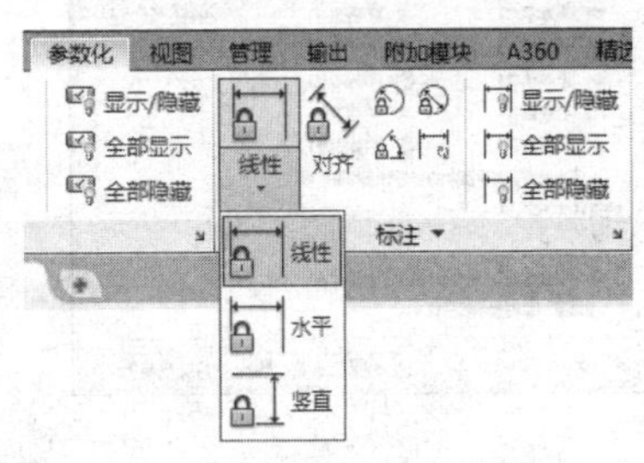

图 9-82 标注约束面板按钮

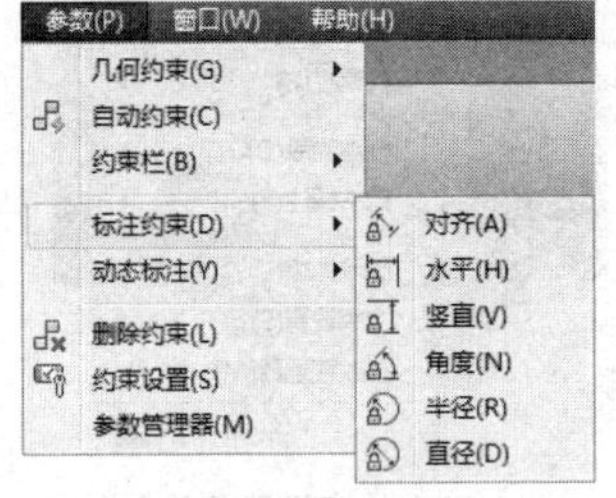

图 9-83 标注约束菜单命令

在使用了【标注约束】后，此时就不能通过【缩放】等编辑工具对其尺寸进行更改，要改变【标注约束】对象的尺寸有如下两种方法：

1. 通过【标注约束】尺寸进行修改

在使用了【标注约束】后，双击标注约束尺寸数值，然后调整数值，图形尺寸会随着修改值进行相应的变化，如图 9-84 所示。

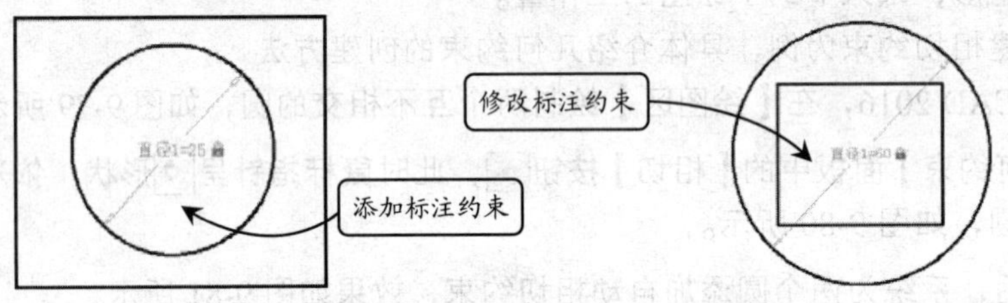

图 9-84 修改标注约束

2. 通过【参数管理器】进行修改

如图 9-85 所示添加【标注约束】的四边形，单击【管理】面板中的【参数管理器】按钮 fx，系统弹出如图 9-86 所示的【参数管理器】选项板。

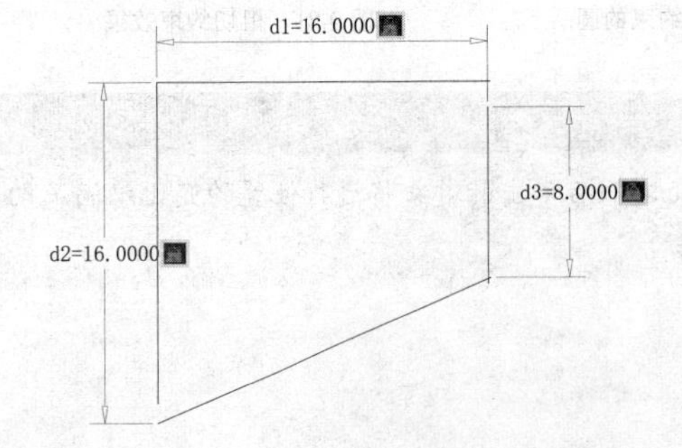

图 9-85 绘制四边形

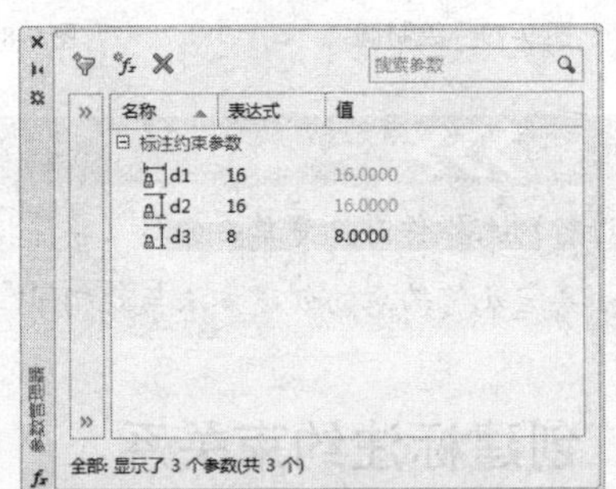

图 9-86 【参数管理器】选项板

在【参数管理器】选项板修改标注约束参数，如图 9-87 所示，【绘图区】中的图形发生了相应的变化，如图 9-88 所示。

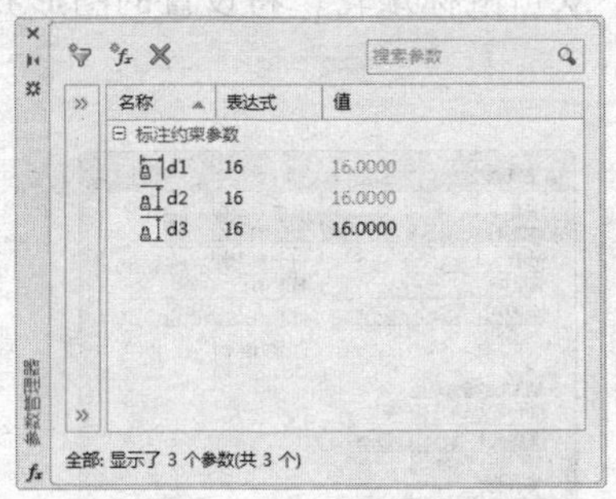

图 9-87　设置参数

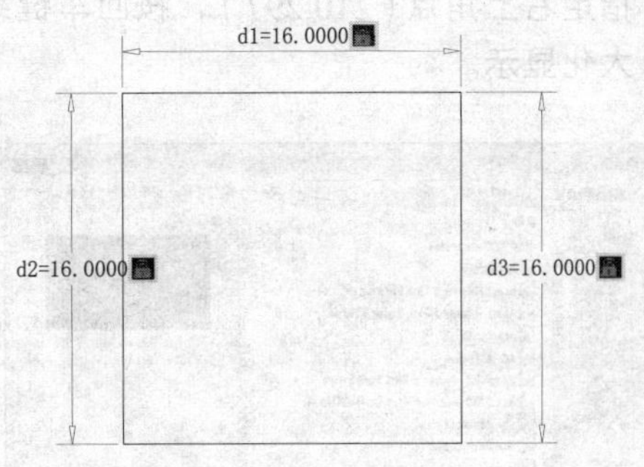

图 9-88　图形变化效果

此时如果修改 d1 的数值，那么其它边的数值就会发生相应的变化。

9.6.4　编辑受约束的几何图形

几何图形元素被约束之后，用户需要修改被约束的几何图形元素。首先需要删除几何约束或者修改标注元素的函数关系式，然后才能对图形元素就行修改，或者重新添加新的几何约束。

在【参数化】选项卡中，单击【管理】面板中的【删除约束】按钮，然后在【绘图区】选择要删除的【几何约束】或者【标注约束】，单击鼠标右键或按 Enter 键，即完成删除约束操作。

9.7　综合实例

9.7.1　创建机械绘图样板

AutoCAD 样板文件的后缀名为“*.dwt”。AutoCAD 2016 提供了许多样板文件，但这些样板文件和我国的国标并不完全相符。所以不同的专业在绘图前都应该建立符合各自专业国家标准的样板文件，保证图纸的规范性和准确性。

下面以创建机械制图国家标准的 A4 竖放样板文件为例，介绍样板文件的创建方法。

1. 设置绘图环境

01 单击【快速访问】工具栏中的【新建】按钮，系统弹出【选择样板】对话框，如图 9-89 所示。选择“acadiso.dwt”样板文件，单击【打开】按钮，进入 AutoCAD 绘图界面。

02 在命令行中输入 UNITS（单位）命令并回车，系统弹出【图形单位】对话框，设置【长度类型】为“小数”，【精度】为“0.000”。设置角度【类型】为“十进制度数”，

精度为“0.0”，如图 9-90 所示。

03 调用 LIMITS【图形界限】命令，根据命令行的提示，首先指定左下角点（0,0），再指定右上角点（210,297），按回车键结束设置。双击鼠标滚轮，将设置的图形界限最大化显示。

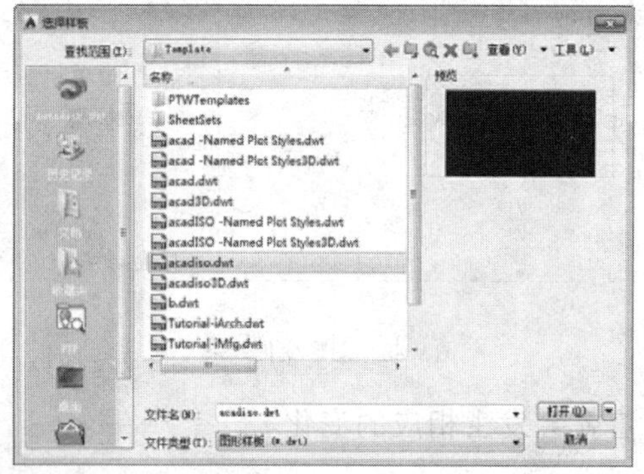

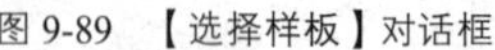
图 9-89 【选择样板】对话框

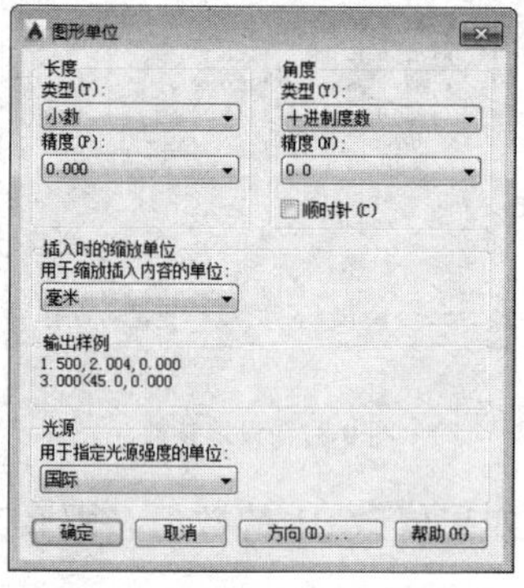

图 9-90 【图形单位】对话框

04 在命令行中输入 DS，系统弹出的【草图设置】对话框，单击【捕捉和栅格】选项卡，取消勾选【显示超出范围的栅格】复选框，然后在【状态栏】打开栅格显示功能按钮，如图 9-91 所示。

2. 创建图层

调用 LA【图层特性管理器】命令，系统弹出【图层特性管理器】，在【图层特性管理器】选项板中创建图层，如图 9-92 所示。

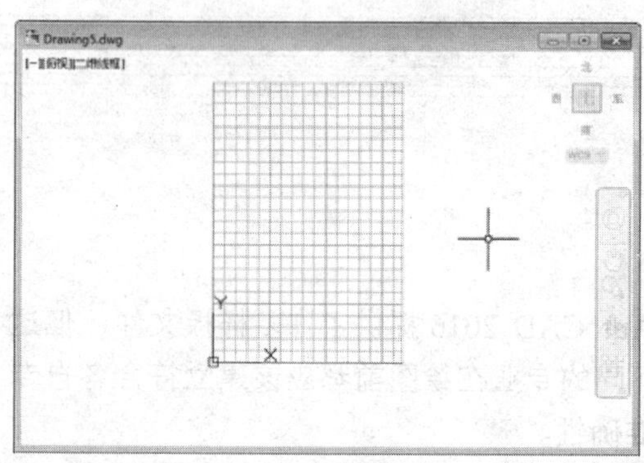

图 9-91 打开栅格显示

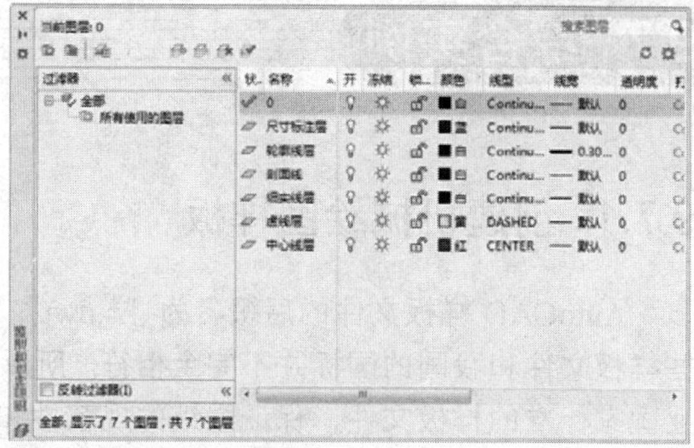

图 9-92 【图层特性管理器】选项板

3. 设置文字样式

调用 ST【文字样式】命令，系统弹出【文字样式】对话框，单击【新建】按钮，输入样式名为“工程字”，单击【确定】按钮，在【SHX 字体】下拉列表框中选择 gbenor.shx 字体，选择【使用大字体】复选框，在【大字体】下拉列表框中选择 gbcbig.shx 字体，如图 9-93 所示。

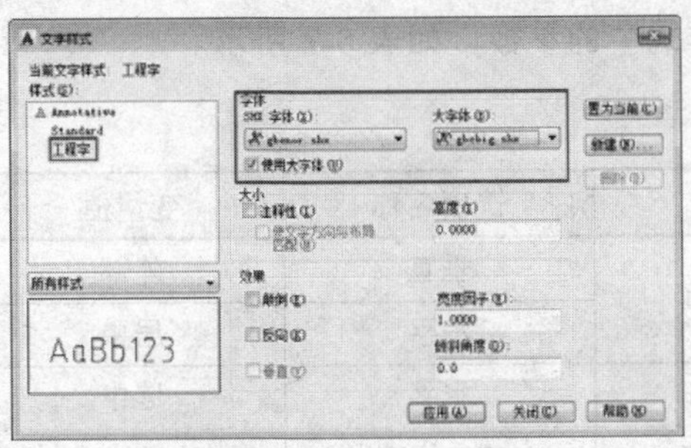

图 9-93　【文字样式】对话框

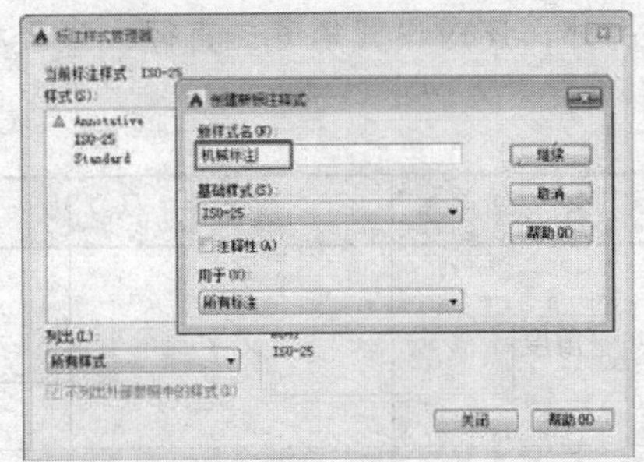

图 9-94　【标注样式管理器】对话框

4. 设置尺寸标注样式

01 调用 D【标注样式】命令，系统弹出【标注样式管理器】对话框，如 图 9-94 所示。

02 以 ISO—25 为基础样式新建【机械标注】样式，并设置如表 9-1 所示的有关参数，其余采用默认值。

表 9-1　标注样式中的参数

选项卡	选项组	选项名称	变量值
线	尺寸线	基线间距	8
	尺寸界线	超出尺寸线	2
		起点偏移量	0
符号和箭头	尺寸界线	第一个	实心闭合
		第二个	实心闭合
		引线	实心闭合
		箭头大小	3
	弧长符号	标注文字的前缀	选中
	半径折弯标注	折弯角度	45
	折断标注	折断大小	3
文字	文字外观	文字样式	工程字
		文字高度	3.5
	文字位置	垂直	上方
		水平	居中
		从尺寸线偏移	1.5
	文字对齐	与尺寸线对齐	选中
主单位	线性标注	单位格式	小数
		精度	0.00
		小数分隔符	句号
	角度标注	单位格式	十进制度数
		精度	0.0

03 另外，还应设置角度、直径、半径标注子样式中的参数，如表 9-2 所示。

表 9-2　子样式参数

名称	选项卡	选项组	选项名称	变量值
角度	文字	文字位置	垂直	外部
			水平	居中
		文字对齐	水平	选中
直径/半径	文字	文字对齐	ISO 标准	选中
	调整	调整选项	文字	选中

5．设置多重引线样式

调用 MLS【多重引线样式】命令，系统弹出【多重引线样式管理器】对话框。以 Standard 为基础样式新建【倒角标注】样式和【形位公差引线】样式，并设置如表 9-3 所示的有关参数，其余参数默认。

表 9-3　设置多重引线样式的参数

选项卡	选项组	选项名称	变量值	
			倒角标注	形位公差引线
引线格式	箭头	符号	无	实心闭合
		大小	0	3
	引线打断	打断大小	3	3
引线结构	约束	最大引线点数	2	3
		第一段角度	45	90
		第二段角度		0
	基线设置	自动包含基线	选中	不选中
		设置基线距离	选中	
		基线距离文本框	0.3	
内容	多重引线类型		多行文字	无
	文字选项	默认文字	C1	
		文字样式	工程字	
		文字高度	3.5	
	引线连接	连接位置—左	最后一行加下划线	
		连接位置—右	最后一行加下划线	
		基线间距	0.1	

6．绘制图框

01 将【细实线】置为当前图层，调用 L【直线】命令，绘制边框，如图 9-95 所示。

02 调用 O【偏移】命令，设置偏移距离分别为 25 和 5 偏移边框，再将偏移得到的线段的图层转换为【粗实线】，如图 9-96 所示。

03 调用 TR【修剪】命令，修剪图形，如图 9-97 所示。

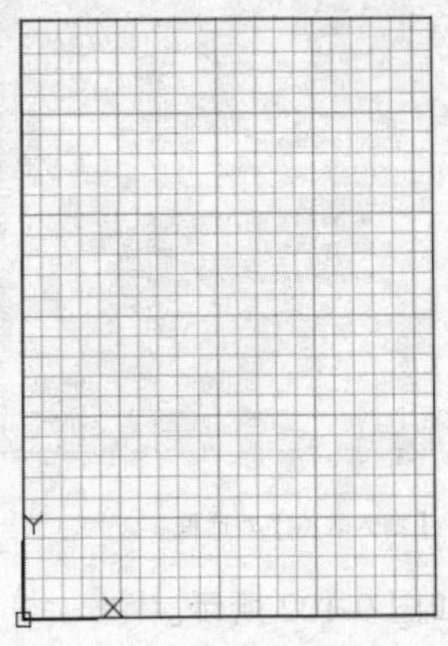

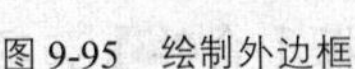

图 9-95　绘制外边框

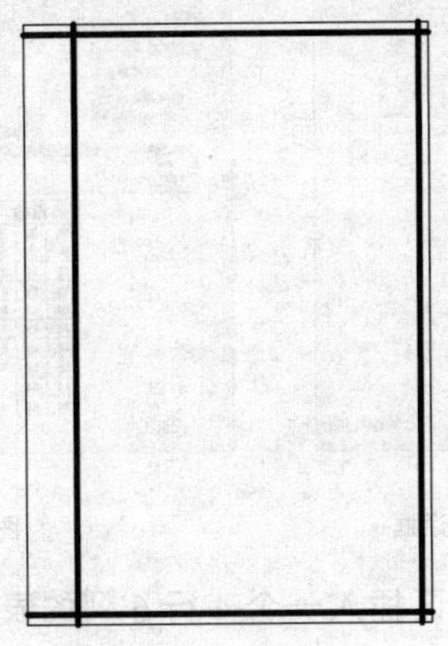

图 9-96　绘制偏移图形

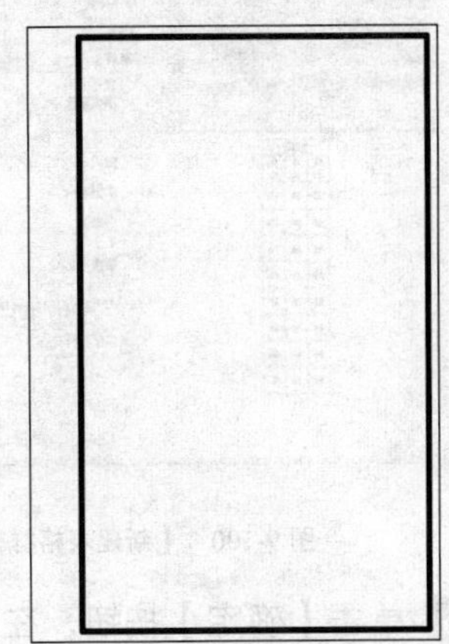

图 9-97　修剪图框

7. 绘制标题栏

01 调用 TS【表格样式】命令，系统弹出【表格样式】对话框，如图 9-98 所示。单击【新建】按钮，系统弹出【创建新的表格样式】对话框，在【新样式名】文本框中输入“表格 1”，如图 9-99 所示。

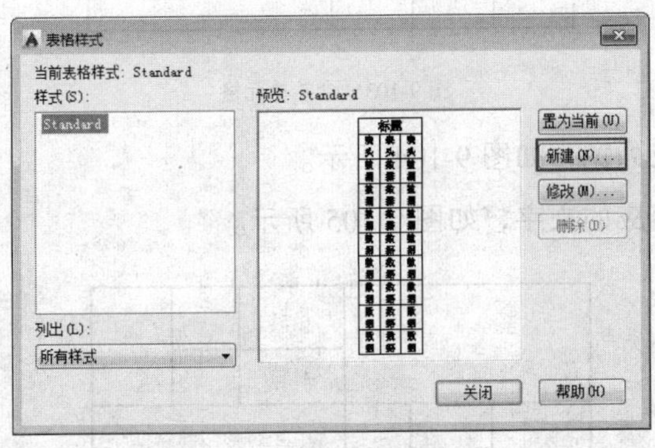

图 9-98　【表格样式】对话框

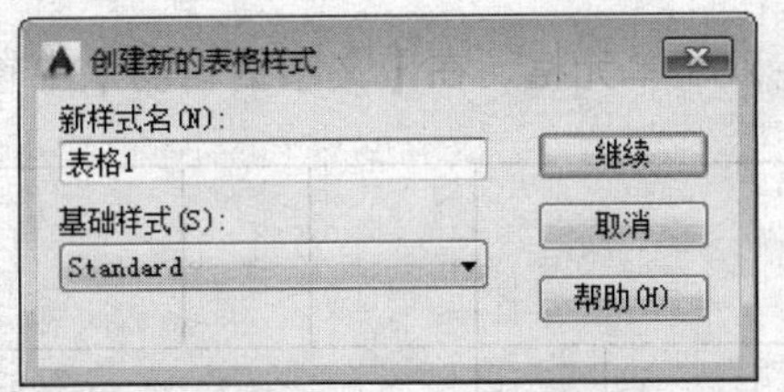

图 9-99　【创建新的表格样式】对话框

02 单击【继续】按钮，系统弹出【新建表格样式】对话框，在【单元样式】选项区域的下拉列表框中选择【数据】选项，将【对齐】方式设置为“正中”模式；将“线宽”设置为 0.3mm；设置文字样式为大字体 TXT.SHX，高度为 5mm，如图 9-100 所示。

03 单击【确定】按钮，返回【表格样式】对话框，将新建的标注样式置为当前。

04 设置完毕后，单击【关闭】按钮，关闭【表格样式】对话框。

05 调用 TB【表格】命令，系统弹出【插入表格】对话框，在【插入方式】选项区域中选中【指定插入点】单选按钮；在【列和行设置】选项区域中分别设置【列数】和【数据行数】文本框中的数值为 6 和 2；“列宽”设置为“15”，行高为 1，在【设置单元样式】选项区域中设置,所有的单元样式都为【数据】，如图 9-101 所示。

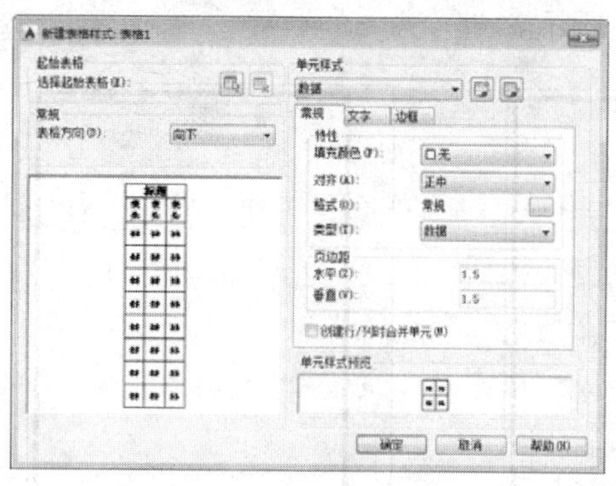

图 9-100 【新建表格样式】对话框

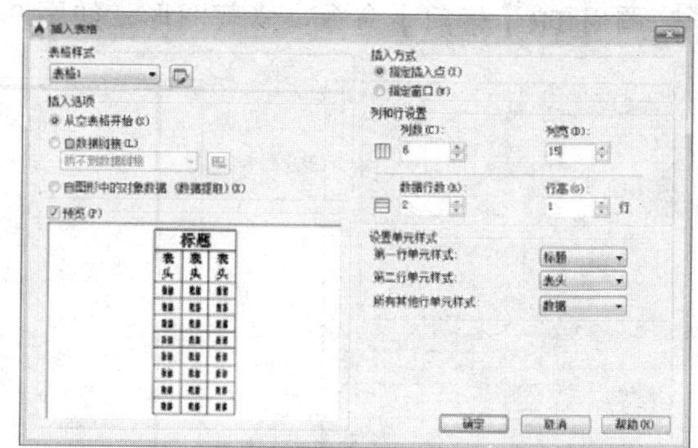

图 9-101 【插入表格】对话框

06 单击【确定】按钮，在绘图区插入一个 4 行 6 列的表格，如图 9-102 所示。

07 选中要合并的单元格，单击鼠标右键，在弹出的快捷菜单中选择【合并】选项，合并单元格，其最终效果如图 9-103 所示。

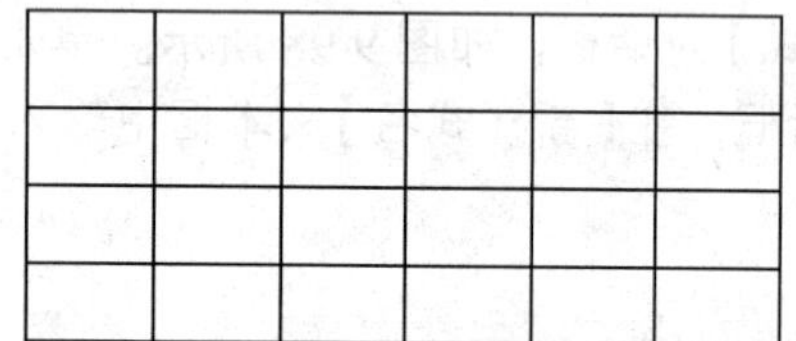

图 9-102 插入表格

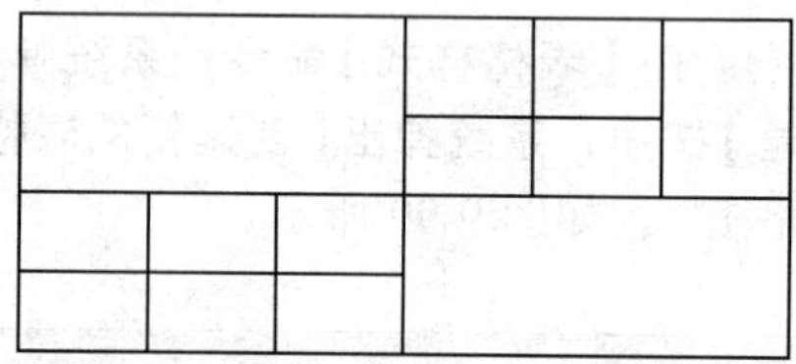

图 9-103 合并单元格

08 选中表格，拖动夹点，调整表格的行高或列宽，如图 9-104 所示。

09 双击单元格，在【文字编辑器】中输入相应的文字，如图 9-105 所示。

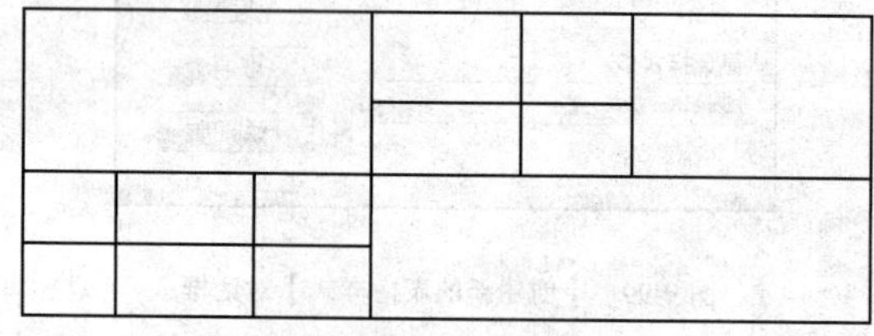

图 9-104 调整表格

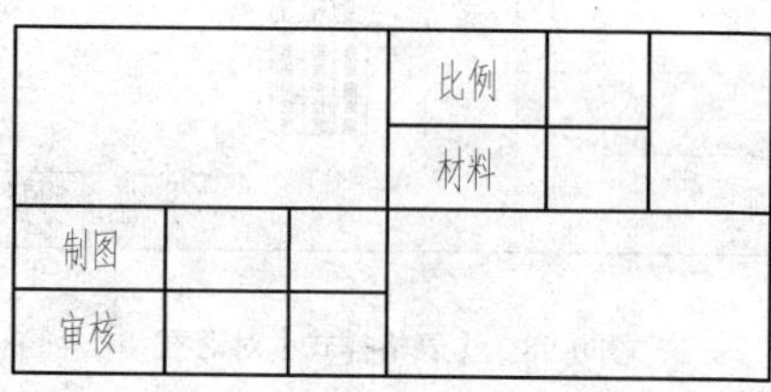

图 9-105 输入文字

8. 保存样板文件

01 单击【快速访问】工具栏中的【另存为】按钮，系统弹出【图形另存为】对话框，如图 9-106 所示。

02 在【文件类型】下拉列表中选择“AutoCAD 图形样板（*.dwt）”，输入文件名为“A4 竖放”，单击【保存】按钮，系统弹出【样板选项】对话框，可以输入有关说明，如图 9-107 所示。

03 单击【确定】按钮，完成样板的保存。

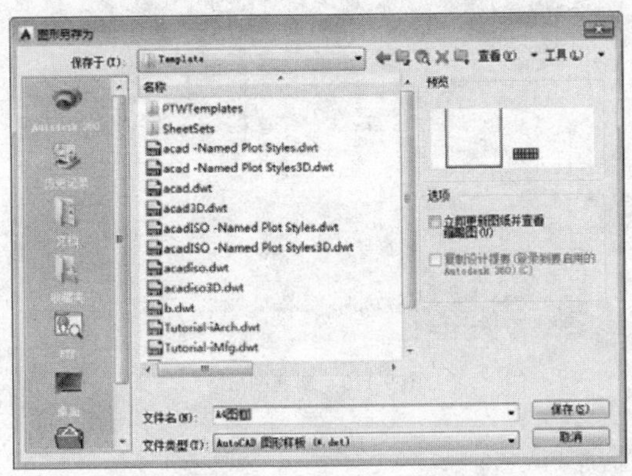

图 9-106　【图形另存为】对话框

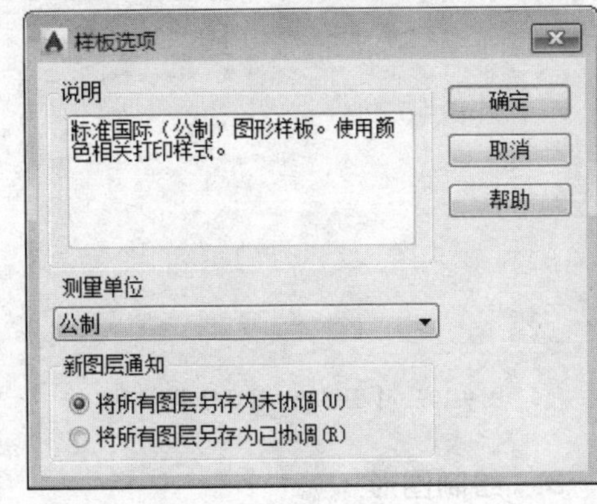

图 9-107　【样板选项】对话框

9.7.2　标注蜗杆端盖图形

在本例中将绘制如图 9-108 所示的蜗杆端盖图形，并添加尺寸标注及形位公差。

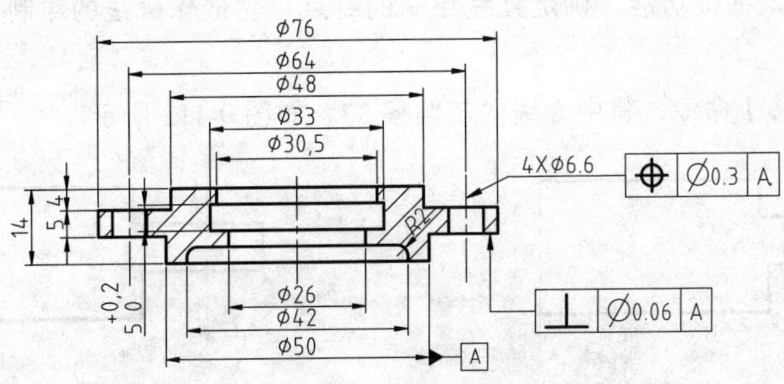

图 9-108　蜗杆端盖

标注蜗杆端盖的具体操作步骤如下：

1. 启动 AutoCAD 2016 并新建文件

单击【快速访问】工具栏中的【新建】按钮，系统弹出【选择样板】对话框，选择“A4”样板，单击【打开】按钮，进入 AutoCAD 绘图窗口。

2. 设置绘图环境

01 调用 LA【图层特性管理器】命令，系统弹出【图层特性管理器】对话框，如图 9-109 所示。

02 单击对话框中的【新建图层】按钮，新建 4 个图层，分别命名为“轮廓线”“剖面线”“中心线”“尺寸线”，设置各图层的属性，如图 9-110 所示。

03 单击对话框中的【关闭】按钮，完成图层的设置。

04 在【状态栏】中设置【对象捕捉】模式：端点、中点、交点、垂足。并依次打开“极轴追踪”“对象捕捉”“对象捕捉追踪”和“线宽”。

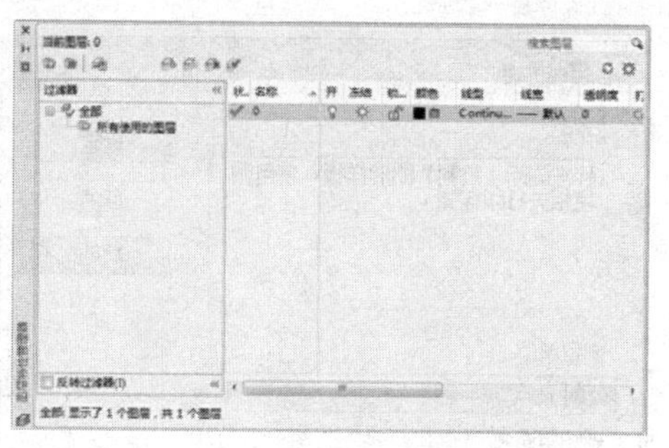

图 9-109 【图层特性管理器】对话框

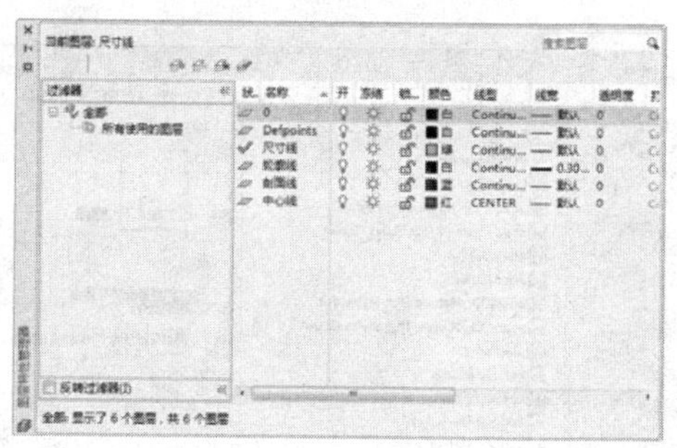

图 9-110 创建图层

3. 绘制图形

01 将【中心线】图层置为当前，调用 L【直线】命令，在绘图区任意处绘制一条长为 20 的竖直中心线。

02 将【轮廓线】图层置为当前，调用 L【直线】命令，利用极轴追踪功能绘制轮廓，根据命令行的提示，在中心线上指定轮廓线起点，鼠标向左移动 24，鼠标向下移动 4，鼠标向左移动 14，鼠标向下移动 5，鼠标向右移动 13，鼠标向下移动 5，最后利用极轴追踪和对象捕捉功能，确定直线绘制的终点，完成轮廓线的绘制，如图 9-111 所示。

03 调用 O【偏移】命令，将中心线向左偏移 32，如图 9-112 所示。

图 9-111 绘制直线轮廓

图 9-112 偏移中心线

04 重复上述操作，再将偏移得到的中心线向两侧分别偏移 3.3，如图 9-113 所示。

05 将偏移的中心线图层转换为【轮廓线】，调用 TR【修剪】命令修剪图形，如图 9-114 所示。

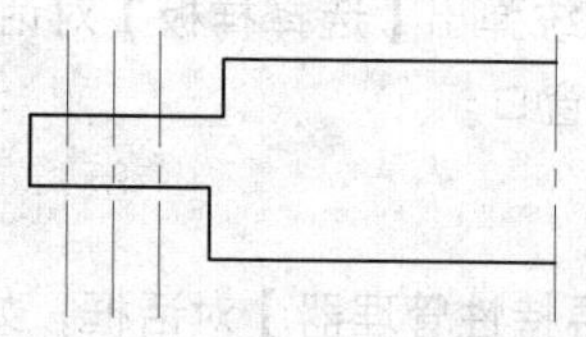

图 9-113 偏移中心线图

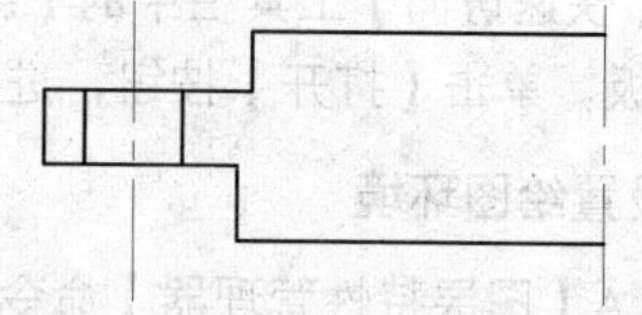

图 9-114 修剪图形

06 调用 L【直线】命令，按住 Shift+鼠标右键，在弹出的快捷菜单中选择【自】选项，然后在绘图区单击如图 9-115 所示的点作为偏移基点，输入偏移值为（@-15.25,0），按 Enter 键确定绘制直线的起点，鼠标向下移动 3，鼠标向左移动 1.25，鼠标向下移动 5，鼠标向右移动 3.5，鼠标向下移动 3，鼠标向左移动 8，在指定绘图终点，如图 9-116 所示。

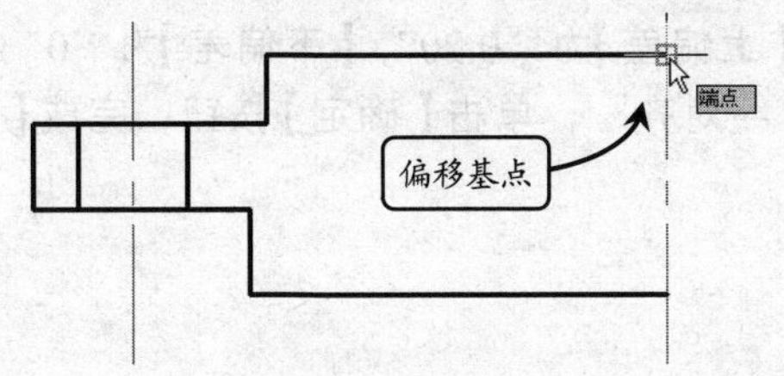

图 9-115　选取偏移基点

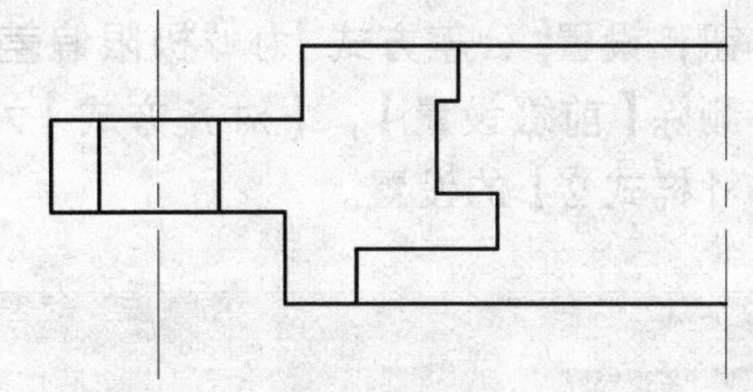

图 9-116　绘制的直线

07 按空格键重复 L【直线】命令，绘制连接线，如图 9-117 所示。

08 调用 F【圆角】命令，设置圆角半径为 2，对图形进行圆角处理，如图 9-118 所示。

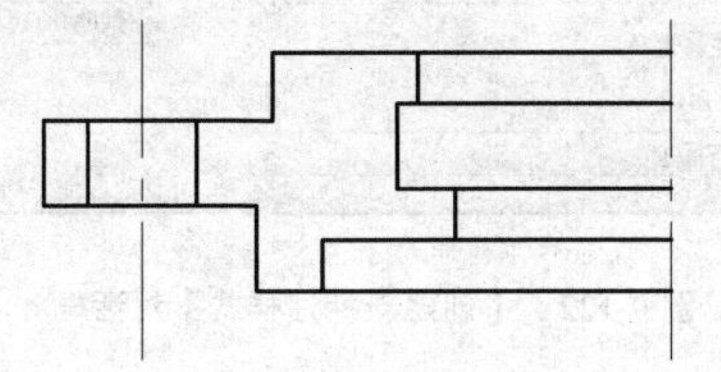

图 9-117　绘制连接线

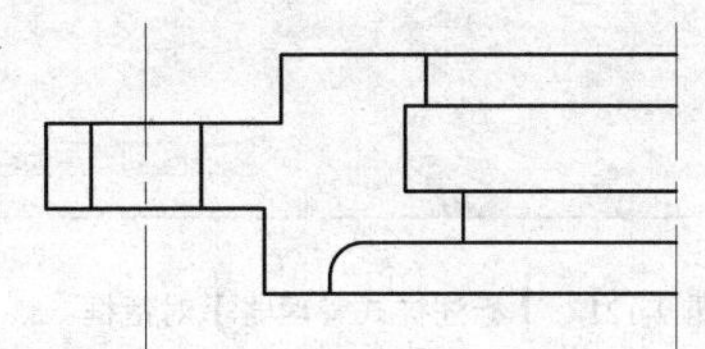

图 9-118　绘制圆角

09 调用 MI【镜像】命令，以中心线为镜像中心线，镜像图形，如图 9-119 所示。

4. 添加剖面线

将【剖面线】图层置为当前。在命令行中直接输入【ANSI31】，并按回车键，然后在绘图区选取填充区域，对图形剖面处填充剖面线，如图 9-120 所示。

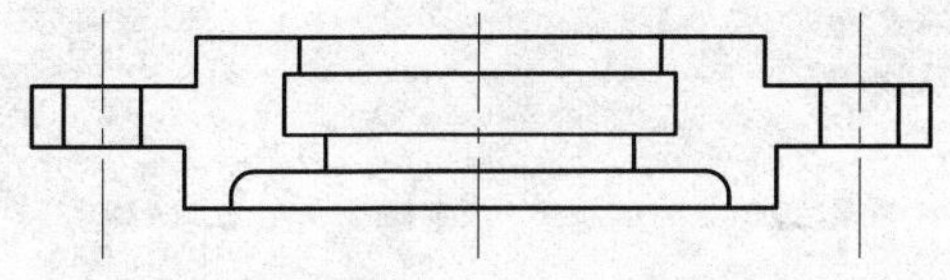

图 9-119　镜像图形

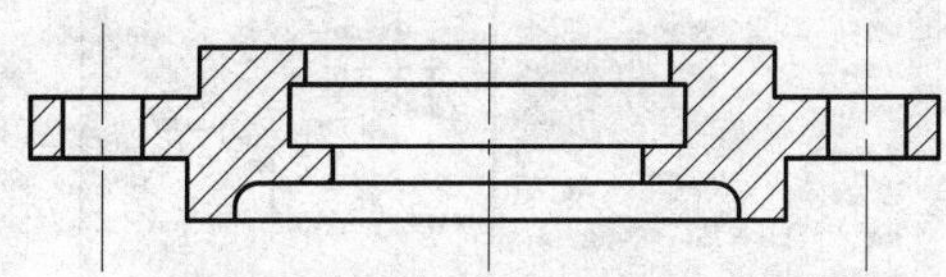

图 9-120　绘制剖面线

5. 标注尺寸

01 将【尺寸线】图层置为当前，调用 D【标注样式】命令，系统弹出【标注样式管理器】对话框，如图 9-121 所示。

02 单击【新建】按钮，系统弹出【创建新标注样式】对话框，如图 9-122 所示，在【新样式名】文本框中输入“尺寸样式 1”。单击【继续】按钮，系统弹出【新建标注样式】对话框，如图 9-123 所示。

03 单击选择各选项卡，在各选项卡中进行参数设置，设置【文字高度】为“2.5”；【文字对齐】为“ISO 标准”；【文字位置】垂直方向为“上”，主单位精度为“0.0”；设置前缀为“%%C”，在【消零】一栏中选择勾选“前导”，单击【确定】按钮，完成【尺寸样式 1】的设置。

04 单击【新建】按钮，在【新样式名】文本框中输入“尺寸样式 2”。单击【继续】按

钮，设置【公差方式】为“极限偏差”，设置【上偏差】为“0.20”,【下偏差】为“0”。删除【前缀设置】,【对齐方式】为“与尺寸线对齐”，单击【确定】按钮，完成【尺寸样式 2】的设置。

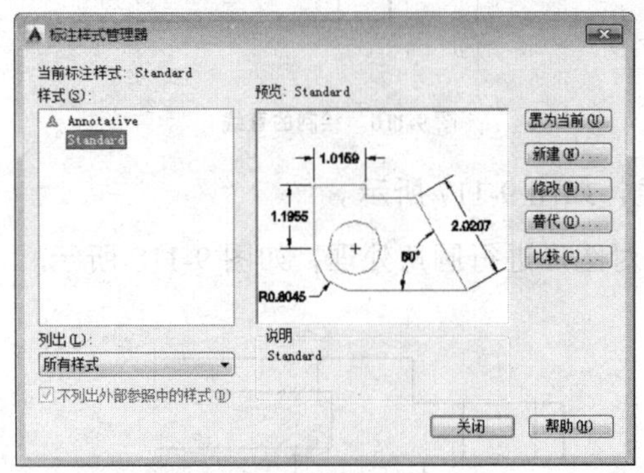

图 9-121 【标注样式管理器】对话框

图 9-122 【创建新标注样式】对话框

05 单击新建按钮，在【新样式名】文本框中输入“尺寸样式 3”。单击【继续】按钮，设置【公差方式】为“无”，删除前缀，单击【确定】按钮，完成【尺寸样式 3】的设置。

06 将“尺寸样式 1”置为当前，单击【关闭】按钮。调用 DLI【线性标注】命令，对图形进行线性标注，如图 9-124 所示。

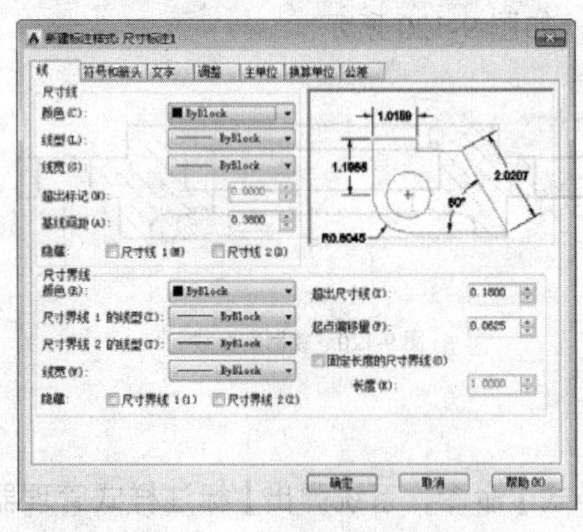

图 9-123 【新建标注样式】对话框

图 9-124 添加尺寸

07 重复上述操作，标注其他线性尺寸，如图 9-125 所示。

08 将当前尺寸样式切换至“尺寸样式 2”，添加尺寸公差，如图 9-126 所示。

09 将当前尺寸样式切换至“尺寸样式 3”，标注尺寸，如图 9-127 所示。

10 再绘制基准代号和公差指引，如图 9-128 所示。

11 单击【标注】面板中的【公差】按钮，系统弹出【形位公差】对话框，如图 9-129 所示。

12 选择对话框中的【符号】色块，系统弹出【特征符号】对话框，选择需要的公差符号，如图 9-130 所示。直接输入公差值为 0.06，单击其前面的色块则显示直径符号，在【公差 2】文本框中输入字母 A，单击【确定】按钮。

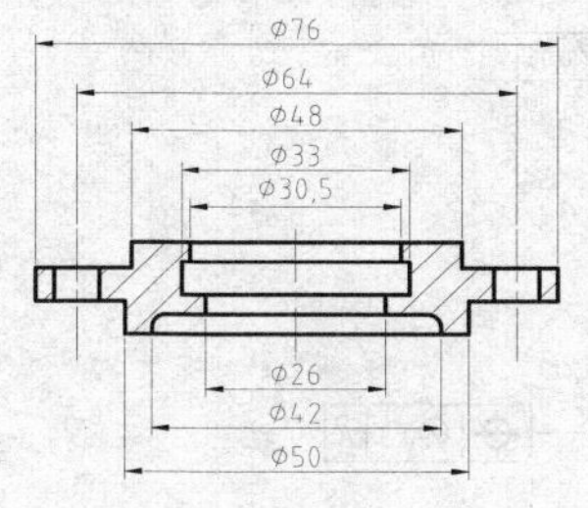

图 9-125　添加其他尺寸

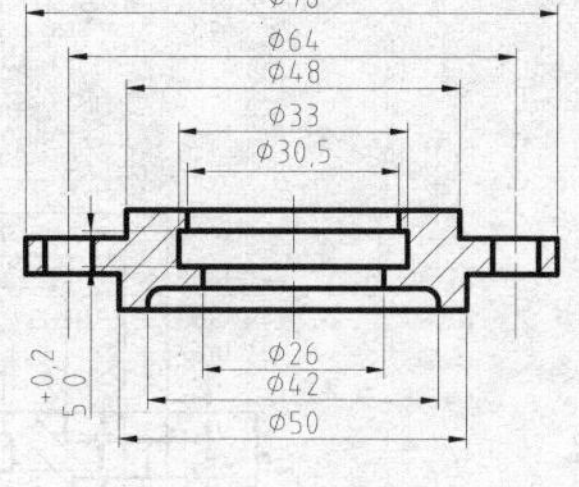

图 9-126　标注尺寸公差

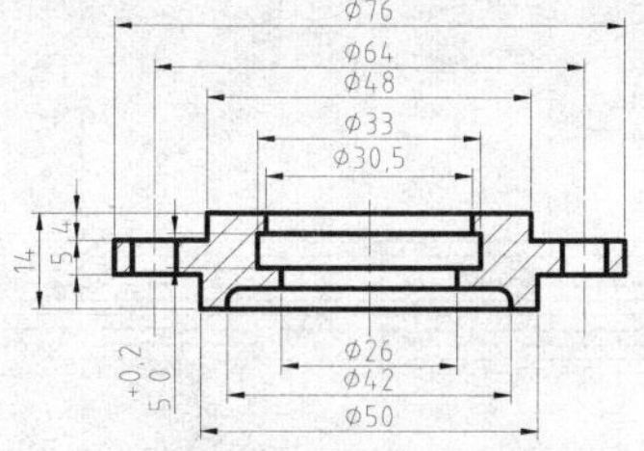

图 9-127　标注尺寸

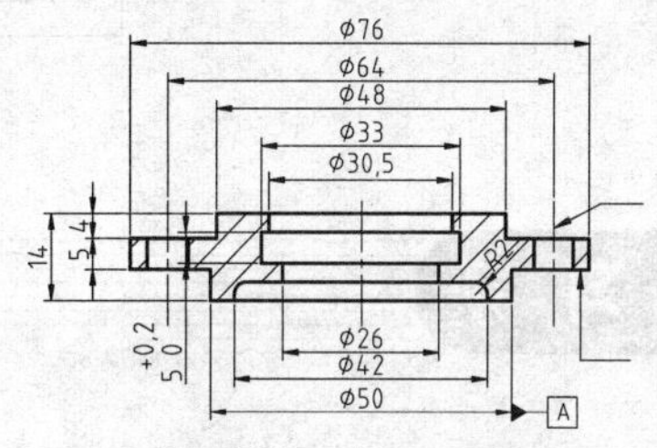

图 9-128　绘制基准代号和公差指引

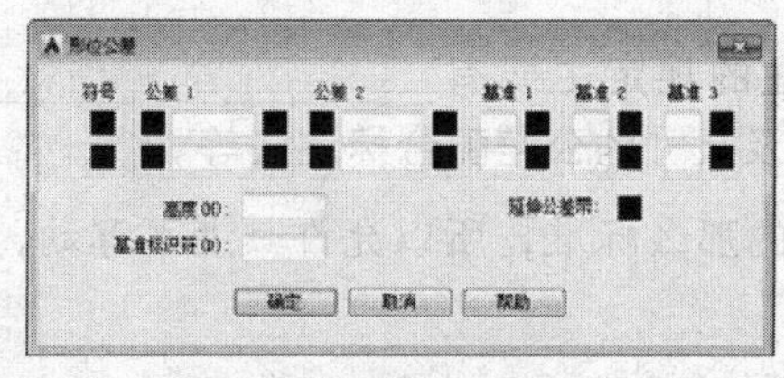

图 9-129　【形位公差】对话框

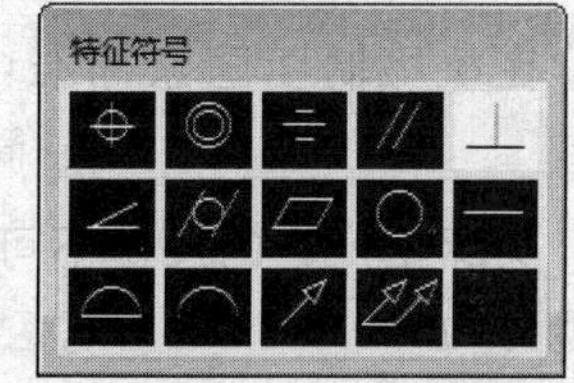

图 9-130　选择特征符号

13 移动鼠标至合适的位置单击放置形位公差，如图 9-131 所示。利用相同的方法添加另一个形位公差，如图 9-132 所示。

14 调用 T【多行文字】命令，在【文字编辑器】中输入“4×%%C6.6”字符，生成文字为“4×Φ6.6”。单击输入的文字，拖动其到合适的位置，如图 9-133 所示。

15 蜗杆端盖剖面图绘制完成。

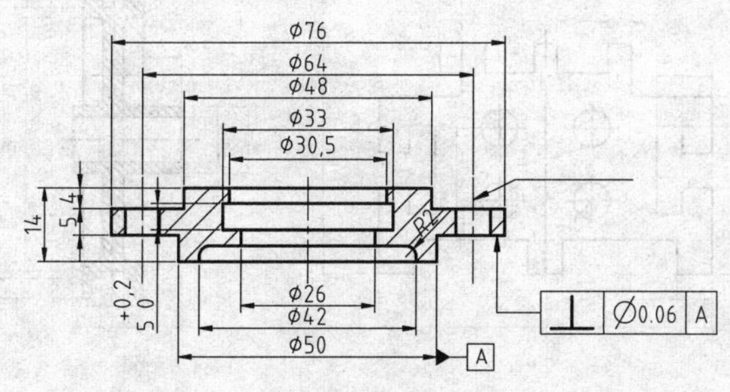

图 9-131　添加形位公差

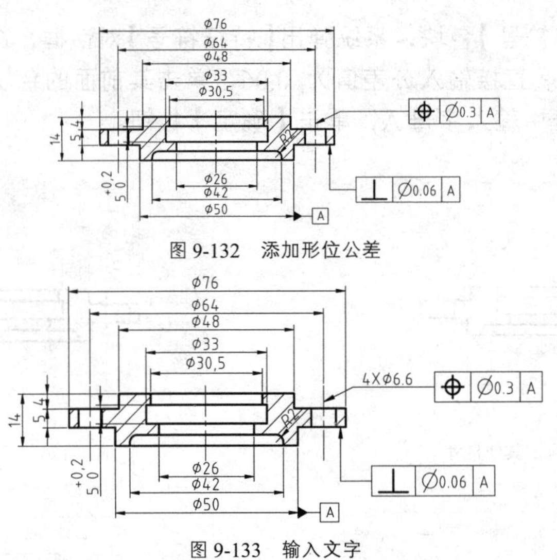

图 9-132　添加形位公差

图 9-133　输入文字

9.8 习 题

1. 填空题

(1) 在机械制图国家标准中对尺寸标注的规定主要有＿＿＿＿＿、＿＿＿＿＿、＿＿＿＿＿、＿＿＿＿＿、简化标注法以及尺寸的公差配合标注法等。

(2) 实际生产中的尺寸不可能达到规定的那么标准，所以允许其上下浮动，浮动的这个值则称为＿＿＿＿＿。

(3) 在 AutoCAD 2016 中，通过＿＿＿＿来显示形位公差信息，如图形的＿＿＿＿、＿＿＿＿、＿＿＿＿、＿＿＿＿和＿＿＿＿等。

2. 操作题

绘制如图 9-134 所示的各图形并标注尺寸。

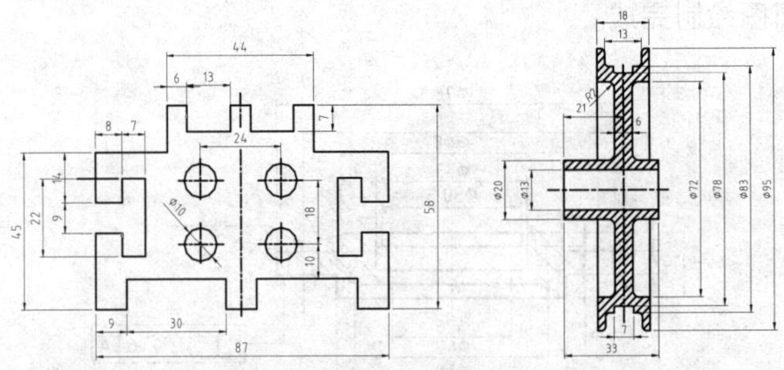

图 9-134　绘制图形并标注尺寸

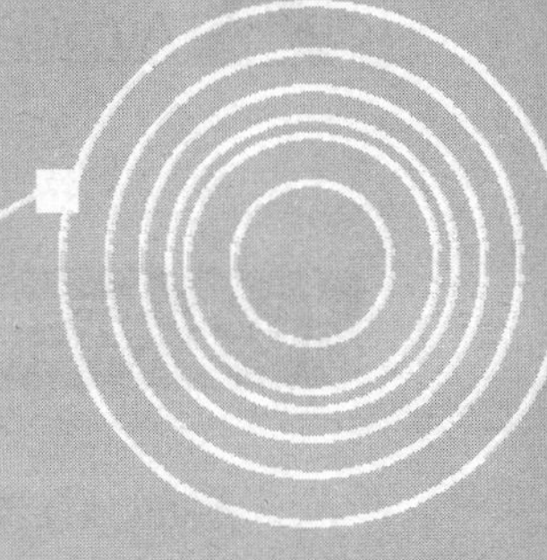

第 10 章

三维绘图基础

AutoCAD 2016 不仅具有强大的二维绘图功能，而且还具备同样强大的三维绘图功能。利用三维绘图功能可以绘制各种三维的线、平面以及曲面等，而且可以直接创建三维实体模型，并对实体模型进行抽壳、布尔等编辑。

本章首先介绍三维空间绘图的相关知识，后面章节将分别介绍三维实体模型的创建和编辑的方法。

树立正确的空间观念，灵活建立和使用三维坐标系，准确地在三维空间中设置视点，既是整个三维绘图的基础，同时也是三维绘图的难点所在。

本章主要内容如下：

- ✧ 三维模型分类
- ✧ 坐标系
- ✧ 观察三维模型
- ✧ 视觉样式
- ✧ 绘制三维点和线

10.1 三维模型分类

AutoCAD 支持三种类型的三维模型——线框模型、表面模型和实体模型。每种模型都有自己的创建方法和编辑技术。

10.1.1 线框模型

线框模型是一种轮廓模型，它是三维对象的轮廓描述，主要由描述对象的三维直线和曲线组成，没有面和体的特征。在 AutoCAD 中，可以通过在三维空间绘制点、线、曲线的方式得到线框模型。如图 10-1 所示即为线框模型效果。

专家点拨 >>>

线框模型虽结构简单，但构成模型的各条线需要分别绘制。此外线框模型没有面和体的特征，即不能对其进行面积、体积、重心、转动质量、惯性矩形等计算，也不能进行隐藏、渲染等操作。

10.1.2 表面模型

表面模型是将棱边围成的部分定义形体表面，再通过这些面的集合来定义形体。AutoCAD 的曲面模型用多边形网格构成的小平面来近似定义曲面。表面模型特别适合于构造复杂曲面，如模具、发动机叶片、汽车等复杂零件的表面，它一般使用多边形网格定义镶嵌面，如图 10-2 所示为创建的表面模型。

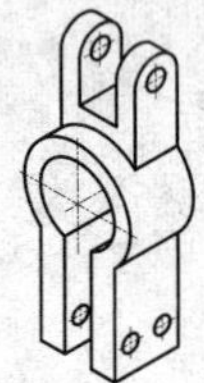

图 10-1　线框模型

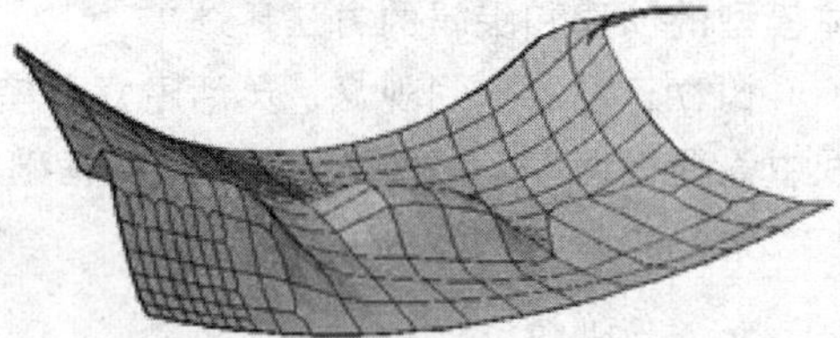

图 10-2　表面模型

多边形网格越密，曲面的光滑程度越高。此外，由于表面模型具有面的特征，因此可以对它进行计算面积、隐藏、着色、渲染、求两表面交线等操作。

10.1.3 实体模型

实体模型是最容易使用的三维建模类型，它不仅具有线和面的特征，而且还具有体的特征，各实体对象间可以进行各种布尔运算操作，从而创建复杂的三维实体模型。可以直接了解它的特性，如体积、重心、转动惯量、惯性矩等，可以对它进行隐藏、剖切、装配干涉检查等操作，还可以对具有基本形状的实体进行并、交、差等布尔运算，以构造复杂的模型。如图 10-3 所示为创建的实体模型。

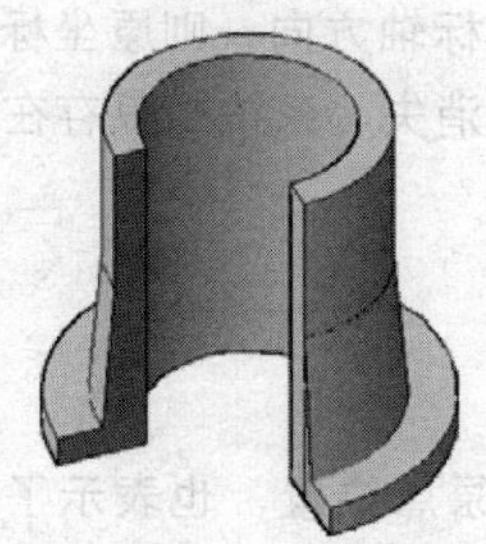

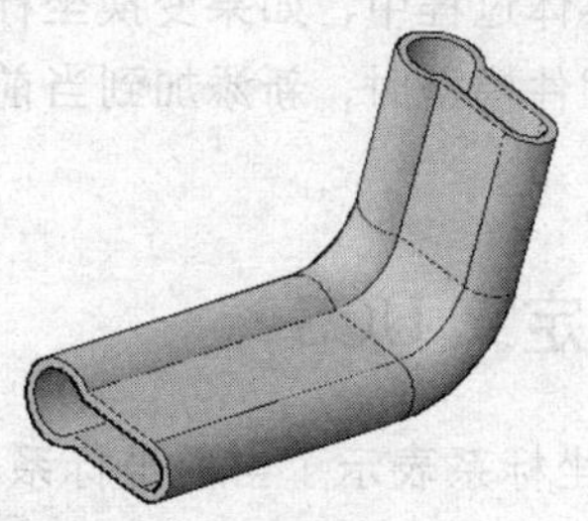

图 10-3　实体模型图

10.2 坐标系

在三维建模过程中，坐标系及其切换是 AutoCAD 绘图中不可缺少的元素，在该界面上创建三维模型，其实是在平面上创建三维图形，而视图方向的切换则是通过调整坐标位置和方向获得。因此三维坐标系是确定三维对象位置的基本手段，是研究三维空间的基础。

10.2.1 UCS 概念及特点

在 AutoCAD 2016 中，【世界坐标系】（WCS）和【用户坐标系】（UCS）是常用的两大坐标系。【世界坐标系】是系统默认的二维图形坐标系，它的原点及各坐标轴的方向固定不变，因而不能满足三维建模的需要。

【用户坐标系】是通过变换坐标系原点及方向形成的，因而可以根据需要随意更改坐标系原点及方向。用户坐标系主要应用于三维模型的创建。它主要有以下几方面的特点：

✧ 坐标系的直观性：【用户坐标系】总是直观、形象地反映当前模型实体的位置和坐标轴方向，这样可以方便、准确地为实体定位，为绘制特征截面做好准备，如图 10-4 所示。

✧ 坐标系的灵活性：【用户坐标系】就是根据坐标系的原点和方向变换形成的，因此它具有很大的灵活性和适应性，如图 10-5 所示。

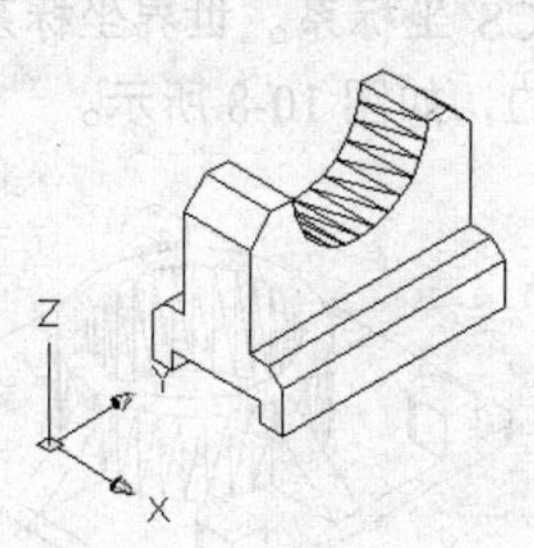

图 10-4　坐标轴的直观性

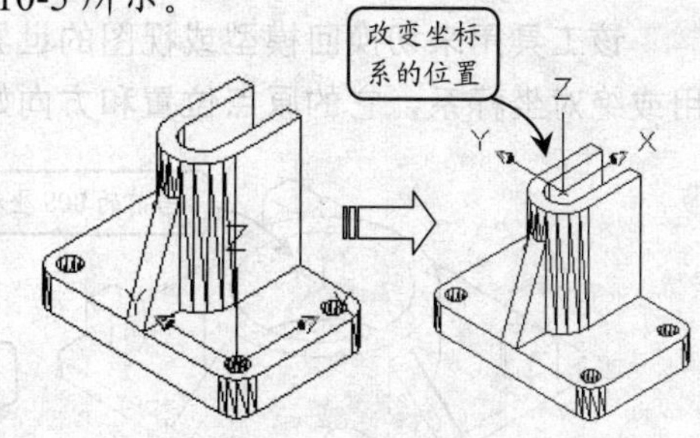

图 10-5　坐标轴的灵活性

坐标系的单一性

在 AutoCAD 中，用户坐标系是唯一的，即一个图形文件只对应一个坐标系。尤其在

创建三维实体过程中，如果变换坐标系原点位置或者其坐标轴方向，则原坐标系消失。如果在装配组件模型时，新添加到当前绘图区的模型坐标系消失，系统中只存在一个当前坐标系。

10.2.2 定义 UCS

UCS 坐标系表示了当前坐标系的坐标轴方向和坐标原点位置，也表示了相对于当前 UCS 的X Y平面的视图方向，尤其在三维建模环境中，它可以根据不同的指定方位来创建模型特征。

在 AutoCAD 2016 中管理 UCS 坐标系主要有如下几种常用方法：

- ✧ 命令行：在命令行中输入“UCS”。
- ✧ 功能区：单击【坐标】面板工具按钮，如图 10-6 所示。
- ✧ 工具栏：单击【UCS】工具栏对应工具按钮，如图 10-7 所示。

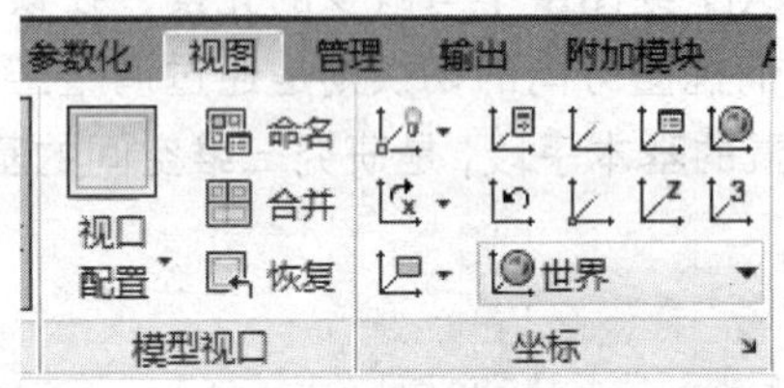

图 10-6 坐标面板

图 10-7 UCS 工具栏

接下来以【UCS】工具栏为例，介绍常用 UCS 坐标的调整方法：

1. UCS

单击该按钮，命令行出现如下提示：

```
指定 UCS 的原点或 [面(F)/命名(NA)/对象(OB)/上一个(P)/视图(V)/世界(W)/X/Y/Z/Z轴(ZA)] <世界>:
```

该命令行中各选项与工具栏中的按钮相对应。

2. 世界

该工具用来切换回模型或视图的世界坐标系，即 WCS 坐标系。世界坐标系也称为通用或绝对坐标系，它的原点位置和方向始终是保持不变的，如图 10-8 所示。

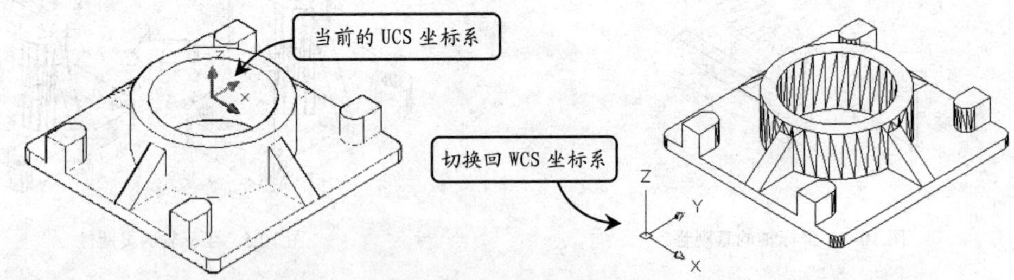

图 10-8 切换回世界坐标系

3. 上一个 UCS

上一个 UCS 是通过使用上一个 UCS 确定坐标系，它相当于绘图中的撤销操作，可返回上一个绘图状态，但区别在于该操作仅返回上一个 UCS 状态，其他图形保持更改后的效果。

4. 面 UCS

该工具主要用于将新用户坐标系的 XY 平面与所选实体的一个面重合。在模型中选取实体面或选取面的一个边界，此面被加亮显示，按 Enter 键即可将该面与新建 UCS 的 XY 平面重合，效果如图 10-9 所示。

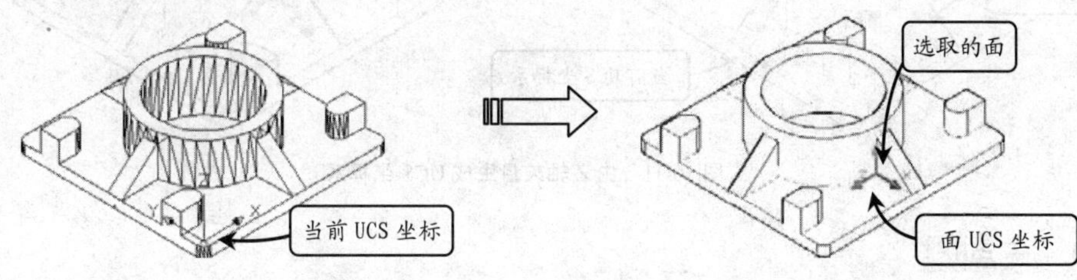

图 10-9　创建面 UCS 坐标

5. 对象

该工具通过选择一个对象，定义一个新的坐标系，坐标轴的方向取决于所选对象的类型。当选择一个对象时，新坐标系的原点将放置在创建该对象时定义的第一点，X 轴的方向为从原点指向创建该对象时定义的第二点，Z 轴方向自动保持与 XY 平面垂直，如图 10-10 所示。

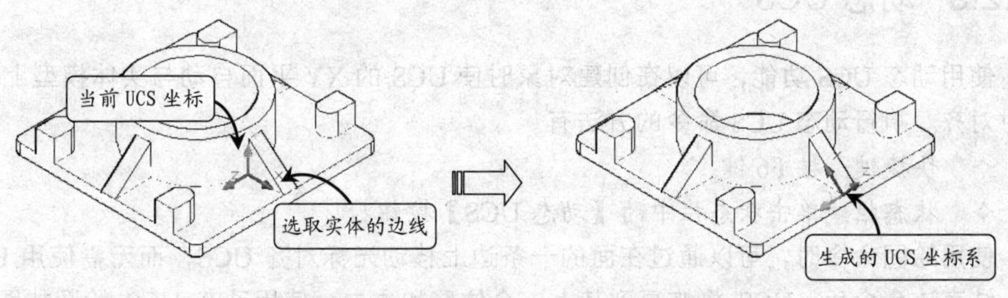

图 10-10　由选取对象生成 UCS 坐标

6. 视图

该工具可使新坐标系的 XY 平面与当前视图方向垂直，Z 轴与 XY 面垂直，而原点保持不变。通常情况下，该方式主要用于标注文字，当文字需要与当前屏幕平行而不需要与对象平行时，用此方式比较简单。

7. 原点

【原点】工具是系统默认的 UCS 坐标创建方法，它主要用于修改当前用户坐标系的原点位置，坐标轴方向与上一个坐标相同，由它定义的坐标系将以新坐标存在。

在 UCS 工具栏中单击 UCS 按钮，然后利用状态栏中的对象捕捉功能，捕捉模型上的一点，按 Enter 键结束操作。

8. Z 轴矢量

该工具是通过指定一点作为坐标原点，指定一个方向作为 Z 轴的正方向，从而定义新的用户坐标系。此时，系统将根据 Z 轴方向自动设置 X 轴、Y 轴的方向，如图 10-11 所示。

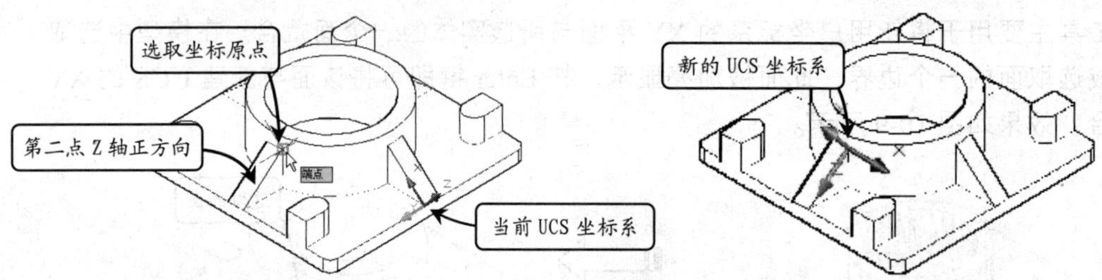

图 10-11　由 Z 轴矢量生成 UCS 坐标系

9. 三点

该方式是最简单、也是最常用的一种方法、只需选取 3 个点就可确定新坐标系的原点、X 轴与 Y 轴的正向。

10. X/Y/Z 轴

该方式是将当前 UCS 坐标绕 X 轴、Y 轴或 Z 轴旋转一定的角度，从而生成新的用户坐标系。它可以通过指定两个点或输入一个角度值来确定所需要的角度。

10.2.3 动态 UCS

使用动态 UCS 功能，可以在创建对象时使 UCS 的 XY 平面自动与实体模型上的平面临时对齐。执行动态 UCS 命令的方法有：

✧ 快捷键：按 F6 键。

✧ 状态栏：单击状态栏中的【动态 UCS】按钮。

使用绘图命令时，可以通过在面的一条边上移动光标对齐 UCS，而无需使用 UCS 命令。结束该命令后，UCS 将恢复到其上一个位置和方向。使用动态 UCS 绘图如图 10-12 所示。

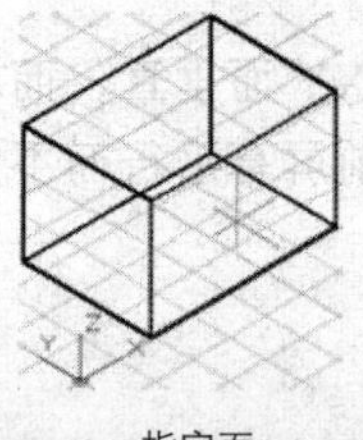

指定面

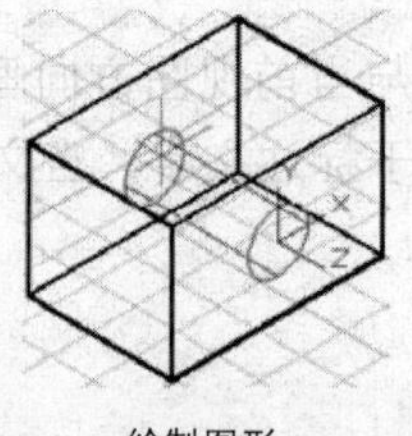

绘制图形

拉伸图形

图 10-12　使用动态 UCS

10.2.4 管理 UCS

在命令行输入 UCSMAN 并按回车键执行，将弹出如图 10-13 所示的【UCS】对话框。该对话框集中了 UCS 命名、UCS 正交、显示方式设置以及应用范围设置等多项功能。

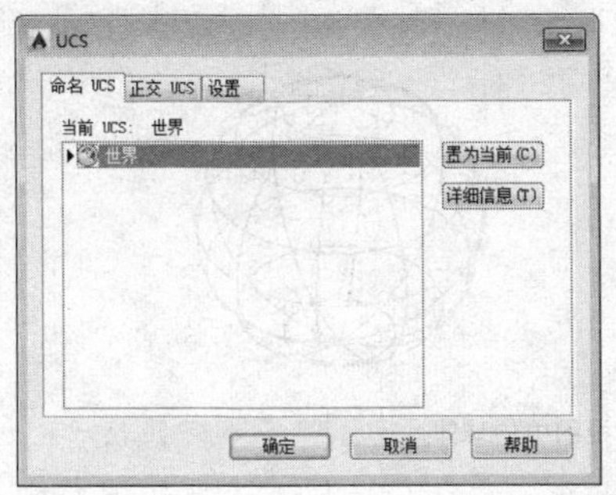

图 10-13 【UCS】对话框

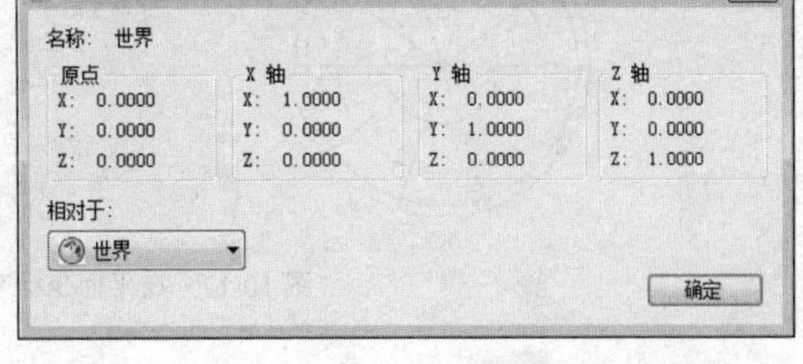

图 10-14 显示当前 UCS 信息

切换至【命名 UCS】选项卡，如果单击【置为当前】按钮，可将坐标系置为当前工作坐标系，单击【详细信息】对话框中显示当前使用和已命名的 UCS 信息，如图 10-14 所示。

【正交 UCS】选项卡用于将 UCS 设置成一个正交模式。用户可以在【相对于】下拉列表中确定用于定义正交模式 UCS 的基本坐标系，也可以在【正交 UCS】列表框中选择某一正交模式，并将其置为当前使用，如图 10-15 所示。

单击【设置】选项卡，则可通过【UCS 图标设置】和【UCS 设置】选项组设置 UCS 图标的显示形式、应用范围等特性，如图 10-16 所示。

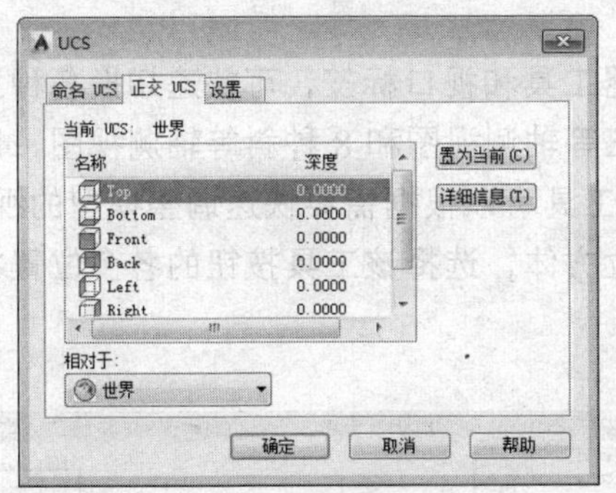

图 10-15 【正交 UCS】选项卡

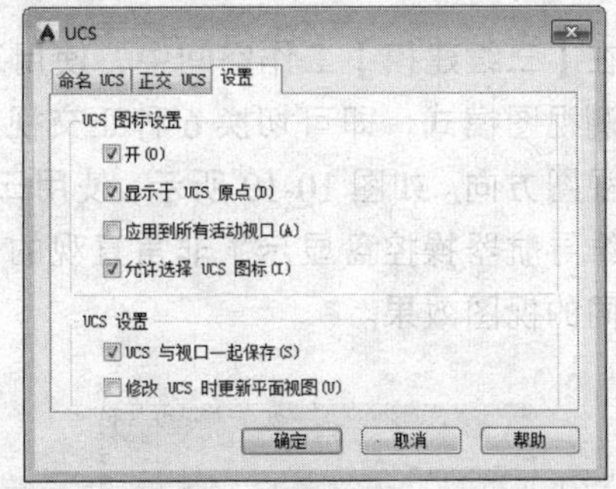

图 10-16 【设置】选项卡

10.3 观察三维模型

在三维建模环境中，为了创建和编辑三维图形各部分的结构特征，需要不断地调整显示方式和视图位置，以更好地观察三维模型。本节主要介绍控制三维视图显示方式和从不同方位观察三维视图的方法和技巧。

10.3.1 设置视点

【视点】是指观察图形的方向。例如，绘制三维球体时，如果使用平面坐标系即 Z 轴垂直于屏幕，此时仅能看到该球体在 XY 平面上的投影，如果调整视点至东南轴测视图，将看到的是三维球体，如图 10-17 所示。

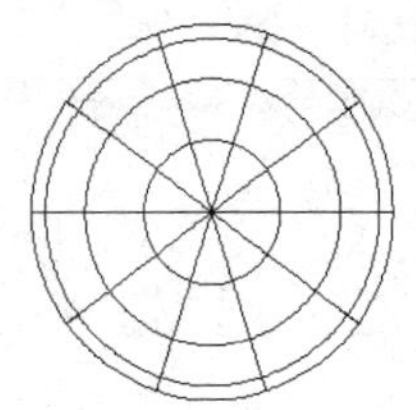

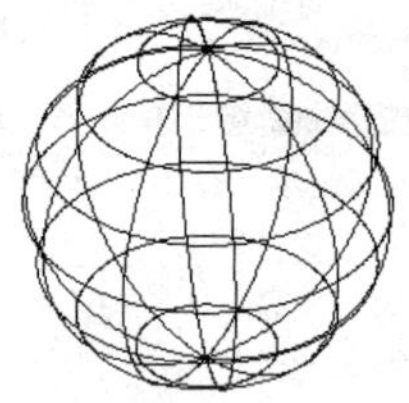

图 10-17 在平面坐标系和三维视图中的球体

10.3.2 预置视点

在命令行中输入 VPOINT【视点预设】命令并回车，系统弹出【视点预设】对话框，如图 10-18 所示。

默认情况下，观察角度是相对于 WCS 坐标系的。选中【相对于 UCS】单选按钮，则可设置相对于 UCS 坐标系的观察角度。

此外，若单击【设置为平面视图】按钮，则可以将坐标系设置为平面视图。

10.3.3 利用控制盘观察三维图形

在【三维建模】工作空间中，使用三维导航器工具和视口标签，可快速切换各种正交或轴测视图模式，即可切换 6 种正交视图、8 种正等轴测视图和 8 种斜等轴测视图，以及其他视图方向。如图 10-19 所示，使用三维导航器工具可以根据需要快速调整模型的视点。该三维导航器操控盘显示了非常直观的 3D 导航立方体，选择该工具按钮的各个位置将显示不同的视图效果。

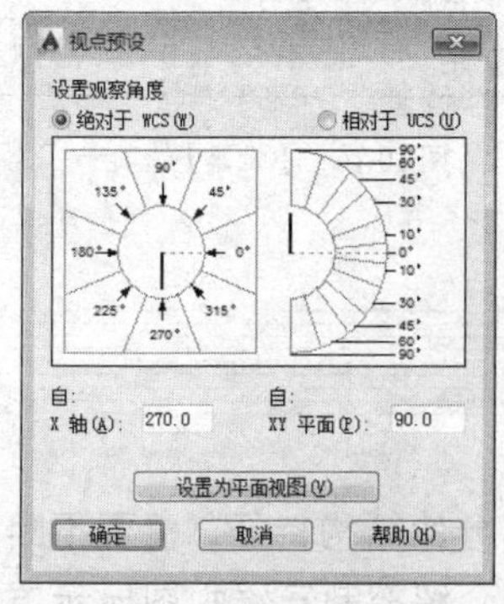

图 10-18 【视点预设】对话框

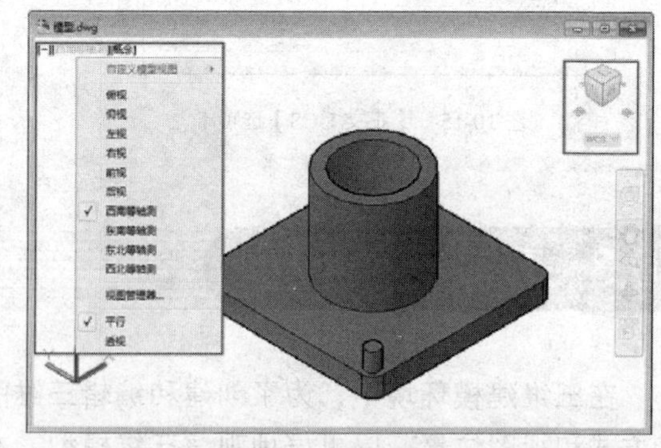

图 10-19 利用导航工具切换视图方向

该导航器图标的显示方式可根据设计进行必要的修改，右击立方体并选择【View Cube 设置】选项，系统弹出【View Cube 设置】对话框，如图 10-20 所示。在该对话框设置参数值可控制立方体的显示和行为。并且可在对话框中设置默认的位置、尺寸和立方体的透明度。此外，右键单击立方体，可以通过弹出的快捷菜单定义三维图形的投影样式，模型的投影样式可分为平行投影和透视投影两种。选择【平行投影】选项，即是平行的光源照射到物体上所得到的投影，可以准确地反映模型的实际形状和结构；选择【透视投影】选项，可以直观地表达模型的真实投影状况，具有较强的立体感。透视投影视图取决于理论相机和目标点之间的距离。当距离较小时产生的投影效果较为明显；反之，当距离较大时产生的投影效果较为轻微，两种投影效果对比如图 10-21 所示。

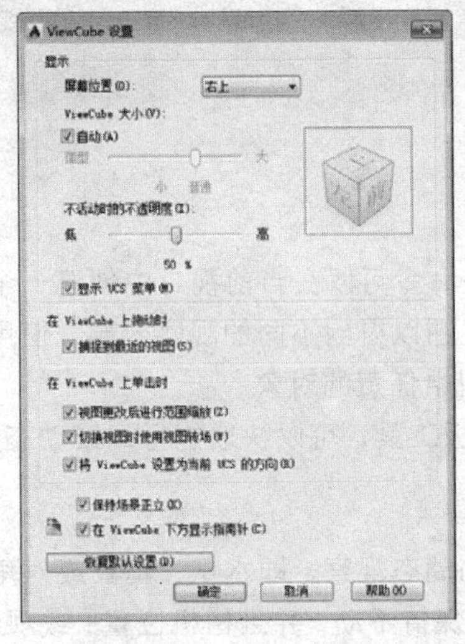

图 10-20　【View Cube 设置】对话框

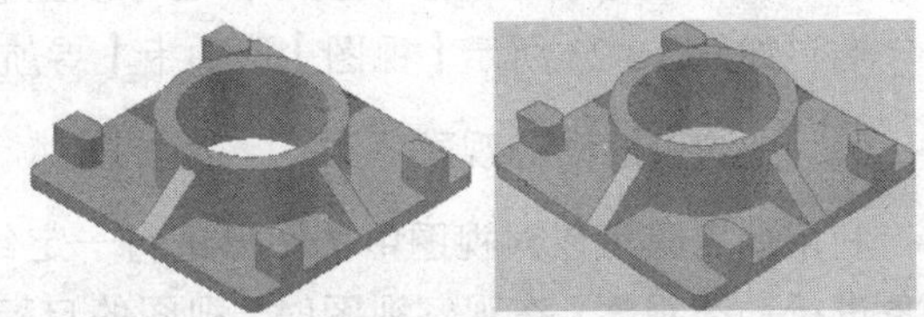

图 10-21　两种投影效果对比

10.3.4　三维平移和缩放

利用【三维平移】工具可以将图形所在的图纸随鼠标的任意移动而移动。利用【三维缩放】工具可以改变图纸的整体比例，从而达到放大图形观察细节或缩小图形观察整体的目的。通过如图 10-22 所示【三维建模】工作空间中【视图】选项卡中的【导航】面板可以快速执行这两项操作。

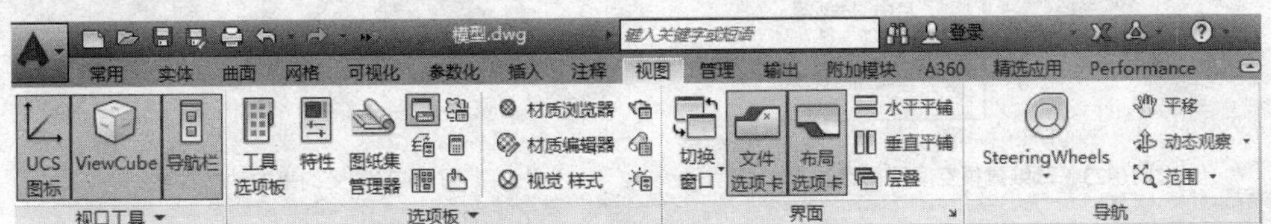

图 10-22　三维建模空间视图选项卡

1. 三维平移对象

单击【导航】面板中的【平移】功能按钮，此时绘图区中的指针呈形状，按住鼠

标左键并沿任意方向拖动，窗口内的图形将随光标在同一方向上移动。

2. 三维缩放对象

单击【导航】面板中的【缩放】功能按钮，其命令行提示如下：

```
[全部(A)/中心(C)/动态(D)/范围(E)/上一个(P)/比例(S)/窗口(W)/对象(O)] <实时>:
```

此时根据实际需要，选择其中一种方式进行缩放，或直接单击【缩放】功能按钮后的下拉按钮，选择对应的工具按钮进行缩放。

专家点拨

执行三维缩放操作可模拟相机缩放镜头的效果，它使对象看起来靠近或远离相机，但不改变相机的位置。选择并垂直向上拖动光标将放大图像，使对象显得更大或更近。选择并垂直向下拖动光标将缩小图像，使对象显得更小或更远。

10.3.5 三维动态观察

AutoCAD 提供了一个交互的三维动态观察器，该命令可以在当前视口中创建一个三维视图，用户可以使用鼠标来实时地控制和改变这个视图以得到不同的观察效果。使用三维动态观察器，既可以查看整个图形，也可以查看模型中任意的对象。

通过如图 10-23 所示【视图】选项卡【导航】面板工具，可以快速执行三维动态观察。

1. 受约束的动态观察

利用此工具可以对视图中的图形进行一定约束的动态观察，即水平、垂直或对角拖动对象进行动态观察。在观察视图时，视图的目标位置保持不动，并且相机位置（或观察点）围绕该目标移动。默认情况下，观察点会约束沿着世界坐标系的 XY 平面或 Z 轴移动。

单击【导航】面板中的【动态观察】按钮，此时【绘图区】光标呈形状。按住鼠标左键并拖动光标可以对视图进行受约束三维动态观察，如图 10-24 所示。

图 10-23 三维建模空间视图选项卡

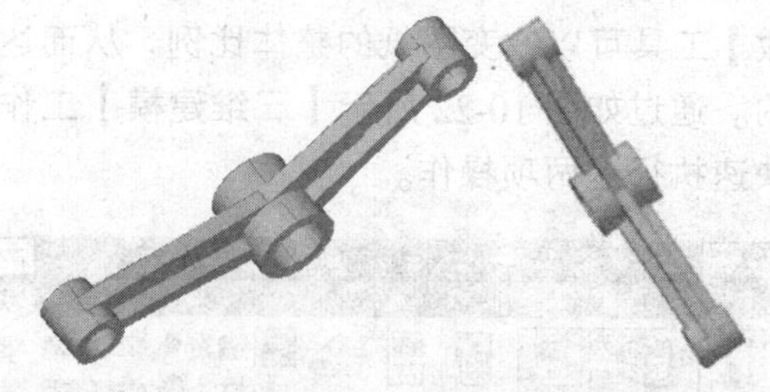

图 10-24 受约束的动态观察

2. 自由动态观察

利用此工具可以对视图中的图形进行任意角度的动态观察，此时选择并在转盘的外部拖动光标，这将使视图围绕延长线通过转盘的中心并垂直于屏幕的轴旋转。

单击【导航】面板中的【自由动态观察】按钮，此时在【绘图区】显示出一个导航球，如图 10-25 所示，分别介绍如下：

□ 光标在弧线球内拖动

当在弧线球内拖动光标进行图形的动态观察时，光标将变成形状，此时观察点可以在水平、垂直以及对角线等任意方向上移动任意角度，即可以对观察对象做全方位的动态观察，如图 10-26 所示。

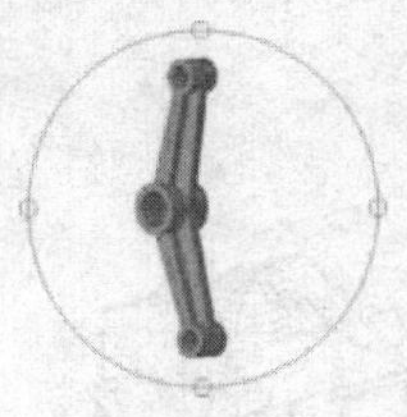

图 10-25　导航球

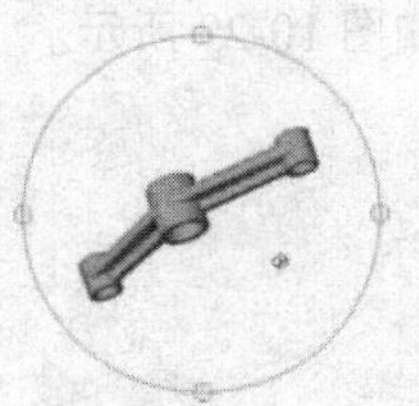

图 10-26　光标在弧线球内拖动

□ 光标在弧线球外拖动

当光标在弧线外部拖动时，光标呈形状，此时拖动光标图形将围绕着一条穿过弧线球球心且与屏幕正交的轴进行旋转，如图 10-27 所示。

□ 光标在左右侧小圆内拖动

当光标置于导航球左侧或者右侧的小圆时，光标呈形状，按鼠标左键并左右拖动将使视图围绕着通过导航球中心的垂直轴进行旋转。当光标置于导航球顶部或者底部的小圆上时，光标呈形状，按鼠标左键并上下拖动将使视图围绕着通过导航球中心的水平轴进行旋转，如图 10-28 所示。

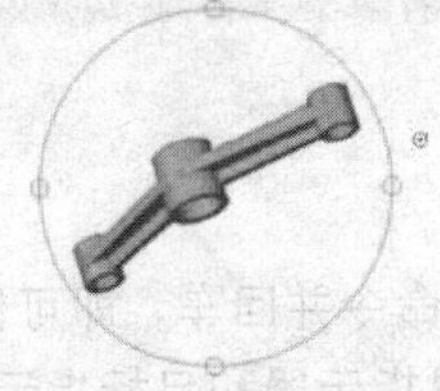

图 10-27　光标在弧线球内拖动

图 10-28　光标在左右侧小圆内拖动

3. 连续动态观察

利用此工具可以使观察对象绕指定的旋转轴和旋转速度连续做旋转运动，从而对其进行连续动态的观察。

单击【导航】面板中的【连续动态观察】按钮，此时在【绘图区】光标呈形状，在单击鼠标左键并拖动光标，使对象沿拖动方向开始移动。释放鼠标后，对象将在指定的方向上继续运动。光标移动的速度决定了对象的旋转速度。

10.3.6 设置视距和回旋角度

利用三维导航中的【调整视距】以及回旋工具，使图形以绘图区的中心点为缩放点进

行操作，或以观察对象为目标点，使观察点绕其做回旋运动。

1. 调整观察视距

在命令行中输入'3DDISTANCE【调整视距】命令并回车，此时图中的光标指针呈形状，按鼠标左键并在垂直方向上向屏幕顶部拖动光标可使相机推近对象，从而使对象显示得更大。按住鼠标左键并在垂直方向上屏幕底部拖动光标可使相机拉远对象，从而使对象显示得更小，如图 10-29 所示。

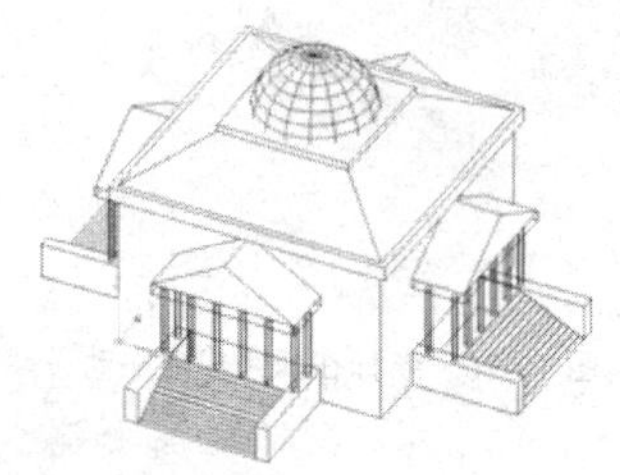

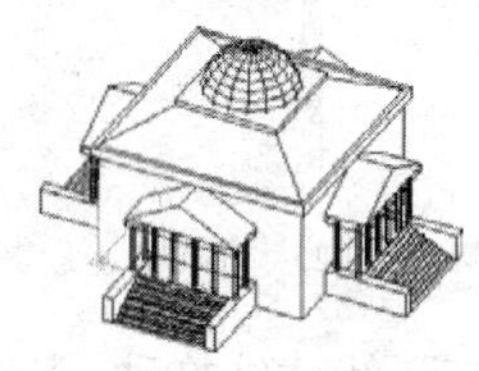

图 10-29 调整视距效果

2. 调整回旋角度

在命令行中输入'3DSWIVEL【回旋】命令并回车，此时图中的光标指针呈形状，按鼠标左键并任意拖动，此时观察对象将随鼠标的移动做反向的回旋运动。

专家点拨

在利用【回旋】工具观察视图时，不仅可以利用拖动鼠标的方法改变观察点的回旋角度，利用键盘上的上、下、左、右箭头键同样可以进行调整回旋角度的操作。

10.3.7 漫游和飞行

在命令行中输入 3DWALK【漫游】或 3DFLY【飞行】命令并回车，即可使用【漫游】或者【飞行】工具。此时打开【定位器】选项板，设置位置指示器和目标指示器的具体位置，用以调整观察窗口中视图的观察方位，如图 10-30 所示。

将鼠标移动至【定位器】选项板中的位置指示器上，此时光标呈形状，单击鼠标左键并拖动，即可调整绘图区中视图的方位；在【常规】选项组中设置指示器和目标指示器的颜色、大小以及位置等参数进行详细设置。

在命令行中输入 WALKFLYSETTINGS【漫游和飞行】命令并回车，系统弹出【漫游和飞行设置】对话框，如图 10-31 所示。在该对话框中对漫游或飞行的步长以及每秒步数等参数进行设置。

设置好漫游和飞行操作的所有参数值后，可以使用键盘和鼠标交互在图形中漫游和飞行。使用 4 个箭头键或 W、A、S 和 D 键来向上、向下、向左和向右移动；使用 F 键可以方便的在漫游模式和飞行模式之间切换；如果要指定查看方向，只需沿查看的方向拖动鼠标即可。

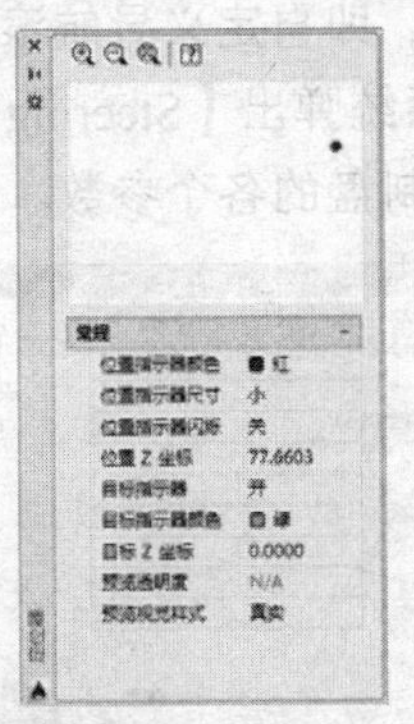

图 10-30　【定位器】选项板

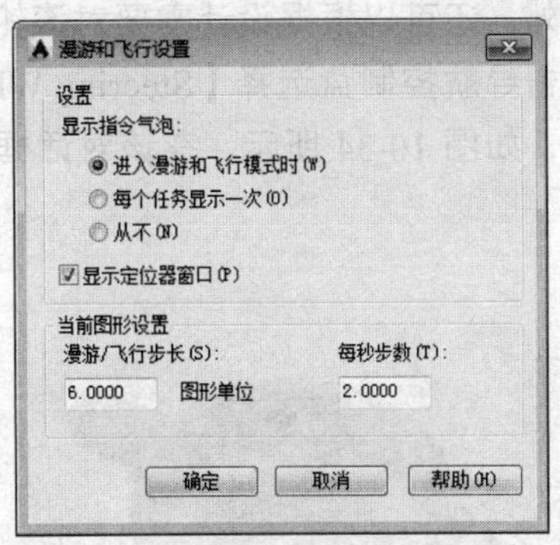

图 10-31　【漫游和飞行设置】对话框

10.3.8　控制盘辅助操作

新的导航滚轮可以在鼠标上显示一个导航滚轮，通过该控制盘可快速访问不同的导航工具。可以以不同方式平移、缩放或操作模型的当前视图。这样将多个常用导航工具结合到一个单一界面中，可节省大量的设计时间，从而提高绘图的效率。

单击【导航】面板中的【全导航控制盘】按钮，右键单击【导航控制盘】，系统弹出快捷菜单，整个控制盘可分为 3 个不同的控制盘可供使用，其中每个控制盘均拥有其独有的导航方式，如图 10-32 所示，分别介绍如下：

✧ 查看对象控制盘：将模型置于中心位置，并定义轴心点，使用【动态观察】工具可缩放和动态观察模型。

✧ 巡视建筑控制盘：通过将模型视图移近、移远或环视，以及更改模型视图的标高来导航模型。

✧ 全导航控制盘：将模型置于中心位置并定义轴心点，便可执行漫游和环视、更改视图标高、动态观察、平移和缩放模型等操作。

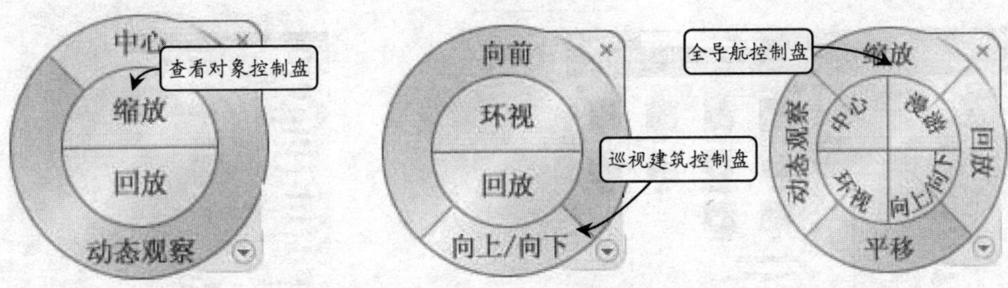

图 10-32　导航控制盘

单击该控制盘的任意按钮都将执行相应的导航操作。在执行多项导航操作后，单击【回放】按钮可以从以前的视图选择视图方向帧，便可快速返回一个适当的视口位置，如图 10-33 所示。

在浏览复杂对象时，通过调整【导航控制盘】将非常适合查看建筑的内部特征，除了上述介绍的【缩放】|【回放】等按钮外，在巡视建筑控制盘中还包含【向前】、【查看】和【向上/向下】工具。

此外，还可以根据设计需要对滚轮各参数值进行设置，即自定义导航滚轮的外观和行为。右击导航控制盘选择【Steering Wheel 设置】选项，系统弹出【Steering Wheel 设置】对话框，如图 10-34 所示，在该对话框中可以设置导航控制盘的各个参数。

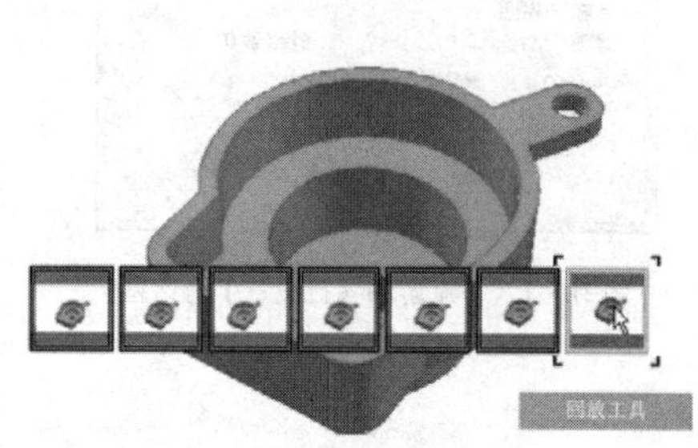

图 10-33　回放视图

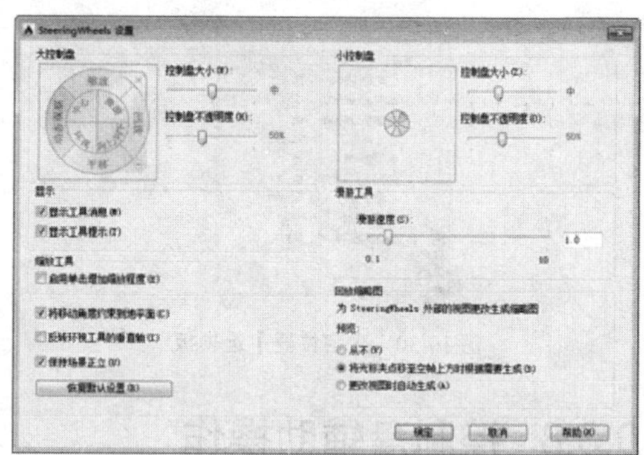

图 10-34　【Steering Wheel 设置】对话框

10.4 视觉样式

在 AutoCAD 2016 中通过【视觉样式】功能来切换视觉样式，可以得到三维模型最佳的观察效果。

10.4.1 应用视觉样式

【视觉样式】是一组设置，用来控制视口中边和着色的显示。一旦应用了视觉样式或更改了其设置，就可以在视口中查看效果。切换视觉样式，可以通过视觉样式面板、视口标签和菜单命令进行，如图 10-35 和图 10-36 所示。

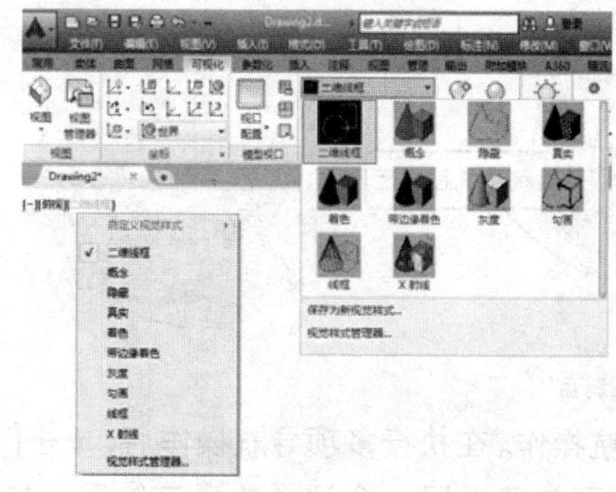

图 10-35　视觉样式面板及视口标签

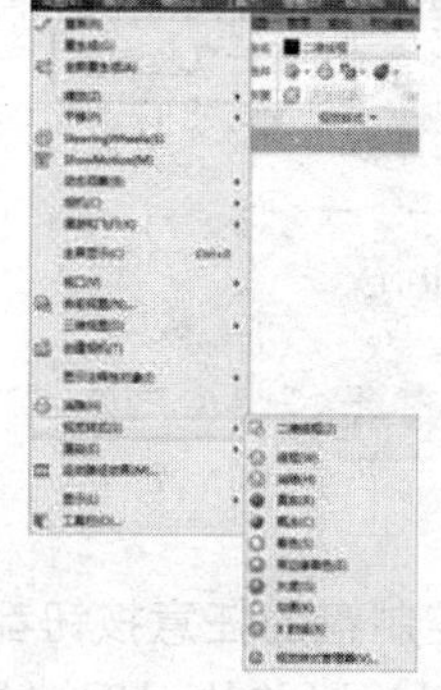

图 10-36　视觉样式菜单

✧　二维线框：显示用直线和曲线表示边界的对象，如图 10-37 所示。

✧　概念：着色多边形平面间的对象，并使对象的边平滑化，如图 10-38 所示。

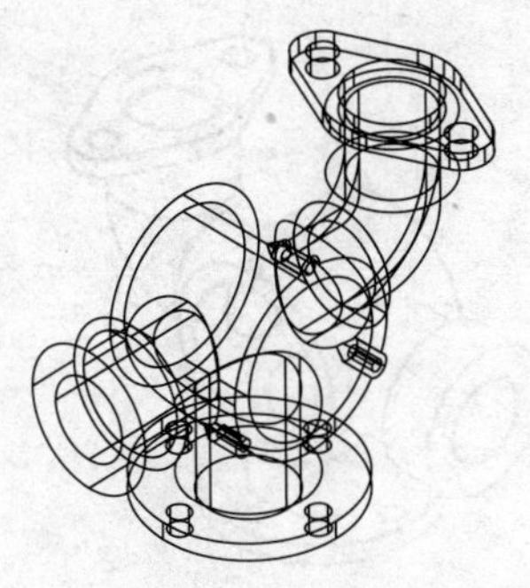

图 10-37　二维线框视觉样式

图 10-38　概念视觉样式

- ✧ 隐藏：显示用三维线框表示的对象并隐藏表示后向面的直线，如图 10-39 所示
- ✧ 真实：对模型表面进行着色，并使对象的边平滑化，效果如图 10-40 所示。

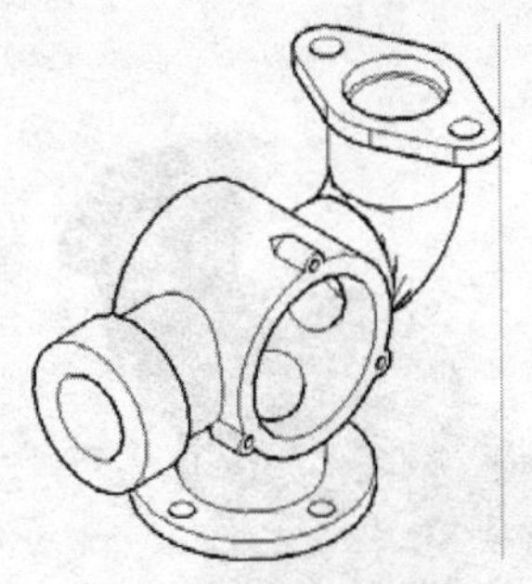

图 10-39　隐藏视觉样式

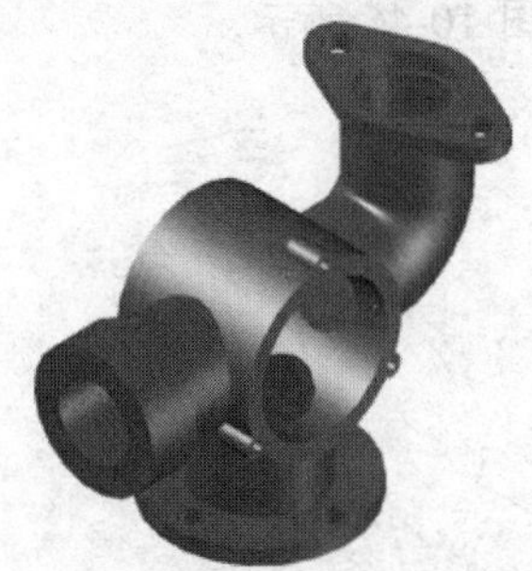

图 10-40　真实视觉样式

- ✧ 着色：该样式与真实样式类似，但不显示对象轮廓线，效果如图 10-41 所示。
- ✧ 带边框着色：对其表面轮廓线以暗色线条显示，效果如图 10-42 所示。
- ✧ 灰度：以灰色着色多边形平面间的对象，并使对象的边平滑化，如图 10-43 所示。
- ✧ 勾画：利用手工勾画的笔触效果显示用三维线框表示的对象并隐藏表示后向面的直线，效果如图 10-44 所示 。

图 10-41　着色视觉样式

图 10-42　带边框着色视觉样式

图 10-43　灰度视觉样式

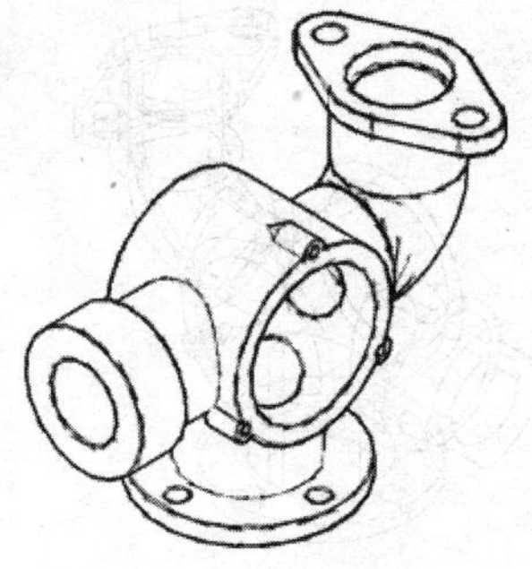

图 10-44　勾画视觉样式

- ✧ 线框：显示用直线和曲线表示边界的对象，如图 10-45 所示。
- ✧ X射线：以X光的形式显示对象效果，可以清楚的观察到对象背面的特征，效果如图 10-46 所示。

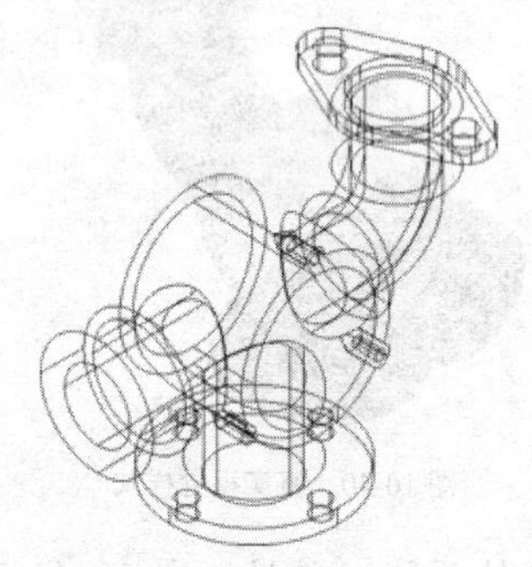

图 10-45　线框视觉样式

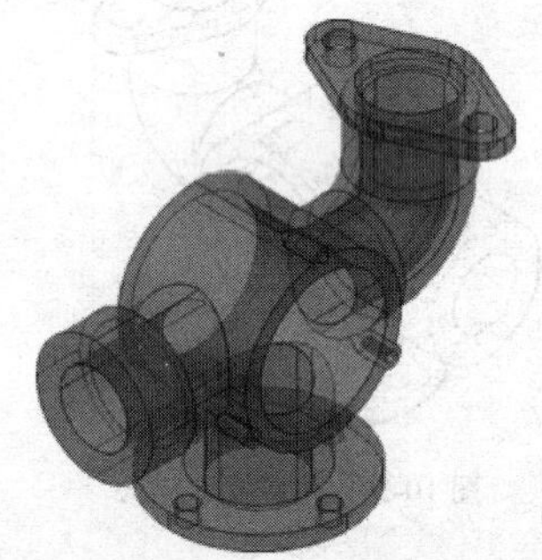

图 10-46　X 射线视觉样式

10.4.2 管理视觉样式

通过【视觉样式管理器】可以对各种视觉样式进行调整，打开该管理器有如下几种常用方法：

- ✧ 命令行：在命令行中输入 VISUALSTYLES。
- ✧ 功能区：单击【视图】选项卡【视觉样式】面板右下角按钮，如图 10-47 所示。

图 10-47　视觉样式面板

- ✧ 工具栏：单击【视觉样式】工具栏【视觉样式管理器】按钮。
- ✧ 菜单栏：单击【视图】|【视觉样式】|【视觉样式管理器】，如图 10-48 所示。

执行上述任一命令后，系统均将弹出【视觉样式管理器】选项板，如图 10-49 所示。在【图形中的可用视觉样式】列表中显示了图形中的可用视觉样式的样例图像。当选

定某一视觉样式，该视觉样式显示黄色边框，选定的视觉样式的名称显示在选项板的顶部。在【视觉样式管理器】选项板的下部，将显示该视觉样式的面设置、环境设置和边设置。

在【视觉样式管理器】选项板中，使用工具条中的工具按钮，可以创建新的视觉样式、将选定的视觉样式应用于当前视口、将选定的视觉样式输出到工具选项板以及删除选定的视觉样式。

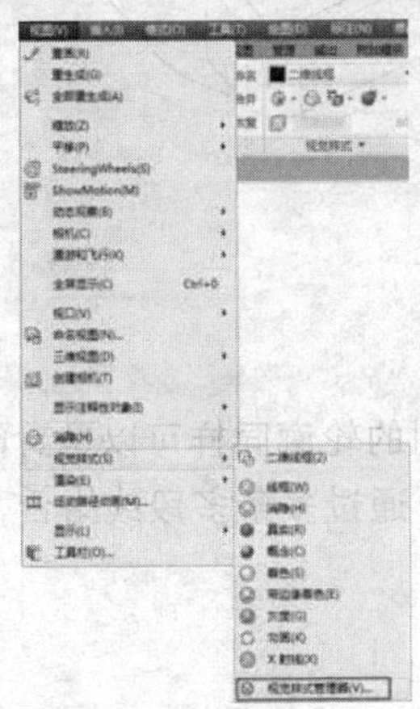

图 10-48　视觉样式菜单

图 10-49　【视觉样式管理器】选项板

10.5　绘制三维点和线

三维空间中的点和线是构成三维实体模型的最小几何单元，它同创建二维对象的点和直线类似，主要用来辅助创建三维模型。

10.5.1　绘制点和基本直线

三维空间中的点和基本直线是构成线框模型的基本元素，也是创建三维实体或曲线模型的基础。

1. 通过坐标确定点

在 AutoCAD 中，可以通过绝对或相对坐标的方式确定点的位置。启用【点】命令，然后直接在命令行内输入三维坐标值即可确定三维点。

2. 捕捉空间特殊点

三维实体模型上的一些特殊点，如交点、端点以及中点等，可通过启用【对象捕捉】功能捕捉来确定位置，如图 10-50 所示。

3. 绘制空间基本直线

三维空间中的基本直线包括直线、线段、射线、构造线等，它是点沿一个或两个方向

无限延伸的结果。启用【直线】绘制，根据不同点的绘制方法，可在空间中绘制任意直线。

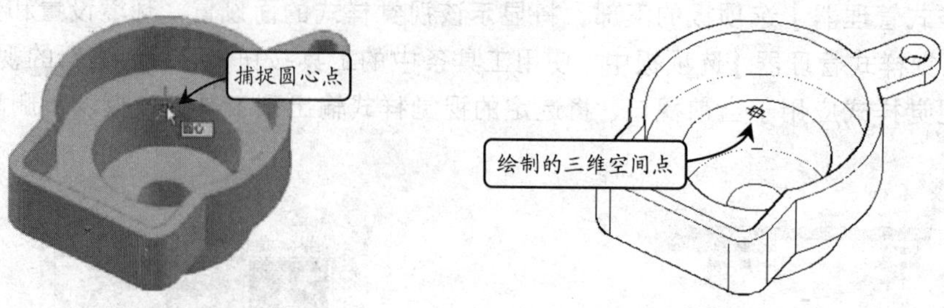

图 10-50 利用捕捉功能绘制点

10.5.2 绘制多段线

三维多段线仅包括线段和线段的组合轮廓线，但绘制的轮廓同样可以是封闭的、非封闭的直线段。启用【多段线】绘制，依次指定端点即可。通过多条多段线组合，可组成空间线框模型。

10.5.3 绘制样条曲线

样条曲线就是通过一系列给定控制点的一条光滑曲线，它在控制处的形状取决于曲线在控制点处的矢量方向和曲率半径。

启用【样条曲线】绘制，依据命令行提示依次选取样条曲线控制点即可，对于空间样条曲线，可以通过曲面网格创建自由曲面，从而描述曲面等几何体。

10.5.4 绘制三维螺旋线

【螺旋线】是指一个固定点向外以底面所在平面的法线方向，以指定的半径、高度或圈数旋绕而形成的规律曲线，一般常用作切除螺栓螺纹特征的扫描路径。

在 AutoCAD 2016 中启用【螺旋线】绘制有如下几种常用方法：

- ✧ 命令行：在命令行中输入“HELIX”。
- ✧ 功能区：单击【绘图】面板【螺旋】工具按钮，如图 10-51 所示。
- ✧ 工具栏：单击【建模】工具栏【螺旋】按钮。
- ✧ 菜单栏：单击【绘图】|【螺旋】命令，如图 10-52 所示。

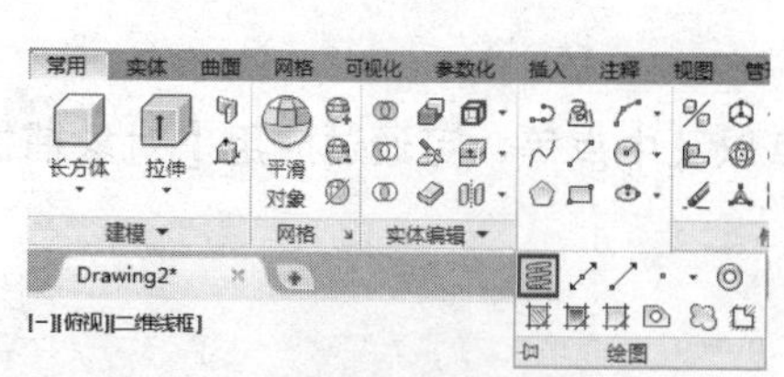

图 10-51 螺旋面板按钮

图 10-52 螺旋菜单命令

执行上述任一命令后，根据各命令行的提示，即可完成螺旋线的创建，如图 10-53 所示。

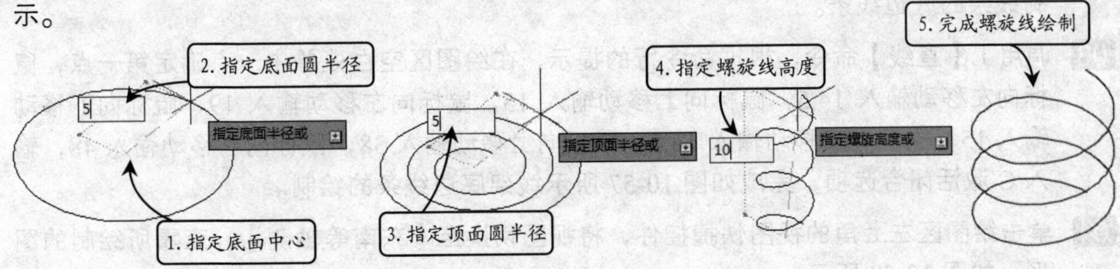

图 10-53　绘制螺旋线

默认情况下螺旋线的圈数为 3，当指定螺旋线顶面高度后，命令行提示如下：

```
指定螺旋高度或 [轴端点(A)/圈数(T)/圈高(H)/扭曲(W)]
```

其中选择【圈高】选项，可以指定螺旋线各圈之间的间距；选择【扭曲】选项，可以指定螺旋线的扭曲方式是顺时针还是逆时针。

在创建螺旋线后，可通过【特性】选项板编辑螺旋线各个参数。例如，更改其圈数、圈高、螺旋线高度等，如图 10-54 所示。

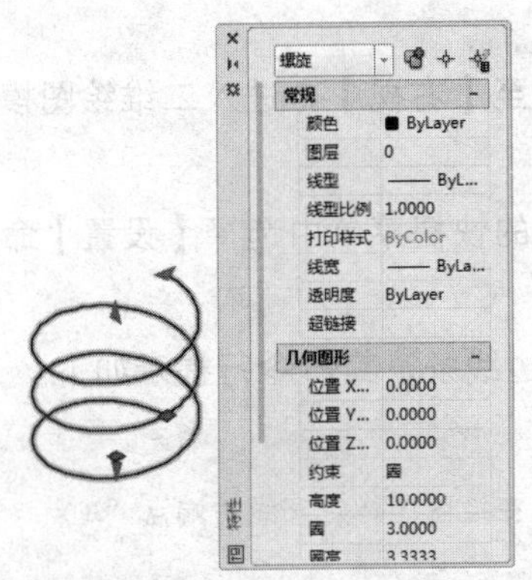

图 10-54　【特性】选项板

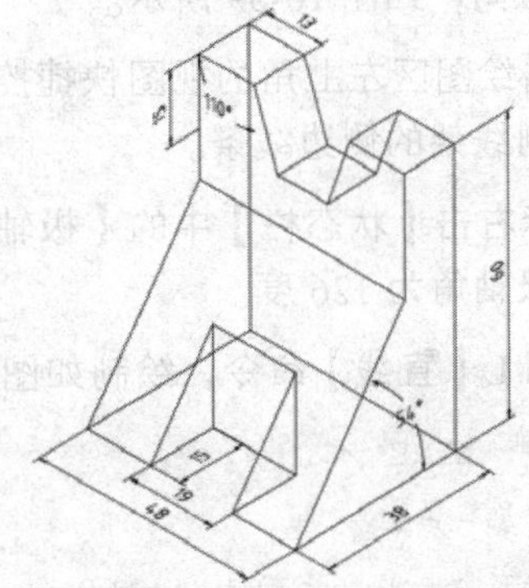

图 10-55　10.6 三维线架

10.6　综合实例——绘制三维线架模型

本实例通过绘制如图 10-55 所示的三维线架，以熟悉 UCS 坐标的运用。具体步骤如下：

1. 启动 AutoCAD 2016 并新建文件

单击【快速访问】工具栏中的【新建】按钮，系统弹出【选择样板】对话框，选择“acadiso.dwt”样板，单击【打开】按钮，进入 AutoCAD 绘图模式。

2. 绘制线架

01 单击绘图区左上角的视图快捷控件，将视图切换至【东南等轴测】，此时绘图区呈三维空间状态，其坐标显示如图 10-56 所示。

02 单击绘图区左上角的视图快捷控件，将视图切换至【俯视】，进入二维绘图模式，绘制线架的底边线条。

03 调用 L【直线】命令，根据命令行的提示，在绘图区空白处单击一点确定第一点，鼠标向左移动输入 14.5，鼠标向上移动输入 15，鼠标向左移动输入 19，鼠标向下移动输入 15，鼠标向左移动输入 14.5，鼠标向上移动输入 38，鼠标向右移动输入 48，输入 C 激活闭合选项，完成如图 10-57 所示线架底边线条的绘制。

04 单击绘图区左上角的视图快捷控件，将视图切换至【东南等轴测】，查看所绘制的图形，如图 10-58 所示。

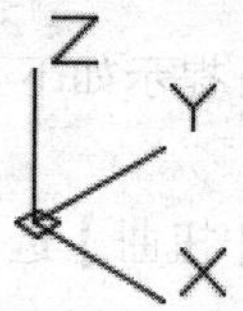

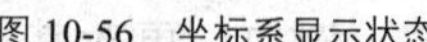
图 10-56 坐标系显示状态

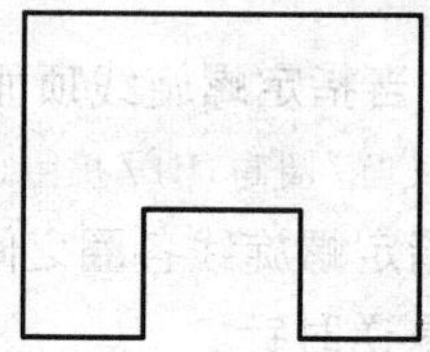
图 10-57 底边线条

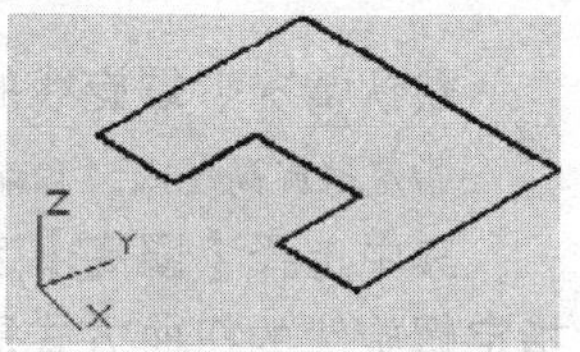

图 10-58 图形状态

05 单击【坐标】面板中的【Z 轴矢量】按钮，在绘图区选择两点以确定新坐标系的 Z 轴方向，如图 10-59 所示。

06 单击绘图区左上角的视图快捷控件，将视图切换至【右视】，进入二维绘图模式，以绘制线架的侧边线条。

07 鼠标右击【状态栏】中的【极轴追踪】，在弹出的快捷菜单中选择【设置】命令，添加极轴角为 126 度。

08 调用 L【直线】命令，绘制如图 10-60 所示的侧边线条，其命令行提示如下：

```
命令: LINE ↙
指定第一点:                                  //在绘图区指定直线的端点“A 点”
指定下一点或 [放弃(U)]: 60↙
指定下一点或 [放弃(U)]: 12↙                  //利用极轴追踪绘制直线
指定下一点或 [闭合(C)/放弃(U)]:              //在绘图区指定直线的终点
指定下一点或 [放弃(U)]: *取消*               //按 Esc 键，结束绘制直线操作
命令: LINE ↙                                 //再次调用直线命令，绘制直线
指定第一点:                                  //在绘图区单击确定直线一端点“B 点”
指定下一点或 [放弃(U)]:                      //利用极轴绘制直线
```

09 调用 TR【修剪】命令，修剪掉多余的线条，单击绘图区左上角的视图快捷控件，将视图切换至【东南等轴测】，查看所绘制的图形状态，如图 10-61 所示。

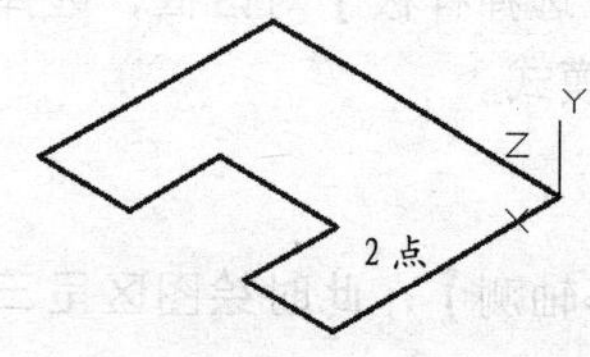

图 10-59 生成的新坐标系

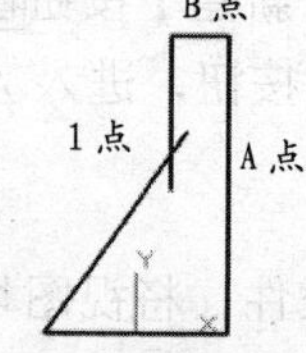

图 10-60 绘制直线

图 10-61 绘制的右侧边线条

10 调用 CO【复制】命令，在三维空间中选择要复制的右侧线条。

11 单击鼠标右键或按 Enter 键，然后选择基点位置，拖动鼠标在合适的位置单击放置复制图形，按 Esc 键或 Enter 键完成复制操作，复制效果如图 10-62 所示。

12 单击【坐标】面板中的【三点】按钮，在绘图区选择三点以确定新坐标系的 Z 轴方向，如图 10-63 所示。

13 单击绘图区左上角的视图快捷控件，将视图切换至【后视】，进入二维绘图模式，绘制线架的后方线条，如图 10-64 所示，其命令行提示如下：

```
命令: LINE↙
指定第一点:
指定下一点或 [放弃(U)]: 13↙
指定下一点或 [放弃(U)]: @20<290↙
指定下一点或 [闭合(C)/放弃(U)]: *取消*           //利用极坐标方式绘制直线，按 ESC
键，结束直线绘制命令
命令: LINE ↙
指定第一点:
指定下一点或 [放弃(U)]: 13↙
指定下一点或 [放弃(U)]: @20<250↙
指定下一点或 [闭合(C)/放弃(U)]: *取消*           //用同样的方法绘制直线
```

14 调用 O【偏移】命令，将底边直线向上偏移 45，如图 10-64 所示。

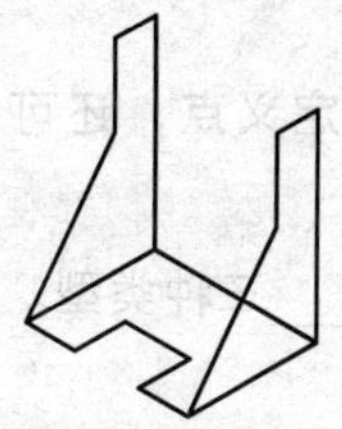

图 10-62　复制图形

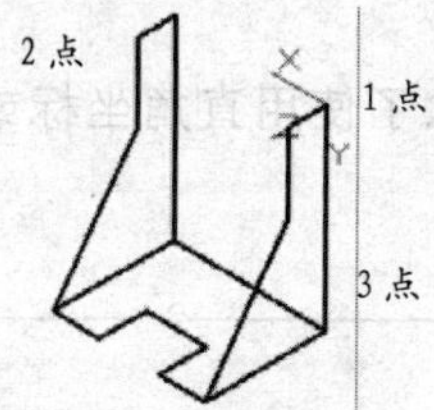

图 10-63　新建坐标系

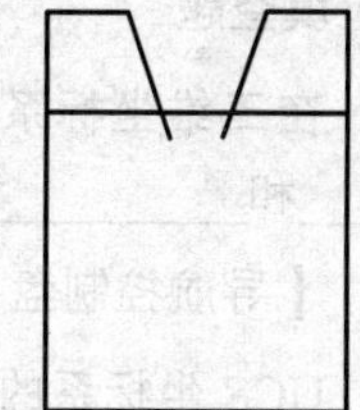

图 10-64　绘制的直线图形

15 调用 TR【修剪】命令，修剪掉多余的线条，如图 10-65 所示。

16 利用同第 9~10 步的方法，复制图形，其复制效果如图 10-66 所示。

17 单击【坐标】面板中的【UCS】按钮，移动鼠标在要放置坐标系的位置单击，按空格键或 Enter 键，结束操作，生成如图 10-67 所示的坐标系。

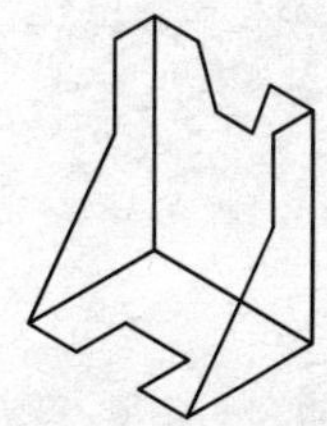

图 10-65　修剪后的图形

图 10-66　复制图形

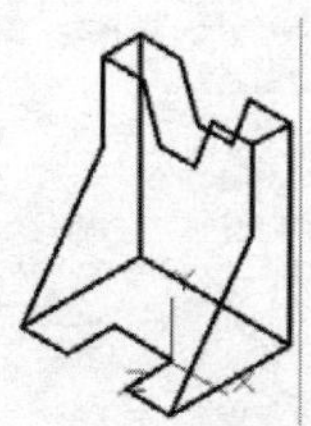

图 10-67　新建坐标系

18 单击绘图区左上角的视图快捷控件，将视图切换至【前视】，进入二维绘图模式，绘制二维图形，向上距离为 15，两侧直线中间相距 19。如图 10-68 所示。

19 单击绘图区左上角的视图快捷控件，将视图切换至【东南等轴测】，查看所绘制的图形状态，如图 10-69 所示。

20 调用 L【直线】命令，将三维线架中需要连接的部分，用直线连接，其效果如图 10-70 所示。完成三维线架绘制。

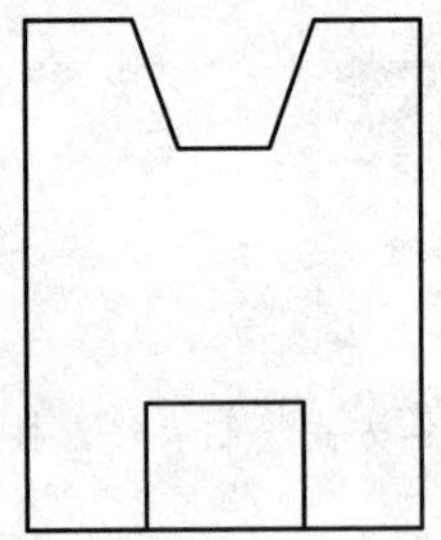

图 10-68　绘制的二维图形

图 10-69　图形的三维状态

图 10-70　三维线架

10.7 习 题

1. 填空题

(1) 在三维坐标系下，用户除了使用直角坐标或极坐标方法来定义点，还可以使用_________和_________来定义点。

(2) 【导航控制盘】可以分为_________、_________和__________三种类型。

(3) UCS 坐标系的特点为_________、_________和单一性。

(4) 系统默认的螺旋线圈数为_________。

2. 操作题

绘制一个底面中心为（0，0），底面半径为 50，顶面半径为 70，高度为 100，圈数为 10 的弹簧，如图 10-71 所示。

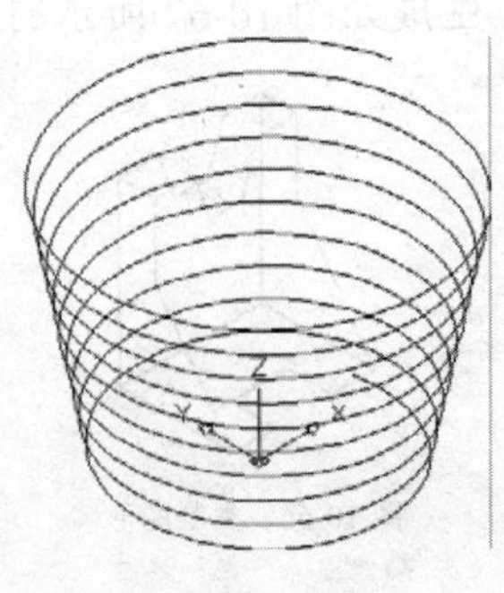

图 10-71　弹簧

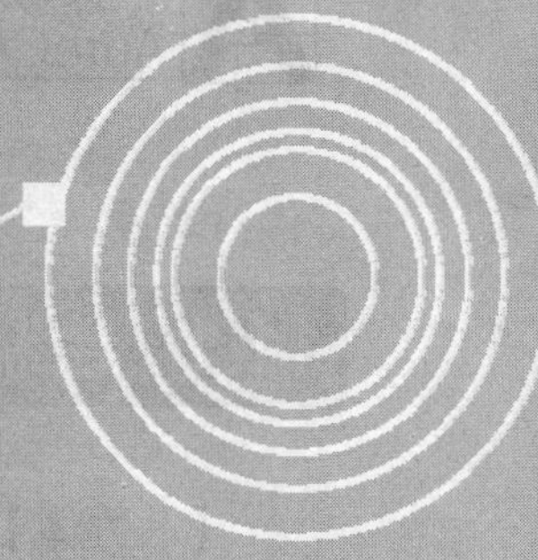

第 11 章

创建三维实体和网格曲面

实体模型是三维建模中最重要的一部分，是最符合真实情况的模型。实体模型不再像曲面模型那样只是一个“空壳”，而是具有厚度和体积的模型。

AutoCAD 2016 也提供了直接创建基本形状的实体模型命令。对于非基本形状的实体模型，可以通过曲面模型的旋转、拉伸等操作创建。

本章主要内容如下：

- ✧ 绘制基本实体
- ✧ 二维对象生成三维实体
- ✧ 创建网格曲面

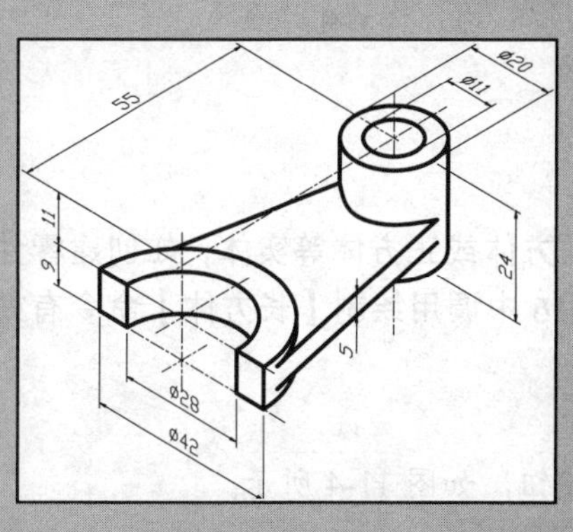

11.1 绘制基本实体

【长方体】是构成三维实体模型的最基本的元素，如长方体、楔体、球体等，在 AutoCAD 中可以通过多种方法来创建基本实体。

11.1.1 绘制多段体

与二维图形中的【多段线】相对应的是三维图形中的【多段体】，它能快速完成一个实体的创建，其绘制方法与绘制多段线相同。在默认情况下，多段体始终带有一个矩形的轮廓，可以在执行命令之后，根据提示信息指定轮廓的高度和宽度。

图 11-1　多段体面板按钮

在 AutoCAD 2016 中调用绘制【多段体】命令有如下几种常用方法：

- ✧ 命令行：在命令中输入 POLYSOLID。
- ✧ 功能区：单击【创建】面板【多段体】工具按钮，如图 11-1 所示。
- ✧ 工具栏：单击【建模】工具栏【多段体】按钮。
- ✧ 菜单栏：执行【绘图】|【建模】|【多段体】命令，如图 11-2 所示。

执行上述任一命令后，即可根据命令提示创建如图 11-3 所示的【多段体】效果。

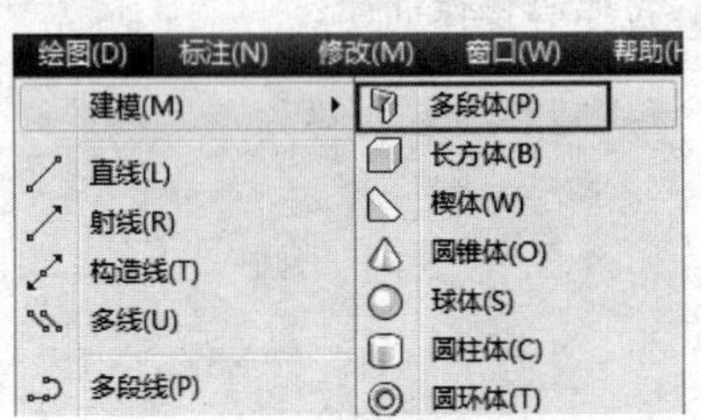

图 11-2　多段体菜单命令

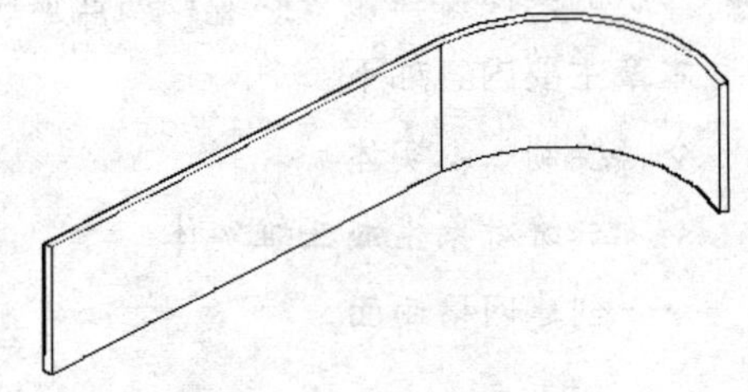

图 11-3　绘制多段体

11.1.2 绘制长方体

【长方体】命令可创建具有规则实体模型形状的长方体或正方体等实体，如创建零件的底座、支撑板、建筑墙体及家具等。在 AutoCAD 2016 中调用绘制【长方体】命令有如下几种常用方法：

- ✧ 命令行：在命令行中输入 BOX。
- ✧ 功能区：单击【创建】面板【长方体】工具按钮，如图 11-4 所示。
- ✧ 工具栏：单击【建模】工具栏【长方体】按钮。

✧　菜单栏：执行【绘图】|【建模】|【长方体】命令，如图 11-5 所示。

执行上述任一命令后，命令行出现如下提示：

指定第一个角点或［中心(C)］:

此时可以根据提示利用两种方法进行【长方体】的绘制：

图 11-4　长方体创建面板按钮

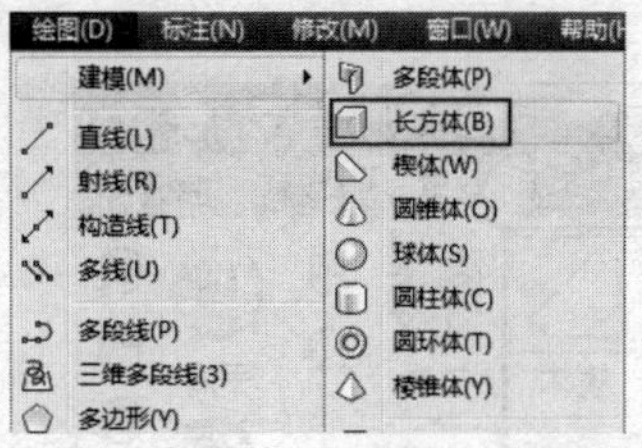

图 11-5　长方体创建菜单命令

✧　指定角点：该方法是创建长方体时默认方法，即通过依次指定长方体底面的两对角点或指定一角点和长、宽、高的方式进行长方体的创建，如图 11-6 所示。

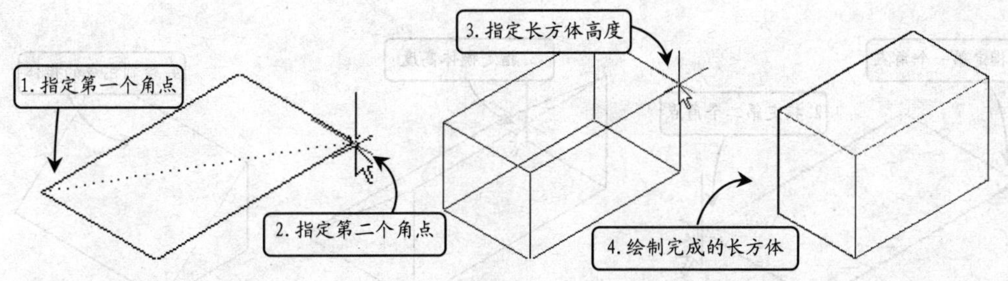

图 11-6　利用指定角点的方法绘制长方体

✧　指定中心：利用该方法可以先指定长方体中心，在指定底面的一个角点或长度等参数，最后指定高度来创建长方体，如图 11-7 所示。

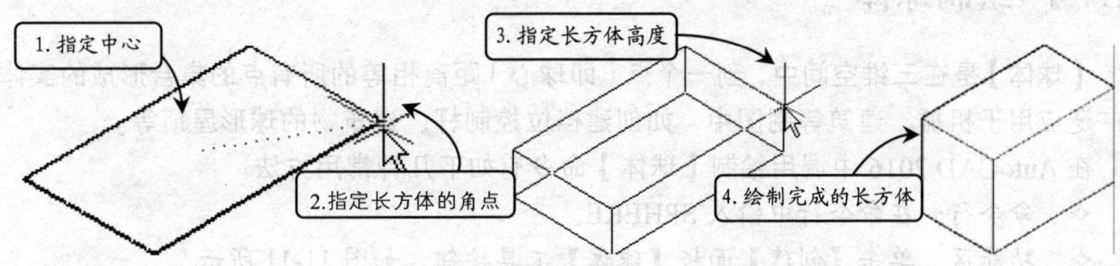

图 11-7　利用指定中心的方法绘制长方体

11.1.3　绘制楔体

【楔体】可以看作是以矩形为底面，其一边沿法线方向拉伸所形成的具有楔状特征的实体。该实体通常用于填充物体的间隙，如安装设备时用于调整设备高度及水平度的楔体和楔木。

在 AutoCAD 2016 中调用绘制【楔体】命令有如下几种常用方法：

- ✧ 命令行：在命令行中输入 WEDGE/WE。
- ✧ 功能区：单击【创建】面板【楔体】工具按钮，如图 11-8 所示。
- ✧ 工具栏：单击【建模】工具栏【楔体】按钮。
- ✧ 菜单栏：执行【绘图】|【建模】|【楔体】命令，如图 11-9 所示。

图 11-8 创建楔体面板按钮

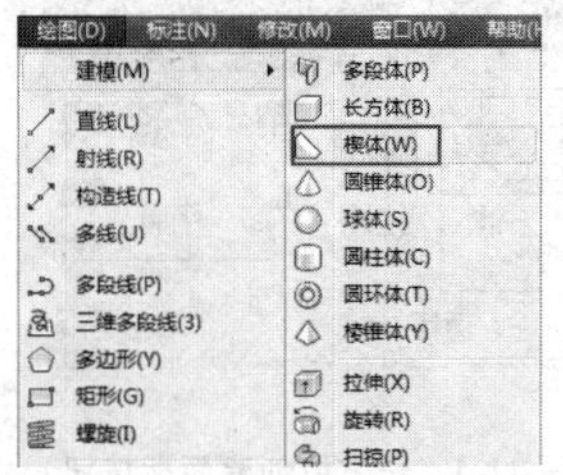

图 11-9 创建楔体菜单命令

执行以上任意一种方法均可创建【楔体】，创建【楔体】的方法同绘制长方体的方法类似，如图 11-10 所示。

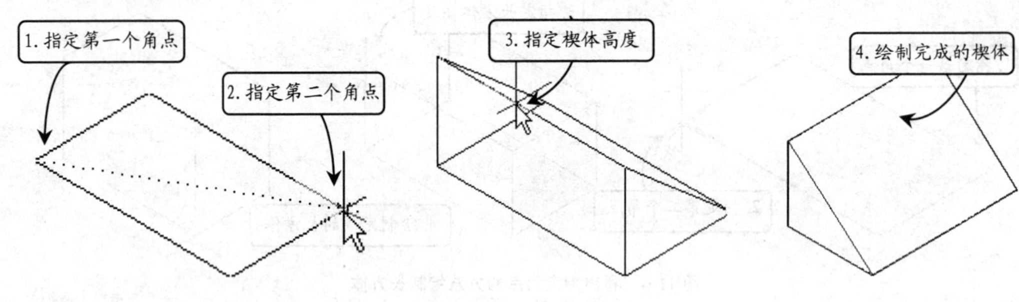

图 11-10 绘制楔体

11.1.4 绘制球体

【球体】是在三维空间中，到一个点（即球心）距离相等的所有点的集合形成的实体，它广泛应用于机械、建筑等制图中，如创建档位控制杆、建筑物的球形屋顶等。

在 AutoCAD 2016 中调用绘制【球体】命令有如下几种常用方法：

- ✧ 命令行：在命令行中输入 SPHERE。
- ✧ 功能区：单击【创建】面板【球体】工具按钮，如图 11-11 所示。
- ✧ 工具栏：单击【建模】工具栏【球体】按钮。
- ✧ 菜单栏：执行【绘图】|【建模】|【球体】命令，如图 11-12 所示。

执行上述任一命令后，命令行提示如下：

```
指定中心点或 [三点(3P)/两点(2P)/切点、切点、半径(T)]:
```

此时直接捕捉一点为球心，然后指定球体的半径值或直径值，即可获得球体效果。另外，可以按照命令行提示使用以下 3 种方法创建球体，从【三点】、【两点】和【相切、相切、半径】，其具体的创建方法与二维图形中【圆】的相关创建方法类似。

图 11-11　球体创建工具按钮

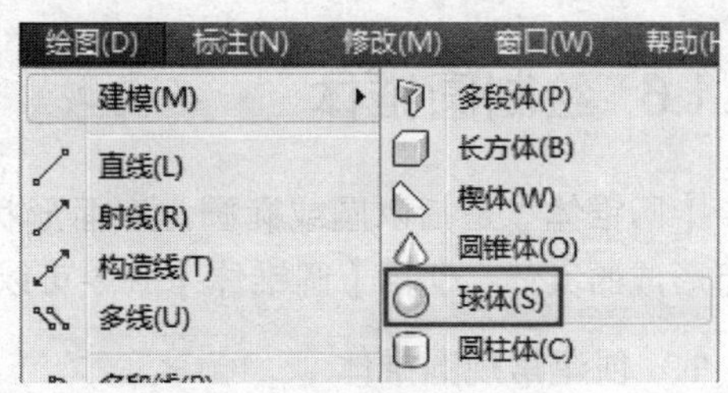

图 11-12　创建球体菜单命令

11.1.5　绘制圆柱体

在 AutoCAD 中创建的【圆柱体】是以面或椭圆为截面形状，沿该截面法线方向拉伸所形成的实体，常用于绘制各类轴类零件、建筑图形中的各类立柱等特征。

在 AutoCAD 2016 中调用绘制【圆柱体】命令有如下几种常用方法：

- ✧ 命令行：在命令行中输入 CYLINDER。
- ✧ 功能区：单击【创建】面板【圆柱体】工具按钮，如图 11-13 所示。
- ✧ 工具栏：单击【建模】工具栏【圆柱体】按钮。
- ✧ 菜单栏：执行【绘图】|【建模】|【圆柱体】命令，如图 11-14 所示。

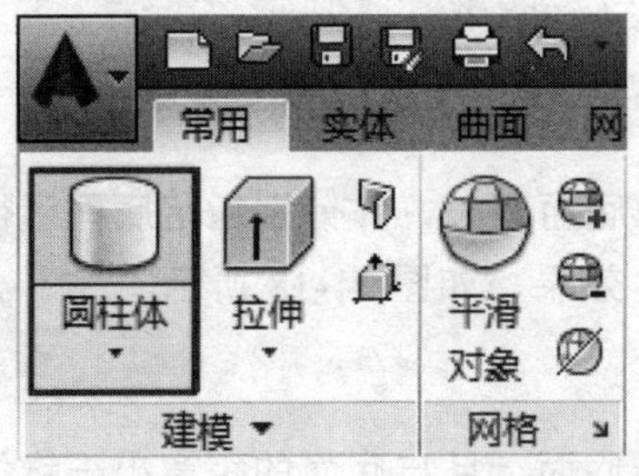

图 11-13　圆柱体创建面板按钮

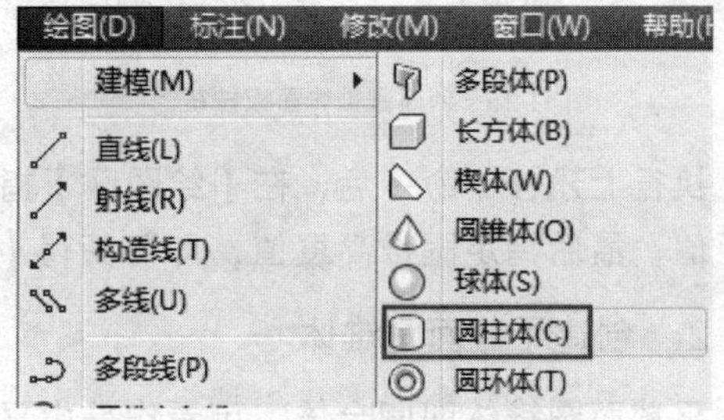

图 11-14　创建圆柱体菜单命令

执行上述任一命令后，命令行提示如下：

```
指定底面的中心点或 [三点(3P)/两点(2P)/切点、切点、半径(T)/椭圆(E)]:
```

根据命令行提示选择一种创建方法即可绘制【圆柱体】图形，如图 11-15 所示。

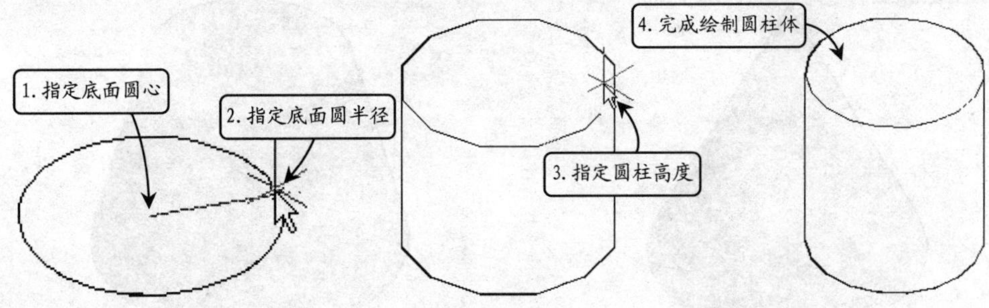

图 11-15　绘制圆柱体

11.1.6 绘制圆锥体

【圆锥体】是指以圆或椭圆为底面形状、沿其法线方向并按照一定锥度向上或向下拉伸而形成的实体。使用【圆锥体】命令可以创建【圆锥】、【平截面圆锥】两种类型的实体。

1. 创建常规圆锥体

在 AutoCAD 2016 中调用绘制【圆柱体】命令有如下几种常用方法：

✧ 命令行：在命令行中输入 CONE。

✧ 功能区：单击【创建】面板【圆锥体】工具按钮，如图 11-16 所示。

✧ 工具栏：单击【建模】工具栏【圆锥体】按钮△。

✧ 菜单栏：执行【绘图】|【建模】|【圆锥体】命令，如图 11-17 所示。

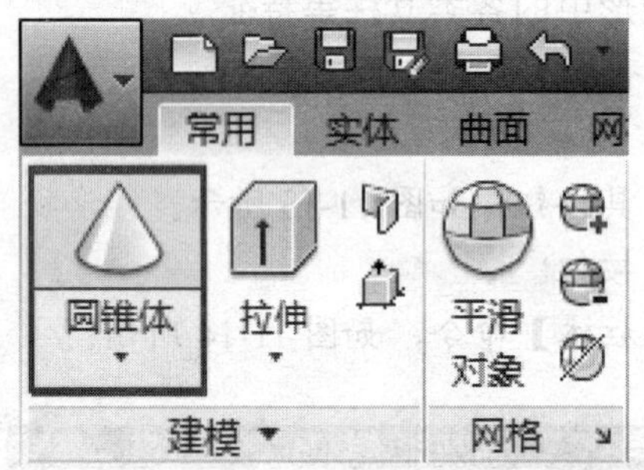

图 11-16 创建圆锥体面板按钮

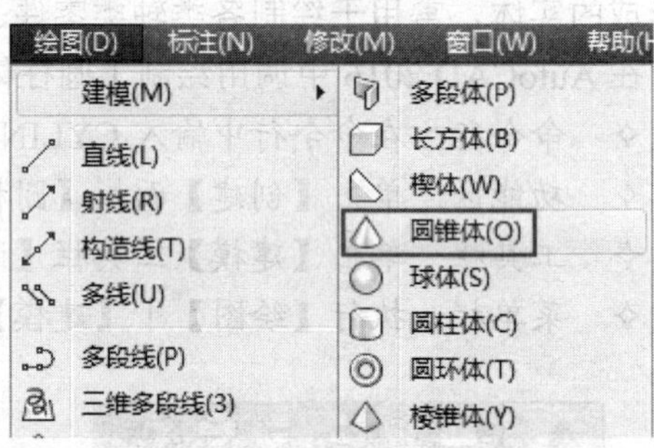

图 11-17 创建圆锥体菜单命令

执行上述任一命令后，在【绘图区】指定一点为底面圆心，并分别指定底面半径值或直径值，最后指定圆锥高度值，即可获得【圆锥体】效果，如图 11-18 所示。

2. 创建平截面圆锥体

平截面圆锥体即圆台体，可看作是由平行于圆锥底面，且与底面的距离小于锥体高度的平面为截面，截取该圆锥而得到的实体。

当启用【圆锥体】命令后，指定底面圆心及半径，命令提示行信息为“指定高度或[两点(2P)/轴端点(A)/顶面半径(T)] <9.1340>:”，选择【顶面半径】选项，输入顶面半径值，最后指定平截面圆锥体的高度，即可获得【平截面圆锥】效果，如图 11-19 所示。

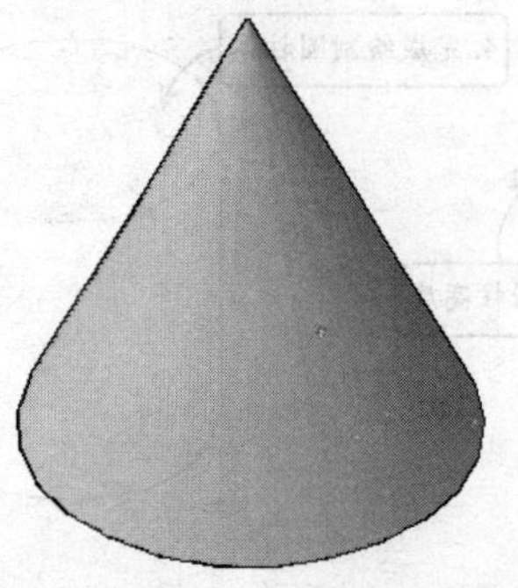

图 11-18 圆锥体

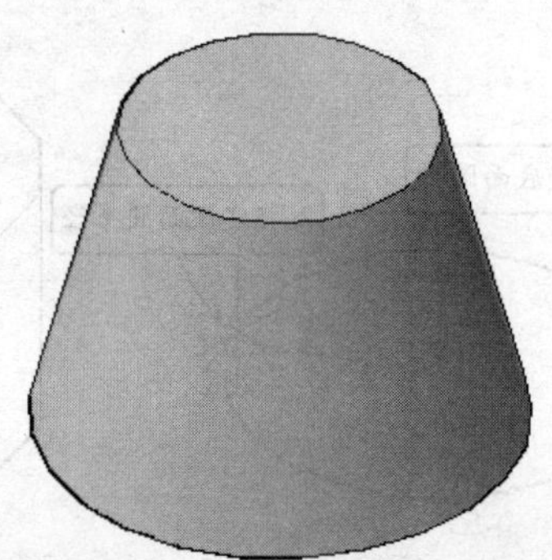

图 11-19 平截面圆锥体

11.1.7 绘制棱锥体

【棱锥体】可以看作是以一个多边形面为底面，其余各面是由有一个公共顶点的具有三角形特征的面所构成的实体。

在 AutoCAD 2016 中调用绘制【棱锥体】命令有如下几种常用方法：

✧ 命令行：在命令行中输入 PYRAMID。
✧ 功能区：单击【创建】面板【棱锥体】工具按钮，如图 11-20 所示。
✧ 工具栏：单击【建模】工具栏【棱锥体】按钮。
✧ 菜单栏：执行【绘图】|【建模】|【棱锥体】命令，如图 11-21 所示。

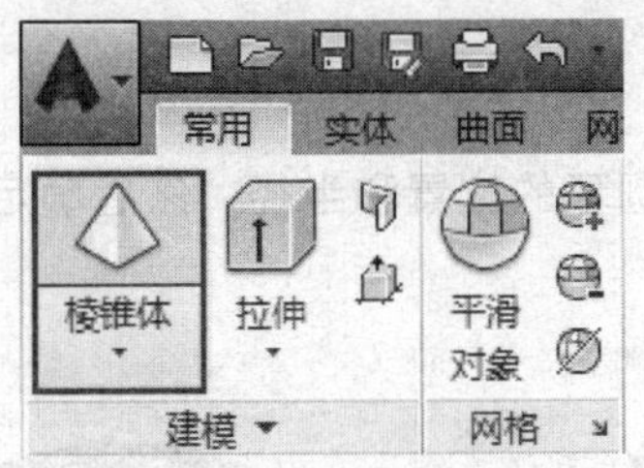

图 11-20　创建棱锥体面板按钮

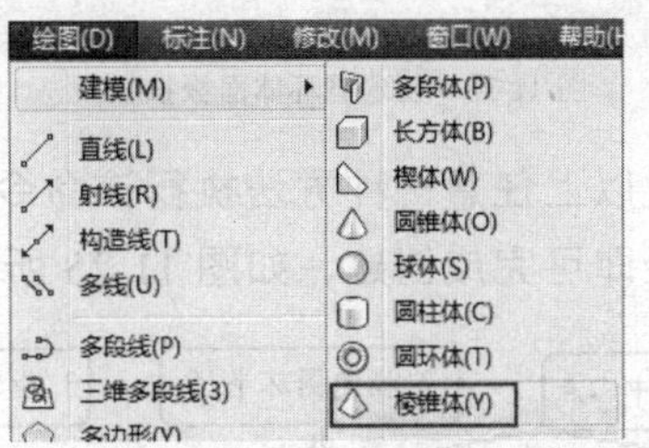

图 11-21　创建棱锥体菜单命令

在 AutoCAD 中使用以上任意一种方法可以通过参数的调整创建多种类型的【棱锥体】和【平截面棱锥体】。其绘制方法与绘制【圆锥体】的方法类似，绘制完成的结果如图 11-22 所示。

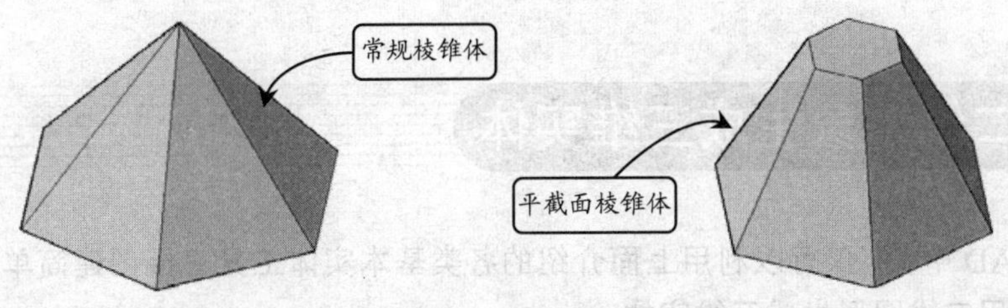

图 11-22　创建棱锥体

专家点拨

在利用【棱锥体】工具进行棱锥体创建时，所指定的边数必须是 3～32 之间的整数。

11.1.8 绘制圆环体

【圆环体】可以看作是在三维空间内，圆轮廓线绕与其共面直线旋转所形成的实体特征，该直线即是圆环的中心线；直线和圆心的距离即是圆环的半径；圆轮廓线的直径即是圆环的直径。

在 AutoCAD 2016 中调用绘制【圆环体】命令有如下几种常用方法：

✧ 命令行：在命令行中输入 TORUS。

✧ 功能区：单击【创建】面板【圆环体】工具按钮，如图 11-23 所示。
✧ 工具栏：单击【建模】工具栏【圆环体】按钮◎。
✧ 菜单栏：执行【绘图】|【建模】|【圆环体】命令，如图 11-24 所示。

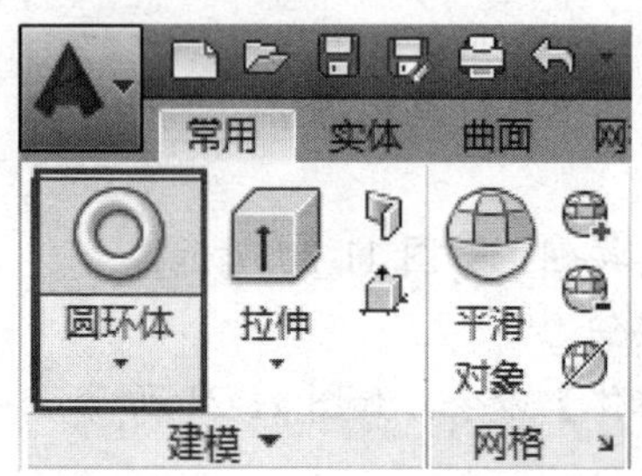

图 11-23　创建圆环体面板按钮

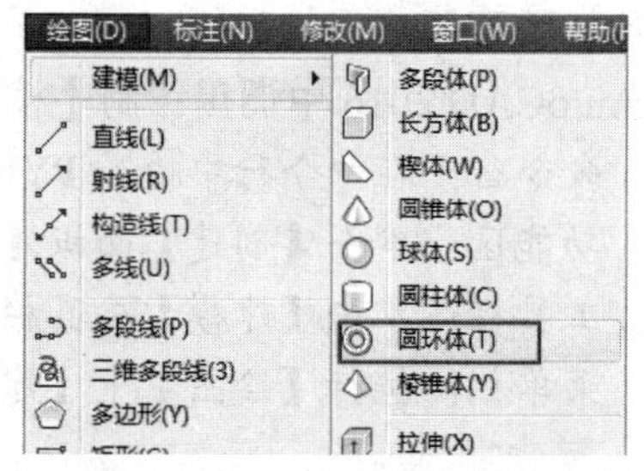

图 11-24　创建圆环体菜单命令

通过以上任意一种方法执行该命令后，首先确定圆环的位置和半径，然后确定圆环圆管的半径即可完成创建，如图 11-25 所示。

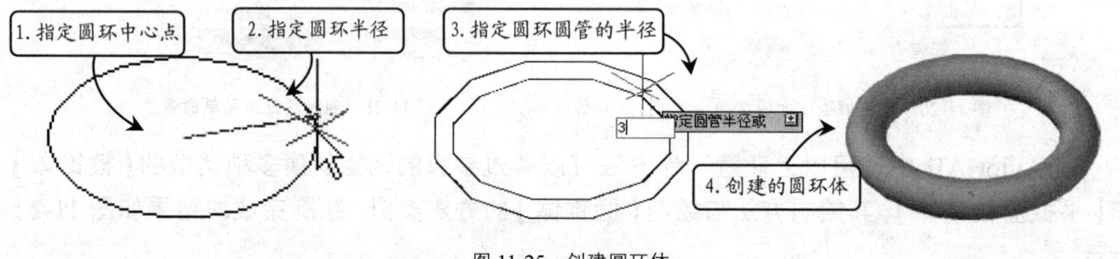

图 11-25　创建圆环体

11.2　由二维对象生成三维实体

在 AutoCAD 中，不仅可以利用上面介绍的各类基本实体工具直接创建简单实体模型，同时还可以利用二维图形生成三维实体。

11.2.1　拉伸

【拉伸】工具可以将二维图形沿指定的高度和路径，将其拉伸为三维实体。拉伸命令常用于创建楼梯栏杆、管道、异形装饰等物体，是实际工程中创建复杂三维面最常用的一种方法。

在 AutoCAD 2016 中调用【拉伸】命令有如下几种常用方法：

✧ 命令行：在命令行中输入 EXTRUDE/EXT。
✧ 功能区：单击【创建】面板【拉伸】工具按钮，如图 11-26 所示。
✧ 工具栏：单击【建模】工具栏【拉伸】按钮。
✧ 菜单栏：执行【绘图】|【建模】|【拉伸】命令，如图 11-27 所示。

图 11-26　拉伸面板按钮

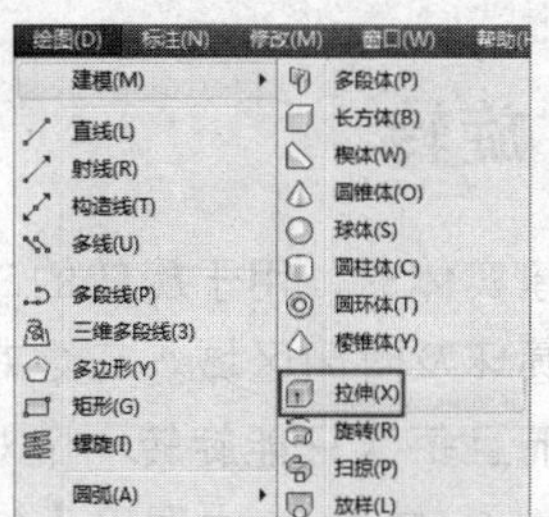

图 11-27　拉伸菜单命令

执行上述任一命令后，可以使用两种将二维对象拉伸成实体：一种是指定生成实体的倾斜角度和高度；另一种是指定拉伸路径，路径可以闭合，也可以不闭合。

下面以如图 11-28 所示的二维图形生成的三维实体为例，具体介绍【拉伸】工具运用。

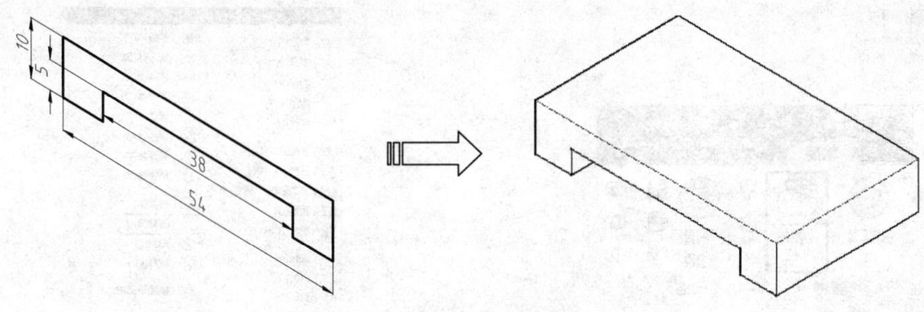

图 11-28　拉伸

其操作步骤如下：

01 打开配套光盘中的“11.2.1 拉伸二维图形.dwg”文件。

02 调用 REG【面域】命令，将要拉伸的二维图形创建面域。

03 调用 EXT【拉伸】命令，创建拉伸三维实体，其命令行提示如下：

```
命令: EXT↙                              //调用 EXTRUDE 命令，绘制三维实体
当前线框密度: ISOLINES=4
选择要拉伸的对象: 找到 1 个
选择要拉伸的对象: ↙                     //选择要拉伸的面域
指定拉伸的高度或 [[方向(D)/路径(P)/倾斜角(T)/表达式(E)] <-32.0000>: 38↙
                                        //输入拉伸高度为 38，按 Enter 键，完成拉伸操作
```

命令行中各选项的含义如下：

✧ 方向：默认情况下，对象可以沿 Z 轴方向拉伸，拉伸的高度可以为正值或负值，它们表示了拉伸的方向。

✧ 路径：通过指定拉伸路径将对象拉伸为三维实体，拉伸的路径可以是开放的，也可以是封闭的。

✧ 倾斜角：通过指定的角度拉伸对象，拉伸的角度也可以为正值或负值，其绝对值不大于 90°。若倾斜角为正，将产生内锥度，创建的侧面向里靠；若倾斜角度为负，将产生外锥度，创建的侧面则向外。

11.2.2 旋转

在创建实体时，用于旋转的二维对象可以是封闭多段线、多边形、圆、椭圆、封闭样条曲线、圆环及封闭区域。三维对象、包含在块中的对象、有交叉或自干涉的多段线不能被旋转，而且每次只能旋转一个对象。

在 AutoCAD 2016 中调用【旋转】命令有如下几种常用方法：

✧ 命令行：在命令行中输入 REVOLVE/REV。

✧ 功能区：单击【创建】面板【旋转】工具按钮，如图 11-29 所示。

✧ 工具栏：单击【建模】工具栏【旋转】按钮。

✧ 菜单栏：执行【绘图】|【建模】|【旋转】命令，如图 11-30 所示。

图 11-29 旋转面板按钮

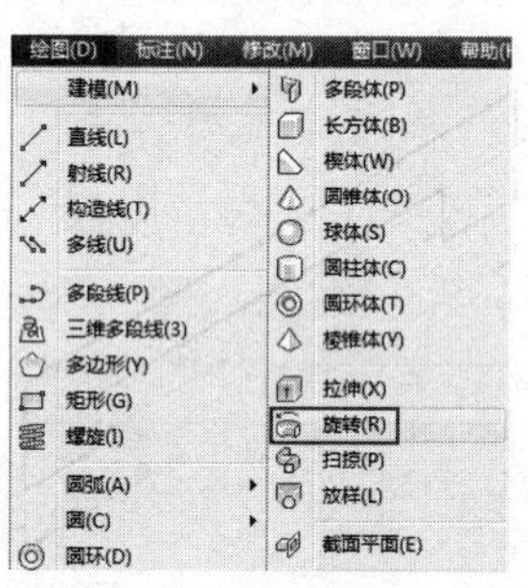

图 11-30 旋转菜单命令

下面以如图 11-31 所示二维图形生成的三维实体为例，具体介绍【旋转】工具的运用。

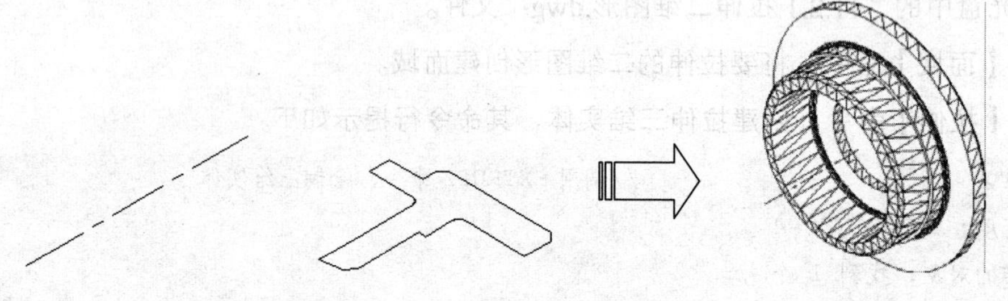

图 11-31 旋转

其操作步骤如下：

01 打开配套光盘“11.2.2 旋转二维图形.dwg”文件。

02 调用 REG【面域】命令，把将要拉伸的二维图形创建面域。

03 调用 REV【旋转】命令，创建旋转三维实体，其命令行提示如下：

```
命令: REV↙          REVOLVE                    //调用旋转命令，绘制三维实体
当前线框密度: ISOLINES=4
选择要旋转的对象: 找到 1 个
选择要旋转的对象: ↙                             //选择要旋转的面域
指定轴起点或根据以下选项之一定义轴 [对象(O)/X/Y/Z] <对象>:
```

```
指定轴端点:                                          //指定旋转轴的两端点/
指定旋转角度或 [起点角度(ST)/反转(R)/表达式(EX)] <360>:↙
                                                     //默认旋转角度为 360 度
```

11.2.3　扫掠

使用【扫掠】工具可以将扫掠对象沿着开放或闭合的二维或三维路径运动扫描，来创建实体或曲面。

在 AutoCAD 2016 中调用【扫掠】命令有如下几种常用方法：

- ✧ 命令行：在命令行中输入 SWEEP。
- ✧ 功能区：单击【创建】面板【扫掠】工具按钮，如图 11-32 所示。
- ✧ 工具栏：三级【建模】工具栏【扫掠】按钮。
- ✧ 菜单栏：执行【绘图】|【建模】|【扫掠】命令，如图 11-33 所示。

图 11-32　扫掠面板按钮

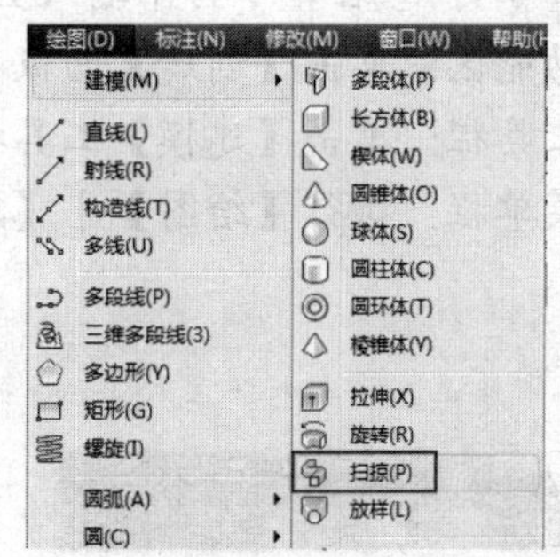

图 11-33　扫掠菜单命令

下面以如图 11-34 所示由二维图形生成的三维实体为例，具体介绍【扫掠】工具的运用。

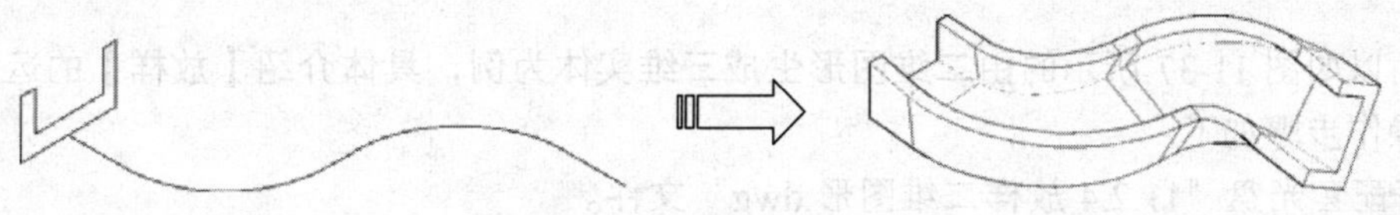

图 11-34　扫掠

其操作步骤如下：

01 打开配套光盘“11.2.3 扫掠二维图形.dwg”文件。

02 调用 REG【面域】命令，将要拉伸的二维图形创建成面域。

03 调用 SWEEP【扫掠】命令，创建扫掠三维实体，其命令行提示如下：

```
命令: SWEEP↙                               //调用 SWEEP 命令，绘制扫掠三维实体
当前线框密度:  ISOLINES=4
选择要扫掠的对象: 找到 1 个
选择要扫掠的对象: ↙                         //单击选择要扫掠的面域
```

```
选择扫掠路径或 [对齐(A)/基点(B)/比例(S)/扭曲(T)]: t↙
                                        //选择扭曲选项，创建扭曲扫掠三维实体
输入扭曲角度或允许非平面扫掠路径倾斜 [倾斜(B)] <0.0000>: 60↙
                                        //输入扭曲角度为 60 度
选择扫掠路径或 [对齐(A)/基点(B)/比例(S)/扭曲(T)]:
                                        //在绘图区选择扫掠路径，生成扫掠实体
```

11.2.4 放样

【放样】实体即将横截面沿指定的路径或导向运动扫描所得到的三维实体。横截面指的是具有放样实体截面特征的二维对象，并且使用该命令时必须指定两个或两个以上的横截面来创建放样实体。

在 AutoCAD 2016 中调用【放样】命令有如下几种常用方法：

- ✧ 命令行：在命令行中输入 LOFT。
- ✧ 功能区：单击【创建】面板【放样】工具按钮，如图 11-35 所示。
- ✧ 工具栏：单击【建模】工具栏【放样】按钮。
- ✧ 菜单栏：执行【绘图】|【建模】|【放样】命令，如图 11-36 所示。

图 11-35　放样工具按钮

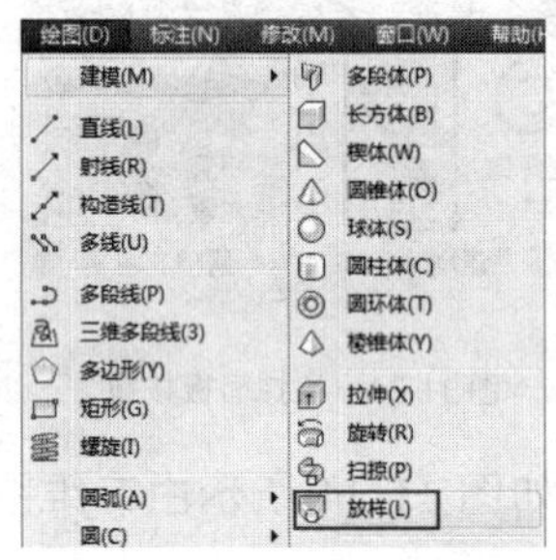

图 11-36　放样菜单命令

下面以如图 11-37 所示的由二维图形生成三维实体为例，具体介绍【放样】的运用。

其操作步骤如下：

01 打开配套光盘“11.2.4 放样二维图形.dwg”文件。

02 调用 LOFT【放样】命令，创建放样三维实体，其命令行提示如下：

```
命令: LOFT↙                                            //调用 LOFT 命令
绘制放样三维实体当前线框密度: ISOLINES=4，闭合轮廓创建模式 = 实体
按放样次序选择横截面或 [点(PO)/合并多条边(J)/模式(MO)]: 找到 1 个
按放样次序选择横截面或 [点(PO)/合并多条边(J)/模式(MO)]: 找到 1 个，总计 2 个
按放样次序选择横截面或 [点(PO)/合并多条边(J)/模式(MO)]: 找到 1 个，总计 3 个
按放样次序选择横截面或 [点(PO)/合并多条边(J)/模式(MO)]:
选中了 3 个横截面
输入选项 [导向(G)/路径(P)/仅横截面(C)/设置(S)] <仅横截面>:/按 Enter 键或是空格键，
默认为【仅横截面】选项，即可生成放样三维实体/
```

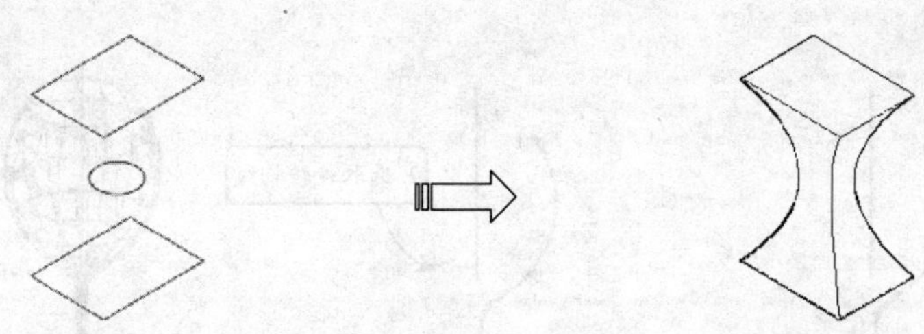

图 11-37　放样

在创建比较复杂的放样实体时，可以指定导向曲线来控制点如何匹配相应的横截面，以防止创建的实体或曲面中出现皱褶等缺陷。

11.3　创建网格曲面

网格曲面是用户通过定义网格的边界来创建的平直或弯曲网格，其尺寸和形状由定义它的边界及确定边界点所采用的公式决定，它根据生成网格的特点可分为三维面、三维网格、旋转网格、平移网格、直纹网格以及边界网格等类型。

11.3.1　三维面

三维空间的表面称为【三维面】，它没有厚度，也没有质量属性。由【三维面】命令创建的面的各顶点可以有不同的 Z 坐标，构成各个面的顶点最多不能超过 4 个。如果构成面的 4 个顶点共面，则消隐命令认为该面不是透明的，可以将其消隐，反之，消隐命令对其无效。在 AutoCAD 2016 中调用【三维面】命令有如下几种常用方法：

✧　命令行：在命令行中输入 3DFACE。

✧　菜单栏：执行【绘图】｜【建模】｜【网格】｜【三维面】命令。

专家点拨

使用【三维面】命令只能生成 3 条或 4 条边的三维面，若要生成多边曲面，则可以使用 PFACE 命令，在该命令提示下可以输入多个点。

11.3.2　旋转网格

使用【旋转网格】命令可以将曲线或轮廓（如直线、圆弧、椭圆、椭圆弧、多边形和闭合多段线等）绕指定的旋转轴旋转一定的角度，从而创建出旋转网格。旋转轴可以是直线，也可以是开放的二维或三维多段线。

在 AutoCAD 2016 中调用【旋转网格】命令有如下几种常用方法：

✧　命令行：在命令行中输入 REVSURF。

✧　菜单栏：执行【绘图】｜【建模】｜【网格】｜【旋转网格】命令。

执行上述任一命令后，在【绘图区】选取轨迹曲线，并指定旋转轴线。设置旋转角度并指定顺时针或逆时针方向，即可获得旋转网格效果，如图 11-38 所示。

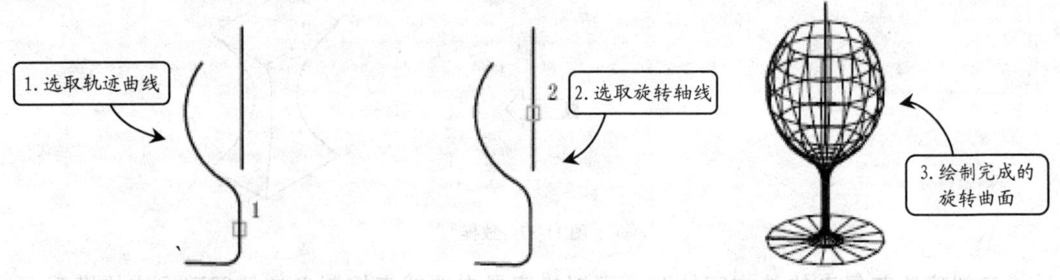

图 11-38　绘制旋转网格

如果路径曲线是圆、圆弧或二维线段组成的对象，可以预先通过 PEDIT 命令组合成一个对象，再创建单一的网格曲面，而不是创建多个网格曲面。

专家点拨

如果是设计需要，在创建曲面后可删除旋转轴，一般在绘制路径曲线和中心轴时，旋转轴长一般长于路径曲线，这样便于创建曲面后删除旋转轴。

11.3.3 平移网格

【平移网格】是通过沿指定的方向矢量拉伸轮廓曲线而创建的曲面网格，其中构成轮廓曲线的对象可以是直线、圆弧、圆、椭圆、椭圆弧、二维多段线和三维多段线等单个对象；我们通过方向矢量确定拉伸方向及距离，它可以是直线或开放的二维或三维多段线等曲线类型。一般情况下距离指定点最近的方向矢量的端点将沿着路径曲线生成曲面。

在 AutoCAD 2016 调用【平移网格】命令有如下几种常用方法：

✧　命令行：在命令行中输入 TABSURF。

✧　菜单栏：执行【绘图】|【建模】|【网格】|【平移网格】命令。

执行上述任一命令后，按照命令行提示依次选取轮廓曲线和方向矢量即可获得平移网格效果，如图 11-39 所示。

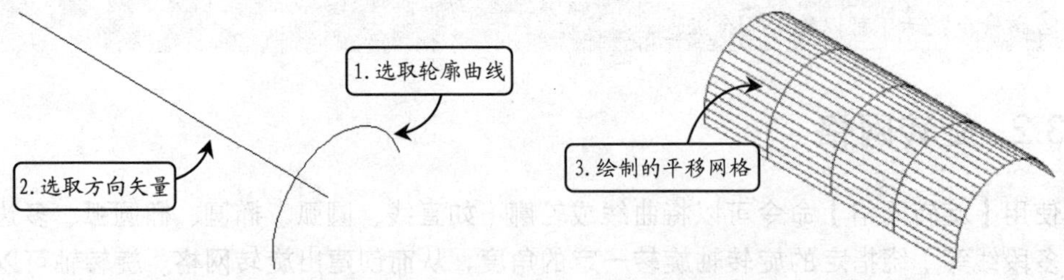

图 11-39　绘制平移网格

11.3.4 直纹网格

【直纹网格】是在两个对象之间创建曲面网格，组成直纹曲面边的两个对象可以是直线、点、圆弧、圆、二维多段线、三维多段线或样条曲线。如果其中的一个对象是开放或闭合的，则另一个对象也必须是开放或闭合的；如果一个点作为一个对象，而另一个对象则不考虑是开放或闭合的，但两个对象中只能有一个是点对象。

在 AutoCAD 2016 中调用【平移网格】命令有如下几种常用方法：

✧　命令行：在命令行中输入 RULESURF。

✧　菜单栏：执行【绘图】|【建模】|【网格】|【直纹网格】命令。

执行上述任一命令后，按照命令行提示依次选取两条开放边线，即可获得直纹网格效果，如图 11-40 所示。如果两轮廓曲线是非闭合的，直纹曲面总是从曲线上离拾取点最近的一端点开始，拾取点位置不同，生成的直纹曲面也不同。

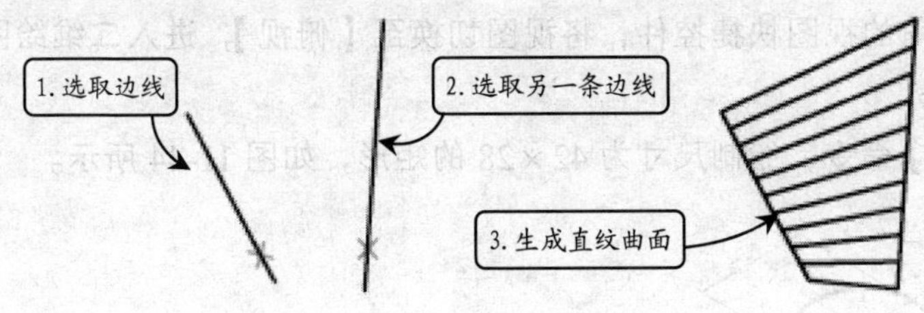

图 11-40　绘制直纹曲面

11.3.5　边界网格

【边界网格】是一个三维多边形网格，该曲面网格由 4 条邻边作为边界创建，其中边界可以是圆弧、直线、多段线、样条曲线和椭圆弧等曲线类型。每条边分别为单个对象，而且要首尾相连形成封闭的环，但不要求一定共面。

在 AutoCAD 2016 中调用【边界网格】命令有如下几种常用方法：

✧　命令行：　在命令行中输入 EDGESURF。

✧　菜单栏：执行【绘图】|【建模】|【网格】|【边界网格】命令。

执行上述任一命令后，按住 Shift 键依次选取相连的 4 条边线即可获得边界网格效果，如图 11-41 所示。

图 11-41　绘制边界网格

11.4　综合实例

11.4.1　绘制支架模型

绘制如图 11-42 所示的三维支架模型，熟悉 UCS 坐标转换以及【拉伸】命令的运用。

下面具体介绍模型的绘制过程。

1. 启动 AutoCAD 2016 并新建文件

启动 AutoCAD 2016，单击【快速访问】工具栏中的【新建】按钮，系统弹出【选择样板】对话框，选择“acadiso.dwt”样板，单击【打开】按钮，进入 AutoCAD 绘图模式。

2. 绘制底座

01 单击绘图区左上角的视图快捷控件，将视图切换至【东南等轴测】，此时绘图区呈三维空间状态，其坐标显示如图 11-43 所示。

02 单击绘图区左上角的视图快捷控件，将视图切换至【俯视】，进入二维绘图模式，绘制底座二维图形。

03 调用 REC【矩形】命令，绘制尺寸为 42×28 的矩形，如图 11-44 所示。

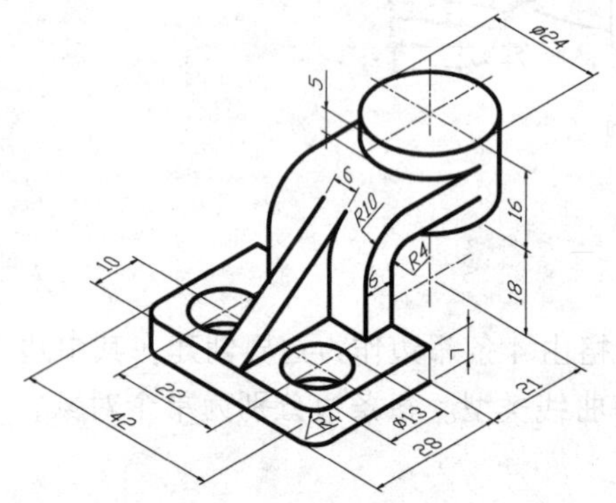

图 11-42 绘制支架模型

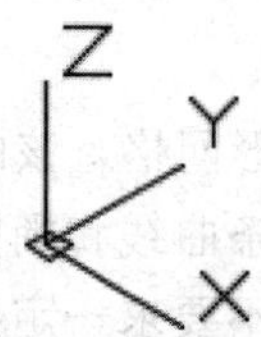

图 11-43 坐标系状态

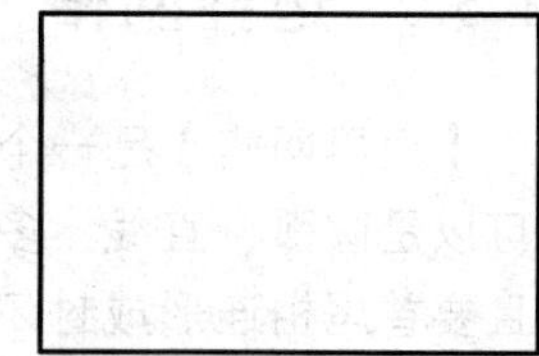
图 11-44 绘制的矩形

04 调用 F【圆角】命令，设置圆角半径为 4，对图形进行圆角处理，如图 11-45 所示。

05 调用 C【圆】命令，绘制直径为 13 的圆，其命令行提示如下：

```
命令: CIRCLE ↙                                    //调用绘制圆命令
指定圆的圆心或 [三点(3P)/两点(2P)/切点、切点、半径(T)]: _from 基点: <偏移>:
@-11,10↙    /输入 FROM【捕捉自】命令，指定基点“O 点”，如图 11-46 所示
指定圆的半径或 [直径(D)] <6.5000>: d↙
指定圆的直径 <13.0000>: 13↙                        //绘制直径为 13 的圆，如图 11-47 所示
```

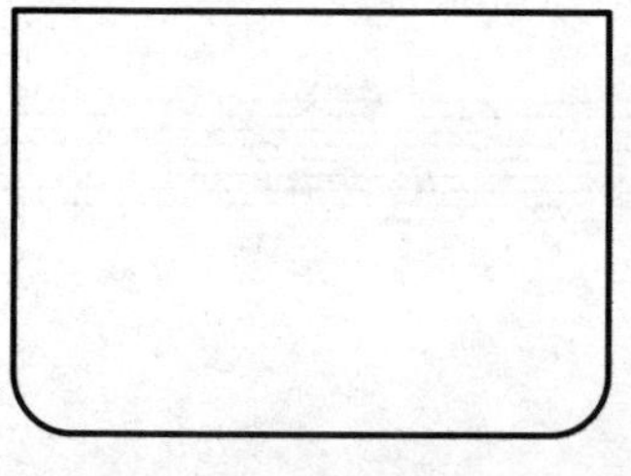
图 11-45 绘制圆角

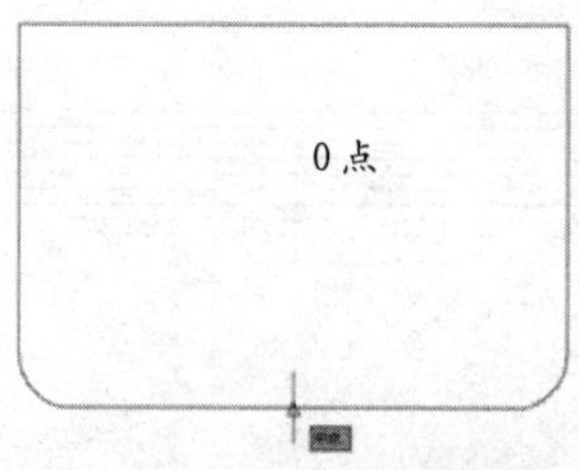

图 11-46 指定偏移基点

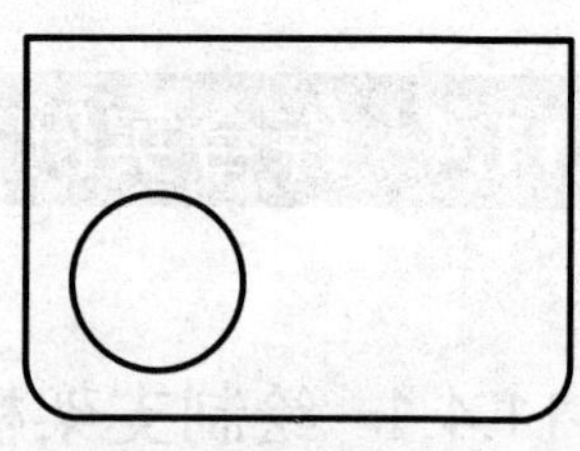
图 11-47 绘制圆

06 调用 MI【镜像】命令，镜像所绘制的圆图形，以上、下边的中点为镜像线的端点，如图 11-48 所示，其镜像后的图形，如图 11-49 所示。

07 创建面域。调用 REG【面域】命令，利用窗选的方式选择绘图区中图形，单击回车键或 Enter 键完成面域创建。

08 面域求差。在命令行中输入 SU【差集】命令并回车，在绘图区选择矩形面域作为被减去的面域，单击鼠标右键，然后选择两个圆面域，再次单击鼠标右键，完成面域求差操作，如图 11-50 所示。

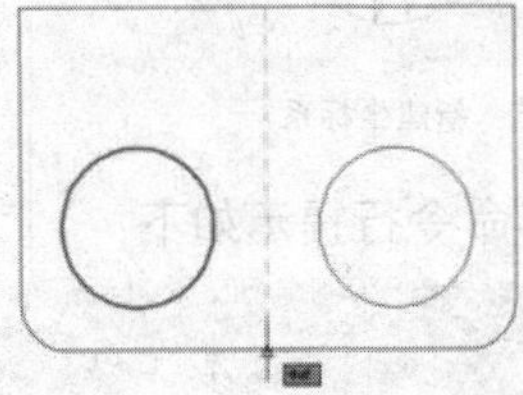
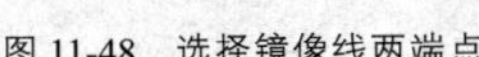
图 11-48　选择镜像线两端点

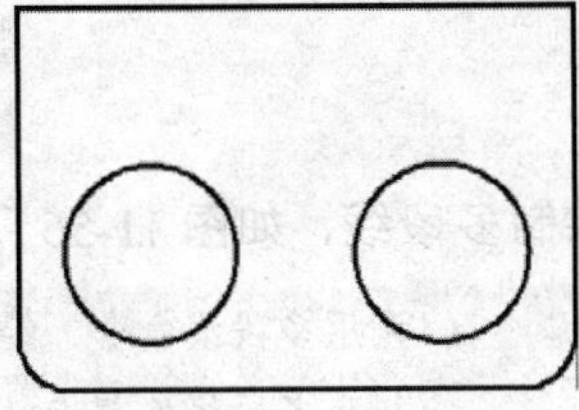
图 11-49　镜像后的图形

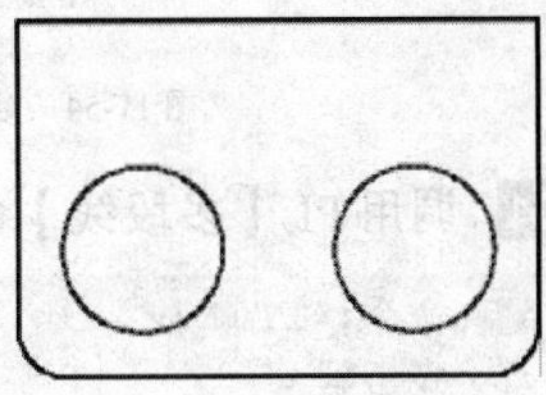
图 11-50　面域求差

09 单击绘图区左上角的视图快捷控件，将视图切换至【东南等轴测】，切换至三维绘图模式，如图 11-51 所示。

10 调用 EXT【拉伸】命令，设置拉伸高度为 7，并使用 HI【消隐】命令，对模型进行消隐，如图 11-52 所示。

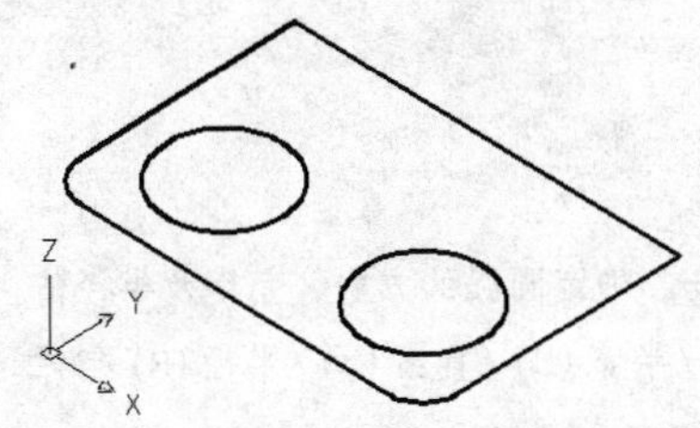

图 11-51　三维绘图模式

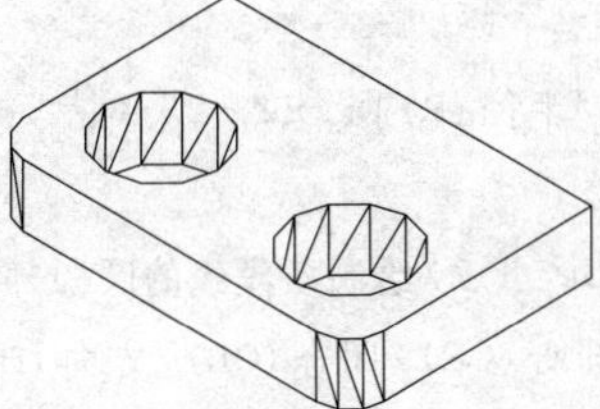
图 11-52　绘制的底板

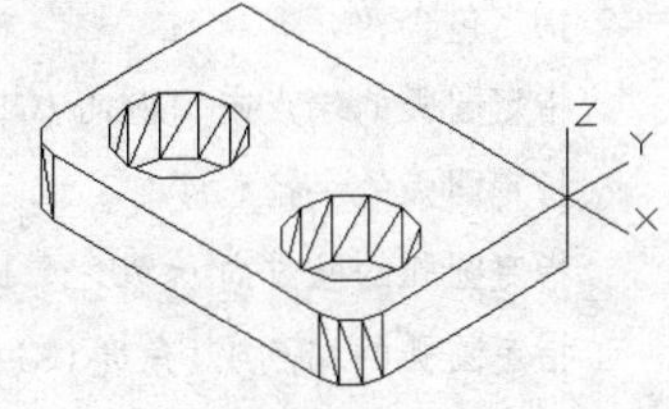

图 11-53　调整坐标系位置

3．绘制扫掠实体

01 单击【坐标】面板中的【UCS】按钮，移动鼠标在要放置坐标系的位置单击，按空格键或 Enter 键，结束操作，生成如图 11-53 所示的坐标系。

02 调用 REC【矩形】命令，绘制矩形，如图 11-54 所示。其命令行提示如下：

```
    命令: RECTANG↙         //调用矩形命令，绘制矩形
    指定第一个角点或 [倒角(C)/标高(E)/圆角(F)/厚度(T)/宽度(W)]: _from 基点: <偏移>:
@10,0↙                     //输入【捕捉自】命令，指定基点 O 点
    指定另一个角点或 [面积(A)/尺寸(D)/旋转(R)]: @-22,-6↙
                           //利用相对坐标输入方式确定另一个角点，按 Enter 键，完成绘制矩
形
```

单击【坐标】面板中的【Z 轴矢量】按钮，在绘图区选择两点以确定新坐标系的 Z

轴方向，如图 11-55 所示。

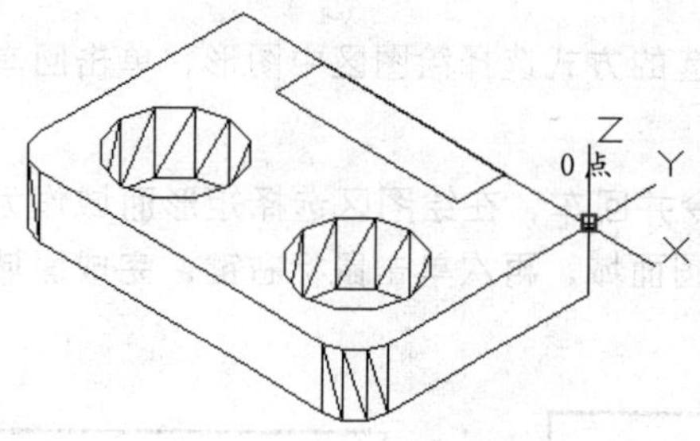

图 11-54　绘制矩形

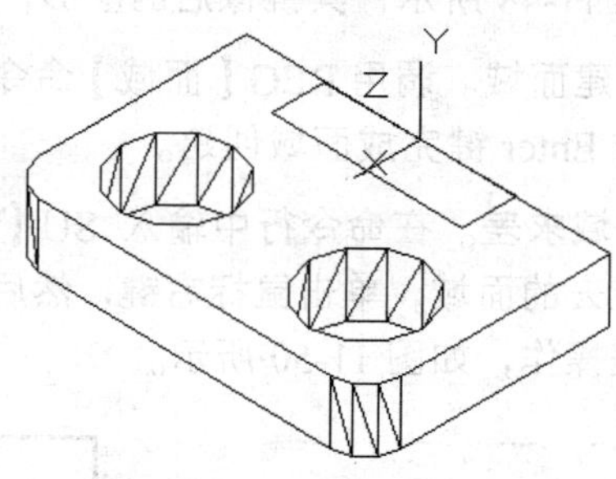

图 11-55　新建坐标系

04 调用 PL【多段线】命令，绘制多段线，如图 11-56 所示。其命令行提示如下：

```
命令：PLINE↙                          //调用多段线命令，绘制多段线
指定起点：                            //指定多段线的起点“A 点”
当前线宽为 0.0000
指定下一个点或 [圆弧(A)/半宽(H)/长度(L)/放弃(U)/宽度(W)]: 12↙
                                      //绘制多段线的直线部分
指定下一点或 [圆弧(A)/闭合(C)/半宽(H)/长度(L)/放弃(U)/宽度(W)]:A↙
指定圆弧的端点或[角度(A)/圆心(CE)/闭合(CL)/方向(D)/半宽(H)/直线(L)/半径(R)/第二个点(S)/放弃(U)/宽度(W)]: A↙
指定包含角: 90↙
指定圆弧的端点或 [圆心(CE)/半径(R)]: R↙
指定圆弧的半径: 4↙
指定圆弧的弦方向 <90>: 135↙     //绘制多段线的圆弧部分，确定圆弧的方向、角度及半径值
指定圆弧的端点或[角度(A)/圆心(CE)/闭合(CL)/方向(D)/半宽(H)/直线(L)/半径(R)/第二个点(S)/放弃(U)/宽度(W)]: L↙
指定下一点或 [圆弧(A)/闭合(C)/半宽(H)/长度(L)/放弃(U)/宽度(W)]: 17↙
                                      //绘制多段线的水平直线部分
指定下一点或 [圆弧(A)/闭合(C)/半宽(H)/长度(L)/放弃(U)/宽度(W)]:↙
                                      //按 Enter 键或空格键，完成多段线的操作
```

05 调用 SWEEP【扫掠】命令，扫掠二维图形，如图 11-57 所示，其命令行提示如下：

```
命令: SWEEP↙                         //调用扫掠命令，绘制三维实体图形
当前线框密度: ISOLINES=4, 闭合轮廓创建模式 = 实体
选择要扫掠的对象: 找到 1 个
选择要扫掠的对象:                     //选择要扫掠的矩形，单击鼠标右键或者按 Enter 键
选择扫掠路径或 [对齐(A)/基点(B)/比例(S)/扭曲(T)]:
                                      //选择绘制的多段线作为扫掠路径
```

4. 绘制旋转实体

01 单击【坐标】面板中的【3 点】按钮，在绘图区选择三点以确定新坐标系的 Z 轴方

向，如图 11-58 所示。

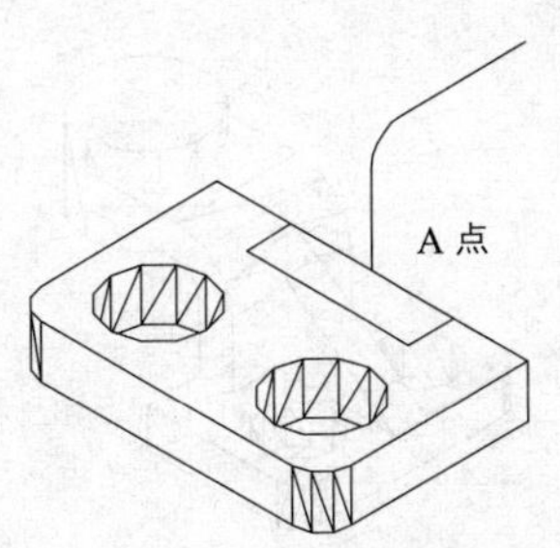

图 11-56 绘制的多段线

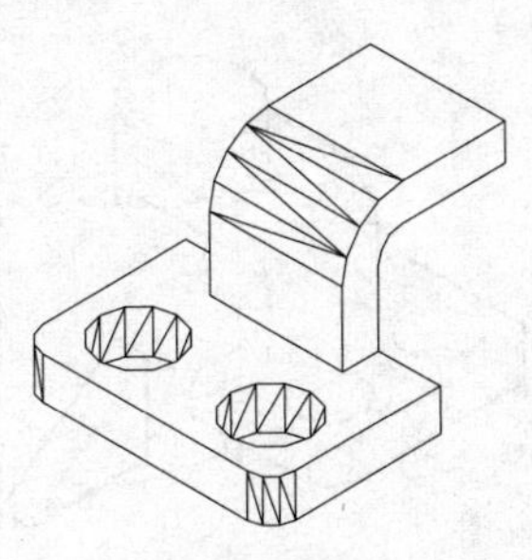

图 11-57 扫掠实体图形

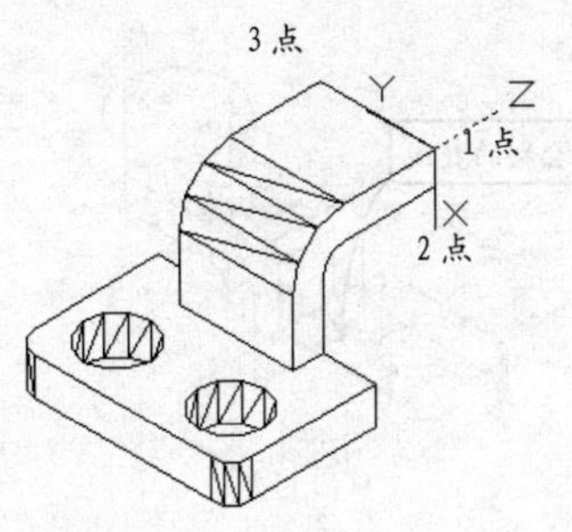

图 11-58 新建坐标系

02 调用 REC【矩形】命令，绘制矩形，如图 11-59 所示。其命令行提示如下：

```
命令: RECTANG↙                                        //调用矩形命令，绘制矩形
指定第一个角点或 [倒角(C)/标高(E)/圆角(F)/厚度(T)/宽度(W)]: _from 基点: <偏移>:
@-5,0                                                  //输入【捕捉自】命令，指定基点“O 点”，
并输入偏移相对坐标值
指定另一个角点或 [面积(A)/尺寸(D)/旋转(R)]: @16,11↙
                                                        //利用相对坐标方式确定矩形第二个角点
```

03 调用 REVOLVE【旋转】命令，旋转二维图形，其结果如图 11-60 所示。

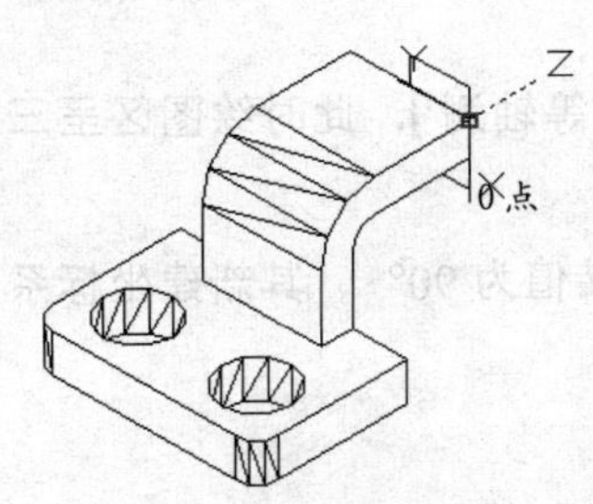

图 11-59 绘制矩形

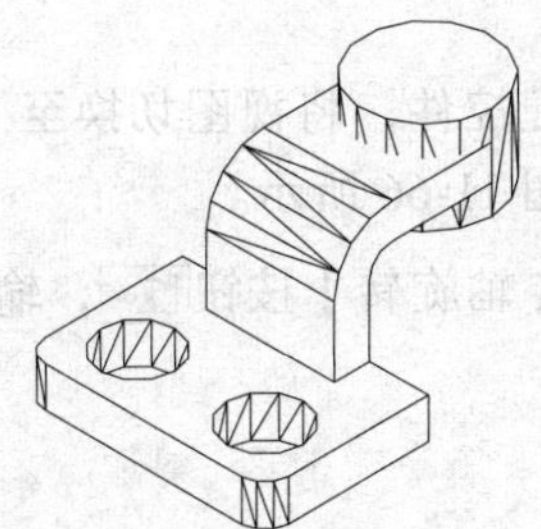

图 11-60 绘制旋转实体

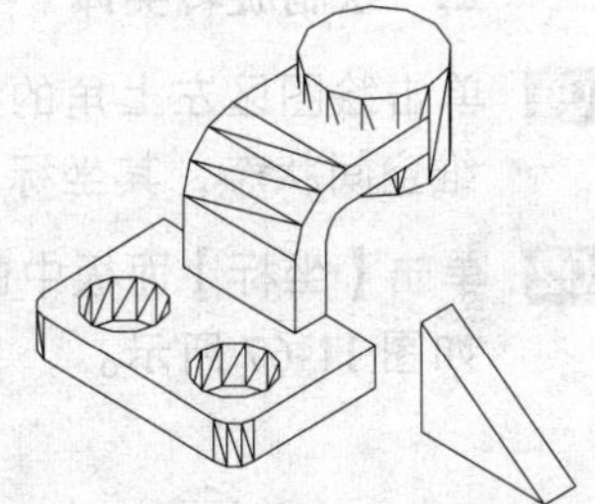

图 11-61 绘制的楔体

5. 绘制筋板

01 单击【坐标】面板中的【世界】按钮，回到世界坐标系模式。

02 单击【建模】面板中的【楔体】按钮，绘制楔体，如图 11-61 所示，命令行提示如下：

```
命令: WEDGE↙                                           //调用楔体命令
指定第一个角点或 [中心(C)]:                             //指定第一角点
指定其他角点或 [立方体(C)/长度(L)]: @24,6↙              //指定第二角点
指定高度或 [两点(2P)] <6.0000>: 18↙                     //指定高度
```

03 调用 L【直线】命令，绘制长为 24 的直线，如图 11-62 所示。

04 调用 AL【对齐】命令，对齐三维图形，如图 11-63 所示，结果如图 11-64 所示。

05 支架模型创建完成。执行【保存】命令，保存的三维图形。

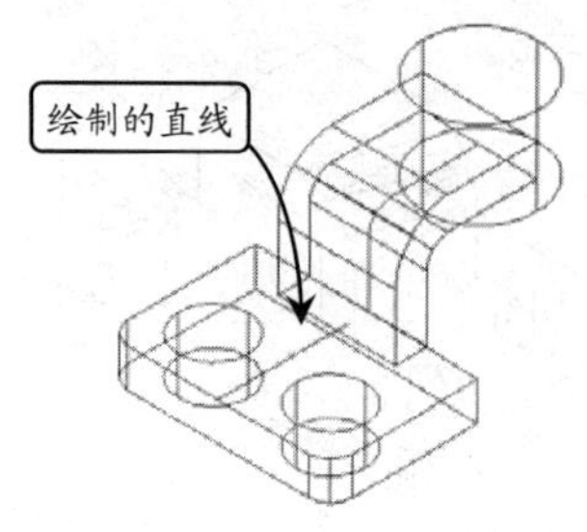

图 11-62　绘制直线

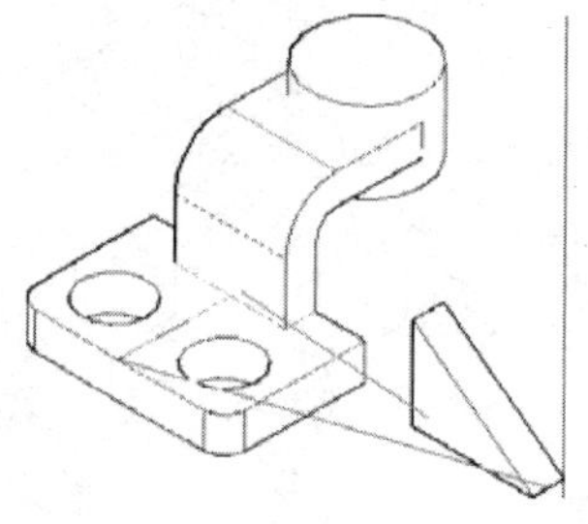

图 11-63　选择源点及目标点

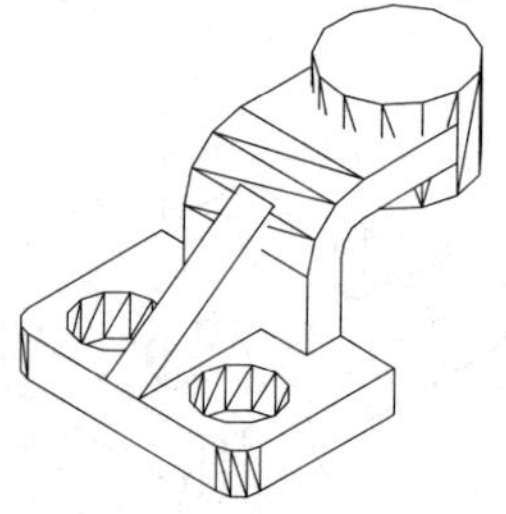

图 11-64　对齐图形

11.4.2 绘制叉架模型

绘制如图 11-65 所示的三维实体模型，熟悉 AutoCAD 中各种实体创建命令。

下面具体介绍模型的绘制过程。

1. 启动 AutoCAD 2016 并新建文件

启动 AutoCAD 2016，单击【快速访问】工具栏中的【新建】按钮，系统弹出【选择样板】对话框，选择"acadiso.dwt"样板，单击【打开】按钮，进入 AutoCAD 绘图模式。

2. 绘制旋转实体

01 单击绘图区左上角的视图快捷控件，将视图切换至【东南等轴测】，此时绘图区呈三维空间状态，其坐标显示如图 11-66 所示。

02 单击【坐标】面板中的【绕 X 轴旋转】按钮，输入旋转值为 90°，其新建坐标系如图 11-67 所示。

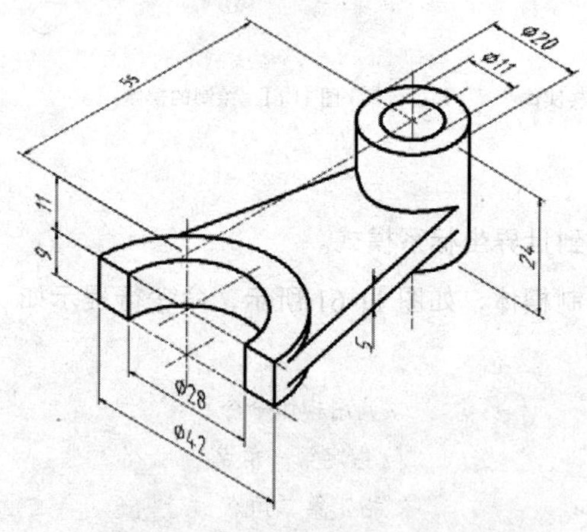

图 11-65　绘制叉架模型

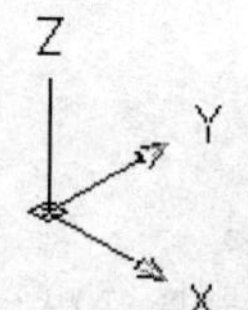

图 11-66　坐标系状态

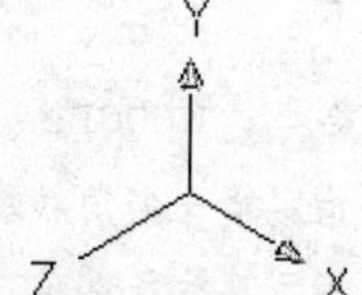

图 11-67　新建坐标系

03 单击绘图区左上角的视图快捷控件，将视图切换至【前视】，进入二维绘图模式，绘制要旋转的二维图形。

04 调用 REC【矩形】命令，绘制矩形，如图 11-68 所示，其命令行提示如下：

```
命令：RECTANG↙
指定第一个角点或 [倒角(C)/标高(E)/圆角(F)/厚度(T)/宽度(W)]:
指定另一个角点或 [面积(A)/尺寸(D)/旋转(R)]: @4.5,-24↙
```

05 调用 L【直线】命令，绘制旋转轴，如图 11-69 所示，其命令行提示如下：

```
命令：LINE ↙
指定第一点：_from 基点：<偏移>: @-5.5,0↙
                    //单击【对象捕捉】工具栏中的【捕捉自】按钮，指定基点“O 点”
指定下一点或 [放弃(U)]:@0, -25↙
指定下一点或 [放弃(U)]: ↙
```

06 单击绘图区左上角的视图快捷控件，将视图切换至【东南等轴测】，切换至三维绘图模式，如图 11-70 所示。

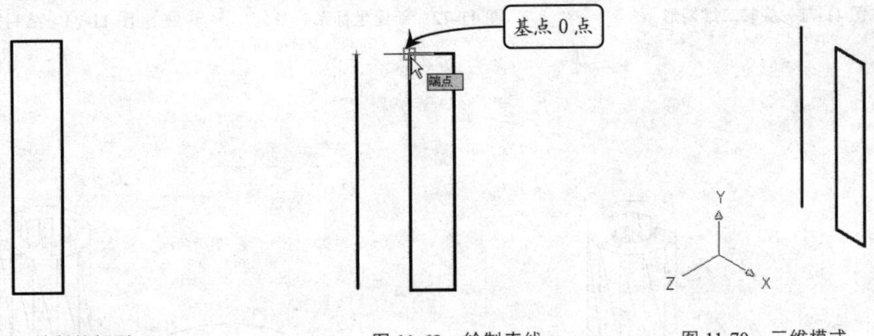

图 11-68　绘制的矩形　　图 11-69　绘制直线　　图 11-70　三维模式

07 调用 REVOLVE【旋转】命令，旋转二维图形，其结果如图 11-71 所示。

08 单击【坐标】面板中的【对象】按钮，在绘图区选择旋转轴以确定新坐标系的方向，如图 11-72 所示。

09 调用 REC【矩形】命令，绘制矩形，如图 11-73 所示，其命令行提示如下：

```
命令：RECTANG↙
指定第一个角点或 [倒角(C)/标高(E)/圆角(F)/厚度(T)/宽度(W)]: _from 基点：<偏移>:
@14,-11,55↙           //单击【对象捕捉】工具栏中的【捕捉自】按钮，指定基点“O 点”
指定另一个角点或 [面积(A)/尺寸(D)/旋转(R)]: @7,-9↙
```

10 调用 L【直线】命令，根据命令行的提示，指定第一点（@0,0,55），再指定下一点(@0,-30)，完成直线的绘制，如图 11-74 所示。

11 调用 REVOLVE【旋转】命令，指定旋转角度为-180，旋转结果如图 11-75 所示。

3. 绘制拉伸实体

01 单击【UCS】工具栏中的【世界】按钮，回到世界坐标系状态。

02 调用 C【圆】命令，根据命令行的提示，在绘图区空白处指定圆心，绘制半径为 10 的圆。再次调用圆命令，输入 FROM【捕捉自】命令，选择第一个圆的圆心为基点，

并输入相对坐标值(@0,-55)，绘制半径为 21 的圆，如图 11-76 所示。

03 调用 L【直线】命令，绘制与圆相切直线，如图 11-77 所示。

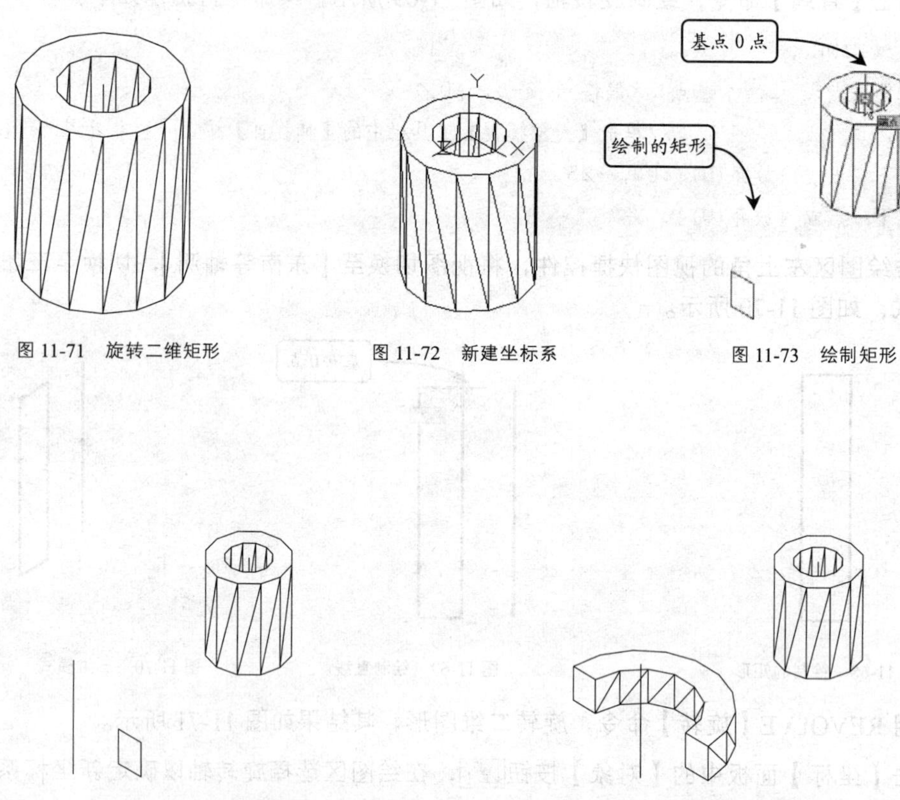

图 11-71 旋转二维矩形

图 11-72 新建坐标系

图 11-73 绘制矩形

图 11-74 绘制旋转轴

图 11-75 旋转矩形

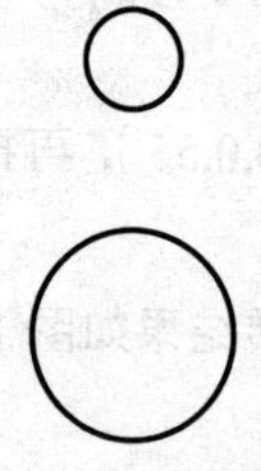

图 11-76 绘制的圆

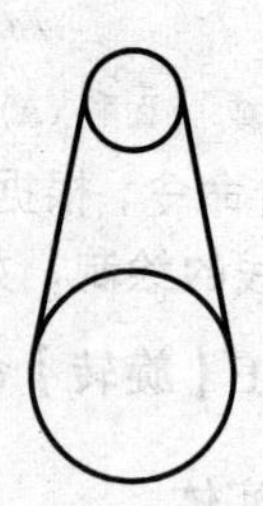

图 11-77 绘制直线

04 调用 TR【修剪】命令，修剪掉多余的线条，如图 11-78 所示。

05 调用 REG【面域】命令，选择要形成面域的图形创建面域。

06 单击绘图区左上角的视图快捷控件，将视图切换至【东南等轴测】，切换至三维绘图模式。

07 调用 EXT【拉伸】命令，指定拉伸高度为 5，结果如图 11-79 所示。

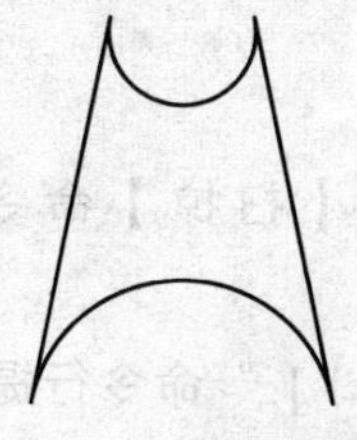
图 11-78　修剪图形

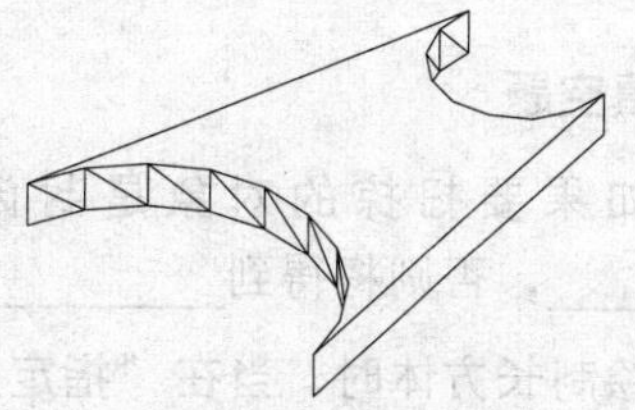
图 11-79　拉伸二维图形

08 调用 L【直线】命令，绘制如图 11-80 所示的直线。

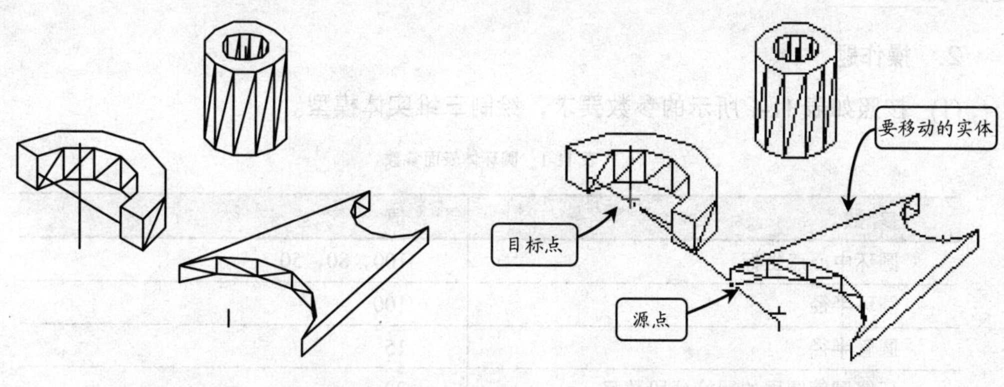

图 11-80　绘制直线　　图 11-81　指定源点和对齐点

09 调用 AL【对齐】命令，源点和目标点如图 11-81 所示，对齐结果如图 11-82 所示。

10 完成叉架的绘制，执行【文件】【保存】命令，保存文件。

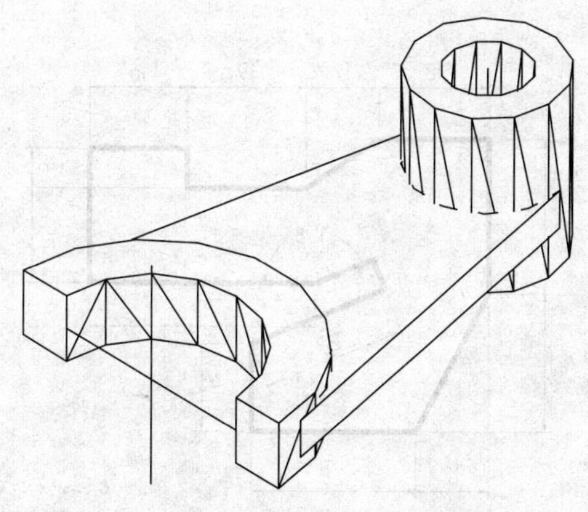
图 11-82　对齐实体

11.5 习 题

1. 填空题

(1) 如果要扫掠的对象是封闭的图形，那么使用【扫掠】命令后得到的是___________，否则将得到_________。

(2) 绘制长方体时，当在“指定第一个角点或[中心（C）]：”命令行提示下选择“长度（L）”选项时，可以根据_______、_______、_______来创建。

(3) 在使用【拉伸】命令拉伸对象时，拉伸角度可正可负，如果要产生内锥效果，角度应为________。

2. 操作题

(1) 按照如表 11-1 所示的参数要求，绘制三维实体模型。

表 11-1 圆环体表面参数

参 数	值
圆环中心点坐标	100，80，50
圆环半径	100
圆管半径	15
环绕圆管圆周的网格分段数目	20
环绕圆环体表面圆周的网格分段数目	20

(2) 绘制如图 11-83 所示的轮廓图，然后使用 EX【拉伸】命令创建与其对应的拉伸实体，拉伸高度为 100。

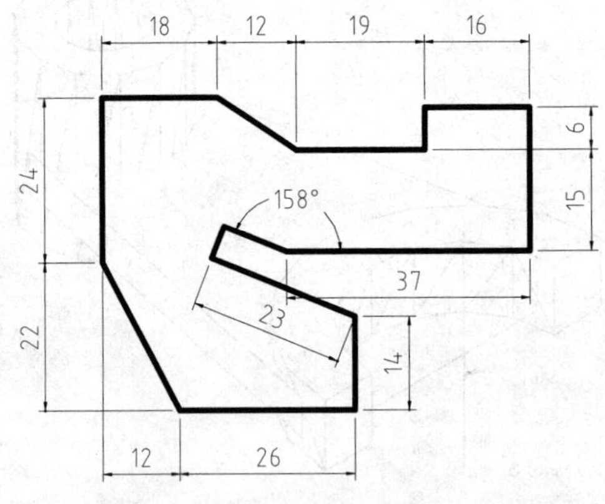

图 11-83 拉伸实体

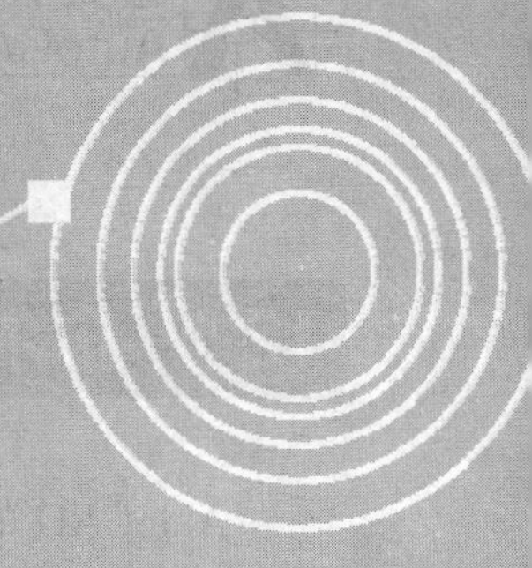

第 12 章 编辑三维实体

就像在二维绘图中可以使用修改命令对已经创建好的图形对象进行编辑和修改一样，也可以对已经创建的三维实体进行编辑和修改，以创建出更复杂的三维实体模型。根据三维建模中将三维转化为二维的基本思路，可以借助 UCS 变换，使用平移、复制、镜像、旋转等基本修改命令，对三维实体进行修改。

本章主要内容如下：

- ✧ 布尔运算
- ✧ 操作三维对象
- ✧ 编辑实体边
- ✧ 编辑实体面
- ✧ 编辑实体
- ✧ 干涉检查

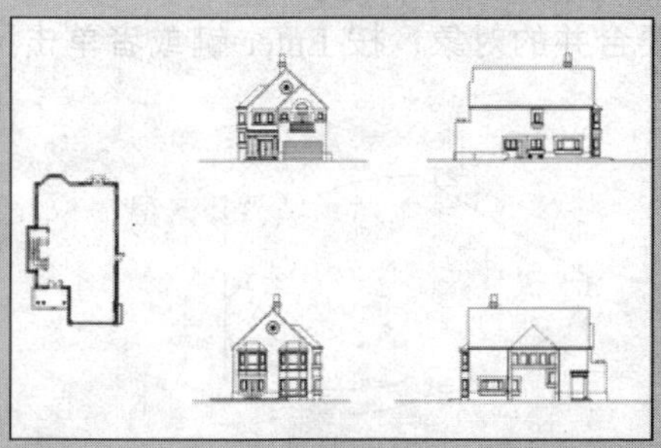

12.1 布尔运算

AutoCAD 的【布尔运算】功能贯穿建模的整个过程，尤其是在建立一些机械零件的三维模型时使用更为频繁，该运算用来确定多个体（曲面或实体）之间的组合关系，也就是说通过该运算可将多个形体组合为一个形体，从而实现一些特殊的造型，如孔、槽、凸台和齿轮特征都是执行布尔运算组合而成的新特征。

与二维图形中的【布尔运算】一致，三维建模中【布尔运算】同样包括【并集】、【差集】以及【交集】三种运算方式。

12.1.1 并集运算

【并集】运算是将两个或两个以上的实体（或面域）对象组合成为一个新的组合对象。执行并集操作后，原来各实体相互重合的部分变为一体，使其成为无重合的实体。

在 AutoCAD 2016 中启动【并集】运算有如下几种常用方法：

✧ 命令行：在命令行中输入 UNION/UNI。
✧ 功能区：单击【布尔值】面板【并集】工具按钮，如图 12-1 所示。
✧ 工具栏：单击【建模】或【实体编辑】工具栏【并集】按钮。
✧ 菜单栏：执行【修改】|【实体编辑】|【并集】命令，如图 12-2 所示。

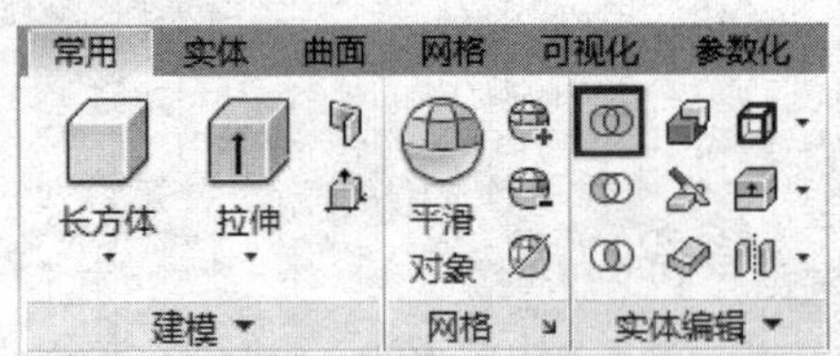

图 12-1 并集工具面板按钮

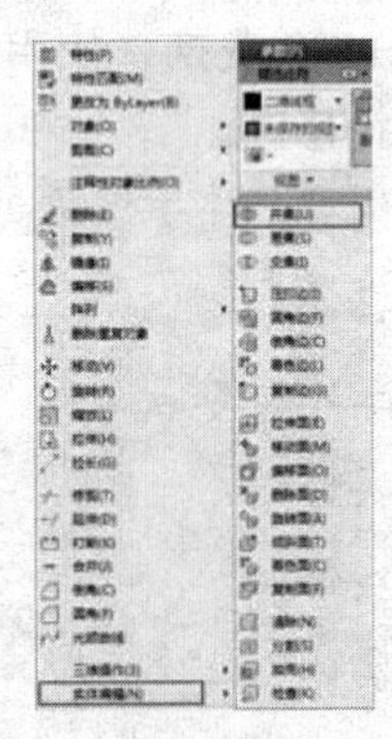

图 12-2 并集菜单命令

执行上述任一命令后，在【绘图区】中选取所要合并的对象，按 Enter 键或者单击鼠标右键，即可执行合并操作，效果如图 12-3 所示。

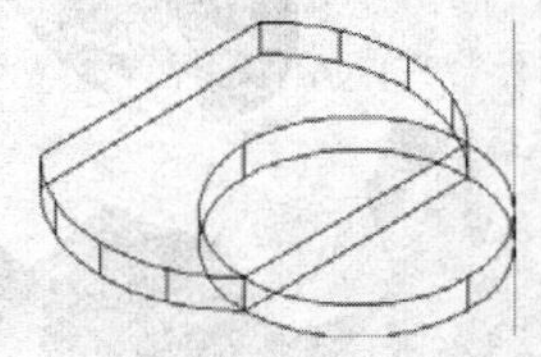

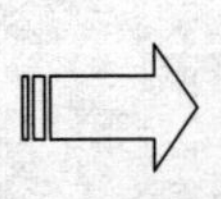

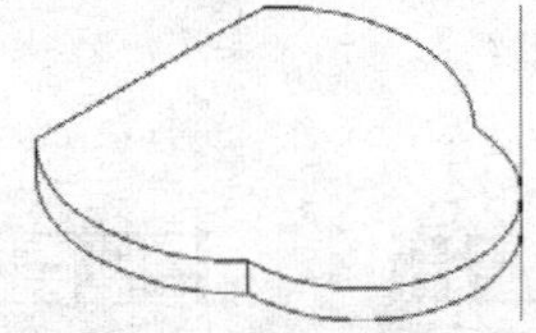

图 12-3 并集运算

12.1.2　差集运算

差集运算就是将一个对象减去另一个对象从而形成新的组合对象。与并集操作不同的是首先选取的对象则为被剪切对象，之后选取的对象则为剪切对象。

在 AutoCAD 2016 中进行【差集】运算有如下几种常用方法：

✧　命令行：在命令行中输入 SUBTRACT/SU。

✧　功能区：单击【布尔值】面板【差集】工具按钮，如图 12-4 所示。

✧　工具栏：单击【建模】或【实体编辑】工具栏【差集】按钮。

✧　菜单栏：执行【修改】|【实体编辑】|【差集】命令，如图 12-5 所示。

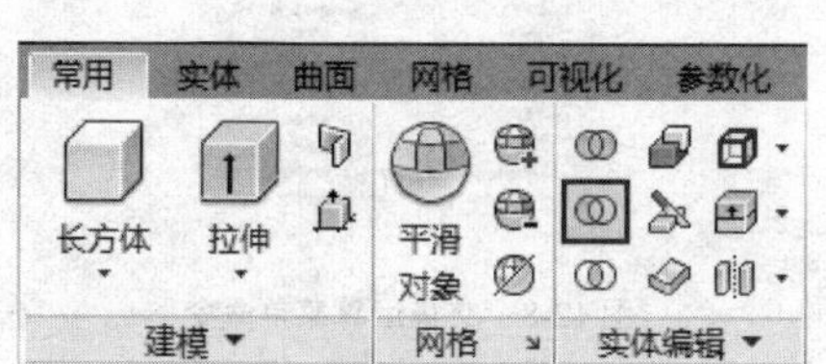

图 12-4　差集运算面板按钮

图 12-5　差集运算菜单命令

执行上述任一命令后，在【绘图区】中选取被剪切的对象，按 Enter 键或单击鼠标右键，然后选取要剪切的对象，按 Enter 键或单击鼠标右键即可执行差集操作，差集运算效果如图 12-6 所示。

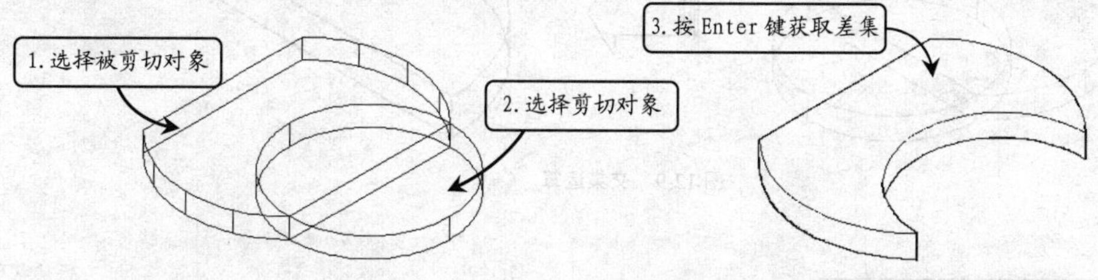

图 12-6　差集运算

专家点拨

在执行差集运算时，如果第二个对象包含在第一个对象之内，则差集操作的结果是第一个对象减去第二个对象；如果第二个对象只有一部分包含在第一个对象之内，则差集操作的结果是第一个对象减去两个对象的公共部分。

12.1.3　交集运算

在三维建模过程中执行交集运算可获取两相交实体的公共部分，从而获得新的实体，

该运算是差集运算的逆运算。

在 AutoCAD 2016 中进行【交集】运算有如下几种常用方法：

- ✧ 命令行：在命令行中输入 INTERSECT/IN。
- ✧ 功能区：单击【布尔值】面板【交集】工具按钮，如图 12-7 所示。
- ✧ 工具栏：单击【建模】或【实体编辑】工具栏【交集】按钮。
- ✧ 菜单栏：执行【修改】|【实体编辑】|【交集】命令，如图 12-8 所示。

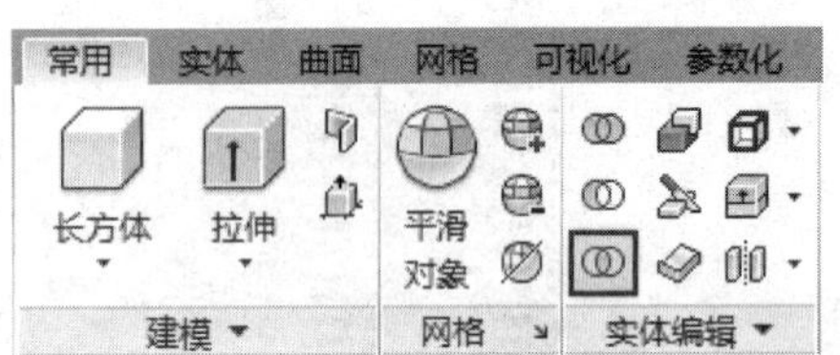

图 12-7 交集运算面板按钮

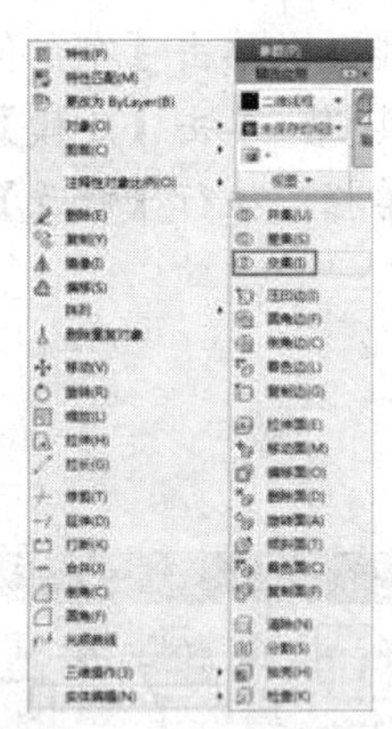

图 12-8 交集运算菜单命令

通过以上任意一种方法执行该命令，然后在【绘图区】选取具有公共部分的两个对象，按 Enter 键或单击鼠标右键即可执行相交操作，其运算效果如图 12-9 所示。

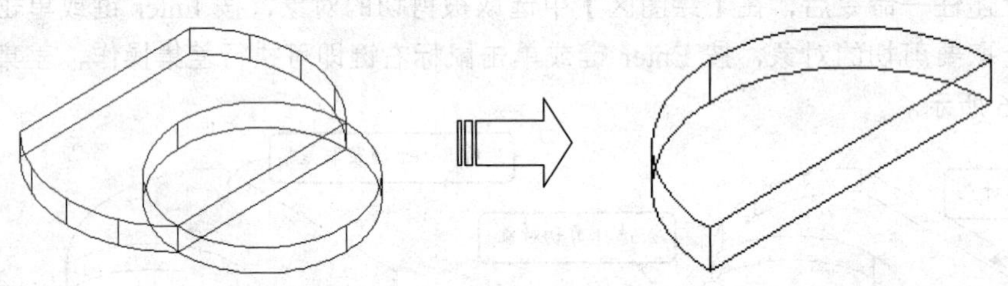

图 12-9 交集运算

12.2 操作三维对象

AutoCAD 2016 提供了专业的三维对象编辑工具，如三维移动、三维旋转、三维对齐、三维镜像和三维阵列等，从而为创建出更加复杂的实体模型提供了条件。

12.2.1 三维旋转

利用【三维旋转】工具可将选取的三维对象和子对象，沿指定旋转轴（X 轴、Y 轴、Z 轴）进行自由旋转。

在 AutoCAD 2016 中调用【三维旋转】有如下几种常用方法：

✧　命令行：在命令行中输入 3DROTATE。
✧　功能区：单击【修改】面板【三维旋转】工具按钮，如图 12-10 所示。
✧　工具栏：单击【建模】工具栏【三维旋转】按钮。
✧　菜单栏：执行【修改】|【三维操作】|【三维旋转】命令，如图 12-11 所示。

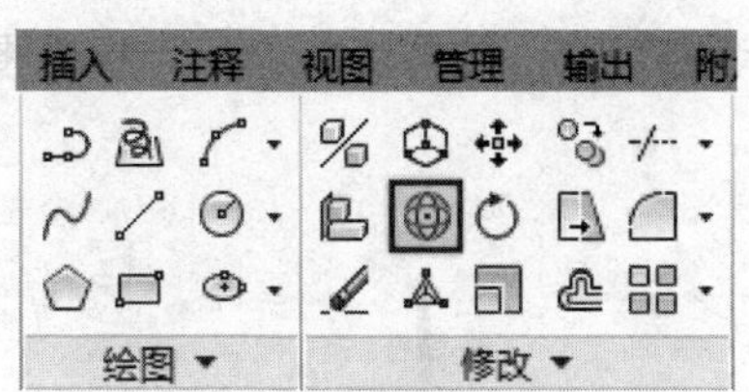

图 12-10　三维旋转面板按钮

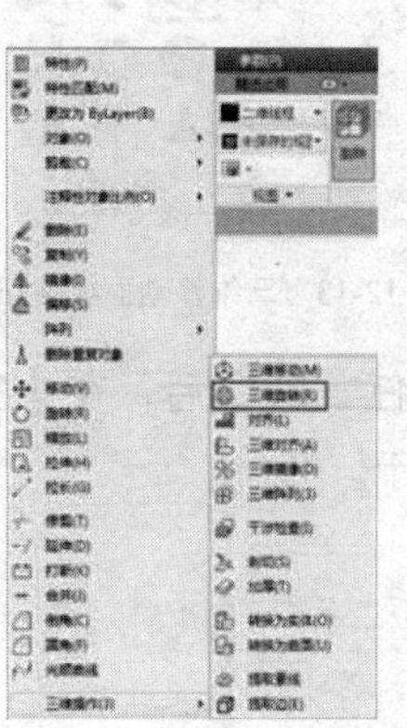

图 12-11　三维旋转菜单命令

执行上述任一命令后，即可进入【三维旋转】模式，在【绘图区】选取需要旋转的对象，此时绘图区出现 3 个圆环（红色代表 X 轴、绿色代表 Y 轴、蓝色代表 Z 轴），然后在绘图区指定一点为旋转基点，如图 12-12 所示。指定完旋转基点后，选择夹点工具上圆环用以确定旋转轴，接着直接输入角度进行实体的旋转，或选择屏幕上的任意位置用以确定旋转基点，再输入角度值即可获得实体三维旋转效果。

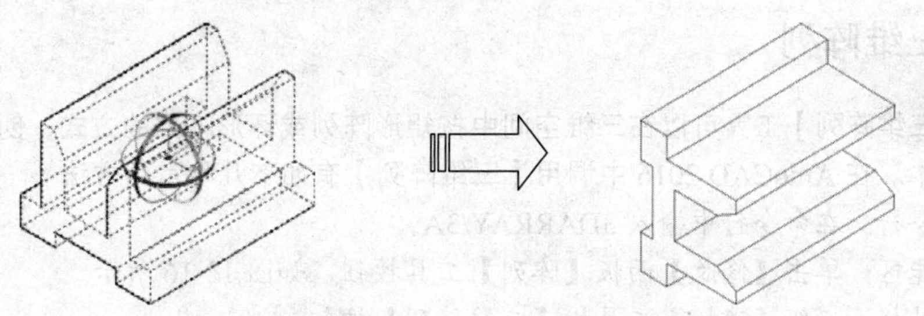

图 12-12　执行三维旋转操作

12.2.2　三维移动

使用【三维移动】工具能将指定模型沿 X、Y、Z 轴或其他任意方向，以及直线、面或任意两点间移动，从而获得模型在视图中的准确位置。

在 AutoCAD 2016 中调用【三维移动】有如下几种常用方法：

✧　命令行：在命令行中输入 3DMOVE。
✧　功能区：【修改】面板【三维移动】工具按钮，如图 12-13 所示。
✧　工具栏：【建模】工具栏【三维移动】按钮。
✧　菜单栏：【修改】|【三维操作】|【三维移动】命令，如图 12-14 所示。

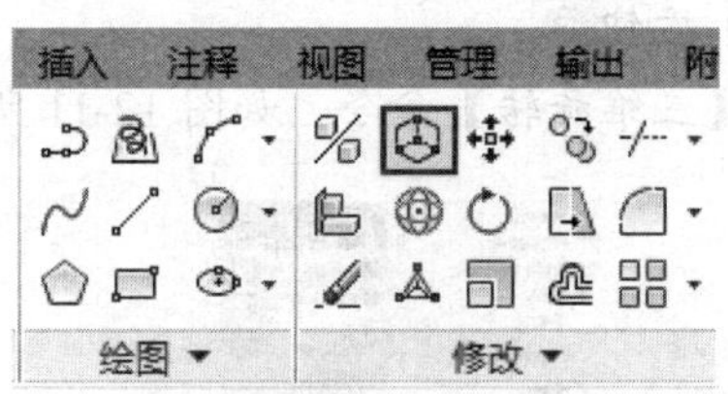

图 12-13 三维移动面板按钮

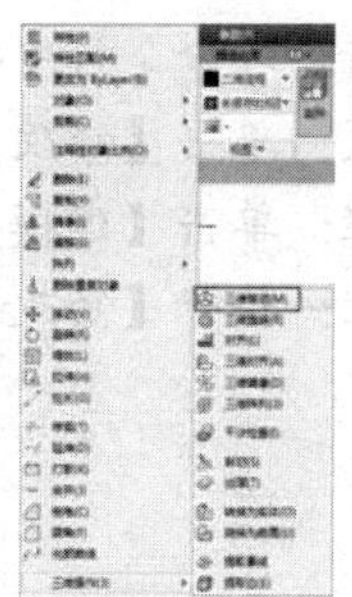

图 12-14 三维移动菜单命令

执行上述任一命令后，在【绘图区】选取要移动的对象，绘图区将显示坐标系图标，如图 12-15 所示。

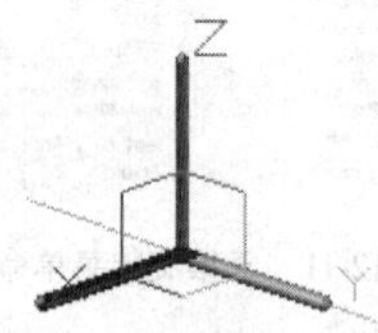

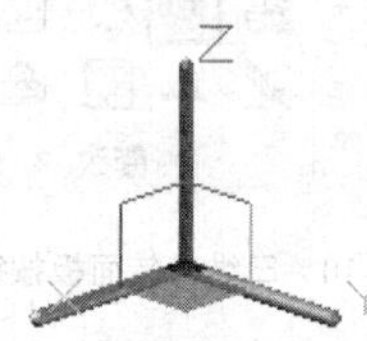

图 12-15 移动坐标系

单击选择坐标轴的某一轴，拖动鼠标所选定的实体对象将沿所约束的轴移动；若是将光标停留在两条轴柄之间的直线汇合处的平面上（用以确定一定平面），直至其变为黄色，然后选择该平面，拖动鼠标将移动约束到该平面上。

12.2.3 三维阵列

使用【三维阵列】工具可以在三维空间中按矩形阵列或环形阵列的方式，创建指定对象的多个副本。在 AutoCAD 2016 中调用【三维阵列】有如下几种常用方法：

✧ 命令行：在命令行中输入 3DARRAY/3A。

✧ 功能区：单击【修改】面板【阵列】工具按钮，如图 12-16 所示。

✧ 工具栏：三级【建模】工具栏【三维阵列】按钮。

✧ 菜单栏：执行【修改】|【三维操作】|【三维阵列】命令，如图 12-17 所示。

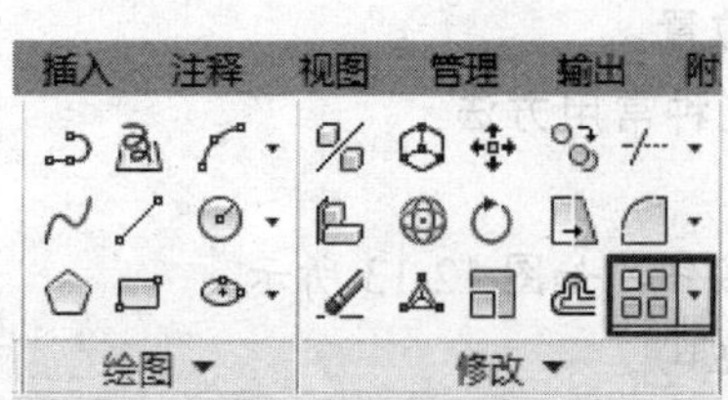

图 12-16 阵列面板按钮

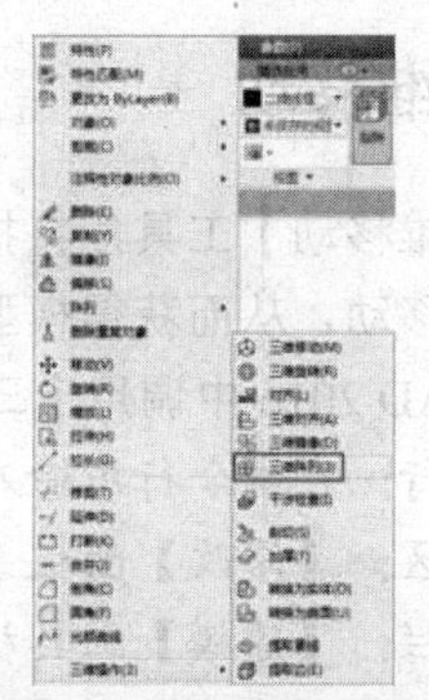

图 12-17 三维阵列菜单命令

执行上述任一命令后，按照提示选择阵列对齐，命令行提示如下：

```
输入阵列类型 [矩形(R)/极轴(P)] <矩形>:
```

下面分别介绍创建【矩形阵列】和【环形阵列】的方法。

1. 矩形阵列

在执行【矩形阵列】阵列时，需要指定行数、列数、层数、行间距和层间距，其中一个矩形阵列可设置多行、多列和多层。

在指定间距值时，可以分别输入间距值或在绘图区域选取两个点，AutoCAD 2016 将自动测量两点之间的距离值，并以此作为间距值。如果间距值为正，将沿 X 轴、Y 轴、Z 轴的正方向生成阵列；间距值为负，将沿 X 轴、Y 轴、Z 轴的负方向生成阵列。

如图 12-18 所示为创建的【矩形阵列】特征，其命令行提示如下：

```
命令: 3DARRAY↙                          //调用三维阵列命令
选择对象: 找到 1 个
选择对象: ↙                             //选择要阵列的对象
输入阵列类型 [矩形(R)/极轴(P)] <矩形>:↙
                                        //按 Enter 键或空格键，系统默认为矩形阵列模式
输入行数 (---) <1>: 2↙
输入列数 (|||) <1>: 2↙
输入层数 (...) <1>:↙
指定行间距 (---): 170↙
指定列间距 (|||): 158↙                  //分别指定矩形阵列参数，按 Enter 键，完成矩形阵列操作
```

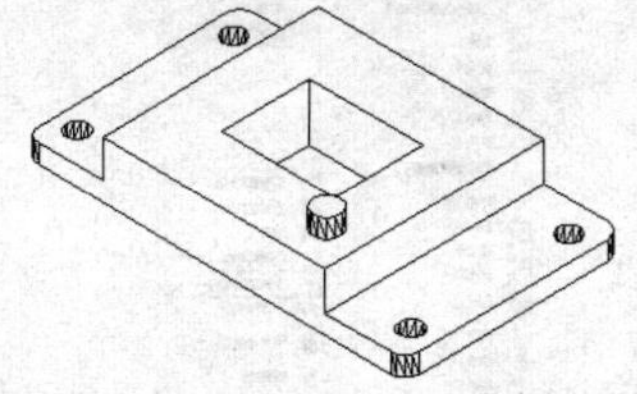  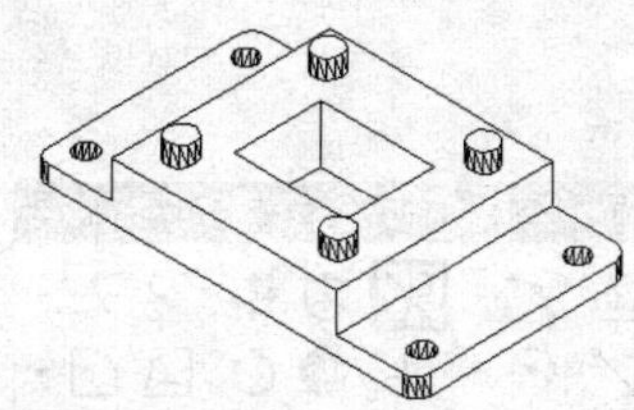

图 12-18　矩形阵列

2. 环形阵列

在执形【环形阵列】阵列时，需要指定阵列的数目、阵列填充的角度、旋转轴的起点和终点及对象在阵列后是否绕着阵列中心旋转。

如图 12-19 所示为创建的【环形阵列】特征，其命令提示行如下：

```
命令: 3DARRAY↙                                       //调用三维阵列命令
选择对象: 找到 1 个
选择对象: ↙                                          //选择要阵列的对象
输入阵列类型 [矩形(R)/极轴(P)] <矩形>:p↙             //选择环形阵列模式
输入阵列中的项目数目: 6↙
指定要填充的角度 (+=逆时针, -=顺时针) <360>:↙        //输入环形阵列所需的参数
```

```
旋转阵列对象? [是(Y)/否(N)] <Y>:↙ //按 Enter 键或空格键，系统默认为旋转阵列对象
指定阵列的中心点:
指定旋转轴上的第二点:              //指定旋转轴两端点，即可完成旋转阵列操作
```

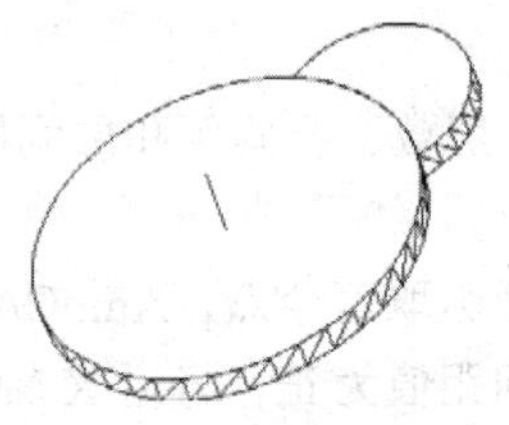
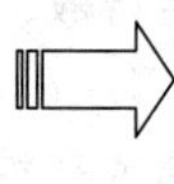
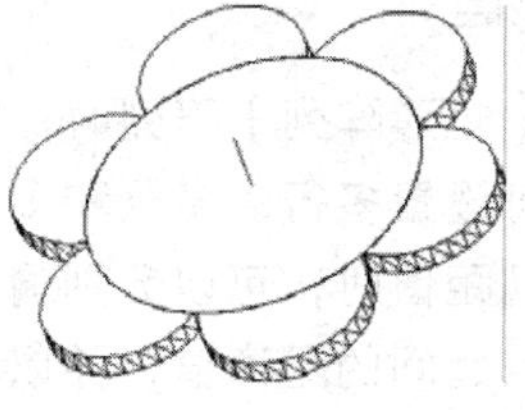

图 12-19 环形阵列

12.2.4 三维镜像

使用【三维镜像】工具能够将三维对象通过镜像平面获取与之完全相同的对象，其中镜像平面可以是与 UCS 坐标系平面平行的平面或由三点确定的平面。

在 AutoCAD 2016 中调用【三维镜像】有如下几种常用方法：

- ✧ 命令行：在命令行中输入 MIRROR3D。
- ✧ 功能区：单击【修改】面板【三维镜像】工具按钮，如图 12-20 所示。
- ✧ 菜单栏：执行【修改】|【三维操作】|【三维镜像】命令，如图 12-21 所示。

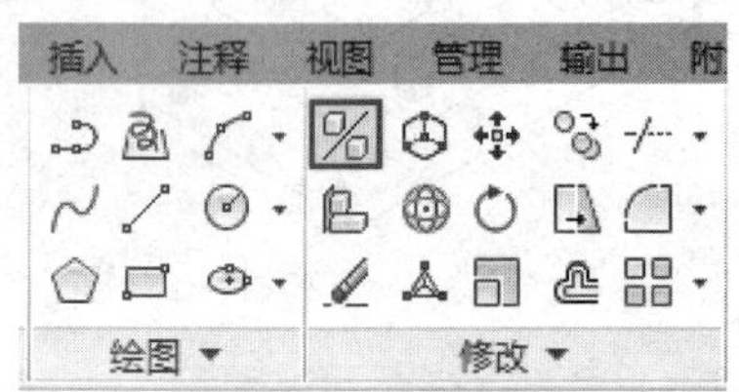

图 12-20 三维镜像面板按钮

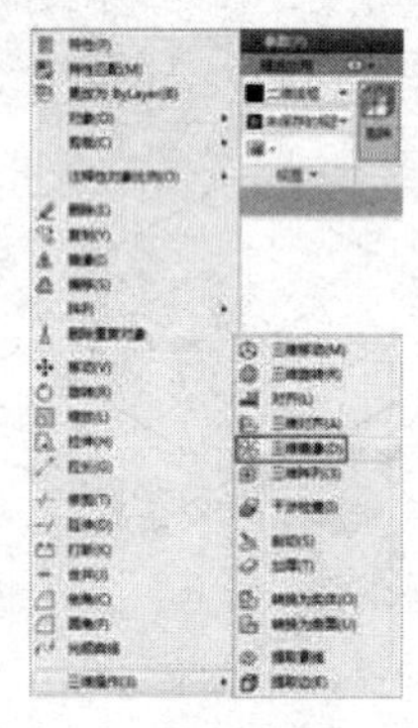

图 12-21 三维镜像菜单命令

执行上述任一命令后，即可进入【三维镜像】模式，在绘图区选取要镜像的实体后，按 Enter 键或右击，按照命令行提示选取镜像平面，用户还可根据设计需要指定 3 个点作为镜像平面，然后根据需要确定是否删除源对象，右击或按 Enter 键即可获得三维镜像效果。

如图 12-22 所示为创建的【三维镜像】特征，其命令提示行如下：

```
命令: MIRROR3D↙                    //调用三维镜像命令
选择对象: 找到 1 个
选择对象: ↙                        //选择要镜像的对象
指定镜像平面 (三点) 的第一个点或[对象(O)/最近的(L)/Z 轴(Z)/视图(V)/XY 平面
```

```
(XY)/YZ 平面(YZ)/ZX 平面(ZX)/三点(3)] <三点>:
    在镜像平面上指定第二点:
    在镜像平面上指定第三点:                    //指定确定镜像面的三个点
    是否删除源对象? [是(Y)/否(N)] <否>:↙//按 Enter 键或空格键，系统默认为不删除源对象
```

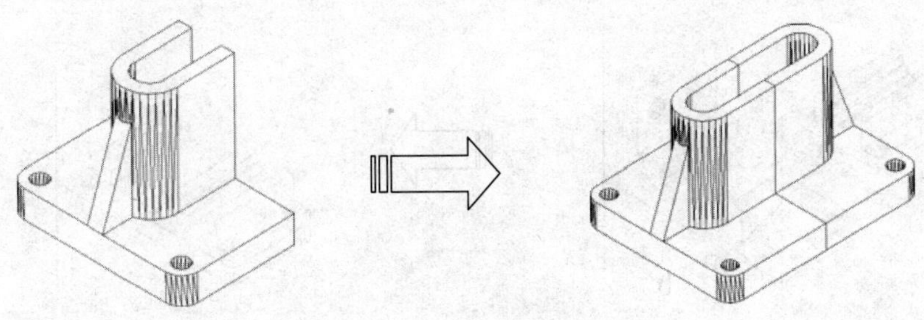

图 12-22　镜像三维实体

12.2.5 对齐和三维对齐

在三维建模环境中，使用【对齐】和【三维对齐】工具可对齐三维对象，从而获得准确的定位效果。

这两种对齐工具都可实现两模型的对齐操作，但选取顺序却不同，分别介绍如下：

1. 对齐

使用【对齐】工具可指定一对、两对或三对原点和定义点，从而使对象通过移动、旋转、倾斜或缩放对齐选定对象。在 AutoCAD 2016 中调用【对齐】有如下几种常用方法：

- ✧ 命令行：在命令行中输入 ALIGN/AL。
- ✧ 功能区：单击【修改】面板【对齐】工具按钮，如图 12-23 所示。
- ✧ 菜单栏：执行【修改】|【三维操作】|【对齐】命令，如图 12-24 所示。

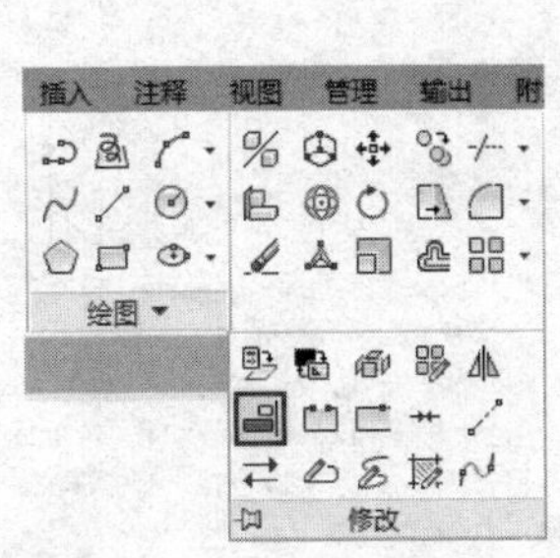

图 12-23　对齐面板按钮

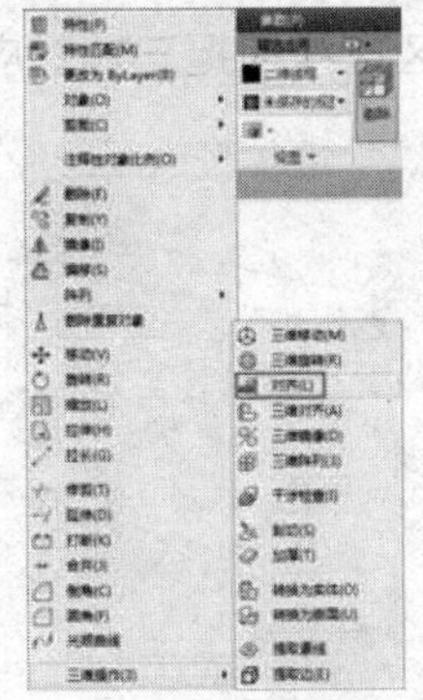

图 12-24　对齐菜单命令

执行上述任一命令后，接下来对其使用方法进行具体了解。

□ 一对点对齐对象

该对齐方式是指定一对源点和目标点进行实体对齐。当只选择一对源点和目标点时，所选取的实体对象将在二维或三维空间中从源点 a 沿直线路径移动到目标点 b，如图 12-25 所示。

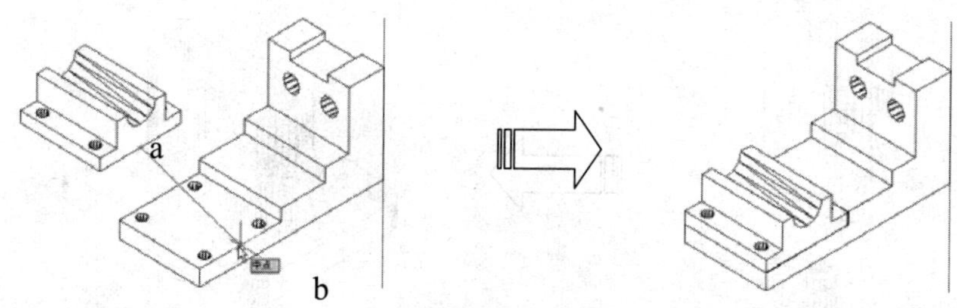

图 12-25 一对点对齐

□ 两对点对齐对象

该对齐方式是指定两对源点和目标点进行实体对齐。当选择两对点时，可以在二维或三维空间移动、旋转和缩放选定对象，以便与其他对象对齐，如图 12-26 所示。

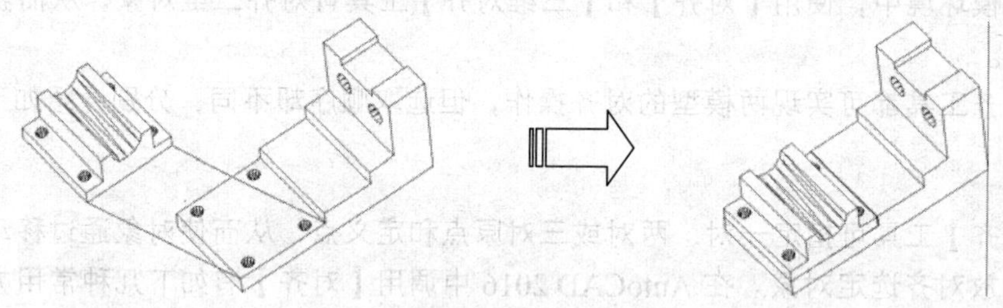

图 12-26 两对点对齐对象

□ 三对点对齐对象

该对齐方式是指定三对源点和目标点进行实体对齐。当选择三对源点和目标点时，可直接在绘图区连续捕捉三对对应点即可获得对齐对象操作，其效果如图 12-27 所示。

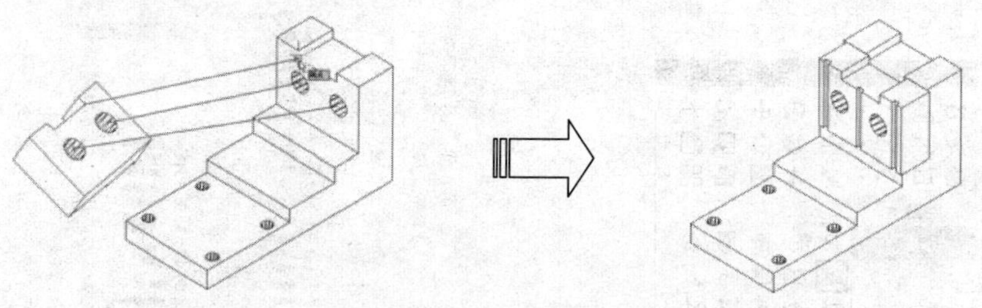

图 12-27 三对点对齐对象

2. 三维对齐

在 AutoCAD 2016 中，三维对齐操作是指最多 3 个点用以定义源平面，然后指定最多 3 个点用以定义目标平面，从而获得三维对齐效果。在 AutoCAD 2016 中调用【三维对齐】

有如下几种常用方法：

- ✧　命令行：在命令行中输入“3DALIGN”。
- ✧　功能区：单击【修改】面板【三维对齐】工具按钮，如图 12-28 所示。
- ✧　工具栏：单击【建模】工具栏【三维对齐】按钮。
- ✧　菜单栏：执行【修改】|【三维操作】|【三维对齐】命令，如图 12-29 所示。

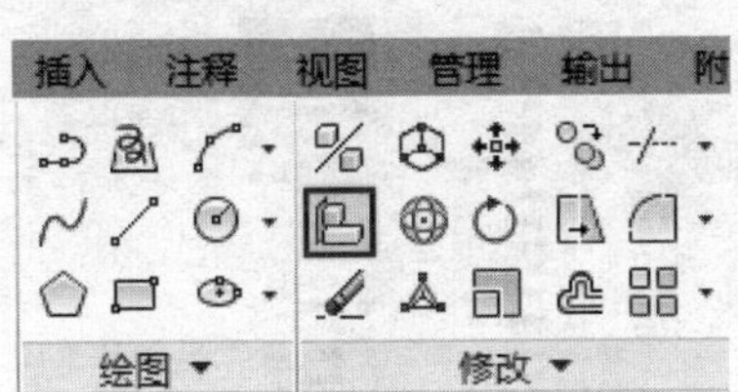

图 12-28　三维对齐面板按钮

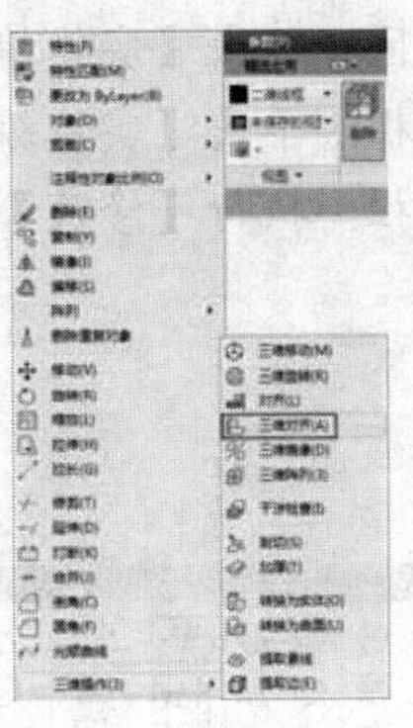

图 12-29　三维对齐菜单命令

执行上述任一命令后，即可进入【三维对齐】模式，执行三维对齐操作与对齐操作的不同之处在于：执行三维对齐操作时，可首先为源对象指定 1 个、2 个或 3 个点用以确定圆平面，然后为目标对象指定 1 个、2 个或 3 个点用以确定目标平面，从而实现模型与模型之间的对齐，如图 12-30 所示为三维对齐效果。

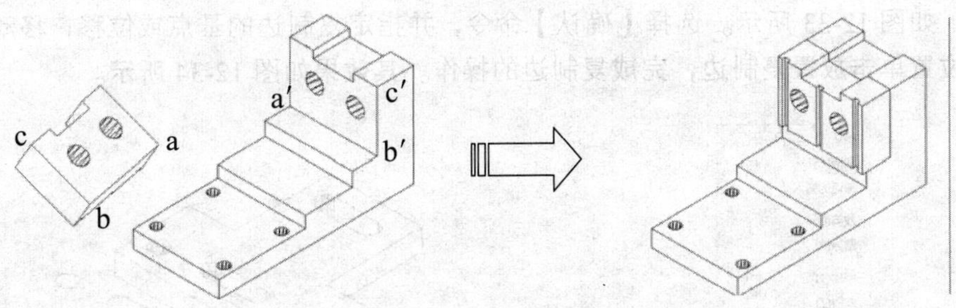

图 12-30　三维对齐操作

12.3　编辑实体边

【实体】都是由最基本的面和边所组成，AutoCAD 2016 不仅提供多种编辑实体工具，同时可根据设计需要提取多个边特征，对其执行偏移、着色、压印或复制边等操作，便于查看或创建更为复杂的模型。

12.3.1 复制边

执行【复制边】操作可将现有的实体模型上单个或多个边偏移到其他位置，从而利用这些边线创建出新的图形对象。

在 AutoCAD 2016 中调用【复制边】有如下几种常用方法：

✧ 功能区：单击【实体编辑】面板【复制边】工具按钮，如图 12-31 所示。

✧ 工具栏：单击【实体编辑】工具栏【复制边】按钮。

✧ 菜单栏：执行【修改】|【实体编辑】|【复制边】命令，如图 12-32 所示。

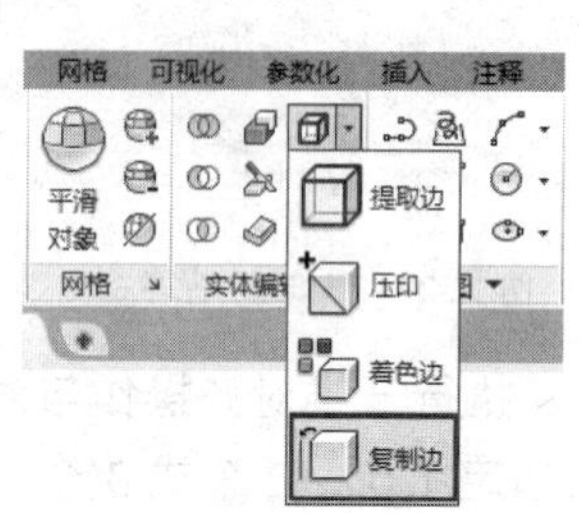

图 12-31 复制边面板按钮

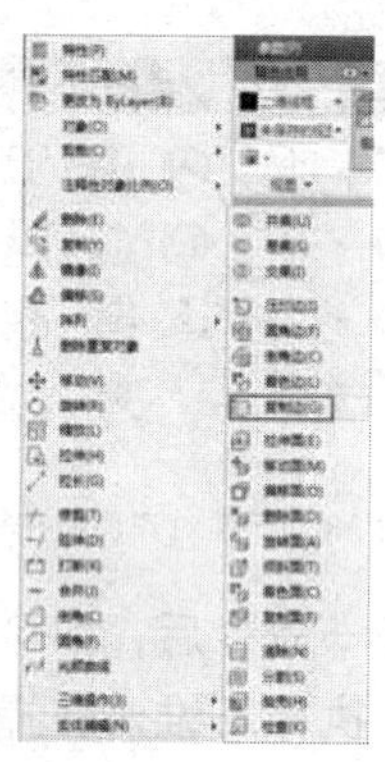

图 12-32 复制边菜单命令

执行上述任一命令后，在【绘图区】选择需要复制的边线，单击鼠标右键，系统弹出快捷菜单，如图 12-33 所示。选择【确认】命令，并指定复制边的基点或位移，移动鼠标到合适的位置单击放置复制边，完成复制边的操作。其效果如图 12-34 所示。

图 12-33 快捷菜单

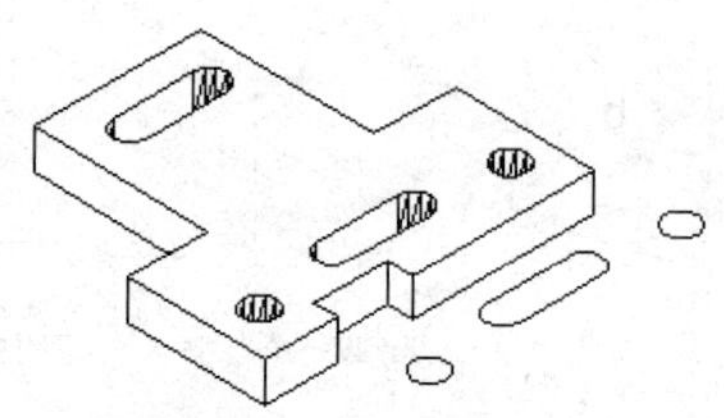

图 12-34 复制边

12.3.2 着色边

在三维建模环境中，不仅能够着色实体表面，同样可使用【着色边】工具将实体的边线执行着色操作，从而获得实体内、外表面边线不同的着色效果。

在 AutoCAD 2016 中调用【着色边】有如下几种常用方法：

✧ 功能区：单击【实体编辑】面板【着色边】工具按钮，如图 12-35 所示。

✧ 工具栏：单击【实体编辑】工具栏【着色边】按钮。

◇　菜单栏：执行【修改】|【实体编辑】|【着色边】命令，如图 12-36 所示。

执行上述任一命令后，在绘图区选取待着色的边线，按 Enter 键或单击右键，系统弹出【选择颜色】对话框，如图 12-37 所示，在该对话框中指定填充颜色，单击【确定】按钮，即可执行边着色操作。

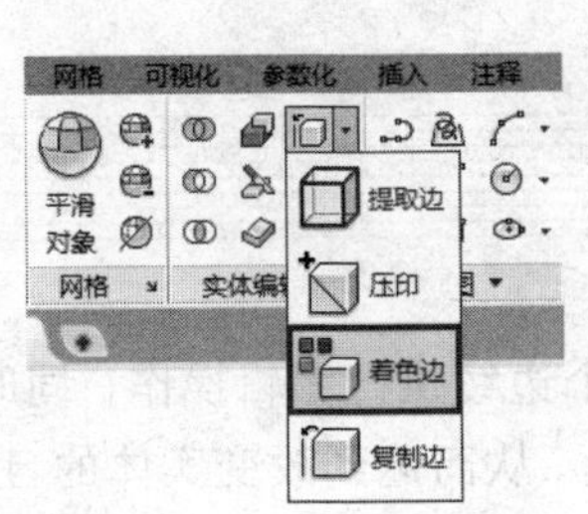

图 12-35　着色边面板按钮

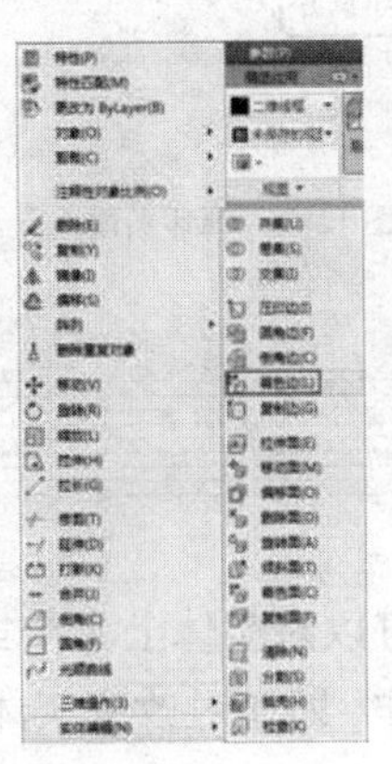

图 12-36　着色边菜单命令

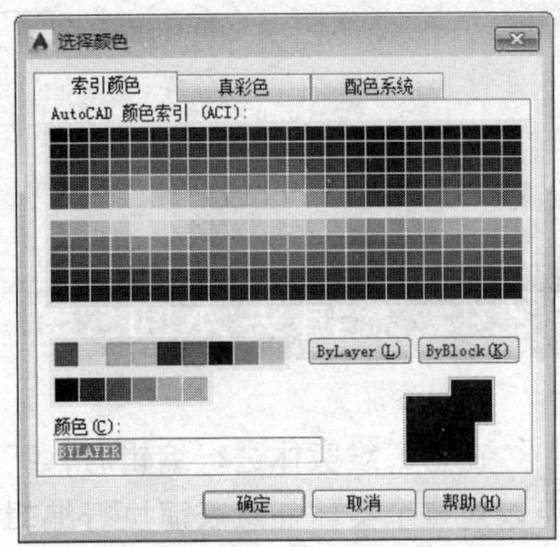

图 12-37　【选择颜色】对话框

12.3.3　压印边

在创建三维模型后，往往在模型的表面加入公司标记或产品标记等图形对象，AutoCAD 2016 软件专为该操作提供【压印边】工具，即通过与模型表面单个或多个表面相交将图形对象压印到该表面。

在 AutoCAD 2016 中调用【压印边】有如下几种常用方法：

◇　功能区：单击【实体编辑】面板【压印边】工具按钮，如图 12-38 所示。

◇　工具栏：单击【实体编辑】工具栏【压印边】按钮。

◇　菜单栏：执行【修改】|【实体编辑】|【压印边】命令，如图 12-39 所示。

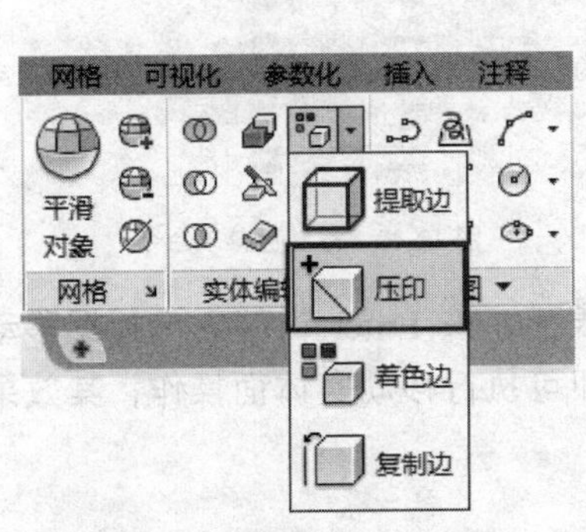

图 12-38　压印边面板按钮

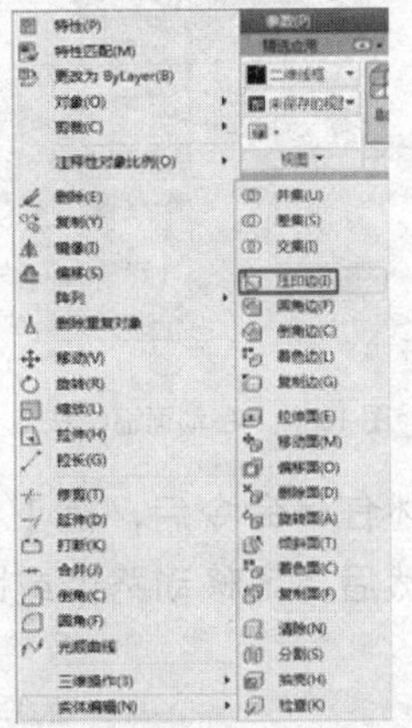

图 12-39　压印边菜单命令

执行上述任一命令后，在【绘图区】选取三维实体，接着选取压印对象，命令行将显

示“是否删除源对象[是（Y）/（否）]<N>:”的提示信息，可根据设计需要确定是否保留压印对象，即可执行压印操作，其效果如图 12-40 所示。

图 12-40 压印实体

12.4 编辑实体面

在对三维实体进行编辑时，不仅可以对实体上单个或多个边线执行编辑操作，同时还可以对整个实体任意表面执行编辑操作，即通过改变实体表面，从而达到改变实体的目的。

12.4.1 移动实体面

执行移动实体面操作是沿指定的高度或距离移动选定的三维实体对象的一个或多个面。移动时，只移动选定的实体面而不改变方向。

在 AutoCAD 2016 中调用【移动面】有如下几种常用方法：

- ✧ 功能区：单击【实体编辑】面板的【移动面】工具按钮，如图 12-41 所示。
- ✧ 工具栏：单击【实体编辑】工具栏【移动面】按钮。
- ✧ 菜单栏：执行【修改】|【实体编辑】|【移动面】命令，如图 12-42 所示。

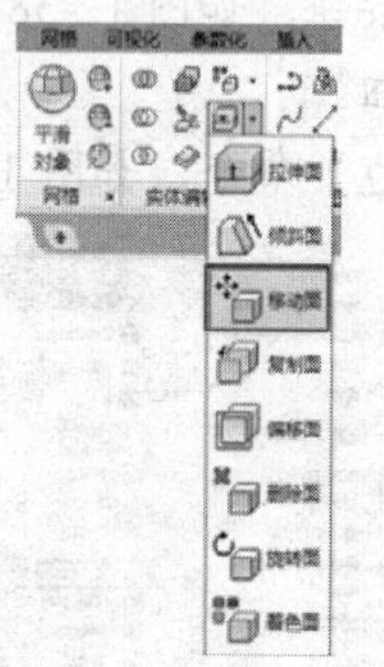

图 12-41 移动面面板按钮

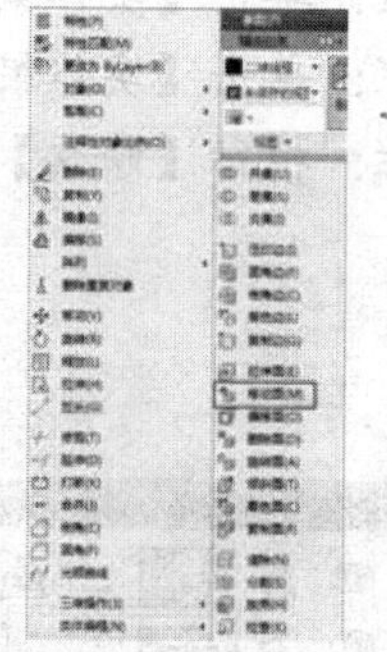

图 12-42 移动面菜单命令

执行上述任一命令后，在【绘图区】选取实体表面，按 Enter 键并右击捕捉移动实体面的基点，然后指定移动路径或距离值，单击右键即可执行移动实体面操作，其效果如图 12-43 所示。

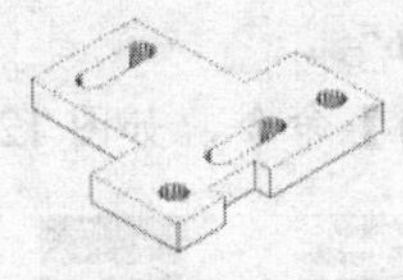
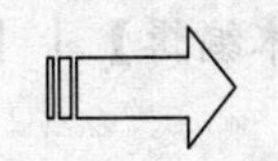
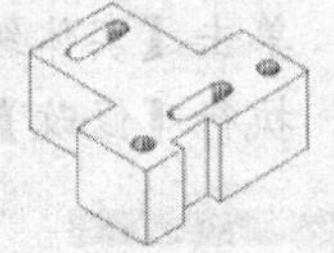

图 12-43 移动实体面

12.4.2 偏移实体面

执行偏移实体面操作是在一个三维实体上按指定的距离均匀地偏移实体面，可根据设计需要将现有的面从原始位置向内或向外偏移指定的距离，从而获取新的实体面。在 AutoCAD 2016 中调用【偏移面】有如下几种常用方法：

- ✧ 功能区：单击【实体编辑】面板【偏移面】工具按钮，如图 12-44 所示。
- ✧ 工具栏：单击【实体编辑】工具栏【偏移面】按钮。
- ✧ 菜单栏：执行【修改】|【实体编辑】|【偏移面】命令，如图 12-45 所示。

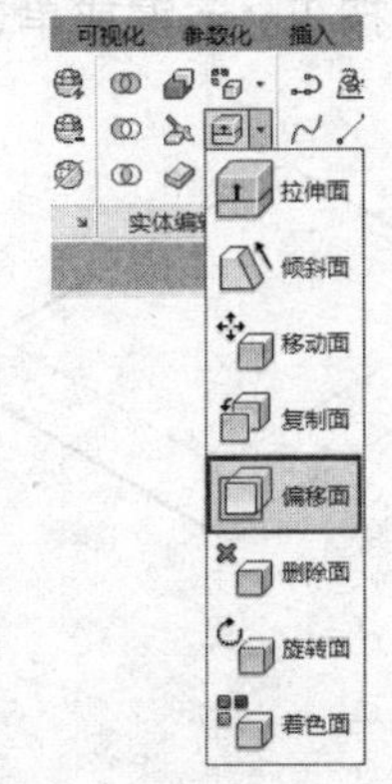

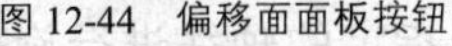

图 12-44 偏移面面板按钮

图 12-45 偏移面菜单命令

执行上述任一命令后，在【绘图区】选取要偏移的面，并输入偏移距离，按 Enter 键，即可获得如图 12-46 所示的偏移面特征。

图 12-46 偏移实体面

12.4.3 删除实体面

在三维建模环境中，执行删除实体面操作是从三维实体对象上删除实体表面、圆角等实体特征。在 AutoCAD 2016 中调用【删除面】有如下几种常用方法：

- ✧ 功能区：单击【实体编辑】面板【删除面】工具按钮，如图 12-47 所示。

- ✧ 工具栏：单击【实体编辑】工具栏【删除面】按钮。
- ✧ 菜单栏：执行【修改】|【实体编辑】|【删除面】命令，如图 12-48 所示。

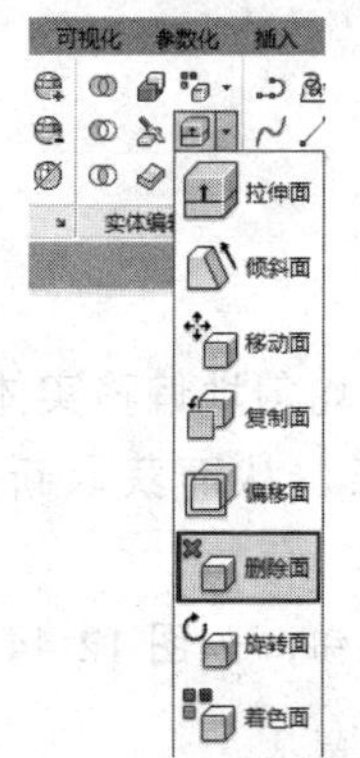

图 12-47 删除面面板按钮

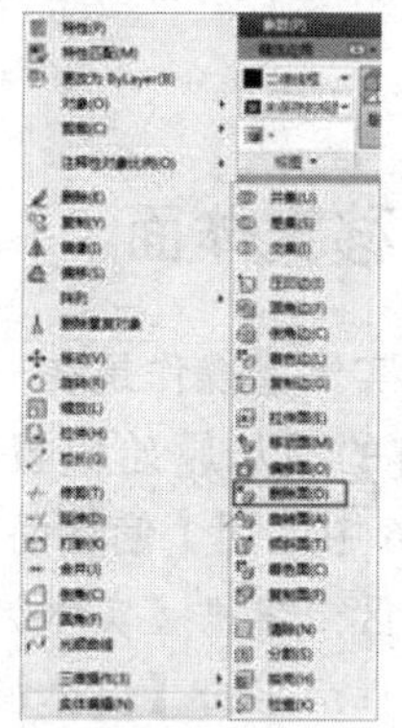

图 12-48 删除面菜单命令

执行上述任一命令后，在【绘图区】选择要删除的面，按 Enter 键或单击右键即可执行实体面删除操作，如图 12-49 所示。

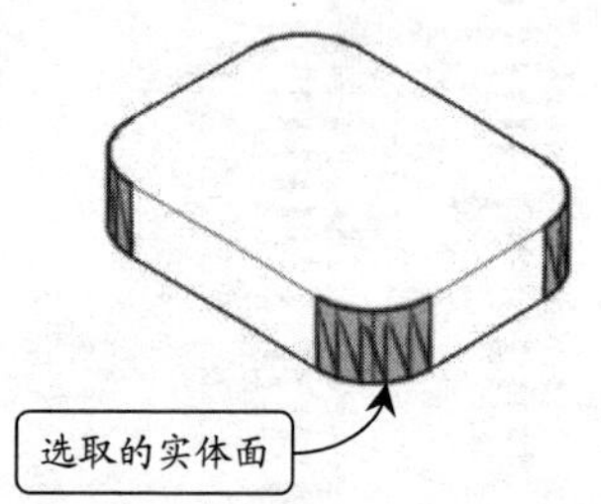

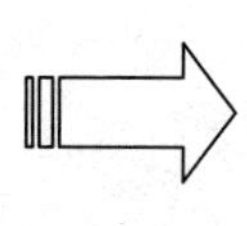

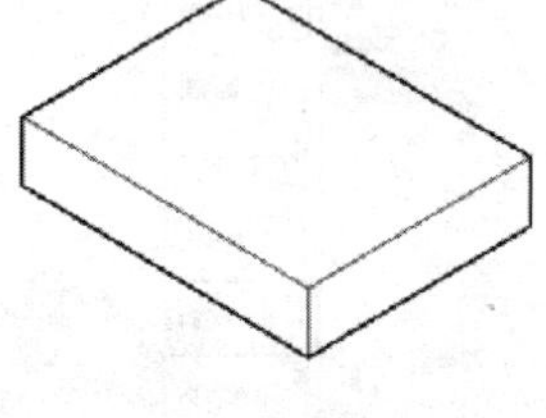

图 12-49 删除实体面

12.4.4 旋转实体面

执行旋转实体面操作，能够将单个或多个实体表面绕指定的轴线进行旋转，或者旋转实体的某些部分形成新的实体。在 AutoCAD 2016 中调用【旋转面】有如下几种常用方法：

- ✧ 功能区：单击【实体编辑】面板【旋转面】工具按钮，如图 12-50 所示。
- ✧ 工具栏：单击【实体编辑】工具栏【旋转面】按钮。
- ✧ 菜单栏：执行【修改】|【实体编辑】|【旋转面】命令，如图 12-51 所示。

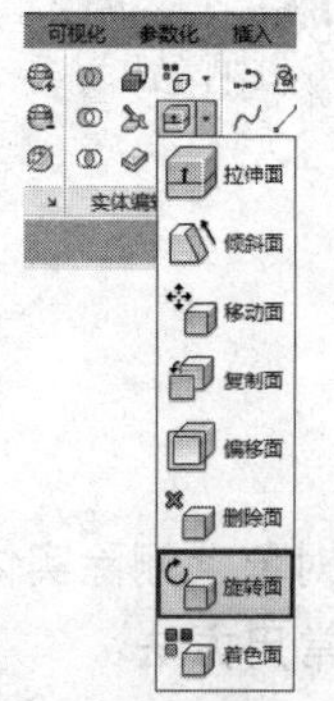

图 12-50 旋转面面板按钮

图 12-51 旋转面菜单命令

执行上述任一命令后，在【绘图区】选取需要旋转的实体面，捕捉两点为旋转轴，并指定旋转角度，按 Enter 键，即可完成旋转操作，效果如图 12-52 所示。

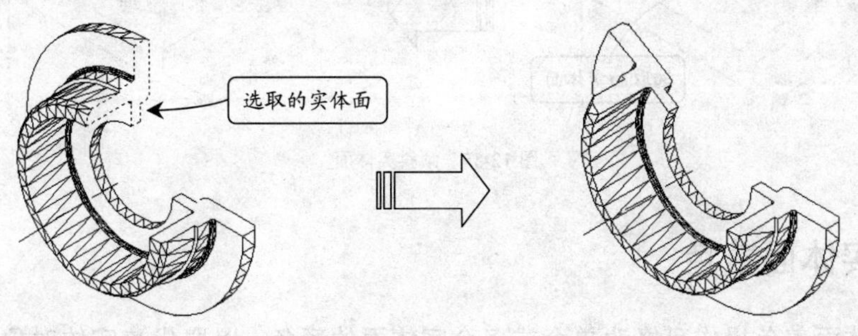

图 12-52　旋转实体面

专家点拨

当一个实体面旋转后，与其相交的面会自动调整，以适应改变后的实体。

12.4.5 倾斜实体面

在编辑三维实体面时，可利用【倾斜实体面】工具将孔、槽等特征沿矢量方向，和指定特定的角度进行倾斜操作，从而获取新的实体。在 AutoCAD 2016 中调用【倾斜面】有如下几种常用方法：

✧ 功能区：单击【实体编辑】面板【倾斜面】工具按钮，如图 12-53 所示。

✧ 工具栏：单击【实体编辑】工具栏【倾斜面】按钮。

✧ 菜单栏：执行【修改】|【实体编辑】|【倾斜面】命令，如图 12-54 所示。

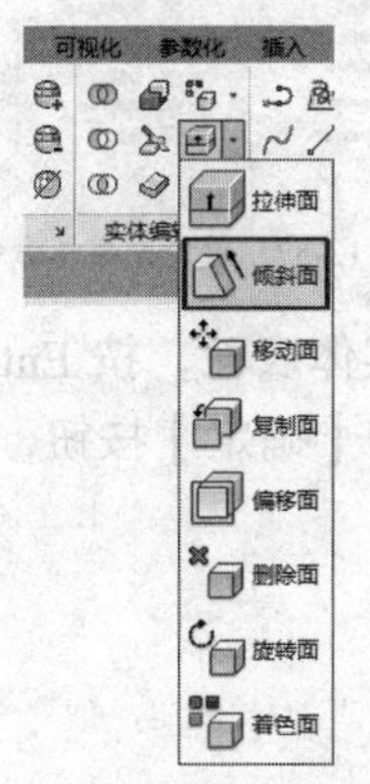

图 12-53　倾斜面面板按钮

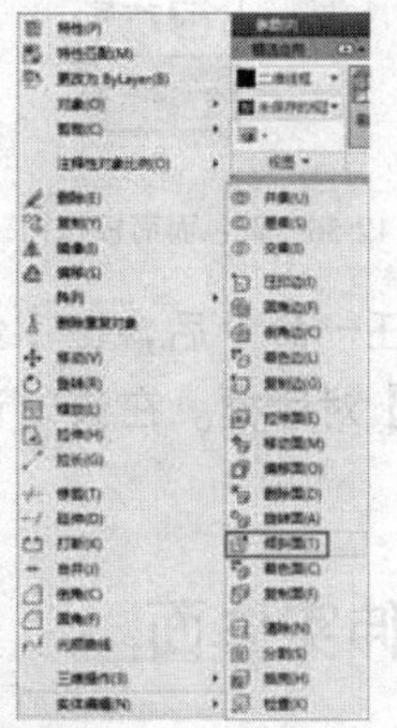

图 12-54　倾斜面菜单命令

执行上述任一命令后，在【绘图区】选取需要倾斜的曲面，并指定倾斜曲面参照轴线基点和另一个端点，输入倾斜角度，按 Enter 键或单击鼠标右键即可完成倾斜实体面操作，其效果如图 12-55 所示。

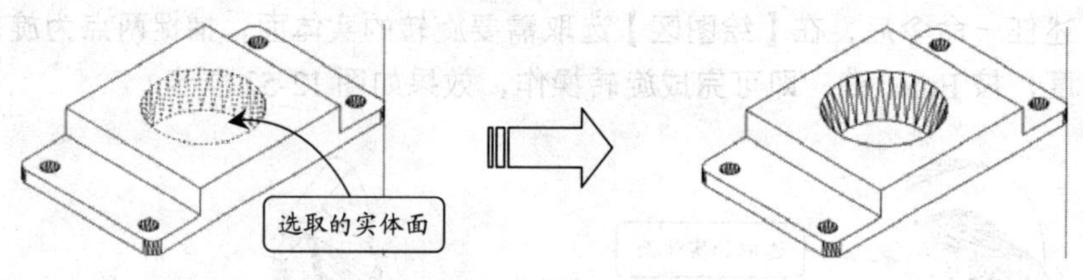

图 12-55 倾斜实体面

12.4.6 实体面着色

执行实体面着色操作可修改单个或多个实体面的颜色，以取代该实体对象所在图层的颜色，可更方便查看这些表面。在 AutoCAD 2016 中调用【着色面】有如下几种常用方法：

✧ 功能区：单击【实体编辑】面板【着色面】工具按钮，如图 12-56 所示。

✧ 工具栏：单击【实体编辑】工具栏【着色面】按钮。

✧ 菜单栏：执行【修改】|【实体编辑】|【着色面】命令，如图 12-57 所示。

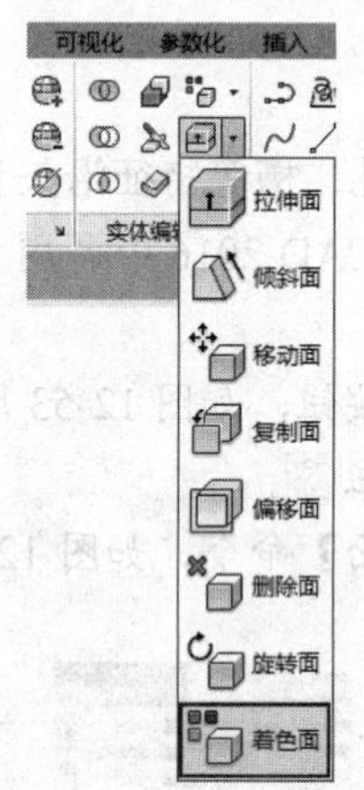

图 12-56 着色面面板按钮

图 12-57 着色面菜单命令

执行上述任一命令后，在【绘图区】指定需要着色的实体表面，按 Enter 键，系统弹出【选择颜色】对话框。在该对话框中指定填充颜色，单击【确定】按钮，即可完成面着色操作。

12.4.7 拉伸实体面

在编辑三维实体面时，可使用【拉伸面】工具直接选取实体表面执行面拉伸操作，从而获取新的实体。在 AutoCAD 2016 中调用【拉伸面】有如下几种常用方法：

✧ 功能区：单击【实体编辑】面板【拉伸面】工具按钮，如图 12-58 所示。

✧ 工具栏：单击【实体编辑】工具栏【拉伸面】按钮。

✧ 菜单栏：执行【修改】|【实体编辑】|【拉伸面】命令，如图 12-59 所示。

图 12-58　拉伸面面板按钮

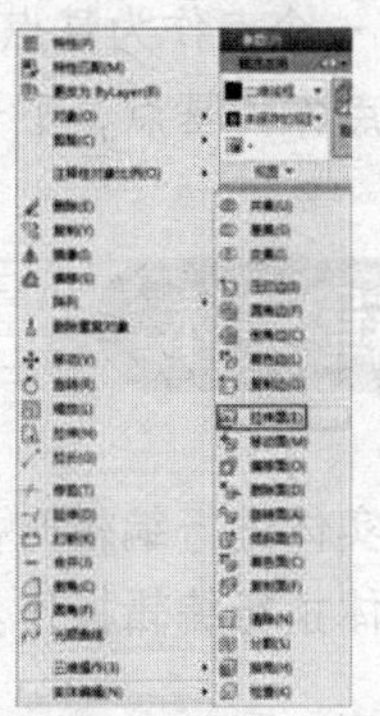

图 12-59　拉伸面菜单命令

执行上述任一命令后，在【绘图区】选取需要拉伸的曲面，并指定拉伸路径或输入拉伸距离，按 Enter 键即可完成拉伸实体面的操作，其效果如图 12-60 所示。

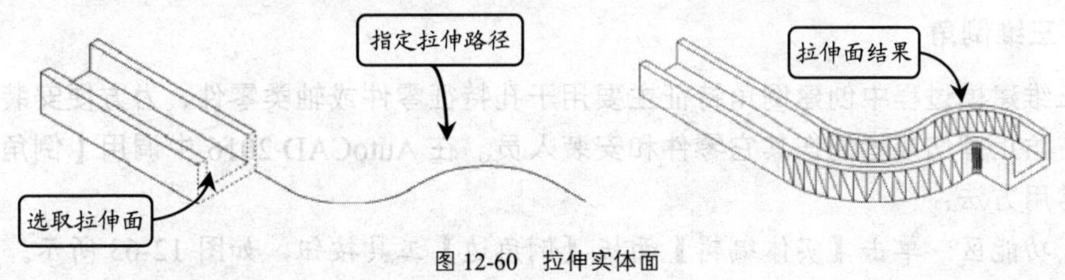

图 12-60　拉伸实体面

12.4.8 复制实体面

在三维建模环境中，利用【复制实体面】工具能够将三维实体表面复制到其他位置，使用这些表面可创建新的实体。在 AutoCAD 2016 中调用【复制面】有如下几种常用方法：

- ✧ 功能区：单击【实体编辑】面板【复制面】工具按钮，如图 12-61 所示。
- ✧ 工具栏：单击【实体编辑】工具栏【复制面】按钮。
- ✧ 菜单栏：执行【修改】|【实体编辑】|【复制面】命令，如图 12-62 所示。

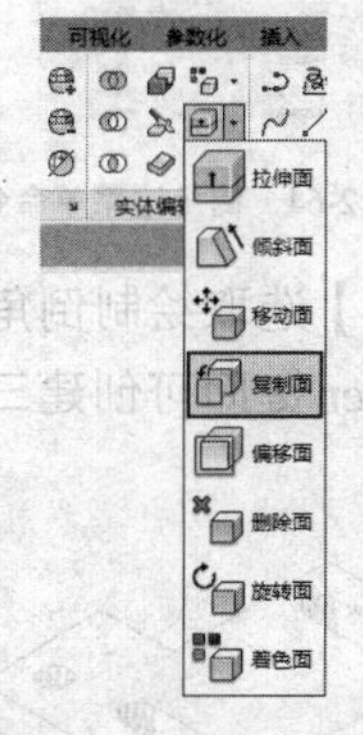

图 12-61　复制面面板按钮

图 12-62　复制面菜单命令

执行上述任一命令后，在【绘图区】选取需要复制的实体表面，如果指定了两个点，

AutoCAD 将第一个点作为基点，并相对于基点放置一个副本。如果只指定一个点，AutoCAD 将把原始选择点作为基点，下一点作为位移点。

12.5 编辑实体

在对三维实体进行编辑时，不仅可以对实体上单个表面和边线执行编辑操作，同时还可以对整个实体执行编辑操作。

12.5.1 创建倒角和圆角

【倒角】和【圆角】工具不仅在二维环境中能够实现，同样使用这两种工具能够创建三维对象的进行倒角和圆角效果的处理。

1. 三维倒角

在三维建模过程中创建倒角特征主要用于孔特征零件或轴类零件，为方便安装轴上其它零件，防止擦伤或者划伤其它零件和安装人员。在 AutoCAD 2016 中调用【倒角】有如下几种常用方法：

✧ 功能区：单击【实体编辑】面板【倒角边】工具按钮，如图 12-63 所示。

✧ 工具栏：单击【实体编辑】工具栏【倒角边】按钮。

✧ 菜单栏：执行【修改】|【实体编辑】|【倒角边】命令，如图 12-64 所示。

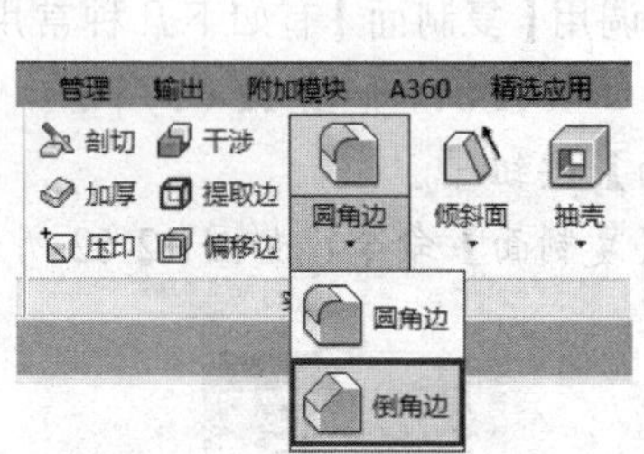

图 12-63 倒角边面板按钮

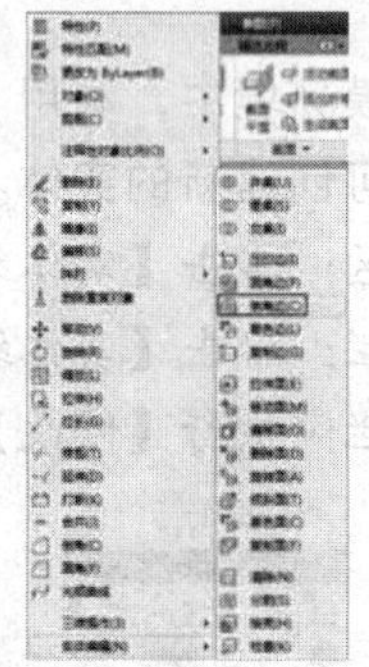

图 12-64 倒角边菜单命令

执行上述任一命令后，根据命令行的提示，在【绘图区】选取绘制倒角所在的基面，按 Enter 键分别指定倒角距离，指定需要倒角的边线，按 Enter 键即可创建三维倒角，效果如图 12-65 所示。

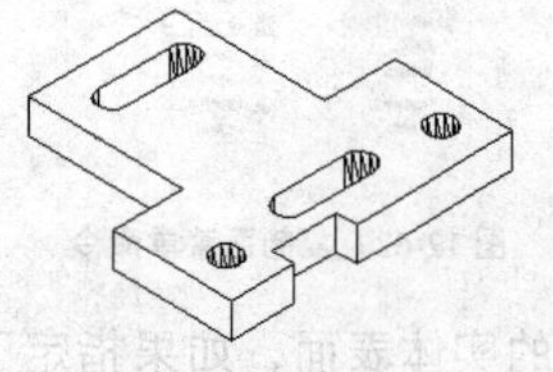
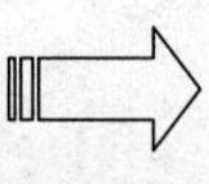
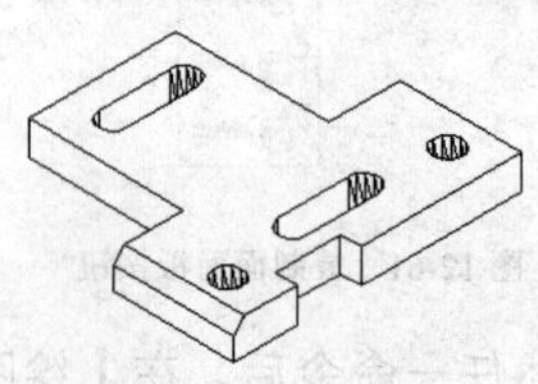

图 12-65 创建三维倒角

2. 三维圆角

在三维建模过程中创建圆角特征主要用在回转零件的轴肩处，以防止轴肩应力集中，在长时间的运转中断裂。在 AutoCAD 2016 中调用【圆角】有如下几种常用方法：

- ✧ 功能区：单击【实体编辑】面板【圆角边】工具按钮，如图 12-66 所示。
- ✧ 工具栏：单击【实体编辑】工具栏【圆角边】按钮。
- ✧ 菜单栏：执行【修改】|【实体编辑】|【圆角边】命令，如图 12-67 所示。

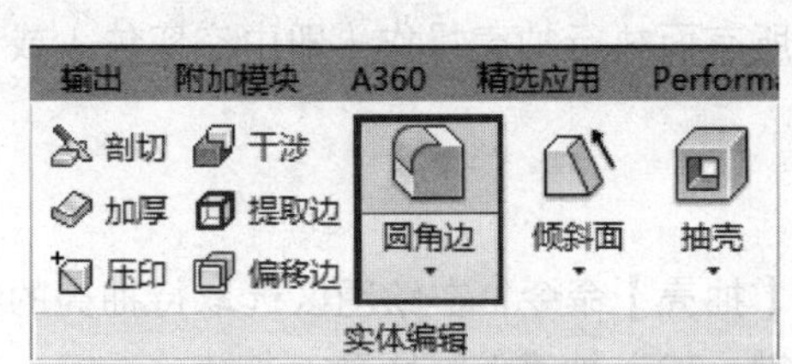

图 12-66 圆角边面板按钮

图 12-67 圆角边菜单命令

执行上述任一命令后，然后在【绘图区】选取需要绘制圆角的边线，输入圆角半径，按 Enter 键，其命令行出现“选择边或 [链(C)/环(L)/半径(R)]:”提示。选择【链】选项，则可以选择多个边线进行倒圆角；选择【半径】选项，则可以创建不同半径值的圆角，按 Enter 键即可创建三维倒圆角，如图 12-68 所示。

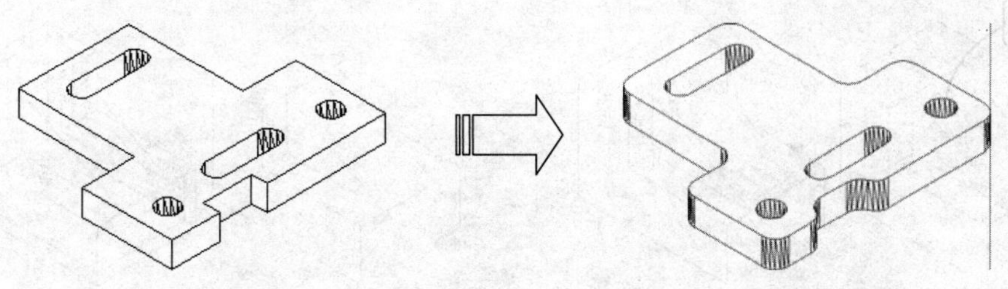

图 12-68 创建三维圆角

12.5.2 抽壳

通过执行【抽壳】操作可将实体以指定的厚度，形成一个空的薄层，同时还允许将某些指定面排除在壳外。指定正值，程序将从圆周外开始抽壳，指定负值，程序将从圆周内开始抽壳。在 AutoCAD 2016 中调用【抽壳】有如下几种常用方法：

- ✧ 功能区：单击【实体编辑】面板【抽壳】工具按钮，如图 12-69 所示。
- ✧ 工具栏：单击【实体编辑】工具栏【抽壳】按钮。
- ✧ 菜单栏：执行【修改】|【实体编辑】|【抽壳】命令，如图 12-70 所示。

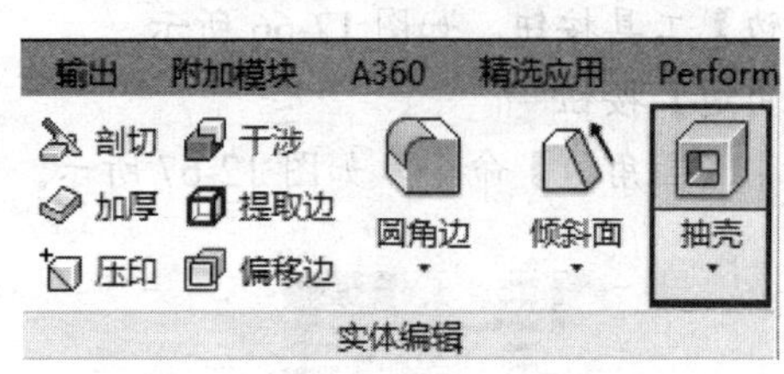

图 12-69　抽壳面板按钮

图 12-70　抽壳菜单命令

执行上述任一命令后，可根据设计需要保留所有面执行抽壳操作（即中空实体）或删除单个面执行抽壳操作，分别介绍如下：

1. 删除抽壳面

该抽壳方式通过移除面形成内孔实体。执行【抽壳】命令，在绘图区选取待抽壳的实体，继续选取要删除的单个或多个表面并单击右键，输入抽壳偏移距离，按 Enter 键，即可完成抽壳操作，其效果如图 12-71 所示。

2. 保留抽壳面

该抽壳方法与删除面抽壳操作不同之处在于：该抽壳方法是在选取抽壳对象后，直接按 Enter 键或单击右键，并不选取删除面，而是输入抽壳距离，从而形成中空的抽壳效果，如图 12-72 所示。

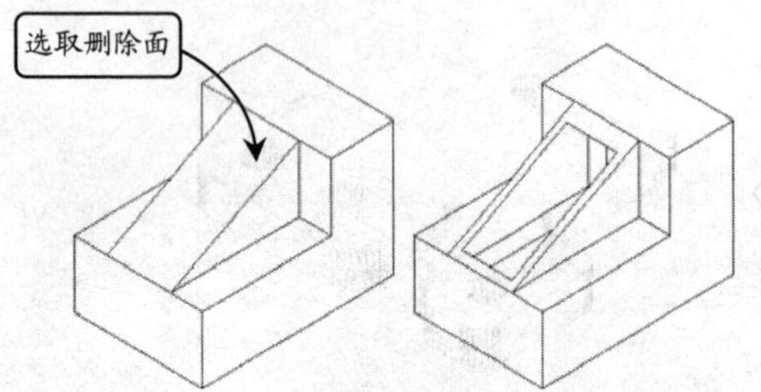

图 12-71　删除面执行抽壳操作

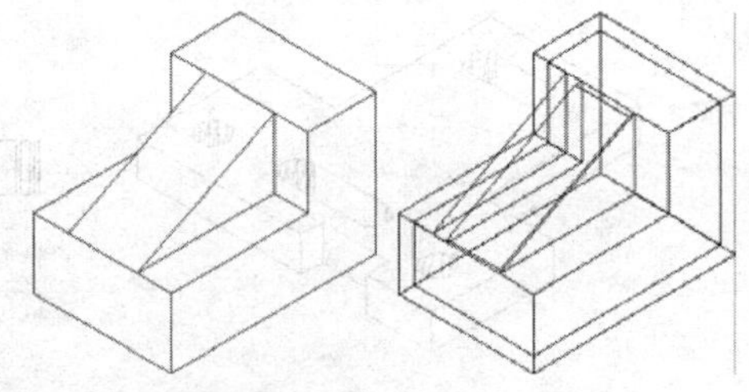

图 12-72　保留抽壳面

12.5.3　剖切实体

在绘图过程中，为了表达实体内部的结构特征，可假想一个与指定对象相交的平面或曲面，将该实体剖切从而创建新的对象。可根据设计需要通过指定点、选择曲面或平面对象来定义剖切平面。在 AutoCAD 2016 中调用【剖切】有如下几种常用方法：

✧ 命令行：在命令行中输入“SLICE/SL”。

✧ 功能区：单击【实体编辑】面板中的【剖切】工具按钮，如图 12-73 所示。

✧ 菜单栏：执行【修改】|【三维操作】|【剖切】命令，如图 12-74 所示。

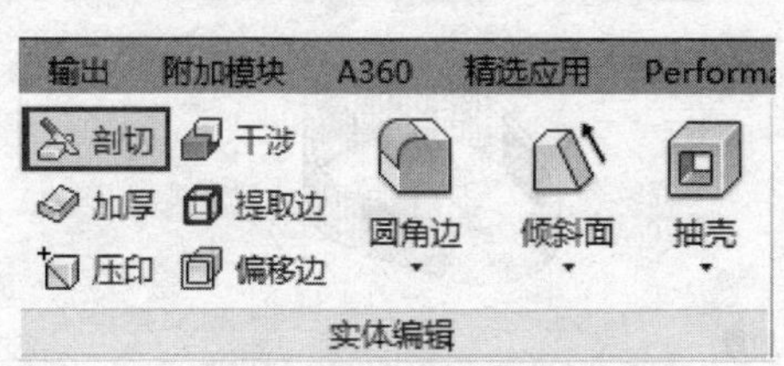

图 12-73　剖切面板按钮

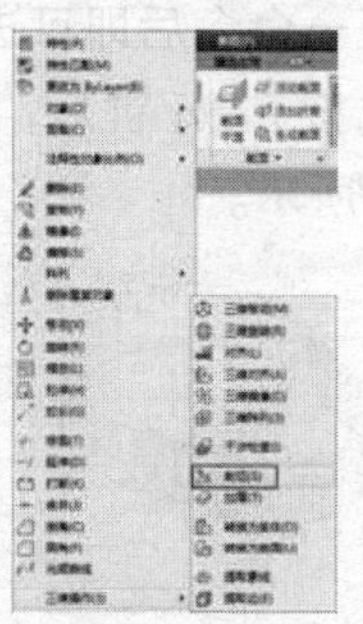
图 12-74　剖切菜单命令

执行上述任一命令后，就可以通过剖切现有实体来创建新实体。作为剖切平面的对象可以是曲面、圆、椭圆、圆弧、椭圆弧、二维样条曲线或二维多段线。在剖切实体时，可以保留剖切实体的一半或全部。剖切实体不保留创建它们的原始形式的记录，只保留原实体的图层和颜色特性，如图 12-75 所示。

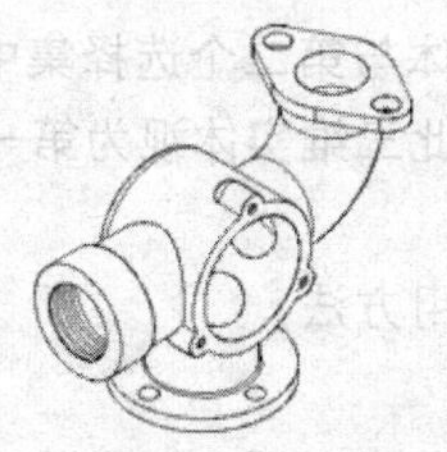
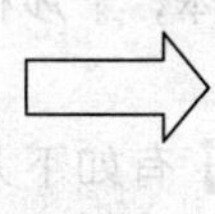
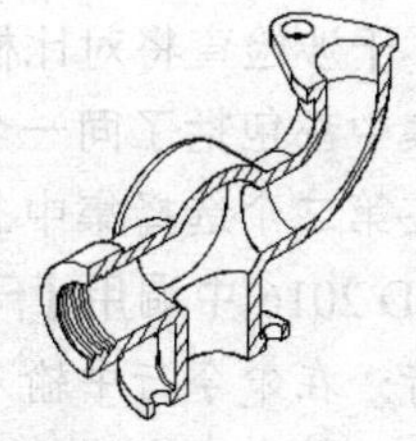
图 12-75　实体剖切效果

12.5.4 加厚曲面

在三维建模环境中，可以将网格曲面、平面曲面或截面曲面等多种曲面类型的曲面通过加厚处理形成具有一定厚度的三维实体。

在 AutoCAD 2016 中调用【加厚】命令有如下几种常用方法：

✧　命令行：在命令行中输入“THICKEN”。

✧　功能区：单击【实体编辑】面板【加厚】工具按钮，如图 12-76 所示。

✧　菜单栏：执行【修改】|【三维操作】|【加厚】命令，如图 12-77 所示。

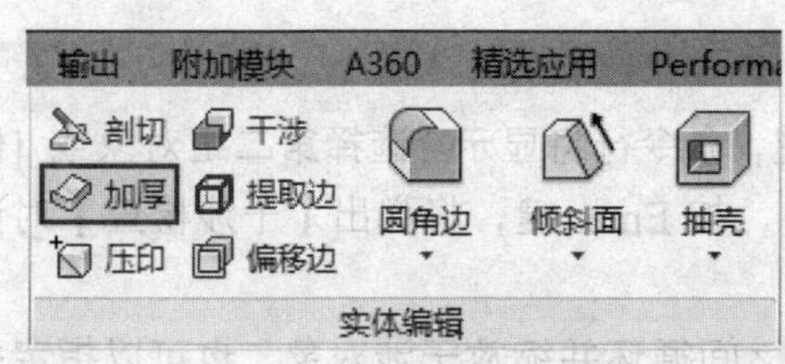

图 12-76　加厚面板按钮

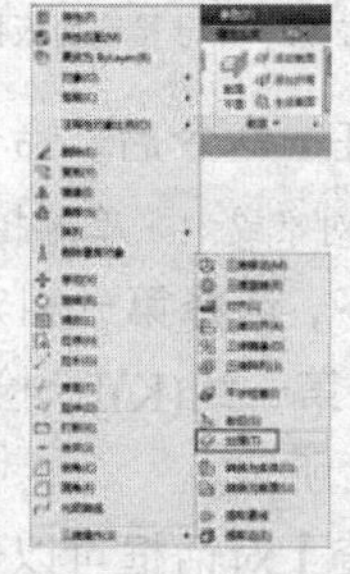
图 12-77　加厚菜单命令

执行上述任一命令后即可进入【加厚】模式，直接在【绘图区】选择要加厚的曲面，然后单击右键或按 Enter 键后，在命令行中输入厚度值并按 Enter 键确认，即可完成加厚操作，如图 12-78 所示。

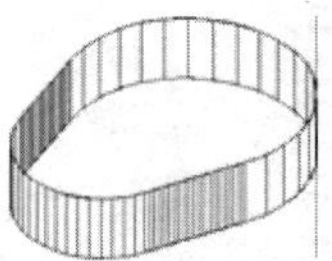
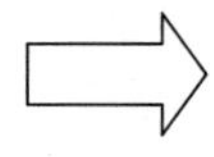
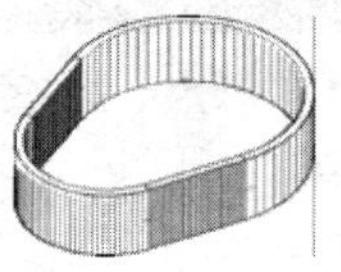

图 12-78　曲面加厚

12.6　干涉检查

【干涉检查】通过从两个或多个实体的公共体积创建临时组合三维实体，来显亮重叠的三维实体，如果定义了单个选择集，干涉检查将对比检查集合中的全部实体。如果定义了两个选择集，干涉检查将对比检查第一个选择集中的实体与第二个选择集中的实体。如果在两个选择集中都包括了同一个三维实体，干涉检查将此三维实体视为第一个选择集中的一部分，而在第二个选择集中忽略它。

在 AutoCAD 2016 中调用【干涉检查】有如下几种常用方法：

✧　命令行：在命令行中输入“INTERFERE”。
✧　功能区：单击【实体编辑】面板【干涉】工具按钮，如图 12-79 所示。
✧　菜单栏：执行【修改】|【三维操作】|【干涉检查】命令，如图 12-80 所示。

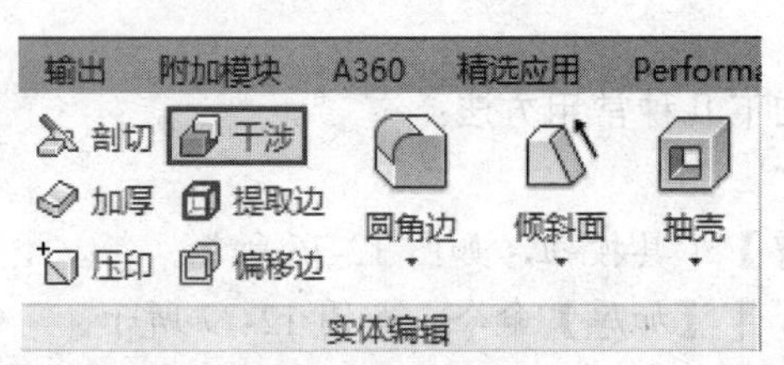

图 12-79　干涉检查面板按钮

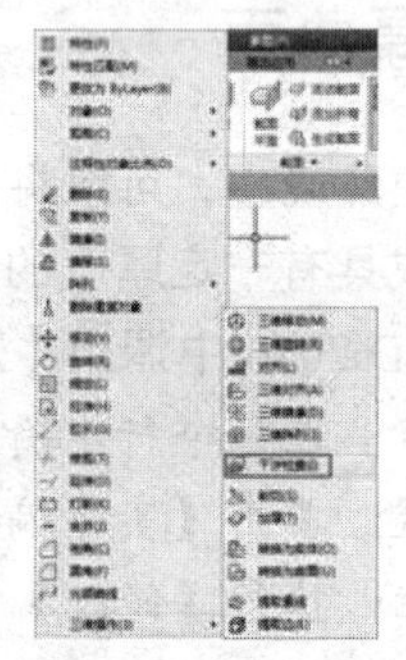

图 12-80　干涉检查菜单命令

执行上述任一命令后，命令行提示如下：

```
选择第一组对象或 [嵌套选择(N)/设置(S)]:
```

默认情况下，选择第一组对象后，按 Enter 键，命令行将显示“选择第二组对象或 [嵌套选择(N)/检查第一组(K)] <检查>:”提示，此时，按 Enter 键，将弹出【干涉检查】对话框，如图 12-81 所示。

【干涉检查】对话框可以使用户在干涉对象之间循环并缩放干涉对象，也可以指定关闭对话框时是否删除干涉对象。其中，在【干涉对象】选项区域中，显示执行【干涉检查】

命令时在每组对象的数目及在期间找到的干涉数目；在【显亮】选项区域中，可以通过【上一个】和【下一个】按钮，在对象中循环时显亮干涉对象，通过选中【缩放对】复选框缩放干涉对象；通过【缩放】、【平移】和【三维动态观测器】按钮，来缩放、移动和观察干涉对象。

在命令行的“选择第一组对象或 [嵌套选择(N)/设置(S)]:”提示下，选择【嵌套选择】选项，使用户可以选择嵌套在块和外部参照中的单个实体对象。此时命令行将显示“选择嵌套对象或 [退出(X)] <退出(X)>:”提示，可以选择嵌套对象或按 Enter 键返回普通对象选择。在命令行的“选择第一组对象或 [嵌套选择(N)/设置(S)]:”提示下，选择【设置】选项，系统弹出【干涉设置】对话框，如图 12-82 所示。

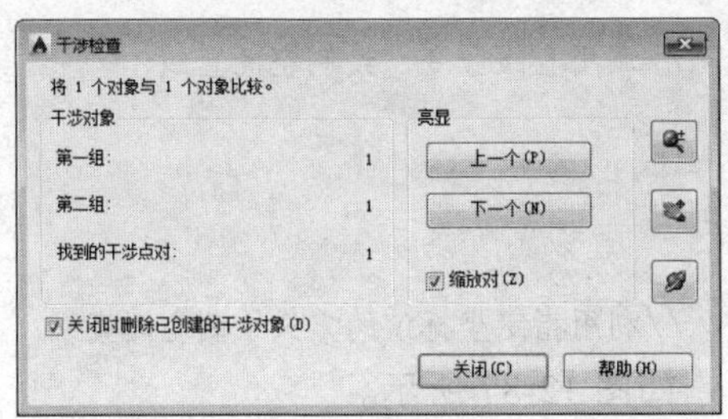

图 12-81　【干涉检查】对话框

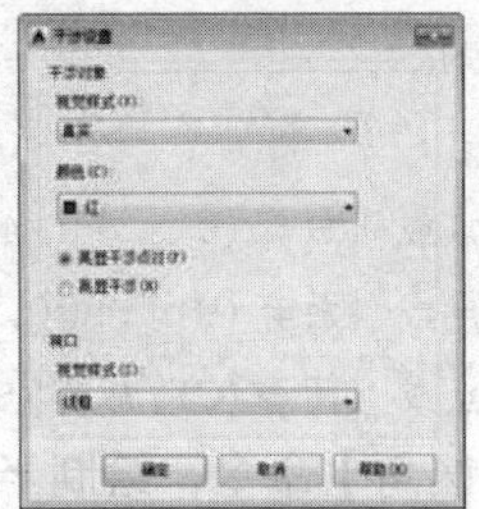

图 12-82　【干涉设置】对话框

【干涉设置】对话框用于控制干涉对象的显示。其中【干涉对象】选项区域用于指定干涉对象的视觉样式和颜色，是亮显实体的干涉对象，还是亮显从干涉点对中创建的干涉对象。【视口】选项区域则用于指定检查干涉时的视觉样式，如图 12-83 所示为得到的显示干涉对象。

12.7 综合实例

12.7.1 创建管道接口

绘制如图 12-84 所示的管道接头三维实体模型，使读者更加了解三维实体图形的绘制工具以及编辑工具的使用。

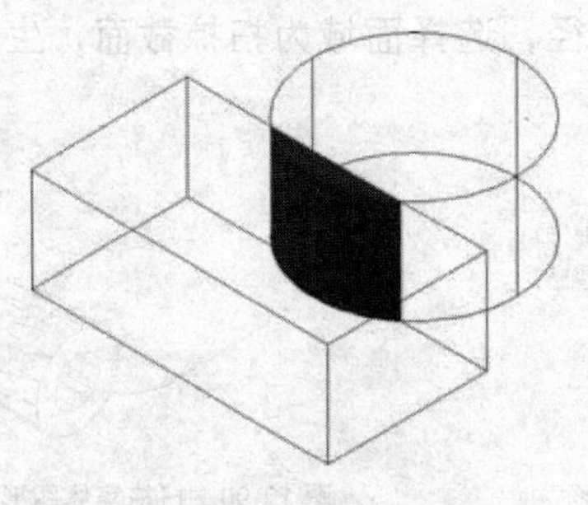

图 12-83　显示干涉对象

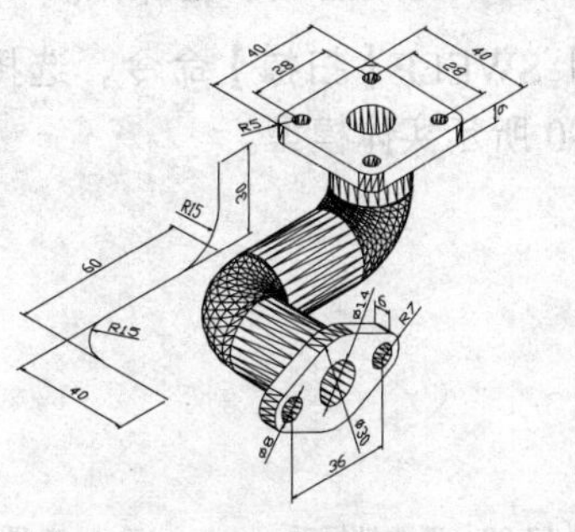

图 12-84　管道接头

本实例的操作步骤如下：

1. 启动 AutoCAD 2016 并新建文件

单击【快速访问】工具栏中的【新建】按钮，系统弹出【选择样板】对话框，选择“acadiso.dwt”样板，单击【打开】按钮，进入 AutoCAD 绘图模式。

2. 绘制扫掠特征

01 单击绘图区左上角的视图快捷控件，将视图切换至【东南等轴测】，此时绘图区呈三维空间状态，其坐标显示如图 12-85 所示。

02 调用 L【直线】命令，绘制三维空间直线，如图 12-86 所示，其命令行提示如下：

```
命令: LINE ↙                                        //调用直线命令，绘制空间直线
指定第一点:
指定下一点或 [放弃(U)]: @-40,0,0↙
指定下一点或 [放弃(U)]: @0,60,0↙
指定下一点或 [闭合(C)/放弃(U)]: @0,0,30↙  //利用指定坐标值的方式绘制空间直线
```

03 调用 F【圆角】命令，绘制半径为 15 的圆角，如图 12-87 所示。

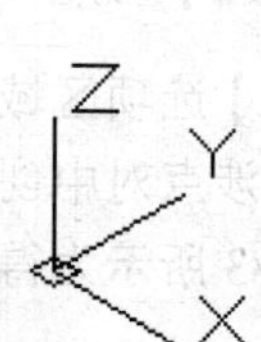

图 12-85　东南等轴测

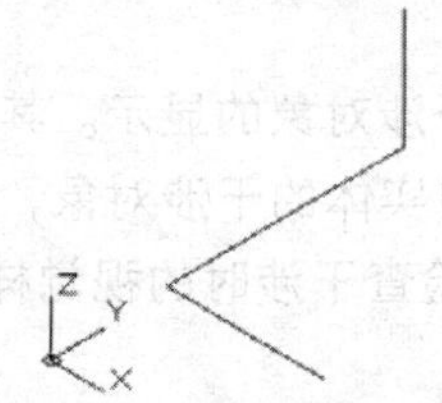

图 12-86　绘制空间三维直线

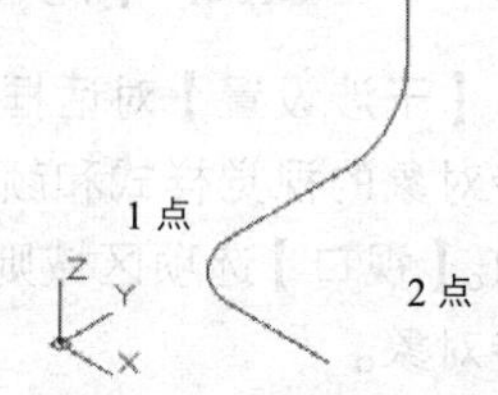

图 12-87　绘制圆角

04 单击【坐标】面板中的【Z 轴矢量】按钮，在绘图区指定两点作为坐标系 Z 轴的方向，其新建坐标系如图 12-88 所示。

05 调用 C【圆】命令，绘制直径分别为 26 和 14 的两个同心圆，如图 12-89 所示。

06 调用 REG【面域】命令，然后在绘图区选择绘制的两个圆创建面域。

07 创建面域求差，调用 SU【差集】命令，然后在绘图区选择直径为 26 的圆作为从中减去的面域，单击鼠标右键，选择直径为 14 的圆作为减去的面域，单击鼠标右键或按 Enter 键，完成面域求差操作。

08 调用 SWEEP【扫掠】命令，选择直线为扫掠路径，选择面域为扫掠截面，生成如图 12-90 所示实体模型。

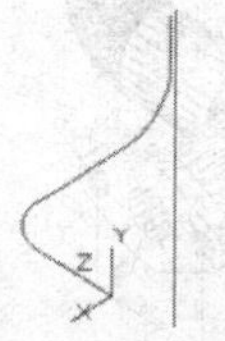
图 12-88　新建坐标系

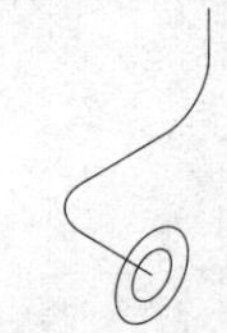
图 12-89　绘制的圆图形

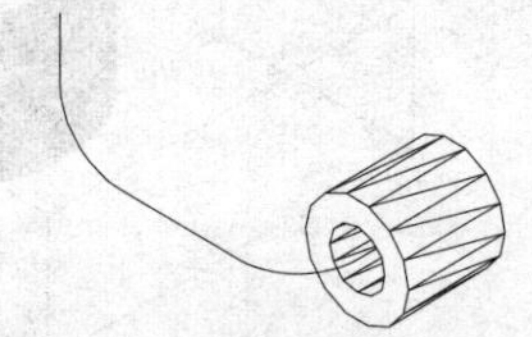
图 12-90　扫掠实体图形

09 单击【实体编辑】面板中的【拉伸面】工具按钮，在绘图区选择要拉伸的面，单击鼠标右键确定，在命令行输入 P，选择拉伸路径，完成拉伸面操作，如图 12-91 所示。

10 利用相同的方法拉伸其余的面，最终效果如图 12-92 所示。

3. 绘制法兰接口

01 单击【坐标】面板中的【世界】按钮，返回到世界坐标系状态。

02 单击【坐标】面板中的【UCS】按钮，在绘图区合适的位置单击，按 Enter 键，完成移动 UCS 坐标操作，如图 12-93 所示。

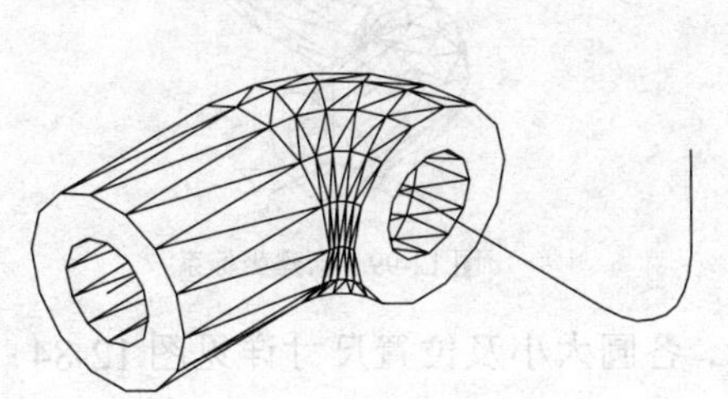

图 12-91　拉伸面

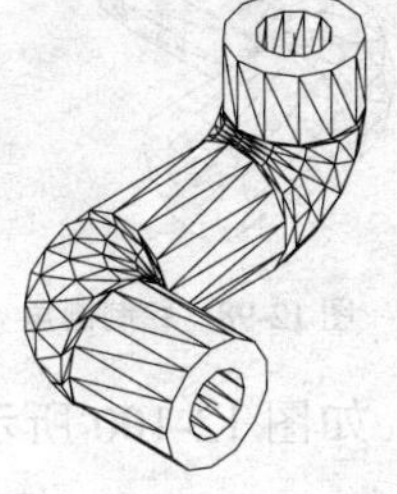

图 12-92　拉伸面完成效果图

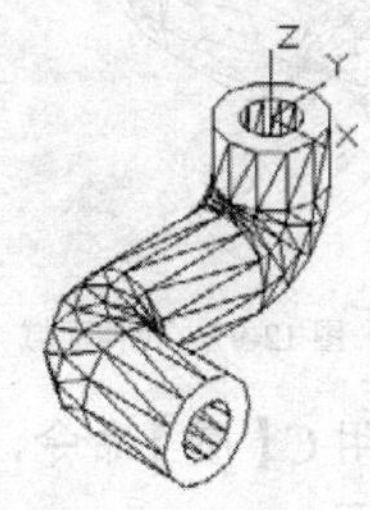

图 12-93　移动坐标系

03 调用 REC【矩形】命令，绘制矩形，如图 12-94 所示，其命令行提示如下：

```
命令: RECTANG↙
指定第一个角点或 [倒角(C)/标高(E)/圆角(F)/厚度(T)/宽度(W)]: _from 基点:忽略倾斜、不按统一比例缩放的对象。<偏移>: 20,20↙
指定另一个角点或 [面积(A)/尺寸(D)/旋转(R)]: @-40,-40↙
```

04 单击绘图区左上角的视图快捷控件，将视图切换至【俯视】，进入二维绘图模式。

05 调用 C【圆】命令，根据命令行的提示，输入圆心坐标（14,14），绘制半径为 7 的圆。重复操作，指定所绘制的矩形中心为圆心，绘制半径为 14 的圆，如图 12-95 所示。

06 调用 AR【阵列】命令，设置行偏移和列偏移为 28，阵列上一步绘制的圆，如图 12-96 所示。

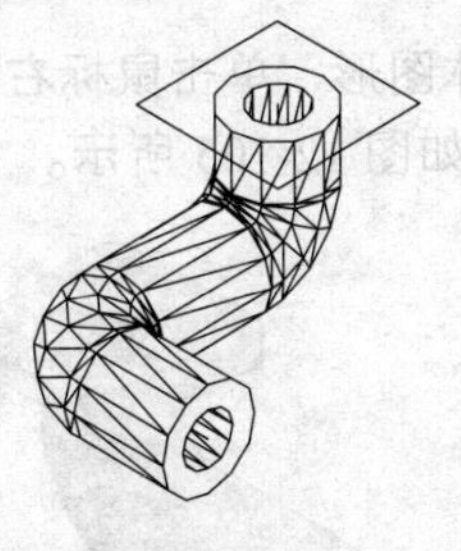

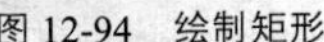

图 12-94　绘制矩形

图 12-95　绘制圆

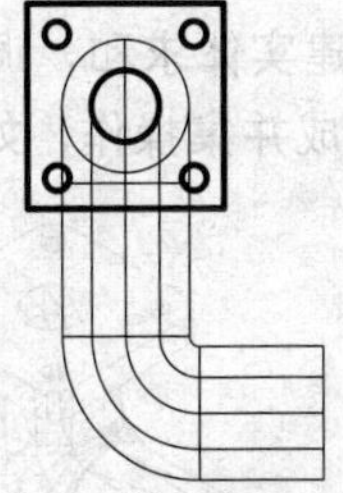

图 12-96　阵列图形

07 调用 REG【面域】命令，将上面绘制的矩形和圆创建成面域。

08 创建面域求差，调用 SU【差集】命令，然后在绘图区选择绘制的矩形作为从中减去的面域，单击鼠标右键，选择绘制的圆作为减去的面域，单击鼠标右键或按 Enter 键，完成面域求差操作。

09 调用 EXT【拉伸】命令，拉伸面域，指定高度为 6，如图 12-97 所示。

10 调用倒圆角命令，绘制圆角特征，设置圆角半径为 5，如图 12-98 所示。

11 单击【坐标】面板中的【面 UCS】按钮，在绘图区指定合适的平面，其新建坐标系如图 12-99 所示。

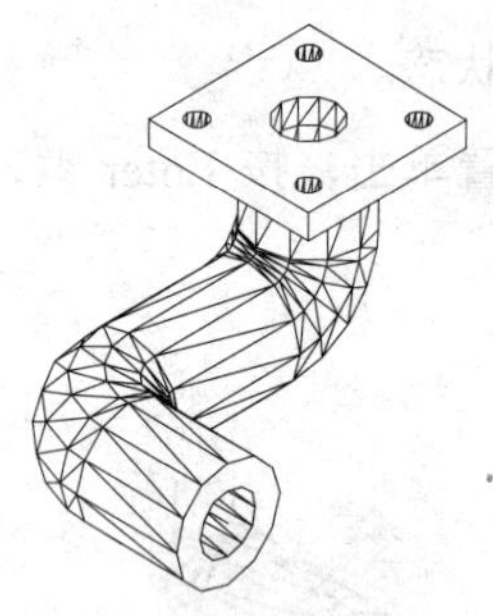

图 12-97 拉伸面域

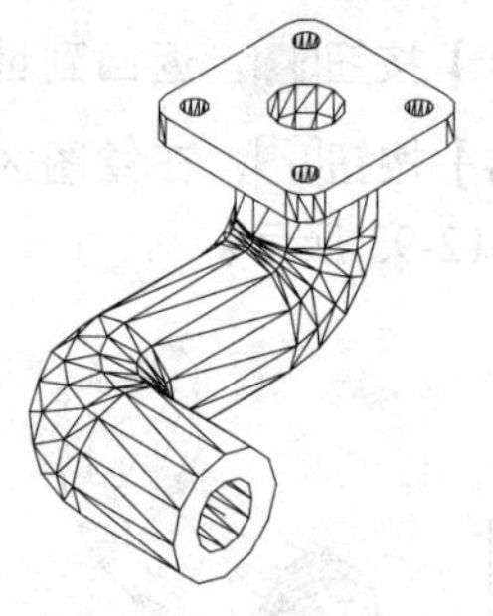

图 12-98 绘制圆角

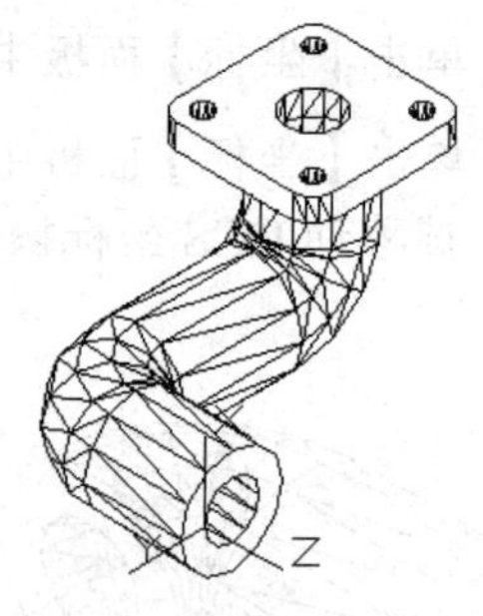

图 12-99 新建坐标系

12 调用 C【圆】命令，绘制圆图形，如图 12-100 所示，各圆大小及位置尺寸详见图 12-84 所示。

13 调用 L【直线】命令，捕捉切点绘制直线，如图 12-101 所示。

14 调用 TR【修剪】命令，修剪掉多余的线条，如图 12-102 所示。

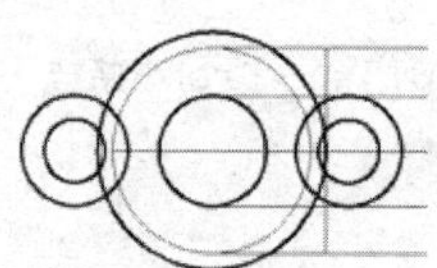

图 12-100 绘制圆

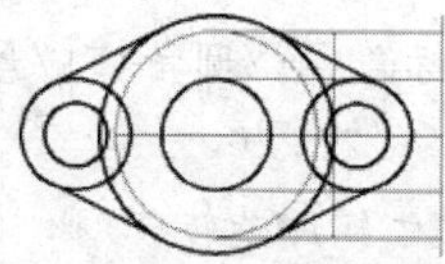

图 12-101 绘制直线

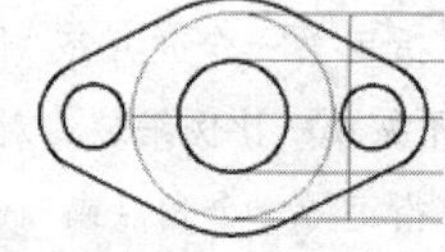

图 12-102 修剪图形

15 调用 REG【面域】命令，在绘图区选择绘制的图形，单击鼠标右键创建面域。

16 创建求差面域，调用 SU【差集】命令，然后在绘图区选择要从中减去的面域，单击鼠标右键，选择要减去的圆孔面域，单击鼠标右键或按 Enter 键，完成面域求差操作。

17 调用 EXT【拉伸】命令，拉伸面域，指定拉伸高度为 6，如图 12-103 所示。

18 创建实体求和，调用 UNI【并集】命令，然后窗选所有的实体图形，单击鼠标右键，完成并集操作，如图 12-104 所示。着色后的三维实体图形，如图 12-105 所示。

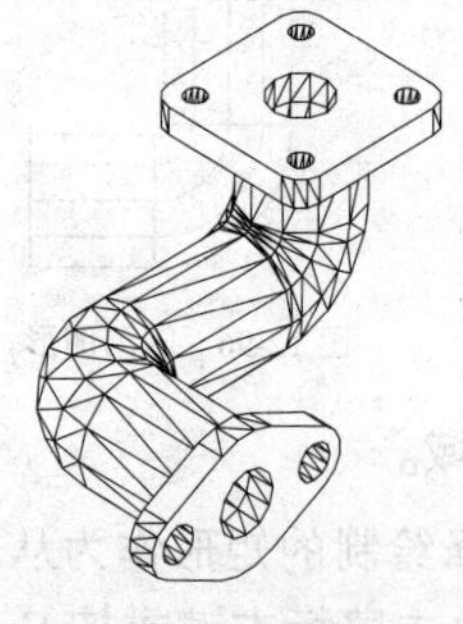

图 12-103 拉伸面域

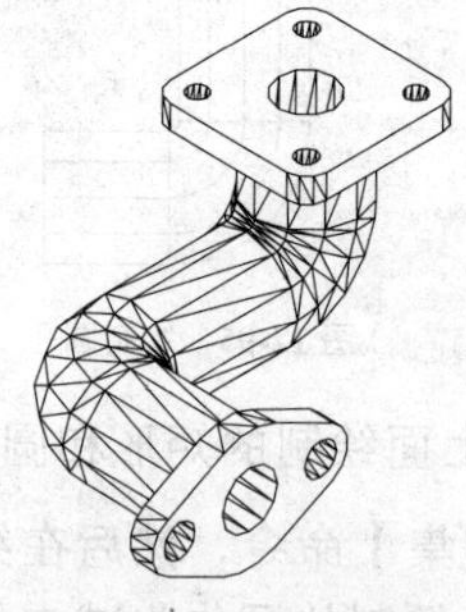

图 12-104 并集后消隐模式

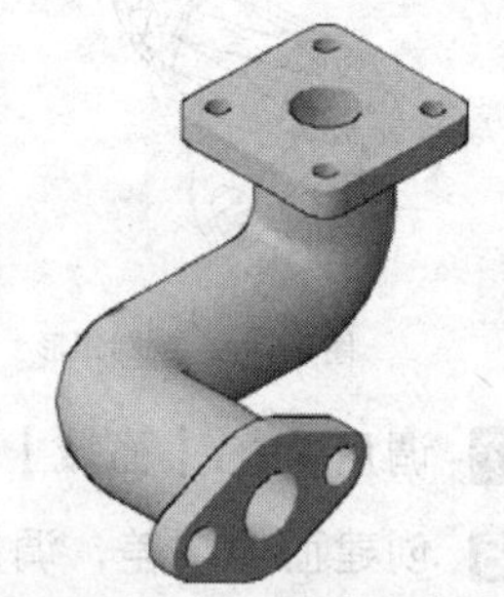

图 12-105 着色图形

12.7.2　绘制别墅实体模型

本例将根据别墅施工图创建别墅实体模型，以练习 AutoCAD 常用建模方法。别墅建筑平面及立面施工图如图 12-106 所示。

1．启动 AutoCAD 2016 并新建文件

单击【快速访问】工具栏中的【打开】按钮，打开配套光盘中的"别墅建模文件.dwg"，进入 AutoCAD 绘图模式。

2．制作三视图

01 按 M 键启用【移动】工具，选择正立面与左立面图形，通过某参考点将其与平面图对齐，如图 12-107 所示。

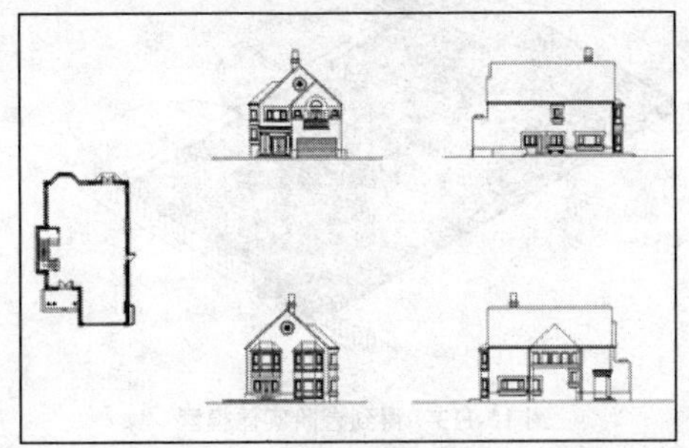

图 12-106　别墅平面及立面图

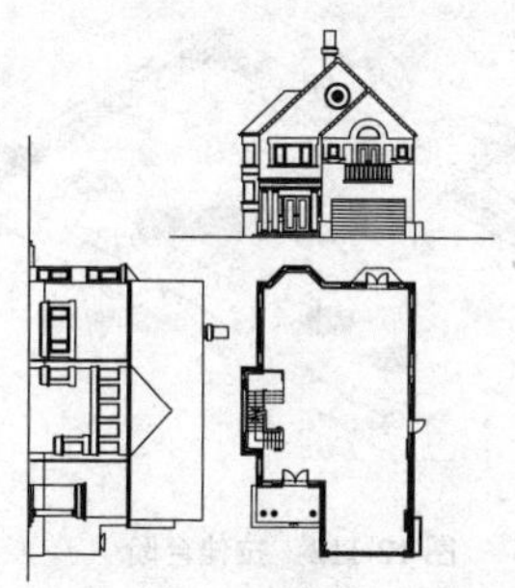

图 12-107　对齐平面与立面图

02 单击绘图区左上角的视图快捷控件，将视图切换至【东南等轴测】，并使用 3DROTATE【旋转】命令将别墅正立面旋转 90 度，以方便创建模型，如图 12-108 所示。

03 重复类似的操作，调整左侧立面图与平面图的关系如图 12-109 所示。

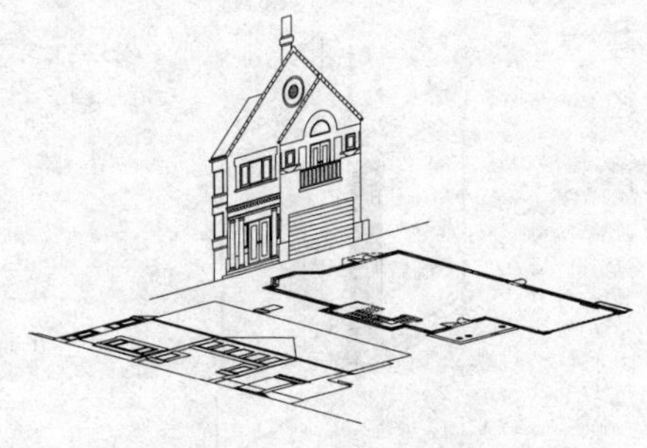

图 12-108　旋转正立面

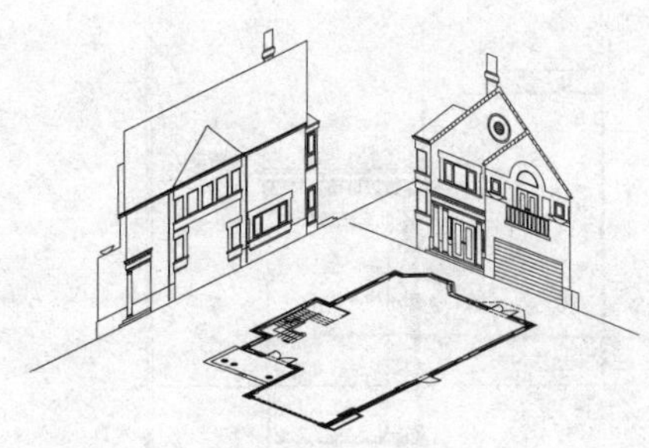

图 12-109　旋转左立面

3．建立正立面模型

01 首先建立台阶模型，调用 REC【矩形】命令，捕捉平面图中的端点创建一个矩形，如图 12-110 所示。

02 输入 DI【测量】命令，测量到台阶高度为 150，如图 12-111 所示。

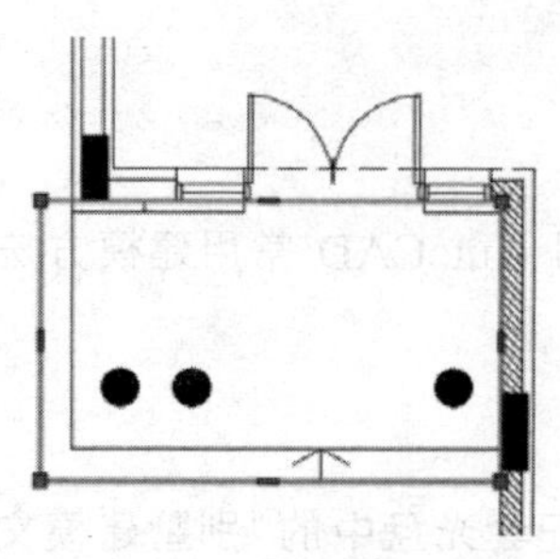

图 12-110　创建矩形

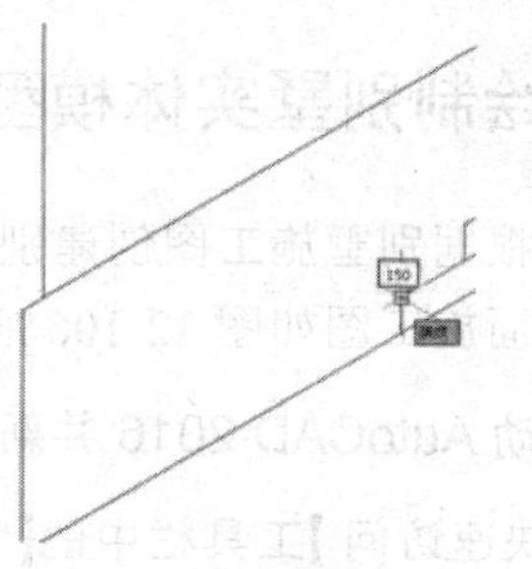

图 12-111　测量台阶高

03 调用 EXT【拉伸】命令，选择创建好的矩形，将其拉伸 150，如图 12-112 所示，得到第一个台阶实体模型，如图 12-113 所示。

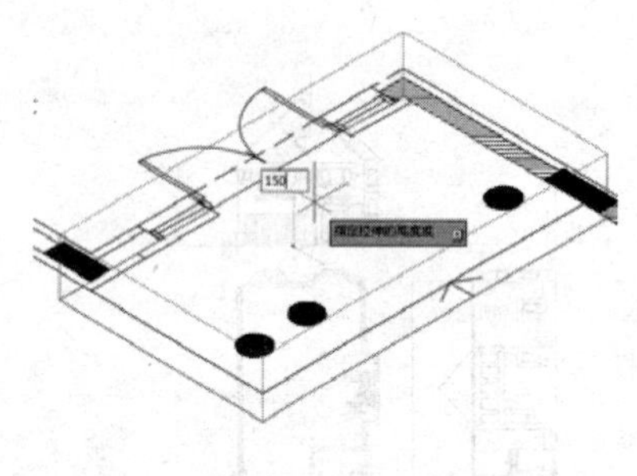

图 12-112　拉伸台阶

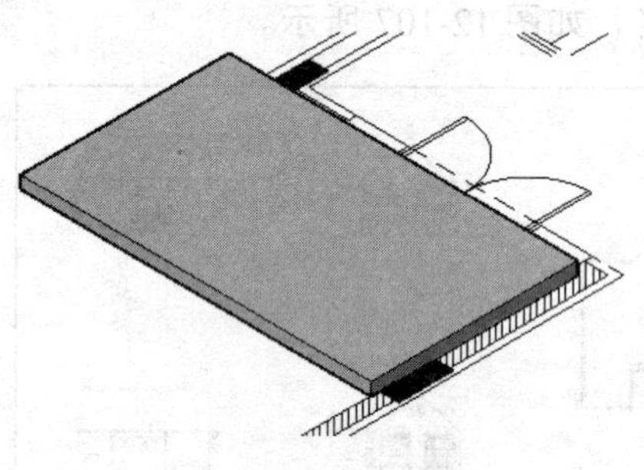

图 12-113　得到台阶实体模型

04 重复以上操作完成第二个台阶实体模型的制作。

05 接下来制作装饰圆柱实体模型。切换视图至右视图，输入 PL【多段线】命令，如图 12-114 所示勾勒半个圆柱轮廓。

06 调用 REV【旋转】命令，得到如图 12-115 所示的圆柱实体模型。

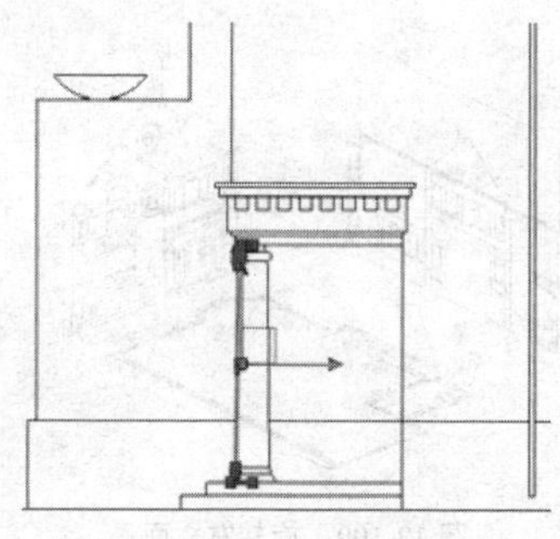

图 12-114　勾勒圆柱轮廓

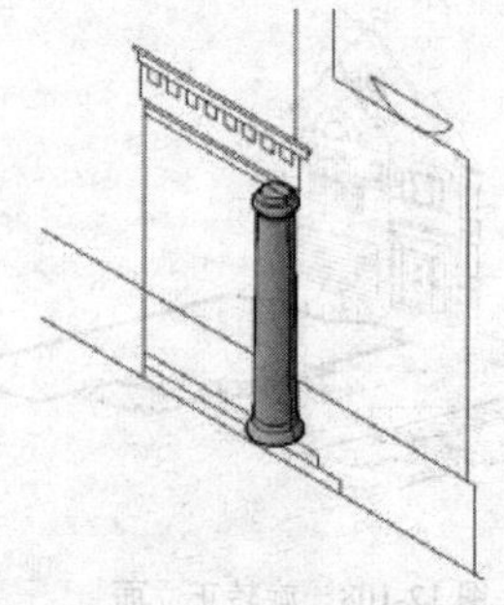

图 12-115　通过旋转获得圆柱实体模型

07 将视图转换至“俯视图”，调用 CO【复制】命令，对圆柱进行复制。

08 单击绘图区左上角的视图快捷控件，将视图切换至【前视】，选择制作好的圆柱实体模型，参考平面图中标识的数量与位置，选择 DI【测量】命令和 M【移动】命令，移动得到如图 12-116 所示的模型效果。

09 圆柱制作完成后，接下来制作其上方的门头造型，将视图切换至前视图，参考立面图纸利用矩形工具绘制如图 12-117 所示的矩形。

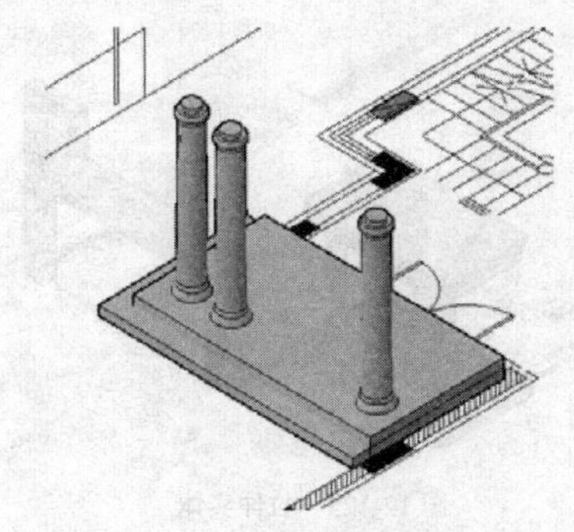
图 12-116　复制并调整圆柱位置

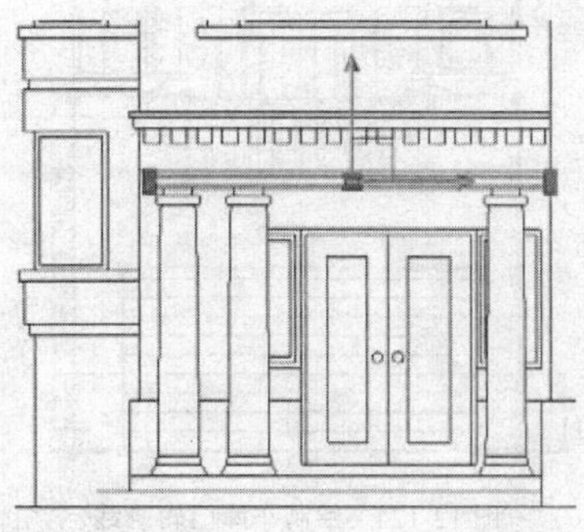
图 12-117　绘制矩形

10 在左侧立面图中如图 12-118 所示测量其长度，然后利用 EXT【拉伸】命令得到实体模型，并调整其位置如图 12-119 所示。

11 重复类似的操作，完成门头效果如图 12-120 所示，接下来进行其装饰细节的制作。

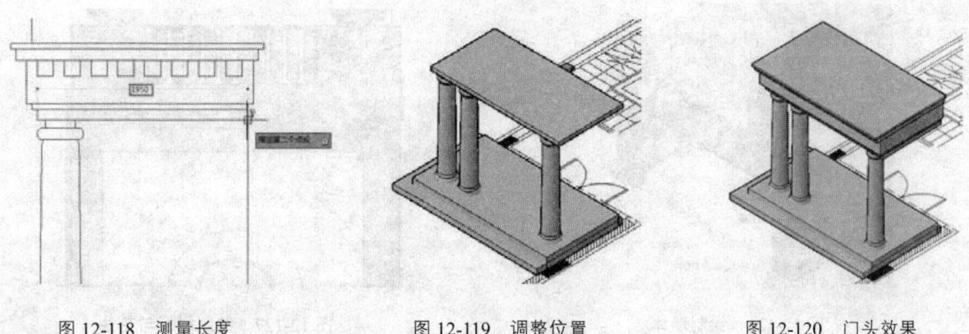
图 12-118　测量长度　　图 12-119　调整位置　　图 12-120　门头效果

12 调用 REC【矩形】命令，参考左侧立面图纸绘制多个矩形，如图 12-121 所示。

13 利用 EXT【拉伸】命令将其拉伸 50，得到实体模型，再利用旋转与复制工具完成如图 12-122 所示的门头装饰细节的制作。

14 再次调用 REC【矩形】、EXT【拉伸】命令，完成其上方造型的制作，得到门头的最终效果如图 12-123 所示。

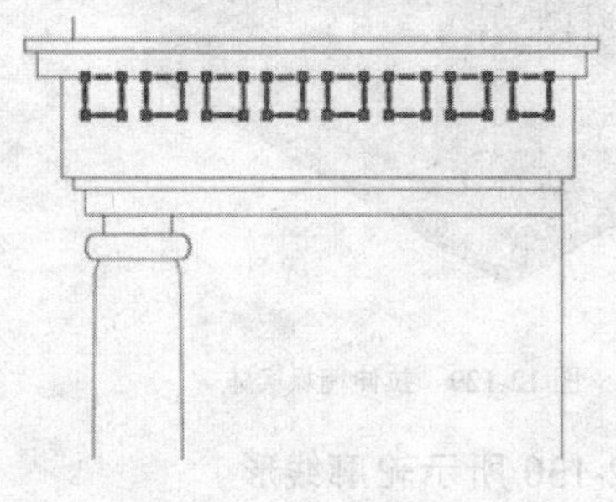
图 12-121　绘制多个矩形

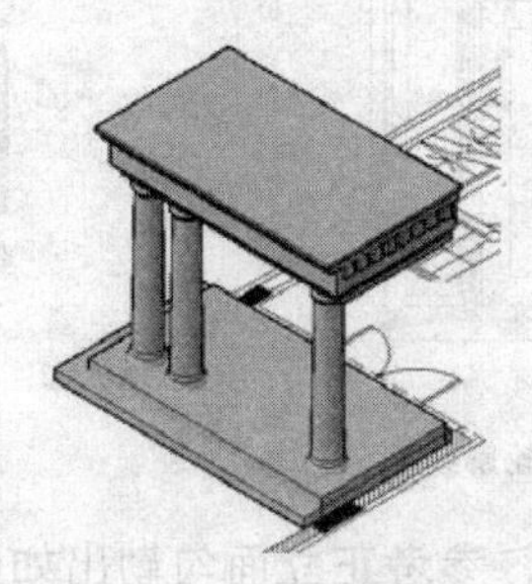
图 12-122　绘制装饰细节

图 12-123　门头完成效果

15 制作右侧车库门墙体。首先参考正立面图纸利用 PL【多段线】命令绘制轮廓线，如图 12-124 所示。

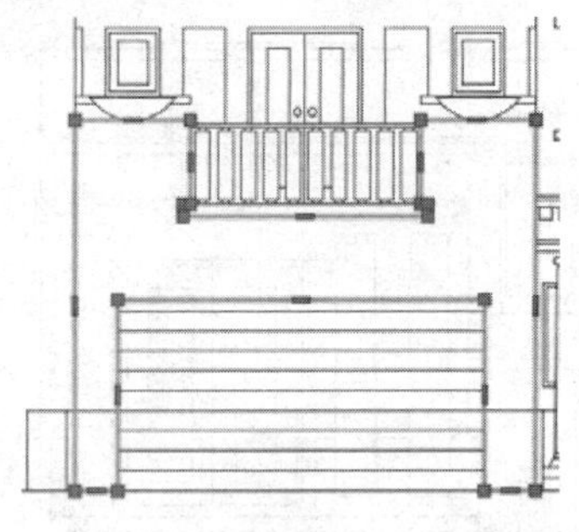
图 12-124　绘制车库门轮廓线

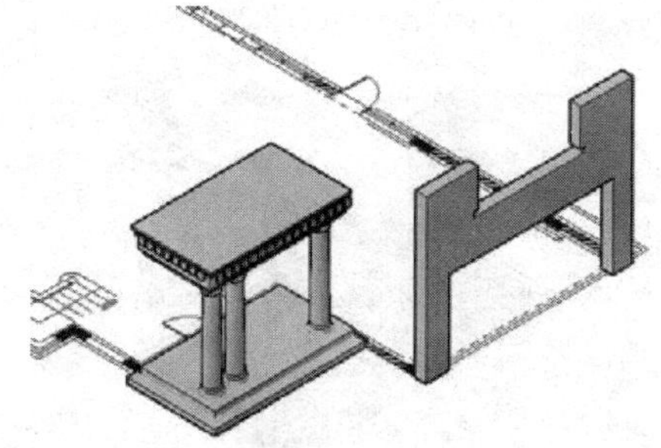
图 12-125　拉伸实体

16 选择轮廓线形将其拉伸 300，得到如图 12-125 所示的实体模型效果，然后继续绘制如图 12-126 所示的墙体模型。

17 完成正立面右侧墙体的绘制后，调用 PL【多段线】、EXT【拉伸】以及 REV【旋转】命令，绘制如图 12-127 所示的栏杆与花盆实体模型。

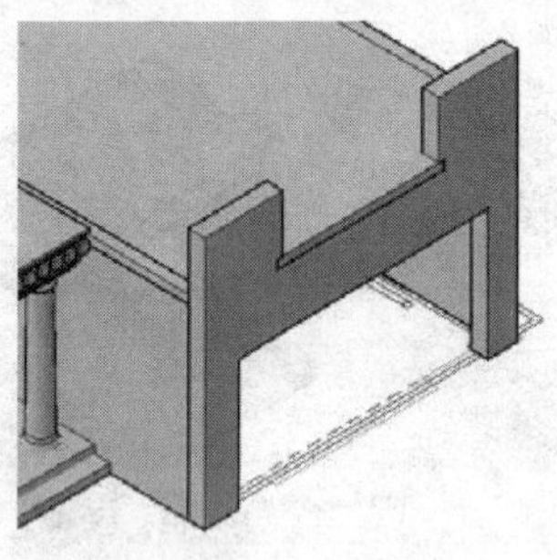
图 12-126　绘制墙体

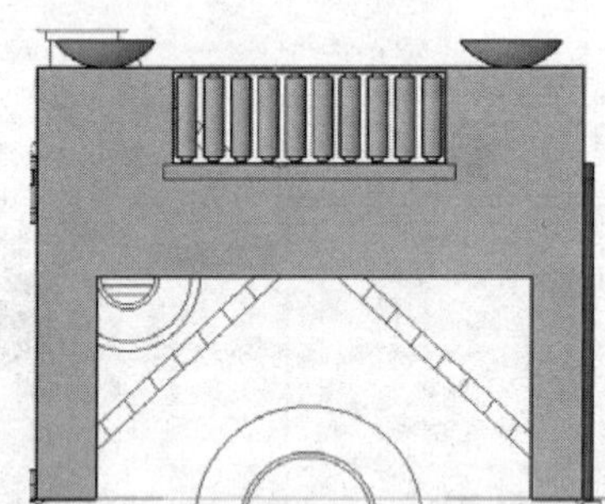
图 12-127　绘制栏杆与花盆

18 调用 PL【多段线】命令，绘制正立面左侧下层墙体，如图 12-128 所示。

19 将其拉伸 300，并调整其位置如图 12-129 所示，再绘制其上方的墙体实体模型。

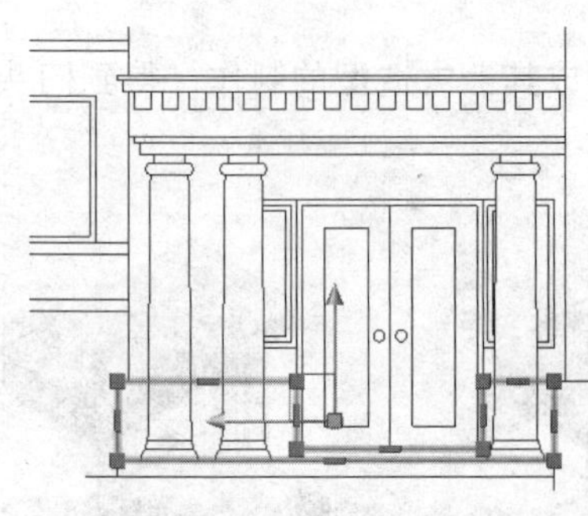
图 12-128　绘制底层墙垛轮廓线形

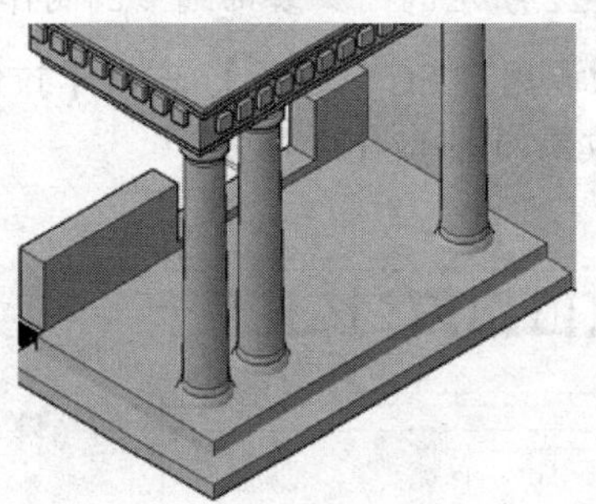
图 12-129　拉伸墙垛实体

20 调用 PL【多段线】命令，参考正立面勾勒出如图 12-130 所示轮廓线形。

21 将其拉伸 250 得到实体模型，并调整其位置如图 12-131 所示。

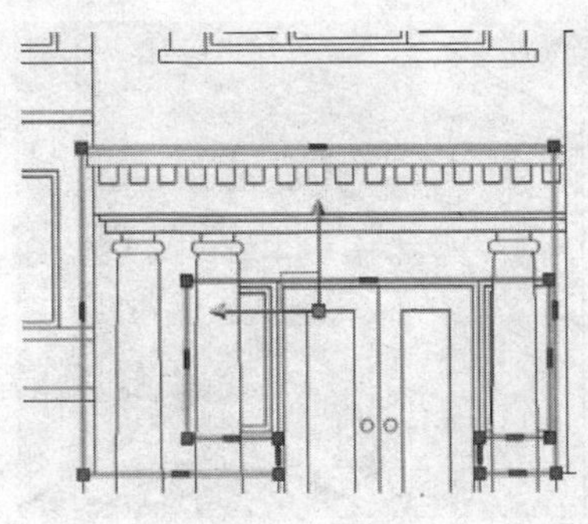
图 12-130　绘制下层墙体轮廓线形

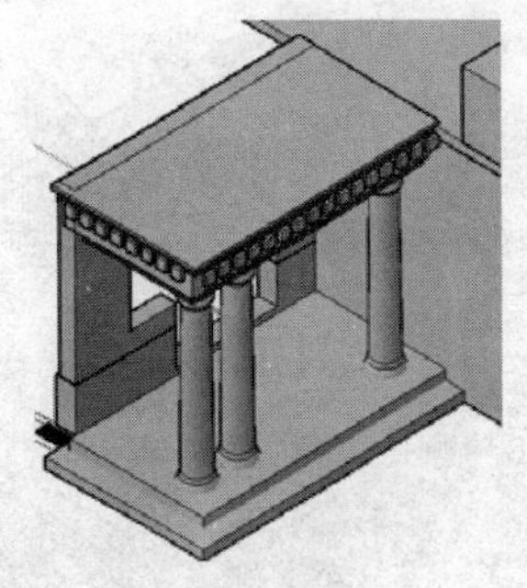
图 12-131　拉伸墙体

22 调用 PL【多段线】命令，参考正立面图勾勒出如图 12-132 所示的墙体线形。

23 调用 MI【镜像】命令，复制出右侧的墙体线形，然后利用夹点编辑功能，调整其形状如图 12-133 所示。

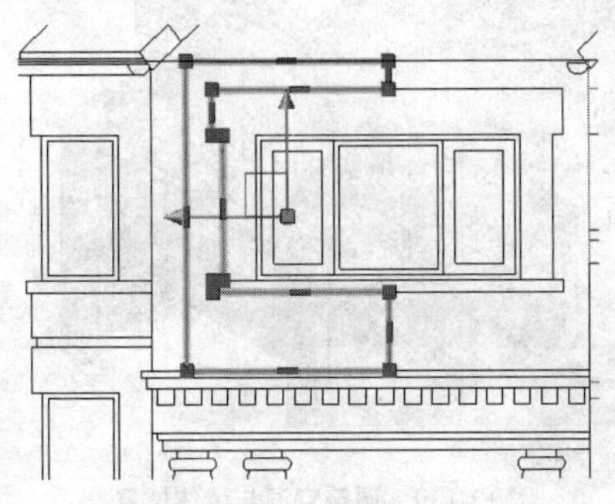
图 12-132　勾勒墙体线形

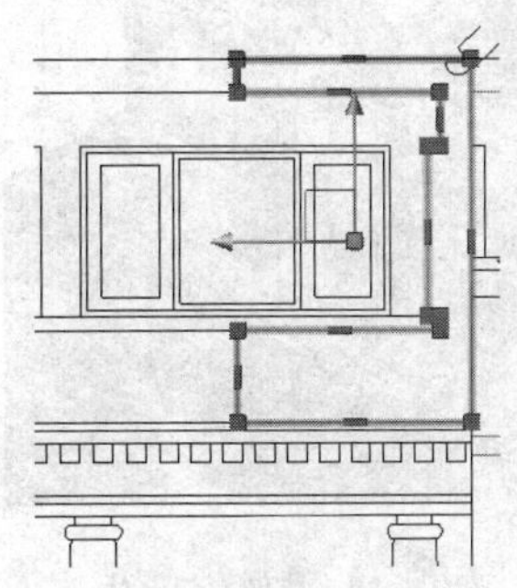
图 12-133　调整左侧线形

24 调整好轮廓线形后将其拉伸 250，得到如图 12-134 所示的实体效果。

25 调用 PL【多段线】命令，参考正立面平面图勾勒出如图 12-135 所示的墙体轮廓线形。

图 12-134　拉伸出左侧墙体模型

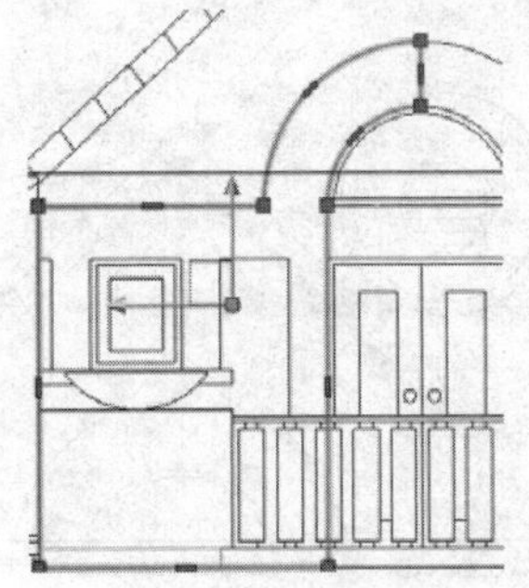
图 12-135　绘制圆

26 选择轮廓线形将其拉伸 250，获得如图 12-136 所示墙体实体模型。

27 根据窗洞大小制作一个长方体，然后利用 SU【差集】运算，如图 12-137 所示制作出窗洞效果。

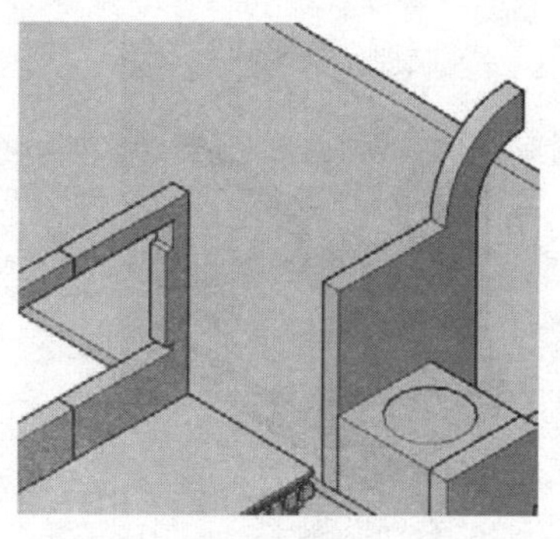
图 12-136　拉伸墙体实体模型

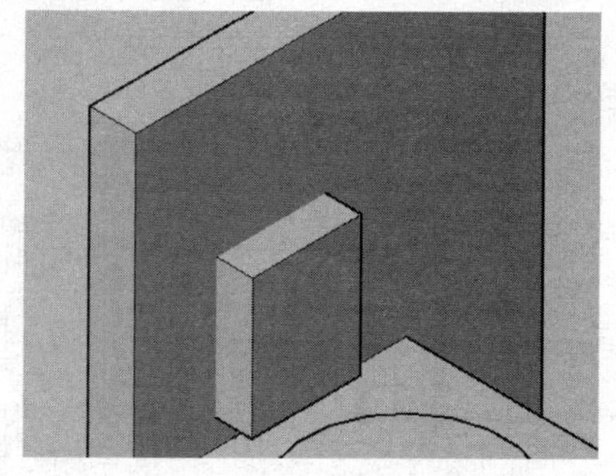
图 12-137　布尔运算制作窗洞

28 调用 MI【镜像】命令制作另一侧墙体模型，如图 12-138 所示。

29 完成第二层所有墙体的绘制后，最终调整墙体的位置图 12-139 所示。

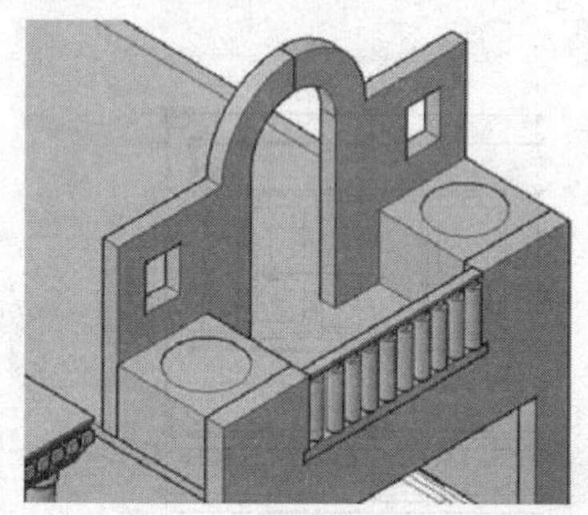
图 12-138　镜像右侧墙体

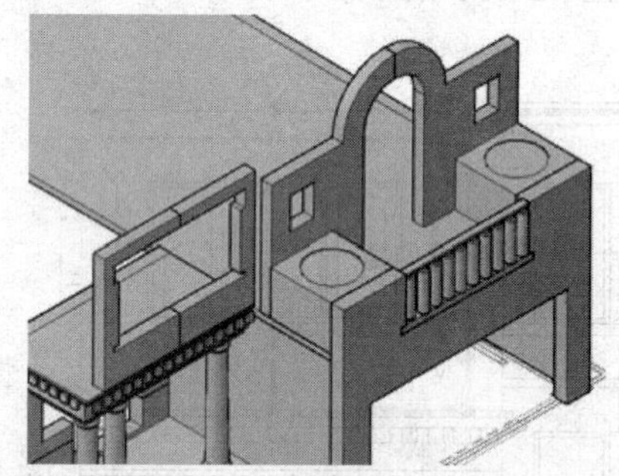
图 12-139　调整空洞与墙体位置

30 接下来制作上层墙体实体模型，首先调用 PL【多段线】命令勾勒上层墙体线形，如图 12-140 所示。

31 调用 EXT【拉伸】命令、MI【镜像】命令，完成顶层右侧墙体如图 12-141 所示。

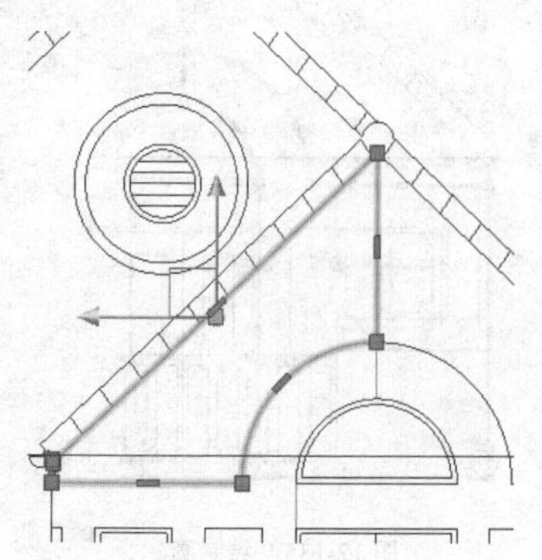
图 12-140　绘制墙体轮廓线形

图 12-141　上层墙体实体模型一

32 调用 PL【多段线】、EXT【拉伸】命令以及布尔差集运算，完成左侧上层墙体造型如图 12-142 所示。

33 完成正立面的模型制作，使用类似的方法制作其它立面的墙体如图 12-143 所示。

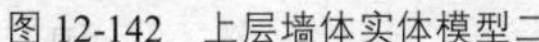

图 12-142 上层墙体实体模型二

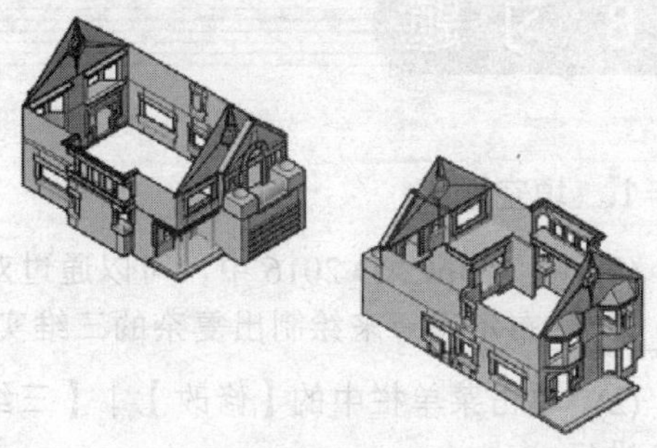

图 12-143 其它立面的墙体效果

34 完成墙体模型的制作后，再通过多段线工具与拉伸命令完成屋顶模型如图 12-144 所示。

图 12-144 制作屋顶模型

图 12-145 制作门窗模型

35 根据图纸中的门窗数据，如图 12-145 绘制好所有门窗模型并调整好位置，最终得到如图 12-146 所示的模型。

图 12-146 最终别墅完成效果

12.8 习题

1. 填空题

(1) 在 AutoCAD 2016 中，可以通过对简单三维实体执行________、________以及________布尔运算来绘制出复杂的三维实体。

(2) 单击菜单栏中的【修改】|【三维操作】菜单中的子命令，可以对三维空间中的对象进行______、________、________、________、_________等操作。

(3) 在进行三维矩形阵列时，需要指定的参数有________、________和________。

2. 操作题

(1) 绘制如图 12-147 所示的各三维实体。

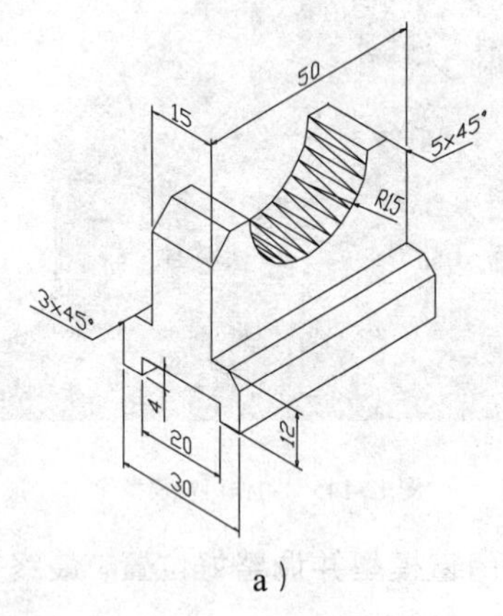

a）

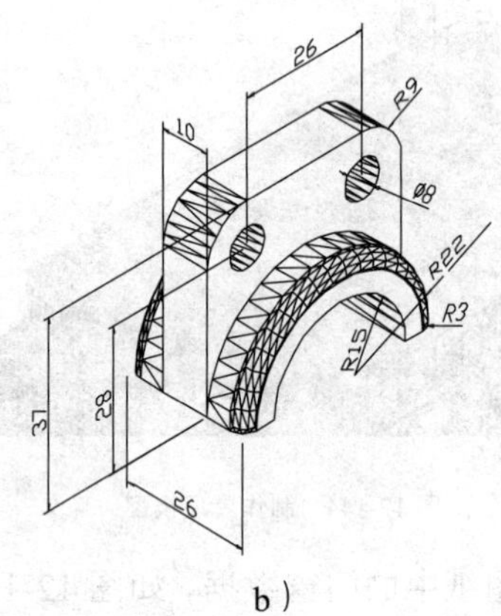

b）

图 12-147 绘图练习

(2) 利用如图 12-148 所示的二维视图，绘制三维实体模型。

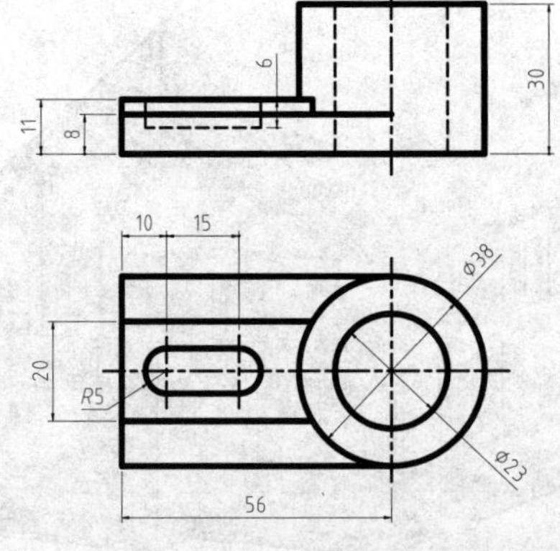

图 12-148 二维视图

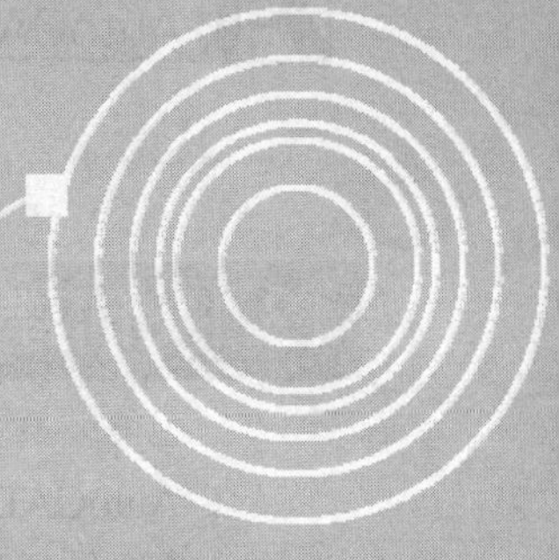

第 13 章 图形发布与打印

在 AutoCAD 2016 中，图纸的输出功能可将绘制完成的图形打印成图纸，或将图纸信息传递给其他应用程序，在打印图形时，可以根据不同设计需要，设置打印对象在图纸上的布局。此外可以运行 Web 浏览器，并通过生成的 DWF 文件进行浏览和打印，将创建的图形发布为 Web 页。

本章主要内容如下：

- ✧ 创建和管理布局
- ✧ 打印图形
- ✧ 发布各种图形文件

13.1 创建和管理布局

在 AutoCAD 中，每个布局都代表一张单独的打印输出图纸，在布局中可以创建浮动视口，并提供预知的打印设置。根据设计需要，可以创建多个布局以显示不同的视图，并且可以对每个浮动视口中的视图设置不同的打印比例并控制其图层的可见性。

13.1.1 模型空间与布局空间

模型空间和布局是 AutoCAD 的两个工作空间。模型空间是图形的设计、绘图空间，可以根据需要绘制多个图形用以表达物体的具体结构，还可以添加标注、注释等内容完成全部的绘图操作；布局空间主要用于打印输出图纸时对图形的排列和编辑。

1. 切换模型空间

当绘图区中的【模型】功能处于启用状态时，此时的工作空间是模型空间，如图 13-1 所示。在模型空间中可以建立物体的二维或三维视图，并可以根据需要利用【视图】|【视口】菜单中的子菜单创建多个平铺视口以表达物体不同方位的视图。

2. 切换布局空间

启用状态栏中的【布局】功能按钮即可进入布局空间，如图 13-2 所示。在模型空间中可以建立物体的二维或三维视图，并可以根据需要利用【视图】|【视口】菜单中的子菜单创建多个平铺视口以表达物体不同方位的视图。

此外，在布局空间中，要想使一个视口成为当前视口并对视口中的视图进行编辑修改，可以双击该视口。当需要将布局空间成为当前状态时，双击浮动视口边界外图纸上的任意地方即可。

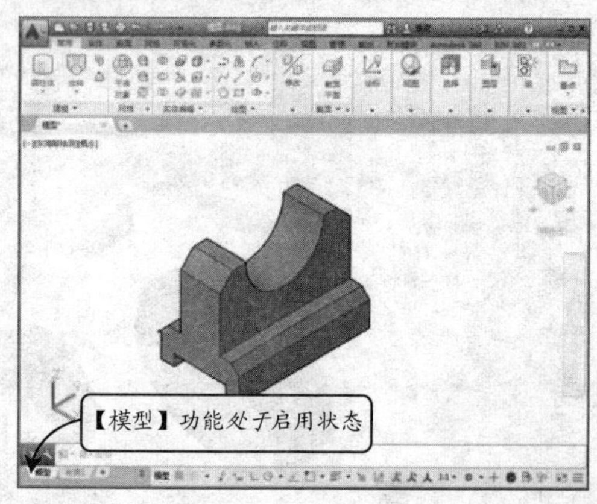

图 13-1　模型空间

图 13-2　布局空间

使用快速查看工具可以轻松预览打开的图形和对应的模型与布局空间，并在两种空间任意切换，并且以缩略图形式显示在应用程序窗口的底部。

13.1.2 使用布局向导创建布局

使用布局向导创建布局时，可以对所创建布局的名称、图纸尺寸、打印方向以及布局位置等主要选项进行详细的设置，因此，利用该方式创建的布局一般不需要再进行调整和修改即可执行打印操作。

1. 指定布局名称

在 AutoCAD 的模型空间中，创建完成该零件的实体模型，然后在命令行中输入 LAYOUTWIZARD【创建布局向导】命令并回车，系统弹出【创建布局—开始】对话框，如图 13-3 所示，即可进行新布局名称的命名。

2. 配置打印机

单击【下一步】按钮将打开【创建布局—打印机】对话框，根据需要在该对话框的绘图仪列表中选择所要配置的打印机，如图 13-4 所示。

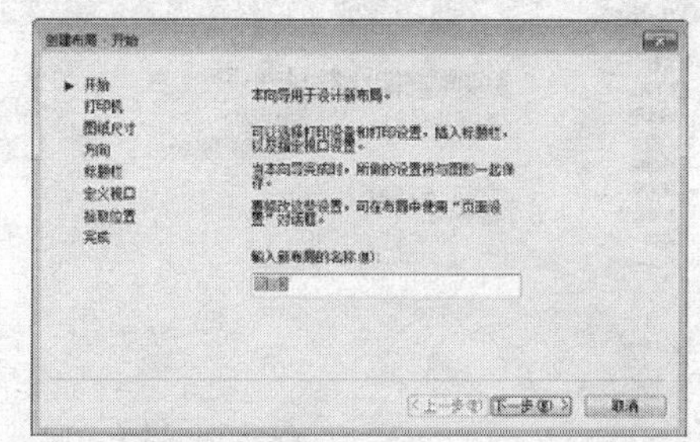

图 13-3　【创建布局—开始】对话框

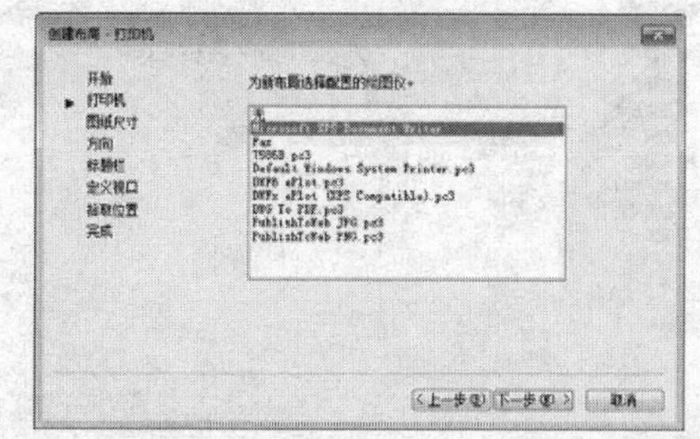

图 13-4　【创建布局—打印机】对话框

3. 指定图纸尺寸和方向

单击【下一步】按钮将打开【创建布局—图纸尺寸】对话框的下拉列表中设置布局打印图纸的大小、图形单位，如图 13-5 所示。

单击【下一步】按钮在弹出的【创建布局—方向】对话框中，选中【横向】和【纵向】单选按钮进行打印的方向设置，如图 13-6 所示。

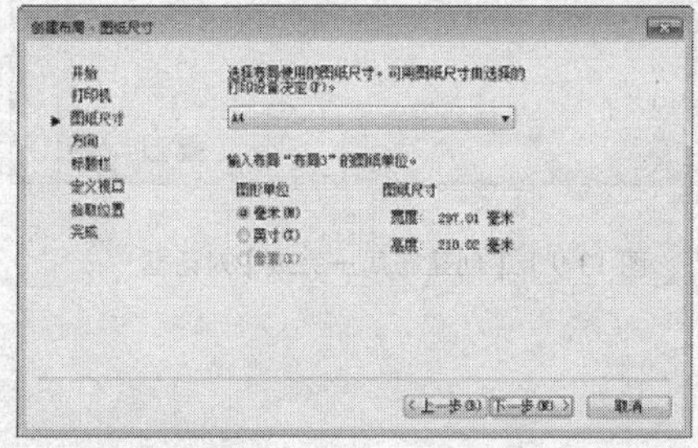

图 13-5　【创建布局—图纸尺寸】对话框

图 13-6　【创建布局—方向】对话框

专家点拨

单击菜单栏中的【工具】|【向导】|【创建布局】命令或【插入】|【布局】|【创建布局向导】命令，同样可以打开【创建布局—开始】对话框，使用布局向导创建新的布局。

4. 指定标题栏

单击【下一步】按钮可弹出【创建布局—标题栏】对话框选择图纸的边框和标题栏的样式，并可以从【预览】窗口中预览所选标题栏效果，如图 13-7 所示。

5. 定义视口并拾取视口位置

单击【下一步】按钮，在弹出的【创建布局—定义视口】对话框中可以设置新创建布局的默认视口，包括视口设置、视口比例。如果选中【标准三维工程视图】单选按钮，则还需要设置行间距与列间距；如果选中【阵列】单选按钮，则需要设置行数与列数；视口的比例可以从下拉列表中选择，如图 13-8 所示。

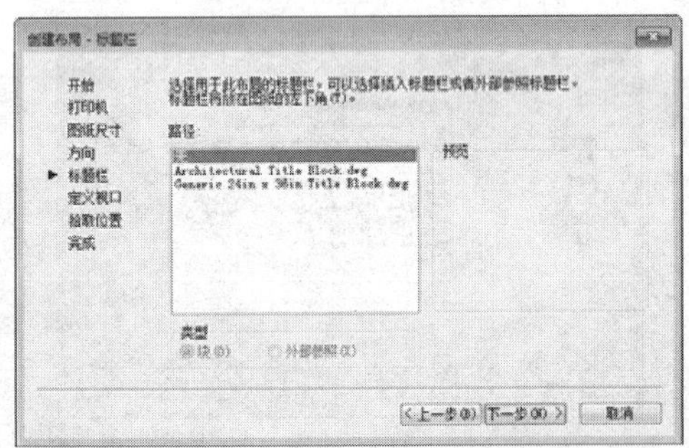

图 13-7 【创建布局—标题栏】对话框

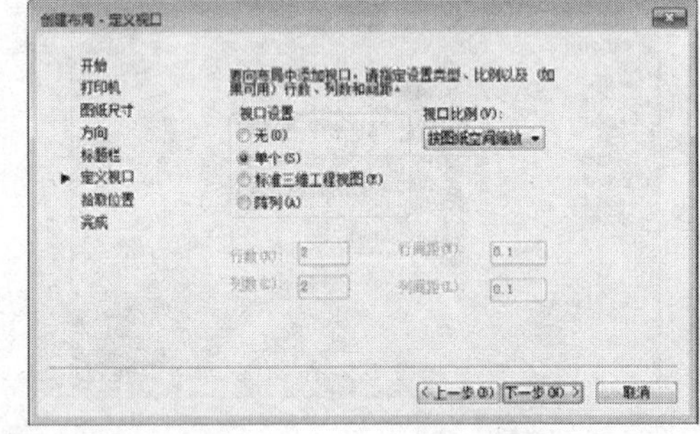

图 13-8 【创建布局—定义视口】对话框

单击【下一步】按钮，在弹出的【创建布局—拾取位置】对话框中单击【拾取位置】按钮，即可在图形窗口中以指定对角点的方式指定视口的大小和位置，通常情况下拾取全部图形窗口。然后单击【完成】按钮即可显示新建布局效果，如图 13-9 所示。

图 13-9 【创建布局—完成】对话框

13.1.3 布局页面设置

在进行图形的打印时，必须对所打印的页面进行打印样式、打印设备、图纸的大小、图纸的打印方向以及打印比例等参数的指定。

单击【打印】面板中的 PAGESETUP【页面设置管理器】工具按钮，或右击状态栏中的【布局】按钮，然后在弹出的快捷菜单中选择【页面设置管理器】选项，系统弹出【页面设置管理器】对话框，对该布局页面进行修改、新建、输入等操作，具体介绍如下：

1. 修改页面设置

可通过该操作对现有的页面设置进行详细的修改和设置，从而达到所需的出图要求。在【页面设置管理器】对话框的【页面设置】预览窗口中选择需要进行修改的设置后，单击【修改】按钮，即可在弹出的【页面设置—模型】对话框进行该页面的重新设置，如图 13-10 所示。

在完成了各项设置后，单击【确定】按钮即可完成所选页面设置的修改，并返回至【页面设置管理器】对话框，该对话框中的各主要选项的功能如下：

- ✧ 打印机/绘图仪：指定打印机的名称、位置和说明。
- ✧ 图纸尺寸：可以在该下拉列表中选取所需的图纸，并可以通过对话框中的预览窗口进行预览。
- ✧ 打印范围：可以对布局的打印区域进行设置。
- ✧ 打印偏移：用来指定相对于可打印区域左下角的偏移量。
- ✧ 打印比例：选择标准比例，该值将显示在自定义中，如果需要按打印比例缩放线宽，可选中【缩放线宽】复选框。
- ✧ 图形方向：设置图形在图纸上的放置方向。

2. 新建页面设置

在【页面设置管理器】对话框中单击【新建】按钮，并在弹出的【新建页面设置】对话框中输入新页面的名称，指定基础样式后即可打开基于所选基础样式的【新建页面设置】对话框，如图 13-11 所示。

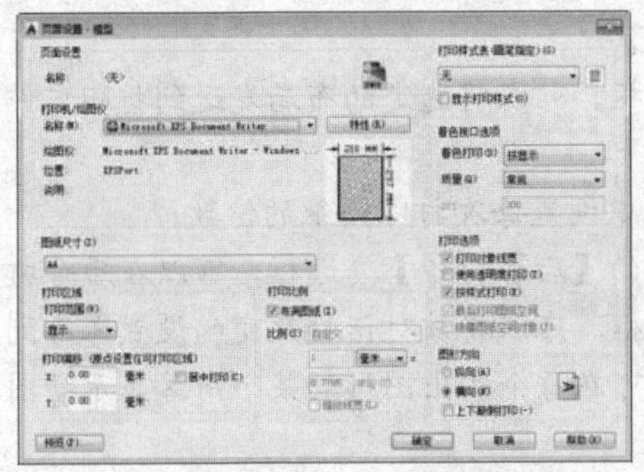
图 13-10 【页面设置—模型】对话框

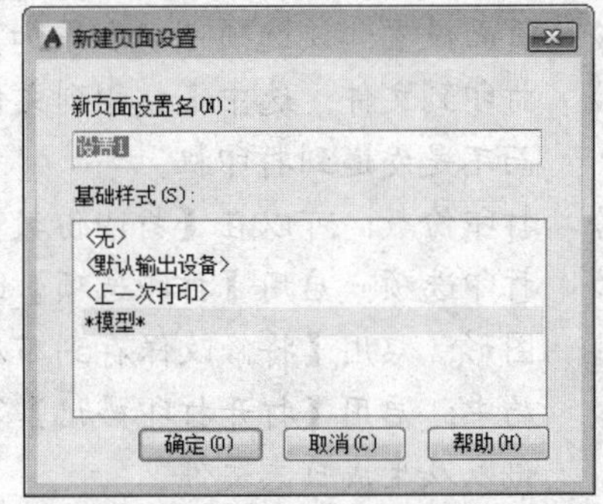

图 13-11 【新建页面设置】对话框

3. 输入页面设置

新建和保存图形中的页面设置之后，在【页面设置管理器】对话框中单击【输入】按钮，便可利用打开的【从文件选择页面设置】对话框选择页面设置方案的图形文件。设置参数后单击【打开】按钮，并用打开【输入页面设置】对话框进行页面设置方案的选择，最后单击【确定】按钮，即可完成输入页面的设置。

13.2 打印图形

在实际的工作中，创建完成图形对象后都需要将图形以图纸的形式打印出来，以便于后期的工艺编排、交流以及审核等需要。通常在布局空间设置浮动视口，确定图形的最终打印位置，然后通过创建打印样式表进行打印必要设置，决定打印的内容和图像在图纸中的布置，执行【打印预览】命令查看布局无误，即可执行打印图形操作。

13.2.1 打印设置

在打印输出图形时，所打印图形线条的宽度根据对象类型的不同而不同。对于所打印的线条属性，不但可以在绘图时直接通过图层进行设置，而且可以利用打印样式表进行线条的颜色、线型、线宽、抖动以及端点样式等特征进行设置。

13.2.2 打印输出

在 AutoCAD 2016 中，执行打印输出操作就是将最终设置完成的图纸布局，通过打印方式将当前布局输出为图纸。

单击【打印】面板中的【打印】工具按钮，系统弹出【打印】对话框，如图 13-12 所示。

1. 设置打印输出参数

该对话框中的内容与【页面设置】对话框的内容基本相同，此外在对话框中的其他选项功能如下：

- ✧ 页面设置：该选项可以和添加页面设置。
- ✧ 打印到文件：选中【打印到文件】复选框，可以将选定的布局发送到打印文件，而不是发送到打印机。
- ✧ 打印份数：可以在【打印份数】文本框中设置每次打印图纸的份数。
- ✧ 打印选项：启用【打印选项】选项组中的【后台打印】复选框，可以在后台打印图形；启用【将修改保存到布局】复选框，可以将该对话框改变的设置保存到布局中；启用【打开打印戳记】复选框，可在每个输出图形的某个角落显示绘图标记以及生成日志文件。

2. 打印预览

在对完成输出设置的图形进行打印输出之前，一般都需要对该图形进行打印预览，以便检验图形的输出设置是否满足要求。

单击【打印】对话框中的【预览】按钮，系统将切换至【打印预览】界面。在该界面中，可以利用左上角相应的按钮或右键快捷菜单进行预览图纸的打印、移动、缩放和退出预览界面等操作，如图 13-13 所示。

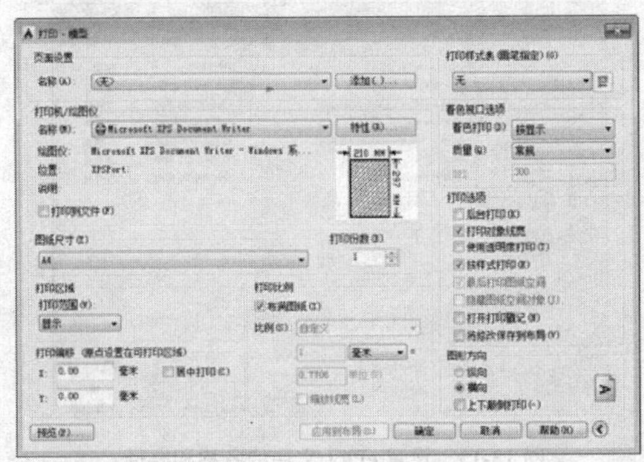

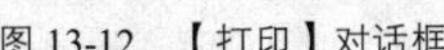
图 13-12　【打印】对话框

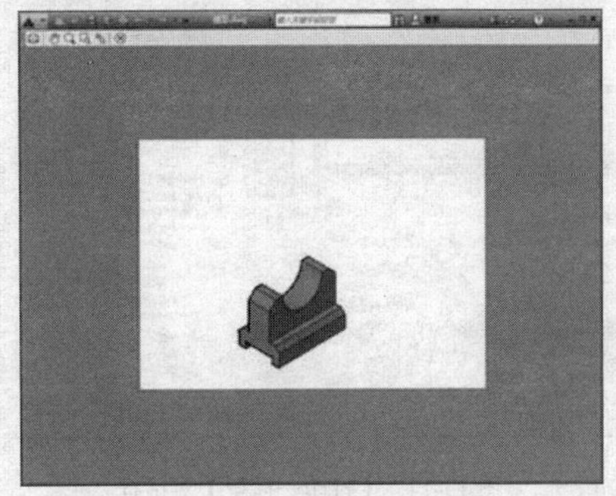
图 13-13　打印预览界面

3. 打印输出

各部分都设置完成以后，在【打印】对话框中单击【确定】按钮，或者打印预览效果符合设计要求选择右键菜单中的【打印】选项，系统将开始输出图形。如果图形输出时出现错误或要中断绘图，可按 Esc 键将结束图形输出。

13.3 发布图形文件

在 AutoCAD 2016 中，可以通过 Internet 访问或存储 AutoCAD 图形以及相关文件，AutoCAD 拥有与 Internet 进行连接的多种方式，并且能够在其中运行 Web 浏览器，通过生成的DWF 文件以便让用户进行浏览和打印，除此之外还能够打开和插入Internet上的图形，并且将创建的图形保存到 Internet 上。

13.3.1 发布 DWF 文件

DWF 文件是一种安全的适应于在 Internet 上发布的文件格式，并且可以在任何装有网络浏览器和专用插件的计算机中执行打开、查看或输出操作。

单击【打印】面板中的【打印】工具按钮，系统弹出【打印—模型】对话框，并在【打印机/绘图仪】下拉列表中选择 DWF6 ePlot.pc3 选项，如图 13-14 所示。

单击【打印】对话框中的【确定】按钮，并在弹出的【浏览打印文件】对话框中设置 ePlot 文件的名称和路径。单击【浏览打印文件】对话框中的【保存】按钮，即可完成 DWF 文件的创建操作，如图 13-15 所示。

13.3.2 发布到 Web 页

在 AutoCAD 2016 中，可以利用 Web 页将图形发布到 Internet 上，利用网上发布工具，即使不熟悉 HTML 代码，也可以快捷地创建格式化 Web 页，所创建的 Web 页可以包含 DWF、PNG 或 JPEG 等格式图像。具体步骤见综合实例“13.4.1 发布图形到 Web 页”。

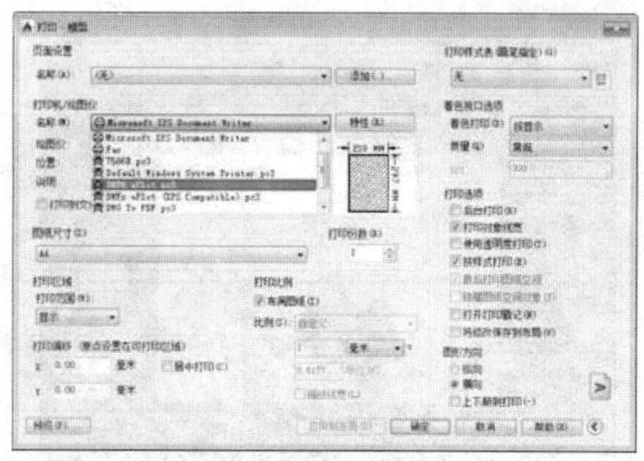

图 13-14 【打印—模型】对话框

图 13-15 设置 ePlot 文件的名称和路径

13.4 综合实例

13.4.1 发布图形到 Web 页

本实例将练习把箱体图形发布到 Web 页，如图 13-16 所示。

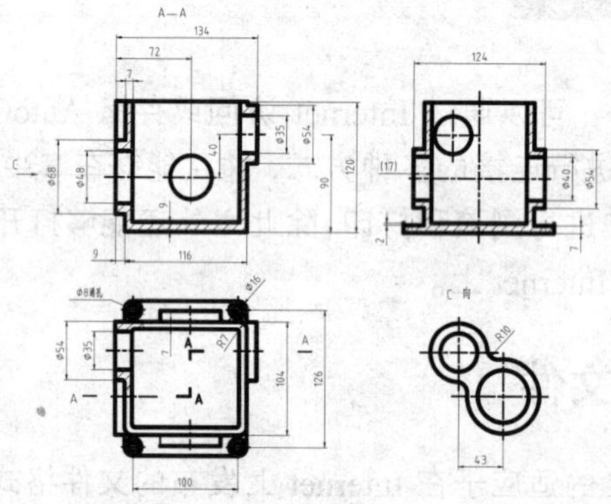

图 13-16 箱体图形

本实例的操作步骤如下：

1. 启动 AutoCAD 2016 并打开文件

单击【快速访问】工具栏中的【打开】按钮，打开光盘中的“素材\第 13 章\13.4.1 箱体.dwg”文件，如图 13-17 所示。

2. 发布图形

01 在命令行中输入 PUBLISHTOWEB【网上发布】命令并回车，系统弹出【网上发布—开始】对话框，选中该对话框中的【创建新 Web 页】单选按钮，如图 13-18 所示。

02 单击【下一步】按钮，可以利用打开的【网上发布—创建 Web 页】对话框指定 Web 文件的名称、存放位置以及有关说明，如图 13-19 所示。

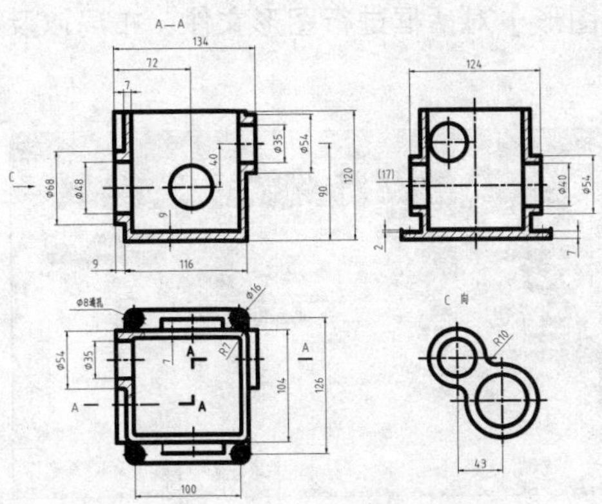
图 13-17　打开“14.5 箱体”文件

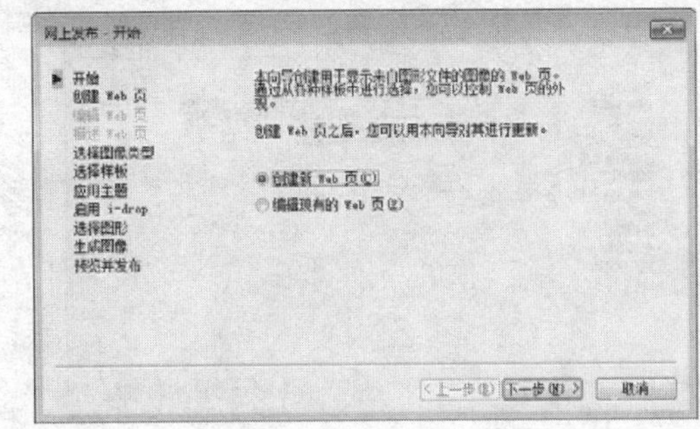
图 13-18　【网上发布—开始】对话框

03 单击【下一步】按钮，在【网上发布—选择图像类型】对话框中设置 Web 页上显示图像的类型以及大小，如图 13-20 所示。

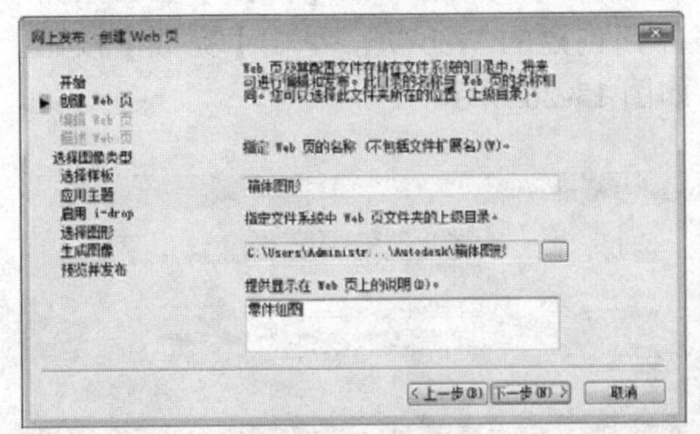
图 13-19　【网上发布—创建 Web 页】对话框

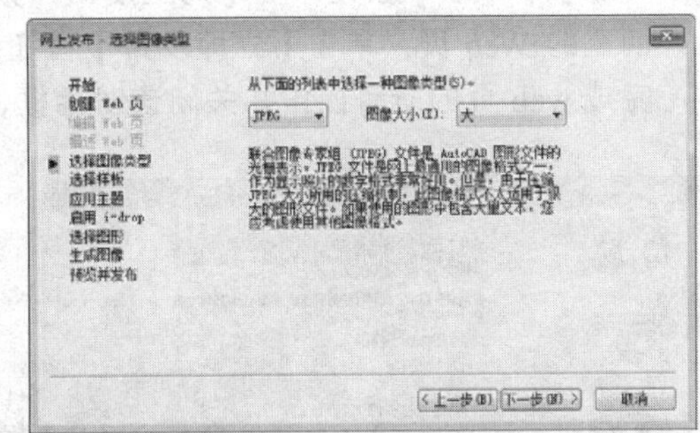
图 13-20　【网上发布—选择图象类型】对话框

04 单击【下一步】按钮，在【网上发布—选择样板】对话框设置 Web 页样板的设置，在该对话框的预览框中显示出相应的样板实例，如图 13-21 所示。

05 单击【下一步】按钮，在【网上发布—应用主题】对话框中设置 Web 页面上各元素的外观样式，并且在该对话框下部对所选主题选项进行预览，如图 13-22 所示。

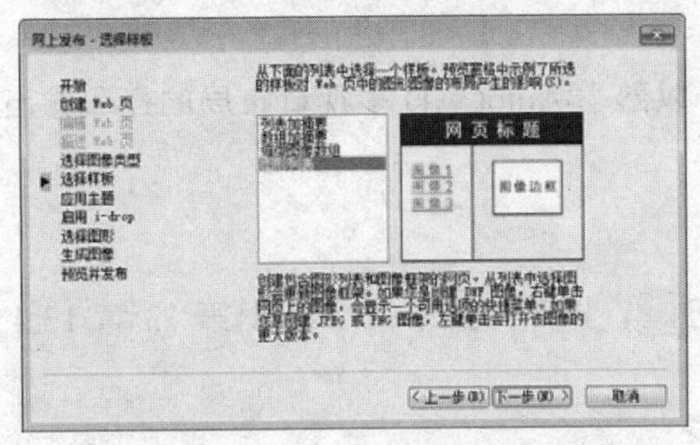
图 13-21　【网上发布—选择样板】对话框

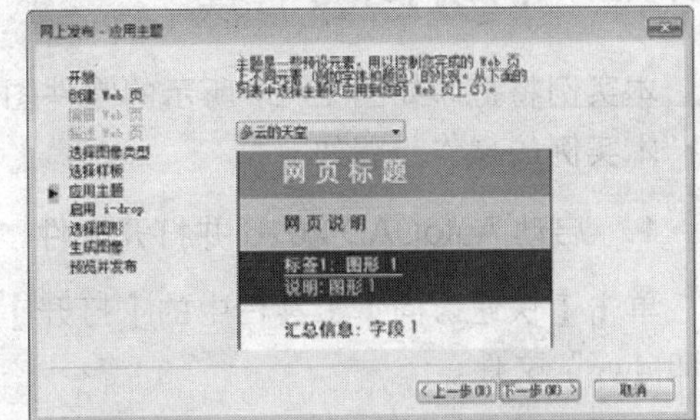
图 13-22　【网上发布—应用主题】对话框

06 单击【下一步】按钮，启动打开的【网上发布—启用 i-drop】对话框中的【启用 i-drop】复选框，即可创建 i-drop 有效的 Web 页，如图 13-23 所示。

07 单击【下一步】按钮，在【网上发布—选择图形】对话框进行图形文件、布局以及标签等内容的添加，如图 13-24 所示。

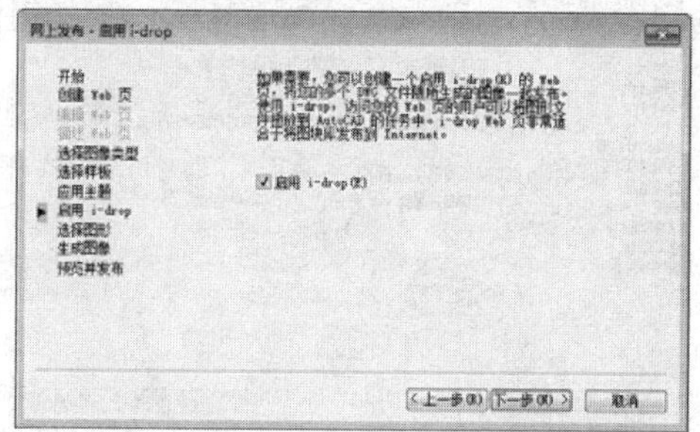

图 13-23 【网上发布—启用 i-drop】对话框

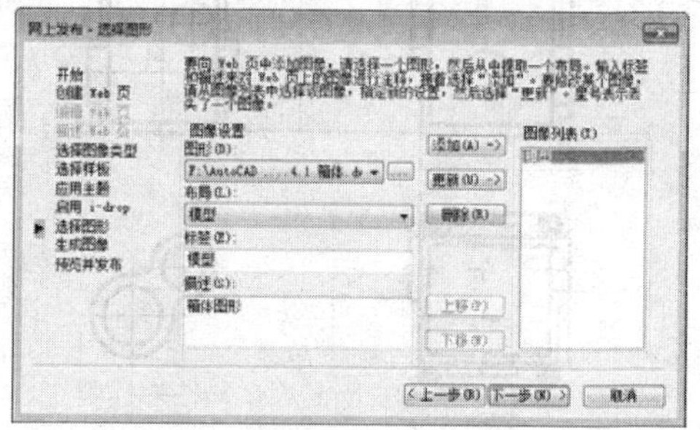

图 13-24 【网上发布—选择图形】对话框

08 单击【下一步】按钮，在【网上发布—生成图形】对话框中选择【重新生成所有图像】单选按钮，如图 13-25 所示。

09 单击【下一步】按钮，在【网上发布—预览并发布】对话框中的【预览】按钮预览所创建的 Web 页；单击【立即发布】按钮发布所创建的 Web 页。单击【完成】按钮，完成 web 页的所有操作并关闭该对话框，如图 13-26 所示。

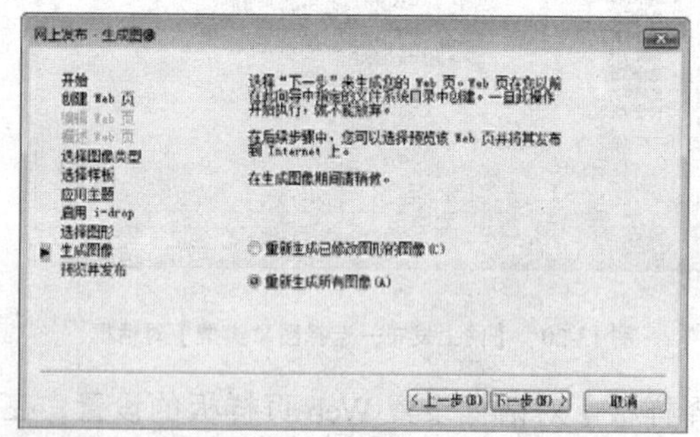

图 13-25 【网上发布—生成图像】对话框

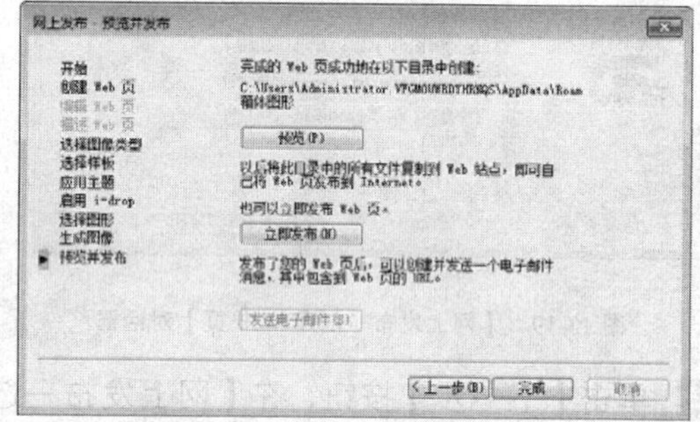

图 13-26 【网上发布—预览并发布】对话框

13.4.2 布局打印零件图

本实例将打印如图 13-27 所示的零件图形，以熟悉 AutoCAD 多视口布局的打印输出。本实例的操作步骤如下：

1. 启动 AutoCAD 2016 并打开文件

单击【快速访问】工具栏中的【打开】按钮，打开光盘中的“素材\第 13 章\13.4.2 打印.dwg”文件。

2. 插入样板文件

01 右击模型或布局标签，在弹出的快捷菜单中选择【从样板】，如图 13-28 所示。

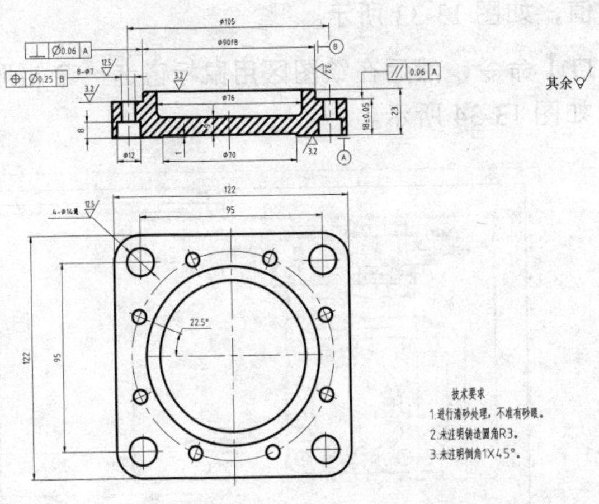

图 13-27　打印

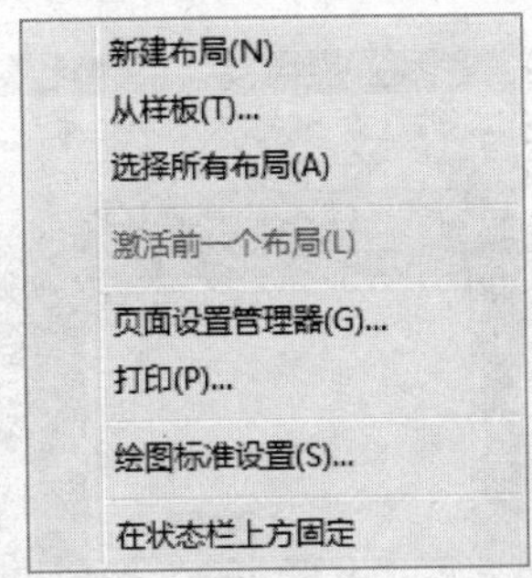

图 13-28　快捷菜单

02 系统弹出【从文件选择样板】对话框，在对话框中选择打开文件“Manufacturing Metric.dwt”，如图 13-29 所示，系统弹出【插入布局】对话框，如图 13-30 所示。

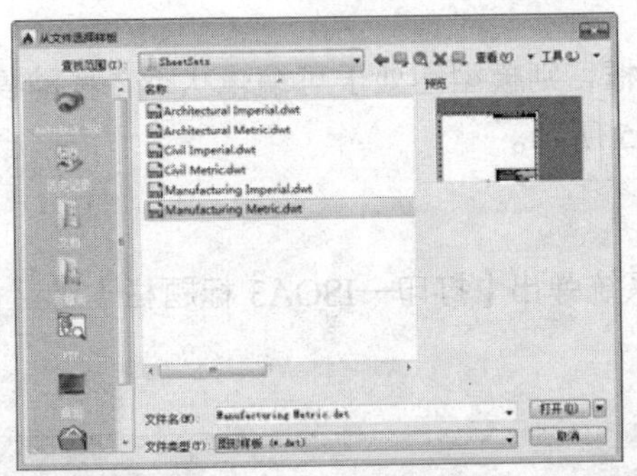

图 13-29　【从文件选择样板】对话框

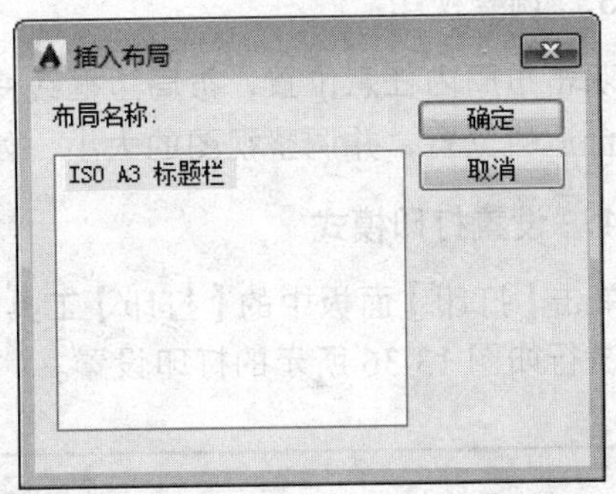

图 13-30　【插入布局】对话框

03 单击【确定】按钮后，在【布局】标签后面出现【ISOA3 标题栏】标签，单击该标签，如图 13-31 所示。

04 双击标题栏，系统弹出【增强属性编辑器】对话框，如图 13-32 所示。

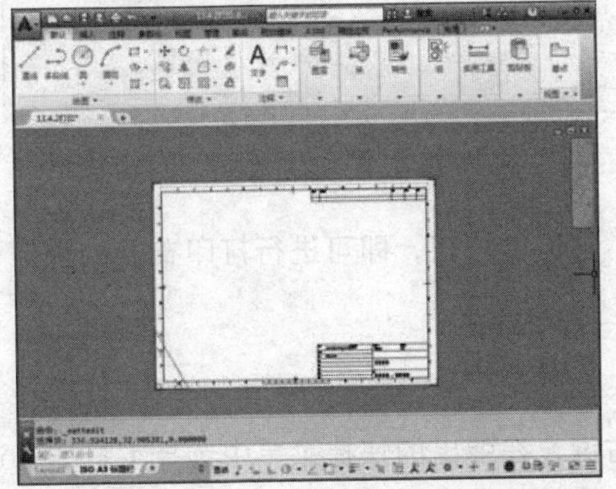

图 13-31　单击【ISOA3 标题栏】标签

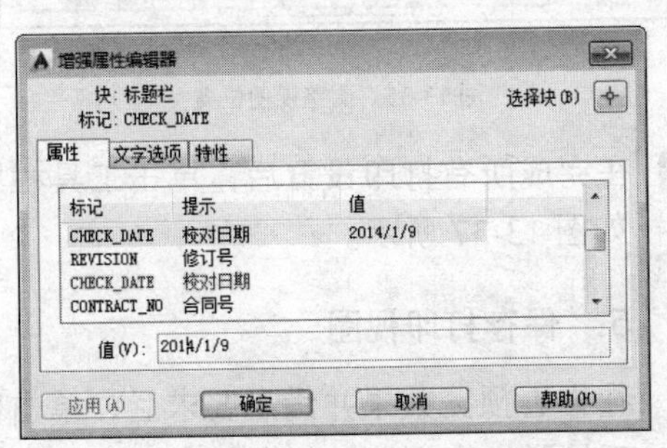

图 13-32　【增强属性编辑器】对话框

05 在属性编辑选项卡各列表项设置标记值，如图 13-33 所示。

06 执行【视图】|【视口】|【一个视口】命令，然后在绘图区用鼠标窗选一个矩形区域，及图形在所选区域中显示出来，如图 13-34 所示。

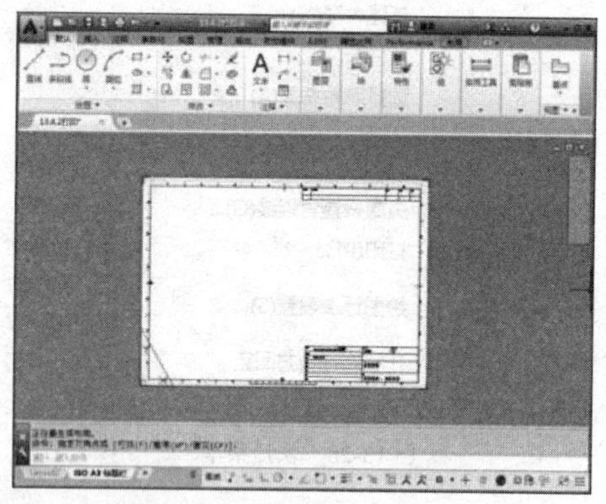

图 13-33 修改之后的标题栏

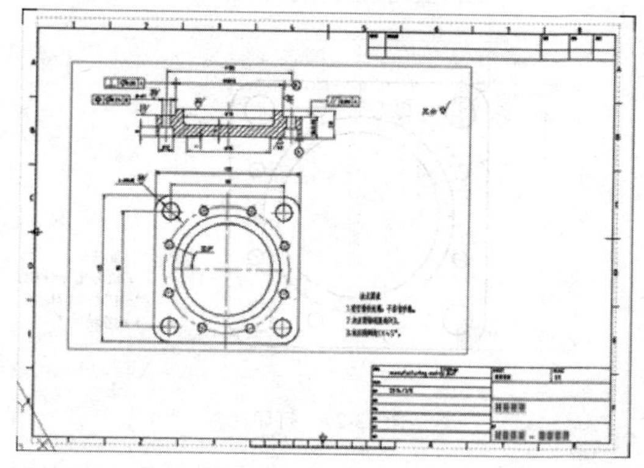

图 13-34 创建视口

3. 调整视图

双击布局内任意位置，布局边框线变为粗线框，则模型图处于可编辑状态，移动模型图到合适的位置，并调整视图的大小，如图 13-35 所示。

4. 设置打印模式

01 单击【打印】面板中的【打印】工具按钮，系统弹出【打印—ISOA3 标题栏】对话框，进行如图 13-36 所示的打印设置。

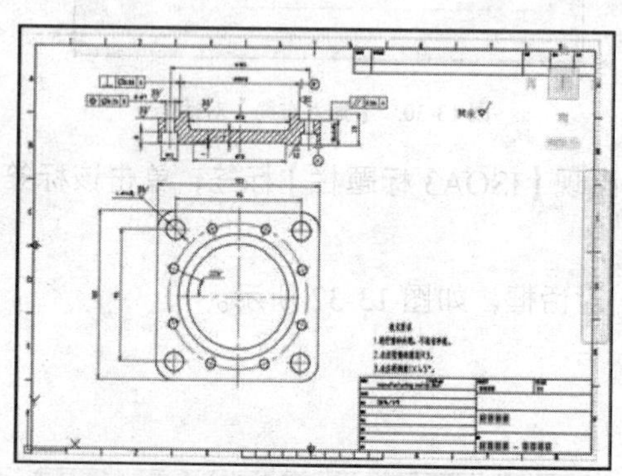

图 13-35 调整视图位置

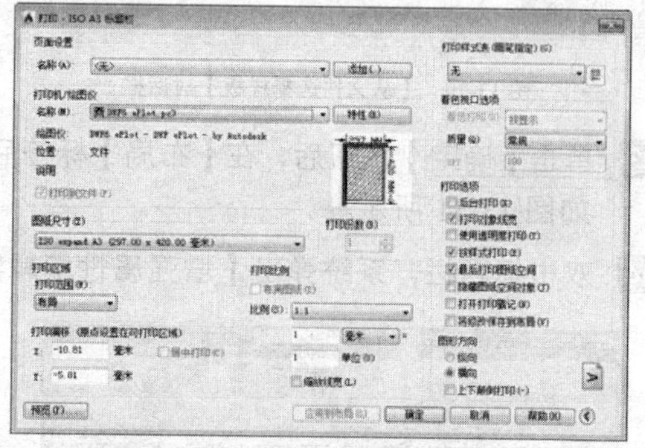

图 13-36 打印设置

02 在完成所有打印设置后，单击工具栏中的【预览】按钮，即可进行打印布局的预览，如图 13-37 所示。

5. 保存打印视图

在查看预览效果并满足要求后，单击鼠标右键，在弹出的快捷菜单中选择【打印】选项，系统弹出【浏览打印文件】对话框，设置文件的保存路径、文件名称以及类型，单击

【保存】按钮保存文件，如图 13-38 所示。

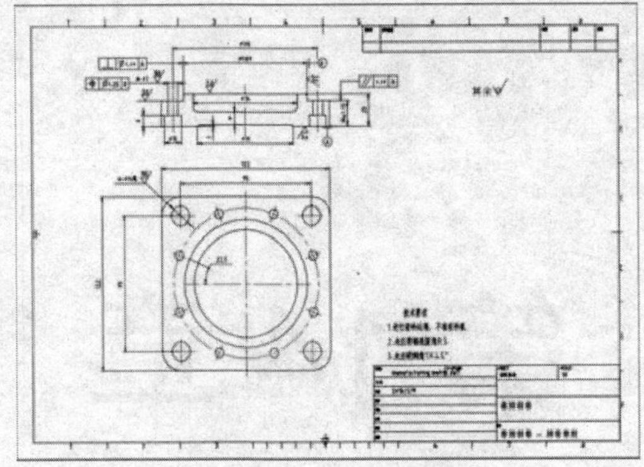

图 13-37　预览效果

图 13-38　【浏览打印文件】对话框

13.5 习 题

1. 填空题

(1) 在 AutoCAD 2016 中，使用【输入文件】对话框，可以输入_________、_________和_________图形格式文件。

(2) 通过 AutoCAD 的_________功能，可将电子图形文件发布到 Internet 上，所创建的文件以 Web 图形格式保存。

(3) 使用_________命令可以从图纸空间切换到模型空间。

2. 操作题

绘制如图 13-39 所示的零件图，并将其发布为 DWF 文件，然后使用 Autodesk DWF Viewer 预览发布的图形。

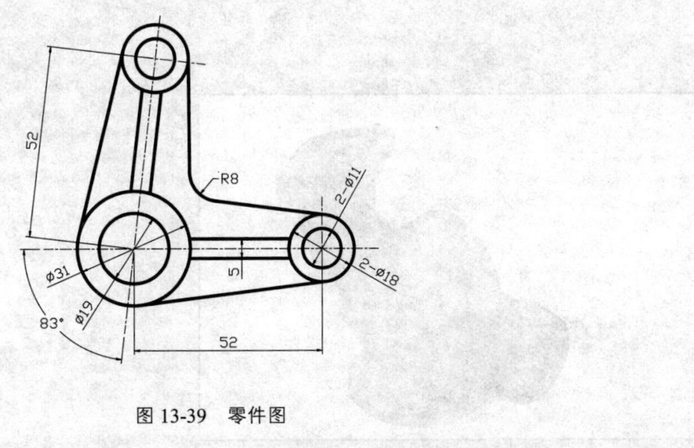

图 13-39　零件图

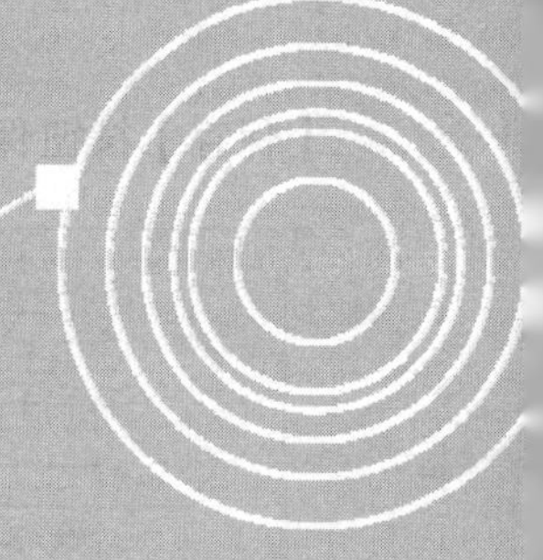

第 14 章 综合实例

本章综合运用前面章节所学知识，深入讲解 AutoCAD 在机械设计、建筑设计以及工业设计等行业的应用和绘图技法，以达到学以致用的目的。

- ✧ 机械设计
- ✧ 建筑设计
- ✧ 工业设计

14.1 二维机械零件图绘制

机械制图是用图样确切表示机械的结构形状、尺寸大小、工作原理和技术要求的学科，而 AutoCAD 则是实现该目的的一种工具。使用 AutoCAD 绘制图形可以更加方便、快捷和精确的绘制机械图形。

本节以绘制如图 14-1 所示顶杆零件图为例，讲解机械绘图的方法和技巧。

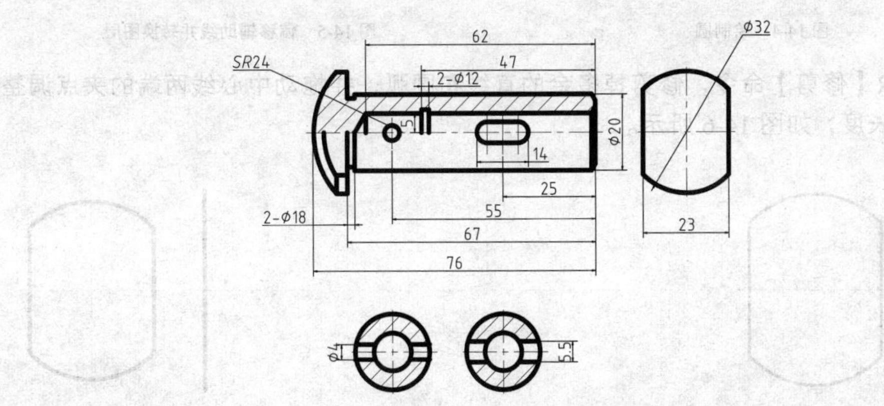

图 14-1　顶杆零件图

1. 新建文件

单击【快速访问】工具栏中的【新建】按钮，以【机械零件.dwt】外样板，新建文件。

2. 绘制左视图

01 调用 LA【图层特性】命令，新建图层，如图 14-2 所示。

02 调用 L【直线】命令，绘制中心线，如图 14-3 所示。

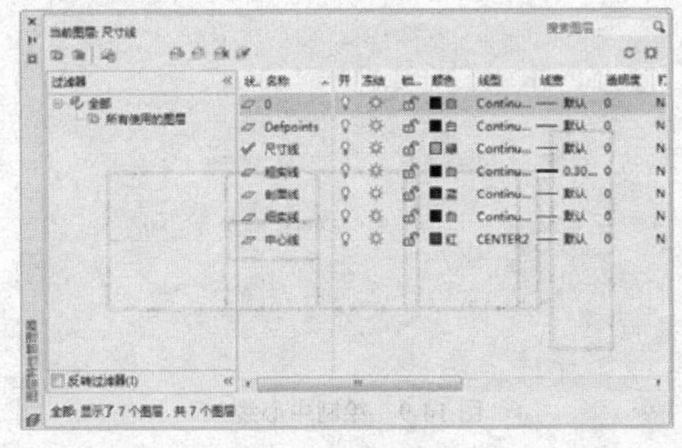
图 14-2　新建图层

图 14-3　绘制中心线

03 调用 C【圆】命令，以中心线的交点为圆心绘制半径为 16 的圆，如图 14-4 所示。

04 调用 O【偏移】命令，将竖直中心线向两边分别偏移 11.5，并将偏移得到的辅助线的图层转换为【粗实线】，如图 14-5 所示。

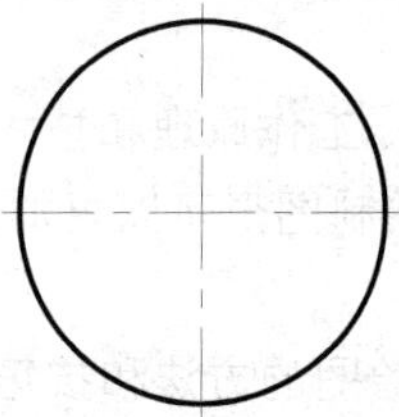

图 14-4　绘制圆

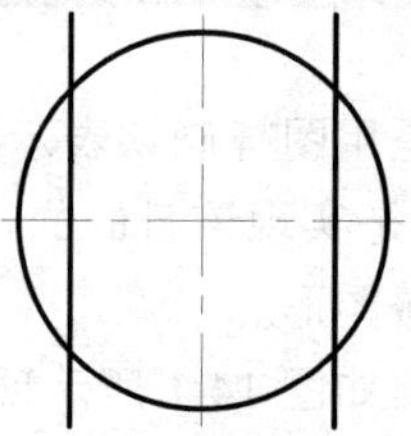

图 14-5　偏移辅助线并转换图层

05 调用 TR【修剪】命令，修剪掉多余的直线和圆弧，并拖动中心线两端的夹点调整中心线的长度，如图 14-6 所示。

图 14-6　修剪图形

图 14-7　绘制辅助线

3. 绘制主视图

01 调用 L【直线】命令，根据左视图，绘制水平、竖直辅助线，并将绘制的竖直辅助线图层转换为【粗实线】，如图 14-7 所示。

02 调用O【偏移】命令，将竖直辅助线向左依次偏移 18、7、7、13、2、8、7、3、2、9，将水平辅助线分别向两边依次偏移 2.75、9、10、16，如图 14-8 所示。

03 调用 TR【修剪】命令，修剪图形，并将偏移修剪完成的部分线段的图层转换为【粗实线】和【中心线】，再拖动中心线两端的夹点调整中心线的长度，如图 14-9 所示。

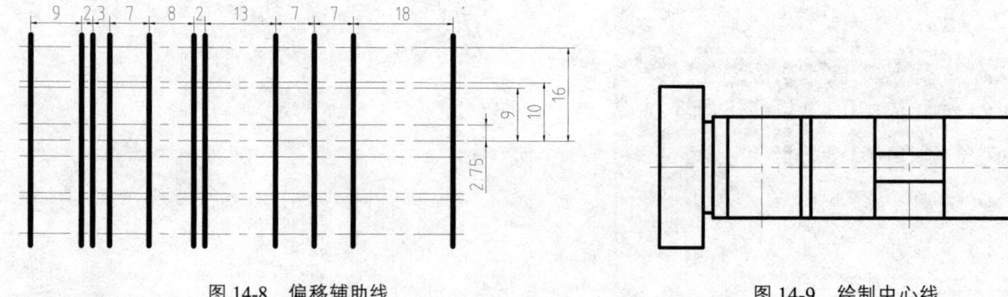

图 14-8　偏移辅助线

图 14-9　绘制中心线

04 调用 C【圆】命令，以左边中心线的交点为圆心绘制半经为 2 的圆，再绘制两个分别与两边竖直轮廓线相切并且圆心在中心线上的直径为 5.5 的圆，如图 14-10 所示。

05 调用 TR【修剪】命令、E【删除】命令，修剪图形并删除多余图元，再拖动中心线两端的夹点调整中心线的长度，如图 14-11 所示。

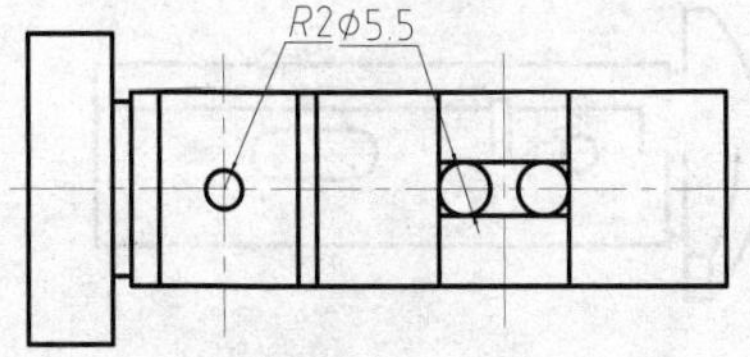

图 14-10 绘制圆

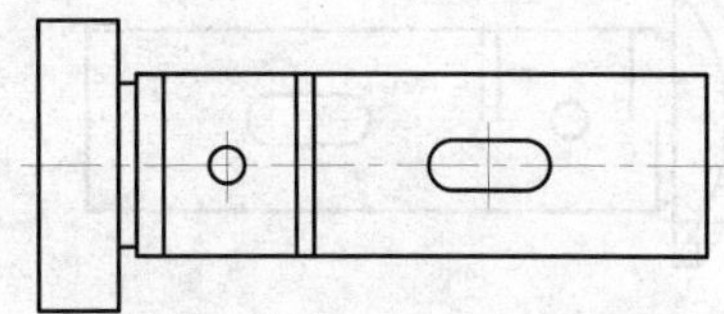
图 14-11 修剪并删除多余图元

06 调用 O【偏移】命令，根据命令行的提示，激活【通过】选项，再选择竖直中心线，偏移辅助线，如图 14-12 所示。

07 调用 L【直线】命令，根据左视图绘制辅助线，如图 14-13 所示。

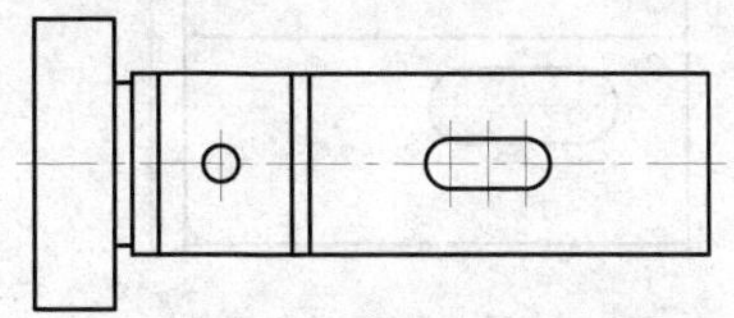
图 14-12 偏移辅助线

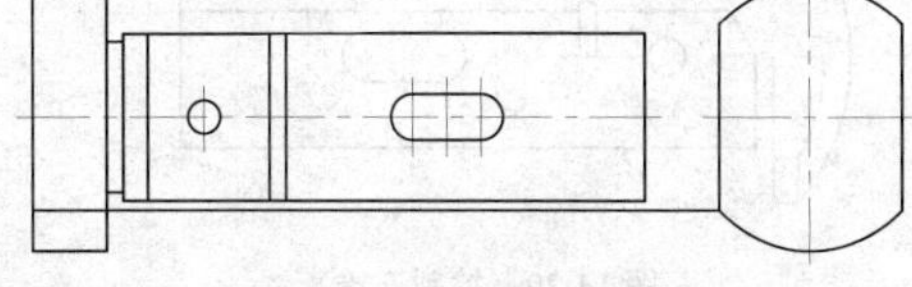
图 14-13 绘制辅助线

08 调用 C【圆】命令，绘制与最左边竖直轮廓线相切并且圆心在中心线上的半径为 24 的圆，如图 14-14 所示。

09 调用 TR【修剪】命令、E【删除】命令，修剪删除多余图元，如图 14-15 所示。

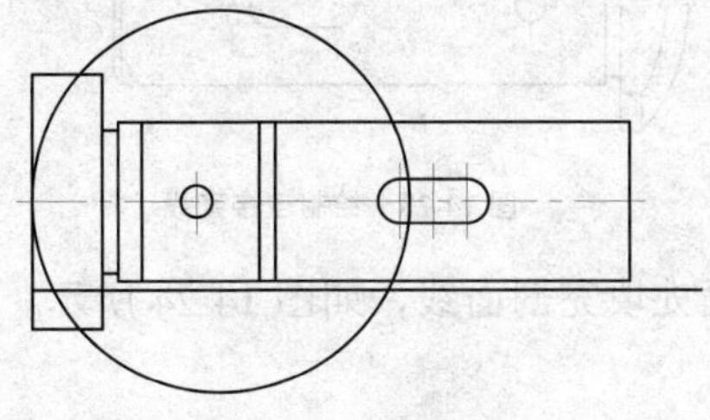
图 14-14 绘制圆

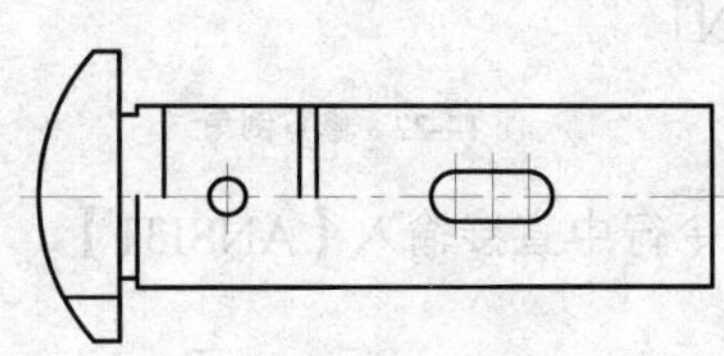
图 14-15 偏移圆

10 调用 L【直线】命令，以 A 点为起点绘制与粗实线相交的线段，如图 14-16 所示。

11 调用 O【偏移】命令，通过 B 点偏移圆弧，如图 14-17 所示。

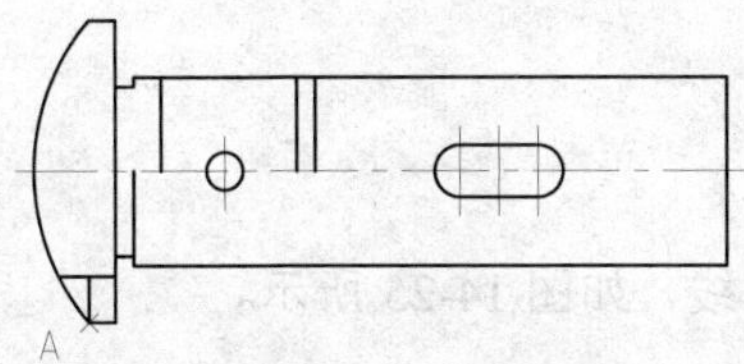

图 14-16 绘制直线

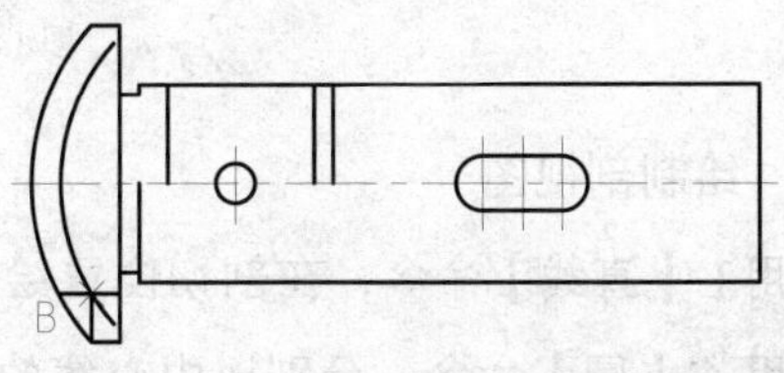

图 14-17 偏移圆弧

12 调用 O【偏移】命令，将水平中心线向上分别偏移 5、6，如图 14-18 所示。

13 调用 TR【修剪】命令、E【删除】命令，修剪删除多余图元，如图 14-19 所示。

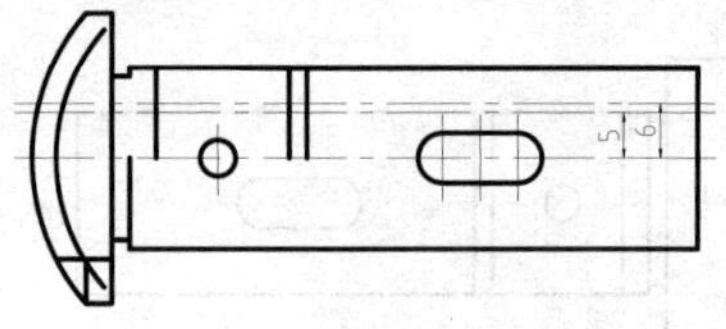

图 14-18　修剪操作

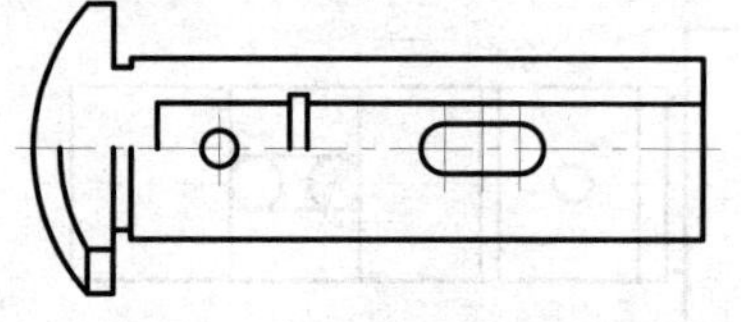

图 14-19　偏移直线

14 调用 L【直线】命令，绘制连接直线，如图 14-20 所示。

15 调用 CHA【倒角】命令，根据命令行的提示，激活【角度】选项，设置倒角距离为 1，角度为 60，对图形进行不修剪倒角处理，如图 14-21 所示。

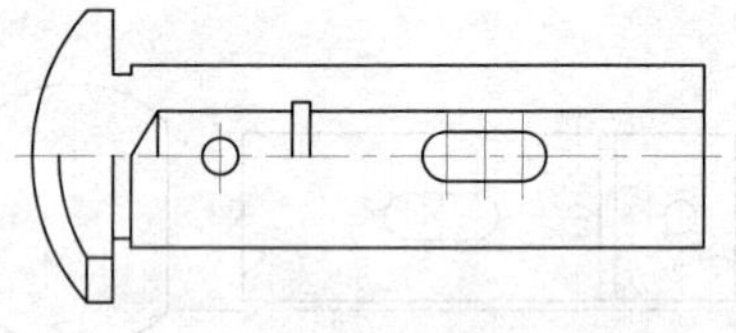

图 14-20　绘制连接直线

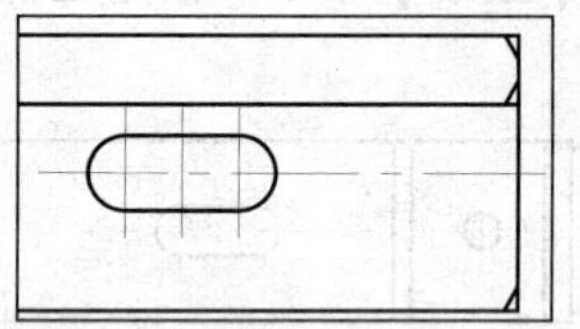

图 14-21　绘制倒角

16 调用 TR【修剪】命令，修剪倒角，如图 14-22 所示。

17 调用 L【直线】命令，绘制连接直线，如图 14-23 所示。

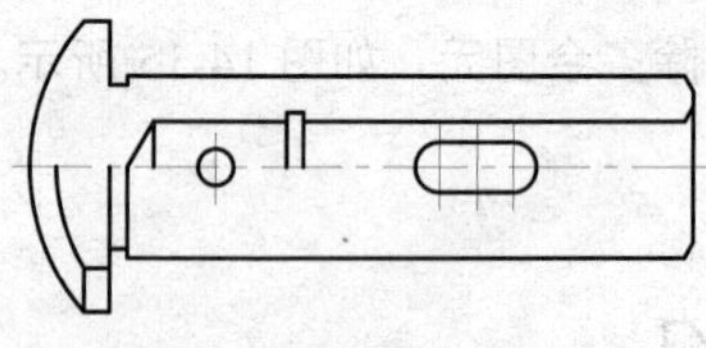

图 14-22　修剪倒角

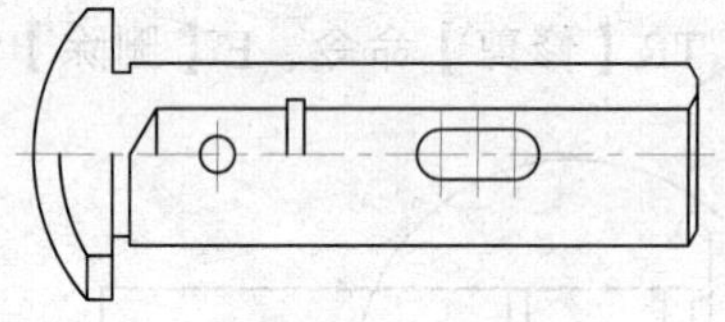

图 14-23　绘制连接直线

18 在命令行中直接输入【ANSI31】，对图形剖面处填充剖面线，如图 14-24 所示。

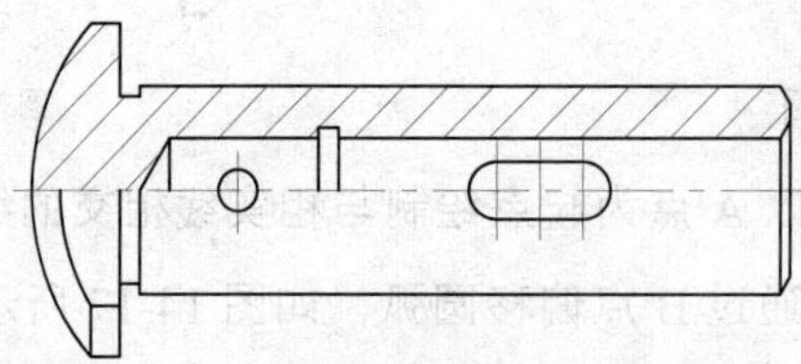

图 14-24　图案填充

4. 绘制剖视图

01 调用 L【直线】命令，在剖切位置绘制中心辅助线，如图 14-25 所示。

02 调用 C【圆】命令，分别以中心线的交点为圆心绘制半径为 5、10 的圆，如图 14-26 所示。

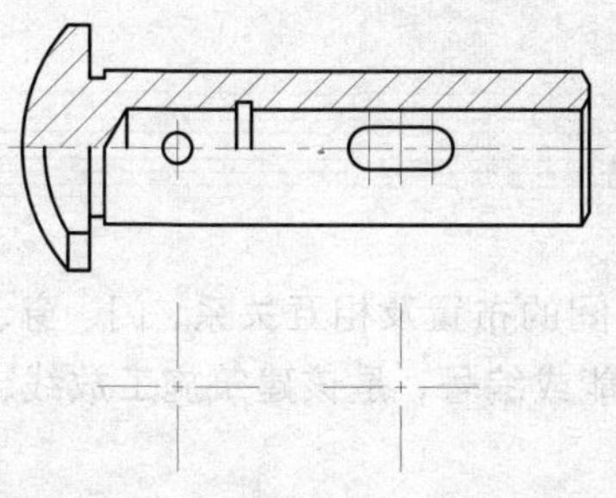

图 14-25　确定剖切位置并绘制圆轮廓线

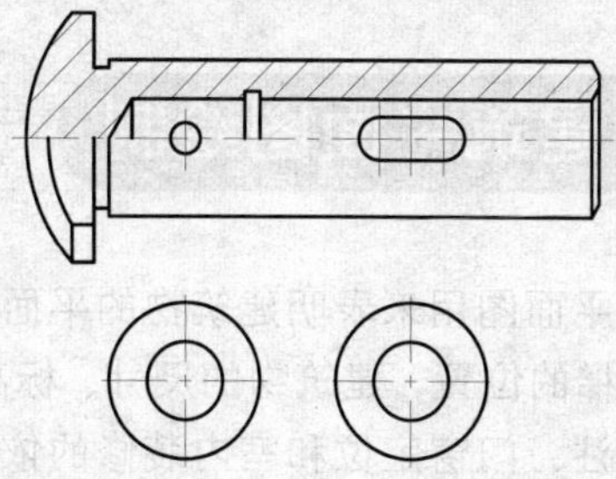

图 14-26　转换图层

03 调用 O【偏移】命令，将左侧圆的的水平中心线向两边分别偏移 2，再将右侧圆的水平中心线向两边偏移 2.75，如图 14-27 所示。

04 调用 TR【修剪】命令，修剪图形，并将偏移修剪完成的线段图层转换为【粗实线】图层，如图 14-28 所示。

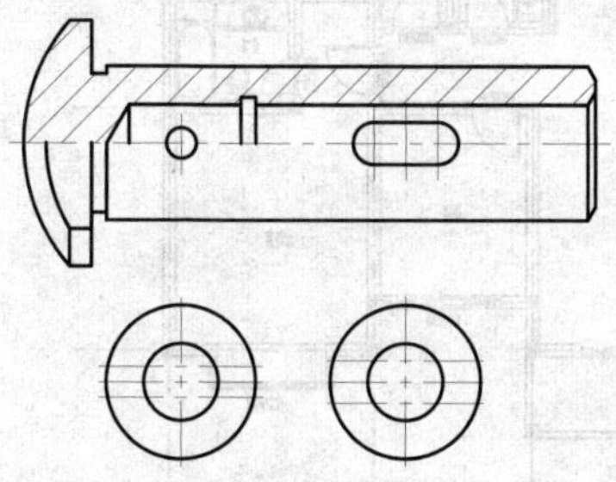

图 14-27　偏移直线

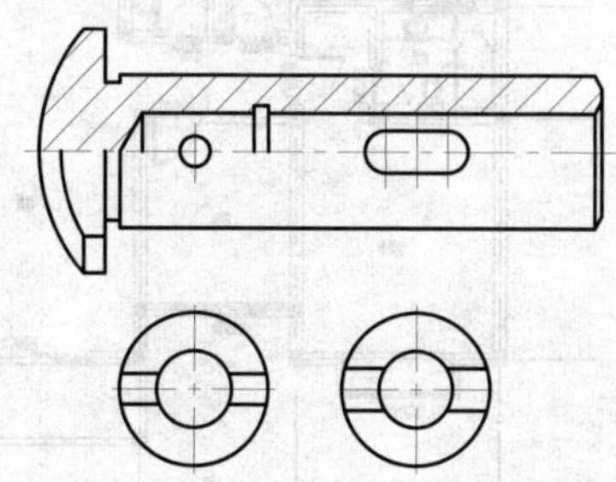

图 14-28　修剪操作和转换图层

05 在命令行中直接输入【ANSI31】，对图形进行图案填充，如图 14-29 所示。

06 调用 DLI【线性标注】命令、DIMDIA【直径标注】命令、RAD【半径标注】命令，对图形进行尺寸标注。双击需要编辑的尺寸标注，在【文字编辑器】内添加直径或球径符号，如图 14-30 所示。

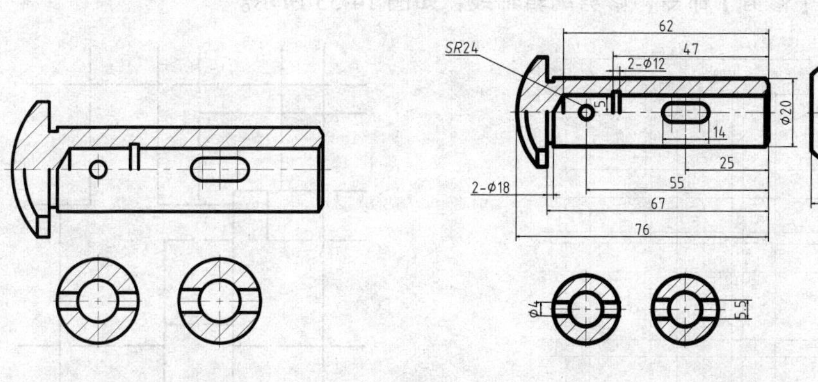

图 14-29　图案填充　　图 14-30　标注和编辑线性尺寸

07 单击【快速访问】工具栏中的【保存】按钮，保存文件。

14.2 建筑平面图绘制

建筑平面图用来表明建筑物的平面形状，各种房间的布置及相互关系，门、窗、入口、走道、楼梯的位置，建筑物的尺寸、标高，房间的功能或编号，是该建筑施工放线、砌砖、混凝土浇注、门窗定位和室内装修的依据。

下面我们就通过绘制如图 14-31 所示建筑平面图，巩固之前所学的东西。

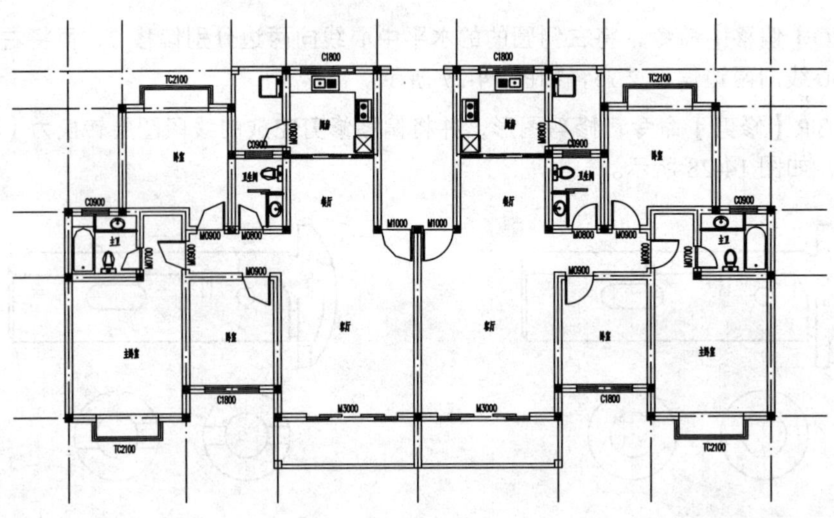

图 14-31 建筑平面图

1. 绘制轴线

01 新建【轴线】图层，设置图层颜色为红色，线型为【CENTER2】，将其置为当前图层。

02 调用 L【直线】命令，配合 O【偏移】命令，绘制轴网，如图 14-32 所示。

03 调用 TR【修剪】命令，修剪编辑轴线，如图 14-33 所示。

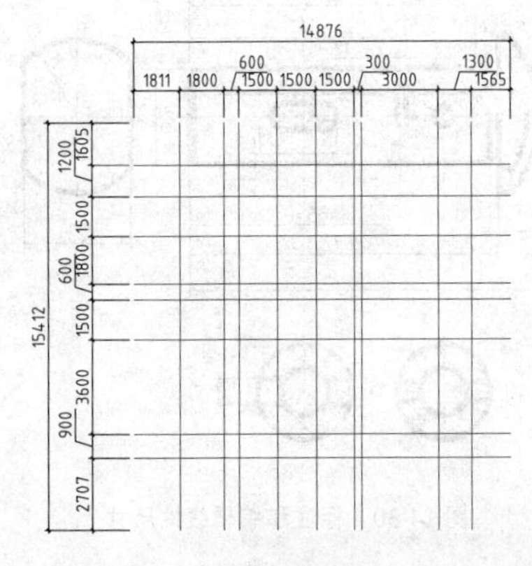

图 14-32 绘制轴线

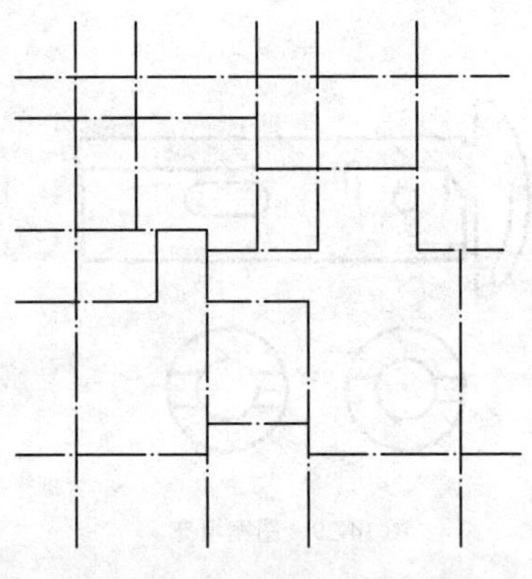

图 14-33 编辑轴线

2. 绘制墙体和立柱

01 新建【墙体】图层，设置颜色为白色，并将其置为当前图层。

02 设置多线样式。调用 MLSTYLE【多线样式】命令，新建【墙体】样式，并置为当前，其设置如图 14-34 所示。

03 绘制墙体。调用 ML【多线】命令，设置【对正 = 无，比例 =1.00，样式 = 墙线】，绘制墙体，如图 14-35 所示。

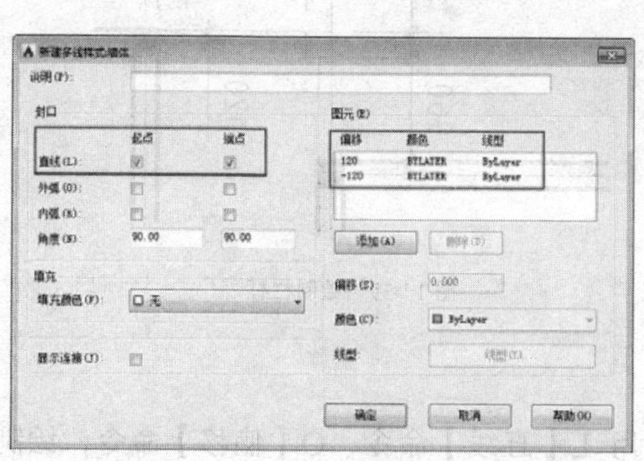

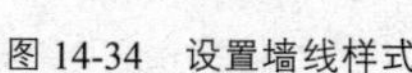
图 14-34　设置墙线样式

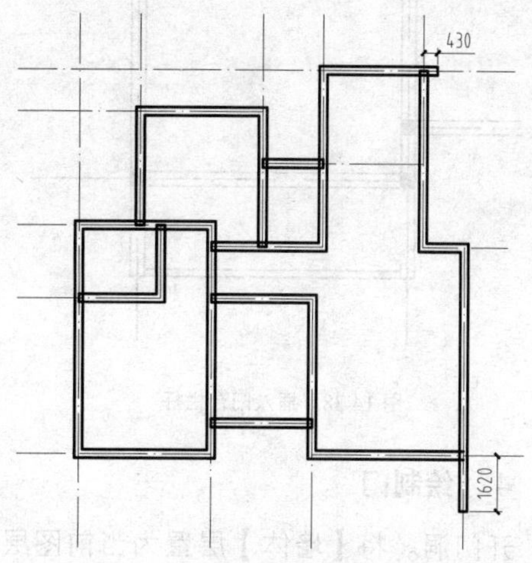

图 14-35　绘制墙体

04 新建【立柱】图层，设置图层颜色为黄色，并将其置为当前图层。

05 绘制立柱。调用 REC【矩形】命令，绘制尺寸为 240×240 的矩形，调用 H【图案填充】命令，设置填充图案【SOLID】，其余参数默认，对矩形进行图案填充。调用 CO【复制】命令，将填充完的矩形复制到墙体其他部位，如图 14-36 所示。

06 编辑墙线。调用 X【分解】命令、TR【修剪】命令，对墙体转角处线条进行编辑，如图 14-37 所示。

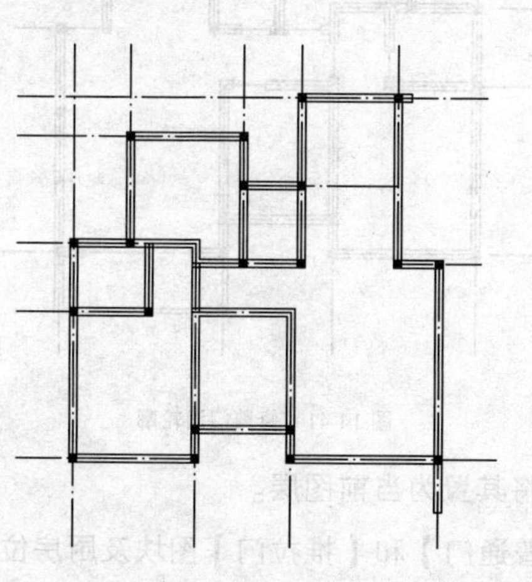
图 14-36　绘制立柱

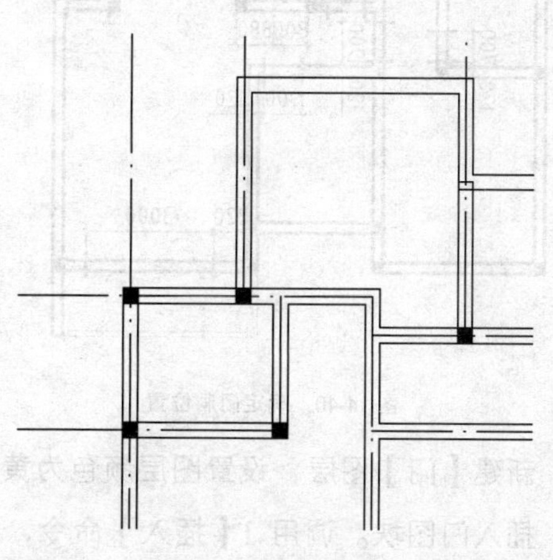
图 14-37　编辑墙线

3. 绘制阳台

01 新建【阳台】图层，设置图层颜色为洋红色，并将其置为当前图层。

02 调用 I【插入】命令，插入栏杆平面图，如图 14-38 所示。

03 调用 L【直线】命令、REC【矩形】命令，绘制另一处阳台栏杆，如图 14-39 所示。

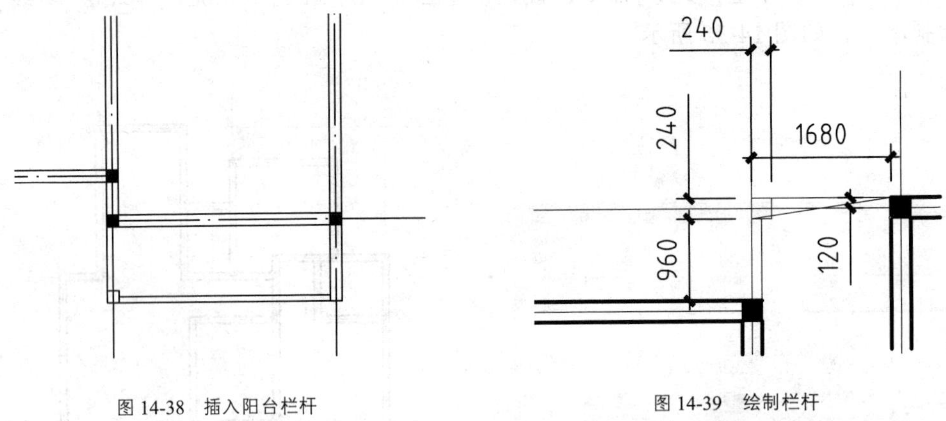

图 14-38 插入阳台栏杆　　图 14-39 绘制栏杆

4. 绘制门

01 开门洞。将【墙体】层置为当前图层，调用 L【直线】命令、O【偏移】命令，绘制如图 14-40 所示的门洞。

02 修剪门洞轮廓。调用 TR【修剪】命令，修剪门洞轮廓，如图 14-41 所示。

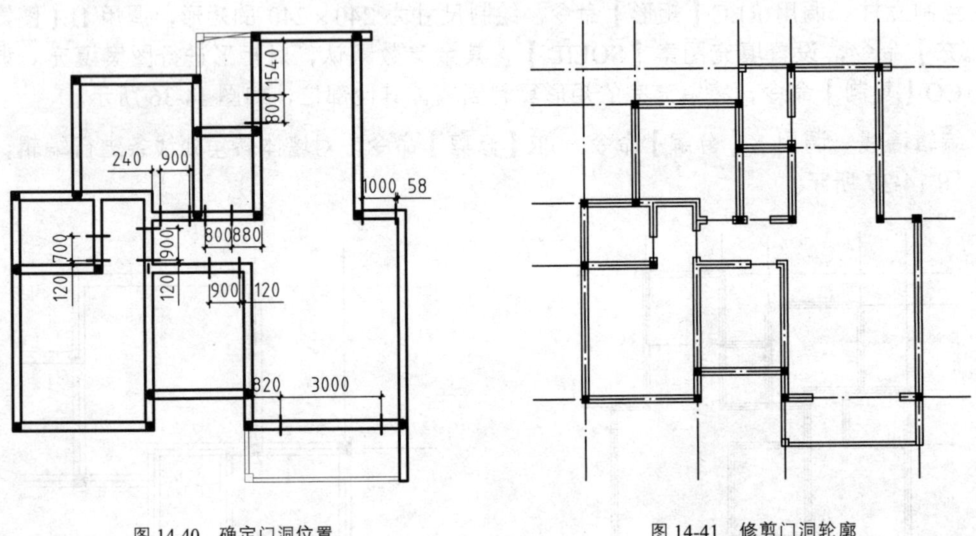

图 14-40 确定门洞位置　　图 14-41 修剪门洞轮廓

03 新建【门】图层，设置图层颜色为黄色，并将其置为当前图层。

04 插入门图块。调用 I【插入】命令，插入【普通门】和【推拉门】图块及厨房位置的【隔断门】图块。并调整其方向和大小，最终结果如图 14-42 所示。

5. 绘制窗体

01 开窗洞。将【墙体】图层置为当前图层，调用 L【直线】命令、O【偏移】命令，绘制如图 14-43 所示的窗洞。

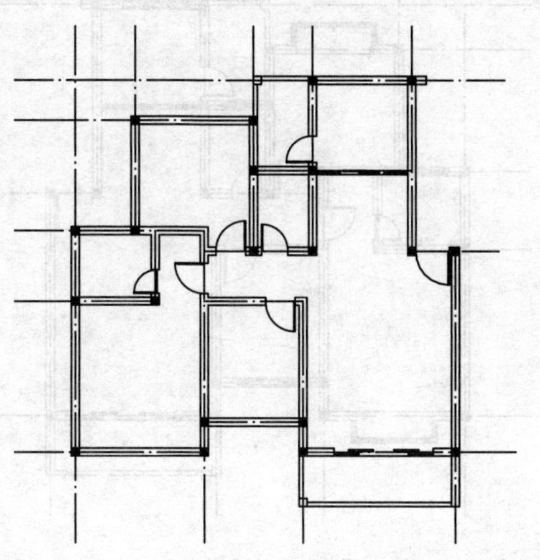

图 14-42　插入门图块

图 14-43　确定窗洞位置

02 修剪窗体轮廓。调用 TR【修剪】命令，修剪窗洞轮廓，如图 14-44 所示。

03 新建【窗体】图层，设置图层颜色为黄色，并将其置为当前图层。

04 插入窗体图块。调用 I【插入】命令，插入【飘窗】图块，并调整其方向和大小，最终结果如图 14-45 所示。

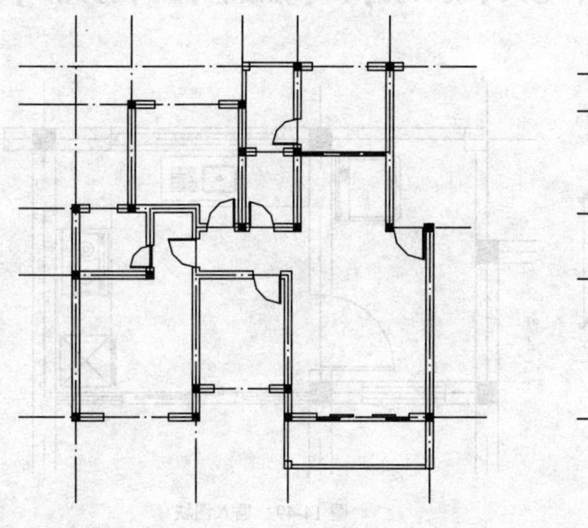

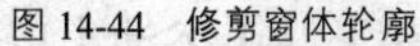

图 14-44　修剪窗体轮廓

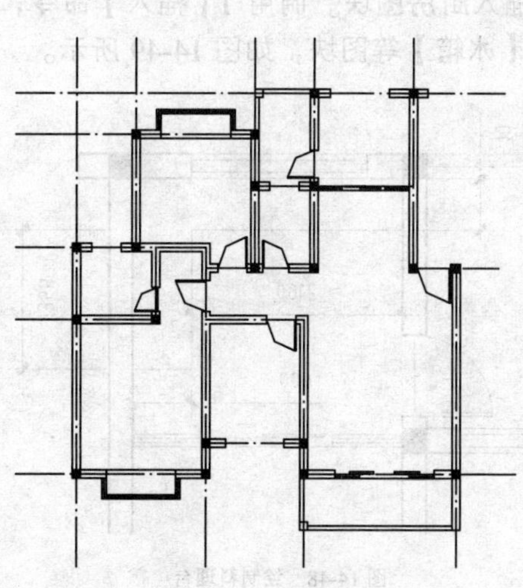

图 14-45　插入窗体图块

05 设置多线样式。调用 MLSTYLE【多线样式】命令，新建【窗线】样式，并置为当前，其设置如图 14-46 所示。

06 绘制窗体。调用 ML【多线】命令，设置【对正=无，比例=1.00，样式=窗线】，绘制其余窗体，结果如图 14-47 所示。

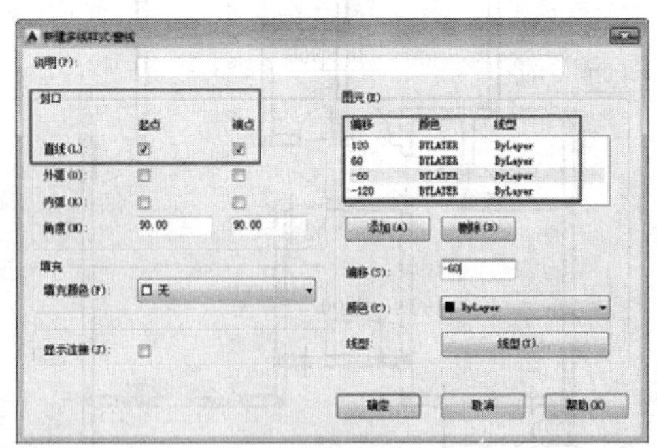

图 14-46 设置窗线样式

图 14-47 绘制窗体

6. 绘制厨卫设施

01 新建【设施】图层，设置图层颜色为黄色，并将其置为当前图层。

02 绘制料理台。调用 PL【多段线】命令，在图形上方的中间位置的厨房空间绘制如图 14-48 所示的料理台。

03 插入厨房图块。调用 I【插入】命令，插入【洗衣机】、【微波炉】、【打火炉】、【冰箱】等图块，如图 14-49 所示。

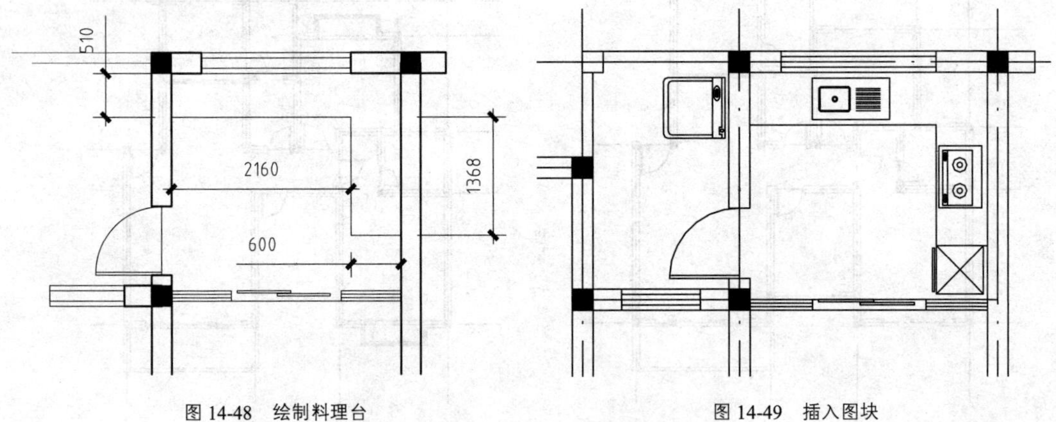

图 14-48 绘制料理台

图 14-49 插入图块

04 用同样的方法绘制客卫和主卫的洗手台并插入【座便器】、【浴池】以及【洗漱台】【隔断】等图块，如图 14-50 和图 14-51 所示。

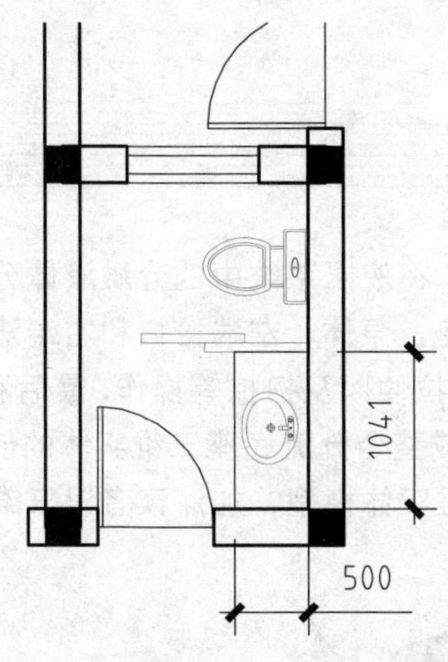

图 14-50　插入客卫图块

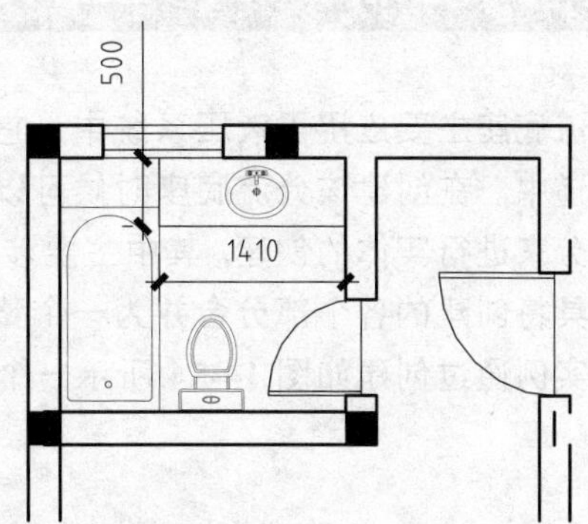

图 14-51　插入主卫图块

7. 文字标注

01 设置文字样式。调用 ST【文字样式】命令，新建【样式 1】，其参数设置如图 14-52 所示，并将其置为当前样式。

02 新建【标注】图层，设置图层颜色为绿色，并将其置为当前图层。

03 调用 DT【单行文字】命令，输入单行文字，表示室内空间布局和门窗规格与型号，结果如图 14-53 所示。

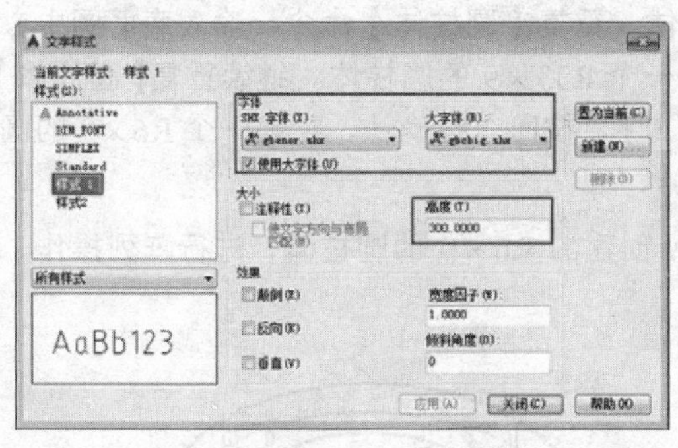

图 14-52　设置文字标注样式

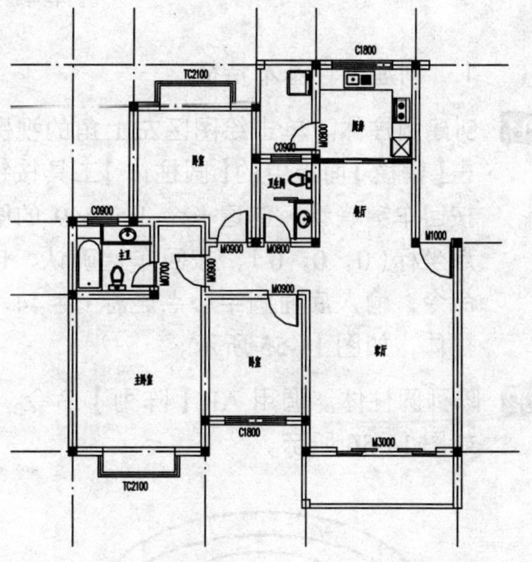

图 14-53　标注文字

8. 完善图形

镜像图形。调用 MI【镜像】命令，根据命令行的提示以图形右侧垂直轴线为镜像线对图形进行镜像复制，如图 14-31 所示。

14.3 分流底座三维造型设计

分流底座主要应用于液压系统中，它能根据需要，将液压系统中的介质液体分流到不同的管道中。在创建该分流底座时候可以将其分为底座、泵体、左端接口和右端法兰接口五个部分来进行实体的创建。其中主要涉及到圆柱体、拉伸以及扫掠等操作，最后利用【并集】工具将创建的各个部分合并为一个整体，即可完成整个分流底座三维实体的创建。

本实例通过创建如图 14-54 所示一个分流底座三维实体模型，加深读者对三维建模的认识。

图 14-54 分流底座三维造型

1. 创建零件基本特征

01 创建圆柱体。单击绘图区左上角的视图快捷控件，将视图切换至【西南等轴测】，单击【建模】面板中的【圆柱体】工具按钮，输入圆柱体底面圆中心点坐标(0，0，0)，按回车键确认，创建一个 R55×9 的圆柱体。重复【圆柱体】命令，输入底面圆中心点坐标(0，0，0)，按回车键确认，创建一个 R33×9 的圆柱体。继续重复【圆柱体】命令，输入底面圆中心点坐标(－44，0，0)，按回车键确认，创建一个 R6×9 的圆柱体，如图 14-55 所示。

02 阵列圆柱体。调用 AR【阵列】命令，将所创建的 R6×9 的圆柱体，进行阵列操作，如图 14-56 所示。

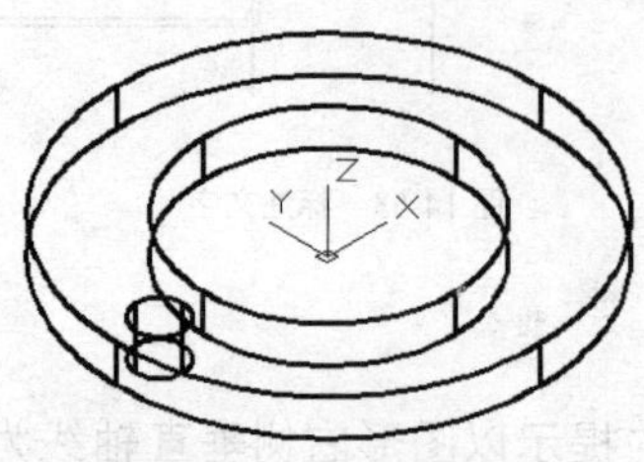

图 14-55 创建圆柱体

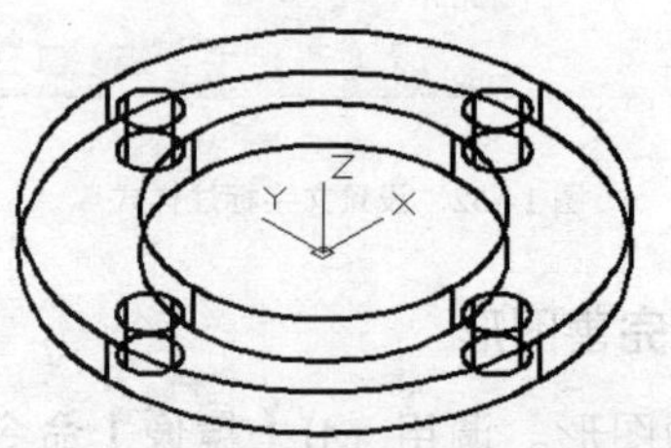

图 14-56 阵列圆柱体

03 创建孔特征。调用 SU【差集】命令，将上步操作所创建的 R6×9 的圆柱体和 R33×9 的圆柱体从大圆柱体中去除，如图 14-57 所示。

04 创建圆柱体。单击【建模】面板中的【圆柱体】工具按钮，输入圆柱体底面圆中心点坐标（0，0，0），按回车键确认，创建一个 R33×87 的圆柱体，结果如图 14-58 所示。

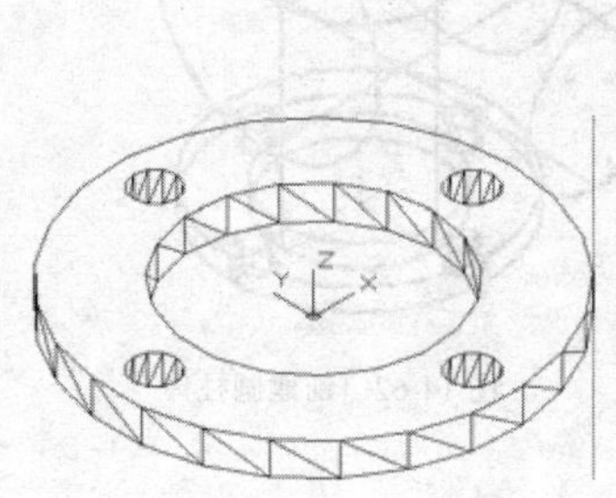

图 14-57　创建孔特征

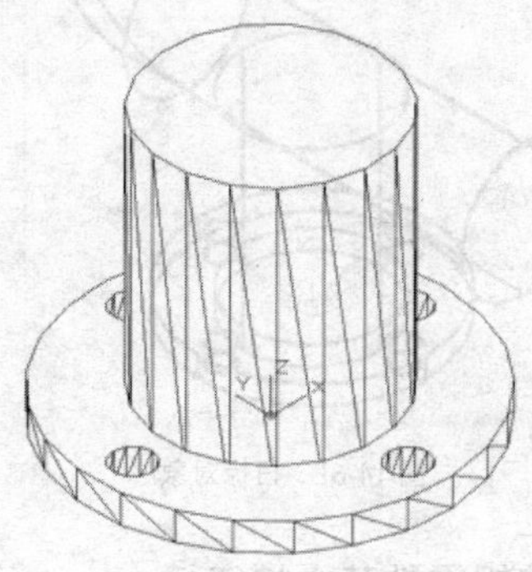

图 14-58　创建圆柱体

05 绘制多段线。首先在命令行输入【UCS】并回车，将 x 轴旋转 90°。调用 PL【多段线】命令，首先指定起点坐标（－102，87，0），配合极轴追踪命令，绘制长为 162 的直线，再激活圆弧选项，根据命令行的提示，接着激活半径选项，输入半径值为 32，再输入端点坐标（@32,32），再激活直线选项，绘制长为 33 的直线，按回车键结束操作，如图 14-59 所示。

06 绘制圆。首先在命令行输入【UCS】并回车，将 y 轴旋转 90°。调用 C【圆】命令，以多段线左端点为圆心，绘制半径为 30 的圆，如图 14-60 所示。

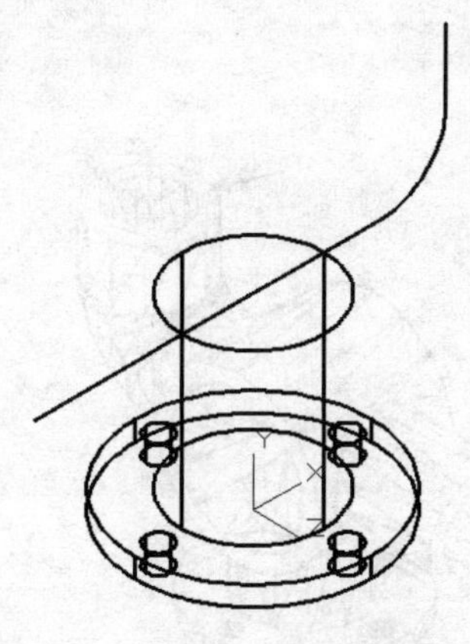

图 14-59　绘制多段线

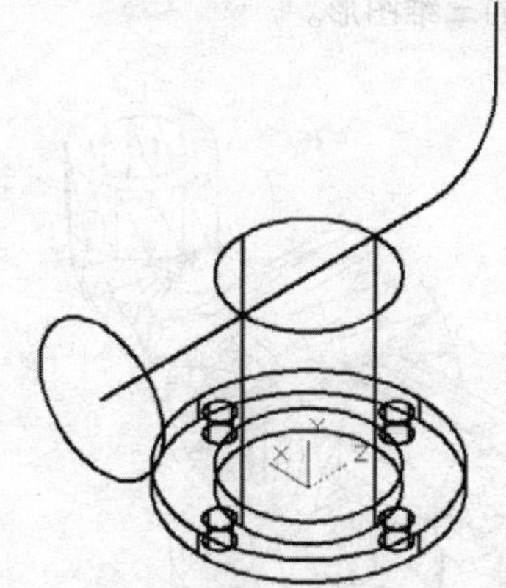

图 14-60　绘制圆轮廓线

07 扫掠对象。调用 SWEEP【扫掠】命令，选取上步操作所绘制的圆为扫掠对象，多段线为扫掠路径，进行扫掠操作，结果如图 14-61 所示。

08 创建圆柱体。首先在命令行输入【UCS】并回车，将 y 轴旋转 90°。然后单击【建模】面板中的【圆柱体】工具按钮，输入圆柱体底面圆中心点坐标（0，87，-40），按回

车键确认，创建一个 R48×80 的圆柱体，结果如图 14-62 所示。

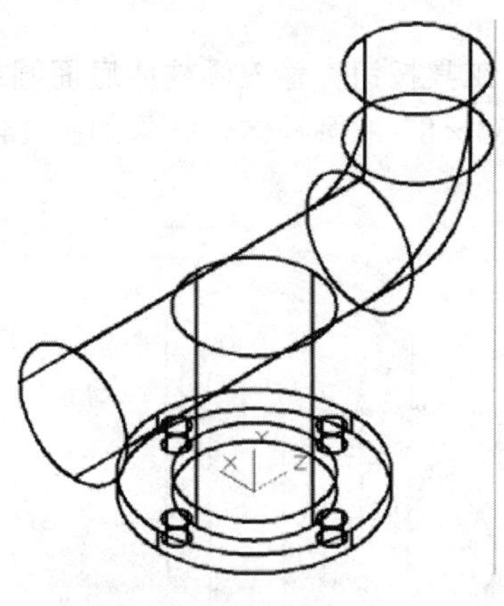

图 14-61　扫掠对象

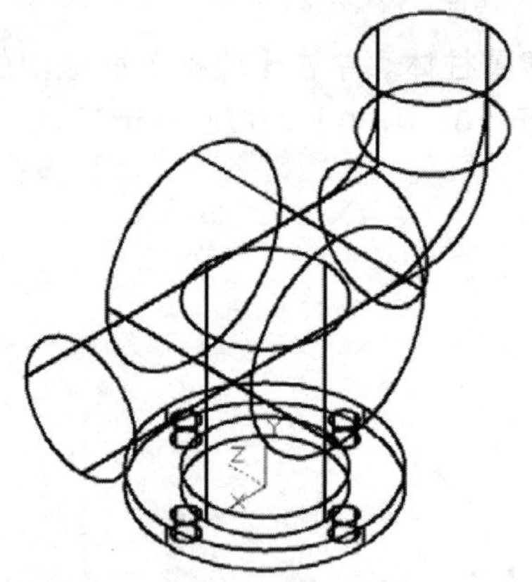

图 14-62　创建圆柱体

2．编辑零件基本特征

01 合并实体。调用 UNI【并集】命令，将各部分合并为一个整体。

02 抽壳操作。单击【实体编辑】面板中的【抽壳】工具按钮，选取上步操作所合并的实体为抽壳对象。选择分流管的各截面作为抽壳删除面，抽壳距离为 9，进行抽壳操作，如图 14-63 所示。

3．创建零件装饰特征

01 创建坐标系。调用 UCS 命令，以箭头所指圆的圆心为原点创建坐标系，如图 14-64 所示。单击鼠标右键，在弹出的快捷菜单中选择【隔离】|【隐藏对象】命令，隐藏之前绘制的三维图形。

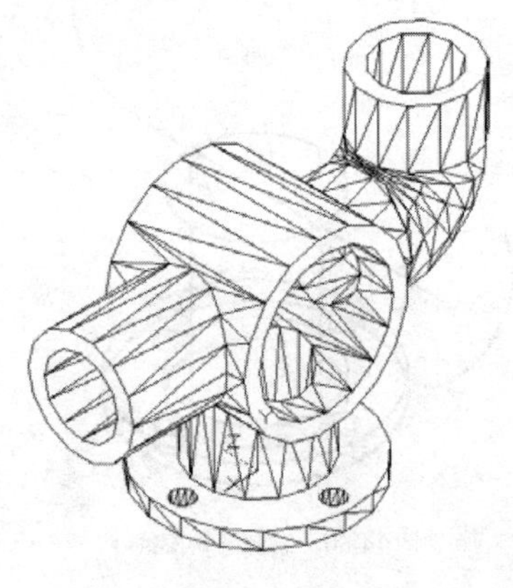

图 14-63　抽壳

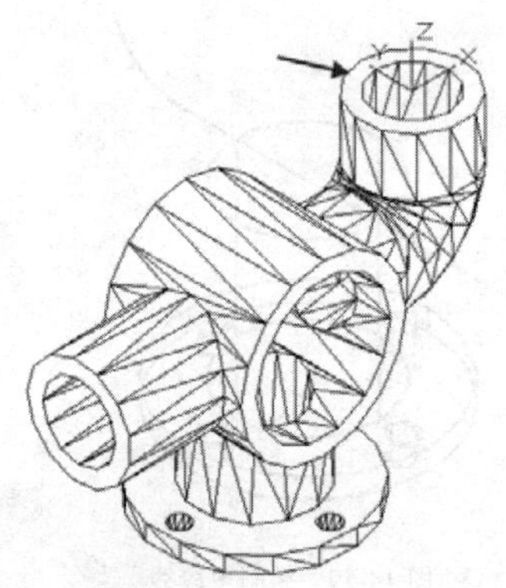

图 14-64　创建坐标系

02 绘制圆轮廓线和切线。然后调用 C【圆】命令、L【直线】命令，配合【对象捕捉】功能在 XY 平面内绘制如图 14-65 所示圆轮廓线和切线。

03 修剪操作和创建面域。调用 TR【修剪】命令，修剪掉多余的圆弧。调用 REG【面域】

命令，将所绘制的轮廓线创建成面域，如图 14-66 所示。

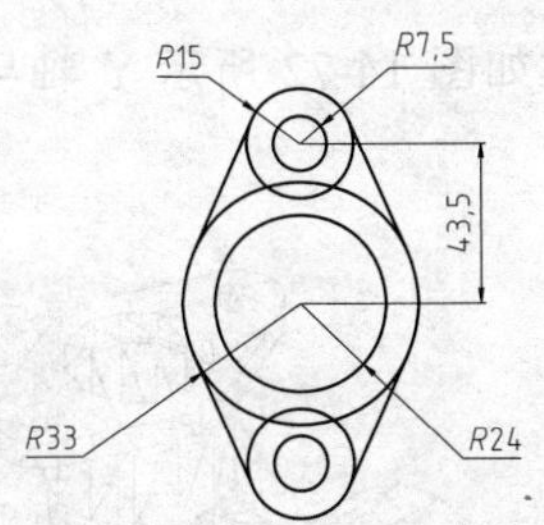

图 14-65　绘制圆轮廓线和切线

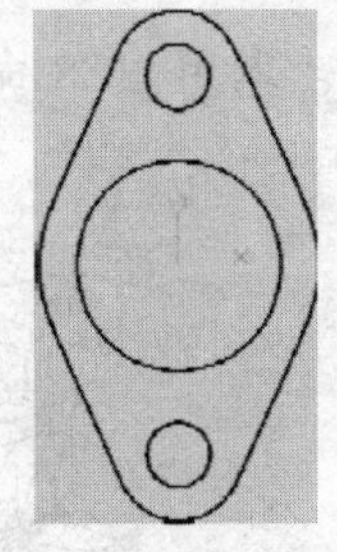

图 14-66　修剪操作和创建面域

04 拉伸实体。单击绘图区左上角的视图快捷控件，将视图切换至【西南等轴测】，调用 EXT【拉伸】命令，将所创建的面域沿 Z 轴方向拉伸 9，如图 14-67 所示。

05 创建孔特征。调用 SU【差集】命令，将小圆柱体从大圆柱体中去除，结果如图 14-68 所示。右击鼠标，在弹出的快捷菜单中选择【隔离】|【结束对象隔离】命令，显示之前隐藏的模型。

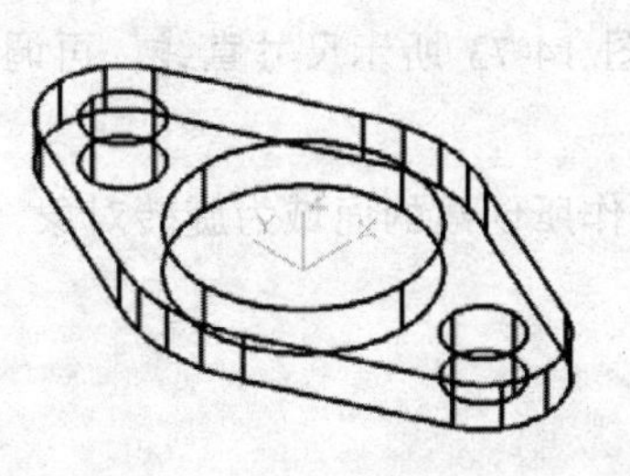

图 14-67　拉伸实体

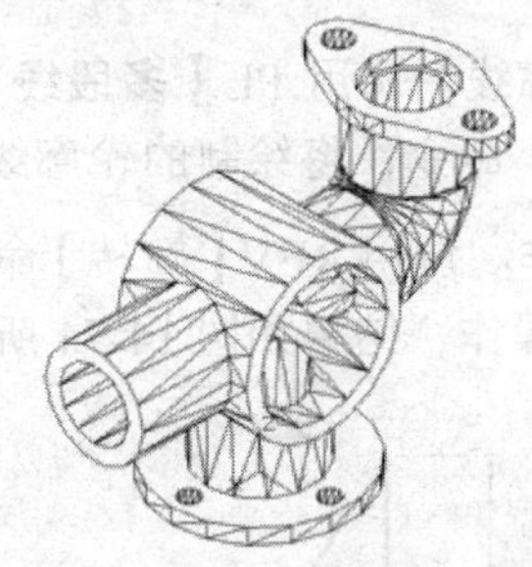

图 14-68　创建孔特征

06 创建坐标系。调用 UCS 命令，以箭头所指圆的圆心为原点，创建如图 14-69 所示坐标系。

07 创建圆柱体。单击【建模】面板中的【圆柱体】工具按钮，分别创建 R30×27 和 R36×27 的圆柱体，如图 14-70 所示。

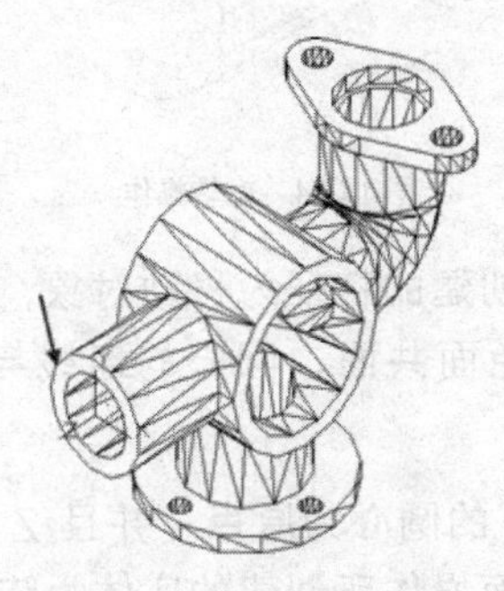

图 14-69　创建坐标系

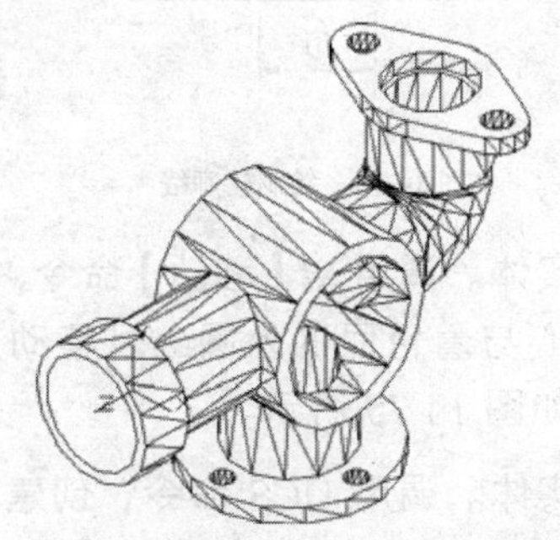

图 14-70　创建圆柱体

08 创建孔特征。调用 SU【差集】命令，将上步操作所创建的小圆柱体从大圆柱体中去除，如图 14-71 所示。

09 创建坐标系。调用 UCS 命令，在绘图区空白处创建如图 14-72 所示 Y 轴与着色面垂直的坐标系。

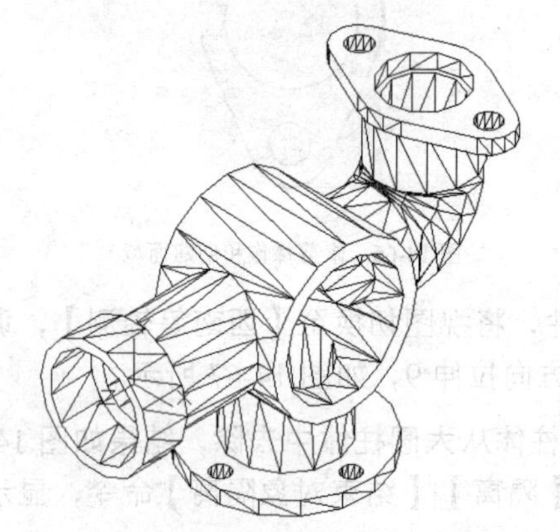

图 14-71　创建孔特征

图 14-72　创建坐标系

10 绘制轮廓线。调用 PL【多段线】命令，绘制如图 14-73 所示尺寸直线，再调用 REG【面域】命令，将绘制的轮廓线创建成面域。

11 旋转操作。调用 REV【旋转】命令，选取上步操作所创建的面域为旋转对象，将其进行旋转操作，结果如图 14-74 所示。

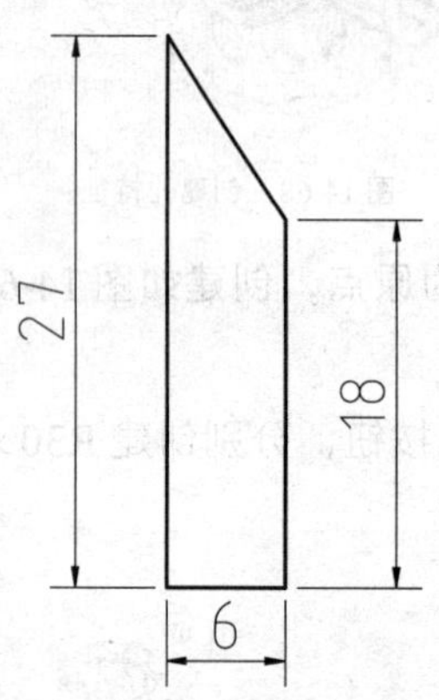

图 14-73　绘制轮廓线

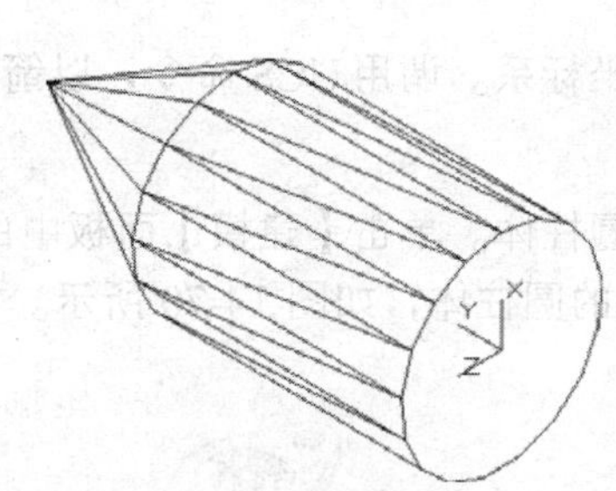

图 14-74　旋转操作

12 移动实体。调用 M【移动】命令，选取上步操作所创建的特征为移动对象，将其移动至圆心与着色面的外圆上且移动对象的圆面与着色面共面，圆心的连线与 X 轴平行，如图 14-75 所示。

13 阵列实体。调用 UCS 命令，创建以箭头所指的圆环的圆心为原点，并且 Z 轴垂直于该圆环面的坐标系。调用 AR【阵列】命令，选取前面操作所创建的实体为阵列对象，将其进行阵列操作，结果如图 14-76 所示。

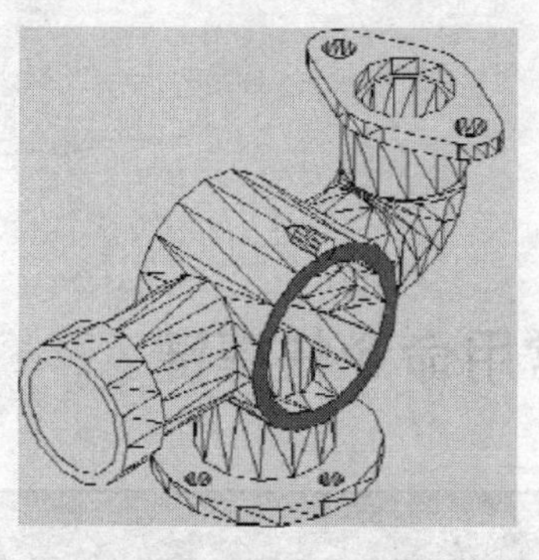
图 14-75　移动实体

图 14-76　阵列实体

14 合并实体。调用 UNI【并集】命令，将各个部分合并为一个整体，结果如图 14-77 所示。

15 创建圆柱体。单击【建模】面板中的【圆柱体】工具按钮，创建一个 R3×15 的圆柱体，结果如图 14-78 所示。

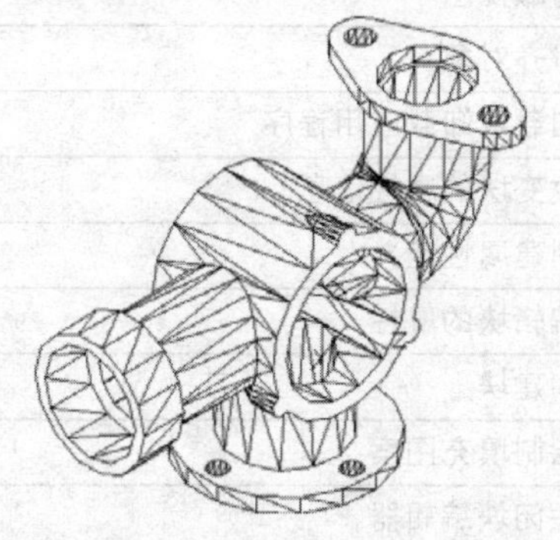
图 14-77　合并实体

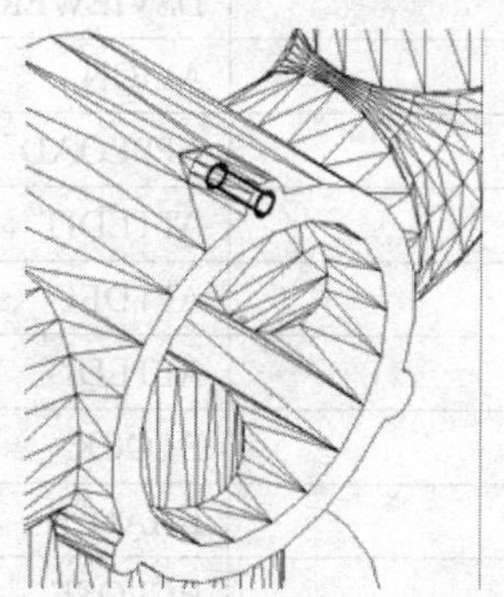
图 14-78　创建圆柱体

16 阵列实体。调用 AR【阵列】命令，选取前面操作所创建的实体为阵列对象，将其进行阵列操作，结果如图 14-79 所示。

17 创建孔特征。调用 SU【差集】命令，将上步操作所创建的圆柱体从主体中去除，单击绘图区左上角的视觉样式快捷控件，将视觉样式切换至【概念】，结果如图 14-80 所示。至此，整个分流底座三维实体创建完成。

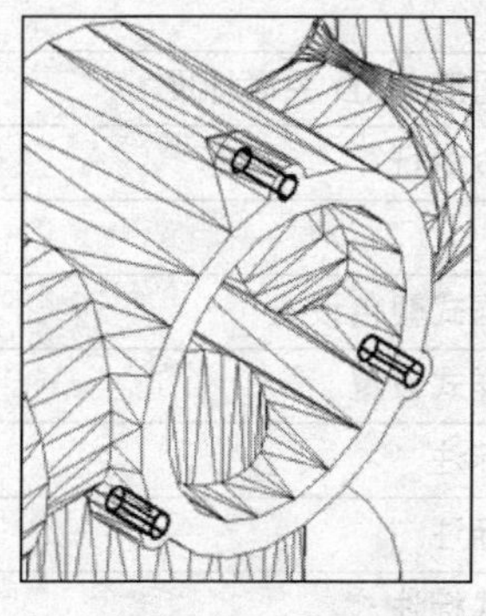
图 14-79　阵列圆柱体

图 14-80　创建孔特征

附　录

附录 A　AutoCAD 2016 常用命令快捷键

快捷键	执行命令	命令说明
A	ARC	圆弧
ADC	ADCENTER	AutoCAD 设计中心
AA	AREA	区域
AR	ARRAY	阵列
AV	DSVIEWER	鸟瞰视图
AL	ALIGN	对齐对象
AP	APPLOAD	加载或卸载应用程序
ATE	ATTEDIT	改变块的属性信息
ATT	ATTDEF	创建属性定义
ATTE	ATTEDIT	编辑块的属性
B	BLOCK	创建块
BH	BHATCH	绘制填充图案
BC	BCLOSE	关闭块编辑器
BE	BEDIT	块编辑器
BO	BOUNDARY	创建封闭边界
BR	BREAK	打断
BS	BSAVE	保存块编辑
C	CIRCLE	圆
CH	PROPERTIES	修改对象特征
CHA	CHAMFER	倒角
CHK	CHECKSTANDARD	检查图形 CAD 关联标准
CLI	COMMANDLINE	调入命令行
CO 或 CP	COPY	复制
COL	COLOR	对话框式颜色设置
D	DIMSTYLE	标注样式设置
DAL	DIMALIGNED	对齐标注
DAN	DIMANGULAR	角度标注
DBA	DIMBASELINE	基线式标注
DBC	DBCONNECT	提供至外部数据库的接口

快捷键	执行命令	命令说明
DCE	DIMCENTER	圆心标记
DCO	DIMCONTINUE	连续式标注
DDA	DIMDISASSOCIATE	解除关联的标注
DDI	DIMDIAMETER	直径标注
DED	DIMEDIT	编辑标注
DI	DIST	求两点之间的距离
DIV	DIVIDE	定数等分
DLI	DIMLINEAR	线性标注
DO	DOUNT	圆环
DOR	DIMORDINATE	坐标式标注
DOV	DIMOVERRIDE	更新标注变量
DR	DRAWORDER	显示顺序
DV	DVIEW	使用相机和目标定义平行投影
DRA	DIMRADIUS	半径标注
DRE	DIMREASSOCIATE	更新关联的标注
DS、SE	DSETTINGS	草图设置
DT	TEXT	单行文字
E	ERASE	删除对象
ED	DDEDIT	编辑单行文字
EL	ELLIPSE	椭圆
EX	EXTEND	延伸
EXP	EXPORT	输出数据
EXIT	QUIT	退出程序
F	FILLET	圆角
FI	FILTER	过滤器
G	GROUP	对象编组
GD	GRADIENT	渐变色
GR	DDGRIPS	夹点控制设置
H	HATCH	图案填充
HE	HATCHEDIT	编修图案填充
HI	HIDE	生成三位模型时不显示隐藏线
I	INSERT	插入块
IMP	IMPORT	将不同格式的文件输入到当前图形中
IN	INTERSECT	采用两个或多个实体或面域的交集创建复合实体或面域并删除交集以外的部分
INF	INTERFERE	采用两个或三个实体的公共部分创建三维复合实体

快捷键	执行命令	命令说明
IO	INSERTOBJ	插入链接或嵌入对象
IAD	IMAGEADJUST	图像调整
IAT	IMAGEATTACH	光栅图像
ICL	IMAGECLIP	图像裁剪
IM	IMAGE	图像管理器
J	JOIN	合并
L	LINE	绘制直线
LA	LAYER	图层特性管理器
LE	LEADER	快速引线
LEN	LENGTHEN	调整长度
LI	LIST	查询对象数据
LO	LAYOUT	布局设置
LS、LI	LIST	查询对象数据
LT	LINETYPE	线型管理器
LTS	LTSCALE	线型比例设置
LW	LWEIGHT	线宽设置
M	MOVE	移动对象
MA	MATCHPROP	线型匹配
ME	MEASURE	定距等分
MI	MIRROR	镜像对象
ML	MLINE	绘制多线
MO	PROPERTIES	对象特性修改
MS	MSPACE	切换至模型空间
MT	MTEXT	多行文字
MV	MVIEW	浮动视口
O	OFFSET	偏移复制
OP	OPTIONS	选项
OS	OSNAP	对象捕捉设置
P	PAN	实时平移
PA	PASTESPEC	选择性粘贴
PE	PEDIT	编辑多段线
PL	PLINE	绘制多段线
PLOT	PRINT	将图形输入到打印设备或文件
PO	POINT	绘制点
POL	POLYGON	绘制正多边形
PR	OPTIONS	对象特征

快捷键	执行命令	命令说明
PRE	PREVIEW	输出预览
PRINT	PLOT	打印
PRCLOSE	PROPERTIESCLOSE	关闭“特性”选项板
PARAM	BPARAMETRT	编辑块的参数类型
PS	PSPACE	图纸空间
PU	PURGE	清理无用的空间
QC	QUICKCALC	快速计算器
R	REDRAW	重画
RA	REDRAWALL	所有视口重画
RE	REGEN	重生成
REA	REGENALL	所有视口重生成
REC	RECTANGLE	绘制矩形
REG	REGION	2D 面域
REN	RENAME	重命名
RO	ROTATE	旋转
S	STRETCH	拉伸
SC	SCALE	比例缩放
SE	DSETTINGS	草图设置
SET	SETVAR	设置变量值
SN	SNAP	捕捉控制
SO	SOLID	填充三角形或四边形
SP	SPELL	拼写
SPE	SPLINEDIT	编辑样条曲线
SPL	SPLINE	样条曲线
SSM	SHEETSET	打开图纸集管理器
ST	STYLE	文字样式
STA	STANDARDS	规划 CAD 标准
SU	SUBTRACT	差集运算
T	MTEXT	多行文字输入
TA	TABLET	数字化仪
TB	TABLE	插入表格
TH	THICKNESS	设置当前三维实体的厚度
TI、TM	TILEMODE	图纸空间和模型空间的设置切换
TO	TOOLBAR	工具栏设置
TOL	TOLERANCE	形位公差
TR	TRIM	修剪

快捷键	执行命令	命令说明
TP	TOOLPALETTES	打开工具选项板
TS	TABLESTYLE	表格样式
U	UNDO	撤销命令
UC	UCSMAN	UCS 管理器
UN	UNITS	单位设置
UNI	UNION	并集运算
V	VIEW	视图
VP	DDVPOINT	预设视点
W	WBLOCK	写块
WE	WEDGE	创建楔体
X	EXPLODE	分解
XA	XATTACH	附着外部参照
XB	XBIND	绑定外部参照
XC	XCLIP	剪裁外部参照
XL	XLINE	构造线
XP	XPLODE	将复合对象分解为其组件对象
XR	XREF	外部参照管理器
Z	ZOOM	缩放视口
3A	3DARRAY	创建三维阵列
3F	3DFACE	在三维空间中创建三侧面或四侧面的曲面
3DO	3DORBIT	在三维空间中动态查看对象
3P	3DPOLY	在三维空间中使用“连续”线型创建，由直线段构成的多段线

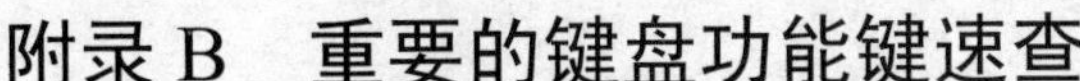

附录 B 重要的键盘功能键速查

快捷键	命令说明	快捷键	命令说明
Esc	Cancel<取消命令执行>	Ctrl + G	栅格显示<开或关>，功能同 F7
F1	帮助 HELP	Ctrl + H	Pickstyle<开或关>
F2	图形/文本窗口切换	Ctrl + K	超链接
F3	对象捕捉<开或关>	Ctrl + L	正交模式，功能同 F8
F4	数字化仪作用开关	Ctrl + M	同【ENTER】功能键
F5	等轴测平面切换<上/右/左>	Ctrl + N	新建
F6	坐标显示<开或关>	Ctrl + O	打开旧文件
F7	栅格显示<开或关>	Ctrl + P	打印输出
F8	正交模式<开或关>	Ctrl + Q	退出 AutoCAD
F9	捕捉模式<开或关>	Ctrl + S	快速保存
F10	极轴追踪<开或关>	Ctrl + T	数字化仪模式
F11	对象捕捉追踪<开或关>	Ctrl + U	极轴追踪<开或关>，功能同 F10
F12	动态输入<开或关>	Ctrl + V	从剪贴板粘贴
窗口键 + D	Windows 桌面显示	Ctrl + W	对象捕捉追踪<开或关>
窗口键 + E	Windows 文件管理	Ctrl + X	剪切到剪贴板
窗口键 + F	Windows 查找功能	Ctrl + Y	取消上一次的 Undo 操作
窗口键 + R	Windows 运行功能	Ctrl + Z	Undo 取消上一次的命令操作
Ctrl + 0	全屏显示<开或关>	Ctrl + Shift + C	带基点复制
Ctrl + 1	特性 Properties<开或关>	Ctrl + Shift + S	另存为
Ctrl + 2	AutoCAD 设计中心<开或关>	Ctrl + Shift + V	粘贴为块
Ctrl + 3	工具选项板窗口<开或关>	Alt + F8	VBA 宏管理器
Ctrl + 4	图纸管理器<开或关>	Alt + F11	AutoCAD 和 VAB 编辑器切换
Ctrl + 5	信息选项板<开或关>	Alt + F	【文件】POP1 下拉菜单
Ctrl + 6	数据库链接<开或关>	Alt + E	【编辑】POP2 下拉菜单
Ctrl + 7	标记集管理器<开或关>	Alt + V	【视图】POP3 下拉菜单
Ctrl + 8	快速计算机<开或关>	Alt + I	【插入】POP4 下拉菜单
Ctrl + 9	命令行<开或关>	Alt + O	【格式】POP5 下拉菜单
Ctrl + A	选择全部对象	Alt + T	【工具】POP6 下拉菜单
Ctrl + B	捕捉模式<开或关>，功能同 F9	Alt + D	【绘图】POP7 下拉菜单
Ctrl + C	复制内容到剪贴板	Alt + N	【标注】POP8 下拉菜单
Ctrl + D	坐标显示<开或关>，功能同 F6	Alt + M	【修改】POP9 下拉菜单
Ctrl + E	等轴测平面切换<上/左/右>	Alt + W	【窗口】POP10 下拉菜单
Ctrl + F	对象捕捉<开或关>，功能同 F3	Alt + H	【帮助】POP11 下拉菜单